硬件电路工程师从入门到提高丛书

Protel DXP 电路设计入门与应用

张 蓬 蒋 亮 孙玉林 等编著

机 械 工 业 出 版 社

Protel DXP是Altium公司Protel系列软件的第7代基于Windows操作平台的一款最新产品，它是一款面向PCB设计项目、为用户提供板级的全面解决方案、多方位实现设计任务的桌面EDA开发软件。

本书从实际应用的角度出发，全面讲述了Protel DXP集成开发环境的各种应用，重点介绍了Protel DXP中的原理图设计系统、PCB设计系统和FPGA设计系统。全书共分12章，分别介绍了Protel DXP的发展历史和特点、Protel DXP的基本操作界面、原理图设计系统的操作环境、原理图设计、原理图仿真、PCB设计系统的操作环境、PCB的具体设计、信号完整性分析、创建元件集成库和FPGA设计系统，最后通过两个应用实例详细地讨论了应用Protel DXP设计实际项目的具体流程和技巧。

在本书的介绍中，作者不但注重对Protel DXP中基本设计系统的介绍，而且更注重对各种设计系统的系统参数和环境参数进行介绍，目的是使读者全面掌握Protel DXP。本书既可作为高等学校相关专业的参考书，同时也可以作为广大电路设计工程师必不可少的工具书或培训教材。

图书在版编目（CIP）数据

Protel DXP电路设计入门与应用/张蓬等编著 .—北京：机械工业出版社，2005.6（2010.5重印）

（硬件电路工程师从入门到提高丛书）

ISBN 978-7-111-17393-9

Ⅰ.P... Ⅱ.张... Ⅲ.印刷电路－计算机辅助设计—应用软件，Protel DXP Ⅳ.TN410.2

中国版本图书馆CIP数据核字（2005）第106705号

机械工业出版社（北京市百万庄大街22号 邮政编码100037）

责任编辑：张俊红 责任校对：陈延翔 封面设计：陈 沛

责任印制：乔 宇

三河市宏达印刷有限公司印刷

2010年5月第1版·第4次印刷

184mm×260mm·21.75印张·537千字

标准书号：ISBN 978-7-111-17393-9

定价：35.00元

凡购本书，如有缺页、倒页、脱页，由本社发行部调换

电话服务

社服务中心：（010）88361066

销 售 一 部：（010）68326294

销 售 二 部：（010）88379649

读者服务部：（010）68993821

网络服务

门户网：http：//www.cmpbook.com

教材网：http：//www.cmpedu.com

封面无防伪标均为盗版

硬件电路工程师从入门到提高丛书

编 委 会

丛书序

随着我国经济建设的发展和科学技术的不断进步，以往有些硬件电路设计的书籍内容已经比较陈旧、落后，难以适应高等院校教学和硬件电路工程师的要求。特别是在电子学和通信技术发展神速、社会发展日新月异的今天，如何适应这种情况和要求，已经成为一个必须认真考虑的问题。

如今，我国已成为全球增长潜力最大的电子产品消费大国，同时也是全球最大的移动电话市场和第3大PC市场，未来5年还将成为全球第2大半导体市场。中国市场所蕴含的商机令世界各国IT公司心动不已，竞相调整中国战略，纷纷加大投资。这种情况必将导致对硬件电路工程师的海量需求。以IC人才为例，据不完全统计，全国目前定位于IC设计的企业大约200多家，IC设计人员还不到4000人，大都是小作坊模式，每个企业只有两三人掌握某一方面芯片的专长。从总体上看，按未来几年的市场需求，每年所需IC设计人才保守估计在5万人左右，如果要保证整个IC设计产业正常运作，人才需求量则高达20~50万。可见，提高硬件电路设计的人才教育，加强硬件电路工程师的人才储备，已经成为高等院校和各大IT公司的当务之急。

硬件电路设计是一门涉及到多门学科、实用性非常强的技术，因此硬件电路设计人员的培养需要进行大量的实践，而不仅仅是纸上谈兵。对于硬件电路设计人员的培养，除了需要培养具体的设计技术和设计技巧外，更为重要的是需要培养设计人员的创新意识。为此，组织一套理论严谨、内容新颖、实用性较强的硬件电路设计丛书，将会对我国的硬件电路设计人才的培养起到很大的推动作用。机械工业出版社的领导和编辑们独具慧眼，选题准确，决策果断，通过对硬件电路设计的相关选题进行层层筛选，最终选定了8个十分具有代表性的选题；同时组织了一批多年从事硬件电路设计、具有丰富实践经验的硬件电路设计工程师来进行编写，目的是保证这套丛书的质量和实用性。这套硬件电路工程师从入门到提高丛书包括：

- 《Verilog HDL与数字电路设计》
- 《VHDL与数字电路设计》
- 《可编程逻辑器件和EDA设计技术》
- 《印制电路板设计》
- 《Protel DXP电路设计入门与应用》
- 《HyperLynx仿真与PCB设计》
- 《DSP原理与应用》
- 《嵌入式系统原理与应用》

这套丛书从实际应用的角度出发，详细介绍了目前硬件电路设计的各个主要方面。这套丛书非常重视可读性，内容深入浅出，便于读者自学；同时也非常注重实践性，列举了典型的工程实例，体现了硬件电路设计书籍的实践性，从而可以使读者快速高效地掌握相关领域的知识。这套丛书面向所有的硬件电路工程师和立志于成为硬件电路工程师的相关专业人员，既可以作为高等院校相关专业高年级本科生、研究生的教材或者教学参考书，同时也可以作为各类从事电子系统设计的科研人员硬件电路工程师的应用参考书。

最后，预祝机械工业出版社硬件电路工程师从入门到提高丛书取得成功，为我国硬件电路工程师的人才培养和发展贡献一份力量。同时对参与这套丛书工作的各位作者、出版社的领导和编辑们表示衷心的感谢，感谢你们为我国硬件电路工程师的人才培养和储备所作的努力！

硬件电路工程师从入门到提高丛书编委会

前言

随着电子工业的飞速发展，新型电路器件尤其是集成电路的不断涌现，电路板的设计变得越来越复杂和精密，而传统的手工设计也越来越难以适应形势发展的需要。电路板 CAD 软件的普及和发展很好地解决了这一问题。目前电路板 CAD 软件的种类十分繁多，例如早期的 TANGO、SmartWork、EE System、PCAD、OrCAD 和 Protel 等。通常，业界评价 CAD 软件的优劣主要取决于设计自动化程度、设计的优化程度和软件的可操作性等性能指标。根据这些评价准则，由于 Protel 具有操作简单、方便、易学、设计自动化程度高以及设计的优化程度较高等优点，因此它逐渐成为目前比较流行的电路板 CAD 软件之一。

Protel 软件系统是一套建立在 IBM 兼容 PC 环境下的 CAD 电路集成设计系统。实际上，Protel 软件系统是世界上第 1 套将 EDA 环境引入到 Windows 环境的 EDA 开发工具，一向以其高度的集成性及可扩展性而著称于世。

2002 年 8 月，沉寂了两年的 Altium 公司推出了一套基于 Windows 2000/XP 环境下的桌面 EDA 开发工具——Protel DXP。Protel DXP 提供了一套完全集成化的设计环境，设计人员可以很容易地完成从设计概念到最终完成电路板设计的全过程。Protel DXP 整合了电路原理图设计、PCB 布局布线、电路仿真测试、FPGA 设计和信号完整性分析等众多功能，同时它还具有强大的管理功能、良好的设计平台、可自行定义的操作环境等优点，因此，Protel DXP 必将获得广大电路设计人员的青睐，从而成为业界最为流行的电路设计软件。

Protel DXP 是 Altium 公司 Protel 系列软件的第 7 代基于 Windows 操作平台的一款最新产品，它是一款面向 PCB 设计项目、为用户提供板级的全面解决方案、多方位实现设计任务的桌面 EDA 开发软件。Protel DXP 的新增特性主要体现在以下几个方面：Protel DXP 功能十分强大、Protel DXP 具有先进的项目管理、灵活的工作面板操作、强大的多通道设计功能、引入了元件集成库、采用了 SITUS 布线器、采用了双向同步技术、图形堆栈管理功能、增加了 FPGA 设计系统和全面的设计分析功能。可见，相对于以前的 Protel 版本，Protel DXP 在用户界面、电路设计功能和项目管理功能都有了突破性的进展！但需要说明的一点是，书中部分图形符号和文字符号不符合国家标准，但为了保持软件中图例的原貌，书中没有做相应改动，这点请读者注意。

本书将从实际应用的角度出发，全面讲述了 Protel DXP 集成开发环境的各种应用，重点介绍了 Protel DXP 中的原理图设计系统、PCB 设计系统和 FPGA 设计系统。全书共分 12 章，第 1 章为 Protel DXP 概述，主要介绍了它的发展历史、新增特性和软件的安装；第 2 章介绍 Protel DXP 的基本操作界面，目的是使读者熟悉 Protel DXP 的基本操作环境；第 3 章 ~ 第 5 章主要介绍了原理图设计系统的具体操作方法和技巧，通过实例重点讨论了原理图设计系统的操作环境、原理图的设计和原理图仿真 3 个部分；第 6 章和第 7 章主要介绍了 PCB 设计系统的具体操作方法和技巧，重点介绍了 PCB 设计系统的操作环境和 PCB 设计；第 8 章为信号完整性分析，主要介绍了信号完整性的概念、设计规则设置和信号完整性分析的具体操作流程；第 9 章为创建元件集成库，重点介绍了原理图库、PCB 封装库和集成库的创建；第 10 章主要介绍了 FPGA 设计系统的具体操作方法和技巧；第 11 章和第 12 章给出了两个具体的应用实例，目的是为了详细地讨论应用 Protel DXP 设计实际项目的具体流程和技巧。

本书的特点是全面系统、通俗易懂、内容丰富翔实、图文并茂，目的是使读者循序渐进地掌握 Protel DXP 集成开发环境的各个方面。本书每一章中均有相应的实例，通过实例能使读者快速、有效地掌握介绍的内容，充分体现了本书以实例为主、以实际应用为重点的特点。本书既可作为高等学校相关专业的参考书，同时也可以作为广大电路设计工程师必不可少的工具书或培训教材。

本书主要由张蓬、蒋亮和孙玉林编写完成，他们完成了本书中的大部分内容。另外，参与本书编写工作的人员还有尹斯星、姜雪峰、吴晓伟、杜平、吴雪、张学静、高贺、吴鹏、蒋伟、范博、朱凤军、潘天保、渠瘤娜、齐霞、渠丰沛等。

由于作者水平有限，书中难免会存在一些错误或不足之处，恳请广大读者批评指正并提出宝贵建议。

作 者

目　　录

第 1 章　Protel DXP 概述

1.1　Protel DXP 的发展历史

CAD（Computer Aided Design）是计算机辅助设计的简称。计算机辅助设计的历史可以追溯到 20 世纪 70 年代，从那时起军用部门就开始利用计算机来完成飞机、卫星、载人火箭等航天器的设计工作。计算机辅助设计的主要特点表现在设计速度快、准确性高，能够极大地减轻工程设计人员的劳动强度。虽然计算机辅助设计具有极大的优势，但是当时的普及率却很低，其主要原因是计算机价格昂贵以及 CAD 软件种类很少。此后，随着计算机硬件技术的快速进步以及价格的大幅度降低，新的 CAD 软件种类也层出不穷。目前几乎所有的工业领域都有相应的 CAD 软件可以使用，并且不断朝着 CAM（Computer Aided Manufacturing）的方向发展。可以毫不夸张地说，CAD、CAM 的普及应用是计算机技术不断前进的动力之一。反过来，在计算机设计和制造领域广泛采用 CAD、CAM 技术后，又会极大地缩短计算机硬件的开发周期，从而促进计算机技术更快的发展和进步。

在日新月异的当今社会，随着电子工业的飞速发展，新型电路器件尤其是集成电路不断涌现，电路板的设计变得越来越复杂和精密，而传统的手工设计也越来越难以适应形势发展的需要。电路板 CAD 软件的普及和发展很好地解决了这一问题。在硬件电路设计和制造领域，电路板 CAD 的基本含义就是使用计算机来完成电路的全部设计过程。这个设计过程主要包括电路原理图的设计、电路原理图的功能仿真、印制电路板的设计（自动布局和自动布线）与检查等。同时，在设计的过程中，电路 CAD 软件还能够生成各种各样的报表文件，如各种元件报表、网络报表以及引脚报表等，从而为元件的采购、工程项目的预算以及电路的自动化设计等提供了极大的方便。

目前，电路板 CAD 软件的种类十分繁多，例如早期的 TANGO、SmartWork、EE System、PCAD、OrCAD 和 Protel 等等。一般来说，这些 CAD 软件所实现的功能大同小异，评价它们的优劣主要取决于它们的设计自动化程度、设计的优化程度和软件的可操作性等性能指标。根据这些评价标准，由于 Protel 具有操作简单、方便、易学、设计自动化程度高以及设计的优化程度较高等优点，逐渐成为目前比较流行的电路板 CAD 软件之一。

Protel 软件系统是一套建立在 IBM（国际商用机械公司）兼容 PC 环境下的 CAD 电路集成设计系统。实际上，Protel 软件系统是世界上第 1 套将 EDA（电子设计自动化）环境引入到 Windows 环境的 EDA 开发工具，一向以其高度的集成性及可扩展性著称于世。

1985 年，Altium 公司的前身 Protel Technology 公司在澳大利亚正式成立，公司的目标是从事电路板 CAD 软件的研究开发工作，其开发软件命名为 Protel。1987～1988 年，美国 ACCEL Technologies Inc 公司推出了第 1 个电路板 CAD 软件——TANGO，它给当时的电路板设计带来了设计方法和设计方式上的重要革命，受到了广大设计人员的热烈欢迎。但是随着电子业的发展，TANGO 软件日益显示出不适应时代发展要求的诸多弱点。在这种时代背景下，Protel

Technology 公司抓住历史时机，以其强大的研发实力适时地推出了 Protel for DOS 软件来作为 TANGO 软件的升级版本。Protel 软件上市以后迅速取代了 TANGO 软件，并且逐渐取得了欧美等国家的认可，成为当时影响最大的一款电路板 CAD 软件，自此 Protel 这个名字几乎成为了电路板 CAD 软件的代名词。

20 世纪 80 年代末至 90 年代初，Microsoft 公司开发了第 1 代视窗操作系统——Windows 系统，不久 Windows 操作系统迅速占领了几乎整个计算机行业。随着 Windows 操作系统的广泛流行，许多软件公司纷纷开始支持 Windows 操作系统。自 1990 年推出了基于 DOS（磁盘操作系统）平台的版本 Schematic3.31ND 和 Autotrax1.61 后，Protel Technology 公司便全面转向 Windows 操作系统平台上的软件开发。1991 年，Protel Technology 公司推出了世界上第 1 个基于 Windows 操作平台的 PCB 软件包——Protel for Windows 1.0，此后又推出了 Protel for Windows 1.5 等版本，这些软件的可视化功能给用户带来了极大的方便，设计人员再也不用记忆繁琐的指令，同时还能够实现设计资源的共享。1994 年，Protel Technology 公司又取得了重大突破，首创了 EDA Client/Sever（客户/服务器）框架的体系结构，方便地实现了各种 EDA 软件的无缝连接。从此，Protel 成为了新一代电气原理图工业标准。

20 世纪 90 年代中期，Microsoft 公司推出了新版本的 Windows 95。为了适应时代潮流，Protel Technology 公司推出了基于 Windows 95 的 Protel 3.x 版本。Protel 3.x 版本是一个 16 位和 32 位的混合软件，同时能够方便地实现 EDA 软件工具的无缝连接，但是它在自动布线方面没有太大的改进，而且软件本身也不够稳定。

1996 年，Protel Technology 公司收购了美国 Neuro CAD 公司，成为世界上拥有 shape-base 布线技术的几家公司之一；同年又收购了当时著名的 PLD（可编程逻辑器件）设计厂家 CUPL 公司，获得了 CPLD（复杂可编程逻辑器件）技术，从而以新版本 Protel Advanced PLD 正式进入可编程逻辑器件设计领域。

1997 年，Protel Technology 公司取得了与 Dolphin Technologies 公司达成一致的 OEM（原始设备制造商）协议，开始全面支持混合电路的模拟仿真，同年发布了第 1 个真正规则驱动设计的桌面 EDA 软件包。

1998 年，Protel Technology 公司推出了真正 32 位的 EDA 软件——Protel 98，它包括了 Advanced SCH98（电路原理图设计）、PCB98（印制电路板设计）、Route98（自动布线器）、PLD98（可编程逻辑器件设计）和 SIM98（电路图模拟/仿真）5 个核心设计模块，从而使得 Protel 成为能够和基于工作站平台的 EDA 软件相抗衡的 PC 平台 EDA 软件。

1999 年，Protel Technology 公司将美国 MicroCode Engineering 公司的仿真技术和德国 Incases Engineering Gmbh 公司的信号完整性分析技术引入到了 Protel 软件中，同时引入了设计文档智能管理和设计团队的概念，形成了功能更为强大的 Protel 99 版本和 Protel 99 SE 版本。1999 年 8 月，Protel Technology 公司成为美国上市公司，进而为公司更大规模的发展奠定了坚实的基础。

2000 年 1 月，公司收购了著名的 ACCEL 公司，标志着 Protel Technology 公司在提供桌面 EDA 解决方案的领先地位得到了进一步的巩固，同时，该公司又与一些 EDA 公司合作开发新的设计系统，这些公司都是在 FPGA（现场可编程门阵列）、电路仿真和嵌入式系统开发领域具有强大实力的公司。Protel Technology 公司采用了这些公司的先进技术，目的是拓展公司的软件产品的应用领域。2000 年 8 月 6 日，Protel Technology 公司改名为 Altium 公司。

2002 年 8 月，沉寂了两年的 Altium 公司推出了一套基于 Windows 2000/XP 环境下的桌面 EDA 开发工具——Protel DXP。Protel DXP 提供了一套完全集成化的设计环境，设计人员可以容易地完成从设计概念到最终完成电路板设计的全过程。Protel DXP 整合了电路原理图设计、PCB 布局布线、电路仿真测试、FPGA 设计和信号完整性分析等众多功能，同时它还具有强大的管理功能、良好的设计平台、可自行定义的操作环境等优点，因此，Protel DXP 必将获得广大电路设计人员的青睐，从而成为业界最为流行的电路设计软件。

1.2　Protel DXP 的新增特性

Protel DXP 是 Altium 公司 Protel 系列软件的第 7 代基于 Windows 操作平台的最新产品，它是一款面向 PCB 设计项目、为用户提供板级的全面解决方案、多方位实现设计任务的桌面 EDA 开发软件。Protel DXP 的新增特性主要体现在以下几个方面：

（1）Protel DXP 功能十分强大　Protel DXP 包含电路原理图设计、电路原理图仿真测试、PCB 设计、自动布线器、FPGA 设计和信号完整性分析等众多功能，覆盖了以 PCB 为核心的整个设计过程。同时，Protel DXP 智能化、自动化较以前版本有了极大的提高。

（2）Protel DXP 具有先进的项目管理　Protel DXP 引入了项目的概念，任何设计任务都是从创建一个项目开始的，项目能够把电路原理图、报表文件、PCB 文件和元件库等设计元素有机地组织在一起，从而使得设计项目的管理更加智能化，极大地提高了设计效率。

（3）灵活的工作面板操作　与先前版本的 Protel 不同，Protel DXP 重新设计了工作操作界面，大量地使用了工作面板的概念。用户通过这些工作面板可以方便地进行文件访问、显示，还可以管理库文件和浏览项目文件等。可见，采用工作面板使得 Protel DXP 具有更加灵活的操作界面，从而适应各种设计工作的需要。

（4）强大的多通道设计功能　在设计电路的过程中，设计人员经常会遇到重复性设计的问题。对于这种重复性设计的问题，通常的方法是将这些原理图或者子模块进行大量的复制和粘贴操作，这样设计出来的电路图将会十分庞大，而且很容易出错。Protel DXP 提供了强大的多通道设计功能，这种功能能够自动地重复引用相同的原理图或者子模块而不需要进行复制和粘贴操作，并且不会产生元件或者网络重复命名的情况。

（5）引入了元件集成库　与先前版本的 Protel 不同，Protel DXP 采用了一种新的元件库管理方式，引入了元件集成库的概念。在 Protel DXP 的元件集成库中集成了元件的原理图符号、PCB 封装形式、SPICE 仿真模型和信号完整性分析，这样在调用元件的时候就可以把相应的信息同步地传递给具体的设计项目。

（6）采用了 SITUS 布线器　Protel DXP 的 PCB 设计系统在 PCB 板的自动布线上引入了人工智能技术，它采用了新一代的布线器——SITUS 布线器。SITUS 布线器是一款基于拓扑逻辑分析的布线器，可以胜任大面积、高密度的电路板的自动布线。可见，采用 SITUS 布线器可以实现真正的非正交的布线，最大限度地利用板上的有限空间，实现较高的布通率。

（7）采用了双向同步技术　Protel DXP 的同步化程度极高，支持自然的非线性设计流程——双向同步设计，可以实现电路原理图和 PCB 之间具有动态连接的功能。Protel DXP 既可以通过电路原理图编辑器的设计同步器来实现与 PCB 板的同步，同样也可以通过 PCB 设计系统中的设计同步器来对电路原理图的设计进行更新。

（8）图形堆栈管理功能　Protel DXP 采用了图形堆栈管理功能，这是一种十分先进的管理方式。通过这个图形堆栈，设计人员不但可以添加、删除信号层和内电层，而且还可以根据 PCB 设计的需要编辑设计图层的先后顺序，从而实现 PCB 设计系统对设计图层的有效组织和管理。

（9）增加了 FPGA 设计系统　Protel DXP 引入了 FPGA 设计系统，提供了一种全新的 FPGA/CPLD 设计功能。FPGA 设计系统不但支持 VHDL 输入和原理图输入，同时也支持 VHDL 与原理图的混合输入。另外，Protel DXP 的 VHDL 设计部分和 FPGA 厂商的逻辑综合软件具有良好的接口，从而可以方便地进行 FPGA 设计的仿真和综合。

（10）全面的设计分析功能　Protel DXP 为设计人员的设计项目提供了全面的设计分析功能，这些分析功能主要包括数模混合电路仿真、信号完整性分析和 VHDL 仿真验证。这些分析功能将会在电路原理图、PCB 设计和 FGPA 设计的前期对设计进行仿真操作，目的是验证设计的性能，以便及早发现设计中存在的问题，从而提高设计效率。

1.3　Protel DXP 的运行环境

Protel DXP 是一套基于 Windows 2000/XP 环境的桌面 EDA 开发软件。由于 Protel DXP 的用户界面、电路设计功能和项目管理功能等相对于以前的版本均有极大的改进，因此它对计算机的硬件和软件配置要求都比较高。例如，Protel DXP 系统运行时需要占用较大的内存空间，如果系统配置不足，那么计算机将可能发生频繁的死机现象，从而导致 Protel DXP 运行失败。因此，建议用户尽可能好地配置计算机。

（1）推荐的最低配置

操作系统：Windows 2000 Professional。

CPU：Pentium PC，主频 500MHz 以上。

内存空间：128MB。

硬盘空间：620MB。

显示器分辨率：1024×768 像素；图形显示卡支持 16 位，8MB 显存。

（2）推荐的典型配置

操作系统：Windows XP（支持 Professional 和 Home Editions）。

CPU：Pentium PC，主频 1.2GHz 以上。

内存空间：512MB。

硬盘空间：620MB。

显示器分辨率：1280×1024 像素；图形显示卡支持 32 位，32MB 显存。

1.4　Protel DXP 的安装与卸载

一般来说，Protel DXP 分为两种版本：试用版和正式版。其中，试用版可以直接到 Altium 公司的官方网站 www.protel.com 上注册下载，它的使用时间是 30 天；正式版需要用户直接购买安装光盘，与此同时会附送一个注册码。

Protel DXP 是一种基于 Windows 2000/XP 操作系统的应用程序，同时它是针对英语环境设计的，因此安装过程中需要进行一些必要的系统调整。Protel DXP 在 Windows 2000 Professional 下的具体安装步骤如下：

1．调整屏幕分辨率

Protel DXP 电路设计软件对计算机屏幕分辨率的要求一般较高，否则将会对用户的工作造成一定的影响。例如，在 Protel DXP 的 Advanced Schematic 中，如果计算机的屏幕分辨率没有达到 1024×768 像素，那么它的某些操作面板就会被遮挡一部分，此时用户将无法使用被遮挡掉的部分。因此，为了保证用户具体开发工作的顺利进行，建议用户在安装 Protel DXP 之前应将屏幕分辨率设置到 1024×768 像素或者 1024×768 像素以上，最好设置为 1280×1024 像素，这样效果就比较好了。

2．调整区域选项的设置

Protel DXP 是针对英语环境设计的，因此安装 Protel DXP 之前需要对区域选项的设置进行调整，调整为“英语（美国)”。

首先打开 Windows 2000 Professional 的控制面板，然后双击区域选项的图标进入到区域选项设置对话框中，如图 1-1 所示。

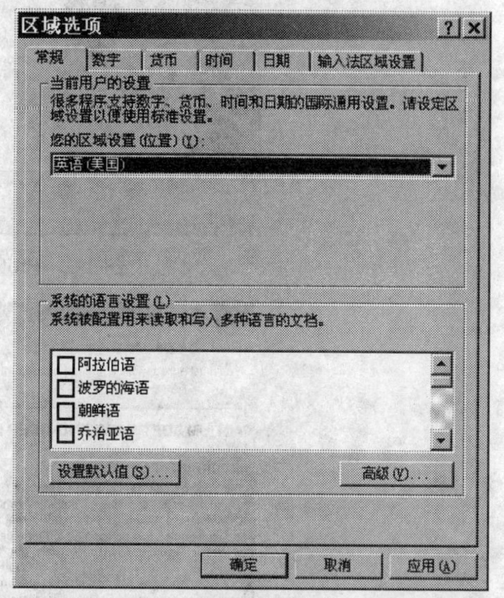

图 1-1　区域选项设置对话框

在图 1-1 所示的对话框中，选择“您的区域设置（位置）(Y)”下拉栏中的“英语（美国）”选项；接着单击对话框下面的按钮 设置默认值(S)... ，这时将会弹出如图 1-2 所示的选定系统区域设置对话框，同样选择下拉栏中的“英语（美国）”选项，然后单击 确定 按钮，返回到区域选项设置对话框中；最后单击 确定 按钮，这时系统将会提醒用户需要重新启动计算机，从而完成区域选项的设置调整。

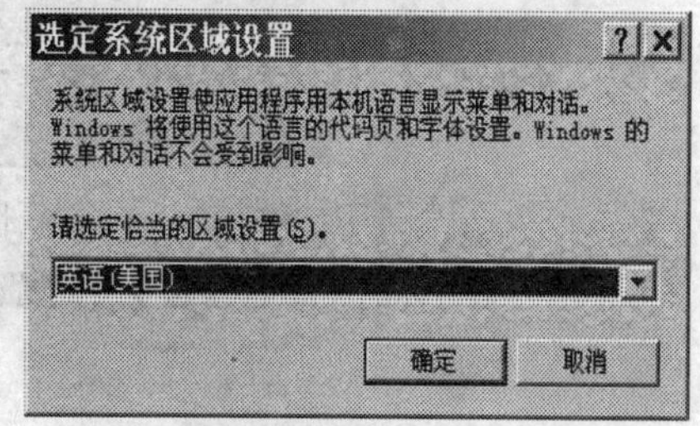

图 1-2　选定系统区域设置对话框

3．运行 Protel DXP 安装软件

在 Windows 2000 操作系统下，用户将 Protel DXP 安装光盘放入光驱，此时系统将会自动运行 Protel DXP 安装程序。如果安装光盘不能自动运行，可以直接打开光盘目录，双击“SETUP”图标即可。系统自动运行安装 Protel DXP 安装程序后，这时将会弹出相应的安装界面，如图 1-3 所示。

接下来单击 Next> 按钮，这时安装程序将会进入到图 1-4 所示的许可协议对话框。在许可协议对话框中，用户应该选择“I accept the license agreement”选项；如果用户选择“I do not accept the license agreement”选项，那么这时安装程序将会终止 Protel DXP 的安装。

继续单击 Next> 按钮，这时安装程序将会进入到图 1-5 所示的用户信息对话框。用户可以在对话框的“Full Name”栏中输入用户名，在“Organization”栏中输入用户的单位名称。另外，用户还可以设定 Protel DXP 的使用范围。

单击 Next> 按钮，这时安装程序将会进入到图 1-6 所示的安装路径选择对话框。安装程序默认的安装路径为“C:\Program Files\Altium\”，用户也可以选择自己所希望的安装路径。

图 1-3 Protel DXP 安装欢迎界面

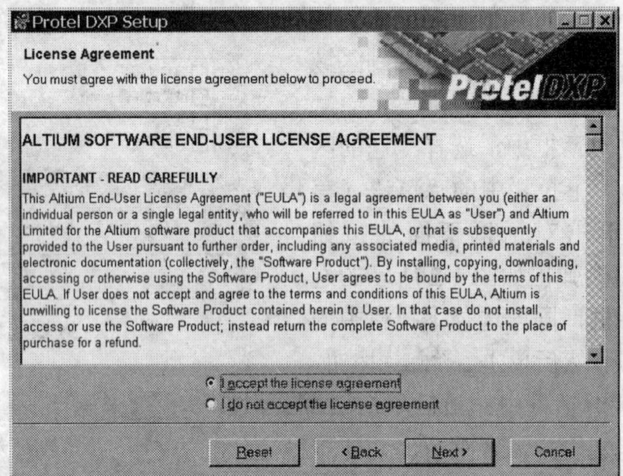

图 1-4 许可协议对话框

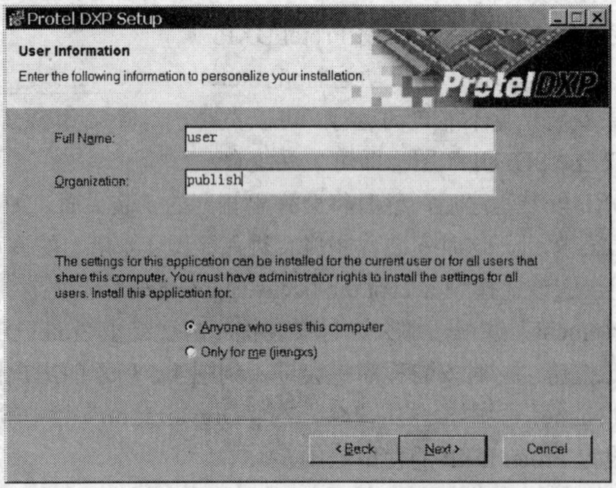

图 1-5 用户信息对话框

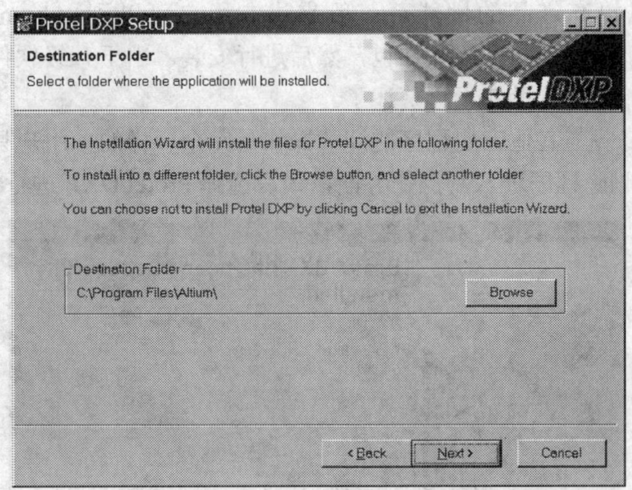

图 1-6　安装路径选择对话框

设定安装路径后，单击 Next> 按钮，则安装程序将会出现输入注册码对话框，如图 1-7 所示。用户可以直接输入 25 个字符的注册码，或者选择"Use Protel DXP Network License"选项来进行网上注册。

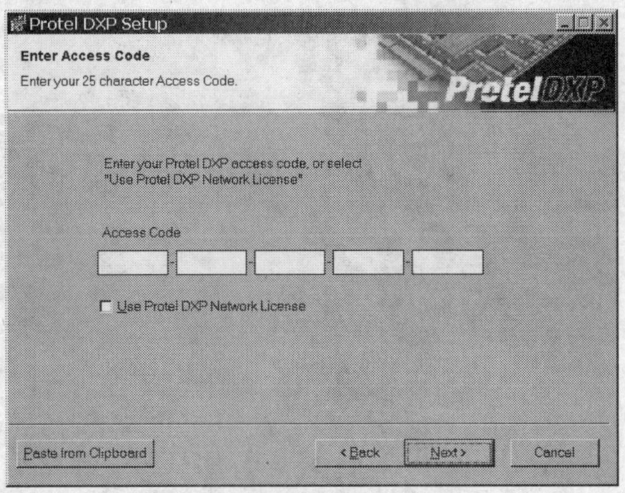

图 1-7　输入注册码对话框

接下来单击 Next> 按钮，安装程序进入到准备安装程序对话框。用户确定前面的安装设置无误后，继续单击 Next> 按钮，安装程序开始复制文件，进行 Protel DXP 的具体安装操作。安装程序结束后，这时将会弹出如图 1-8 所示的程序安装完成对话框，单击 Finish 按钮完成整个程序的安装。一般来讲，Protel DXP 程序的安装时间会随机器的不同配置而有所不同。

4．调整区域选项设置为"中文（中国）"

Protel DXP 安装完成后，用户应该将区域选项的设置调整回"中文（中国）"，这个过程与前面第 2 步的操作是完全相似的。

5．安装升级软件包

Altium 公司推出新的软件产品后将会不断地给出一些相应的升级软件包，从而不断来完善自己的产品，以提高产品的性能。一般来讲，用户可以到 Altium 公司的官方网站 www.protel.com 来下载相应的升级软件包，然后进行安装。由于升级软件包的安装过程与上面的安装过程十分相似，这里就不再赘述了。

Protel DXP 的卸载与其他应用程序的卸载操作是完全一样的。用户只需要进入到控制面板，然后双击添加/删除程序进入到操作界面，最后选择 Protel DXP 进行卸载即可。

图 1-8 程序安装完成对话框

第 2 章　Protel DXP 的基本操作界面

2.1　Protel DXP 的启动

通常，启动 Protel DXP 的方法与启动其他应用程序的方法十分类似。根据 Protel DXP 启动图标建立的不同位置，可以得到 Protel DXP 的 4 种启动方式：

1）Protel DXP 安装完成后，Protel DXP 图标会出现在桌面上，如图 2-1 所示。在这种情况下，直接用鼠标双击 Protel DXP 的快捷启动图标，即可快速启动 Protel DXP。通常，这种方法是最为简单也是用户最常采用的一种启动方式。

2）在 Windows 操作系统的桌面下，单击 Windows 任务栏的开始图标，然后在弹出的菜单中直接选择 Protel DXP 选项，如图 2-2 所示，同样可以启动 Protel DXP。

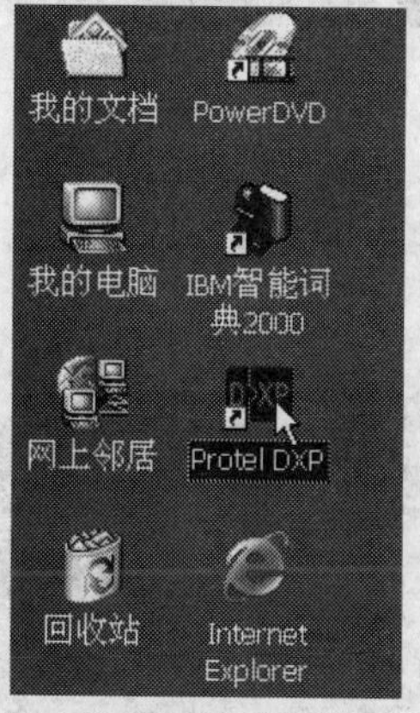

图 2-1　桌面图标启动

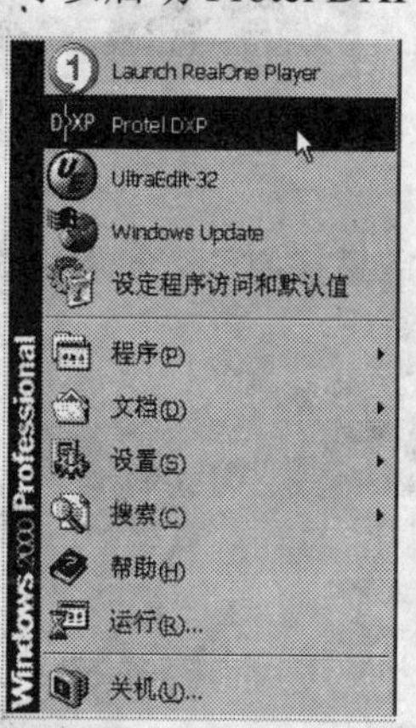

图 2-2　从开始菜单启动

3）在 Windows 操作系统的桌面下，单击 Windows 任务栏的开始图标，执行菜单命令【程序(P)】→【Altium】→【Protel DXP】，如图 2-3 所示，即可启动 Protel DXP。

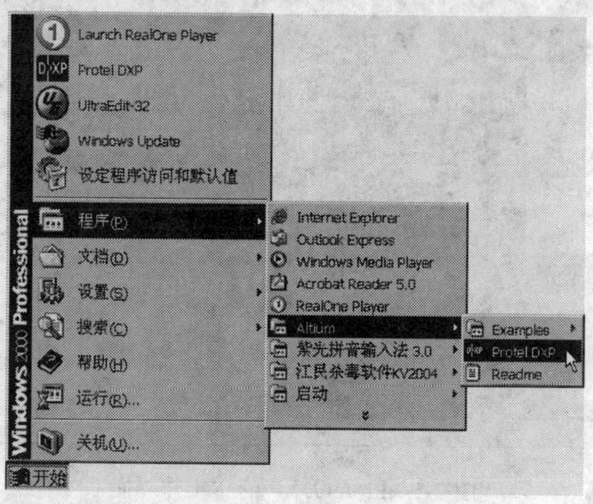

图 2-3　执行菜单命令启动 Protel DXP

4）直接打开与 Protel DXP 相关的文件，例如原理图文件或者 PCB 文件等，同样可以启动 Protel DXP，这种启动方法一般不常采用。

启动 Protel DXP 后，这时将会出现如图 2-4 所示的启动画面。一般大约需要经过几秒钟，系统便会进入到 Protel DXP 的主工作界面，如图 2-5 所示。

图 2-4　启动 Protel DXP

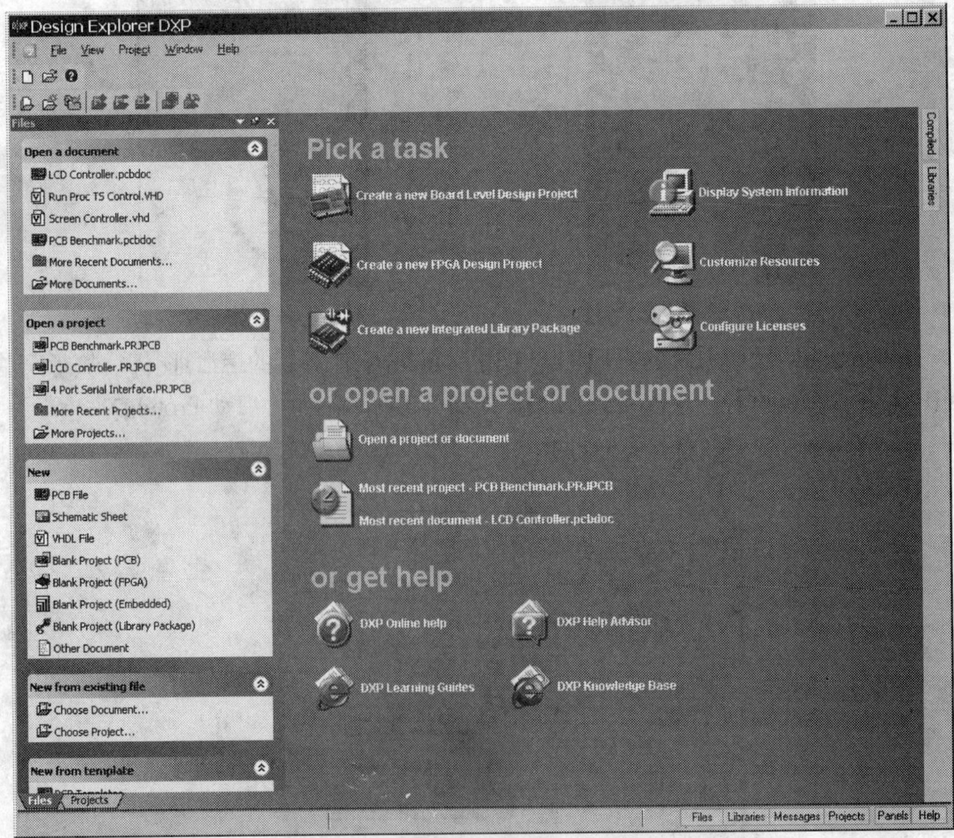

图 2-5　Protel DXP 的主工作界面

2.2　Protel DXP 的主工作界面

通过图 2-5 所示的 Protel DXP 主工作界面可以看出，Protel DXP 集成开发环境是由标题栏、菜单栏、工具栏、工作面板、设计管理器、状态栏、命令栏和标签栏等部分组成的，它非常类似于 Windows 的资源管理器窗口。下面将对 Protel DXP 主工作界面的各个组成部分进行介绍，并介绍菜单栏和工具栏的自定义方法。

2.2.1　菜单栏

Protel DXP 集成开发环境的菜单栏集成了 Protel DXP 的所有命令和操作，例如进行文件操作、设置视图、进行各种项目操作以及打开帮助文件等。通常，Protel DXP 的菜单栏并不是一成不变的，它会根据不同的设计系统或者编辑状态而切换到不同的菜单栏状态。在没有打开 Protel DXP 的任何设计系统或者编辑窗口时，Protel DXP 主工作界面中的菜单栏只包括系统菜单、【File】菜单、【View】菜单、【Project】菜单、【Window】菜单和【Help】菜单，如图 2-6 所示。

图 2-6　Protel DXP 主工作界面的菜单栏

1．系统菜单

在 Protel DXP 中，系统菜单的作用是为用户提供一些有关设计系统管理的设置，例如资源定制、系统参数设置和权限设置等。利用鼠标单击菜单栏中的图标，系统将会弹出相应的菜单选项，如图 2-7 所示。不难看出，系统菜单包括 Customize、System Preferences、System Info、Run Process 和 Licensing 共 5 个选项，它们的具体功能是：

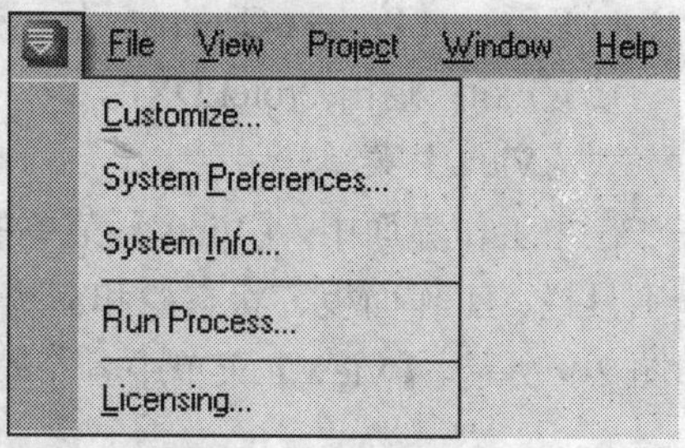

1）Customize：允许用户定制 Protel DXP 设计系统的资源，例如定制系统菜单、工具栏和操作的快捷方式等。

图 2-7　系统菜单栏

2）System Preferences：允许用户设置 Protel DXP 设计系统的系统参数，例如设置设计系统或者编辑器的启动参数、时间参数、透明效果、版本控制信息以及文件备份参数等。

3）System Info：为用户提供 Protel DXP 中所支持的工具服务器种类以及相关信息，例如 Protel DXP 中各个设计系统的属性信息和视图信息等。

4）Run Process：为用户提供运行某一选定过程的全部命令，同时允许用户查询相应命令的使用帮助信息。

5）Licensing：允许用户对 Protel DXP 设计系统的序列号许可权限、相应的许可（license）用户等进行相应的设置，目的是为了提高使用 Protel DXP 的安全性。

2．【File】菜单

在 Protel DXP 中，【File】菜单的作用主要用于各种文件或者项目的相应操作，例如新建、打开和保存相应的文件或者项目。【File】菜单的各个下拉菜单选项如图 2-8 所示，它们的功能如下所示：

1）New：新建一个空白文件，文件类型包括原理图、VHDL 文档、PCB、原理图库、PCB 封装库、PCB 项目、FPGA 项目、元件集成库、嵌入式项目、文本文档和 CAM 文档。

2）Open：打开一个 Protel DXP 可以识别的已存在文件，同时启动 Protel DXP 中相应的设计系统和编辑器。

3）Save Project：保存当前正在进行操作的项目。

4）Save Project As：将当前正在进行操作的项目保存为另外一个项目。

5）Save All：保存所有当前已经打开的文件或者项目。

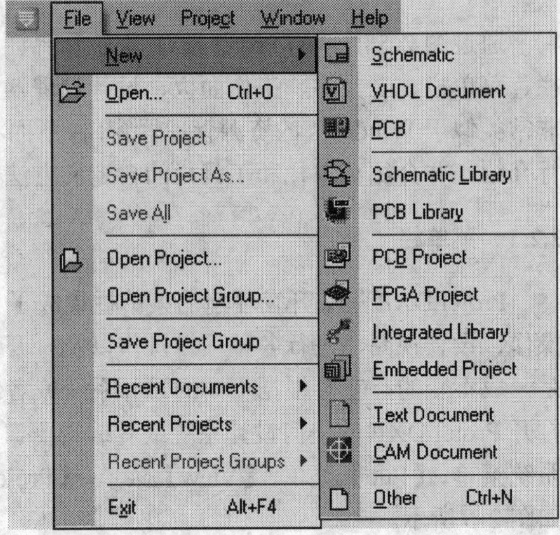

图 2-8 【File】菜单

6）Open Project：打开一个 Protel DXP 可以识别的已存在项目。

7）Open Project Group：打开一个 Protel DXP 可以识别的已存在项目组。

8）Save Project Group：保存当前正在进行操作的项目组。

9）Recent Documents：显示最近访问的一些文档。

10）Recent Projects：显示最近访问的一些项目。

11）Recent Project Groups：显示最近访问的一些项目组。

12）Exit：退出 Protel DXP。

3.【View】菜单

在主工作界面中，【View】菜单的主要作用是对工作界面的视图进行设置操作，例如设置工具栏、工作面板、状态栏和命令栏的显示等。通常，【View】菜单的各个下拉菜单选项如图 2-9 所示。【View】菜单中各个菜单选项的具体功能为：

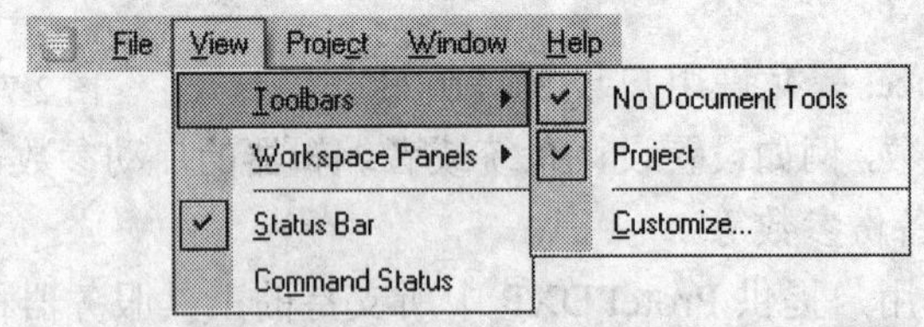

图 2-9 【View】菜单

1）Toolbars：控制相应工具栏的打开与关闭。在不同的设计系统或编辑器条件下，子菜单栏中显示的工具栏选项会有所不同。在主工作界面中，Toolbars 选项只有 No Document Tools、Project 和 Customize 共 3 个子项。

2）Workspace Panels：控制 Protel DXP 中相应工作面板的打开与关闭。在不同的设计系统或编辑器条件下，子菜单栏中显示的工作面板选项也会有所不同。在主工作界面中，该菜单选项所包含的工作面板选项如图 2-10 所示，它们的功能如下所示：

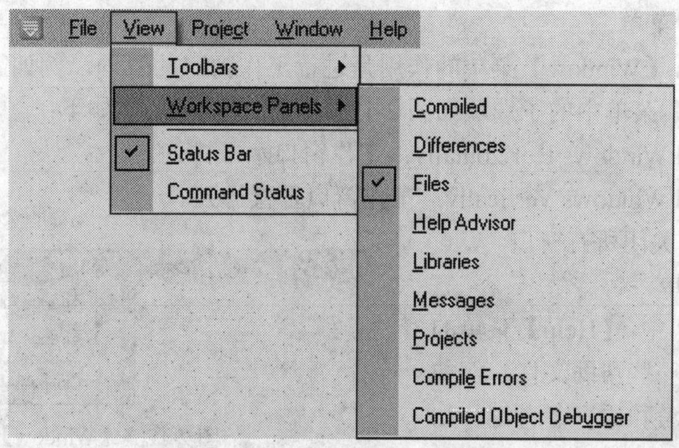

图 2-10　Workspace Panels 的子选项

Compiled：控制编译工作面板的打开与关闭。

Differences：控制差异工作面板的打开与关闭。

Files：控制文件工作面板的打开与关闭。

Help Advisor：控制帮助向导工作面板的打开与关闭。

Libraries：控制库文件工作面板的打开与关闭。

Messages：控制信息工作面板的打开与关闭。

Projects：控制项目工作面板的打开与关闭。

Compile Errors：控制编译错误工作面板的打开与关闭。

Compiled Object Debugger：控制编译对象调试工作面板的打开与关闭。

3）Status Bar：控制状态栏的打开与关闭。

4）Command Status：控制命令栏的打开与关闭。

4.【Project】菜单

在工作界面中，【Project】菜单的作用是对 Protel DXP 中的设计项目进行相应的操作，例如设计项目的建立、编译和添加等操作。一般情况下，【Project】菜单中的各个子选项如图 2-11 所示。

1）Compile Project：编译项目。

2）Build Project：建立项目。

3）Show Differences：显示项目的差异。

4）Analyze Document：分析文档。

5）Variants：元件信息管理。

6）Add to Project：添加文件到项目中。

7）Remove from Project：移除项目中的文件。

8）Add Existing Project：添加已有的项目。

9）Add New Project：添加新的项目。

10）Version Control：版本控制。

11）Project Options：项目设置。

12）Output Jobs：设置项目的输出文件。

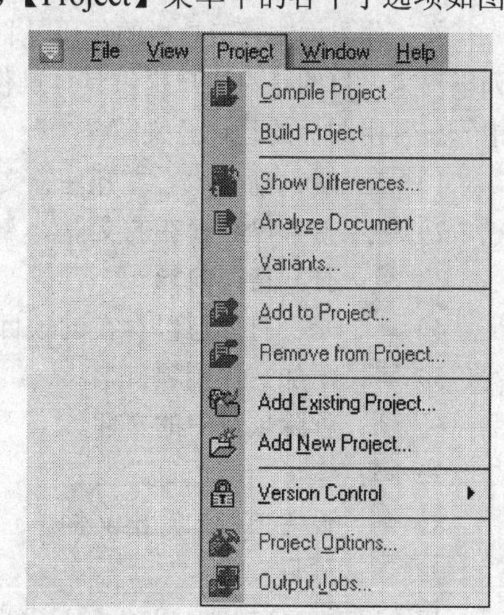

图 2-11　【Project】菜单

5.【Window】菜单

在工作界面中，【Window】菜单的作用是进行工作窗口的管理，例如工作窗口的排列和关闭等。【Window】菜单中的子选项如图 2-12 所示，它们的功能如下：

1）Arrange All Windows Horizontally：工作窗口水平排列。

2）Arrange All Windows Vertically：工作窗口垂直排列。

3）Close All：关闭所有窗口。

6.【Help】菜单

在 Protel DXP 中，【Help】菜单的作用是为用户提供一些帮助文件，例如帮助向导、命令参考和语言参考等，如图 2-13 所示。

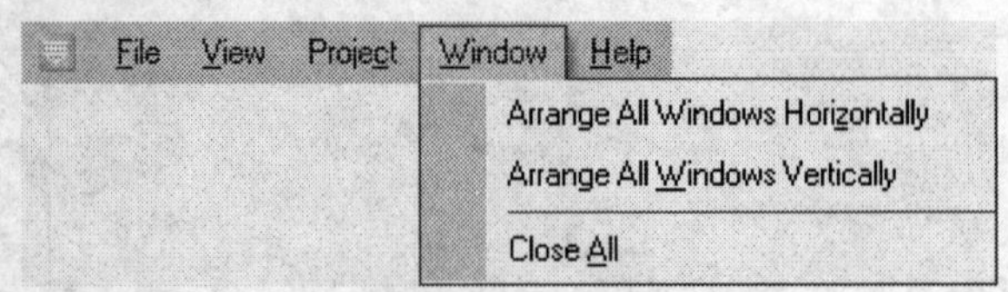

图 2-12 【Window】菜单

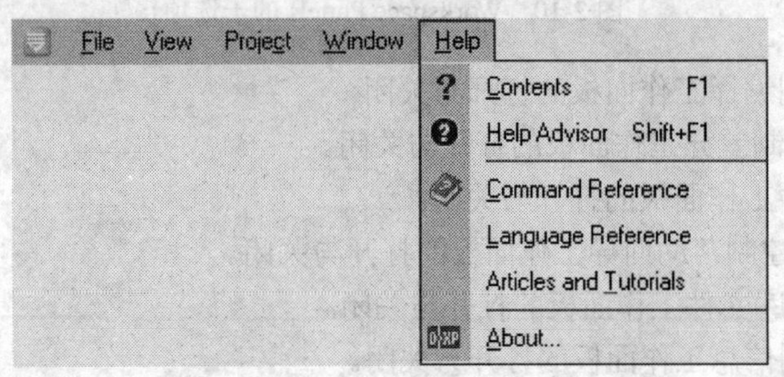

图 2-13 【Help】菜单

1）Contents：显示在线文档内容。

2）Help Advisor：打开帮助向导工作面板。

3）Command Reference：命令参考书。

4）Language Reference：语言参考书。

5）Articles and Tutorials：文章和教程。

2.2.2 工具栏

在工作界面中，工具栏的作用是将 Protel DXP 中常用的一些命令或者操作以图标的形式列举出来，目的是为用户提供具体操作的快捷方式，它位于菜单栏的下面。这里给出工具栏中一些常用图标的具体意义。

1）、：新建或者打开任意文件。

2）：打开已经存在的文件。

3）：打开帮助向导。

4）、：打开已经存在的项目。

5）：添加文件到项目中。

6）：移除项目中的文件。

7）：编译当前项目。

8）：设置项目的输出文件。

9）：项目设置。

与菜单栏十分相似，Protel DXP 的工具栏也不是一成不变的，它将根据不同的设计系统或者编辑状态而切换到不同的工具栏状态，而且用户也可以通过【View】菜单中的 Toolbars 选项来显示不同的工具栏状态。

2.2.3　菜单栏和工具栏的自定义

在 Protel DXP 初始安装的过程中，菜单栏和工具栏都已经有了默认的定义，用户可以直接使用这些默认的菜单栏和工具栏。但在某些情况下，用户希望能够自己定义这些菜单栏和工具栏，从而满足自己个性化设计的需要。为了满足这种要求，Protel DXP 为用户提供了定制资源向导。通过定制资源向导，用户可以定义自己设计所需的菜单栏和工具栏，从而满足自己的设计习惯。

下面将对菜单栏和工具栏的几种自定义操作进行介绍。通过这些介绍，用户可以定义新的菜单栏和工具栏，同时可以进行添加或者删除命令选项；如果用户对自定义的菜单栏和命令栏感到不满意的话，也可以通过相应的操作来恢复默认的菜单栏和工具栏。

1. 自定义新的菜单

在 Protel DXP 中，自定义新的菜单的具体步骤为：

1）单击菜单栏中的图标，然后在弹出的下拉菜单中选择 Customize 选项；或者单击主工作界面中设计管理器的图标，这时将会弹出用户自定义资源对话框，如图 2-14 所示。Categories 列表框中给出了当前主菜单的各个选项，单击其中的某一个菜单，Commands 列表框中将会显示该菜单的各个子选项。

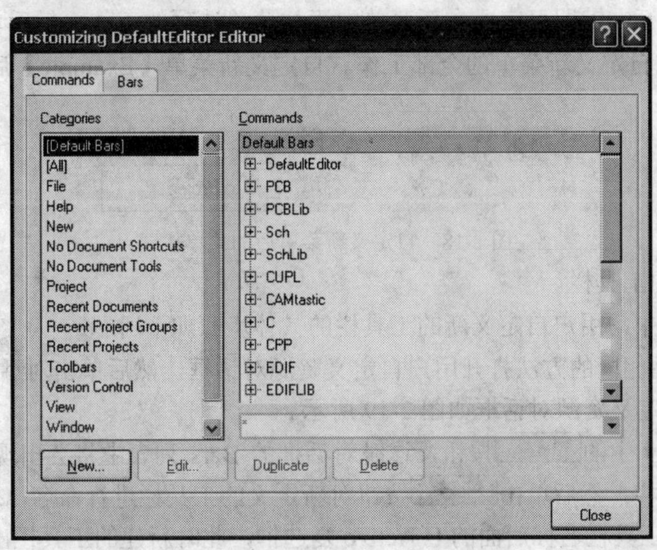

图 2-14　用户自定义资源对话框

2）移动鼠标到想放置新菜单的位置，这个位置可以是主菜单栏或者现存主菜单下的子菜单。移动鼠标到主工具栏的 Window 图标处，然后单击鼠标右键，这时将会弹出如图 2-15 所示的下拉菜单编辑对话框。

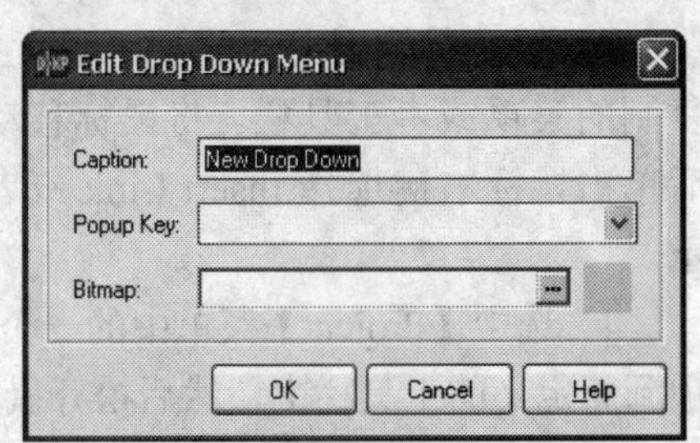

图 2-15　下拉菜单编辑对话框

在弹出的下拉菜单编辑对话框中，可以看出它包含有 3 项内容的输入：

Caption：输入新菜单的名称。

Popup Key：用来提供新菜单的快捷方式，既可以输入相应的快捷方式，也可以通过下拉菜单选择相应的快捷方式。

Bitmap：用来选择新菜单的图标。

3）首先在 Caption 输入栏中输入“Example”作为新菜单的名称，在 Popup Key 输入栏中选择下拉栏中的“Alt+E”键作为新菜单的快捷方式，然后单击 OK 按钮，这时新的菜单名称将会显示在菜单栏中，如图 2-16 所示。

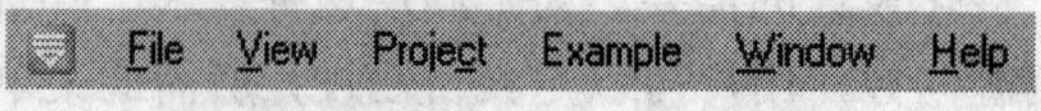

图 2-16　添加新菜单后的菜单栏

4）移动鼠标到主菜单栏、现存主菜单下的子菜单或者工具栏，选择用户想要链接或者复制的菜单或者工具栏。将鼠标移动到工具栏中的（Add to Project）工具处，然后单击鼠标右键选择 Insert Link 或者 Insert Duplicate，此时工具栏如图 2-17 所示。可以看出，工具栏中复制了一个新的工具。

图 2-17　复制新工具图标后的工具栏

5）选中工具栏中的工具图标，按住鼠标左键拖动图标到新菜单【Example】的下拉菜单中，然后松开鼠标左键即可完成在新菜单中添加菜单选项的工作，最后单击图 2-14 中的 Close 按钮，完成自定义新菜单的全部工作。自定义新菜单【Example】后，这时的菜单栏如图 2-18 所示。

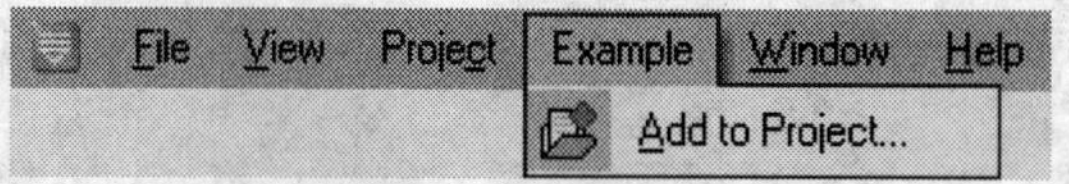

图 2-18　自定义新菜单后的菜单栏

2．自定义新的工具栏

在 Protel DXP 中，用户自定义新的工具栏的具体步骤如下所示：

1）按照与前面相同的方法打开用户自定义资源对话框，然后单击对话框上面的 Bars 标签，这时的用户自定义资源对话框如图 2-19 所示。

2）单击图 2-19 中的 New... 按钮，这时对话框的 Bars 列表中将会出现一个名称为 New ToolBars 的新工具栏；然后单击 Rename... 按钮对新定义的工具栏进行命名，这里命名为“Test Bar”；最后选中新工具栏名称后面的 Is Active 复选框，此时新建的工具栏出现在菜单栏的后面，如图 2-20 所示。

3）移动鼠标到主菜单栏、现存主菜单下的子菜单或者工具栏，选择用户想要链接或者复制的菜单或者工具栏。将鼠标移动到【Project】菜单中的 Add Existing Project 选项，然后单击鼠标右键选择 Insert Link 或者 Insert Duplicate，这时的【Project】菜单如图 2-21 所示。

4）选中【Project】菜单中的一个 Add Existing Project 选项，按住鼠标左键拖动该菜单选项到新定义的工具栏中，然后松开鼠标左键即可完成在新工具栏中添加新工具图标的工作。最后单击图 2-19 中的 Close 按钮，从而完成自定义新工具栏的全部工作。新定义工具栏 Test

Bar 后，此时的菜单栏和后面新建的工具栏如图 2-22 所示，同时用户可以发现在【View】菜单的 Toolbars 选项中增加了 Test Bar 子选项。

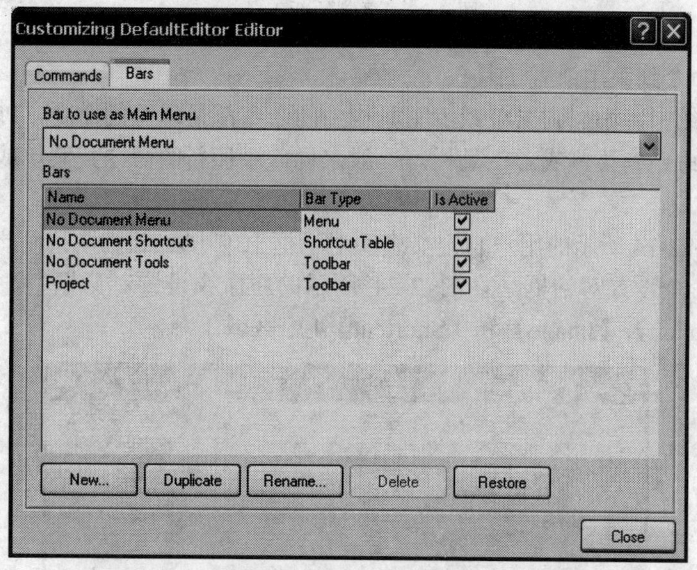

图 2-19 用户自定义资源对话框（定义工具栏）

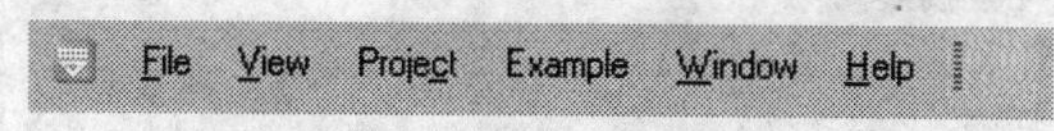

图 2-20 添加新工具栏后的菜单栏

5）如果用户对自定义的新工具栏感到不满意的话，可以在图 2-19 所示的对话框中选择该工具栏，然后单击Delete按钮，这时便可以将新建的工具栏删除。

6）如果用户要建立一个基于已用工具栏的新工具栏，那么用户可以选中图 2-19 所示对话框中的现有工具栏，例如现有的 Project 工具栏。然后单击Duplicate按钮，这时将会有 Copy of Project 出现在 Bars 列表框中的最后一行，接下来单击Rename...按钮来命名复制的新工具栏，最后单击Close按钮，完成复制新工具栏的全部工作。这时复制的新工具栏将会出现在菜单栏的后面，如图 2-23 所示。

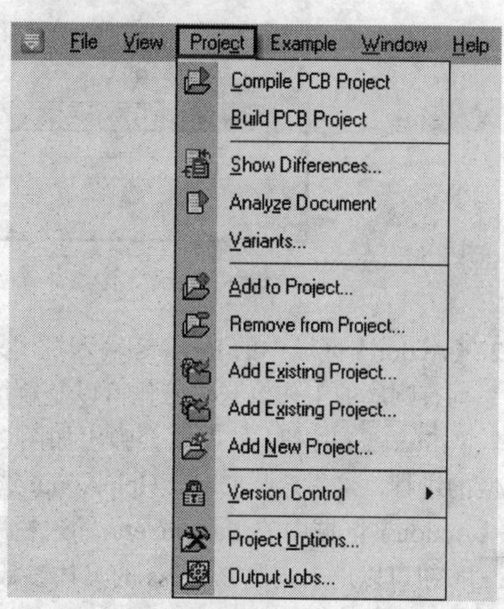

图 2-21 菜单选项复制后的【Project】菜单

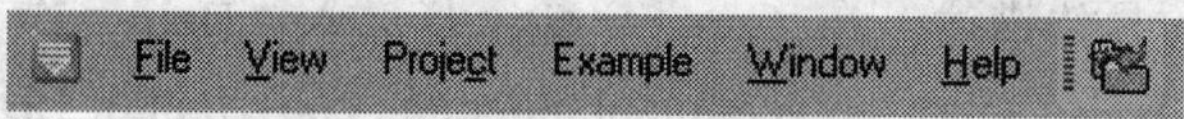

图 2-22 自定义的新工具栏

图 2-23 复制的新工具栏

3．添加新命令到菜单或者工具栏

在前面的介绍中，添加到菜单或者工具栏中的命令都是现有的命令，Protel DXP 同样也允许用户添加新命令到菜单或者工具栏。一般来说，添加新的命令到菜单或者工具栏的具体步骤为：

1）首先在图 2-14 所示的用户自定义资源对话框中单击 New... 按钮，此时将会弹出如图 2-24 所示的新命令设置对话框。在图 2-24 所示的新命令设置对话框中，可以看出它包括【Action】、【Caption】、【Image】和【Shortcut】4 个区域。

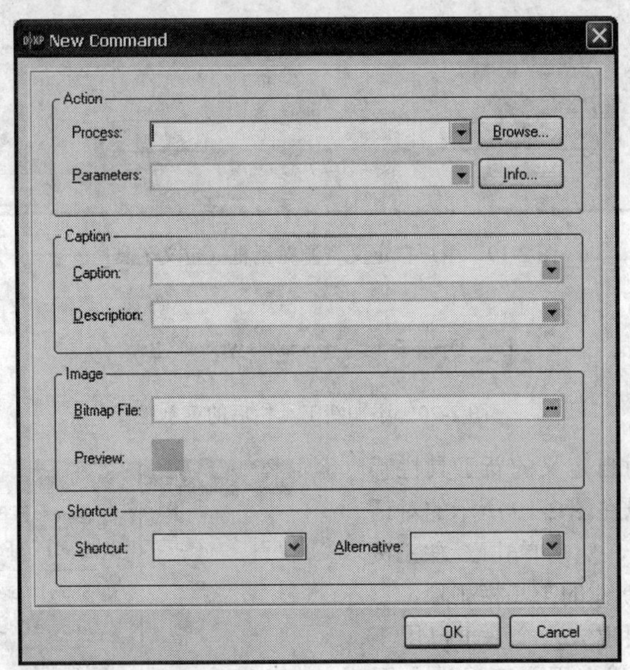

图 2-24 新命令设置对话框

2）【Action】区域中的 Process 输入栏用来指定新建命令的进程，进程的作用是使软件完成一系列有顺序的工作，这些工作可以是刷屏等简单操作，也可以是放置总线等比较复杂的操作。单击 Browse... 按钮，这时将会弹出如图 2-25 所示的进程浏览对话框，用户可以选择新命令对应的进程，这里选择 Client:HelpAbout 选项。

【Action】区域中的 Parameters 输入栏用来输入相应进程的具体参数，用户单击右侧的 Info... 按钮可以用来浏览 Process 的具体参数信息。由于 Client:HelpAbout 选项对应的进程不包含参数，因此该项可以忽略。

3）【Caption】区域中的 Caption 输入栏用来设置新命令的具体名称，Description 输入栏用来给出新命令的具体描述。在 Caption 输入栏键入“Help”作为新命令的名称，在 Description 输入栏键入“Display the version number and copyright of EDA/Cient”作为对新命令的描述。

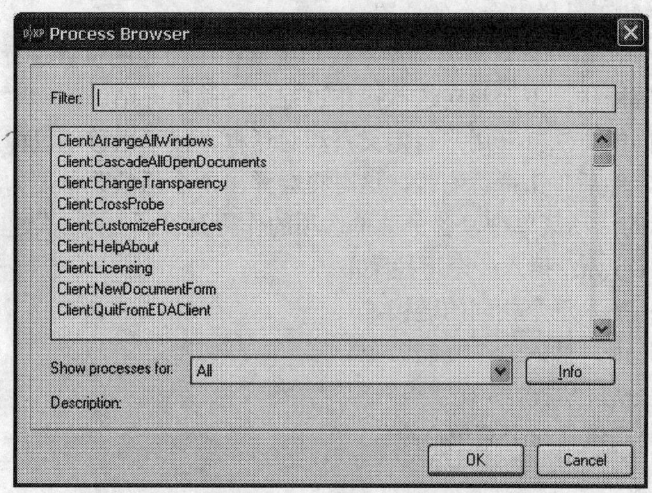

图 2-25　进程浏览对话框

4）【Image】区域中的 Bitmap File 浏览栏用来设置新命令的图标，这个图标可以通过右侧的按钮来进行选择；Preview 用来对已经选择的图标进行预览。选择图标作为新命令的图标。

5）【Shortcut】区域中的 Shortcut 输入栏用来设置新命令的快捷方式，Alternative 输入栏用来设置新命令的另外一种快捷方式。在 Shortcut 输入栏中选择下拉栏中的“Alt+Shift+H”组合键作为新命令的快捷方式，在 Alternative 输入栏中选择“Alt+Shift+A”组合键作为新命令的另外一种快捷方式。

6）对新命令设置对话框中的各个区域设置完成后，用户单击 OK 按钮，这时新命令将会出现在用户自定义资源对话框的 Commands 列表框中，如图 2-26 所示。

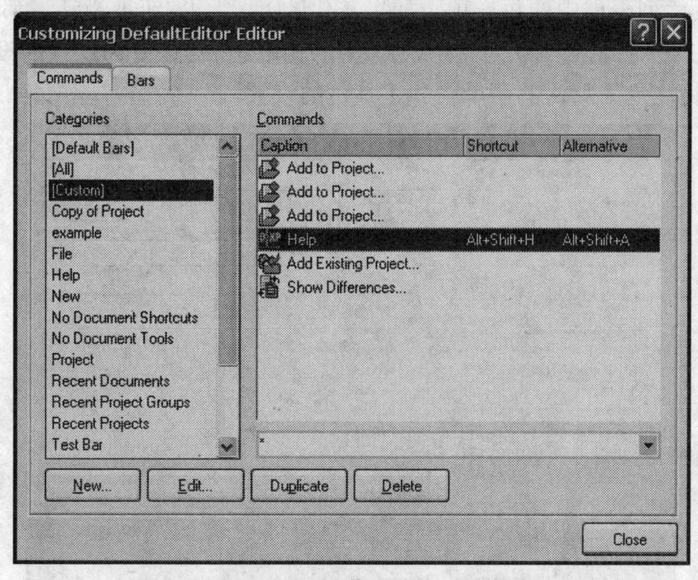

图 2-26　添加新命令后的用户自定义资源对话框

7）选中添加的新命令，按住鼠标左键拖动该命令到已有的菜单或者工具栏的相应位置，然后松开鼠标左键即可完成添加一个新命令到菜单或者工具栏的全部工作。

4．调整菜单栏和工具栏中命令的位置

在 Protel DXP 中，用户常常需要对菜单栏和工具栏中命令的位置进行调整，例如移动、复制、编辑和删除等操作。下面将对这些操作进行一下简单介绍。

按照与前面相同的方法打开用户自定义资源对话框，接下来移动鼠标到需要进行调整的命令处选中该命令，然后单击鼠标右键，这时将会弹出一个活动菜单，如图 2-27 所示。

在图 2-27 所示的活动菜单中，各个菜单选项的作用是：

1）Insert Drop Down：插入一个下拉菜单。

2）Insert Link：插入一个相同的链接。

3）Insert Duplicate：插入一个复制命令。

4）Edit：对命令进行编辑。

5）Begin Group：建立一个菜单命令组。

6）Delete：删除命令。

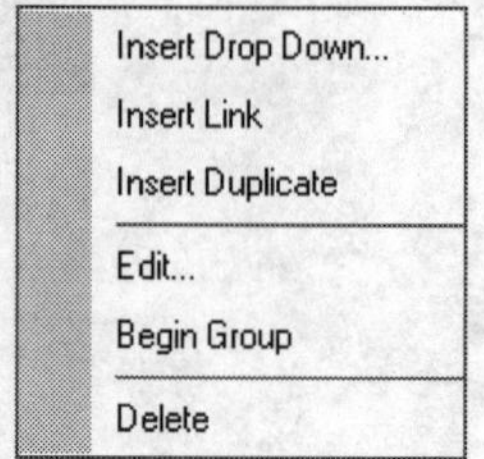

图 2-27　活动菜单

在 Protel DXP 中，移动菜单栏或者工具栏命令的方法也较为简单：首先打开用户自定义资源对话框；接下来选中需要进行移动的命令，按住鼠标左键拖动该命令到已有的菜单或者工具栏的相应位置；然后松开鼠标左键，这样便完成了一个命令的移动操作。

5．恢复默认的菜单栏和工具栏

如果用户对自定义的菜单栏和工具栏感到不满意的话，那么可以通过一定的方法来恢复系统默认的菜单栏和工具栏。下面给出恢复默认菜单栏和工具栏的具体方法：

1）按照与前面相同的方法打开用户自定义资源对话框，由于前面添加了新的菜单、工具栏和命令，此时的对话框如图 2-28 所示。不难看出，工具栏列表框中显示了前面新添加的各项内容。

2）选择工具栏列表框中的每一项，如果灰化的 Restore 按钮被激活，那么这时单击该按钮将会弹出如图 2-29 所示的确认对话框，提示用户系统将会恢复为默认的设置。单击 OK 按钮，这时系统将恢复为默认的菜单栏和工具栏的设置。

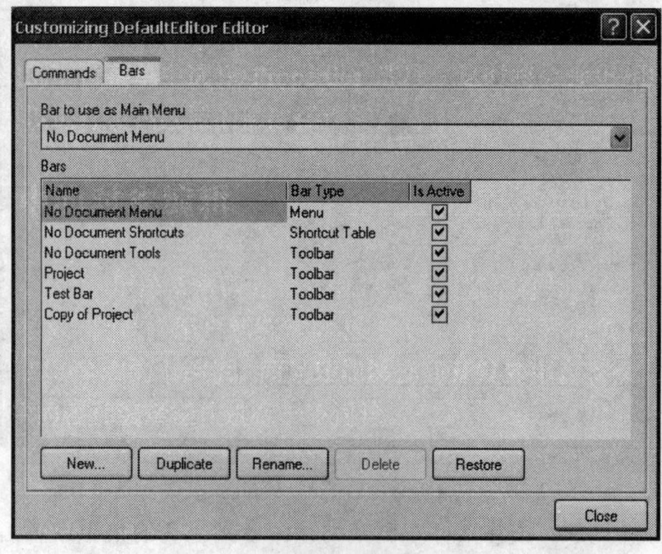

图 2-28　用户自定义资源对话框

3）选择工具栏列表框中的每一项，如果灰化的Delete按钮被激活，那么这时单击该按钮将会弹出如图 2-30 所示的确认对话框。单击确认对话框中的OK按钮，这时便可删除相应的工具栏。

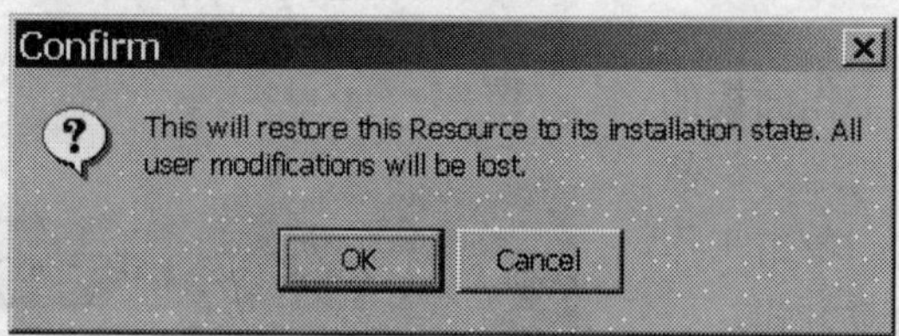

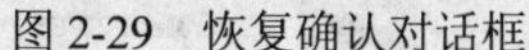

图 2-29　恢复确认对话框

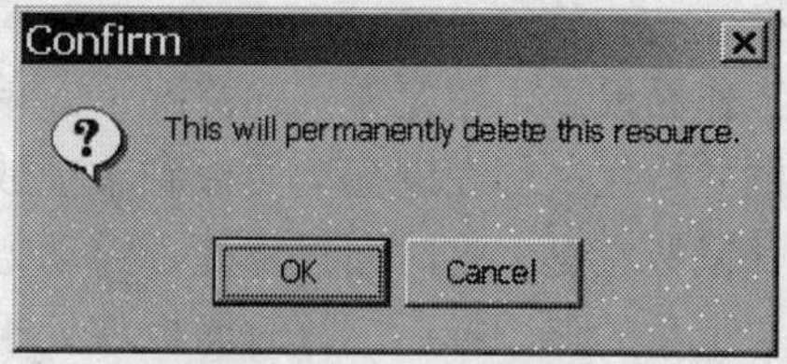

图 2-30　删除确认对话框

4）重复上面的操作，完成后单击Close按钮关闭用户自定义资源对话框，完成恢复默认菜单栏和工具栏的操作。

2.2.4　工作面板

与先前版本的 Protel 不同，Protel DXP 重新设计了工作操作界面，大量地使用了工作面板的概念。用户通过这些工作面板可以方便地进行文件访问、显示和管理库文件以及浏览项目文件等各项功能。在 Protel DXP 中，执行菜单命令【View】→【Workspace Panels】，然后选择相应的工作面板选项，这时相应的工作面板将会出现在工作界面中。

通常，工作面板可以分为两大类：一类是在 Protel DXP 任何编辑环境下都会存在的面板，例如文件面板（Files）和项目面板（Projects）；另一类是 Protel DXP 特定编辑环境下出现的面板，例如 PCB 编辑器下的列表面板（List）和导航器面板（Navigator）。

在 Protel DXP 中，工作面板的显示方式有 3 种：锁定方式、悬浮方式和隐藏方式。其中，锁定方式是指工作面板出现时将紧贴在工作界面的周边，并且在面板的右上角出现了、和 3 个图标；悬浮方式是指工作面板出现在工作界面的中间而且可以随意移动，同时在该面板的右上角只有和两个图标；隐藏方式是指工作面板以面板标签的形式出现工作界面的左边缘或者是右边缘，当鼠标指向窗口中新增加的面板标签时，工作面板才会自动弹出，当光标离开窗口中新增加的面板标签时，工作面板就会自动隐藏起来。

下面给出上面提到的 4 个图标的意义：

1）：用户单击这个图标将会弹出一个下拉菜单，下拉菜单中列出了已经打开的各个工作面板，这样用户可以方便地显示所需要的工作面板。

2）：表示当前工作面板的显示方式为锁定方式。单击这个图标后，当前工作面板的显示方式变为隐藏方式，这时图标变为。

3）：表示当前工作面板的显示方式为隐藏方式。单击这个图标后，当前工作面板的显示方式变为锁定方式，这时图标变为。

4）：关闭当前的工作面板。

Protel DXP 的工作面板可以灵活地放置，第 1 次启动 Protel DXP 时，系统将会以锁定方式来显示文件面板（Files）和项目面板（Projects），如图 2-31 所示。在应用 Protel DXP 时，不同的用户根据自己的习惯特点会选择不同的工作面板显示方式。例如，有的用户希望采用隐藏方式以增大设计窗口的面积；有的用户希望采用锁定方式以便设计过程中的随时查看；

还有的用户则是希望采用悬浮方式以便将工作窗口面板拖放到不妨碍设计工作的地方并且能够随时进行查看。因此，Protel DXP 用户需要掌握工作面板 3 种显示方式的转换。

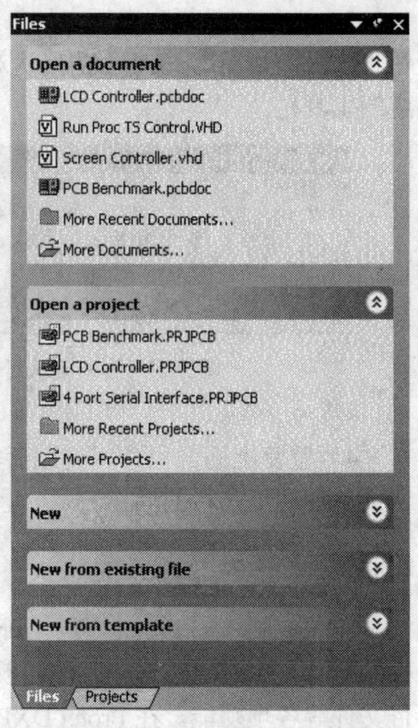

图 2-31 文件面板的锁定方式

工作面板处于锁定方式的情况下：单击工作面板的上边框并按住鼠标左键拖动面板到希望放置的地方，然后松开鼠标左键，这时面板将处于浮动方式；单击工作面板右上角的图标后，这时面板将处于隐藏方式。

工作面板处于悬浮方式的情况下，在工作面板的上边框单击鼠标右键，然后在弹出的下拉菜单中选择【Allow Dock】→【Vertically】命令；单击工作面板的上边框，按住鼠标左键拖动面板到工作界面的左边缘或者是右边缘的合适位置并且使其出现预定虚线框，松开鼠标即可完成显示方式的转换。如果工作界面的边缘上没有其他的面板标签时，这时面板处于锁定状态；否则面板处于隐藏方式。

工作面板处于隐藏方式的情况下，首先将鼠标指向相应工作面板所对应的面板标签，然后单击弹出工作面板的上边框，并按住鼠标左键拖动面板到希望放置的地方，然后松开鼠标左键，这时面板将处于浮动方式；同样将鼠标指向相应面板所对应的面板标签，然后单击弹出工作面板右上角的图标，这时面板将处于锁定状态。

这里只是介绍了工作面板的概念和一些相关操作，有关 Protel DXP 中常用的工作面板将在后面的章节中进行讨论。

2.2.5 设计管理器

在 Protel DXP 的主工作界面中，文件面板的右侧是设计管理器窗口，可见它非常类似于 Windows 的资源管理器。第 1 次启动 Protel DXP 时，设计管理器如图 2-5 所示。在不同的设计系统或者编辑状态下，设计管理器经常会被设计窗口所代替。下面介绍图 2-5 所示的设计管理器的各个区域。

1．Pick a task 区域

在主工作界面的设计管理器中，用户可以在这个区域中选择不同的设计任务，目的是创建不同的设计项目、显示系统信息、自定义资源和配置许可权限。

Create a new Board Level Design Project：新建一个板级设计项目。通常，Protel DXP 是以设计项目来组织文件的，一个设计项目可以包含各种设计文件，例如原理图文件、PCB 文件和库文件等。另外，多个设计项目可以用来构成一个项目组（Project Group）。

Create a new FPGA Design Project：新建一个 FPGA 设计项目。单击这个选项，用户可以用来建立一个 FPGA/CPLD 设计项目，这是 Protel DXP 的新增功能。

Create a new Integrated Library Package：新建一个元件集成库。单击这个选项，用户可以用来创建一个新的集成库，它可以同时集成元件的原理图符号、PCB 封装形式、SPICE 仿真模型和信号完整性分析等相关信息。

Display System Information：显示相应的系统信息。

Customize Resources：允许用户用来自定义资源，这在前面已经进行了介绍。

Configure Licenses：配置 Protel DXP 的许可权限。单击这个选项，用户可以用来对序列号许可权限、相应的许可用户等进行相应的设置。

2．Open a project or document 区域

在设计管理器中，这个区域的作用是用来打开项目文件或者文档文件，这个文件应该是目前系统中已经存在的文件。

Open a project or document：打开已经存在的项目文件或者文档文件。

Most recent project/Most recent document：显示最近访问的一些项目文件或者文档文件。单击这个选项，用户可以直接调出相应的文件进行编辑。

3．Get help 区域

在 Protel DXP 中，设计管理器中的这个区域主要为用户提供各种帮助，它所包含的 4 个选项的具体功能为：

DXP Online help：提供 Protel DXP 的在线帮助。

DXP Learning Guides：提供 Protel DXP 的学习指南。

DXP Help Advisor：提供 Protel DXP 的帮助向导。

DXP Knowledge Base：提供 Protel DXP 的知识库。

2.2.6　标题栏、状态栏、命令栏和标签栏

标题栏位于 Protel DXP 集成开发环境的上部，用来标识当前的开发环境名称或者打开的文件名称以及路径。

状态栏位于 Protel DXP 集成开发环境的左下角，用来显示当前的设计状态，例如当前的坐标位置、栅格信息和标签状态等。在大多数情况下，状态栏用来显示相对坐标值。

命令栏位于 Protel DXP 集成开发环境的左下角，用来显示当前正在执行的操作命令或者等待命令状态。当处于等待命令状态，左下角将会显示“Idle state-ready for command”的字样。

标签栏位于 Protel DXP 集成开发环境的右下角，用来提供一些常用的工作面板并将工作面板以标签的形式表示出来。启动 Protel DXP 后，如果没有打开任何设计系统或者编辑器，这时的标签栏如图 2-32 所示。

图 2-32　主工作界面下的标签栏

通常，标签栏会根据不同的设计系统或者编辑器状态而切换到不同的状态。在 Protel DXP 中，如果打开了 PCB 编辑器，这时的标签栏如图 2-33 所示。

图 2-33　PCB 编辑状态下的标签栏

2.3 Protel DXP 的设计系统组成

Protel DXP 是一款面向 PCB 设计项目、为用户提供板级的全面解决方案、多方位实现设计任务的桌面 EDA 开发软件。Protel DXP 集成开发环境包括 3 大部分：原理图设计系统、PCB 设计系统和 FPGA 设计系统。同时，这 3 大设计系统中又集成了众多的编辑器，例如电路原理图编辑器、PCB 编辑器、元件原理图编辑器、元件 PCB 封装编辑器、VHDL 文本编辑器、文本编辑器、Wave Form 文件编辑器和 CAM 文件编辑器。

2.3.1 原理图设计系统

Protel DXP 中的原理图设计系统是一个集成化的设计系统，它的作用是用来进行电路原理图的设计，同时生成相应的报表文件，目的是为后续的 PCB 设计做好准备。另外，原理图设计系统还可以进行原理图的仿真、信号完整性分析和元件的原理图库设计等。Protel DXP 中的原理图设计系统的主要特点体现在以下几个方面：

1）原理图设计系统具有强大的编辑功能，除了具有丰富的对象编辑功能和交互式全局编辑功能外，同时它还提供了一些专门的自动化功能来加快电气元件的物理连接。另外，Protel DXP 还支持语句查询功能和丰富的快捷方式。

2）原理图设计系统不但接受 TANGO 或者低版本 Protel 的设计文件格式，而且还能够支持 OrCAD，同时它支持包括 Mentor、Cadentix、PADs、OrCAD 以及 Eesof 等在内的 30 多种网络报表类型。

3）电路原理图与 PCB 之间可以交叉查找元件、引脚以及网络等。元件标号可以正向注释（从电路原理图到 PCB），也可以进行反向注释（从 PCB 到电路原理图）。采用了双向同步技术，有效地保证电路原理图和 PCB 之间的一致性。

4）原理图设计系统引进了元件集成库的概念。在 Protel DXP 的电路原理图设计系统中，通过库文件管理面板能够同时查看到元件的原理图符号、PCB 封装形式、SPICE 仿真模型和信号完整性分析。

5）原理图设计系统提供了对大型复杂的电路原理图设计进行 ERC（电气规则检查）的功能，同时还具有自动标注功能。

6）支持层次原理图的设计功能，满足用户设计大型电路的需要。

一般情况下，用户进入到 Protel DXP 中并不会自动启动原理图设计系统，因此需要自行启动原理图设计系统。在实际的设计中，Protel DXP 提供了两种启动原理图设计系统的方法：一种是通过打开现有的电路原理图来启动设计系统，另外一种方法是通过建立新的原理图文件来启动对应的设计系统。不难看出，第 1 种启动方法十分简单，这里只介绍第 2 种启动原理图设计系统的方法。

在 Protel DXP 中，新建电路原理图文件的具体操作方法为：

1）首先执行菜单命令【File】→【New】→【PCB Project】，这时的项目工作面板如图 2-34 所示。可见，新建项目的默认名称为“PCB Project1.PrjPCB”。

2）接下来执行菜单命令【File】→【Save Project】，将新建项目保存在系统默认的文件夹“Examples”下，项目命名为“Myproject”。保存新建的项目文件后，这时的项目工作面板如图 2-35 所示。

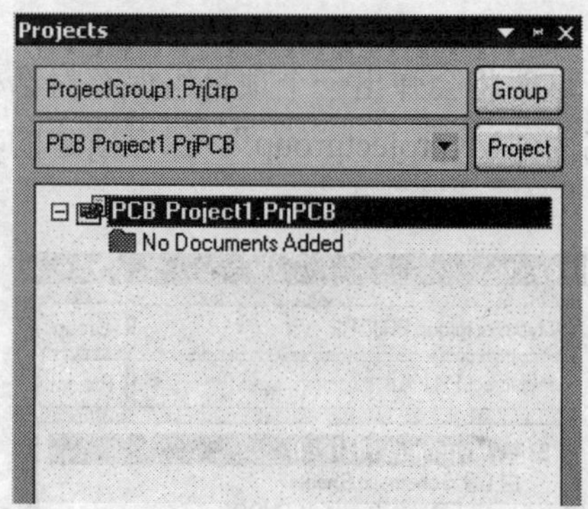

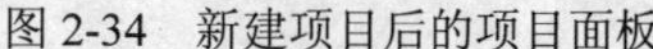

图 2-34 新建项目后的项目面板

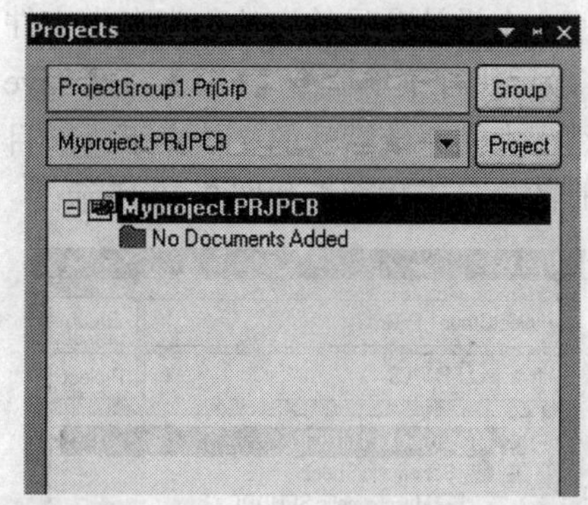

图 2-35 保存项目后的项目面板

3）执行菜单命令【File】→【New】→【Schematic】，这时一个名称为“Sheet1.SchDoc”的原理图将出现在设计窗口并且自动启动了原理图设计系统，这时的设计窗口如图 2-36 所示。可以看出，原理图设计系统启动后，菜单栏、工具栏和标签栏等都进行了扩展，作用是提供给用户大量原理图编辑时所采用的菜单命令、工具图标和标签栏。

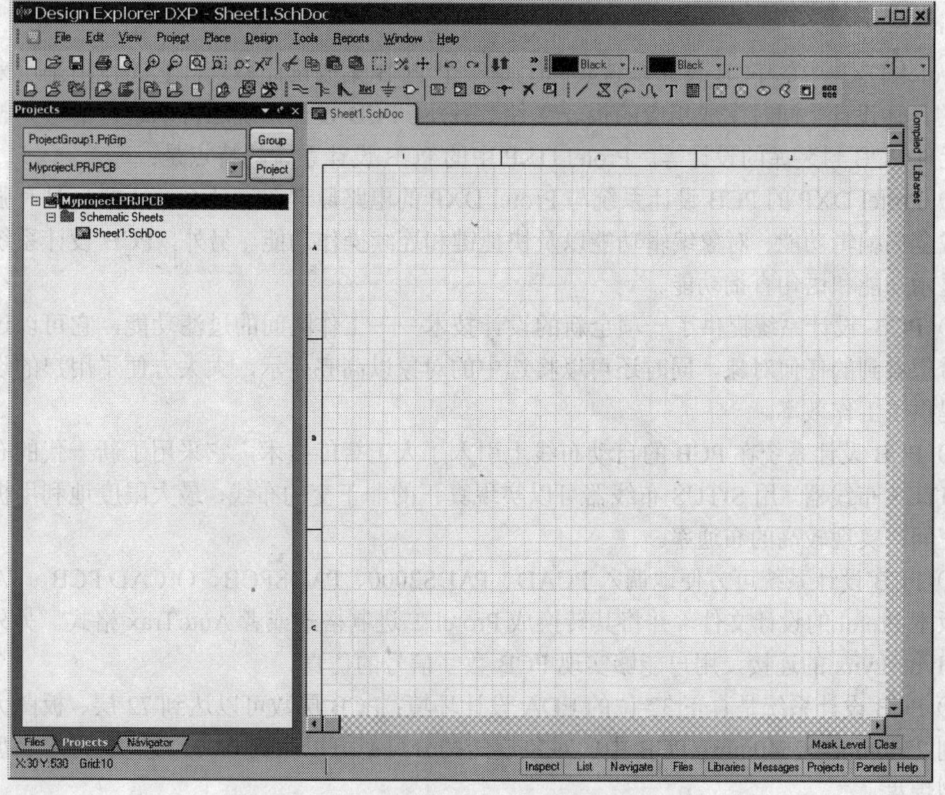

图 2-36 新建原理图启动原理图设计系统

4）执行菜单命令【File】→【Save】，将新建原理图保存在系统默认的文件夹“Examples”下，文件命名为“Myschematic”。保存新建的原理图后，这时的项目工作面板如图 2-37 所示。可以看出，这个原理图文件 Myschematic 是隶属于设计项目 Myproject 的一个子文件，即它与设计项目之间建立了连接关系，这种文件称为项目下的文件。另外，Protel DXP 中将不隶属于任何一个设计项目的文件称为自由文件。

5）最后执行菜单命令【File】→【Save All】，这时将会弹出一个项目组保存对话框。新建项目组保存在系统默认的文件夹下，项目组命名为“Myprojectgroup”。保存新建的项目组后，这时的项目工作面板如图 2-38 所示。

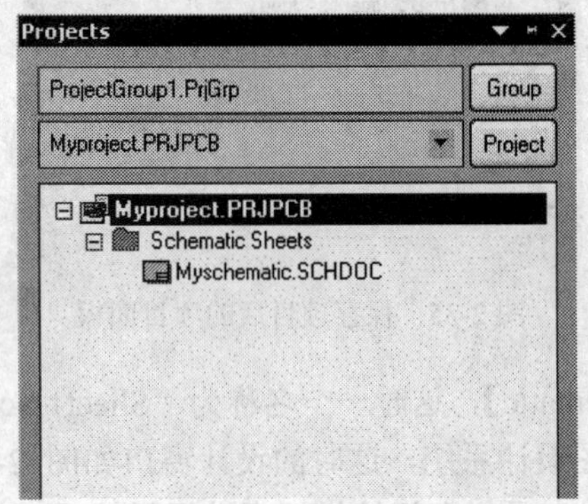

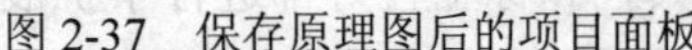
图 2-37　保存原理图后的项目面板

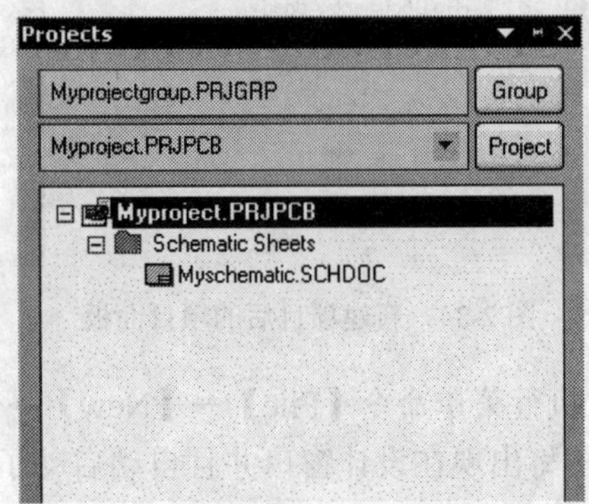

图 2-38　保存项目组后的项目面板

2.3.2　PCB 设计系统

Protel DXP 中的 PCB 设计系统实际上是一个 PCB 集成设计系统，它的作用是用来进行 PCB 的具体设计，同时生成相应的报表文件。另外，PCB 设计系统还可以进行信号完整性分析和元件 PCB 封装库的设计等。Protel DXP 中的 PCB 设计系统的特点是：

1）Protel DXP 的 PCB 设计系统与 Protel DXP 的电路原理图设计系统一样，具有强大的交互式全局编辑功能、对象编辑功能以及快捷键和连续操作功能。另外，PCB 设计系统支持单层显示功能和语句查询功能。

2）PCB 设计系统提供了一项全新的设计技术——工作区间的过滤功能，它可以过滤用户不希望看到的任何对象，同时还可以将选中的对象以高亮显示，大大方便了用户的设计工作，提供了工作效率。

3）PCB 设计系统在 PCB 的自动布线上引入了人工智能技术，它采用了新一代的布线器——SITUS 布线器。用 SITUS 布线器可以实现真正的非正交的布线，最大限度地利用板上的有限空间，实现较高的布通率。

4）PCB 设计系统可方便地调入 PCAD、PADS2000、PADSPCB、OrCAD PCB、TANGO 和低版本 Protel 的设计文件，并将其转换成 Protel 二进制格式或者 AutoTrax 格式。另外，通过与 HyperLynx 的连接，用户能够实现 PCB 数字信号的仿真。

5）PCB 设计系统是真正 32 位的 EDA 设计环境：PCB 层数可以达到 72 层、板图大小可以达到 2540mm×2540mm；PCB 中的对象旋转的分辨率可以达到 0.001 度；支持水滴型焊盘和异型焊盘。

6）PCB 设计系统为用户提供了 10 大类共 49 条设计规则，而且设计规则对话框采用了 Windows 操作系统常用的树型结构，用户对设计规则的浏览变得更加直观和方便。

7）PCB 设计系统提供了 DRC（设计规则检查），DRC 能够分项列出 PCB 板设计中的错误信息，并且能够将错误在 PCB 编辑器的工作区中高亮显示。

与原理图设计系统类似，Protel DXP 同样提供了两种启动 PCB 设计系统的方法：一种是通过打开现有的 PCB 文件来启动 PCB 设计系统；另一种方法是通过建立新的 PCB 文件来启动相应的设计系统。同样，这里只介绍第 2 种启动 PCB 设计系统的方法。

在 Protel DXP 中，新建 PCB 文件的具体操作方法是：

1）首先执行菜单命令【File】→【Open Project】，打开前一节中建立的 Myproject 项目文件。

2）然后执行菜单命令【File】→【New】→【PCB】，这时一个名称为“PCB1.PcbDoc”的 PCB 文件将出现在设计窗口并且自动启动了 PCB 设计系统，这时的设计窗口如图 2-39 所示。同样，PCB 设计系统启动后菜单栏、工具栏和标签栏等都进行了扩展。

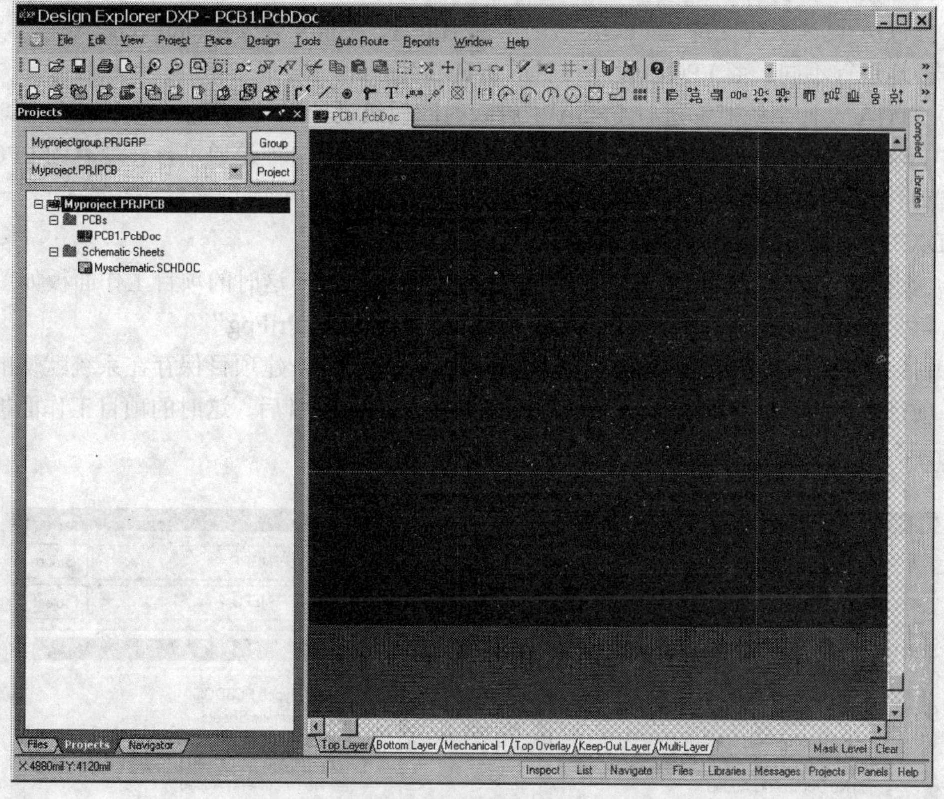

图 2-39 新建 PCB 文件启动 PCB 设计系统

3）执行菜单命令【File】→【Save】，将新建 PCB 文件保存在系统默认的文件夹“Examples”下，文件命名为“Mypcb”。保存新建的 PCB 文件后，这时的项目工作面板如图 2-40 所示。同样可以看出，这个新建的 PCB 文件也是一个隶属于设计项目的子文件。

4）最后执行菜单命令【File】→【Save All】，这时系统将会保存所有的文件、项目和项目组。

通过上面的具体操作，用户便启动了 PCB 设计系统。

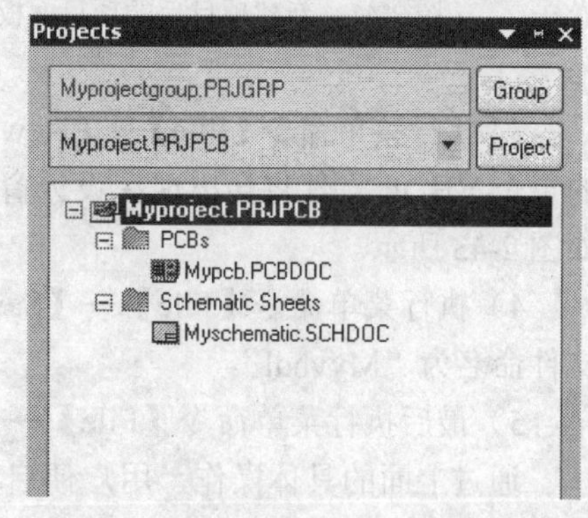

图 2-40 保存 PCB 文件后的项目面板

2.3.3 FPGA 设计系统

Protel DXP 中的 FPGA 设计系统是 Protel DXP 区别以往 Protel 版本的一个重要特征，它的作用是用来进行 FPGA 项目的具体设计。FPGA 设计系统能够进行 FPGA 项目的编译、仿真、调试，具有输出 EDIF 网络表和映射引脚等功能。FPGA 设计系统的主要特点是：

1）FPGA 设计系统具有集成化的设计环境，能够进行 FPGA 项目的编译、仿真、调试、输出 EDIF 网络表和映射引脚等 FPGA 设计的全部过程。

2）FPGA 设计系统支持 VHDL 文件和原理图文件的单输入方式，同时也支持 VHDL 和原理图混合输入的方式。

3）FPGA 设计系统支持与 FPGA 著名厂商 Altera、Xilinx 等公司的开发工具接口，因此能够方便地进行不同厂商 FPGA 设计项目的仿真和综合。

4）FPGA 设计系统能够进行 FPGA 引脚映射回板级设计系统的操作。

在 Protel DXP 中，启动 FPGA 设计系统的方法有两种：一种是通过打开现有的 FPGA 项目来启动 FPGA 设计系统；另外一种方法是通过建立新的 FPGA 项目来启动 FPGA 设计系统。Protel DXP 中新建 FGPA 项目的具体操作方法是：

1）执行菜单命令【File】→【New】→【FPGA Project】，这时的项目工作面板如图 2-41 所示。可见，新建 FPGA 项目的默认名称为“FPGA Project1.PrjFpg”。

2）接下来执行菜单命令【File】→【Save Project】，将新建项目保存在系统默认的文件夹下，项目命名为“MyFPGAproject”。保存新建的 FPGA 项目后，这时的项目工作面板如图 2-42 所示。

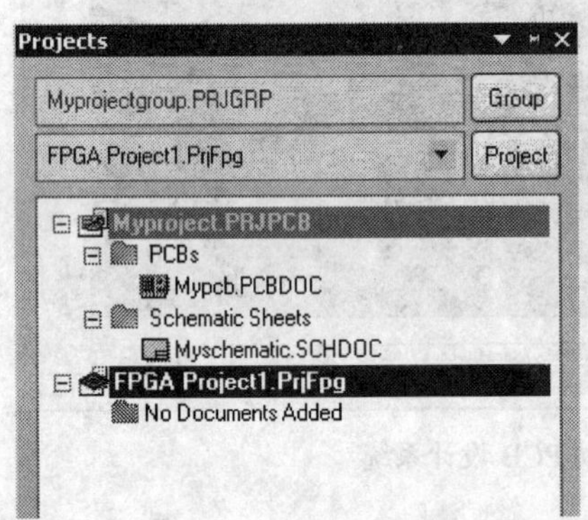

图 2-41 新建项目后的项目面板

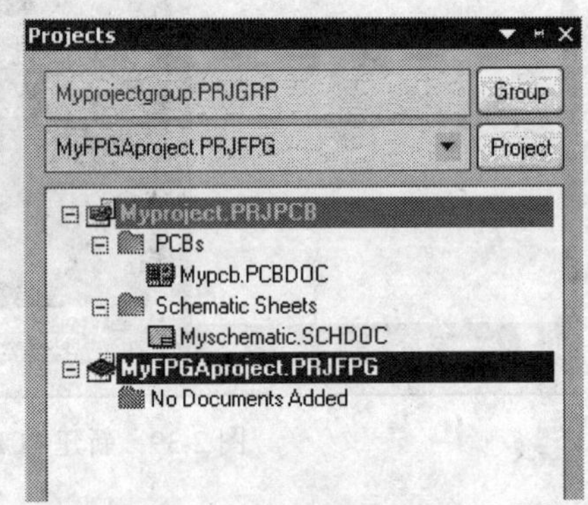

图 2-42 保存项目后的项目面板

3）执行菜单命令【File】→【New】→【VHDL Document】，这时名为“VHDL_File1.Vhd”的一个 VHDL 文件将会出现在设计窗口，并且自动启动了 FPGA 设计系统，这时的设计窗口如图 2-43 所示。

4）执行菜单命令【File】→【Save】，将新建 VHDL 文件保存在系统默认的文件夹下，文件命名为“Myvhdl”。

5）最后执行菜单命令【File】→【Save All】，这时系统将会保存这个项目组文件。

通过上面的具体操作，用户便启动了 FPGA 设计系统。

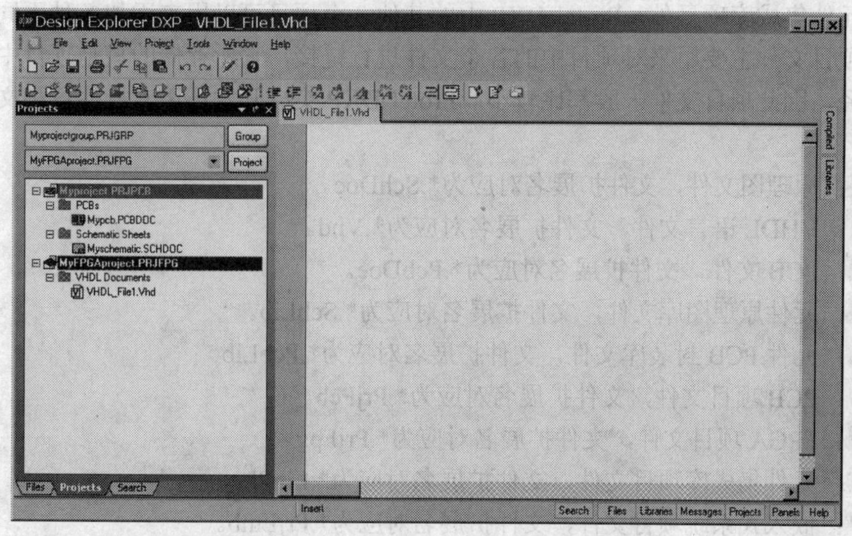

图 2-43　新建 VHDL 文件启动 FPGA 设计系统

2.4　Protel DXP 的文件管理

与先前的 Protel 版本相比，Protel DXP 引入了一种全新的设计概念——项目，因此它在文件和数据管理上也发生了一些变化。如果用户想要更加有效地对项目进行管理，那么就必须熟练掌握 Protel DXP 中的文件类型和文件组织结构等方面的内容。

2.4.1　Protel DXP 的文件类型

前面提到过，为了方便各种文件的管理工作，Protel DXP 集成开发环境引入了设计项目的概念。简而言之，设计项目的作用是定义项目中各个文件之间的链接关系和项目维护信息。项目文件和项目中的各个文件之间只是一种链接关系，而不是一种类似于文件夹和文件之间的包含关系。可以看出，同一设计项目中的不同设计文件可以不用保存在同一文件夹中，但是通过项目文件却可以查看与项目相关的所有文件。

一般来说，Protel DXP 中的设计项目具有 4 种类型，它们分别是 PCB 项目、FPGA 项目、元件集成库项目和嵌入式系统项目，文件扩展名对应为*.PrjPcb、*.PrjFpg、*.LibPkg 和*.PrjEmb。另外，对了方便用户对同一类设计项目的管理，Protel DXP 又引入了项目组的概念，它的文件扩展名为*.PrjGrp。下面给出项目组和 PCB 项目、FPGA 项目、元件集成库项目和嵌入式系统项目之间的组织关系，如图 2-44 所示。

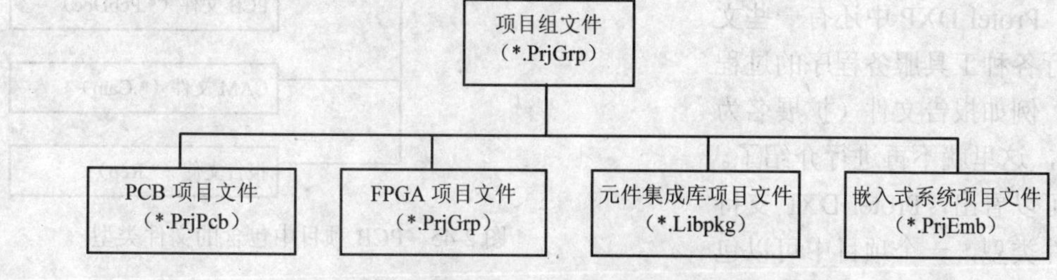

图 2-44　项目组和项目之间的结构关系

除了元件集成库项目外，Protel DXP 中的其他 3 个项目可以用来添加各种不同类型的文件。由于项目文件主要用来对项目中的各个文件进行链接，它所存储的只是项目中各个文件的存储路径，因此项目文件一般都比较小。Protel DXP 集成开发环境支持的各种文件类型如下所示：

1）：原理图文件，文件扩展名对应为*.SchDoc。

2）：VHDL 语言文件，文件扩展名对应为*.Vhd。

3）：PCB 文件，文件扩展名对应为*.PcbDoc。

4）：元件原理图库文件，文件扩展名对应为*.SchLib。

5）：元件 PCB 封装库文件，文件扩展名对应为*.PcbLib。

6）：PCB 项目文件，文件扩展名对应为*.PrjPcb。

7）：FPGA 项目文件，文件扩展名对应为*.PrjFpg。

8）：元件集成库项目文件，文件扩展名对应为*.LibPkg。

9）：嵌入式系统项目文件，文件扩展名对应为*.PrjEmb。

10）：文本文件，文件扩展名对应为*.Txt。

11）：CAM 文件，文件扩展名对应为*.Cam。

12）：VHDL 库文件，文件扩展名对应为*.VhdLib。

13）：CUPL PLD 文件，文件扩展名对应为*.Pld。

14）：C 语言文件，文件扩展名对应为*.C。

15）：C++语言文件，文件扩展名对应为*.Cpp。

16）：Script 文件，文件扩展名对应为*.Pas 或者*.Bas。

17）：仿真模型文件，文件扩展名对应为*.Mdl。

18）：仿真网表文件，文件扩展名对应为*.Nsx。

19）：仿真子模型文件，文件扩展名对应为*.Ckt。

20）：EDIF 文件，文件扩展名对应为*.EDIF。

21）：EDIF 库文件，文件扩展名对应为*.EDIFLib。

22）：Protel 网表文件，文件扩展名对应为*.Net。

23）：仿真的波形文件，文件扩展名对应为*.Sdf。

另外，Protel DXP 中还有一些文件是在运行各种工具服务程序的过程中产生的，例如报告文件（扩展名为*.Rep）等，这里就不再进行介绍了。通过介绍可以看出，Protel DXP 支持丰富的文件类型，一个项目中可以包含多种文件类型，例如一个 PCB 设计项目就可以包括如图 2-45 所示的多种文件类型。

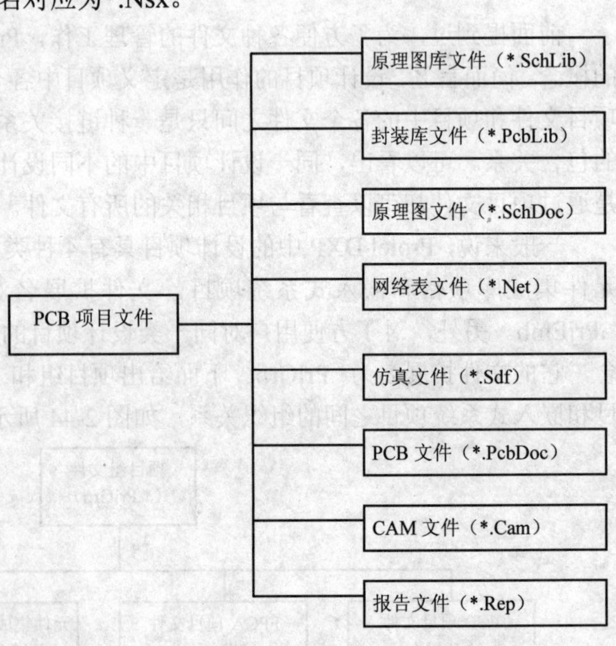

图 2-45 PCB 项目中包含的文件类型

2.4.2　Protel DXP 的 EDA 工具服务器（Servers）

Protel DXP 集成开发环境中集成了许多先进的设计工具，而且继承了 Protel 99SE 中的客户/服务器（Client/Server，C/S）架构，目的是更为有效地对设计项目的相关数据进行管理。在 Protel DXP 中，用户不但可以通过各种工具服务程序来进行项目设计，而且还可以通过项目编译、文件同步等增强工具来改变以往传统的设计流程，这样可以使设计后端的变化自动地更新到设计的前端。

下面将简单介绍 Protel DXP 中的工具服务器（Severs），它的作用是对各种工具服务程序进行管理。在 Protel DXP 中，利用鼠标单击菜单栏中的图标，然后在弹出的下拉菜单中选择 System Info 选项，这时系统将会弹出 EDA 工具服务器 Servers，如图 2-46 所示。

图 2-46　Protel DXP 的 EDA 工具服务器（Servers）

在上面的 EDA 工具服务器（Servers）中，用户单击右上角的 Menu 按钮，这时将会弹出如图 2-47 所示的下拉菜单，下拉菜单中各个选项的具体含义是：

1）About：显示相关的版本信息。

2）Properties：EDA 工具服务程序属性设置。

3）View：提供不同的 EDA 工具服务程序的显示方式，可见它包括 4 个子选项：Large Icon、Small Icon、List 和 Details。其中，Large Icon 表示以大图标形式显示；Small Icon 表示以小图标形式显示；List 表示以列表形式显示；Details 表示显示相应的详细信息。

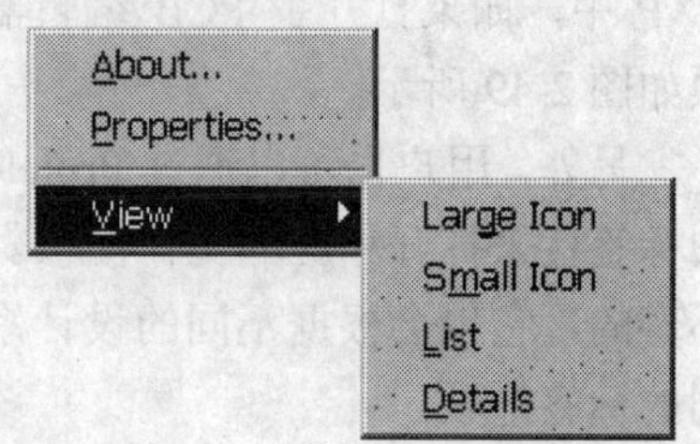

图 2-47　Menu 的下拉菜单

在图 2-47 所示的下拉菜单中，选中 Properties 选项，这时将会弹出 EDA 工具服务程序属性设置对话框，如图 2-48 所示。不难看出，这个对话框提供给用户一些有关 EDA 工具服务程序的属性设置信息。

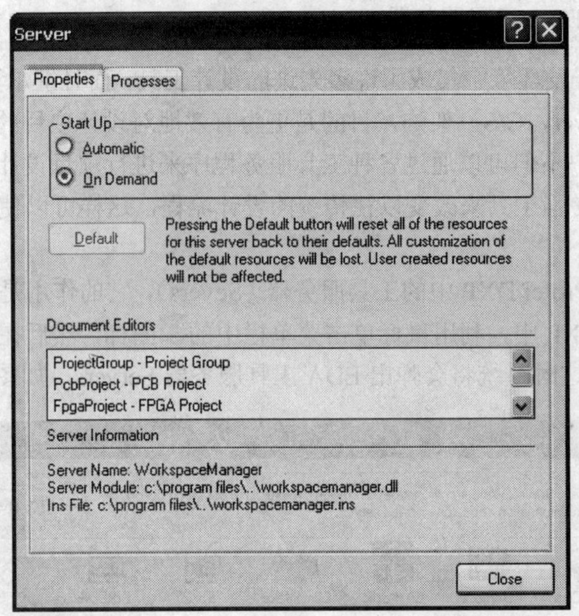

图 2-48 EDA 工具服务程序属性设置

2.5 Protel DXP 的常用工作面板

与先前版本的 Protel 不同，Protel DXP 重新设计了工作操作界面，大量地使用了工作面板的概念。用户通过这些工作面板可以方便地进行文件访问、显示和管理库文件以及浏览项目文件等各项功能。可见，采用工作面板使得 Protel DXP 具有更加灵活的操作界面，从而适应各种设计工作的需要。

在 Protel DXP 中，执行菜单命令【View】→【Workspace Panels】，这时将会弹出相应的工作面板菜单选项。如果想要打开某个工作面板，用户只要选择相应的工作面板菜单选项即可。与菜单栏、工具栏和标签栏类似，【Workspace Panels】下的工作面板菜单选项并不是一成不变的，它会根据不同的设计系统或者编辑状态而显示不同的工作面板。在 Protel DXP 中，如果打开了 PCB 编辑器，这时的工作面板菜单选项如图 2-49 所示。

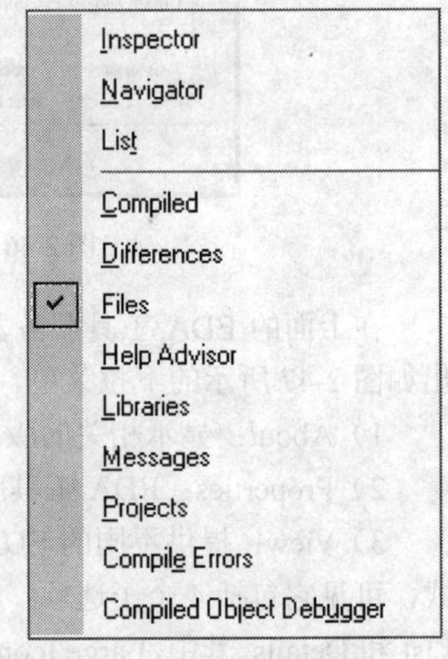

图 2-49 工作面板选项

另外，用户也可以通过 Protel DXP 集成开发环境右下角的标签栏来打开相应的工作面板。同样，标签栏也不是一成不变的，它也会根据不同的设计系统或者编辑状态而显示不同的标签选项。

启动 Protel DXP 后，如果没有打开任何设计系统或者编辑器，这时的标签栏如 2.2.6 节中的图 2-32 所示。下面给出各个标签的具体含义：

1） Files：打开文件工作面板。

2） Libraries：打开库文件工作面板。

3）Messages：打开信息工作面板。

4）Projects：打开项目工作面板。

5）Panels：打开面板控制工作面板。

6）Help：打开帮助向导工作面板。

2.5.1　文件工作面板

在 Protel DXP 中，文件工作面板的作用是用来打开已有的文档或者项目文件、新建各种不同类型的文件、利用已有的文档或者项目文件建立新的文件、打开系统提供给用户的各种文件模板。

通常，执行菜单命令【View】→【Workspace Panels】→【Files】，或者单击标签栏中的 Files 图标，这时将会打开如图 2-50 所示的文件工作面板。可以看出，文件工作面板包括【Open a docunment】、【New】、【Open a project】、【New from existing file】和【New from template】5 个区域。另外，用户利用文件工作面板中的按钮或者按钮可以显示或者关闭各个区域中的选项。

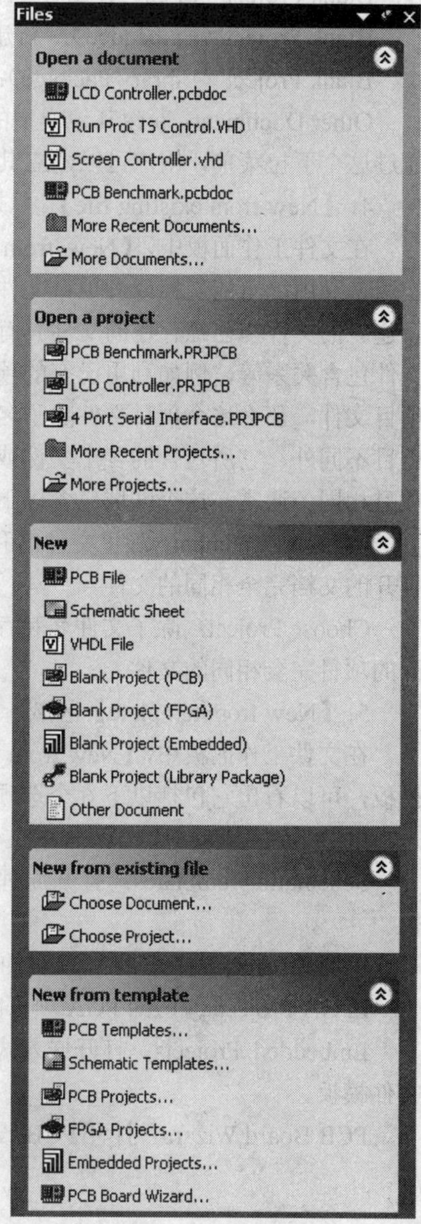

图 2-50　文件工作面板

1.【Open a document】区域

在文件工作面板中，【Open a docunment】区域的作用是打开已有的文档或者项目文件。这个区域除了显示最近打开的几个文件外，还包括以下两个选项：

More Recent Documents：更多地显示最近打开的文件选项。

More Documents：用来打开已经存在的文档。

2.【Open a project】区域

【Open a project】区域的作用是用来打开已有的项目文件。同样，这个区域除了显示最近打开的几个项目文件外，还包括以下两个选项：

More Recent Projects：更多地显示最近打开的项目文件选项。

More Projects：用来打开已经存在的项目文件。

3.【New】区域

在文件工作面板中，【New】区域的作用是新建各种不同类型的文件，它包括以下几个选项：

PCB File：新建 PCB 文件。

Schematic Sheet：新建原理图文件。

VHDL File：新建 VHDL 文件。

Blank Project（PCB）：新建 PCB 项目的空文件。

Blank Project（FPGA）：新建 FPGA 项目的空文件。

Blank Project（Embedded）：新建嵌入式系统项目的空文件。

Blank Project（Library Package）：新建元件集成库项目的空文件。

Other Document：新建其他类型的文件，单击该选项将会弹出如图 2-51 所示的下拉菜单，通过这个下拉菜单，用户可以建立其他类型的新文件。

4．【New from existing file】区域

在文件工作面板中，【New from existing file】区域的作用是利用已有的文档或者项目文件建立新的文件。这个新建立的文件与已经存在的文件具有相同的设置、内容和文件包含关系等，例如利用已有的项目文件建立一个新的项目文件，那么这个项目文件除了名称和存储路径等与原项目不同外，它所包含的各个文件或者文件链接关系与原项目相同。通常，这个区域包含以下两个选项：

PCB
Schematic Sheet
PCB Library
Schematic Library
VHDL Document
VHDL Library
CUPL PLD File
C-File
CPP-File
Script-File
Mixed-Signal Simulation ▸
Other ▸

图 2-51　其他文件类型的下拉菜单

Choose Document：除了文件名和存储路径外，建立与打开的文档完全相同的文件。

Choose Project：除了文件名和存储路径外，建立与打开的项目完全相同的文件。

5．【New from template】区域

在文件工作面板中，【New from template】区域的作用是打开系统提供给用户的各种文件模板，可以看出它包括以下 6 个选项：

PCB Templates：打开 PCB 的文件模板。

Schematic Templates：打开原理图的文件模板。

PCB Projects：打开 PCB 项目的文件模板。

FPGA Projects：打开 FPGA 项目的文件模板。

Embedded Projects：打开嵌入式系统项目的文件模板。

PCB Board Wizard：打开 PCB 设计的生成向导。

2.5.2　项目工作面板

在 Protel DXP 中，项目工作面板的作用是访问、显示和管理项目文件和项目文件下的各种子文件等。通过项目工作面板，用户可以方便、快捷地管理设计项目中数量繁多的各种不同类型的文件。与 Windows 的资源管理器非常类似，项目工作面板也采用树状结构来显示项目中的所有文件，例如打开一个项目组文件后的项目工作面板如图 2-52 所示。

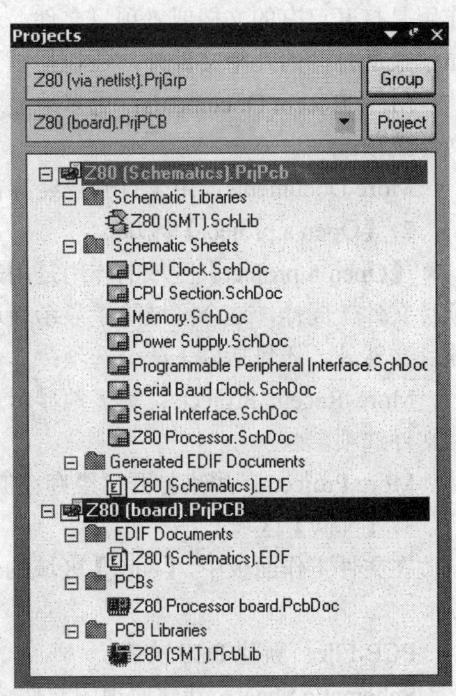

图 2-52　项目工作面板（打开项目组文件）

在 Protel DXP 的项目工作面板中，单击右上角的 Group 按钮，这时将会弹出如图 2-53 所示的项目组下拉菜单。下拉菜单中各个选项的具体含义如下所示：

1）New：建立新的文件添加到项目组中。

2）Compile All Projects：编译项目组中的所有项目。

3）Add New Project：在项目组中添加新的项目。

4）Add Existing Project：在项目组中添加已经存在的项目。

5）Create Projects from Path：通过搜寻存储路径来生成项目文件。

6）Open Project Group：打开项目组。

7）Save Project Group：保存项目组。

8）Open Project Group Documents：打开项目组文档。

9）Save Project Group As：项目组另存为。

10）Save All：保存所有的文件。

11）Recent Projects：显示最近一段时间打开的项目。

12）Recent Project Groups：显示最近一段时间打开的项目组。

13）System Preferences：系统参数设置。

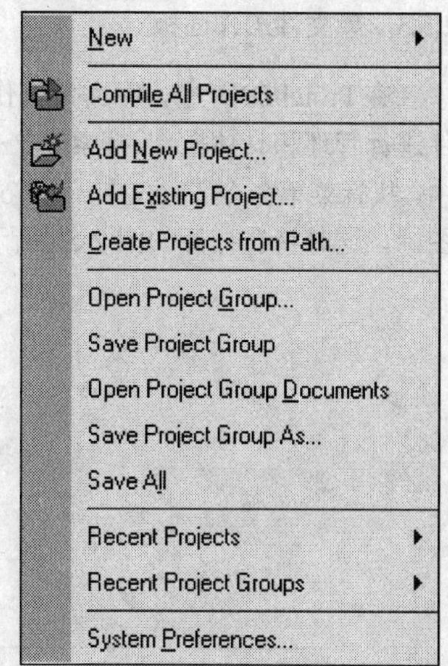

图 2-53　项目组下拉菜单

在 Protel DXP 的项目工作面板中，单击面板右上角的 Project 按钮，这时将会弹出一个项目下拉菜单，如图 2-54 所示。不难看出，这个下拉菜单集成了大多数与项目有关的操作命令，这些命令在前面的章节中基本上都已经介绍了，这里就不再赘述了。

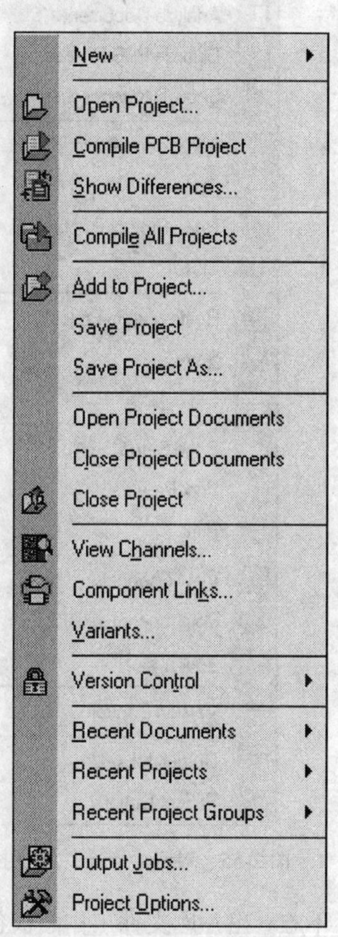

图 2-54　项目下拉菜单

另外，在项目工作面板中选择项目中的某一个子文件，然后单击鼠标右键，这时将会弹出如图 2-55 所示的下拉菜单。同样，这个菜单中集成了很多与项目下的文件操作有关的菜单选项，下面只给出前面没有介绍过的菜单选项的具体含义：

1）Analyze Document：对已经存在的文档进行分析。

2）Remove from Project：把子文件从当前的项目中移除。

3）Page Setup：打印页面设置。

4）Print Preview：打印预览。

5）Print：进行打印操作。

6）View Channels：显示项目设计的各个通道信息。

2.5.3 库文件工作面板

在 Protel DXP 中，库文件工作面板的作用是显示当前装载的库文件、对当前装载的库文件进行管理和具体操作、搜索库文件和放置库文件中元件的原理图和PCB封装。在Protel DXP中，执行菜单命令【View】→【Workspace Panels】→【Libraries】，或者单击标签栏中的Libraries图标，这时将会打开如图 2-56 所示的库文件工作面板。

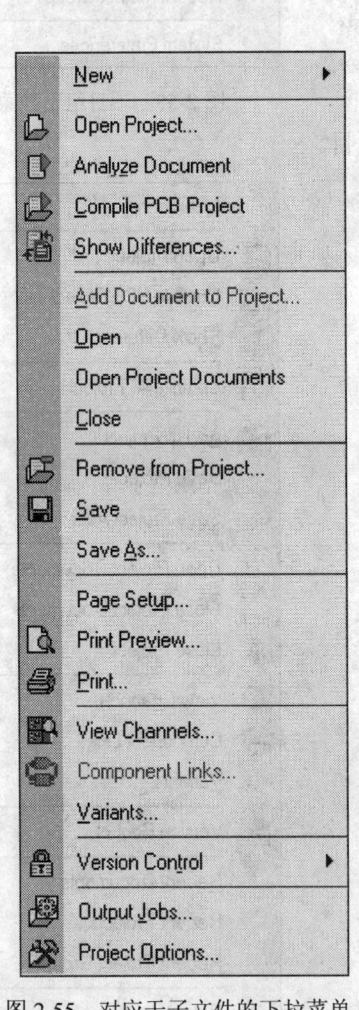

图 2-55 对应于子文件的下拉菜单

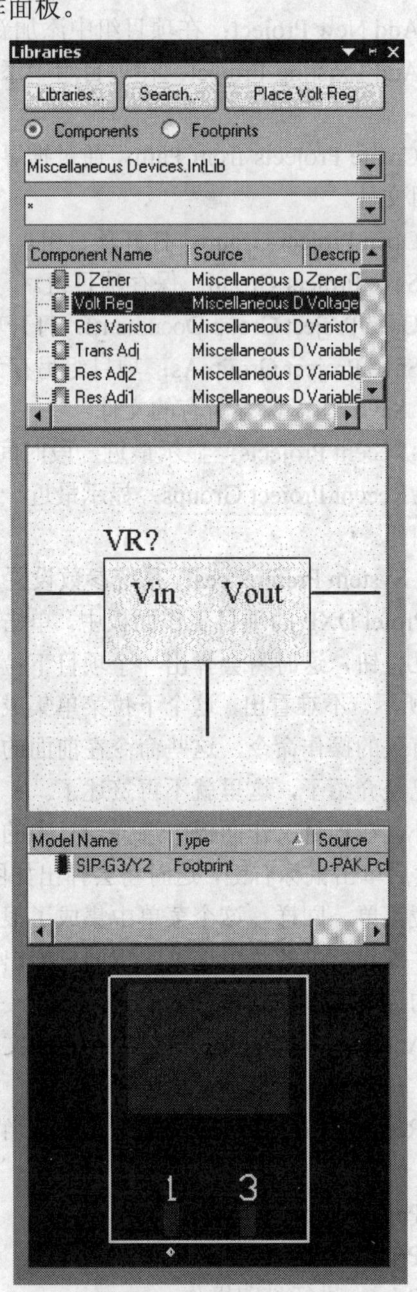

图 2-56 库文件工作面板

不难看出，库文件工作面板包括功能按钮、选择项、输入选择栏、元件列表框、元件原理图显示窗口、模型列表框和元件 PCB 封装显示窗口。它们的具体含义如下所示：

1）Libraries...：显示当前装载的库文件、对当前装载的库文件进行管理和具体操作。

2）Search...：搜索已经存在的库文件。

3）Place：用来放置库文件中选中元件的原理图和 PCB 封装。

4）Components：查看选定库文件中的所有元件。

5）Footprints：查看选定库文件中的所有元件的 PCB 封装。

6）装载库文件的输入选择栏：选择目前已经装载的库文件，既可以直接输入库文件名称，也可以通过下拉按钮来选择相应的库文件。

7）过滤条件输入选择栏：选择元件的过滤条件。同样，既可以直接输入，也可以通过下拉按钮来选择相应的过滤条件。

8）元件列表框：选中 Components 选项时，这个列表框将显示当前库文件中所有元件的名称、来源和描述信息；选中 Footprints 选项时，这个列表框将显示当前库文件中所有元件的 PCB 封装名称和 PCB 封装所属的库文件名称。

9）元件原理图显示窗口：显示原理图符号。

10）模型列表框：显示当前选定元件的模型名称、模型类型和相应模型所属的库文件名称。通常，模型类型分为 PCB 封装、信号完整性和仿真模型。

11）PCB 封装显示窗口：显示 PCB 封装符号。

2.5.4 导航器工作面板

在 Protel DXP 中，导航器工作面板的作用是分析、编译和切换当前打开的文件或者项目，同时可以快速定位元件、快速浏览网络分布和快速浏览违反设计规则的信息。通常，在打开原理图设计系统的环境下，执行菜单命令【View】→【Workspace Panels】→【Navigator】，或者单击标签栏中的 Navigate 图标，这时将会弹出如图 2-57 所示的导航器工作面板。在打开 PCB 设计系统的环境下，执行菜单命令【View】→【Workspace Panels】→【Navigator】或者单击标签栏中的 Navigate 图标，这时将会弹出如图 2-58 所示的导航器工作面板。可以看出，在不同的设计系统或者编辑环境下，导航器工作面板的具体内容是不同的。

对于原理图设计系统下的导航器工作面板来说，用户一般应用得较多，因此这里重点介绍这种工作面板；对于 PCB 设计系统下的导航器工作面板来说，用户一般应用得较少，因此这里就不进行介绍了，我们只在后面的章节中介绍其中的某些应用。

通过图 2-57 不难看出，原理图设计系统下的导航器工作面板包括功能按钮、选择项、复选框和列表框 4 个部分。

1．功能按钮

在导航器工作面板中，功能按钮的作用是用来对当前打开的文件或者项目进行分析、编译和进行层次原理图之间的切换。可见，功能按钮包括以下 3 个：

Analyse：分析当前正在编辑的原理图文件中是否有重复编号的元件，分析后利用导航器面板可以对元件的种类和位置进行定位。

Compile：编译当前打开的项目文件，编译后利用导航器面板不但可以对项目中所有元件的种类和位置进行定位，而且还可以对项目原理图中的网络分布以及违反设计规则的地方进行分析和定位。

Hierarchy：对层次原理图进行母图和子图之间的切换，同时可以查看与选中元件有电气连接关系的其他元件的位置分布，或者可以查看选中网络标号在原理图中的分布。

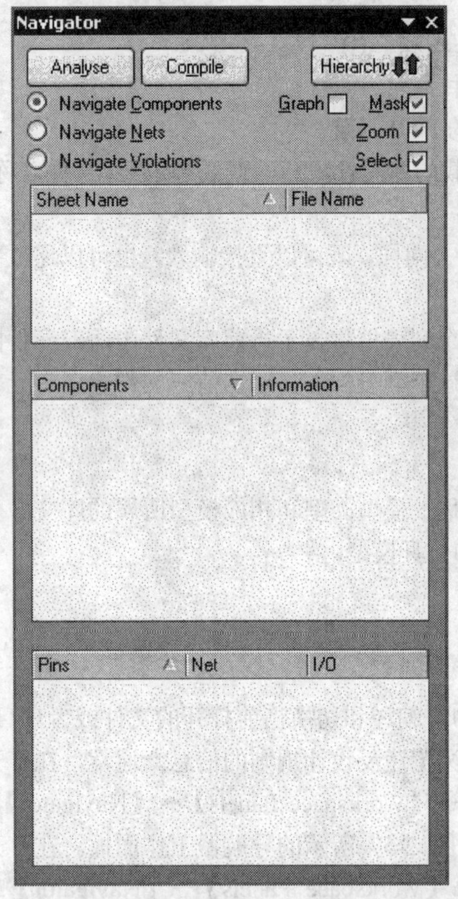

图 2-57 原理图设计系统下的导航器面板

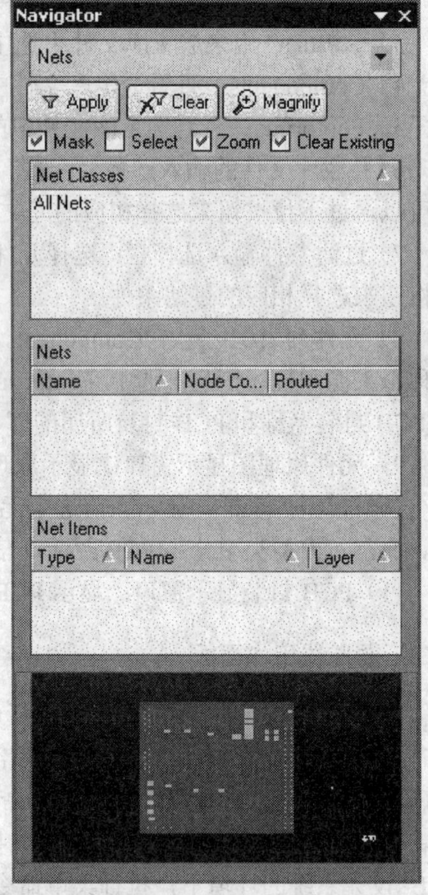

图 2-58 PCB 设计系统下的导航器面板

2．选择项

导航器面板在功能按钮的左下方含有 3 个选择项，它们的作用是快速定位元件、快速浏览网络分布和快速浏览违反设计规则的信息。

Navigate Components：快速定位元件。

Navigate Nets：快速浏览网络分布。

Navigate Violations：快速浏览违反设计规则的信息。

3．复选框

导航器面板在功能按钮的右下方含有 4 个复选框，它们的作用是对快速定位的元件、浏览的网络分布等的显示方式进行设置。

Graph：在勾选该复选框的情况下，如果在导航器工作面板中选中某一元件或者网络标号后，那么原理图设计窗口中将采用放射状虚线的方式显示出与所选元件或者网络标号有关的其他元件或者网络标号。

Mask：在勾选该复选框的情况下，这时原理图设计窗口中将以掩模状态来显示没有被选中的元件或者网络标号等电气对象。另外，掩模程度可以通过单击标签栏中的 Mask Level 图标弹出的掩模程度调节框进行调整。

Zoom：在勾选该复选框的情况下，如果在导航器工作面板中选中某一元件或者网络标号后，那么原理图设计窗口中将以选中的元件或者网络标号为中心进行放大显示。

Select：在勾选该复选框的情况下，如果在导航器工作面板中选中某一元件或者网络标号后，那么选中的元件或者网络标号将以选中状态显示，同时它们的周围将会有绿色的虚线边框出现。

4．列表框

在导航器工作面板中，列表框的作用是用来显示分析或者编译后的单个文件或者项目中的原理图信息、元件信息和引脚信息等。不难看出，它分为以下 3 个列表框：

原理图列表框：显示相应的原理图名称和对应的文件名称。

元件信息列表框：显示相应原理图中所有元件的名称和描述信息。

引脚信息列表框：显示选中元件的引脚名称、所属网络名称以及引脚的端口状态。

2.6 Protel DXP 的系统参数设置

如果用户是第 1 次使用新安装的 Protel DXP 集成开发环境，那么在进行具体操作之前用户可以对相应的系统参数进行设置，目的是使 Protel DXP 的系统风格更加符合个人的工作习惯，从而为今后的设计打下一个良好的基础。

在 Protel DXP 中，首先单击菜单栏中的图标，然后在弹出的下拉菜单中选择 System Preferences 选项，这时 Protel DXP 系统将会弹出相应的系统参数设置对话框，如图 2-59 所示。可以看出，系统参数设置对话框包括 General、View、Transparency、Version Control 和 Backup Options 共 5 个选项卡的设置，它们分别用来设置设计系统或者编辑器的启动参数、时间参数、透明效果、版本控制信息以及文件备份参数等。

下面将对 5 个选项卡的具体设置进行介绍。

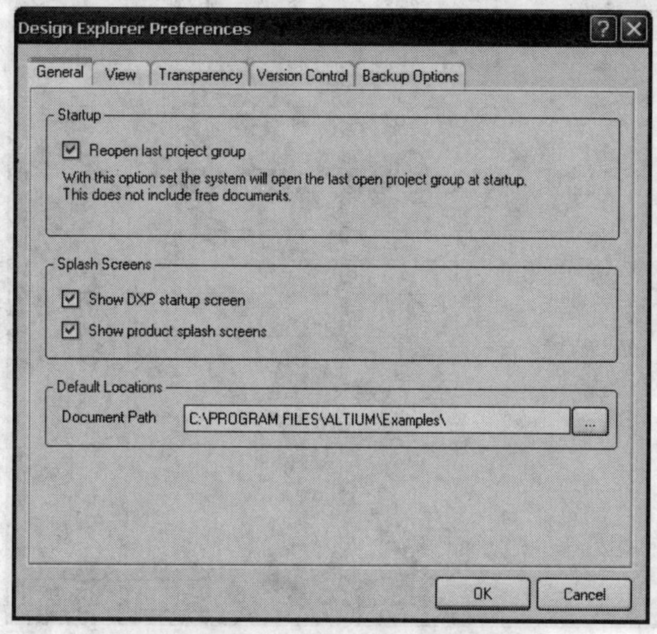

图 2-59　系统参数设置对话框的 General 选项卡

2.6.1 General 选项卡设置

在系统参数设置对话中，General 选项卡的作用是设置系统启动时是否自动打开上次退出 Protel DXP 时显示的项目组、设计系统或者编辑器启动时是否显示启动画面和系统默认的文件路径。General 选项卡包含的具体设置如图 2-59 所示，可以看出它包括【Startup】、【Splash Screens】和【Default Locations】3 个区域的设置。3 个区域的具体设置如下：

1）Reopen last project group：这个复选框的作用是在启动 Protel DXP 时，用来设置是否自动打开上次退出 Protel DXP 时显示的项目组，而对于自由文件则不会显示。如果选中这个复选框，那么显示相应的项目组；否则不显示。

2）Show DXP startup screen：这个复选框的作用是在启动 Protel DXP 时，用来设置是否显示相应的启动画面。如果选中这个复选框，那么显示启动画面；否则不显示。Protel DXP 相应的启动画面如前面的图 2-4 所示。

3）Show product Splash Screens：这个复选框的作用是在启动某一个编辑器时，用来设置是否显示相应的启动画面。如果选中这个复选框，那么显示启动画面；否则不显示。

4）Document Path：这个输入栏的作用是用来设置系统默认的文件路径。通常，Protel DXP 会提供一个默认路径。如果用户对默认路径感到不满意，那么只需单击右侧的 按钮来进行相应的路径设置即可。

2.6.2 View 选项卡设置

在系统参数设置对话中，View 选项卡的作用是设置系统关闭时是否自动保存对界面的修改、工作面板和菜单等弹出过程和隐藏过程的延迟时间以及动画效果。通常，View 选项卡所包含的具体设置如图 2-60 所示，可以看出它包括【Desktop】和【Popup Panels】两个区域的设置。两个区域的具体设置如下所示：

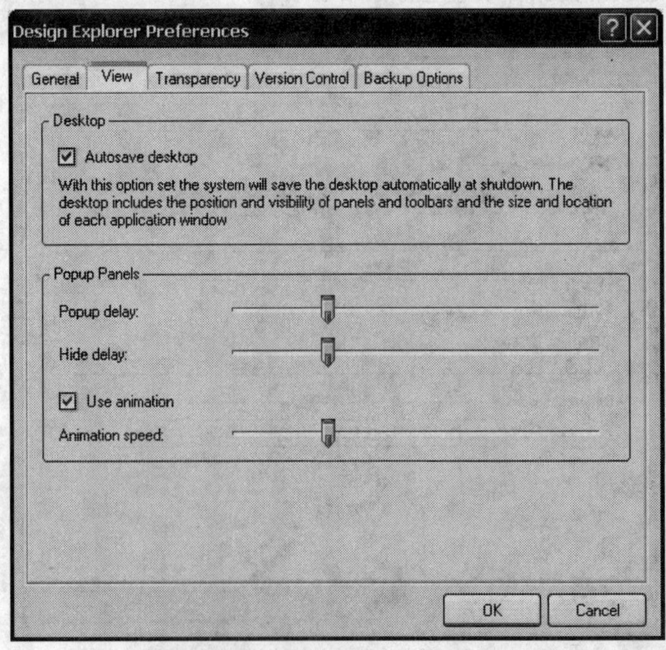

图 2-60 系统参数设置对话框的 View 选项卡

1）Autosave desktop：这个复选框的作用是在 Protel DXP 关闭时，用来设置系统是否自动保存对界面的修改。如果选中这个复选框，那么自动保存修改；否则不保存。

2）Popup Delay：这个滑块调节栏的作用是设置工作面板和菜单等弹出过程的延迟时间。滑块向左侧调节，延迟时间变短；滑块向右侧调节，延迟时间变长。

3）Hide Delay：这个滑块调节栏的作用是设置工作面板和菜单等隐藏过程的具体延迟时间。同样，滑块向左侧调节，延迟时间变短；滑块向右侧调节，延迟时间变长。

4）Use animation：这个复选框的作用是设置在工作面板和菜单等弹出过程和隐藏过程中是否使用动画效果。如果选中这个复选框，那么使用动画效果；否则不使用。

5）Animation speed：这个滑块调节栏的作用是设置动画效果的速度。滑块向左侧调节，动画效果速度变慢；滑块向右侧调节，动画效果速度变快。

2.6.3 Transparency 选项卡设置

在系统参数设置对话中，Transparency 选项卡的作用是设置浮动的工具栏和窗口是否使用透明效果、浮动窗口是否使用动态透明效果以及设置相应的参数。通常，Transparency 选项卡包含的设置选项如图 2-61 所示，可以看出它包括一个【Transparency】区域。这个区域的具体设置如下：

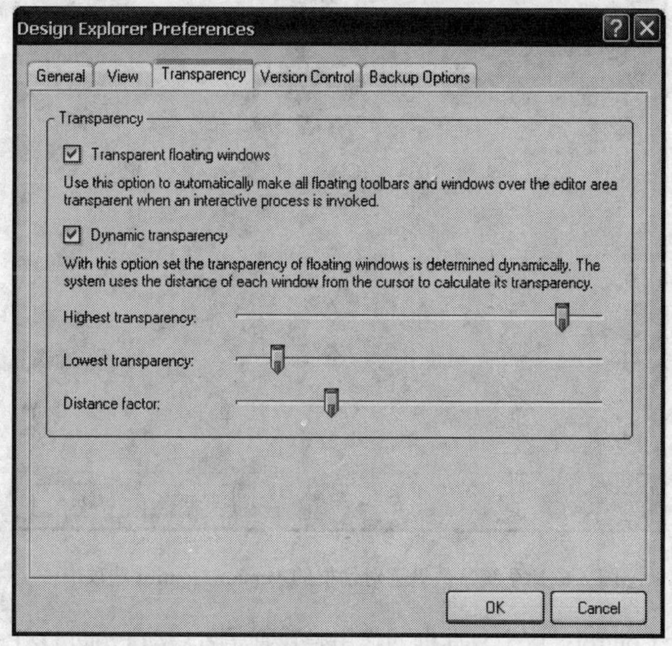

图 2-61　系统参数设置对话框的 Transparency 选项卡

1）Transparent floating windows：这个复选框的作用是设置浮动的工具栏和窗口是否使用透明效果。如果选中这个复选框，那么当用户调用一个交互任务时浮动工具栏和窗口将以透明效果显示；否则不采用透明效果显示。

2）Dynamic Transparency：这个复选框的作用是在选中 Transparent floating windows 的时候，用来设置是否采用动态透明效果。如果选中这个复选框，那么浮动工具栏和窗口的透明效果则是动态显示的，这时下面的 3 个滑块调节栏将有效；否则不采用动态的透明效果。通常，Protel DXP 将根据光标与浮动窗口的距离来计算浮动工具栏和窗口的透明度。

3）Highest Transparency：这个滑块调节栏的作用是设置浮动工具栏和窗口的最高透明度。滑块向左侧调节，最高透明度变低；滑块向右侧调节，最高透明度变高。

4）Lowest Transparency：这个滑块调节栏的作用是设置浮动工具栏和窗口的最低透明度。同样，滑块向左侧调节，最低透明度变低；滑块向右侧调节，最低透明度变高。

5）Distance factor：这个滑块调节栏的作用是设置光标与浮动工具栏和窗口的距离为多少时，透明效果将会消失。滑块向左侧调节，距离因子变小；滑块向右侧调节，距离因子变大。

2.6.4 Version Control 选项卡设置

在系统参数设置对话中，Version Control 选项卡的作用是设置是否启动 Protel DXP 的版本控制。可见，Version Control 选项卡的设置非常简单，如图 2-62 所示，可以看出它只包括一个【Options】区域。这个区域的具体设置如下：

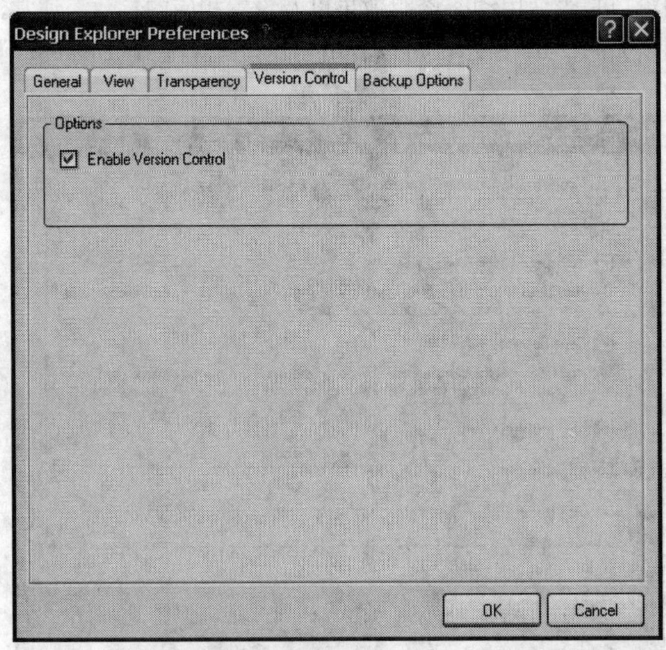

图 2-62 系统参数设置对话框的 Version Control 选项卡

Enable Version Control：这个复选框的作用是设置是否启动 Protel DXP 的版本控制系统。如果选中这个复选框，那么启动版本控制系统；否则不启动版本控制系统。

2.6.5 Backup Options 选项卡设置

在系统参数设置对话中，Backup Options 选项卡的作用是用来设置文件备份的一些参数和文件自动保存的一些参数。通常情况下，Backup Options 选项卡所包含的具体设置如图 2-63 所示，可以看出它包括【Backup Files】和【Auto Save】两个区域。这两个区域的具体设置如下：

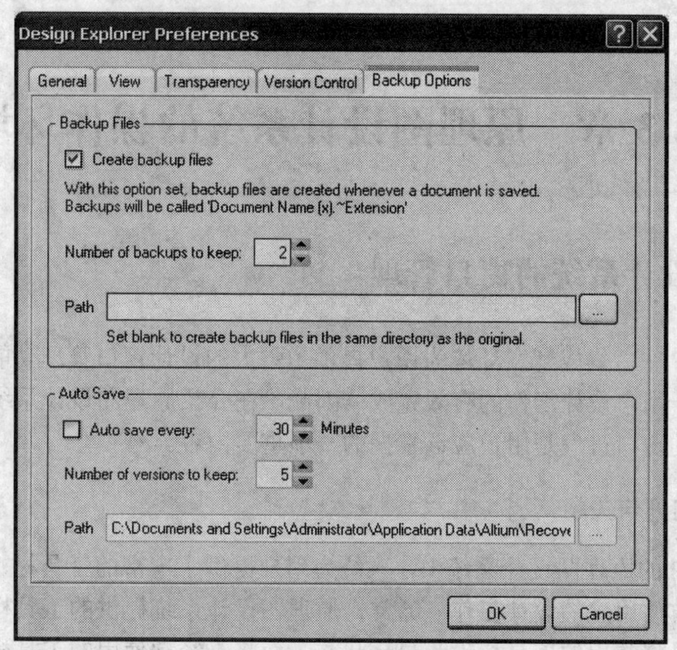

图 2-63　系统参数设置对话框的 Backup Options 选项卡

1）Create backup files：这个复选框的作用是设置在 Protel DXP 中是否进行文件的自动备份操作。如果选中这个复选框，那么自动进行备份；否则不进行备份。

一般来说，备份文件的名称格式为 Document Name(x).～Extension，这里的 Document Name 表示备份的文件名，x 表示备份文件的序号，Extension 则表示备份文件的扩展名。

2）Number of backups to keep：这个选择框的作用是设置备份文件的备份数。用户既可以直接在选择框中输入数字，也可以通过单击按钮来设置备份数。

3）Path：这个输入栏的作用是设置备份文件的保存路径。用户既可以直接输入备份文件的保存路径，也可以通过单击右侧的按钮来进行相应的保存路径设置。

4）Auto save every：这个复选框的作用是设置 Protel DXP 是否启用文件的自动保存功能。如果选中这个复选框，那么系统会对文件进行自动保存，保存时间由右侧的选择框（Minutes）进行设置，保存的版本数由下面的选择框（Number of versions to keep）进行设置；否则不进行自动保存。

5）Path：这个输入栏的作用是设置文件的自动保存路径。通常，Protel DXP 会提供一个默认路径。如果用户对默认路径感到不满意，那么只需单击右侧的按钮来进行相应的路径设置。

第 3 章　原理图设计系统的操作环境

3.1　原理图设计系统的窗口管理

在 Protel DXP 中，集成开发环境为用户提供了强大的设计窗口管理功能，掌握这些窗口管理功能将有助于用户设计工作的有效完成。因此，在介绍原理图设计系统的操作环境时，原理图设计系统的窗口管理是用户应该掌握的一项重要内容。

3.1.1　工具栏的打开与关闭

在 Protel DXP 的原理图设计系统中，系统为用户提供了丰富的工具栏，这些工具栏提供的工具将会大大方便用户的设计工作。通常，原理图设计系统提供的工具栏并不总是处于显示状态，用户只是将常用的工具栏设为显示状态，而将不经常使用的工具栏关闭，只有在使用它们的时候才将其设为显示状态。

首先在项目工作面板上单击 Group 按钮；然后在弹出的菜单中选择 Open Project Group 菜单选项，这时将会弹出一个如图 3-1 所示的打开项目组选择对话框；接下来在选择对话框中选择文件夹 Z80（via netlist）后单击 打开(O) 按钮，然后在新的选择对话框中再选择文件 Z80（via netlist）并单击 打开(O) 按钮，这时便会打开一个名称为 Z80（via netlist）的项目组文件。打开项目组文件后，此时的项目工作面板如图 3-2 所示。

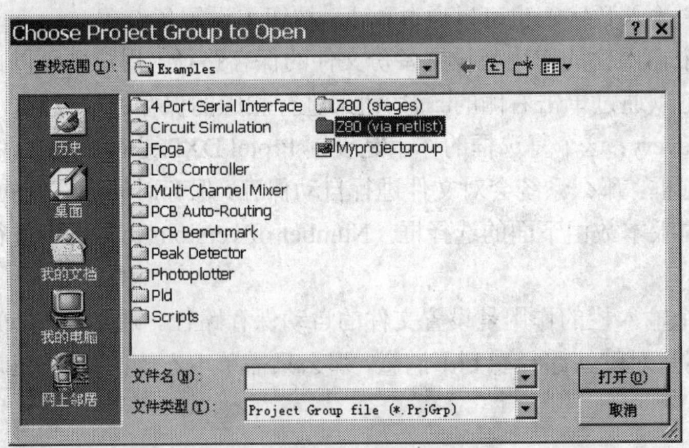

图 3-1　打开项目组选择对话框

在图 3-2 所示的项目工作面板中，任意打开一个原理图文件，这时系统将会启动原理图设计系统。在原理图设计系统中，Protel DXP 总共为用户提供了 11 种工具栏，它们分别是 Drawing 工具栏、Formatting 工具栏、Mixed Sim 工具栏、Power Objects 工具栏、Schematic Standard 工具栏、Wiring 工具栏、CUPL PLD 工具栏、Digital Objects 工具栏、Project 工具栏、SI 工具栏和 Simulation Sources 工具栏。下面讨论一下这 11 种工具栏在设计系统中的打开与关闭操作。

1．Drawing 工具栏

通常，Drawing 工具栏也称为绘图工具栏。在原理图设计系统中，执行菜单命令【View】→【Toolbars】，这时将会打开如图 3-3 所示的下拉菜单。如果在下拉菜单中勾选 Drawing 选项，那么系统将会打开绘图工具栏；如果在下拉菜单中没有勾选 Drawing 选项，这时系统将会关闭绘图工具栏。

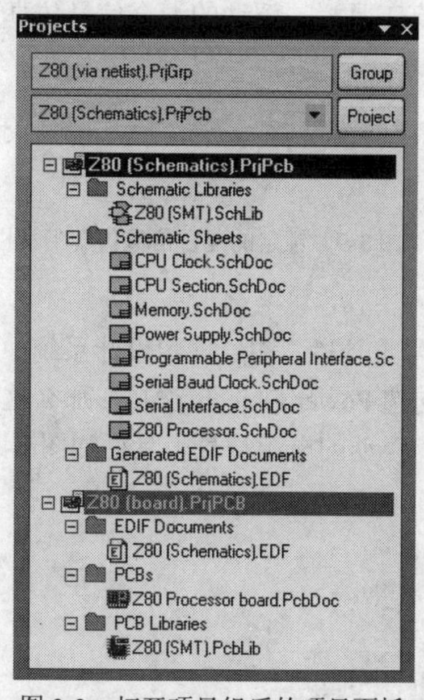

图 3-2　打开项目组后的项目面板

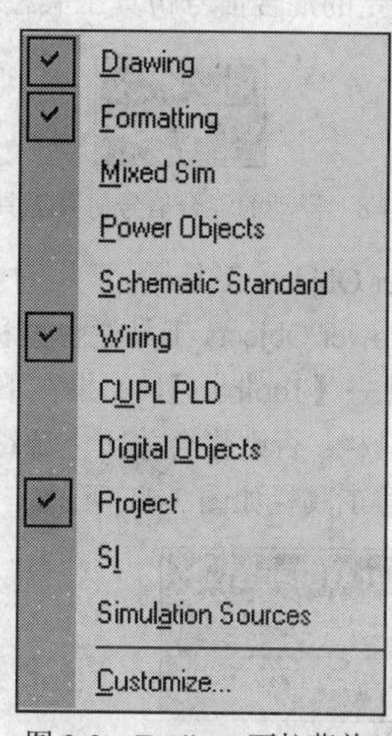

图 3-3　Toolbars 下拉菜单

在 Protel DXP 中，原理图设计系统中的工具栏具有两种显示方式：一种是以浮动工具栏的方式出现在设计窗口中；另外一种是以锁定工具栏的方式出现在设计窗口的顶部，它通常处于菜单栏的下面。用户可以根据自己的需要或者设计习惯来选择不同的显示方式。

在原理图设计系统中，绘图工具栏以浮动方式出现在设计窗口时，此时的工具栏如图 3-4 所示；绘图工具栏以锁定方式出现在设计窗口的顶部时，此时的工具栏如图 3-5 所示。

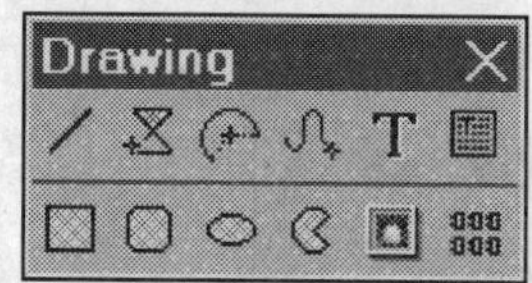

图 3-4　浮动的绘图工具栏

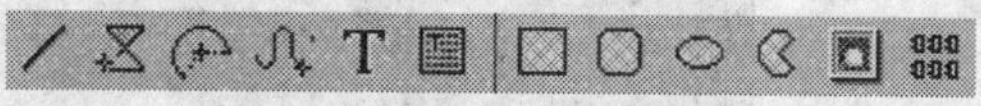

图 3-5　锁定的绘图工具栏

2．Formatting 工具栏

通常，Formatting 工具栏也被称为文字格式工具栏。在原理图设计系统中，执行菜单命令【View】→【Toolbars】，如果在下拉菜单中勾选 Formatting 选项，那么这时将会打开文字格式工具栏；否则将会关闭文字格式工具栏。浮动的文字格式工具栏如图 3-6 所示，锁定的文字格式工具栏如图 3-7 所示。

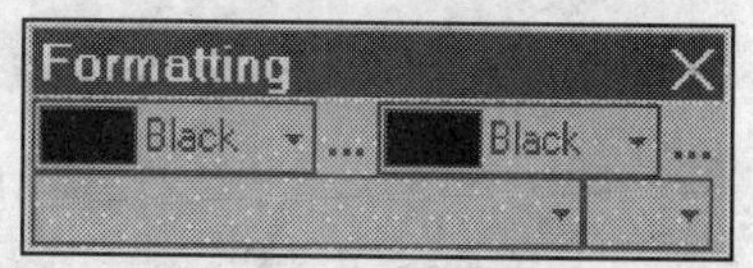

图 3-6　浮动的文字格式工具栏

图 3-7 锁定的文字格式工具栏

3．Mixed Sim 工具栏

通常，Mixed Sim 工具栏也被称为混合信号仿真工具栏。在原理图设计系统中，执行菜单命令【View】→【Toolbars】，如果在下拉菜单中勾选 Mixed Sim 选项，那么这时将会打开混合信号仿真工具栏；否则将会关闭混合信号仿真工具栏。浮动的混合信号仿真工具栏如图 3-8 所示，锁定的混合信号仿真工具栏如图 3-9 所示。

图 3-8 浮动的混合信号仿真工具栏

图 3-9 锁定的混合信号仿真工具栏

4．Power Objects 工具栏

通常，Power Objects 工具栏也被称为电源符号工具栏。在原理图设计系统中，执行菜单命令【View】→【Toolbars】，如果在下拉菜单中勾选 Power Objects 选项，那么这时将会打开电源符号工具栏；否则将会关闭电源符号工具栏。浮动的电源符号工具栏如图 3-10 所示，锁定的电源符号工具栏如图 3-11 所示。

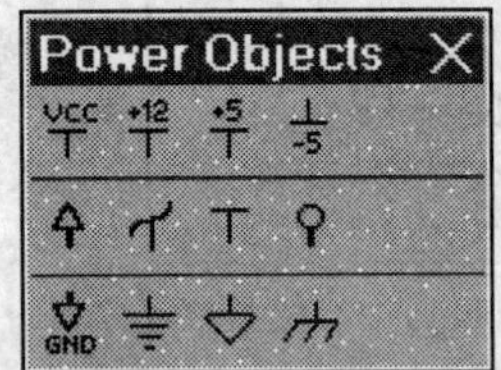

图 3-10 浮动的电源符号工具栏

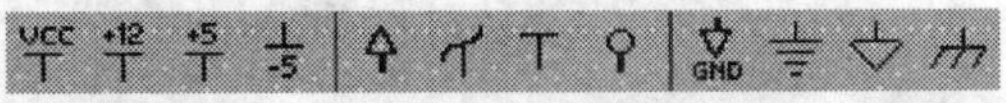

图 3-11 锁定的电源符号工具栏

5．Schematic Standard 工具栏

通常，Schematic Standard 工具栏也被称为原理图标准工具栏。在原理图设计系统中，执行菜单命令【View】→【Toolbars】，如果在下拉菜单中勾选 Schematic Standard 选项，那么将会打开原理图标准工具栏；否则将会关闭原理图标准工具栏。浮动的原理图标准工具栏如图 3-12 所示，锁定的原理图标准工具栏如图 3-13 所示。

图 3-12 浮动的原理图标准工具栏

图 3-13 锁定的原理图标准工具栏

6．Wiring 工具栏

通常，Wiring 工具栏也被称为布线工具栏。在原理图设计系统中，执行菜单命令【View】→【Toolbars】，如果在下拉菜单中勾选 Wiring 选项，那么这时将会打开布线工具栏；否则将

会关闭布线工具栏。浮动的布线工具栏如图 3-14 所示，锁定的布线工具栏如图 3-15 所示。

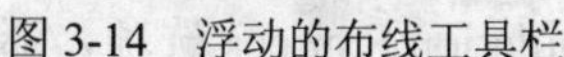

图 3-14　浮动的布线工具栏

图 3-15　锁定的布线工具栏

7．CUPL PLD 工具栏

通常，CUPL PLD 工具栏也被称为可编程逻辑器件工具栏。在原理图设计系统中，执行菜单命令【View】→【Toolbars】，如果在下拉菜单中勾选 CUPL PLD 选项，那么这时将会打开 CUPL PLD 工具栏；否则将会关闭 CUPL PLD 工具栏。浮动的 CUPL PLD 工具栏如图 3-16 所示，锁定的 CUPL PLD 工具栏如图 3-17 所示。

图 3-16　浮动的 CUPL PLD 工具栏

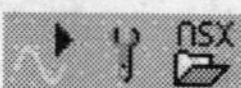

图 3-17　锁定的 CUPL PLD 工具栏

8．Digital Objects 工具栏

通常，Digital Objects 工具栏也被称为数字器件工具栏。在原理图设计系统中，执行菜单命令【View】→【Toolbars】，如果在下拉菜单中勾选 Digital Objects 选项，那么这时将会打开数字器件工具栏；否则将会关闭数字器件工具栏。浮动的数字器件工具栏如图 3-18 所示，锁定的数字器件工具栏如图 3-19 所示。

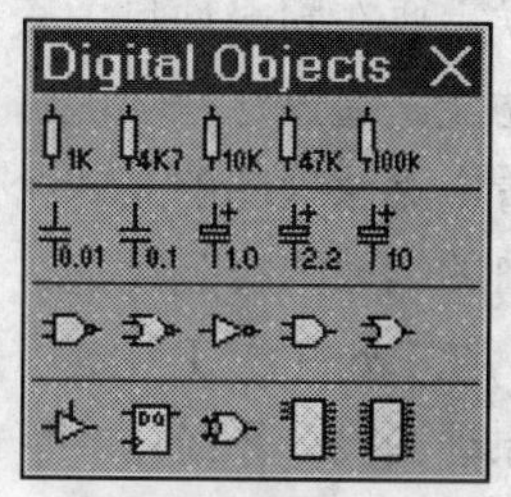

图 3-18　浮动的数字器件工具栏

图 3-19　锁定的数字器件工具栏

9．Project 工具栏

通常，Project 工具栏也被称为项目工具栏。在原理图设计系统中，执行菜单命令【View】→【Toolbars】，如果在下拉菜单中勾选 Project 选项，那么这时将会打开项目工具栏；否则将会关闭项目工具栏。浮动的项目工具栏如图 3-20 所示，锁定的项目工具栏如图 3-21 所示。

图 3-20　浮动的项目工具栏

图 3-21　锁定的项目工具栏

10．SI 工具栏

通常，SI 工具栏也被称为信号完整性工具栏。在原理图设计系统中，执行菜单命令【View】→【Toolbars】，如果在下拉菜单中勾选 SI 选项，那么将会打开信号完整性工具栏；否则将会关闭信号完整性工具栏。浮动的信号完整性工具栏如图 3-22 所示，锁定的信号完整性工具栏如图 3-23 所示。

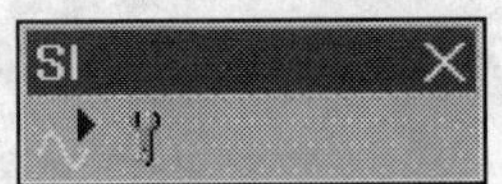

图 3-22 浮动的信号完整性工具栏

图 3-23 锁定的信号完整性工具栏

11．Simulation Sources 工具栏

通常，Simulation Sources 工具栏也被称为仿真信号源工具栏。在原理图设计系统中，执行菜单命令【View】→【Toolbars】，如果在下拉菜单中勾选 Simulation Sources 选项，那么这时将会打开仿真信号源工具栏；否则将会关闭仿真信号源工具栏。浮动的仿真信号源工具栏如图 3-24 所示，锁定的仿真信号源工具栏如图 3-25 所示。

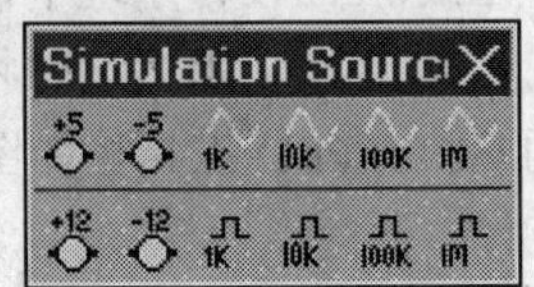

图 3-24 浮动的仿真信号源工具栏

图 3-25 锁定的仿真信号源工具栏

3.1.2 工作窗口的缩放

在 Protel DXP 的集成开发环境中，用户可以同时打开多个设计窗口。对于用户来说，有时候需要在同一项目中查看多张电路原理图，因此 Protel DXP 中提供了设计窗口的缩放与排列功能。通过这些功能，用户既可以查看整张电路原理图以规划电路整体布局，同时也可以查看电路原理图的某一个部分，目的是为了更好地放置元件。因此，掌握 Protel DXP 中设计窗口的缩放与排列功能，有助于用户更好地设计出完整美观的电路原理图。

在 Protel DXP 中，用户常常是通过菜单栏中的【View】菜单来进行设计窗口的具体操作。在原理图设计系统中，单击菜单栏中的【View】菜单，这时将会弹出如图 3-26 所示的下拉菜单。

可见，这个下拉菜单中集成了设计窗口缩放的很多菜单选项。通过这些菜单选项，用户可以很好地完成原理图设计系统中设计窗口的各种缩放操作。【View】下拉菜单中各个选项的具体介绍如下所示：

1）Fit Document：调整电路原理图的缩放比例，使电路原理图中的所有信息都包含在设计窗口中，而不考虑原理图中元件的显示大小。

2）Fit All Objects：调整电路原理图的显示方式，使电路原理图中的所有对象包含在设计窗口中，而不考虑原理图图纸的显示大小。该菜单选项对应于工具栏中的图标。

3）Area：调整电路原理图中某一部分的缩放比例，使原理图中选中的区域放大到整个设计窗口。该菜单选项对应于工具栏中的图标。用户选择这个菜单选项后，鼠标光标将变成十字光标，这时按住鼠标左键进行拖动，即可将鼠标选中的矩形区域放大到设计窗口中。

4）Selected Objects：调整电路原理图中某一个对象的缩放比例，使原理图中选中的对象放大到整个设计窗口。该菜单选项对应于工具栏中的图标。

5）Around Point：调整电路原理图中某一部分的缩放比例，使原理图中选中的区域放大到整个设计窗口。用户选择这个菜单选项后，鼠标光标将变成十字光标，单击鼠标左键选定一个基准点，然后拖动鼠标到达选择区域的某一个角后再次单击鼠标，即可将鼠标选中的以基准点为中心的矩形区域放大到设计窗口中。

6）50%、100%、200%、400%：调整电路原理图的缩放比例，使原理图按照原始尺寸的50%、100%、200%和400%显示在设计窗口中。

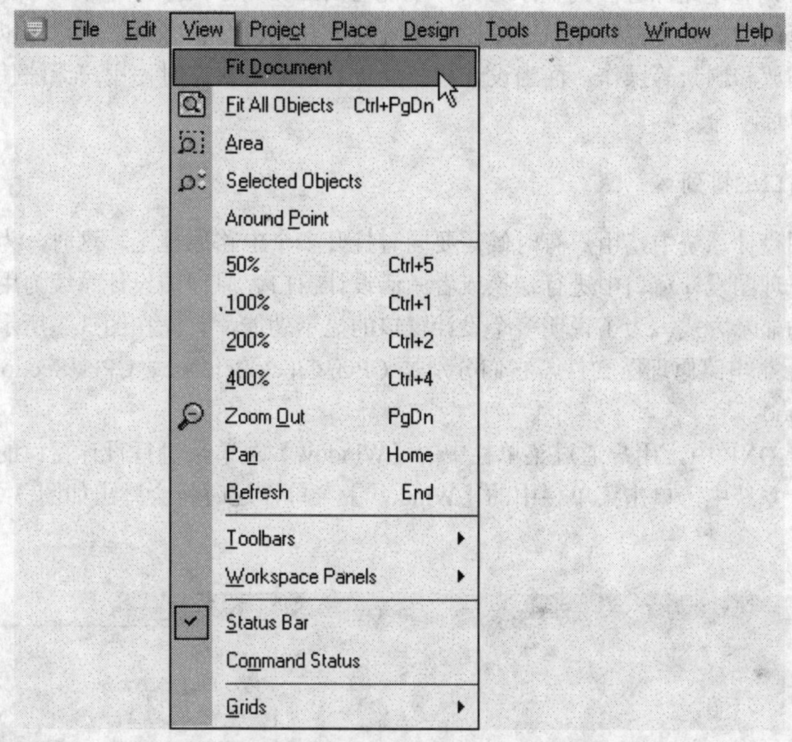

图 3-26　原理图设计系统中的【View】下拉菜单

7）Zoom Out：调整电路原理图的缩放比例，缩小电路原理图在设计窗口中的显示，这个菜单选项可以重复执行多次。该菜单选项对应于工具栏中的图标。另外，工具栏中提供了图标，用来放大电路原理图在设计窗口中的显示。

8）Pan：调整电路原理图的显示方式，使电路原理图以鼠标选定点为中心显示在设计窗口中。首先将鼠标光标移动到显示中心的目标点，然后选择这个菜单选项，这时设计窗口将以该目标点为屏幕中心显示电路原理图。

9）Refresh：调整电路原理图的显示方式，刷新电路原理图的显示画面，目的是消除原理图操作后含有残留的斑点或者图形变形的问题。通常在设计电路原理图的过程中，用户进行画面缩放、移动或者对象编辑后，电路原理图上经常会出现残留的斑点、图形变形或者模糊等问题，这样将会影响电路原理图的美观，因此用户会经常使用该菜单选项来刷新电路原理图的显示画面。

在 Protel DXP 中，系统为用户提供了一些快捷键来进行设计窗口的缩放操作。通过这些快捷键，用户可以方便、快速地实现设计窗口的缩放和刷新等操作。Protel DXP 为用户提供的快捷键主要包括：

1）Page Up：调整电路原理图的缩放比例，将电路原理图以鼠标光标的当前位置为中心位置进行放大显示，这个快捷键可以连续操作。

2）Page Down：调整电路原理图的缩放比例，将电路原理图以鼠标光标的当前位置为中心位置进行缩小显示，这个快捷键可以连续操作。

3）Home：调整电路原理图的显示方式，功能与 Pan 菜单选项相同。

4）End：调整电路原理图的显示方式，功能与 Refresh 菜单选项相同。

这些快捷键的好处是可以在原理图设计系统处于其他命令状态时，用户可以方便地进行设计窗口的缩放和刷新等操作；而当设计系统处于其他命令状态时，用户无法使用鼠标去执行上面的菜单选项命令。

3.1.3 工作窗口的排列

在原理图设计系统中，用户有时候需要同时打开多个电路原理图。这时，为了便于用户在多个电路原理图设计窗口中进行切换或者激活设计窗口，原理图设计系统为用户提供了多种设计窗口的显示方式。为了说明多个设计窗口的显示功能，首先在图 3-2 所示的项目工作面板中打开 3 个电路原理图文件，它们分别是 CPU Clock.SchDoc、CPU Section.SchDoc 和 Memory.SchDoc。

在 Protel DXP 中，用户通过菜单栏中的【Window】菜单来进行设计窗口的排列操作。在原理图设计系统中，单击菜单栏中的【Window】菜单，这时将会弹出如图 3-27 所示的下拉菜单。

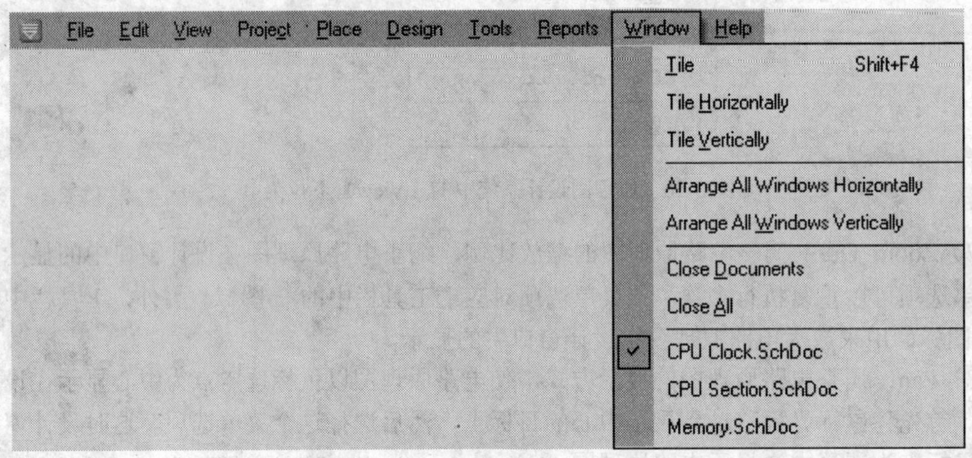

图 3-27 原理图设计系统中的【Window】下拉菜单

可以看出，这个下拉菜单中集成了设计窗口排列的菜单选项。通过这些菜单选项，用户可以很好地进行多个设计窗口的排列操作，从而有效地进行不同设计窗口的切换或者激活某一个设计窗口。【Window】下拉菜单中各个排列选项的具体介绍如下所示：

1）Title：进行多个电路原理图设计窗口的排列，排列方式是将多个电路原理图设计窗口平铺在主工作窗口中。在前面已经打开 3 个原理图文件的原理图设计系统中，选择这个菜单选项后的设计窗口排列如图 3-28 所示。

2）Title Horizontally：进行多个电路原理图设计窗口的排列，排列方式是将多个电路原理图设计窗口水平层叠在主工作窗口中。在前面已经打开 3 个原理图文件的原理图设计系统中，选择这个菜单选项后的设计窗口排列如图 3-29 所示。

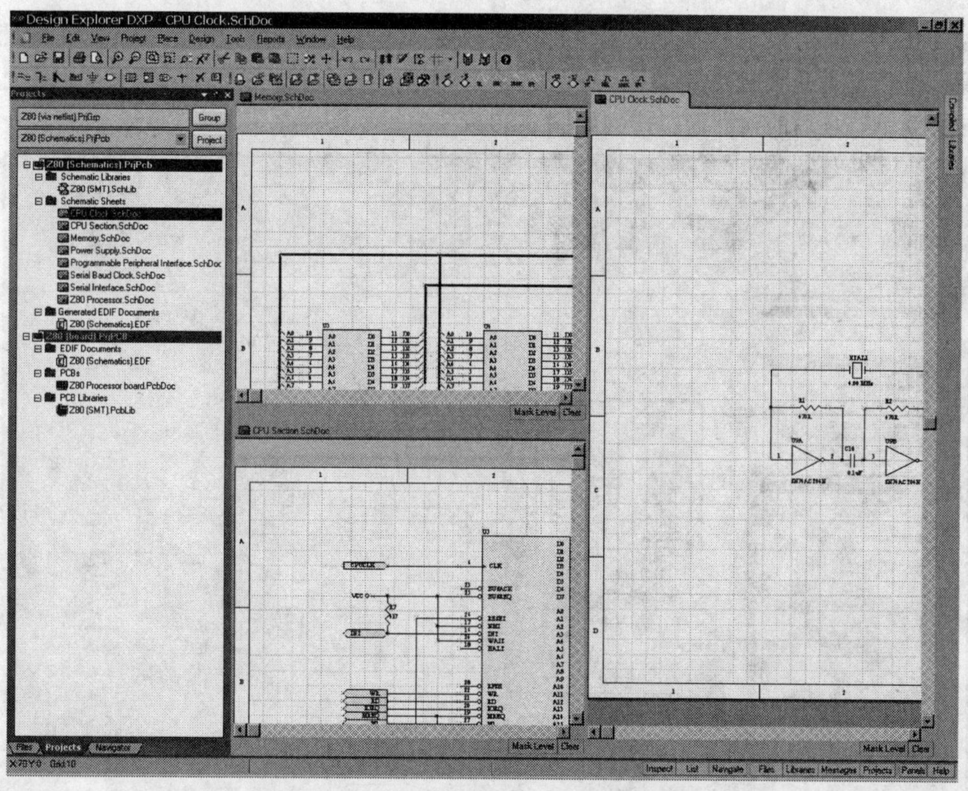

图 3-28　多个原理图设计窗口平铺排列

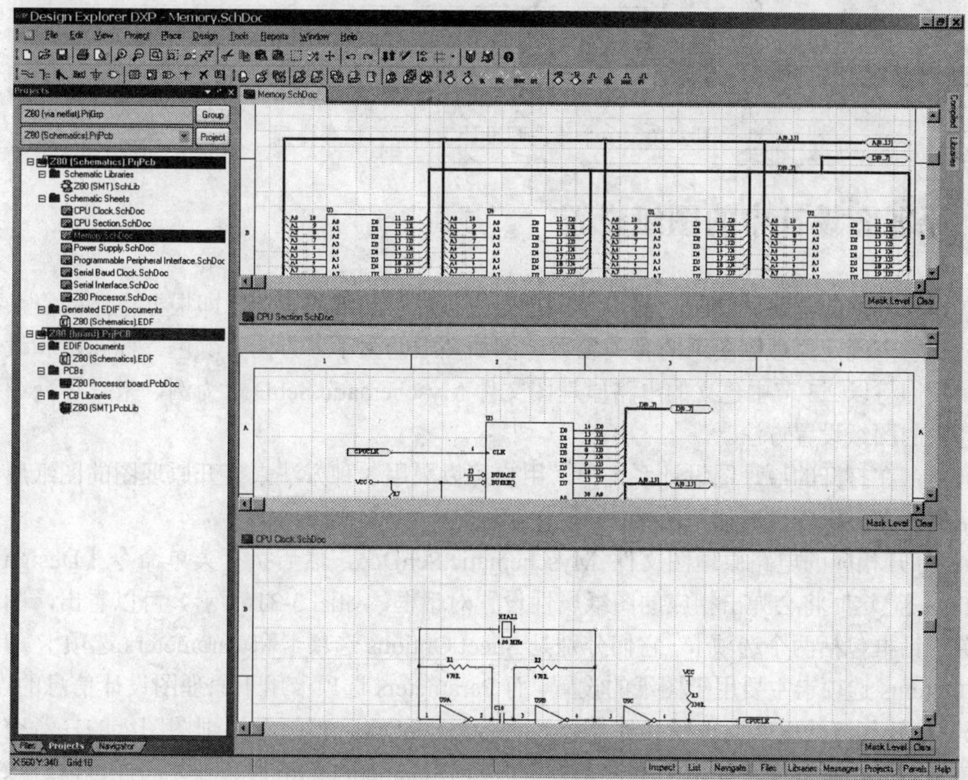

图 3-29　多个原理图设计窗口水平层叠排列

3）Title Vertically：进行多个电路原理图设计窗口的排列，排列方式是将多个电路原理图设计窗口垂直层叠在主工作窗口中。在前面已经打开 3 个原理图文件的原理图设计系统中，选择这个菜单选项后的设计窗口排列如图 3-30 所示。

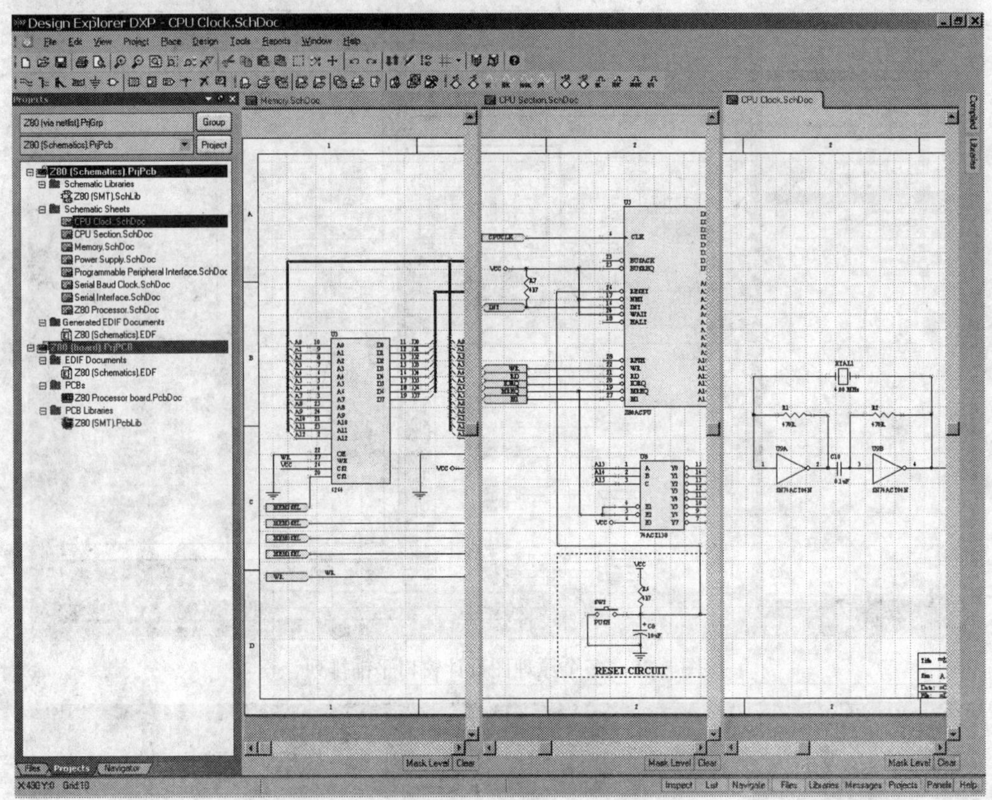

图 3-30　多个原理图设计窗口垂直层叠排列

3.2　原理图设计中的图纸设置

在设计具体的电路原理图之前，用户首先应该进行图纸的设置，即根据电路的复杂程度和设计要求来确定原理图图纸的有关参数，例如图纸的大小、方向、颜色、标题栏和设计信息等。我们将以 2.3 节中建立的电路原理图文件 Myschematic.SchDoc 为例，来具体介绍原理图设计中的图纸设置方法。

通常，在打开的原理图设计系统中，用户可以采用 3 种方法来打开原理图的图纸属性设置对话框，具体操作方法如下所示：

1）打开相应的电路原理图文件 Myschematic.SchDoc，然后执行菜单命令【Design】→【Options】，这时将会弹出相应的图纸属性设置对话框，如图 3-31 所示。可以看出，图纸属性设置对话框包括两个选项卡，它们分别是 Sheet Options 选项卡和 Parameters 选项卡。其中，Sheet Options 选项卡主要用于图纸的设置，而 Parameters 选项卡用于原理图设计信息的设置。

2）打开相应的电路原理图文件 Myschematic.SchDoc，然后在原理图图纸的任意空白处单击鼠标右键，接下来在弹出的下拉菜单中选择 Document Options 选项，同样可以进入到如图 3-31 所示的图纸属性设置对话框。

3）打开相应的电路原理图文件 Myschematic.SchDoc，然后在原理图图纸的上、下、左、右 4 个边框中的任意一边双击鼠标左键，这时也将进入到如图 3-31 所示的图纸属性设置对话框。

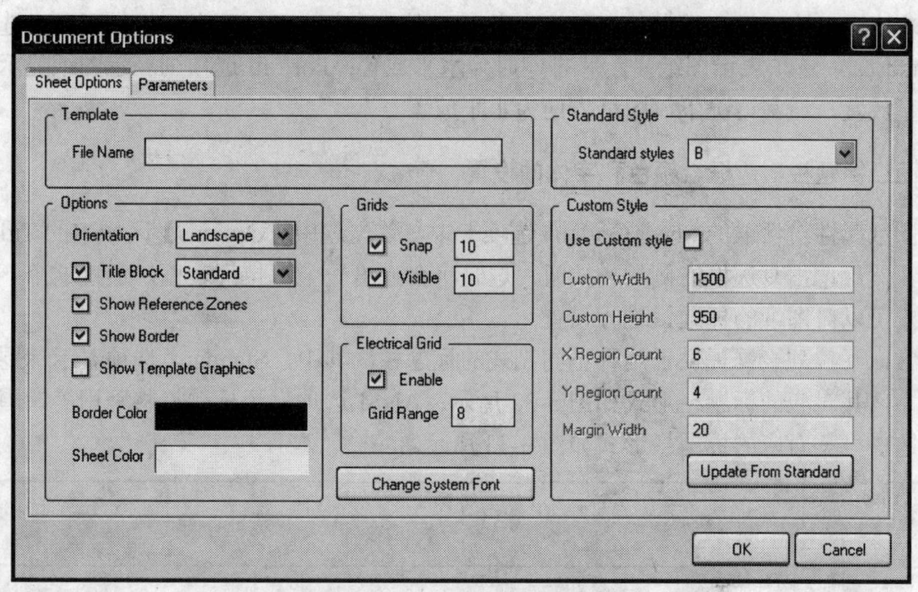

图 3-31　图纸属性设置对话框

通过上面 3 种方法中的任何一种方法打开相应的图纸属性设置对话框后，用户便可以在对话框中进行相应的图纸设置操作。

3.2.1　图纸大小和方向的设置

在图纸属性设置对话框的 Sheet Options 选项卡中，单击【Standard Style】区域中 Standard Styles 选择框右边的按钮，这时将会弹出一个下拉列表框，它列出了系统定义的所有图纸。通常，Protel DXP 提供了 18 种广泛使用的英制和米制图纸尺寸，这 18 种图纸尺寸如下所示：

1）米制尺寸：A0、A1、A2、A3、A4，其中 A4 是最小的尺寸。

2）英制尺寸：A、B、C、D、E，其中 A 是最小的尺寸。

3）OrCAD 尺寸：OrCAD A、OrCAD B、OrCAD C、OrCAD D、OrCAD E，其中 OrCAD A 是最小的尺寸。

4）其他尺寸：Letter、Legal、Tabloid。

如果对 Protel DXP 提供的图纸尺寸感到不满意的话，那么用户可以自定义图纸的具体尺寸。如果用户需要自定义图纸，那么应该在【Custom Style】区域中设置相应的内容。用户应该首先选中 Use Custom style 复选框，这样就会激活图纸的自定义功能，从而使得该区域中的其他设置开始生效。自定义图纸的各项设置如下所示：

1）Custom Width：设置自定义图纸的宽度，这里设为 1500，即 15in。

2）Custom Height：设置自定义图纸的高度，这里设为 950，即 9.5in。

3）X Region Count：设置 X 轴参考坐标等分，这里设为 6，即将 X 轴 6 等分。

4）Y Region Count：设置 Y 轴参考坐标等分，这里设为 4，即将 Y 轴 4 等分。

5）Margin Width：设置自定义图纸边框的宽度，这里设为 20，即表示将自定义图纸的边框设置为 0.2in。

6）Update From Standard：按照标准图纸设置对用户自定义的图纸大小进行更新。

在图纸属性对话框的 Sheet Options 选项卡中，单击【Options】区域中 Orientation 选择框右边的按钮，这时将会弹出一个下拉列表框。不难看出，下拉列表框提供了两个选择项，其中 Landscape 选项表示图纸显示和打印时为水平放置；Portrait 选项则表示图纸显示和打印时为垂直放置。通常情况下，图纸方向为水平放置。

3.2.2　图纸标题栏、边框、颜色和字体的设置

在图纸属性对话框的 Sheet Options 选项卡中，首先选中【Options】区域中的 Title Block 复选框，然后单击复选框右侧的按钮，这时将会弹出一个下拉列表框。通过这个下拉列表框，用户可以对图纸的标题栏进行设置。

通常，下拉列表框提供了两种不同制式的标题栏。其中，Standard 选项表示标题栏将采用标准型，其对应的标题栏形式如图 3-32 所示；ANSI 选项表示标题栏将采用美国国家标准协会标题栏，其对应的标题栏形式如图 3-33 所示。

Title			
Size B	Number		Revision
Date:	2005-3-8	Sheet　of	
File:	Sheet1.SchDoc	Drawn By:	

图 3-32　标准标题栏

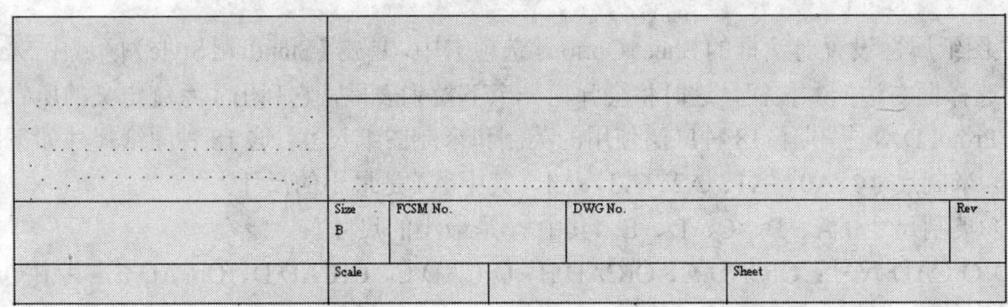

图 3-33　美国国家标准协会标题栏

在图纸属性设置对话框的 Sheet Options 选项卡中，图纸边框的设置也是在【Options】区域中进行的，它包括以下 3 个复选框：

1）Show Reference Zones：设置是否显示原理图的图纸参考边框，图纸参考边框一般横向为数字 1、2、3...，纵向为字母 A、B、C...。如果选中这个复选框，那么图纸显示参考边框；否则不显示参考边框。

2）Show Border：设置是否显示原理图的图纸边框。如果选中这个复选框，那么图纸显示边框；否则不显示边框。

3）Show Template Graphics：设置是否显示模板中的图标信息，模板中可以加入用户定制的图形作为标题栏，也可以加入公司图标等图形信息。如果选中这个复选框，那么显示图

标信息；否则不显示图标信息。

在 Sheet Options 选项卡的【Options】区域中，用户还可以进行图纸颜色的设置。图纸颜色的设置包括两种：一种是图纸边框的颜色（Border Color）设置，另一种是图纸底色的颜色（Sheet Color）设置。

在 Sheet Options 选项卡的【Options】区域中，单击 Border Color 右侧的颜色框，这时将会弹出如图 3-34 所示的颜色选择对话框。在颜色选择对话框中，用户可以从 Basic 选项卡、Standard 选项卡和 Custom 选项卡选择需要设置的边框颜色。

Sheet Color 的具体颜色设置方法与 Border Color 相同，这里就不进行介绍了。通常情况下，图纸边框的颜色默认为黑色，图纸底色的颜色默认为白色。

一般来说，用户经常使用系统默认的字体。如果用户需要改变默认的字体时，那么只需要在 Sheet Options 选项卡中单击 Change System Font 按钮，这时系统将会弹出如图 3-35 所示的系统字体设置对话框。

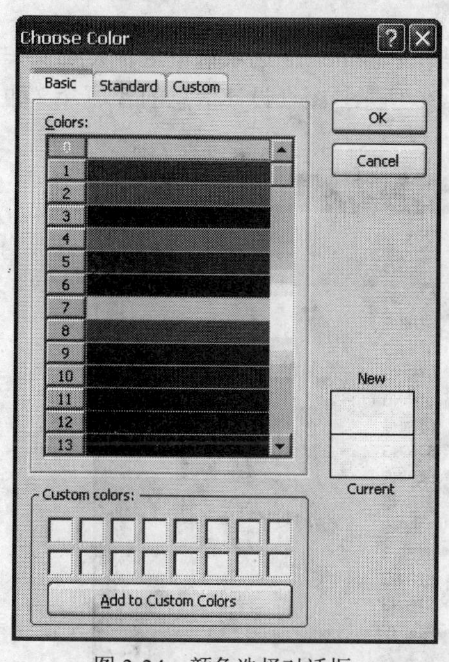

图 3-34　颜色选择对话框

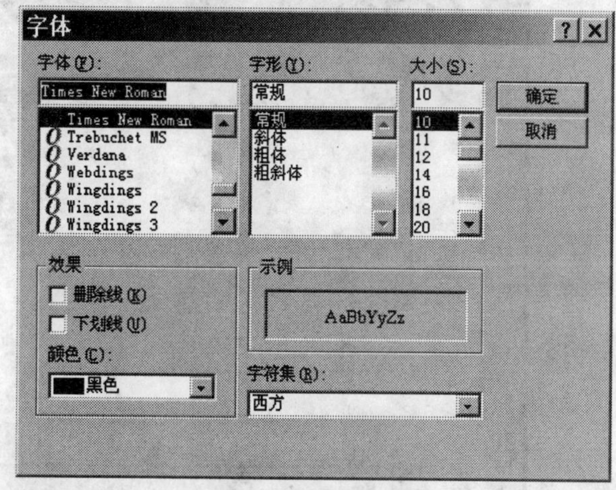

图 3-35　系统字体设置对话框

在系统字体设置对话框中，用户可以在【字体】下拉列表中选择字体，在【字形】下拉列表中选择字形，在【大小】下拉列表中选择系统字体的大小，然后单击 确定 按钮，从而完成系统字体的具体设置操作。

3.2.3　图纸栅格和电气栅格的设置

在 Sheet Options 选项卡的【Grids】区域中，用户可以进行图纸栅格的设置。可以看出，【Grids】区域包括两种不同栅格的设置：一种是跳跃（Snap）栅格的设置，另一种是可视（Visible）栅格的设置。它们的具体含义如下：

1）Snap：设置是否使用跳跃栅格来限制鼠标光标的移动，复选框右侧的输入栏用来设置光标移动的基本位移单位，单位是 mil。例如，输入栏中输入的数值是 10，那么光标在原理图中都是以 10mil 为基本单位进行移动的。可见，采用跳跃栅格，用户可以方便地使原理图中的元件和连线等对象放置整齐。

2）Visible：设置原理图图纸上是否显示栅格的距离，复选框右侧的输入栏用来设置可视栅格的距离，单位是 mil。例如，输入栏中输入的数值是 10，那么栅格在原理图中将按照 10mil 的间隔来显示可视栅格。可见，采用可视栅格，用户可以对元件和连线等对象之间的距离有一个大致的概念，从而使对象之间的连接变得更加简洁。

在 Sheet Options 选项卡的【Electrical Grid】区域中，用户可以进行电气栅格的设置。其中，Enable 复选框用来设置是否在电路原理图中采用电气栅格；复选框下面的 Grid Range 输入栏用来设置搜索电气节点的半径，单位是 mil。例如，用户选中 Enable 复选框和在输入栏中输入数值 8，那么用户在放置导线时将会以光标为中心、以 8mil 为半径向四周搜索电气节点。

3.2.4 图纸设计信息的设置

在图纸属性设置对话框中，图纸设计信息的设置是在 Parameters 选项卡中进行设置操作的。图纸属性设置对话框中的 Parameters 选项卡如图 3-36 所示，图纸设计信息的各项含义如下：

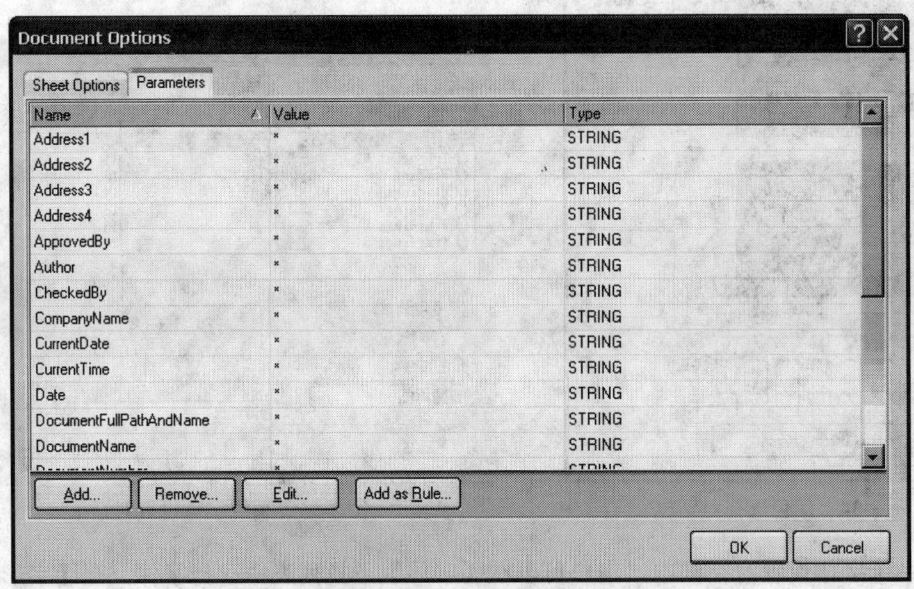

图 3-36 图纸属性设置对话框中的 Parameters 选项卡

1）Address1～Address4：原理图设计单位的地址。

2）ApprovedBy：原理图设计批准人的姓名。

3）Author：原理图设计者的姓名。

4）CheckedBy：原理图审校者的姓名。

5）CompanyName：原理图设计公司的名称。

6）CurrentDate：原理图设计的当前日期。

7）CurrentTime：原理图设计的当前时间。

8）Date：原理图设计的日期。

9）DocumentFullPathAndName：设计文档的保存路径及名称。

10）DocumentName：设计文档的名称。

11）DocumentNumber：设计文档的数量。

12）DrawnBy：原理图绘制者的姓名。

13）Engineer：设计师的姓名。

14）ModifiedDate：设计修改的日期。

15）Organization：设计机构的名称。

16）Revision：设计的具体版本号。

17）Rule：设计的规则信息。

18）SheetNumber：当前设计的原理图编号。

19）SheetTotal：当前设计的原理图的数目。

20）Time：原理图设计的时间。

21）Title：原理图设计的标题。

3.3 原理图设计的系统参数设置

通过对原理图设计系统参数的设置，用户可以改善原理图设计系统的开发环境、界面风格和提高工作效率。在 Protel DXP 的原理图设计系统中，用户执行菜单命令【Tools】→【Preferences】，这时将会弹出相应的系统参数设置对话框，如图 3-37 所示。

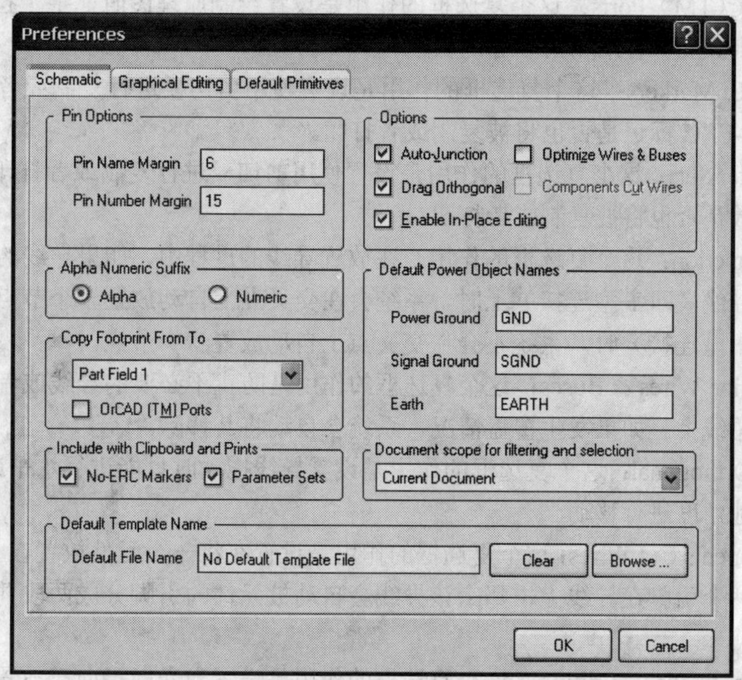

图 3-37　系统参数设置对话框

另外，用户同样也可以在打开的原理图空白处单击鼠标右键，然后在弹出的下拉菜单中选择【Preferences】选项，这时同样可以进入到如图 3-37 所示的系统参数设置对话框。可以看出，系统参数设置对话框包括 3 个选项卡，它们分别是 Schematic 选项卡、Graphical Editing 选项卡和 Default Primitives 选项卡。

3.3.1 Schematic 选项卡设置

在系统参数设置对话框中，Schematic 选项卡的作用是用来对原理图设计中的基础操作进行相应的设置。通常，Schematic 选项卡包含的具体设置如图 3-37 所示，可以看出它包括【Pin Options】、【Alpha Numeric Suffix】、【Copy Footprint From To】、【Include with Clipboard and Prints】、【Options】、【Default Power Object Names】、【Document scope for filtering and selection】和【Document Template Name】8 个区域的设置。8 个区域的具体设置如下所示：

1）Pin Name Margin：这个输入栏的作用是设置引脚名称和元件边缘间的间距，单位是 mil。这里，系统默认的间距是 6mil。

2）Pin Number Margin：这个输入栏的作用是设置引脚编号和元件边缘间的间距，单位是 mil。这里，系统默认的间距是 15mil。

3）Alpha：这个选择项的作用是设置多组件的元件标识后缀为字母类型。例如，元件标识为 U1A、U1B 或 U1C 等。

4）Numeric：这个选择项的作用是设置多组件的元件标识后缀为数字类型。例如，元件标识为 U1:1、U1:2 或 U1:3 等。

5）Copy Footprint From To 的选择下拉框：这个下拉框的作用是设置引入 OrCAD 格式原理图时，元件封装的定义是从哪一个部分引入的。

6）OrCAD（TM）Ports：这个复选框的作用是设置绘制原理图时，手工拉长的 I/O 端口会自动缩短到刚好能够容纳端口名称的长度。

7）No-ERC Markers：这个复选框的作用是设置使用剪切板进行复制或者打印操作时，原理图中的 No-ERC 标记是否也将被复制或者打印。

8）Parameter Sets：这个复选框的作用是设置使用剪切板进行复制或者打印操作时，原理图中的对象参数是否也将被复制或者打印。

9）Auto-Junction：这个复选框的作用是在放置导线的过程中，如果导线的起点或者终点放置于另一条导线（即 T 型连接）上时，系统会在交叉点上自动放置一个节点；如果是跨过一条导线（即＋型连接）时，系统不会在交叉点上自动放置一个节点。

10）Optimize Wires & Buses：这个复选框的作用是防止不必要的导线或者总线覆盖在其他的导线或者总线上。如果发生覆盖情况，系统会自动将其移除。

11）Drag Orthogonal：这个复选框的作用是设置导线拖动时只能进行水平或者垂直移动，而不能够以其他角度进行移动。

12）Components Cut Wires：这个复选框的作用是设置在将一个元件放置在一条导线上时，如果该元件有两个引脚在导线上，那么该导线会自动被元件的引脚分成两段并分别连接在两个引脚上。

13）Enable In-Place Editing：这个复选框的作用是设置当光标指向已放置的元件标识、元件名称、网络标识和文本等时，单击鼠标左键就可以直接在原理图上修改文本。

14）Power Ground：这个输入栏的作用是设置电源地的网络标号，默认值是 GND。

15）Signal Ground：这个输入栏的作用是设置信号地的网络标号，默认值是 SGND。

16）Earth：这个输入栏的作用是设置机壳地的网络标号，默认值是 EARTH。

17）Document scope for filtering and selection：这个选择下拉框的作用是设置以上各个选项的作用范围。它包括两个选项：Current Document 选项表示作用范围是当前文档；Open Docunments 选项表示作用范围是打开的所有文档。

18）Document Template Name：这个区域的作用是设置默认的模板文件。其中，Default File Name 用来给出默认模板文件的名称，Clear 按钮用来清除默认的模板文件，Browse... 按钮用来浏览模板文件。

3.3.2　Graphical Editing 选项卡设置

在系统参数设置对话框中，Graphical Editing 选项卡的作用是对原理图设计中与图形编辑相关的具体操作进行相应的设置。通常，Graphical Editing 选项卡包含的具体设置如图 3-38 所示，可以看出，它包括【Options】、【Color Options】、【Auto Pan Options】、【Cursor Grid Options】和【Undo/Redo】5 个区域的设置。Graphical Editing 选项卡中 5 个区域的具体设置如下：

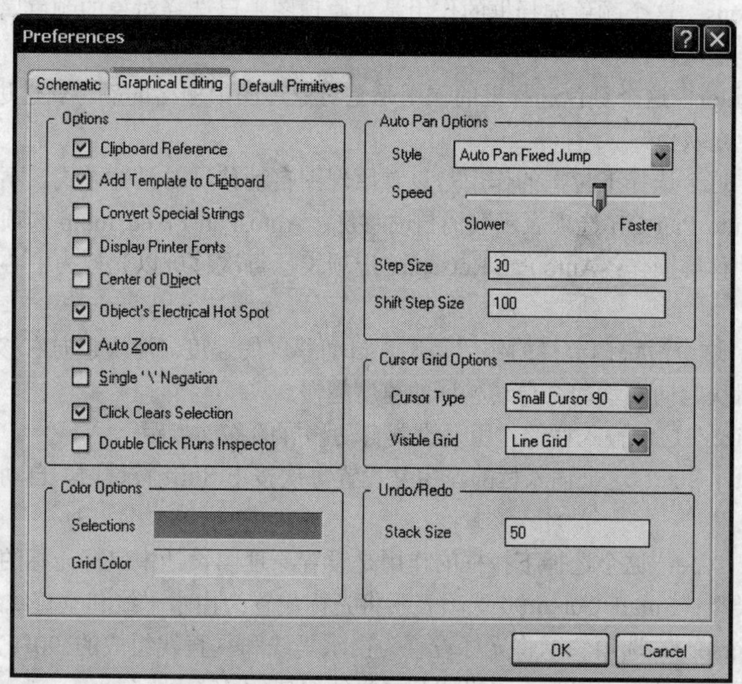

图 3-38　系统参数设置对话框的 Graphical Editing 选项卡

1）Clipboard Reference：这个复选框的作用是设置在使用剪切板进行复制或者剪切操作时，是否需要指定相应的参考点。

2）Add Template to Clipboard：这个复选框的作用是设置在向剪贴板进行复制或者剪切操作时，是否将当前文件的模板也复制到剪切板中。

3）Convert Special Strings：这个复选框的作用是设置是否将电路原理图中的特殊字符串转换成它们所代表的具体信息显示出来。

4）Display Printer Fonts：这个复选框的作用是设置是否将电路原理图中的显示字体按照当前打印机的字体进行显示。

5）Center of Object：这个复选框的作用是设置在移动元件时，鼠标光标捕捉的是元件的参考点还是元件的中心。选中这个复选框时，如果元件有参考点，则光标捕捉的是元件的基准点；如果元件没有基准点，则光标捕捉的是元件的中心。

6）Object's Electrical Hot Spot：这个复选框的作用是设置在移动元件时，鼠标光标将在捕捉范围内跳到最近的电气热点。

7）Auto Zoom：这个复选框的作用是设置在绘制原理图的过程中，设计窗口是否可以自动调整视图的显示比例。

8）Signal'\'Negation：这个复选框的作用是设置是否可以在网络标号、端口名或者图纸入口的第 1 个字母前面加反斜杠来表示其为低电平信号。

9）Click Clears Selection：这个复选框的作用是设置是否可以通过单击原理图的任何位置来清除对象选择状态。

10）Double Click Runs Inspector：这个复选框的作用是设置是否可以通过双击鼠标弹出相应的 Inspector 工作面板。

11）Selections：这个颜色选择框的作用是对原理图中已选择对象的颜色属性进行设置。系统默认的颜色是绿色。

12）Grid Color：这个颜色选择框的作用是是对原理图中栅格的颜色属性进行设置操作。系统默认的颜色是灰色。

13）Style：这个选择下拉框的作用是设置原理图自动移屏的具体方式。不难看出，它包括 3 个选项：Auto Pan Off 选项表示取消自动移屏；Auto Pan Fixed Jump 选项表示以下面输入的值进行自动移屏操作；Auto Pan ReCenter 选项表示每次移屏以光标为中心进行自动重置设计窗口。

14）Speed：这个滑块调节栏的作用是设置自动移屏的速度。滑块越向右移动，自动移屏的速度越快；滑块越向左移动，自动移屏的速度越慢。

15）Step Size：这个输入栏的作用是设置自动移屏的移动步距。

16）Shift Step Size：这个输入栏的作用是设置每次按下 Shift 按键时，自动移屏每次移动的步距。

17）Cursor Type：这个选择下拉框的作用是设置原理图设计中鼠标光标的类型。这里提供了 3 种光标类型：Small Cursor90 选项表示将光标设置为由水平线和垂直线组成的 90° 小光标；Large Cursor90 选项表示将光标设置为由水平线和垂直线组成的 90° 大光标；Small Cursor45 选项表示将光标设置为由水平线和垂直线组成的 45° 小光标。

18）Visible Grid：这个选择下拉框的作用是设置原理图图纸中可视栅格的类型。Protel DXP 为用户提供了两种类型：Line Grid 选项表示可视栅格是线状的；Dot Grid 选项表示可视栅格是点状的。

19）Stack Size：这个输入栏的作用是设置原理图设计中撤销或者重复前面操作的次数。设定的次数越多，系统所占的内存就越大，系统默认设置是 50。

3.3.3 Default Primitives 选项卡设置

在系统参数设置对话框中，Default Primitives 选项卡的作用是对原理图设计中各项参数的默认值进行相应的设置。通常，Default Primitives 选项卡包含的具体设置如图 3-39 所示，可以看出，它包括【Primitive List】、【Primitives】和【Information】3 个区域的设置。这 3 个区域的具体设置如下：

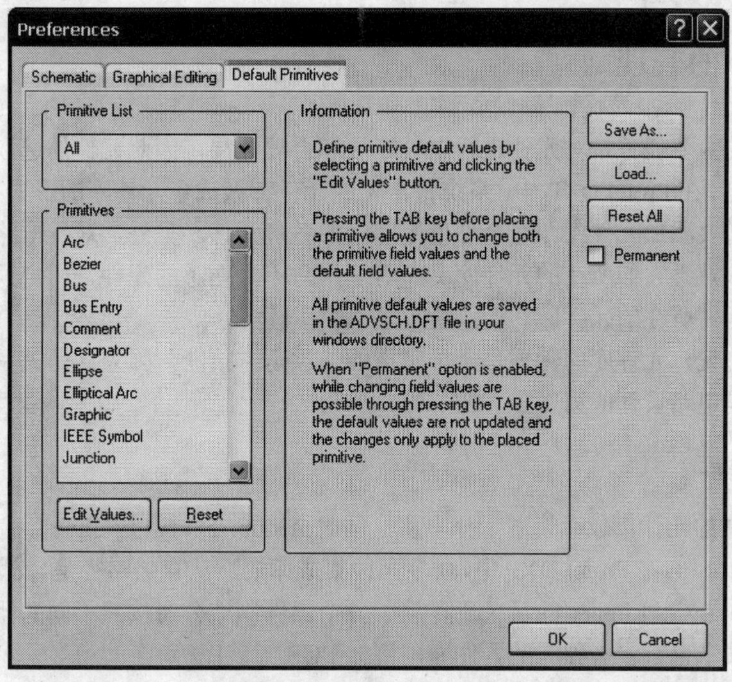

图 3-39　系统参数设置对话框的 Default Primitives 选项卡

1）Primitive List：这个下拉选择框的作用是设置原理图设计中参数对象的种类。Protel DXP 为用户提供了 6 个选项：All 选项表示全部对象；Wiring Objects 选项表示电路原理图中所有具有电气特性的对象；Drawing Objects 选项表示电路原理图中所有非电气特定的对象；Sheet Symbol Objects 选项表示层次原理图中与子图有关的对象；Library Objects 选项表示电路原理图中与元件库有关的对象；Other 选项表示上述类别没有包含的对象，例如错误符号。

2）Primitives：这个区域的作用是选择列表框中指定的对象，同时可以对对象进行原始属性编辑或者复位到安装时的状态。其中,列表框的作用是用来列出不同类别所包括的全部对象；Edit Values...按钮的作用是用来弹出选中对象的属性编辑对话框，用户可以在这个对话框中对对象的属性进行编辑操作；Reset按钮的作用是将选中对象的属性复位到系统安装时的初始状态。

3）Save As...按钮：这个功能按钮的作用是用来保存默认的原始设置。当所有需要设置的对象全部设置完毕时，单击这个按钮将会弹出相应的文件保存对话框，然后便可以进行文件的保存操作。保存文件的默认扩展名为*.dft。

4）Load...按钮：这个按钮的作用是用来加载默认的原始设置。当用户需要启用保存过的原始设置时，单击这个按钮将会弹出一个打开文件对话框，然后便可以选择相应的默认原始设置文件打开。

5）Reset All按钮：这个按钮的作用是将所有对象的属性复位到安装时的初始状态。

6）Permanent：这个复选框的作用是将所有的更改设置为永久的预置状态。选中该对话框，这时一个对象的初始属性不能通过放置时按下 Tab 键后弹出的属性设置对话框来改变，只是可以改变当前属性；当以后再放置这种对象时，可以看出它的属性仍然还是原来的初始属性。

3.4 元件库的管理

电路设计的主要任务是对元件进行电气连接和合理布局，因此元件的选取在电路设计中占有重要的地位。在 Protel DXP 中，系统将常见的元件都做成了元件库的形式存储在系统中，设计时用户只需要添加元件库即可合理使用库中的各种元件。另外，对于电路设计中的常用元件，用户应该熟悉它们所在的元件库；而对于用户不太熟悉的元件，用户只能通过查找的方式来找到该元件所在的元件库。

对于用户来说，元件库的管理是必须掌握的一项基本技能，因为这是关系到电路设计的重要一步，也是电路设计的第 1 步。

3.4.1 添加元件库

Protel DXP 的元件集成库资源十分丰富，同时 Altium 公司也是 EDA 厂商中首家通过了 ISO9001 认证的公司。在 Protel DXP 中，众多元件集成库的默认存储路径是“安装目录/Program Files/Altium/Library”。Library 的目录下存放了各个器件制造公司按照不同的器件类型建立的元件集成库，其中也有一些独立的器件库，例如 PCB 封装库等。

在进行电路原理图设计的过程中，用户放置元件之前必须要将元件所在的元件库添加到内存中。通常，Protel DXP 为用户提供了两种元件库的添加方法：一种是直接添加用户熟悉的元件库；另外一种方法是通过搜索方式来寻找元件所在的库，然后再添加元件库。

1. 直接添加元件库

首先在原理图设计系统中打开库文件工作面板，然后单击工作面板左上角的 Libraries... 按钮，这时将会弹出如图 3-40 所示的添加/删除元件库对话框。可以看出，对话框中包含有两个元件库 Miscellaneous Devices.IntLib 和 Miscellaneous Connectors.IntLib。这两个元件库是系统默认的添加库，它们含有各种分立的常用电阻、电容、电感、晶体管、晶振和接插件等。

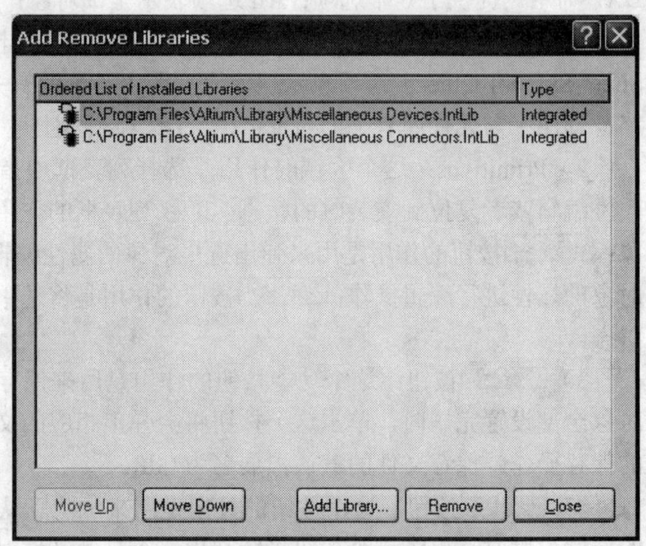

图 3-40 添加/删除元件库对话框

在图 3-40 所示的添加/删除元件库对话框中，单击底部的 Add Library... 按钮，这时将会弹出相应的打开元件库对话框，如图 3-41 所示。通过这个对话框，用户可以选择需要添加的元件库。例如，用户可以选择 EDA 厂商 Actel，然后双击该文件夹或者单击 打开(O) 按钮，此时可以看到 Actel 公司的元件分类，这里选中 Actel 3200DX FPGA.IntLib，最后单击 打开(O) 按钮即可完成相应元件库的添加操作。

图 3-41　打开元件库对话框

2．通过搜索元件添加元件库

如果用户不知道所用元件所在的元件库，那么这时可以采用这种方法来加载具体的元件库。首先在原理图设计系统中打开库文件工作面板，然后单击工作面板上部的 Search... 按钮，这时将会弹出如图 3-42 所示的搜索元件库对话框。

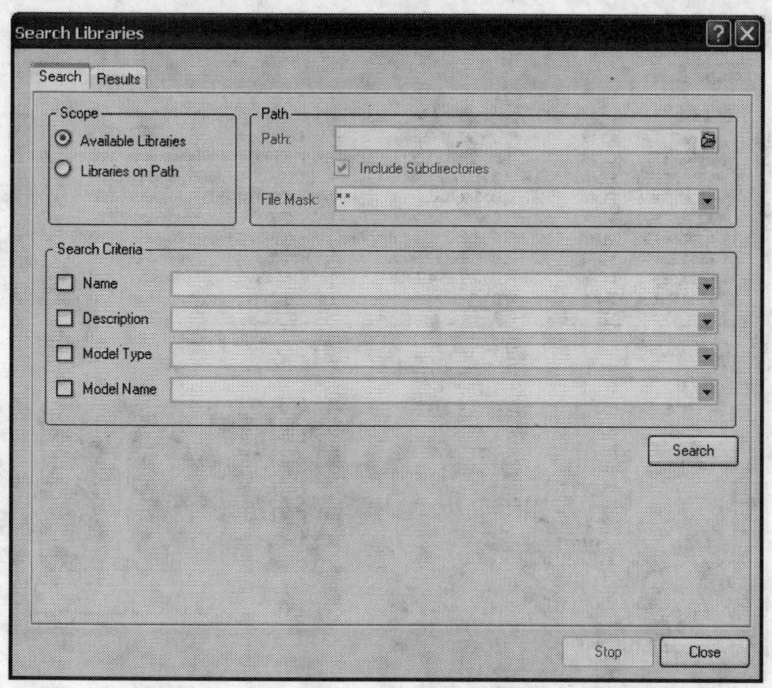

图 3-42　搜索元件库对话框

在图 3-42 所示的搜索元件库对话框中，可以看出它包括【Scope】、【Path】和【Search Criteria】3 个区域。这 3 个区域中各个选项的具体含义如下：

1）Available Libraries：这个选项的作用是用来设定元件库的搜索范围是整个可以利用的

元件库。如果选中这个选项，那么右边的搜索路径按钮灰化，这时系统将会搜索整个 Protel DXP 中 Library 目录下的所有内容。

2）Libraries on Parh：这个选项的作用是用来设定元件库的搜索范围是一个指定的路径，这个路径可以通过右边的搜索路径来进行设定。

3）Path：用来设定元件库的搜索路径，单击右边的按钮后将会弹出浏览文件夹对话框，这时可以选择相应的搜索路径。

4）Include Subdirectories：用来设定搜索范围是否包含相应的子目录。

5）File Mask：用来设定搜索文件名称的过滤条件，系统默认是通配符。

6）Name：用来设定搜索元件的名称。

7）Description：用来设定元件的描述信息。

8）Model Type：用来设定搜索元件的模型类型。

9）Model Name：用来设定搜索元件的模型名称。

例如，如果用户想要搜索 CPLD 的 XC9536XL 所在元件库，那么用户可以在对话框中进行这样的设定：选中【Scope】区域中的 Libraries on Parh 选项；Path 设定为 C:/Program Files/Altium/Library，同时选中 Include Subdirectories 复选框；搜索元件的名称设定为 *XC9536XL*，其中*代表通配符。设定完成后，用户单击对话框中的 Search 按钮，系统将会进入到搜索状态。经过一段搜索时间，元件库的搜索结果将会显示在搜索元件库对话框的 Results 选项卡中，最终的搜索结果如图 3-43 所示。

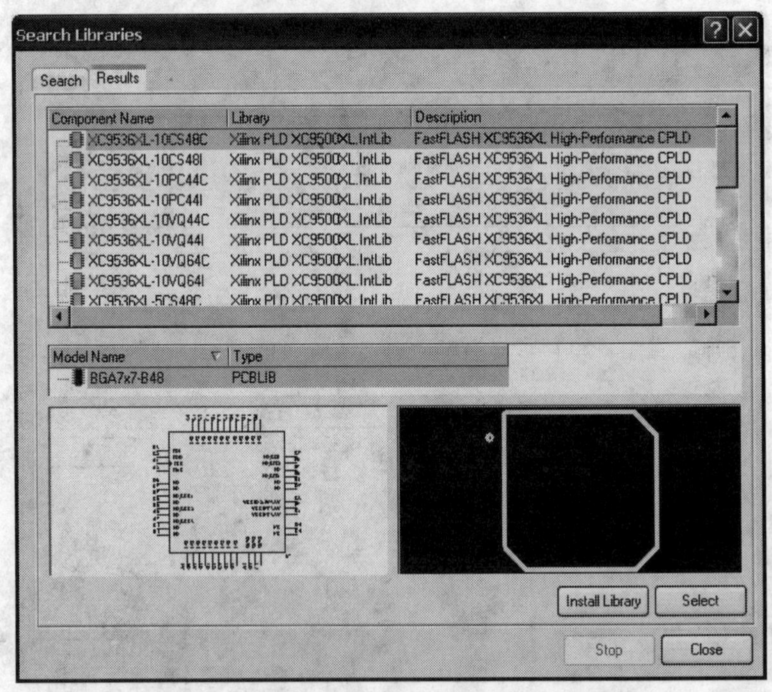

图 3-43　搜索元件库对话框的 Results 选项卡

可以看出，Results 选项卡中列出了所有与元件名称 XC9536XL 相关的元件列表、元件所属的元件库以及相应的元件描述。另外，选项卡中还给出了相应元件的模型信息、原理图符号和 PCB 封装。

名称中含有 XC9536XL 的元件都包含在 EDA 厂商 Xilinx 公司的元件库 Xilinx PLD XC9500XL.IntLib 中。用户在元件列表框中选择相应的元件，然后单击 Results 选项卡右下角的Install Library按钮，最后单击Close按钮即可完成元件库 Xilinx PLD XC9500XL.IntLib 的具体添加操作。

接下来用户在原理图设计系统中打开库文件工作面板，然后单击库文件工作面板左上角的Libraries...按钮，这时弹出的添加/删除元件库对话框如图 3-44 所示。可见，对话框中显示出了上面添加的两个元件库 Actel 3200DX FPGA.IntLib 和 Xilinx PLD XC9500XL.IntLib。

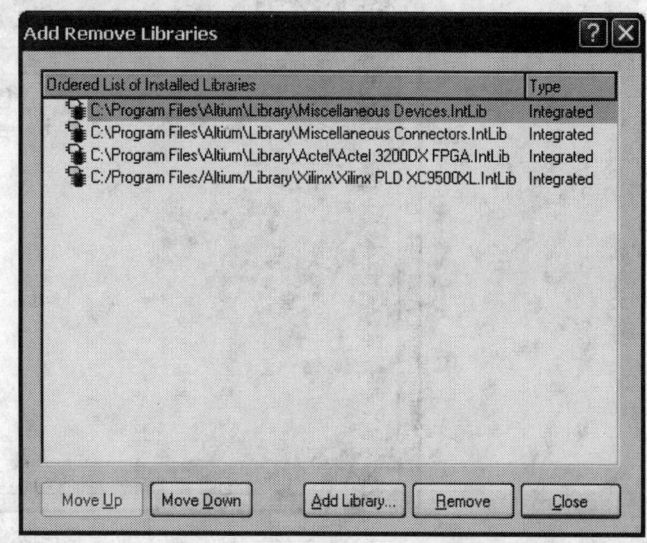

图 3-44　添加新元件库后的添加/删除元件库对话框

3.4.2　管理元件库

通常，用户对元件库的管理是在添加/删除元件库对话框中进行的，管理功能包括元件库上移、元件库下移、添加元件库和移除元件库。其中，添加元件库的操作在前面已经介绍过了，下面将介绍元件库的其他管理功能。

在图 3-44 所示的添加/删除元件库对话框中，选中元件库 Xilinx PLD XC9500XL.IntLib，然后单击Move Up按钮，这时选中的元件库将会向上移动一行，如图 3-45 所示。元件库下移的操作与元件库上移的操作类似，用户只需要选中相应的元件库，然后单击Move Down按钮即可完成下移的操作。

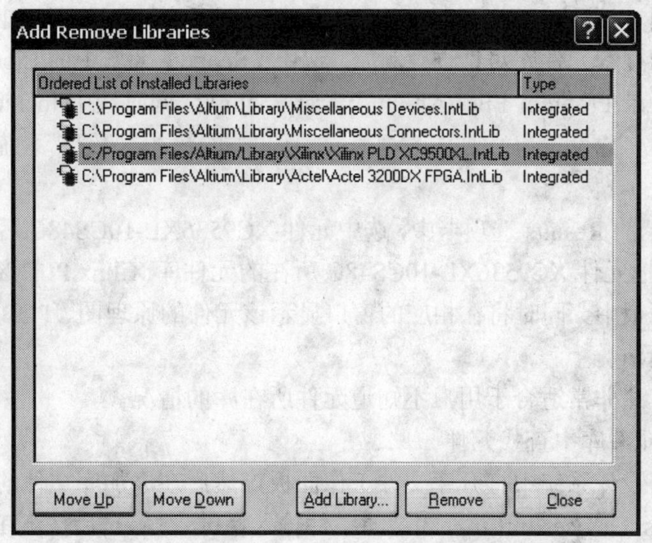

图 3-45　上移移动后的添加/删除元件库对话框

在上面所示的添加/删除元件库对话框中，选中元件库 Actel 3200DX FPGA.IntLib，然后单击Remove按钮，这时选中的元件库将会从当前的对话框中移除，移除一个元件库后的添加

/删除元件库对话框如图 3-46 所示。读者需要注意的是移除操作与删除操作是不同的：移除操作是将库文件从当前项目或者原理图的库文件组中移除，而并不是真正地删除库文件；删除操作是则将库文件从计算机中完全删除，删除后库文件将不再存在。

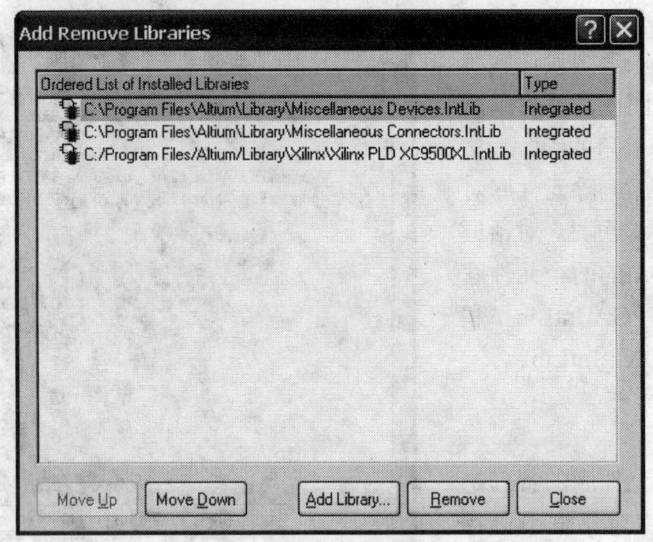

图 3-46　移除操作后的添加/删除元件库对话框

3.4.3　查找元件库中的元件

用户设计电路原理图的具体工作是放置元件，并进行元件的合理布局和连线，因此用户在放置元件之前要进行具体的查找工作。同样，Protel DXP 为用户提供了两种查找元件的方法：一种方法是直接查找元件，另一种方法是在添加的元件库中查找元件。

1．直接查找元件

首先在原理图设计系统中打开库文件工作面板，然后单击工作面板上部的 Search... 按钮，这时会打开相应的搜索元件库对话框。例如，选中【Scope】区域中的 Libraries on Parh 选项，Path 设定为安装目录/Program Files/Altium/Library/Xilinx，同时选中 Include Subdirectories 复选框，搜索元件的名称设定为*XC9536XL*，然后单击 Search 按钮，系统搜索后的结果如图 3-43 所示。

在图 3-43 所示的 Results 选项卡中，选中元件 XC9536XL-10CS48C 后，然后单击 Select 按钮，这时系统将把元件 XC9536XL-10CS48C 所在的元件库 Xilinx PLD XC9500XL.IntLib 添加到库文件工作面板中，同时将在相应的窗口显示该元件的原理图、PCB 封装库和模型等信息，如图 3-47 所示。

可见，这种方法非常适合于用户不知道元件所在库的情况。

2．在添加的元件库中查找元件

首先在原理图设计系统中打开库文件工作面板，然后在添加库文件的输入选择栏选中库文件 Miscellaneous Devices.IntLib，在过滤条件输入栏键入*Res*后按下 Enter 键，这时将在 Components 列表框中显示与 Res 有关的所有电阻元件。在 Components 列表框中选中元件 Res Varistor，这时将在相应的窗口显示该元件的原理图、PCB 封装库和模型等信息，如图 3-48 所示。

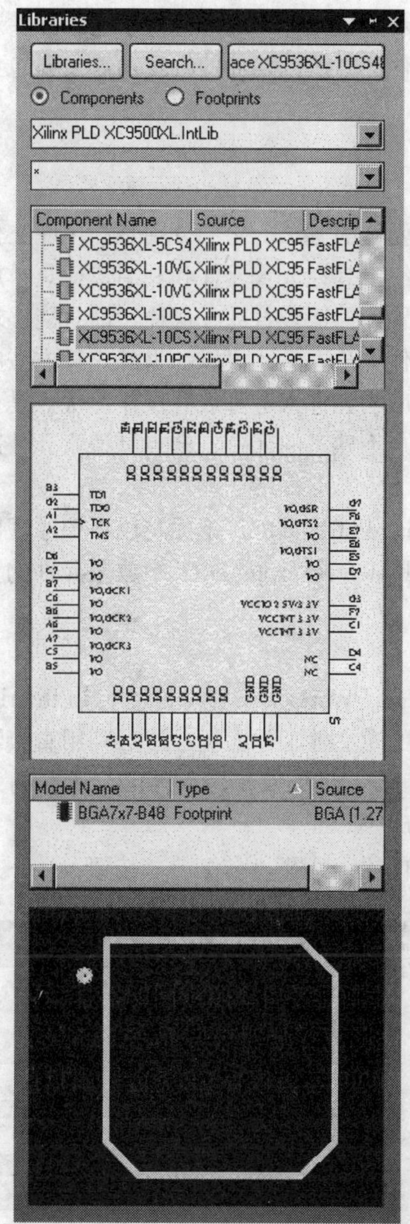

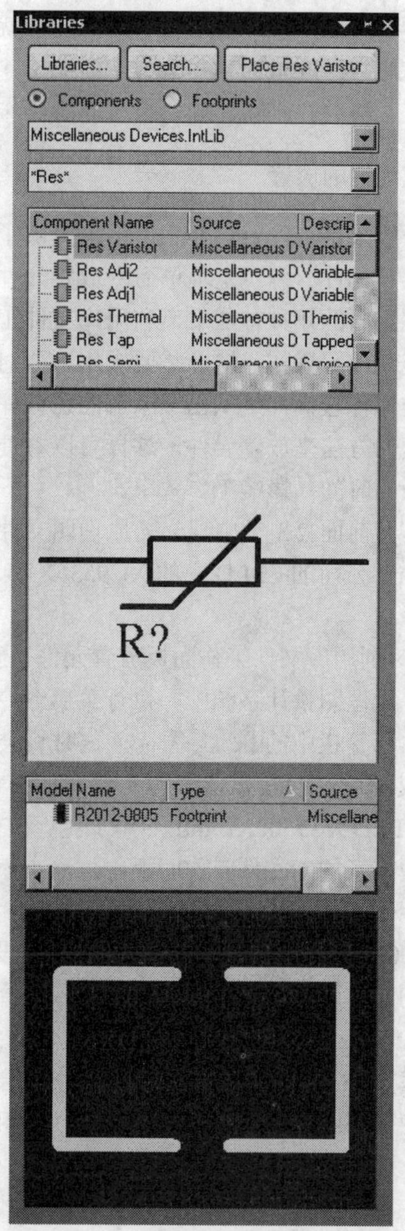

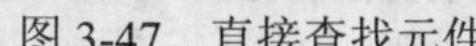
图 3-47　直接查找元件

图 3-48　在添加的元件库中查找元件

可见，这种查找元件的方法适用于用户知道元件所在库的情况。对于直接查找元件的方法，由于用户要查找 Protel DXP 中的所有元件库，因此这种方法需要花费很长的时间；对于在添加的元件库中查找元件的方法，由于用户只是在已知的元件库中搜索元件，因此这种方法花费的时间很少。虽然说第 2 种方法花费的时间较短，但是要求用户对所需元件的元件库要有一定的了解才可以，否则用户只能采用第 1 种方法。

3.5　元件的放置与编辑

进行完元件库的添加和元件的查找后，用户的下一步主要工作是进行元件的放置和编辑操作。事实上，设计电路原理图的过程就是一个不断放置元件、编辑元件和进行元件连线的过程。通常，Protel DXP 为用户提供了 4 种放置元件的方法，元件的编辑功能主要包括元件的选取、移动、删除、排列与对齐等操作。

3.5.1　元件的放置

一般来讲，Protel DXP 为用户提供了 4 种放置元件的方法，它们分别是利用库文件工作面板放置元件、利用主菜单命令放置元件、利用布线工具栏放置元件和利用快捷菜单放置元件。在上面的 4 种方法中，利用库文件工作面板放置元件比较直观、快捷，而且能够进行元件的连续放置操作，缺点是要求用户要对选取的元件十分熟悉才可以；另外 3 种方法的操作十分类似，它们都是从已经添加的元件库中选取相应的元件来进行放置操作，优点是可以采用搜索的方法来放置元件，这样可以方便地放置用户不熟悉的元件，缺点是搜索元件需要耗费较长的时间，影响工作效率。

打开前面 2.3 节中建立的原理图文件 Myschematic.SCHDOC，下面将以在该原理图中放置 Xilinx 公司的 CPLD 中的 XC9536XL -10 为例，具体介绍 Protel DXP 中放置元件的 4 种方法。

1．利用库文件工作面板放置元件

在原理图设计系统中，执行菜单命令【View】→【Workspace Panels】→【Libraries】或者单击标签栏中的 Libraries 图标，这时将会打开相应的库文件工作面板；然后利用直接添加元件库或者通过搜索元件添加元件库的方法，用户可将 XC9536XL-10CS48C 所在的元件库 Xilinx PLD XC9500XL.IntLib 添加到库文件工作面板中。

在打开的库文件工作面板中，单击添加库文件的输入选择栏右侧的▼按钮，接下来在弹出的下拉列表中选择元件库 Xilinx PLD XC9500XL.IntLib，目的是将这个元件库设定为当前的元件库；然后在过滤条件输入选择栏中输入“*XC9536XL-10*”作为相应的过滤条件，这时库文件工作面板的元件列表框中将会显示出元件库中所有与“XC9536XL-10”相关的 CPLD 元件，如图 3-49 所示。

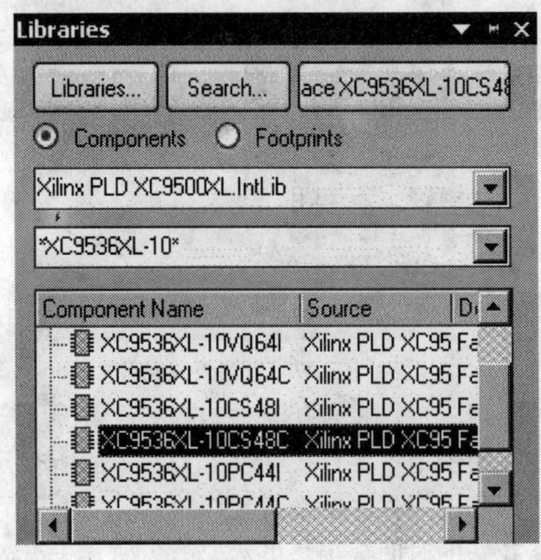

图 3-49　选择 CPLD 元件

在图 3-49 所示的元件列表框中查找并选中用户需要的元件 XC9536XL-10CS48C，然后单击库文件工作面板右上角的 Place XC9536XL-10CS48C 按钮或者直接双击 XC9536XL-10CS48C，这时系统将会处于放置元件状态。可以看出，鼠标光标将变为十字箭头状并且光标上粘附着一个 CPLD 的虚影。

当系统处于放置元件状态时，移动鼠标到原理图设计窗口的相应位置处，单击鼠标左键即可完成该元件的放置工作。放置完一个元件后，系统仍然处于放置元件的状态，这时鼠标光标上仍然粘附着一个 CPLD 的虚影，用户可以继续进行该元件的放置工作。如果用户想要退出放置元件的工作状态，那么只需要按下 Esc 键或者单击鼠标右键即可退出。在原理图设计窗口中，放置的元件 XC9536XL- 10CS48C 如图 3-50 所示。

2．利用主菜单命令放置元件

在原理图设计系统中，首先打开设计的原理图文件 Myschematic.SCHDOC，并添加相应的元件库；然后执行相应的菜单命令【Place】→【Part】，这时系统将会弹出一个放置元件对话框，如图 3-51 所示。可以看出，放置元件对话框显示的是用户上一次放置的元件。放置元件对话框中各个输入栏的具体含义为：

Lib Ref：输入将要放置元件的名称；

Designator：输入放置元件在原理图中的具体标号；

Comment：输入放置元件的具体描述信息；

Footprint：输入放置元件的 PCB 封装类型。

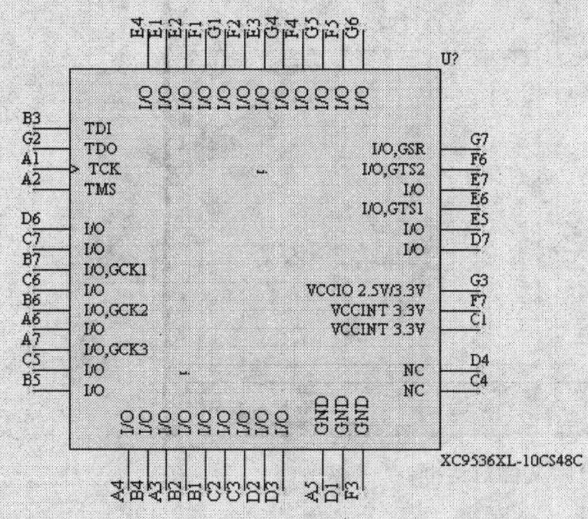

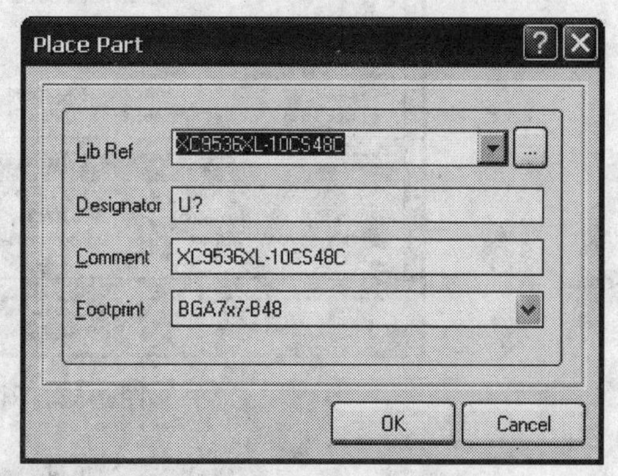

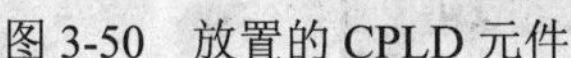

图 3-50　放置的 CPLD 元件

图 3-51　放置元件对话框

在图 3-51 所示的放置元件对话框中，如果用户十分熟悉放置元件的具体名称和 PCB 封装类型，那么用户可以直接在对话框中输入相应的信息；如果用户对放置元件的具体名称和 PCB 封装类型不是很熟悉的话，那么用户需要单击 Lib Ref 输入栏右侧的按钮，这时将会弹出一个浏览库文件对话框，如图 3-52 所示。

在图 3-52 所示的浏览库文件对话框中，用户首先在上面的 libraries 选择栏中选择相应的元件库 Xilinx PLD XC9500XL.IntLib；然后在 Mask 输入栏中输入“*XC9536XL-10*”作为相应的过滤条件，接下来在元件列表框中查找并选中元件 XC9536XL-10VQ44C；最后单击 OK 按钮，这时将会弹出图 3-53 所示的放置元件对话框。

对图 3-53 所示的放置元件对话框设置完成后，单击 OK 按钮系统将会处于放置元件 XC9536XL-10VQ44C 的状态。可以看出，鼠标光标将变为十字箭头状并且光标上粘附着一个 CPLD 的虚影。

进行完上面的具体操作后，用户便可以在原理图设计窗口中放置元件了。由于具体放置元件的方法与前面利用库文件工作面板放置元件的方法相同，这里就不进行介绍了。

3．利用布线工具栏放置元件和利用快捷菜单放置元件

在原理图设计系统中，首先打开设计的原理图文件 Myschematic.SCHDOC 并添加相应的

元件库；然后单击布线工具栏中的图标，这时将会弹出相应的放置元件对话框；接下来用户按照前面介绍的步骤便可以完成元件的放置工作。

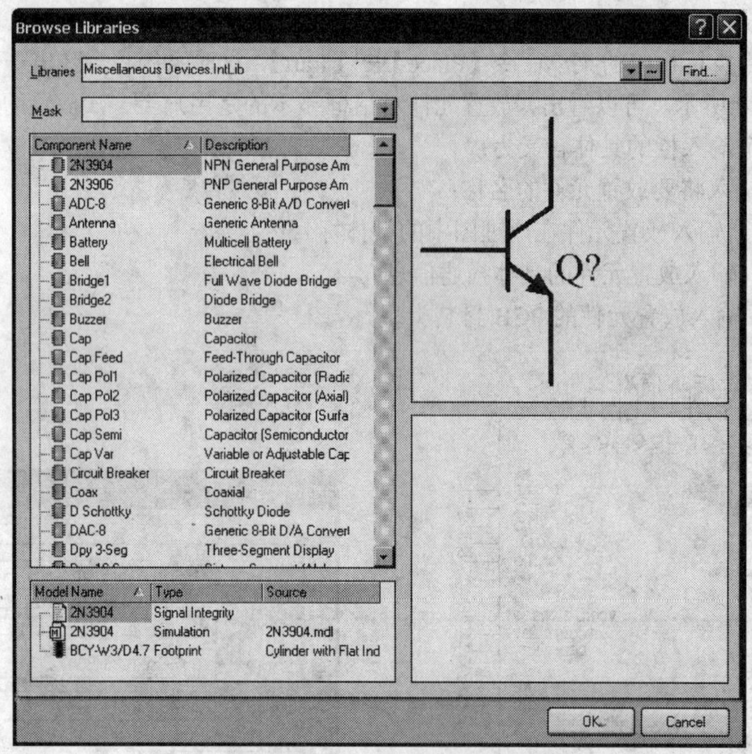

图 3-52　浏览库文件对话框

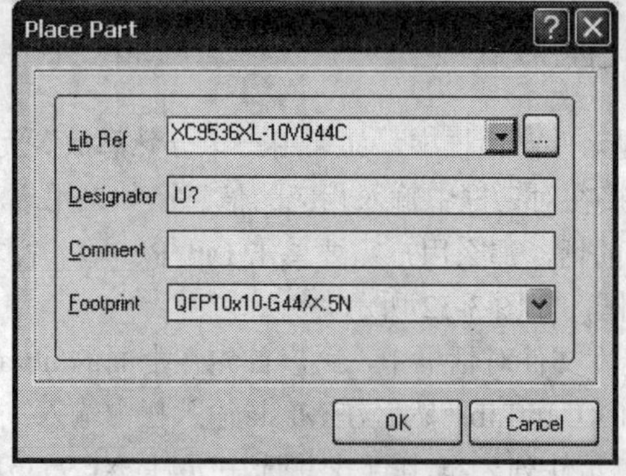

图 3-53　进行元件选择后的放置元件对话框

在原理图设计系统中，首先打开设计的原理图文件 Myschematic.SCHDOC 并添加相应的元件库；然后移动鼠标到原理图的设计窗口中，单击鼠标右键将会弹出相应的下拉菜单；接下来在弹出的下拉菜单中选择 Place Part 菜单选项，同样系统将会弹出相应的放置元件对话框；接下来用户按照前面介绍的步骤同样可以完成元件的放置工作。

3.5.2　元件属性的编辑

Protel DXP 系统中所有的元件都具有自己的相关属性，这些属性主要包括元件的序号、封装形式和引脚编号等相关信息。熟悉元件属性的相关编辑功能将帮助用户调整元件的属性信息，从而使得元件的属性满足用户设计原理图的需要。

在前面打开的原理图设计文件 Myschematic.SCHDOC 中，选中前面已经放置的 XC9536XL-10CS48C；接下来单击鼠标右键将会弹出相应的下拉菜单；然后在弹出的下拉菜单中选择 Properties 菜单选项，这时将会弹出元件属性编辑对话框，如图 3-54 所示。可以看出，元件属性编辑对话框包括【Properties】区域、【Graphical】区域、元件参数列表和元件模型列表 4 大部分。

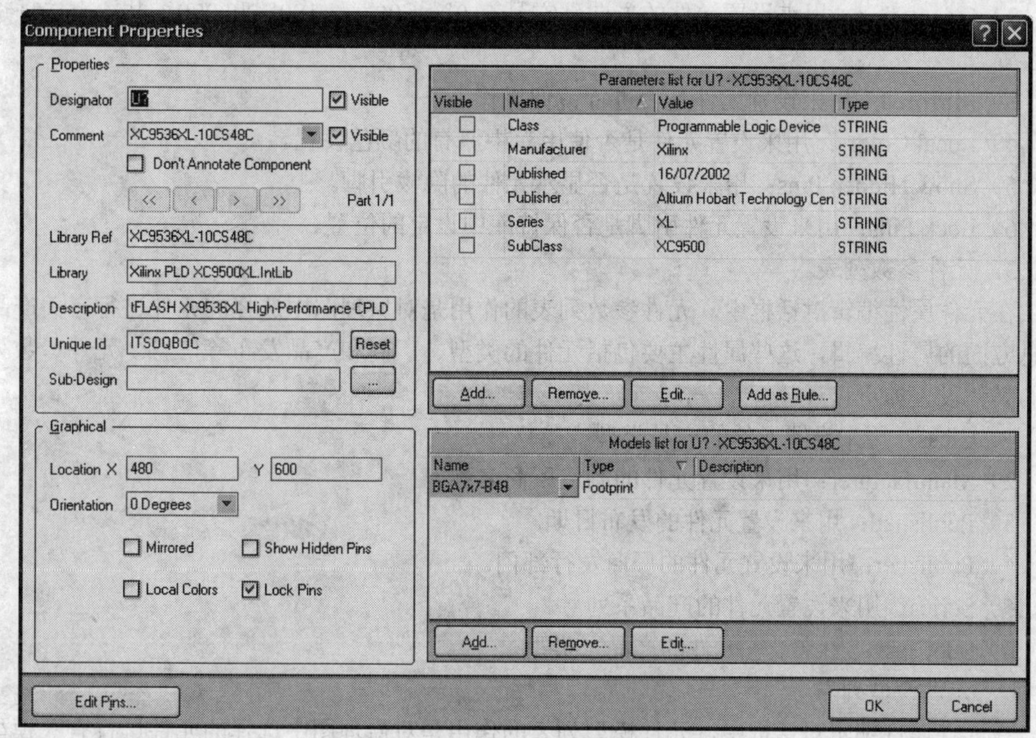

图 3-54　元件属性编辑对话框

1.【Properties】区域

在元件属性编辑对话框中，【Properties】区域的作用是对原理图中选择的元件进行相应属性的编辑，这些属性主要包括元件的具体标号、描述信息和元件在库中的名称等相关信息。【Properties】区域的具体设置编辑如下：

1）Designator：输入元件在原理图中的具体标号，同时右侧的 Visible 复选框用来设置元件标号是否在原理图中显示。

2）Comment：输入元件的具体描述信息，一般来说是元件的型号。另外，输入栏右侧的 Visible 复选框用来设置元件的描述信息是否在原理图中显示。

3）Don’t Annotate Component：用来设置是否在原理图中标识相应的元件。

4）Library Ref：输入元件在相应元件库中的名称。

5）Library：输入元件所在的元件库。

6）Description：输入元件的描述信息，一般是元件的功能描述。

7）Unique Id：输入系统指定的元件惟一编号，另外用户可以通过右侧的 Reset 按钮来对元件的惟一编号进行重置。

8）Sub-Design：输入相应的子项目文件名去链接当前的原理图。

2.【Graphical】区域

在元件属性编辑对话框中，【Graphical】区域的作用是对原理图中选择的元件进行有关视图方面的属性编辑，这些属性主要包括元件的坐标、方向、镜像和引脚显示等信息。【Graphical】区域的具体设置如下：

1）Location X，Location Y：输入元件的坐标信息。

2）Orientation：用来设置元件的方向，它具有 0°、90°、180° 和 270° 共 4 个选项进行设置。

3）Mirrored：用来设置元件是否进行镜像操作。

4）Local Colors：用来设置元件是否使用库中原有的颜色设置。

5）Show Hidden Pins：用来设置是否显示元件的隐藏引脚。

6）Lock Pins：用来设置元件引脚是否保持库中设定的位置。

3．元件参数列表

在元件属性编辑对话框中，元件参数列表的作用是对原理图中选择的元件进行有关产品信息方面的属性编辑，这些属性主要包括元件的类型、厂商和产品发布等信息。元件参数列表的具体设置如下：

1）Class：用来设置元件的产品类型。

2）Manufacturer：用来设置元件的制造厂商名称。

3）Published：用来设置元件的发布日期。

4）Publisher：用来设置元件的厂商发行部门。

5）Series：用来设置元件的产品系列号。

6）SubClass：用来设置元件的产品子类型。

4．元件模型列表

在元件属性编辑对话框中，元件模型列表的作用是对原理图中选择的元件进行有关模型信息方面的设置，这些属性主要包括元件的仿真模型、信号完整性模型和 PCB 封装模型等信息。元件模型列表一般包括 3 种模型列表：

1）Footprint：用来设置元件的 PCB 封装模型。

2）Simulation：用来设置元件的仿真模型。

3）Signal Integrity：用来设置元件的信号完整性模型。

3.5.3 元件的选取

在原理图设计系统中，用户进行元件布局之前首先要进行元件的选取操作。只有在选取元件后，用户才可以进行元件的移动、粘贴、删除、排列和对齐等操作。Protel DXP 为用户提供了 3 种元件的选取方法。

1．鼠标选取方法

在 Protel DXP 中，鼠标选取方法是最常采用，也是最为简单的一种方法，它可以进行单个元件、多个元件、单个区域和多个区域元件的选取操作。

1）单个或者多个元件的选取　在原理图的设计窗口中，移动鼠标光标指向需要进行选取的某一个元件上，然后单击鼠标左键，这时鼠标指向的单个元件将被选中，选取元件的周围会出现绿色的虚线框。另外，在按下 Shift 键的同时采用选取单个元件的方法，用户便可以完成多个元件的选取操作。

2）单个或者多个区域元件的选取　在原理图的设计窗口中，移动鼠标光标在原理图中选中某一个位置按下鼠标左键不放，鼠标光标将变成十字光标，然后拖动鼠标到原理图中的另外位置松开，这时将在原理图上拖出一个以两次鼠标位置为对角的矩形，同时矩形区域中的所有元件将被选取。另外，在按下"Shift"键的同时采用选取单个区域元件的方法，用户便可以完成多个区域元件的选取操作。

2．菜单命令选取方法

在 Protel DXP 中，菜单命令选取方法也是一种较为常见的选取方法，另外还可以完成鼠标选取方法所不能完成的操作。在原理图设计系统中，执行菜单命令【Edit】→【Select】后，将会弹出如图 3-55 所示的选取命令菜单。

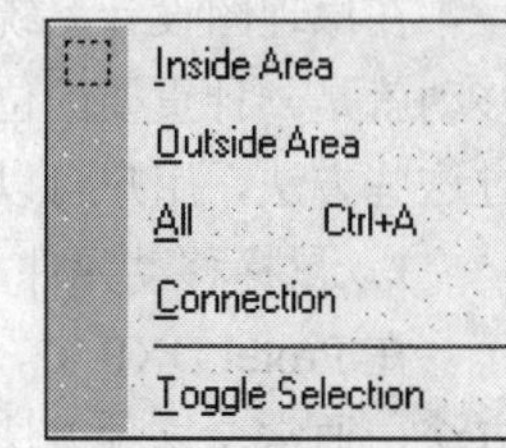

图 3-55　选取命令菜单

1）Inside Area：选取指定区域内的所有元件。执行菜单命令后，鼠标光标将变成十字光标，接下来在原理图中的合适位置单击鼠标左键确定区域的一个对角顶点，然后移动鼠标到另一个合适位置处单击鼠标左键确定区域，从而选定区域中的所有元件。与直接利用鼠标选取区域元件惟一不同的地方是它不需要一直按住鼠标左键不放。

2）Outside Area：选取指定区域外的所有元件，功能与 Inside Area 正好相反，而其他的操作则是完全一样的。

3）All：选取当前原理图中的所有元件。

4）Connection：选取原理图中相应的导线连接。执行菜单命令后，鼠标光标将变成十字光标，然后移动鼠标光标到某一个导线上单击鼠标左键，这时该导线以及与其相连的所有导线都将被选取。

5）Toggle Selection：切换元件的选取状态。执行菜单命令后，鼠标光标将变成十字光标，然后移动鼠标光标到某一个元件上单击鼠标左键，如果元件已经处于选取状态，则元件的选取状态被取消；如果元件没有被选取，则元件将会处于选取状态。

另外，Protel DXP 也为用户提供了相应的取消选取命令菜单。在原理图设计系统中，执行菜单命令【Edit】→【DeSelect】，这时将会弹出相应的取消选取命令菜单，这个菜单如图 3-56 所示。

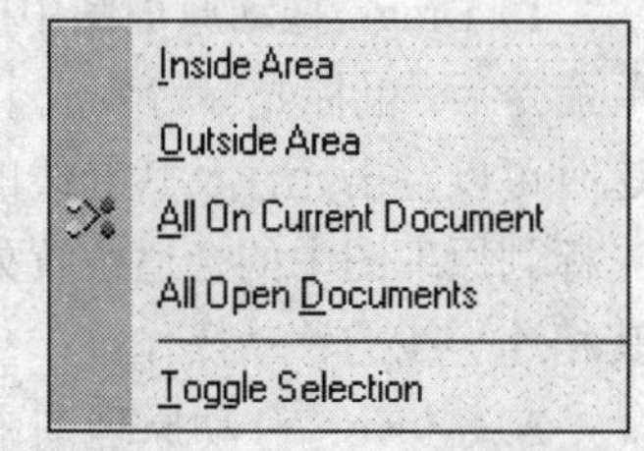

图 3-56　取消选取命令菜单

1）Inside Area：取消选取区域内所有元件的选取状态。

2）Outside Area：取消选取区域外所有元件的选取状态。

3）All On Current Document：取消当前打开文件中选取的一切对象。

4）All Open Docunment：取消当前项目打开的文件中选取的一切对象。

5）Toggle Selection：切换元件的选取状态，与前面的命令完全相同。

3．工具栏命令选取方法

在原理图设计系统中，主工具栏为用户提供了 3 个选取工具图标，它们分别是⬚、✂和。3 个选取工具图标的具体含义如下所示：

1）图标：功能与选取命令菜单中的 Inside Area 选项相同。

2）图标：功能与取消选取命令菜单中的 All On Current Document 选项相同。

3）图标：移动原理图中选中的元件。用户选取这个工具图标后，鼠标光标将变成十字光标，然后单击选取的元件或者区域，那么选取的元件将随着光标的移动而在原理图中进行移动。

另外，上面介绍的 3 种元件的选取方法不仅仅适用于原理图中的元件，同样它们也适用于原理图中导线、总线、节点和网络标号等其他对象。

3.5.4 元件的移动

在原理图设计系统中，用户常常需要对原理图中放置的元件进行位置调整，其中元件的移动就是一种重要的位置调整手段。Protel DXP 为用户提供了 3 种不同的元件移动方法。通过这些方法，用户可以很好地调整原理图中的元件。

1．鼠标移动元件

在 Protel DXP 中，鼠标移动元件是一种最为方便快捷的方法，也是用户最常采用的一种方法。通常，这种方法等同于菜单命令中的 Move 选项。

1）单个元件的移动　在原理图的设计窗口中，移动鼠标光标选取相应的元件，按住鼠标左键不放，然后移动光标到原理图中的合适位置处放开鼠标，这样便可以完成原理图中单个元件的移动操作。

2）多个元件的移动　在原理图的设计窗口中，利用鼠标选取需要移动的多个元件，然后选取元件组中的任意一个元件，按住鼠标不放，十字光标出现后拖动鼠标到原理图中的合适位置处放开鼠标，这样便可以完成原理图中多个元件的移动操作。

2．菜单命令移动元件

在 Protel DXP 中，利用菜单命令移动元件也是一种较为常见的移动方法，它可以为用户提供内容非常丰富的元件移动方法。这里解释一下称为“层移”概念，所谓层移是指当一个元件将另一个元件遮挡住的时候，用户可以将下面的元件移动到遮挡元件的上部。在原理图设计系统中，执行菜单命令【Edit】→【Move】，这时将会弹出一个移动命令菜单，如图 3-57 所示。

1）Drag：拖动原理图中的元件以及与其相连的导线。执行菜单命令后，鼠标光标将变成十字光标，然后选取需要移动的元件，这时可以看出元件及其导线的虚线框会随着光标一起移动。移动光标到原理图中的合适位置处，单击鼠标左键便可以完成元件及其相连导线的移动操作。

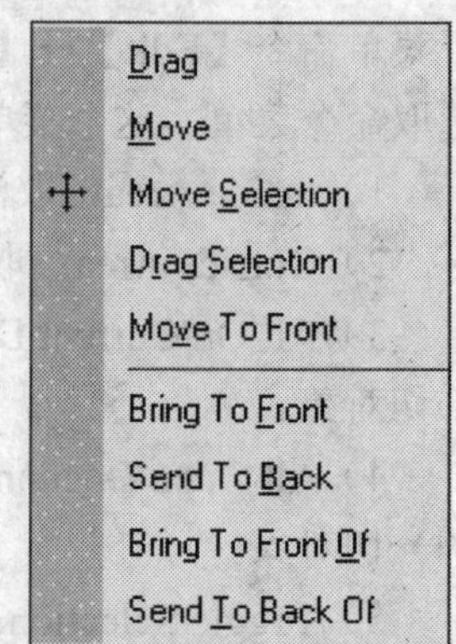

图 3-57　移动命令菜单

2）Move：移动原理图中的选取元件，它的具体操作方法与上面的 Drag 选项相同，不同之处是与元件相连的导线不会跟随元件一起移动。

3）Move Selection：移动原理图中事先选取的单个或者多个元件，它的具体操作与 Move 选项相同，但它只需要进行元件的移动即可。

4）Drag Selection：拖动原理图中事先选取的单个或多个元件以及与其相连的导线，它的具体操作与 Drag 选项相同，但它只需要进行元件的拖动即可。

5）Move To Front：移动元件并将其放在重叠元件的上层。执行菜单命令后，鼠标光标将变成十字光标，移动光标到需要移动的元件处单击左键，这时元件将会随着光标一起移动，移动光标到原理图中的合适位置处单击左键即可完成元件的移动，同时元件将放在重叠元件的上层。

6）Bring To Front：层移元件到重叠元件的上层。执行菜单命令后，鼠标光标将变成十字光标，移动光标到需要移动的元件处单击左键，这时选取的元件将会层移到重叠元件的上层，它不能进行平移操作。

7）Send To Back：层移元件到重叠元件的下层，操作与 Bring To Front 相同。

8）Bring To Front Of：层移事先选定的元件到重叠元件的上层。执行菜单命令后，鼠标光标将变成十字光标，然后单击选取的要进行层移的元件，接下来移动光标选取参考元件后单击鼠标左键，这时选取元件将会层移到参考元件的上层。

9）Send To Back Of：层移事先选定的元件到重叠元件的下层，具体操作与菜单选项 Bring To Front Of 相同。

另外，Protel DXP 为用户提供了 3 种调整元件放置方向的快捷键。在原理图的设计窗口中，选取要进行方向调整的元件并按住鼠标左键不放，这时选取的元件会出现一个十字形的参考中心：如果按下空格键，那么元件将以十字形光标为基点逆时针旋转 90°；如果按下 X 键，那么元件将以十字形光标为轴做水平翻转；如果按下 Y 键，那么元件将以十字形光标为轴做垂直翻转。

3.5.5　元件的剪贴

元件的剪贴功能是 Protel DXP 系统提供的元件操作的基本方式之一，它主要包括剪切、复制和粘贴等操作。Protel DXP 系统提供的剪切操作与 Windows 操作系统中的剪切操作基本一样。另外，Protel DXP 去掉了先前 Protel 中的内部剪贴板，开始使用 Windows 操作系统中的共享剪贴板。这样操作的目的是使用户可以方便地在 Protel DXP 程序和其他 Windows 应用程序之间进行剪切操作，提高工作效率。

由于元件的剪贴功能十分简单，下面将只重点介绍一下 Protel DXP 提供的阵列粘贴功能。在原理图设计系统中，阵列粘贴是一种特殊的粘贴方式，它一次可以按照指定间距将同一个元件重复地粘贴到原理图中。

通常，执行菜单命令【Edit】→【Paste Array】，或者单击工具栏中的图标，用户便可以执行相应的阵列粘贴操作。执行相应的命令后，这时系统将会弹出相应的阵列粘贴设置对话框，如图 3-58 所示。其中，各个设置选项的含义如下所示：

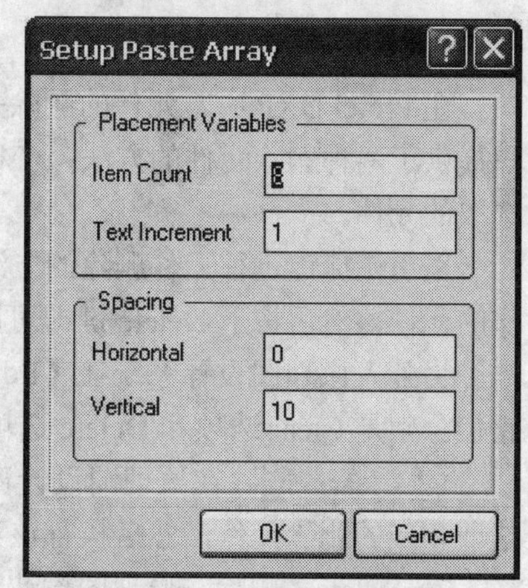

图 3-58　阵列粘贴设置对话框

1）Item Count：用来设置阵列粘贴的具体复制次数，默认值为 8。

2）Text Increment：用来设置阵列粘贴中两个粘贴

元件之间的数字递增量，默认值为 1。通常，输入栏中既可以输入正数，也可以输入负数。

3）Horizontal：用来设置阵列粘贴中两个粘贴元件之间在水平方向上的偏移量。默认值为 0，表示水平方向上的偏移量为 0。

4）Vertical：用来设置阵列粘贴中两个粘贴元件之间在垂直方向上的偏移量。默认值为 10，表示垂直方向上的偏移量为 10。

下面将以晶体管的阵列粘贴为例，简单介绍一下 Protel DXP 中阵列粘贴的具体操作方法。在原理图设计系统中，首先选取需要进行复制的晶体管 Q1；然后执行菜单命令【Edit】→【Copy】，鼠标光标将变成十字光标，移动光标到需要复制的元件处单击左键即可确定复制元件的基准点；接下来执行菜单命令【Edit】→【Paste Array】或者单击工具栏中的图标，这时将会弹出阵列粘贴设置对话框：Item Count 输入栏设置为 4，Text Increment 输入栏设置为 1，Horizontal 和 Vertical 设置为 40；然后单击 OK 按钮，鼠标光标将变成十字光标，移动光标到适当的位置单击左键，这时就可以完成相应的阵列粘贴操作。上面操作的具体原理图如图 3-59 所示。

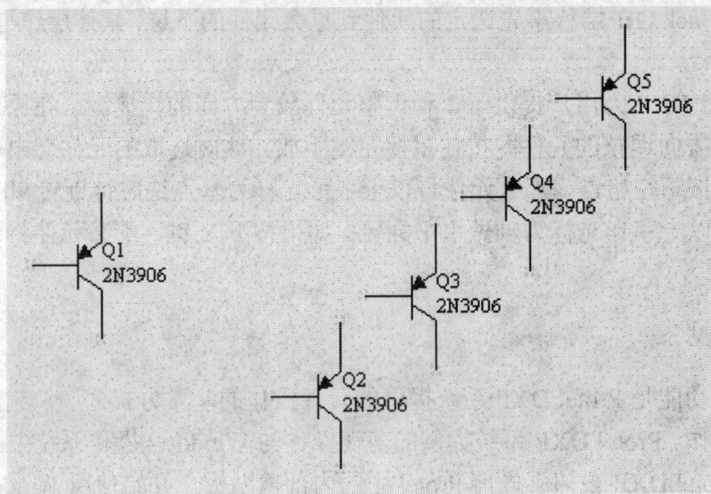

图 3-59　阵列粘贴晶体管的原理图

3.5.6　元件的删除

在 Protel DXP 中，元件的删除是一项基本的元件操作方式。通常，原理图设计系统为用户提供了两种删除元件的方法：一种是利用快捷键的方法，另外一种是采用菜单命令来删除选取的元件。

采用快捷键进行元件删除的方法十分简单：首先在原理图设计窗口中选取要进行删除操作的元件，然后按下 Delete 键即可以完成元件的快速删除操作。

另外，原理图设计系统在【Edit】菜单中为用户提供了两条进行删除操作的菜单命令，它们分别是 Clear 选项和 Delete 选项。

1）Clear：删除在原理图设计窗口中选取的元件，使用该命令之前需要选取元件。首先选取相应的删除元件，然后执行该菜单命令，这时所有选中的元件将被删除。

2）Delete：删除在原理图设计窗口中选取的元件，使用该命令不需要事先选取相应的元件。执行该菜单命令后，鼠标光标将变成十字光标，然后移动光标到需要删除的元件上单击鼠标左键，即可删除相应的元件。这时，系统仍处于元件删除状态，用户可以继续进行元件的删除操作，也可以通过单击鼠标右键或者按下 ESC 键退出命令状态。

3.5.7　元件的排列与对齐

除了提供上述的各种元件调整方法外，Protel DXP 还为用户提供了元件的自动排列与对齐操作，目的是为了使设计的原理图更加美观和准确。在原理图设计系统中，执行菜单命令【Edit】→【Align】，这时将会弹出如图 3-60 所示的排列与对齐命令菜单。

1）Align Left：将所选取的元件组以最左端的元件为基准进行纵向对齐。在原理图的设计窗口中，首先选取进行排列与对齐操作的元件组，然后执行该菜单命令即可完成相应的排列与对齐操作。

2）Align Right：将所选取的元件组以最右端的元件为基准进行纵向对齐。

3）Center Horizontal：将所选取的元件组以最左端元件和最右端元件的中间位置为基准进行纵向对齐。

4）Distribute Horizontally：将所选取的元件组在最左端元件和最右端元件之间等间距放置。

5）Align Top：将所选取的元件组以最上端的元件为基准进行横向对齐。

6）Align Bottom：将所选取的元件组以最下端的元件为基准进行横向对齐。

7）Center Vertical：将所选取的元件组以最上端元件和最下端元件的中间位置为基准进行横向对齐。

8）Distribute Vertically：将所选取的元件组在最上端元件和最下端元件之间等间距放置。

9）Align：对选取的元件组同时进行两种排列与对齐操作，执行该命令后将会打开如图 3-61 所示的排列与对齐设置对话框。排列与对齐设置对话框中各个选项的具体设置如下所示。

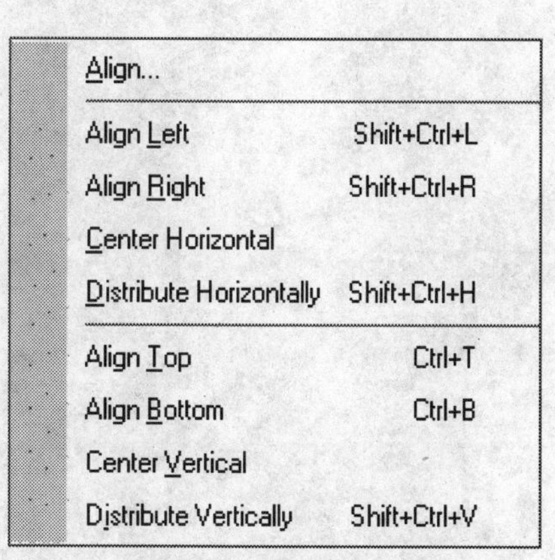

图 3-60　排列与对齐命令菜单

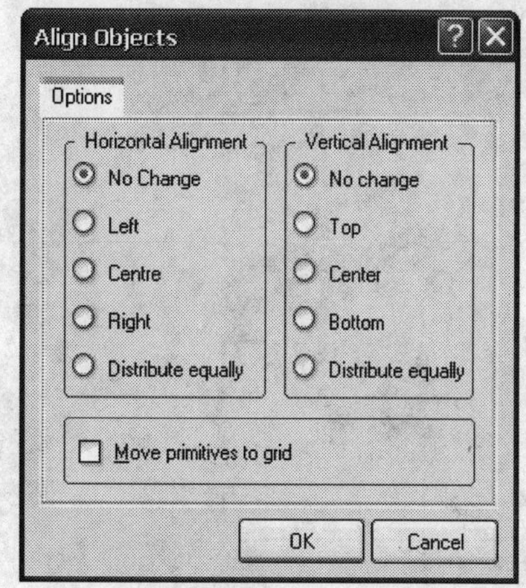

图 3-61　排列与对齐设置对话框

【Horizontal Alignment】区域主要用来对元件组的水平方向的排列与对齐方式进行相应的设置，它包括以下 5 个选项。

No Change：不改变排列与对齐方式。

Left：以最左端的元件为基准进行对齐。

Centre：以最左端和最右端元件的中间位置为基准进行对齐。

Right：以最右端的元件为基准进行对齐。

Distribute equally：在最左端元件和最右端元件之间等间距放置元件组。

【Vertical Alignment】区域主要用来对元件组的垂直方向的排列与对齐方式进行相应的设置，它也包括 5 个选项：

No change：不改变排列与对齐方式。

Top：以最上端的元件为基准进行对齐。

Center：以最上端和最下端元件的中间位置为基准进行对齐。

Bottom：以最下端的元件为基准进行对齐。

Distribute equally：在最上端元件和最下端元件之间等间距放置元件组。

另外，排列与对齐设置对话框中还包括一个 Move primitives to grid 复选框，它的作用是设置进行对齐操作时是否将所选的元件自动移动到格点上以便于电路的连接。

第4章 原理图设计

4.1 原理图设计的基本流程

在PCB的设计过程中，原理图设计是整个电路设计的第1步，也是PCB设计过程的根基，因此电路原理图设计的好坏直接影响到后面设计工作的每一步，这应该引起设计人员的足够重视。一般来说，原理图设计的基本流程如下所示：

1．建立设计项目

Protel DXP引入了“项目”的设计理念，因此采用Protel DXP进行设计的时候，往往是从建立一个设计项目开始的。通常，这个设计项目把所有的设计元素连接在一起，这些元素包括原理图、网络报表、PCB文件等一系列设计中的文件。在建立设计项目的过程中，用户要建立一个新的原理图文件。

2．原理图设计的图纸设置

在设计具体的电路原理图之前，用户应该根据个人的绘图习惯、公司的标准化要求和电路的复杂程度来确定原理图图纸的有关参数，例如图纸的大小、方向、颜色、标题栏和设计信息等。实际上，这是一个建立原理图设计平台的过程。

3．设置工作环境

对于用户来说，设置工作环境是原理图设计中的一个重要步骤，好的工作环境能够极大地提高用户的工作效率。通常，这一步的主要工作是对原理图设计中的系统参数进行个性化的设置，目的是使原理图设计系统的开发环境、界面风格和操作习惯符合用户的需要。

4．添加元件库和放置元件

用户放置元件之前必须要将元件所在的元件库添加到内存中，这样用户才能够非常快速、有效地引用元件库中的元件。由于Protel DXP有涵盖众多厂商、内容非常齐全的元件库，添加过多的元件库将会占用较多的系统资源，因此这里建议用户对设计项目建立一个自己的元件库。添加完元件库后，用户可以利用库文件工作面板来放置原理图中的元件。

5．元件布局

合理的元件布局对于原理图设计来说是非常重要的，这样可以减少后面设计中的工作量。通过对原理图中元件之间的走线进行通盘考虑后，用户需要对元件的位置进行调整，对元件的标号和PCB封装等进行定义和设置，并对所有的元件进行排列与对齐等操作，目的是设计出准确、美观的电路原理图。

6．原理图布线和调整

实际上，原理图布线是一个不断连线的过程，就是利用Protel DXP提供的各种布线工具将原理图上具有电气连接意义的导线等电气对象连接起来的过程。为了形成更加可靠、有效的连接，用户在原理图布线后还需要对原理图进行进一步的调整，从而构成一幅连接可靠、设计准确、画面美观的电路原理图。

7．原理图的电气检查

进行完原理图布线和调整后，用户可以利用 Protel DXP 提供的工具来对当前的设计项目进行编译，然后通过相应的错误检查报告来对设计的原理图进行修改操作。通常，这是一个用户需要反复进行操作的过程。

8．报表生成

在 Protel DXP 中，用户利用相应的报表生成工具可以得到各种不同的报表输出，这些报表含有原理图设计的各种信息。其中最重要的报表是原理图设计的网络报表，它是电路原理图和 PCB 之间的重要连接纽带。另外，原理图设计过程中的一些关于元件 PCB 封装和元件连接等方面的错误可以在引用网络报表的过程中检查出来。

9．存盘和打印输出

完成上面的各个操作步骤后，用户需要将原理图设计过程中的源文件以及相应的报表文件进行存盘或者打印输出，目的是对设计的项目进行存档。进行完这一步操作后，原理图设计的基本流程便全部完成了。

4.2 原理图中电气对象的放置工具

实际上，原理图的设计过程就是一个放置对象和连接对象的过程。通常，原理图中的设计对象可以分为两大类：一类是具有电气意义的对象，例如元件、导线、网络标号和电路节点等对象；另外一类是不具有电气连接意义的对象，例如直线、多边形、圆弧、文本字符串和矩形等对象。与此相对应的是 Protel DXP 中的放置工具也分为两大类：一类是电气对象的放置工具，另外一类是非电气对象的放置工具。本节将重点介绍电气对象的放置工具，非电气对象的放置工具将在下一节中进行详细讨论。

在 Protel DXP 中，原理图设计系统为用户提供了 3 种启动放置工具的方法：一种是利用布线工具栏启动放置工具，另一种是利用菜单命令启动放置工具，还有一种是利用快捷键的方式来启动放置工具。

1．利用布线工具栏启动放置工具

在原理图设计系统中，执行菜单命令【View】→【Toolbars】→【Wiring】，这时窗口的顶部会出现布线工具栏，如图 4-1 所示。

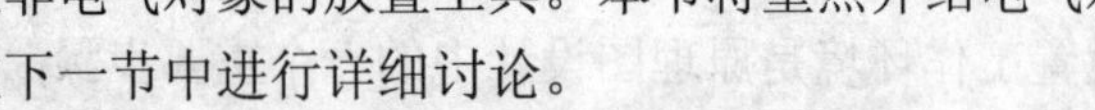

图 4-1 布线工具栏

在图 4-1 所示的布线工具栏中，自左向右各个图标的功能是放置导线、放置总线、放置总线分支、放置网络标号、放置电源和接地符号、放置元件、放置电路方块图、放置电路方块图接口、放置电路输入/输出端口、放置电路节点、放置忽略 ERC 检查点和放置 PCB 布线指示。可见，采用这种方法启动放置工具十分简单、快捷。

2．利用菜单命令启动放置工具

在原理图设计系统中，单击主菜单中的【Place】菜单将会弹出一个下拉菜单，这个下拉菜单中集成了所有的放置工具命令，它们分别是 Wire（放置导线）、Bus（放置总线）、Bus Entry（放置总线分支）、Net Label（放置网络标号）、Power Port（放置电源和接地符号）、Part（放置元件）、Sheet Symbol（放置电路方块图）、Add Sheet Entry（放置电路方块图接口）、Port（放置电路输入/输出端口）、Junction（放置电路节点）、No ERC（放置忽略 ERC 点）和 PCB Layout（放置 PCB 布线指示）。

3．利用快捷键启动放置工具

在原理图设计系统中，Protel DXP 提供了放置工具的相应快捷命令，它们分别是 Alt+P+W（放置导线）、Alt+P+B（放置总线）、Alt+P+U（放置总线分支）、Alt+P+N（放置网络标号）、Alt+P+O（放置电源和接地符号）、Alt+P+P（放置元件）、Alt+P+S（放置电路方块图）、Alt+P+A（放置电路方块图接口）、Alt+P+R（放置电路输入/输出端口）、Alt+P+J（放置电路节点）、Alt+P+I+N（放置忽略 ERC 点）和 Alt+P+I+P（放置 PCB 布线指示）。

在原理图设计系统中，用户常常会对放置的对象感到不满意，这时可以通过相应的对象属性对话框来编辑对象的属性。一般来说，Protel DXP 为用户提供了两种打开对象属性对话框的方法：

1）一种是在放置对象的命令状态下，这时用户按下 Tab 键就可以打开相应的属性设置对话框。可见，这种方法是在放置对象之前对其属性进行设置。

2）一种是在放置对象的操作完成后，这时用户选中需要修改的对象，接下来单击鼠标右键就可以弹出一个下拉菜单，然后选择其中的 Properties 选项，这时同样可以打开相应的对象属性对话框。

4.2.1　放置导线

导线是电路原理图设计中最基本的一种电气对象，它是指在电路中具有电气连接特性的一种连线。通常，电路原理图中的元件之间是通过导线来进行连接的。

在原理图设计系统中，执行菜单命令【Place】→【Wire】、单击布线工具栏中的按钮或者按下 Alt+P+W 快捷键，这时系统将会进入到放置导线的命令状态，可见鼠标光标将会变成十字光标。

移动光标到原理图中要放置导线的起点位置单击鼠标左键，然后拖动鼠标到放置导线的下一个转折点或者导线终点位置单击鼠标左键，这样便可以完成一个导线的放置操作。放置完一根导线后，单击鼠标右键或者按下 Esc 键便可退出一根连续导线的放置操作。这时，系统仍然处于放置导线的命令状态，用户可以重复前面的步骤放置新的导线，或者再一次单击鼠标右键或者按下 Esc 键退出放置导线的命令状态。在原理图中放置导线的例子如图 4-2 所示，可见图中放置了 8 条导线来连接元件 SW-DIP8 和元件 DS1。

通常，在进入到放置导线的命令状态后按下 Tab 键，或者选取原理图中的一根导线单击右键，然后在弹出的下拉菜单中选取 Properties 选项，这时将会打开导线属性对话框，如图 4-3 所示。可以看出，导线属性对话框包括两项设置：

1）Wire Width：作用是设置导线的具体宽度，为用户提供了 4 种导线宽度，它们分别是 Smallest、Small、Medium 和 Large。

2）Color：作用是设置导线的颜色，默认颜色是蓝色。

另外，Protel DXP 为用户提供了 4 种导线模式，它们分别是任意角度模式、90° 模式、45° 模式和自动布线模式。通常，在放置导线的过程中，用户可以通过同时按下 Shift 和空格键来进行导线模式的切换。

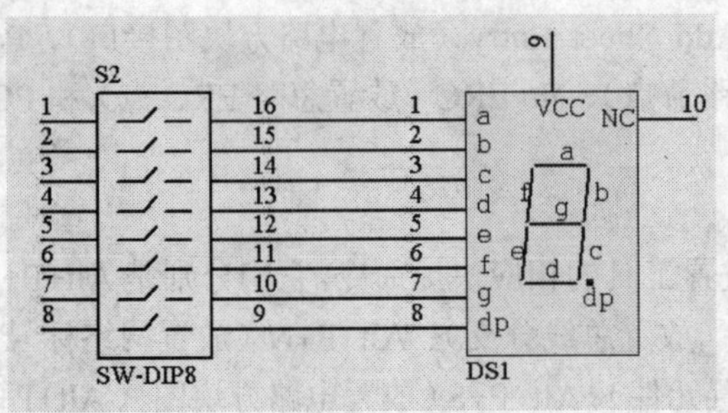

图 4-2　放置导线的例子

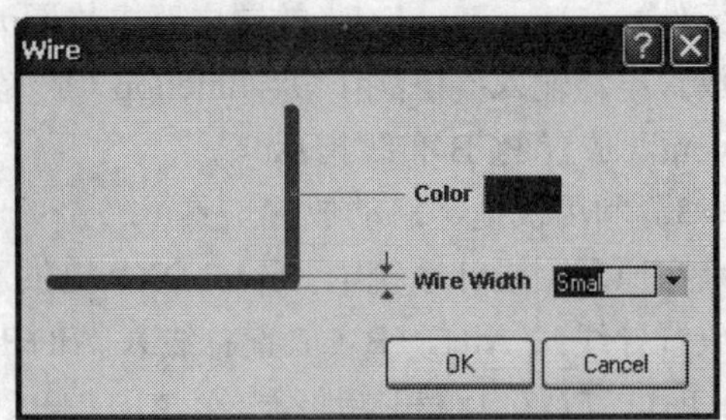

图 4-3　导线属性对话框

4.2.2　放置总线

总线就是用一条较粗的导线来表示原理图中多条平行的导线，它通常是一组具有相关性的信号线。总线可以分为数据总线、地址总线和控制总线，它们分别用来传输数据信号、地址信号和控制信号。在原理图设计中，用户经常采用较粗的线条来表示总线。另外，总线本身并没有任何的电气连接意义，它必须由总线接出的各个导线上的网络标号来完成真正电气意义上的连接。

在原理图设计系统中，执行菜单命令【Place】→【Bus】、单击布线工具栏中的 按钮或者按下 Alt+P+B 快捷键，这时系统将会进入到放置总线的命令状态，可见鼠标光标将会变成十字光标。

移动光标到原理图中要放置总线的起点位置单击鼠标左键，然后拖动鼠标到总线的下一个转折点或者总线终点位置单击鼠标左键，这样便可以完成一段总线的放置操作。当用户完成一根总线的放置操作后，只需要单击鼠标右键或者按下 Esc 键便可退出一根连续总线的放置操作。与放置导线类似，这时系统仍然处于放置总线的命令状态，用户可以重复前面的步骤放置新的总线，或者再一次单击鼠标右键或者按下 Esc 键退出放置总线的命令状态。下面给出一个在原理图中放置总线的小例子，如图 4-4 所示。可见，这里在图中的元件 SW-DIP8 和元件 DS1 之间放置了一根总线。

通常，在进入到放置总线的命令状态后按下 Tab 键，或者选取相应的 Properties 菜单选项，同样可以打开相应的总线属性对话框，如图 4-5 所示。可以看出，总线属性对话框中包括以下两项设置：

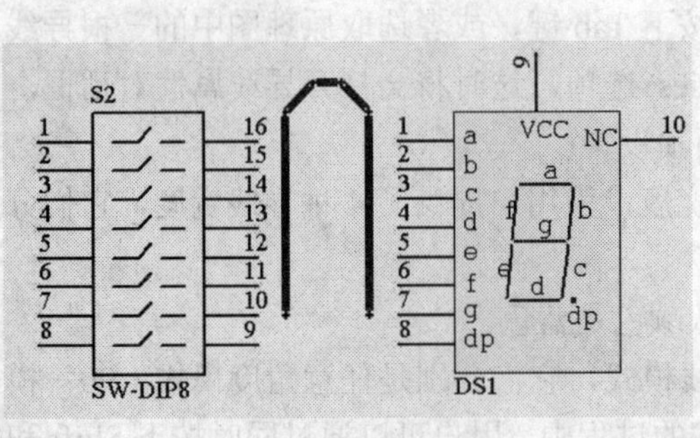

图 4-4　放置总线的例子

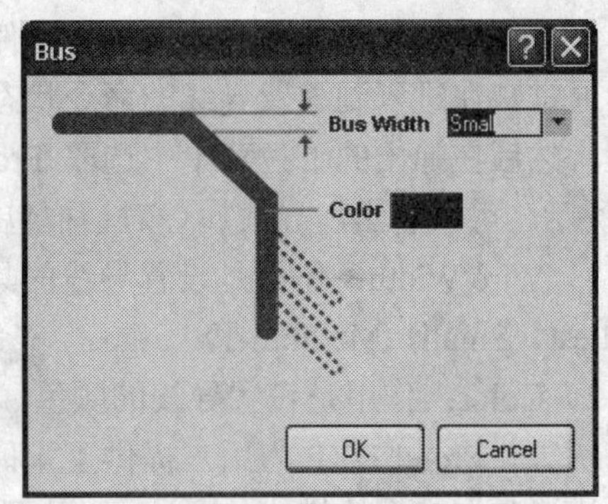

图 4-5　总线属性对话框

1）Bus Width：作用是设置总线的具体宽度，一共为用户提供了 4 种总线宽度，分别是 Smallest、Small、Medium 和 Large。

2）Color：作用是设置总线的颜色，默认颜色是蓝色。

另外，在放置总线的过程中，用户仍可以通过同时按下 Shift 和空格键来进行总线模式的切换，这一点与放置导线的操作是完全相同的。

4.2.3　放置总线分支

总线分支是总线和导线或者元件引脚的连线，它是一个 45° 的专用连接线。通常，导线与总线连接时常使用总线分支，同样总线分支本身也没有任何的电气连接意义，它只是为了让电路原理图看上去更加具有专业水平。另外，用户也可以沿用以前的方式，即采用导线来代替相应的总线分支，这样也是允许的。

在原理图设计系统中，执行菜单命令【Place】→【Bus Entry】、单击布线工具栏中的按钮或者按下 Alt+P+U 快捷键，这时系统将会进入到放置总线分支的命令状态，可见鼠标光标将会变成十字光标，同时还有总线分支线"/"或者"\"悬浮在光标上。

移动光标到原理图中需要放置总线分支的导线端点、元件引脚或者总线处，这时可以通过按下 Shift、X 或者 Y 键来切换总线分支的方向，当光标上出现两个红色的十字时，单击鼠标左键即可完成一个总线分支的放置操作。这时系统仍然处于放置总线分支的命令状态，用户可以重复前面的步骤放置新的总线分支，或者单击鼠标右键或者按下 Esc 键退出放置总线分支的命令状态。

下面给出一个在原理图中放置总线分支的小例子，如图 4-6 所示。可以看出，原理图中的元件 SW-DIP8 和元件 DS1 通过总线分支与总线连接起来。

通常，在进入到放置总线分支的命令状态后按下 Tab 键，或者选取相应的 Properties 菜单选项，同样可以打开相应的总线分支属性对话框，如图 4-7 所示。可以看出，总线分支属性对话框中包括以下几项设置：

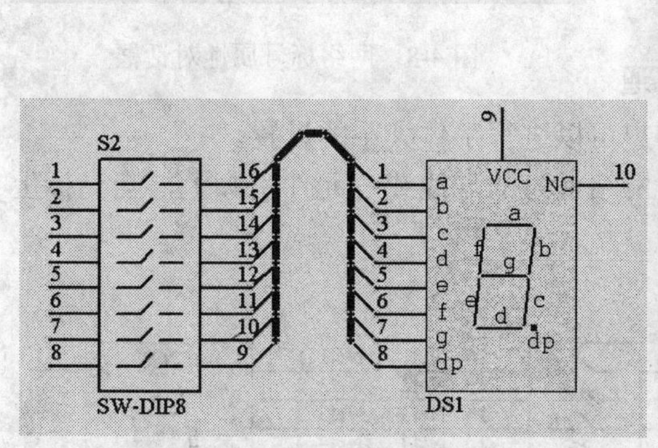

图 4-6　放置总线分支的例子

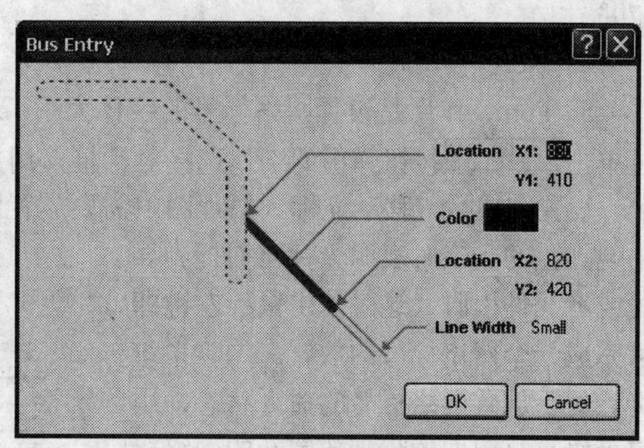

图 4-7　总线分支属性对话框

1）Location X1，Y1：作用是设置总线分支的起点坐标。

2）Location X2，Y2：作用是设置总线分支的终点坐标。

3）Color：作用是设置总线分支的颜色，默认颜色是蓝色。

4）Line Width：作用是设置总线分支的具体宽度，一共为用户提供了 4 种总线分支宽度，分别是 Smallest、Small、Medium 和 Large。

4.2.4 放置网络标号

网络标号用来表示不依赖于导线连接的一种实际的具有电气连接特性的连接方式，它的作用就是用来为原理图中的电气对象建立电气连接关系。在电路原理图中，设置了相同网络标号的元件或者导线等电气对象不论是否有导线连接，它们均被视为建立了连接关系。可见，网络标号的作用相当于一个电气节点。通常，原理图中采用网络标号的情况有 3 种：

1）采用总线和总线分支的电路原理图必须使用网络标号才具有实际电气连接意义。

2）电路结构比较复杂导致电路走线困难，这时采用网络标号来表示电气连接。

3）层次原理图中各个电路模块之间的连接必须采用网络标号来连接。

在原理图设计系统中，执行菜单命令【Place】→【Net Label】、单击布线工具栏中的 Net1 按钮或者按下 Alt+P+N 快捷键，这时系统将会进入到放置网络标号的命令状态，可见鼠标光标将会变成十字光标，同时有一个带有虚线框的网络标号悬浮在光标上，默认值是 NetLabel1。这时，按下 Tab 键将会打开网络标号属性对话框，如图 4-8 所示。可见，网络标号属性对话框中包括以下几项设置：

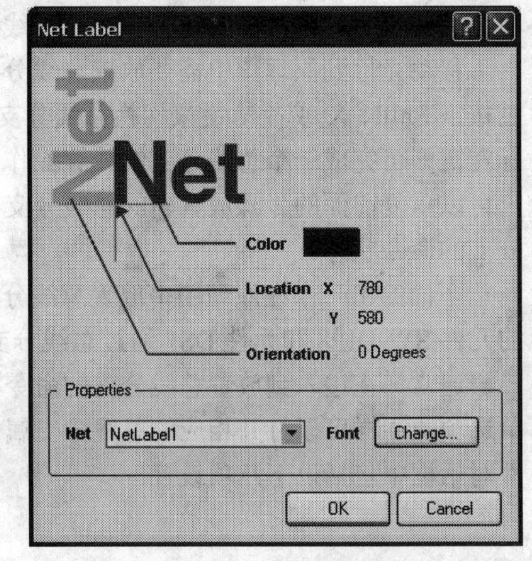

图 4-8 网络标号属性对话框

1）Color：作用是设置网络标号的颜色，默认颜色是暗红色。

2）Location X，Y：作用是设置网络标号的坐标。

3）Oerientation：作用是设置网络标号的方向，默认方向是 0 Degrees。一般来说，系统为用户提供了 4 种方向角度，它们分别是 0°、90°、180° 和 270°。

4）Net：作用是设置网络标号的具体名称。

5）Font：作用是设置网络标号的字体大小，通过单击 Change... 按钮弹出的字体选择对话框，用户可以进行字体大小的设置。

设置完成后，移动光标到原理图中需要放置网络标号的导线或者元件引脚上，当光标上出现红色的十字时表明光标已捕捉到导线或者元件引脚，这时单击鼠标左键即可完成一个网络标号的放置。这时系统仍然处于放置网络标号的命令状态，用户可以重复前面的步骤放置新的网络标号，或者单击鼠标右键或者按下 Esc 键退出放置网络标号的命令状态。

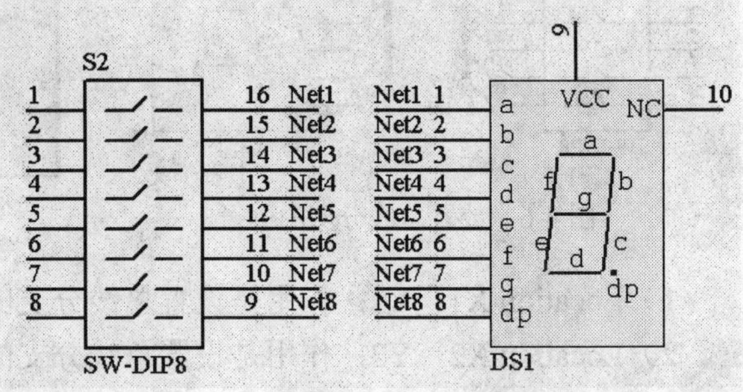

图 4-9 放置网络标号的例子

下面给出一个在原理图中放置网络标号的小例子，如图 4-9 所示。可以看出，原理图中的元件 SW-DIP8 和元件

DS1 是通过网络标号 Net1 至 Net8 来进行连接的。

4.2.5　放置电源和接地符号

电源和接地符号是专用的电源和接地标志，用来表示电路原理图中的电源网络和地网络，它是电路中非常重要的一种电气符号。在原理图设计系统中，放置电源和接地符号采用相同的方法，它们是靠不同的网络标号来进行区分的。

在原理图设计系统中，执行菜单命令【Place】→【Power port】、单击布线工具栏中的按钮或者按下 Alt+P+O 快捷键，这时系统将会进入到放置电源和接地符号的命令状态，可见鼠标光标将会变成十字光标，同时有一个虚线的电源和接地符号悬浮在光标上。

移动光标到原理图中需要放置电源和接地符号的地方，这时可以通过按下空格键来切换放置符号的方向，然后单击鼠标左键即可完成一个电源或者接地符号的放置操作。这时系统仍然处于放置电源和接地符号的命令状态，用户可以重复前面的步骤放置新的电源和接地符号，或者单击鼠标右键或者按下 Esc 键退出放置电源和接地符号的命令状态。

下面将给出一个在原理图中放置电源的小例子，如图 4-10 所示。可以看出，原理图中的元件 DS1 的引脚 9 上放置了一个电源符号。

通常，在进入到放置电源和接地符号的命令状态后按下 Tab 键，或者选取 Properties 菜单选项，同样可以打开相应的电源和接地符号属性对话框，如图 4-11 所示。可见，电源和接地符号属性对话框中包括以下几项设置：

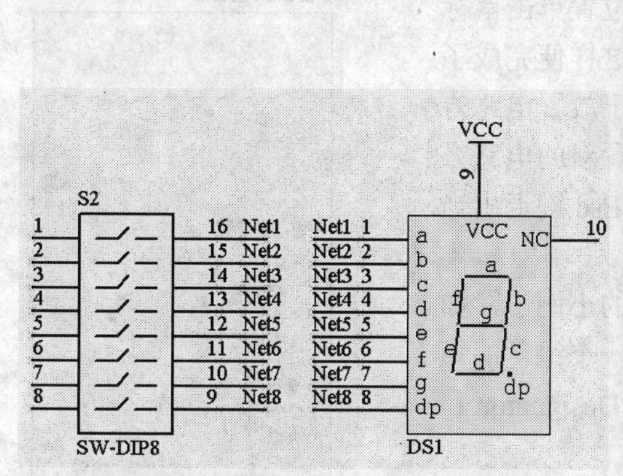

图 4-10　放置接地符号的小例子

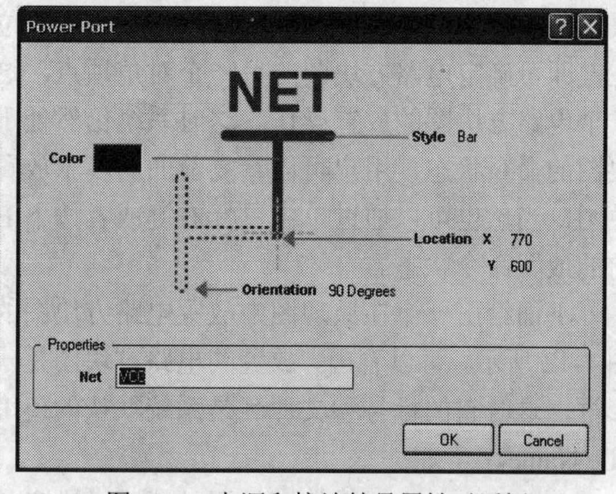

图 4-11　电源和接地符号属性对话框

1）Color：作用是设置电源和接地符号的颜色，默认颜色是暗红色。

2）Location X，Y：作用是设置电源和接地符号的坐标。

3）Style：用来设置电源和接地符号的具体类型。Protel DXP 为用户提供了 7 种符号类型，它们分别是 Circle、Arrow、Bar、Wave、Power Ground、Signal Ground 和 Earth。

4）Oerientation：作用是设置电源和接地符号的方向，默认方向是 0°。一般来说，系统为用户提供了 4 种方向度数，它们分别是 0°、90°、180°和 270°。

5）Net：作用是设置电源和接地符号的网络标号。

4.2.6　放置元件

实际上，设计电路原理图的过程就是一个不断放置元件、编辑元件和进行元件连线的过程。可见，放置元件是电路原理图中最为重要的部分。通常，Protel DXP 为用户提供了 4 种元件的放置方法，它们分别是利用库文件工作面板放置元件、利用主菜单命令放置元件、利用布线工具栏放置元件和利用快捷菜单放置元件。其中，利用布线工具栏放置元件是用户经常采用的一种方法。

在原理图设计系统中，执行菜单命令【Place】→【Part】、单击布线工具栏中的按钮或者按下 Alt+P+P 快捷键，这时将会弹出相应的放置元件对话框，即进入到放置元件的命令状态。接下来关于放置元件的操作在前面的 3.5.1 节中已经介绍过了，这里就不再赘述了。

4.2.7 放置电路方块图

在层次原理图的设计中，同一个设计项目的多个设计原理图之间是通过电路方块图来传递信息的。可见，电路方块图是层次原理图设计中一个不可或缺的重要对象。通常，一个电路方块图对应着设计项目中的一张子原理图，并且它与子原理图之间的连接是通过文件名称来联系的，即电路方块图名称必须与对应的子原理图的文件名称保持一致。

在原理图设计系统中，执行菜单命令【Place】→【Sheet Symbol】、单击布线工具栏中的按钮或者按下 Alt+P+S 快捷键，这时系统将会进入到放置电路方块图的命令状态，可见鼠标光标将会变成十字光标，同时含有一个矩形的虚线框悬浮在光标上。

移动光标到原理图中要放置电路方块图的合适位置，单击鼠标左键即可确定电路方块图的一个对角顶点，然后拖动鼠标拉出一个矩形的虚线框，接下来在合适的位置单击鼠标左键即可确定电路方块图的另一个对角顶点，这样便完成了一个电路方块图的放置操作。这时系统仍然处于放置电路方块图的命令状态，用户可以重复前面的步骤放置新的电路方块图，当然也可以通过单击鼠标右键或者按下 Esc 键退出当前的放置命令状态。

图 4-12 放置电路方块图的例子

下面给出一个在原理图中放置电路方块图的小例子，如图 4-12 所示。可以看出，放置的电路方块图是一个绿色的矩形框，这时它的标号和文件名是系统默认的值 Designator 和 File Name。

如果用户对电路方块图的属性感到不满意的话，那么可以打开相应的电路方块图属性对话框来进行编辑和修改。通常，在进入到放置电路方块图的命令状态后按下 Tab 键，或者选取原理图中的电路方块图单击右键，然后在弹出的下拉菜单中选取 Properties 选项，这时将会打开相应的电路方块图属性对话框，如图 4-13 所示。可以看出，这个属性对话框主要包括以下几项设置：

1）Border Color：作用是设置电路方块图的边框颜色，默认颜色是暗红色。

2）Draw Solid：作用是设置电路方块图是否使用填充颜色。

3）Fill Color：作用是设置电路方块图的填充颜色，默认颜色是绿色。

4）Location X，Y：作用是设置电路方块图的左下角顶点的坐标。

5）X-Size，Y-Size：作用是设置电路方块图的宽度和高度。

6）Border Width：作用是设置电路方块图的边框宽度。

7）Designator：作用是设置电路方块图的具体名称。

8）Show Hidden Text Fields：作用是设置是否显示隐藏的文本区域。

9）Filename：作用是设置与电路方块图对应的子原理图的文件名称。

10）Unique Id：作用是设置系统指定给电路方块图的惟一编号，另外用户可以通过右侧的Reset按钮来对它的惟一编号进行重置。

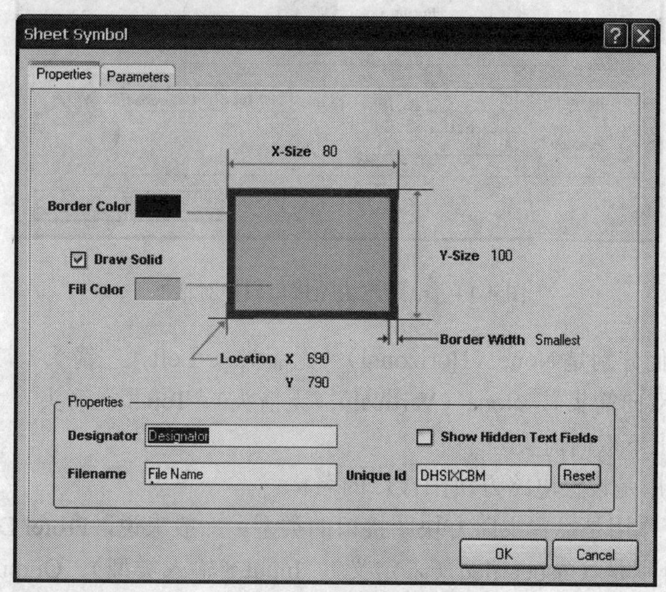

图 4-13　电路方块图属性对话框

4.2.8　放置电路方块图接口

在层次原理图中，电路方块图接口放置在母原理图中，用来与子原理图中具有相同名字的端口相连接，从而实现母原理图与子原理图之间的连接。打个比喻，如果把电路方块图看作是一个用户自定义的元件，那么电路方块图接口就相当于这个元件的输入或者输出引脚。

在原理图设计系统中，执行菜单命令【Place】→【Add Sheet Entry】、单击布线工具栏中的按钮或者按下 Alt+P+A 快捷键，这时系统将会进入到放置电路方块图接口的命令状态，可见鼠标光标将会变成十字光标。

移动光标到需要放置电路方块图接口的电路方块图中，在其中的任何位置单击鼠标左键，这时将会出现一个菱形的方块图接口形状悬浮在光标上，然后用户按下 Tab 键将会弹出相应的电路方块图接口属性对话框，如图 4-14 所示。

可以看出，电路方块图接口属性对话框主要包括以下各项设置：

1）Fill Color：作用是设置电路方块图接口的填充颜色，默认颜色是黄色。

2）Text Color：作用是设置电路方块图接口名称的颜色，默认颜色是暗红色。

3）Border Color：作用是设置电路方块图接口的边框颜色，默认颜色是暗红色。

4）Side：作用是设置电路方块图接口的放置位置。一般来说，Protel DXP 为用户提供了 4 个选项，它们分别是 Left、Right、Top 和 Bottom。

5）Style：作用是设置电路方块图接口的箭头类型。一般来说，Protel DXP 为用户提供了

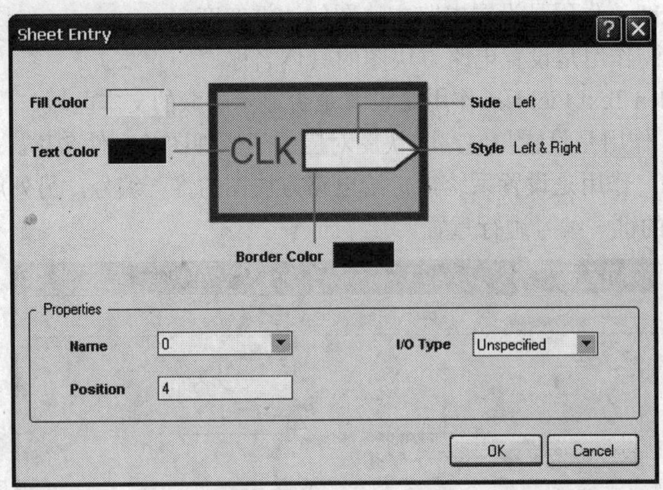

图 4-14 电路方块图接口属性对话框

8 种箭头类型，它们分别是 None（Horizonal）（无箭头）、Left（左箭头）、Right（右箭头）、Left&Right（左右双向箭头）、None（Vertical）（无箭头）、Top（上箭头）、Bottom（下箭头）和 Top&Bottom（上下双向箭头）。

6）Name：作用是设置电路方块图接口的名称。

7）I/O Type：作用是设置电路方块图接口的类型。一般来说，Protel DXP 为用户提供了 4 种类型，它们分别是 Unspecified（未定义）、Input（输入类型）、Output（输出类型）和 Bidirectional（双向类型）。

8）Position：作用是设置电路方块图接口的入口位置。设置电路方块图接口时，系统将会随着接口位置的变化而调整设置。

设置完成后，移动光标到需要放置电路方块图接口的电路方块图中，选择适当的位置单击鼠标左键即可完成放置一个电路方块图接口的操作。这时，系统仍然处于放置电路方块图接口的命令状态下，用户可以重复上面的工作来放置新的电路方块图接口，当然也可以通过单击鼠标右键或者按下 Esc 键退出当前的命令状态。

下面给出一个在电路方块图中放置电路方块图接口的小例子，如图 4-15 所示。可以看出，电路方块图中放置了 3 个电路方块图接口，它们分别是 D[7..0]、A[15..0]和 CS，分别代表着数据总线、地址总线和片选信号。

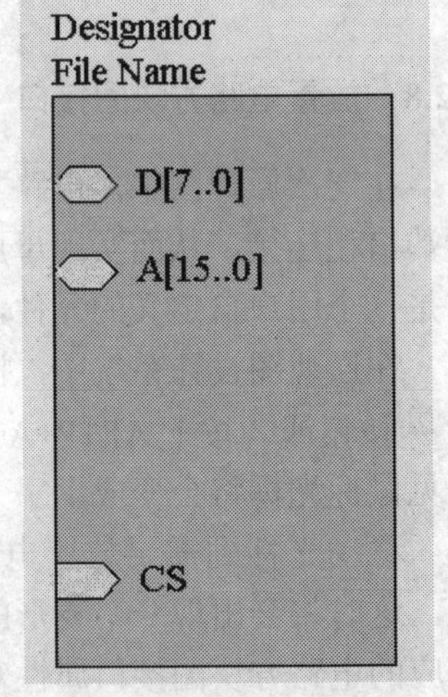

图 4-15 放置方块图接口的例子

4.2.9 放置电路输入/输出端口

在电路原理图中，除了可以通过导线或者网络标号来产生实际的电气连接之外，用户还可以通过输入/输出端口来描述原理图中任意两个电气节点之间的连接关系。与网络标号类似，对于具有相同名称的输入/输出端口，可以认为它们在电气上是相连的。通常，输入/输出端口非常适用于层次比较多、设计较为复杂的层次原理图设计中。

在原理图设计系统中，执行菜单命令【Place】→【Port】、单击布线工具栏中的 按钮或者按下 Alt+P+R 快捷键，这时系统将会进入到放置电路输入/输出端口的命令状态，可见鼠标光标将会变成十字光标，同时有一个电路输入/输出端口的虚线框悬浮在光标上。

移动光标到需要放置电路输入/输出端口的导线或者元件引脚等电气对象附近，这时可以通过按下空格键来切换放置端口的方向。当光标上出现红色的十字时，表明光标已捕捉到导线或者元件引脚等电气对象，然后单击鼠标左键即可定位输入/输出端口的一端，接下来拖动鼠标到另一个位置处单击鼠标左键，则完成了一个输入/输出端口的放置。这时，系统仍然处于命令状态下，用户可以继续进行放置操作，当然也可以通过单击鼠标右键或者按下 Esc 键退出当前命令状态。

下面给出一个在原理图中放置输入/输出端口的小例子，如图 4-16 所示。可以看出，元件 SW-DIP8 的引脚 16 和元件 DS1 的引脚 1 是通过输入/输出端口来连接的。

如果用户对放置的电路输入/输出端口感到不满意的话，那么可以打开相应的属性对话框来进行编辑和修改。通常，在进入到放置电路输入/输出端口的命令状态后按下 Tab 键，或者选取原理图中的相应端口单击右键，然后在弹出的下拉菜单中选取 Properties 选项，这时将会打开相应的电路输入/输出端口属性对话框，如图 4-17 所示。可以看出，这个属性对话框主要包括以下几项设置：

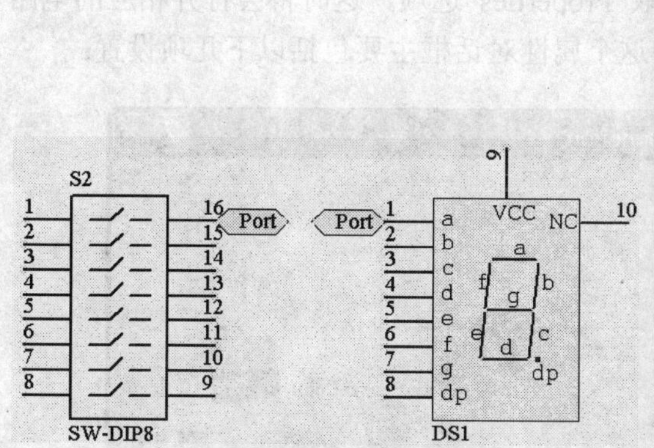

图 4-16　放置输入/输出端口的例子

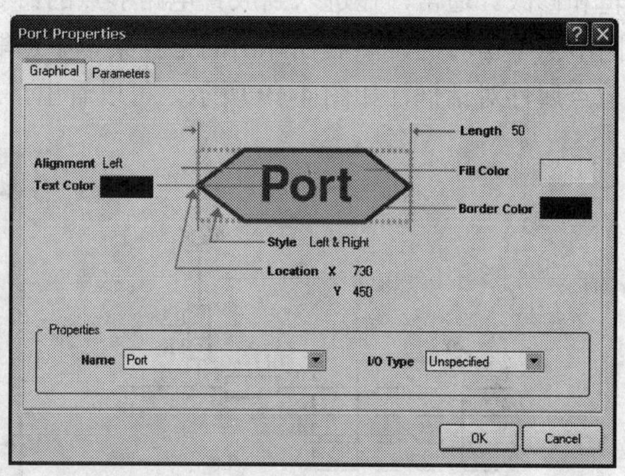

图 4-17　输入/输出端口属性对话框

1）Alignment：作用是设置电路输入/输出端口的名称在端口框中的显示位置。Protel DXP 为用户提供了 Center、Left 和 Right 共 3 种形式。

2）Text Color：作用是设置电路输入/输出端口名称的颜色，默认颜色是暗红色。

3）Location X，Y：作用是设置电路输入/输出端口左端点的坐标。

4）Style：作用是设置电路输入/输出端口的箭头类型，提供的类型与方块图接口相同。

5）Length：作用是设置电路输入/输出端口的长度。

6）Fill Color：作用是设置电路输入/输出端口的填充颜色，默认颜色是黄色。

7）Border Color：作用是设置电路输入/输出端口的边框颜色，默认颜色是暗红色。

8）Name：作用是设置电路输入/输出端口的名称。

9）I/O Type：作用是设置电路输入/输出端口的类型，它提供的类型与前面的电路方块图接口的类型相同。

4.2.10　放置电路节点

电路节点是一个小的圆形实体，它的功能是在电路原理图中用来表示两条导线是否相交的情况。在电路原理图中，如果两条交叉的导线没有电路节点，那么则表示两条导线在电气上是无连接的；如果两条交叉的导线上有电路节点，那么则表示两条导线在电气上是具有连接特性的。

在原理图设计系统中，执行菜单命令【Place】→【Junction】、单击布线工具栏中的按钮或者按下 Alt+P+J 快捷键，这时系统将会进入到放置电路节点的命令状态，可见鼠标光标将会变成十字光标，同时有一个暗红色的小红点悬浮在光标上。

移动光标到需要放置电路节点的交叉导线上，当光标上出现红色的十字时表明光标已捕捉到导线的交叉点，这时单击鼠标左键即可完成一个电路节点的放置操作。这时，系统仍然处在放置电路节点的命令状态下，用户可以重复前面的步骤放置新的电路节点，当然也可以通过单击鼠标右键或者按下 Esc 键退出当前的放置命令状态。

下面给出一个在原理图中放置电路节点的小例子，如图 4-18 所示。可见看出，元件 R1 和元件 R2 之间的交叉导线上放置了一个电路节点。

如果用户对放置的电路节点感到不满意的话，那么可以打开相应的属性对话框来进行编辑和修改。通常，在进入到放置电路节点的命令状态下按下 Tab 键，或者选取原理图中的电路节点单击右键，然后在弹出的下拉菜单中选取 Properties 选项，这时将会打开相应的电路节点属性对话框，如图 4-19 所示。可以看出，这个属性对话框主要包括以下几项设置：

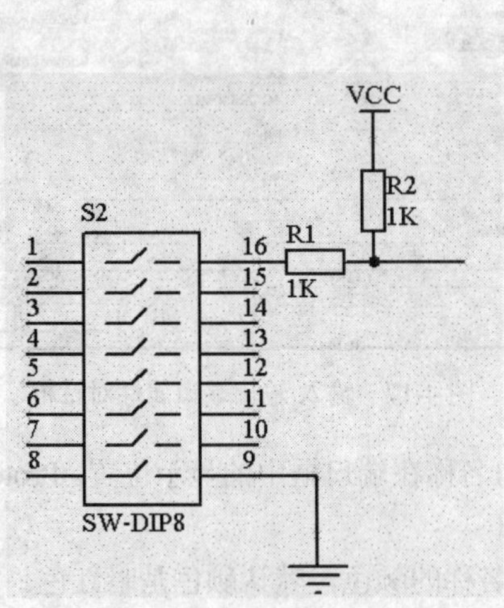

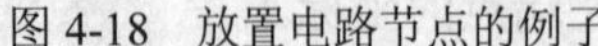

图 4-18　放置电路节点的例子

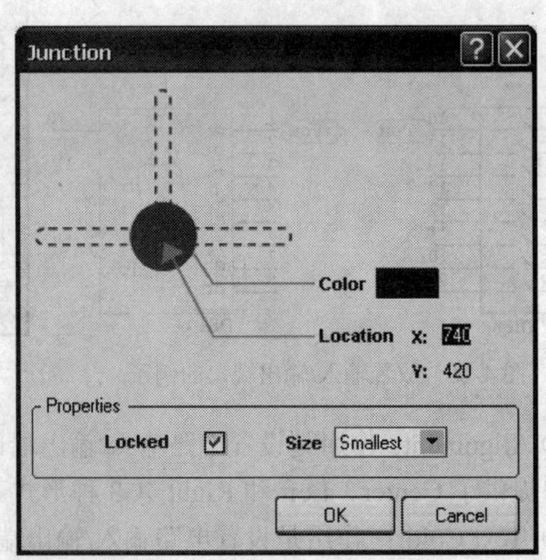

图 4-19　电路节点属性对话框

1）Color：作用是设置电路节点的颜色，默认颜色是暗红色。

2）Location X，Y：作用是设置电路节点的坐标。

3）Locked：作用是设置是否锁定电路节点。所谓锁定电路节点是指节点所在的导线被移动或者删除时，电路节点将不会被移动或者删除。

4）Size：作用是设置电路节点的尺寸。Protel DXP 为用户提供了 4 种节点的尺寸，它们分别是 Smallest、Small、Medium 和 Large。

4.2.11　放置忽略 ERC 点

在 Protel DXP 中，ERC（电气规则检查）是对电路原理图中的所有电气连接特性进行测试，它主要包括输入/输出的接口测试以及电路连接的检查等。但在某些情况下，一些芯片的引脚是可以不进行电气连接的，这时进行电气规则检查时系统将会给出错误信息，同时会在引脚上放置错误标记。为了解决这个问题，Protel DXP 提供了忽略 ERC 点，对于放置了忽略 ERC 点的节点将不进行电气规则检查。

在原理图设计系统中，执行菜单命令【Place】→【Directives】→【No ERC】、单击布线工具栏中的按钮或者按下 Alt+P+I+N 快捷键，这时系统将会进入到放置忽略 ERC 点的命令状态，可见鼠标光标将会变成十字光标，同时将会有一个红色的十字叉悬浮在光标上。移动光标到需要放置忽略 ERC 点的适当位置，单击鼠标左键即可完成一个忽略 ERC 检查点的放置操作。这时，系统仍然处在放置忽略 ERC 检查点的命令状态下，用户可以重复前面的步骤放置新的忽略 ERC 点，当然也可以通过单击鼠标右键或者按下 Esc 键退出当前的放置命令状态。

下面给出一个在原理图中放置忽略 ERC 点的小例子，如图 4-20 所示。可见，原理图中元件 SW-DIP8 的引脚 1 上放置了忽略 ERC 点。

如果用户对放置的忽略 ERC 点感到不满意的话，那么可以打开相应的属性对话框来进行编辑和修改。通常，在进入到放置忽略 ERC 点的命令状态下按下 Tab 键，或者选取原理图中的忽略 ERC 点单击右键，然后在弹出的下拉菜单中选取 Properties 选项，这时将会打开相应的忽略 ERC 点属性对话框，如图 4-21 所示。可以看出，这个属性对话框主要包括以下几项设置：

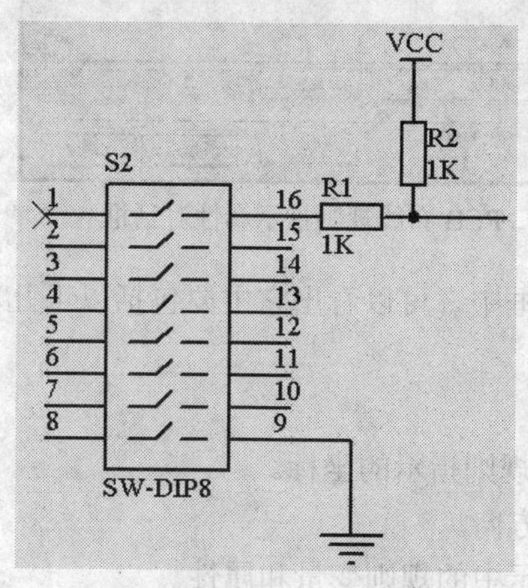

图 4-20　放置忽略 ERC 点的例子

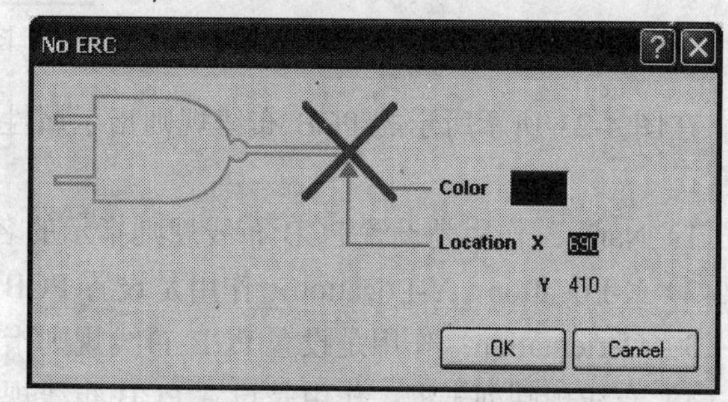

图 4-21　忽略 ERC 点属性对话框

1）Color：作用是设置忽略 ERC 点的颜色，默认颜色是红色。

2）Location X，Y：作用是设置忽略 ERC 点的坐标。

4.2.12　放置 PCB 布线指示

Protel DXP 允许用户在原理图设计阶段预先设定电路中的铜膜线宽度、过孔直径、布线策略和布线优先权等布线规则的相应内容。如果用户在原理图中对某些具有特殊要求的网络设置了 PCB 布线规则指示，那么这些参数设置将会包含在网络报表中，这样以后在 PCB 设计中会自动引入这些布线规则。

在原理图设计系统中，执行菜单命令【Place】→【Directives】→【PCB layout】、单击布线工具栏中的按钮或者按下 Alt+P+I+P 快捷键，这时系统将会进入到放置 PCB 布线指示的命令状态，可见鼠标光标将会变成十字光标，同时会有一个 PCB 布线规则指示悬浮在光标上。移动光标到需要放置 PCB 布线规则指示的适当位置，单击鼠标左键即可完成一个 PCB 布线规则指示的放置操作。这时，系统仍然处在放置 PCB 布线规则指示的命令状态下，用户可以重复前面的步骤放置新的 PCB 布线规则指示，当然也可以通过单击鼠标右键或者按下 Esc 键退出当前的放置命令状态。

下面给出一个在原理图中放置 PCB 布线规则指示的小例子，如图 4-22 所示。可见，原理图中接地符号上放置了 PCB 布线规则指示。如果用户对放置的 PCB 布线规则指示感到不满意的话，那么可以打开相应的属性对话框来进行编辑和修改，如图 4-23 所示。

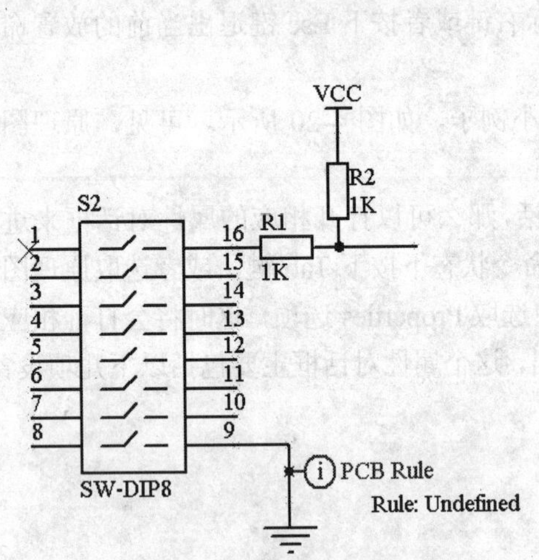

图 4-22 放置 PCB 布线规则指示的例子

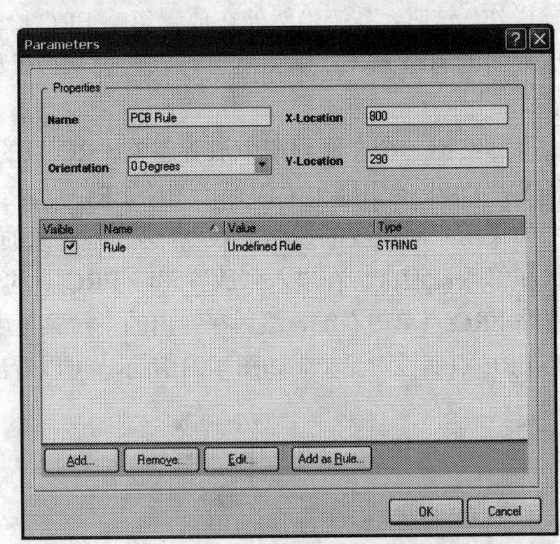

图 4-23 PCB 布线规则指示属性对话框

在图 4-23 所示所示的 PCB 布线规则指示属性对话框中，可以看出它主要包括以下几项设置：

1）Name：作用是设置 PCB 布线规则指示的名称。

2）X-Location，Y-Location：作用是设置 PCB 布线规则指示的坐标。

3）Oerientation：作用是设置 PCB 布线规则指示的方向。

4）布线规则列表框：作用是设置 PCB 布线规则指示中的规则变量和属性。

4.3 原理图中非电气对象的放置工具

通常，在电路原理图中添加一些说明性的文字或者图形，可以增强整个电路原理图的说服力和数据的完整性，进而增强原理图的可读性和移植性。通常，Protel DXP 是通过非电气对象，例如直线、多边形、圆弧、文本字符串和矩形等对象来完成上述功能的。由于非电气对象不具有电气连接特性，因此系统在生成网络报表时，它们不会对电路有任何的电气方面的影响。

同样，Protel DXP 也为用户提供了 3 种启动非电气对象放置工具的方法：一种是利用绘图工具栏启动放置工具，另一种是利用菜单命令启动放置工具，还有一种是利用快捷键的方式来启动放置工具。

1．利用绘图工具栏启动放置工具

在 Protel DXP 中，执行菜单命令【View】→【Toolbars】→【Drawing】，这时窗口的顶部会出现绘图工具栏，如图 4-24 所示。

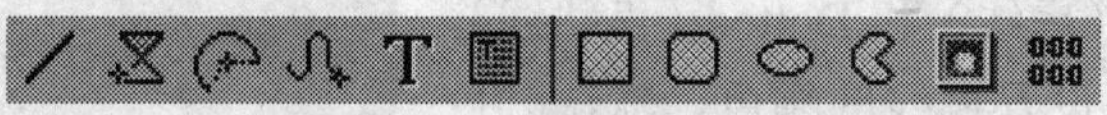

图 4-24　绘图工具栏

在绘图工具栏中，自左向右各个图标的功能是放置直线、放置多边形、放置椭圆弧、放置贝塞尔曲线、放置文本字符串、放置文本框、放置矩形、放置圆角矩形、放置椭圆、放置扇形、放置图片和进行阵列粘贴。一般情况下，这种方法是用户经常使用的一种方法，它十分简单、快捷。

2．利用菜单命令启动放置工具

在原理图设计系统中，单击主菜单中的【Place】菜单将会弹出一个下拉菜单，这个下拉菜单和其中的子菜单【Drawing Tools】中集成了所有的放置工具命令，它们分别是 Line（放置直线）、Polygon（放置多边形）、Elliptical Arc（放置椭圆弧）、Bezier（放置贝塞尔曲线）、Text String（放置文本字符串）、Text Frame（放置文本框）、Rectangle（放置矩形）、Round Rectangle（放置圆角矩形）、Ellipse（放置椭圆）、Pie Chart（放置扇形）和 Graphic（放置图片）。

3．利用快捷键启动放置工具

通常，Protel DXP 也提供了放置非电气对象的相应快捷命令，它们分别是 Alt+P+D+L（放置直线）、Alt+P+D+Y（放置多边形）、Alt+P+D+I（放置椭圆弧）、Alt+P+D+B（放置贝塞尔曲线）、Alt+P+T（放置文本字符串）、Alt+P+F（放置文本框）、Alt+P+D+R（放置矩形）、Alt+P+D+O（放置圆角矩形）、Alt+P+D+E（放置椭圆）、Alt+P+D+C（放置扇形）和 Alt+P+D+G（放置图片）。

如果用户对放置的图形感到不满意的话，那么同样可以通过两种方法打开相应的属性对话框：一种是在放置命令状态下直接按下 Tab 键，即可打开属性对话框；另外一种方法是选中需要修改的对象，单击鼠标右键弹出一个下拉菜单，然后选择菜单中的 Properties 选项，这样也能够打开相应的属性对话框。

由于放置非电气对象的具体操作方法与放置电气对象的操作方法基本类似，因此这里就不再赘述了，读者可以参考前面的放置方法。本节主要介绍各个绘图工具的启动方法和相应的属性对话框的设置。

4.3.1　放置直线

在原理图设计系统中，执行菜单命令【Place】→【Drawing Tools】→【Line】、单击绘图工具栏中的按钮或者按下 Alt+P+D+L 快捷键，这时系统将会进入到放置直线的命令状态，可见鼠标光标将会变成十字光标。

在原理图设计系统中，打开的直线属性对话框如图 4-25 所示。不难看出，这个属性对话框中主要包括以下设置：

1）Line Width：作用是设置直线的线宽。Protel DXP 为用户提供了 4 种线宽，它们分别是 Smallest、Small、Medium 和 Large。

2）Line Style：作用是设置直线的具体线形。Protel DXP 为用户提供了 3 种线形，它们分别是 Solid（实线）、Dashed（虚线）和 Dotted（点状线）。

3）Color：作用是设置直线的颜色，默认颜色是蓝色。

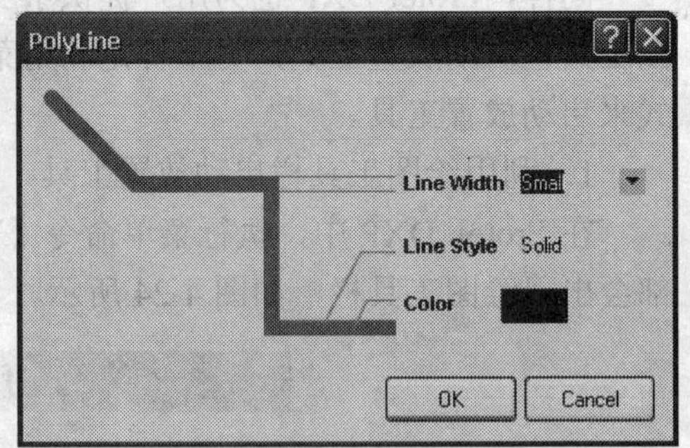

图 4-25 直线属性对话框

4.3.2 放置多边形

在原理图设计系统中，执行菜单命令【Place】→【Drawing Tools】→【Polygon】、单击绘图工具栏中的按钮或者按下 Alt+P+D+Y 快捷键，这时系统将会进入到放置多边形的命令状态，可见鼠标光标将会变成十字光标。

在原理图设计系统中，打开的多边形属性对话框如图 4-26 所示。不难看出，这个属性对话框中主要包括以下设置：

1）Fill Color：作用是设置多边形的填充颜色，默认颜色是灰色。

2）Border Color：作用是设置多边形的边框颜色，默认颜色是蓝色。

3）Border Width：作用是设置多边形的边框宽度。Protel DXP 为用户提供了 4 种边框宽度，它们分别是 Smallest、Small、Medium 和 Large。

4）Draw Solid：作用是设置多边形是否使用填充颜色。

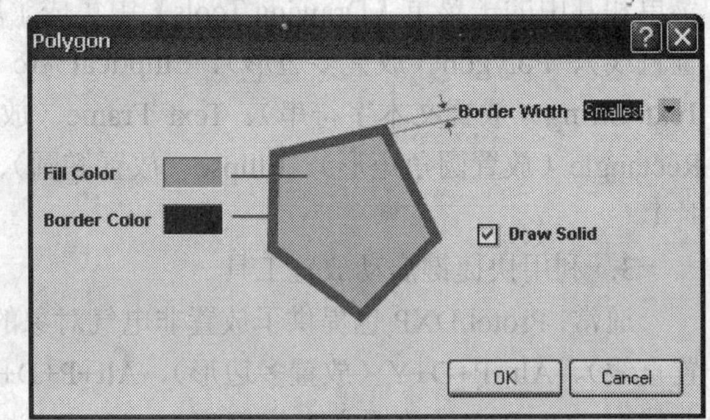

图 4-26 多边形属性对话框

4.3.3 放置椭圆弧

在原理图设计系统中，执行菜单命令【Place】→【Drawing Tools】→【Elliptical Arc】、单击绘图工具栏中的按钮或者按下 Alt+P+D+I 快捷键，这时系统将会进入到放置椭圆弧的命令状态，可见鼠标光标将会变成十字光标，同时有一个椭圆弧悬浮在光标上。

在原理图设计系统中，打开的椭圆弧属性对话框如图 4-27 所示。不难看出，这个属性对话框中主要包括以下设置：

1）Line Width：作用是设置椭圆弧的线宽。Protel DXP 为用户提供了 4 种线宽，它们分别是 Smallest、Small、Medium 和 Large。

2）X-Radius，Y-Radius：作用是设置椭圆弧的横轴半径和纵轴半径。

3）Start Angle：作用是设置椭圆弧的起始角度。

4）End Angle：作用是设置椭圆弧的结束角度。

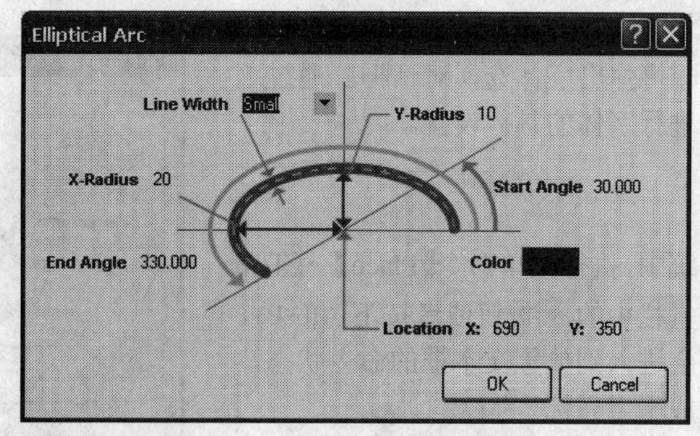

图 4-27　椭圆弧属性对话框

5）Color：作用是设置椭圆弧的颜色，默认颜色是蓝色。

6）Location X，Y：作用是设置椭圆弧的中心点坐标。

4.3.4　放置贝塞尔曲线

在原理图设计系统中，执行菜单命令【Place】→【Drawing Tools】→【Bezier】、单击绘图工具栏中的按钮或者按下 Alt+P+D+B 快捷键，这时系统将会进入到放置贝塞尔曲线的命令状态，可见鼠标光标将会变成十字光标。

在原理图设计系统中，打开的贝塞尔曲线属性对话框如图 4-28 所示。不难看出，这个属性对话框中主要包括以下设置：

1）Curve Width：作用是设置贝塞尔曲线的线宽。Protel DXP 为用户提供了 4 种线宽，它们分别是 Smallest、Small、Medium 和 Large。

2）Color：作用是设置贝塞尔曲线的颜色，默认颜色是红色。

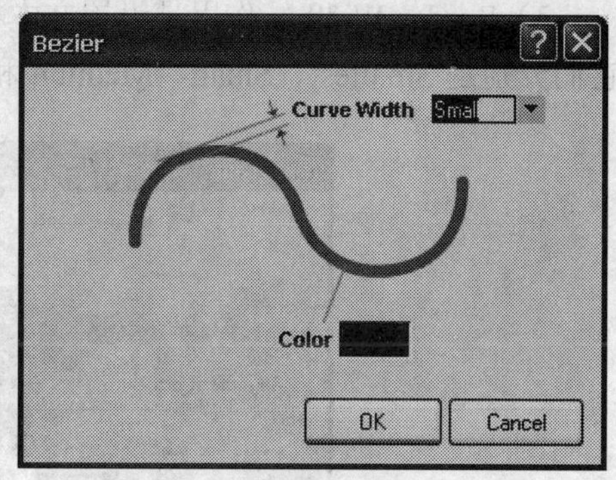

图 4-28　贝塞尔曲线属性对话框

4.3.5　放置文本字符串

在原理图设计系统中，执行菜单命令【Place】→【Text String】、单击绘图工具栏中的 T 按钮或者按下 Alt+P+T 快捷键，这时系统将会进入到放置文本字符串的命令状态，可见鼠标光标将会变成十字光标，同时有一个虚线的文本字符串悬浮在光标上。

在原理图设计系统中，打开的文本字符串属性对话框如图 4-29 所示。不难看出，这个属性对话框中主要包括以下设置：

1）Color：作用是设置文本字符串的颜色，默认颜色是深蓝色。

2）Location X，Y：作用是设置文本字符串的字符起始坐标。

3）Orientation：作用是设置文本字符串的方向。Protel DXP 为用户提供了 4 种方向度数，它们分别是 0°、90°、180° 和 270°。

4）Text：作用是设置文本字符串的具体说明内容。

5）Font：作用是设置文本字符串的字体，通过单击右侧的Change...按钮即可弹出字体选择对话框。通过这个对话框，用户可以进行字体的具体设置。

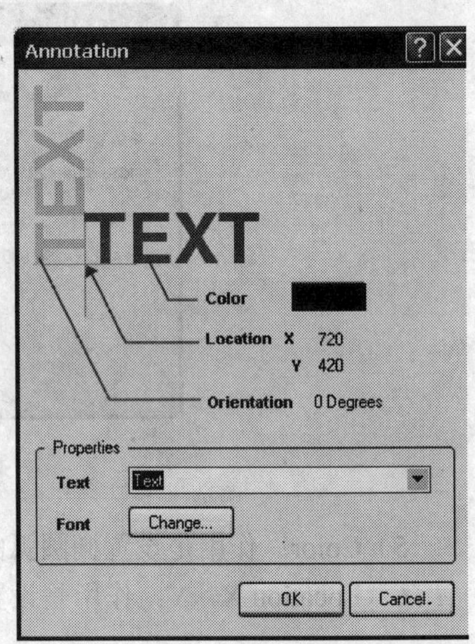

图 4-29 文本字符串属性对话框

4.3.6 放置文本框

在原理图设计系统中，执行菜单命令【Place】→【Text Frame】、单击绘图工具栏中的按钮或者按下 Alt+P+F 快捷键，这时系统将会进入到放置文本框的命令状态，可见鼠标光标将会变成十字光标。

在原理图设计系统中，打开的文本框属性对话框如图 4-30 所示。不难看出，这个属性对话框中主要包括以下设置：

1）Text Color：作用是设置文本框的文字颜色，默认颜色是黑色。

2）Alignment：作用是设置文本框的文字对齐方式。Protel DXP 为用户提供了 3 种对齐方式，它们分别是 Center、Left 和 Right。

3）Border Width：作用是设置文本框的边框线宽。Protel DXP 为用户提供了 4 种线宽，它们分别是 Smallest、Small、Medium 和 Large。

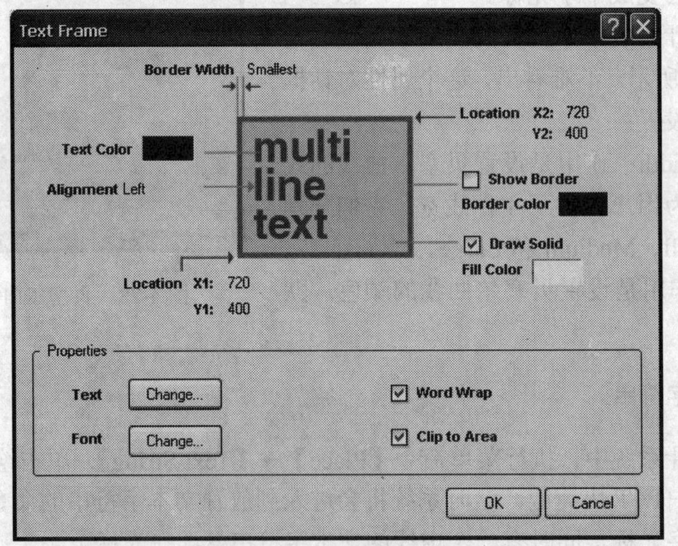

图 4-30 文本框属性对话框

4）Location X1，Y1：作用是设置文本框的左下角顶点坐标。

5）Location X2，Y2：作用是设置文本框的右上角顶点坐标。

6）Show Border：作用是设置是否显示文本框的边框。

7）Border Color：作用是设置文本框的边框颜色，默认颜色是黑色。

8）Draw Solid：作用是设置文本框是否使用填充颜色。

9）Fill Color：作用是设置文本框的填充颜色，默认颜色是白色。

10）Text：作用是设置文本框的说明文字。

11）Word Wrap：作用是设置文本框的说明文字是否进行自动换行操作。

12）Font：作用是设置文本框中说明文字的字体通过单击右侧的 Change... 按钮即可弹出字体选择对话框。通过这个对话框，用户可以进行字体的具体设置。

13）Clip to Area：作用是设置文本框中是否自动剪裁多余的文字说明。

4.3.7　放置矩形

在原理图设计系统中，执行菜单命令【Place】→【Drawing Tools】→【Rectangle】、单击绘图工具栏中的按钮或者按下 Alt+P+D+R 快捷键，这时系统将会进入到放置矩形的命令状态，可见鼠标光标将会变成十字光标。

在原理图设计系统中，打开的矩形属性对话框如图 4-31 所示。不难看出，这个属性对话框中主要包括以下设置：

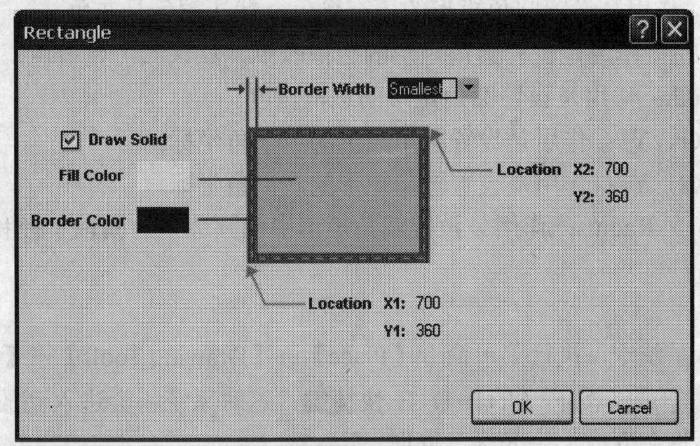

图 4-31　矩形属性对话框

1）Draw Solid：作用是设置矩形是否使用填充颜色。

2）Fill Color：作用是设置矩形的填充颜色，默认颜色是淡黄色。

3）Border Color：作用是设置矩形的边框颜色，默认颜色是暗红色。

4）Border Width：作用是设置矩形的边框线宽。Protel DXP 为用户提供了 4 种线宽，它们分别是 Smallest、Small、Medium 和 Large。

5）Location X1，Y1：作用是设置矩形的左下角顶点坐标。

6）Location X2，Y2：作用是设置矩形的右上角顶点坐标。

4.3.8　放置圆角矩形

在原理图设计系统中，执行菜单命令【Place】→【Drawing Tools】→【Round Rectangle】、单击绘图工具栏中的按钮或者按下 Alt+P+D+O 快捷键，这时系统将会进入到放置圆角矩形的命令状态，可见鼠标光标将会变成十字光标。

在原理图设计系统中，打开的圆角矩形属性对话框如图 4-32 所示。不难看出，这个属性对话框中主要包括以下设置：

1）Draw Solid：作用是设置圆角矩形是否使用填充颜色。

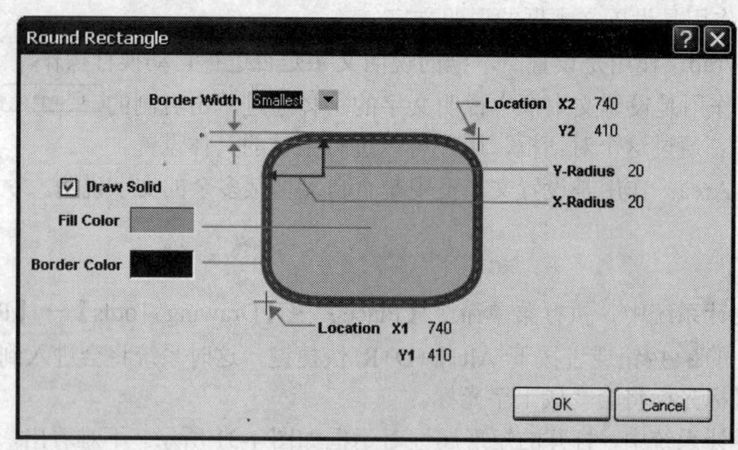

图 4-32　圆角矩形属性对话框

2）Fill Color：作用是设置圆角矩形的填充颜色，默认颜色是灰色。

3）Border Color：作用是设置圆角矩形的边框颜色，默认颜色是蓝色。

4）Border Width：作用是设置圆角矩形的边框宽度。

5）Location X1，Y1：作用是设置圆角矩形的左下角坐标。

6）Location X2，Y2：作用是设置圆角矩形的右上角坐标。

7）X-Radius，Y-Radius：作用是设置圆角矩形中椭圆边角的横轴半径和纵轴半径。

4.3.9　放置椭圆

在原理图设计系统中，执行菜单命令【Place】→【Drawing Tools】→【Ellipse】、单击绘图工具栏中的按钮或者按下 Alt+P+D+E 快捷键，这时系统将会进入到放置椭圆的命令状态，可见鼠标光标将会变成十字光标，同时有一个虚像的椭圆悬浮在光标上。

在原理图设计系统中，打开的椭圆属性对话框如图 4-33 所示。不难看出，这个属性对话框中主要包括以下设置：

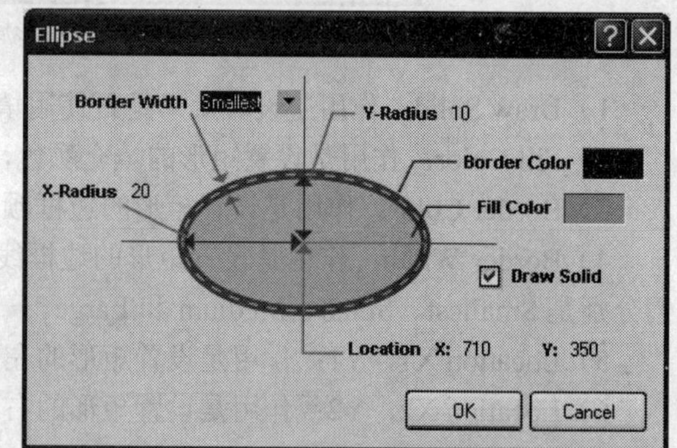

图 4-33　椭圆属性对话框

1）X-Radius，Y-Radius：作用是设置椭圆的横轴半径和纵轴半径。

2）Border Width：作用是设置椭圆的边框线宽。

3）Border Color：作用是设置椭圆的边框颜色，默认颜色是蓝色。

4）Draw Solid：作用是设置椭圆是否使用填充颜色。

5）Fill Color：作用是设置椭圆的填充颜色，默认颜色是灰色。

6）Location X，Y：作用是设置椭圆的中心点坐标。

4.3.10　放置扇形

在原理图设计系统中，执行菜单命令【Place】→【Drawing Tools】→【Pie Chart】、单击

绘图工具栏中的按钮或者按下 Alt+P+D+C 快捷键，这时系统将会进入到放置扇形的命令状态，可见鼠标光标将会变成十字光标，同时有一个虚线的扇形悬浮在光标上。

在原理图设计系统中，打开的扇形属性对话框如图 4-34 所示。不难看出，这个属性对话框中主要包括以下设置：

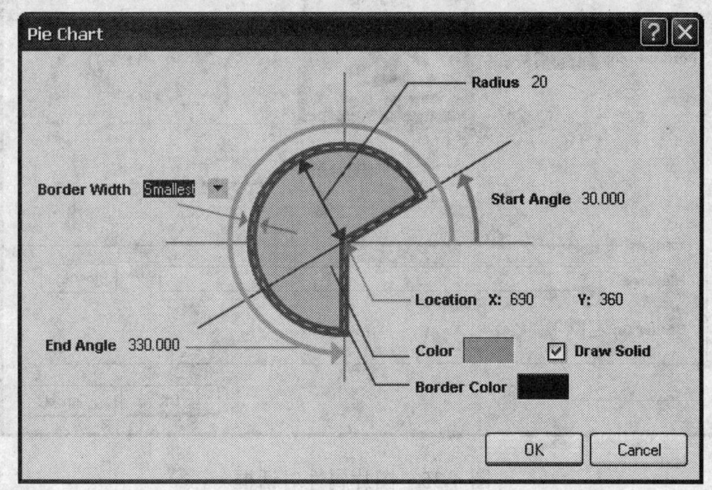

图 4-34　扇形属性对话框

1）Start Angle：作用是设置扇形的起始角度。

2）End Angle：作用是设置扇形的结束角度。

3）Location X，Y：作用是设置扇形的圆点坐标。

4）Radius：作用是设置扇形的半径。

5）Border Width：作用是设置扇形的边框宽度。

6）Border Color：作用是设置扇形的边框颜色，默认颜色是蓝色。

7）Draw Solid：作用是设置扇形是否使用填充颜色。

8）Color：作用是设置扇形的填充颜色，默认颜色是灰色。

4.3.11　放置图片

在原理图设计系统中，执行菜单命令【Place】→【Drawing Tools】→【Graphic】、单击绘图工具栏中的按钮或者按下 Alt+P+D+G 快捷键，这时系统将会进入到放置图片的命令状态，可见鼠标光标将会变成十字光标。

在原理图设计系统中，打开的图片属性对话框如图 4-35 所示。不难看出，这个属性对话框中主要包括以下设置：

1）Border Color：作用是设置图片的边框颜色，默认颜色是黑色。

2）Border Width：作用是设置图片的边框宽度。

3）Location X1，Y1：作用是设置图片边框的左下角顶点坐标。

4）Location X2，Y2：作用是设置图片边框的右上角顶点坐标。

5）FileName：用来设置打开图片的存储路径。用户可以直接输入图片的存储路径，也可以通过单击Browse...按钮来打开需要插入的图片文件。

6）Border On：作用是设置是否显示图片的边框。

7）X:Y Ratio 1:1：作用是设置图片是否按照 1:1 的比例插入。

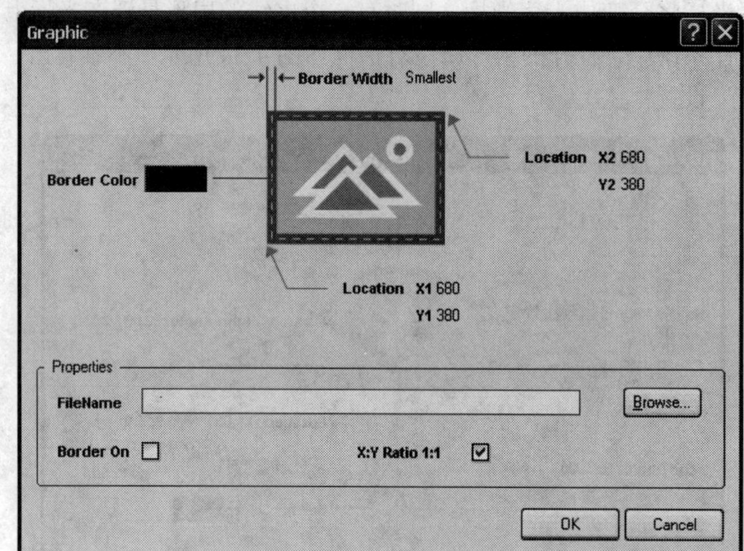

图 4-35 图片属性对话框

4.4 层次原理图设计

在电路的设计中，层次原理图设计是用户经常采用的一种重要的设计方法，它的重要思想就是首先模块化规模较大的设计项目，允许并行设计与各个模块对应的子原理图，然后通过一定的方法连接各个子原理图，进而完成一个规模较大的设计项目。可见，层次原理图设计的流程可以概括为 8 个字：化整为零、聚零为整。

本节将对层次原理图设计的相关知识进行介绍。通过本小节的介绍，希望读者能够掌握有关层次原理图设计的相关内容，进而能够完成大型、复杂电路的设计任务。

4.4.1 层次原理图的概念

随着科学技术的发展，电路设计的规模越来越大、复杂程度越来越高、工作量越来越大、设计时间越来越短。在这种技术不断发展的情况下，传统的由一位设计人员完成一个设计项目的做法已经变得越来越不现实，这种设计方法已经逐步退出了历史舞台。如今，一个大型、复杂电路的设计任务通常作为一个设计项目，需要由很多设计人员来共同完成，允许采用并行设计方法，这样做的好处是开发时间大大缩短、设计效率大大提高、设计电路的可移植性也大大增强。可见，这是一种层次化设计的思想，这种思想应用于电路设计便形成了层次原理图设计的概念。

在电路设计中，层次原理图是指将整个电路原理图的设计按照层次划分为不同的子原理图，同时相应的子原理图中又可以包括其他的子原理图，从而形成一个具有多个层次的复杂的电路原理图。采用层次原理图的概念，多个设计人员可以同时并行地设计其中的各个子原理图，然后再按照一定的连接方法将子原理图连接起来，从而形成一个具有不同层次、含有多张电路原理图的层次原理图形式。

如今，层次原理图设计已经成为电路设计中的主流方法，它是一种化整为零、聚零为整的设计方法。不仅是对于大型、复杂的电路设计，目前对于一些功能不是十分复杂的电路设计而言，设计人员也会采用层次原理图的设计方法，这样做的好处除了使开发时间大大缩短、设计效率大大提高外，同时可以增强设计电路的可移植性，促进设计人员之间的分工协作，而且还可以使电路系统的层次结构更加清晰，便于检查和修改。

在 Protel DXP 中，原理图设计系统为用户提供了设计层次原理图的具体方法。利用它提供的工具，用户可以方便地完成一个层次原理图的设计工作。原理图之间的层次关系可以十分复杂，而且设计系统对同一层次中的原理图数目没有限制。通常，层次原理图中的重要组成部分是电路方块图、电路方块图接口和电路输入/输出端口，电路方块图对应着设计项目中的一张子原理图，电路方块图接口对应着各个子原理图（或者电路方块图）之间的端口连接关系，电路输入/输出端口对应着子原理图与电路方块图之间的连接。

下面总结一下 Protel DXP 中层次原理图的设计方法：首先根据具体的电路设计项目划分电路设计的各个模块，模块还可以进一步划分为更小的子模块；然后根据划分的模块和子模块，采用不同的设计方法可以先设计母原理图、再设计子原理图，也可以先设计子原理图、再设计母原理图；最后采用一定的方法将母原理图和子原理图连接起来，从而完成一个层次原理图的全部设计。

4.4.2　层次原理图的设计方法

通常，用户可以采用不同的方法来设计层次原理图，两种常用的方法是自上而下的层次原理图设计方法和自下而上的层次原理图设计方法。

1．自上而下的层次原理图设计方法

自上而下的层次原理图设计方法是指用户根据设计要求将设计项目划分为模块和子模块，首先根据设计项目的层次关系来设计相应的母原理图，然后再设计母原理图中包含的各个子原理图，即母原理图中电路方块图所对应的原理图，进而完成整个设计项目的设计。可见，这种设计方法符合一般的逻辑思维习惯，因此它成为目前层次原理图设计中经常使用的设计方法。

一般来讲，自上而下的层次原理图设计方法必须遵循两个原则：一是要逐层划分电路模块，分层次进行电路原理图的设计；二是在各个不同的设计层次上，需要仔细考虑子原理图的正确性以及和上一层母原理图连接的正确性。

下面采用自上而下的层次原理图设计方法来设计一个 4 口的串行接口电路，目的是使读者掌握自上而下的层次原理图设计方法。根据 4 口的串行接口电路的具体功能，可以将其划分为两个模块：一是 ISA 总线和地址译码电路，二是 4 口 UART 和线性驱动电路。

1）在 Protel DXP 中，执行菜单命令【File】→【New】→【PCB Project】，建立一个文件名称为“4 Port Serial Interface”的项目文件。接下来执行菜单命令【File】→【New】→【Schematic】，建立一个名称为“4 Port Serial Interface”的母原理图文件。

2）执行菜单命令【Place】→【Sheet Symbol】、单击布线工具栏中的按钮或者按下 Alt+P+S 快捷键，这时系统将会进入到放置电路方块图的命令状态。按照前面介绍的放置方法，可以在原理图文件 4 Port Serial Interface 的设计图纸上放置两个电路方块图，它们的名称为 ISA Bus and Address Decoding 和 4 Port UART and Line Drivers。其中，ISA Bus and Address

Decoding 对应着模块 ISA 总线和地址译码电路，4 Port UART and Line Drivers 对应着模块 4 口 UART 和线性驱动电路。放置完毕后，设计图纸上的两个电路方块图如图 4-36 所示。

3）下面给出两个模块电路的接口：ISA 总线和地址译码电路的输入端口包括 INTA、INTB、INTC 和 INTD，输出端口包括-WR、-RD、RESET、-CSA、-CSB、-CSC、-CSD、CARD_ENABLE 和 A[0..2]，输入和输出双向端口是 D[0..7]；4 接口 UART 和线性驱动电路的输入端口包括-WR、-RD、RESET、-CSA、-CSB、-CSC、-CSD 和 A[0..2]，输出端口包括 INTA、INTB、INTC 和 INTD，输入和输出双向端口是 D[0..7]。

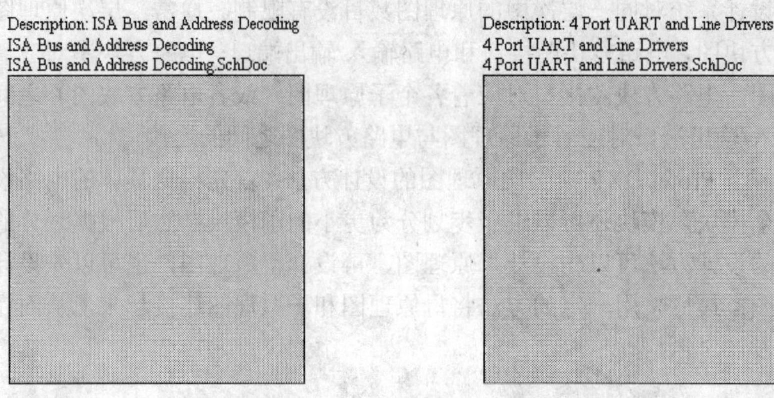

图 4-36　电路方块图放置完成后的原理图

执行菜单命令【Place】→【Add Sheet Entry】、单击布线工具栏中的按钮或者按下 Alt+P+A 快捷键，这时系统将会进入到放置电路方块图接口的命令状态。按照前面介绍的放置方法，对两个电路方块图进行相应接口的放置工作。电路方块图接口放置完成后的原理图如图 4-37 所示。

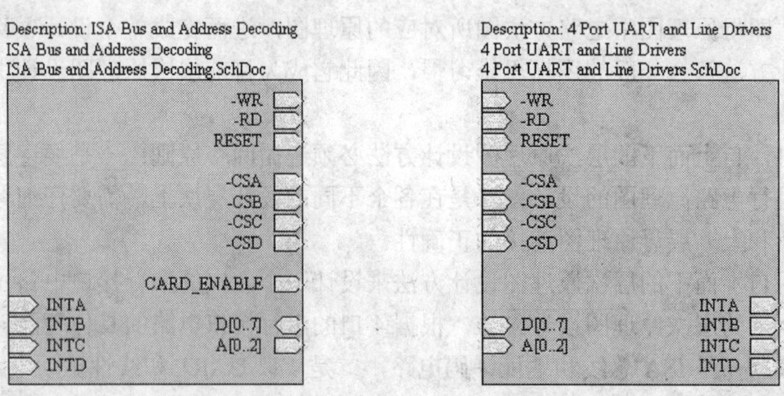

图 4-37　电路方块图接口放置完成后的原理图

4）完成上面的操作后，接下来进行的工作是对电路方块图进行连接。电路方块图的连接是指用导线或者总线将原理图中具有电气连接关系的电路方块图接口连接起来，这样便构成一个完整层次原理图中的母原理图。

执行菜单命令【Place】→【Bus】、单击布线工具栏中的按钮或者按下 Alt+P+B 快捷键，这时系统将会进入到放置总线的命令状态。按照前面介绍的放置方法，对两个电路方块图中的接口A[0..2]和D[0..7]进行连接。

执行菜单命令【Place】→【Wire】、单击布线工具栏中的按钮或者按下Alt+P+W快捷键，这时系统将会进入到放置导线的命令状态。按照前面介绍的放置方法，对两个电路方块图中的其他接口进行相应的电气连接。对电路方块图进行连接后的原理图如图4-38所示。

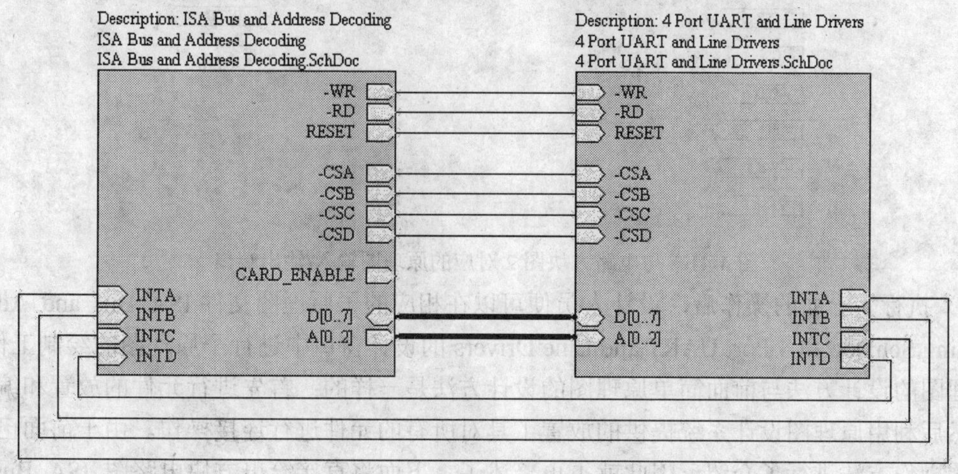

图4-38 电路方块图进行连接后的原理图

5）执行菜单命令【Design】→【Create Sheet From Symbol】，这时鼠标光标将变成十字光标；然后移动鼠标到母原理图文件4 Port Serial Interface中的方块电路图ISA Bus and Address Decoding上单击鼠标左键，这时将会弹出一个确认对话框，用来询问是否将电路方块图的接口电气特性进行反向，如图4-39所示；最后单击确认对话框中的 No 按钮，此时系统将自动生成与定义的方块电路图相对应的子电路原理图ISA Bus and Address Decoding.SchDoc，同时在电路原理图中放置了与方块电路图接口相对应的电路输入/输出端口，如图4-40所示。

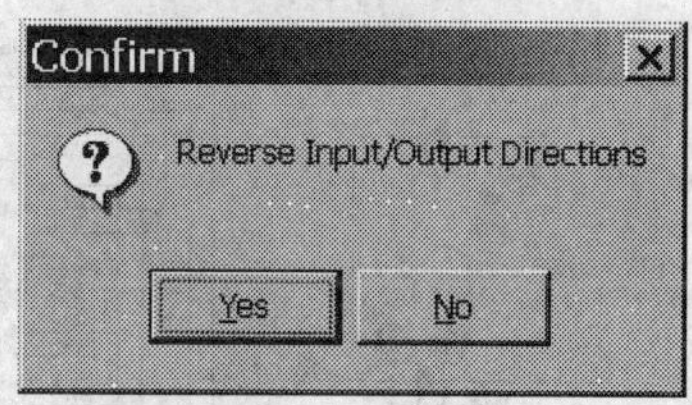

图4-39 确认对话框

图4-40 与电路方块图1对应的原理图输入/输出端口

执行与上面相同的操作，生成与方块电路图4 Port UART and Line Drivers相对应的子电路原理图4 Port UART and Line Drivers.SchDoc，同样原理图中放置了与方块电路图接口相对应的电路输入/输出端口，如图 4-41 所示。

图 4-41　与电路方块图 2 对应的原理图输入/输出端口

6）执行完上面的操作后，设计人员便可以在相应的子原理图文件 ISA Bus and Address Decoding.SchDoc 和 4 Port UART and Line Drivers 的设计窗口中进行子原理图的绘制工作了。子原理图的设计方法与前面简单原理图的设计方法是一样的：首先进行元件的放置和编辑操作，然后利用原理图设计系统提供的放置工具对所有的元件进行连接操作。由于前面已经对具体的操作方法进行了介绍，因此就不再赘述了，下面将直接给出方块电路图 ISA Bus and Address Decoding 和 4 Port UART and Line Drivers 对应的原理图，如图 4-42 和图 4-43 所示。

这样，我们就采用自上而下的层次原理图设计方法完成了一个 4 口串行接口电路的原理图设计工作。

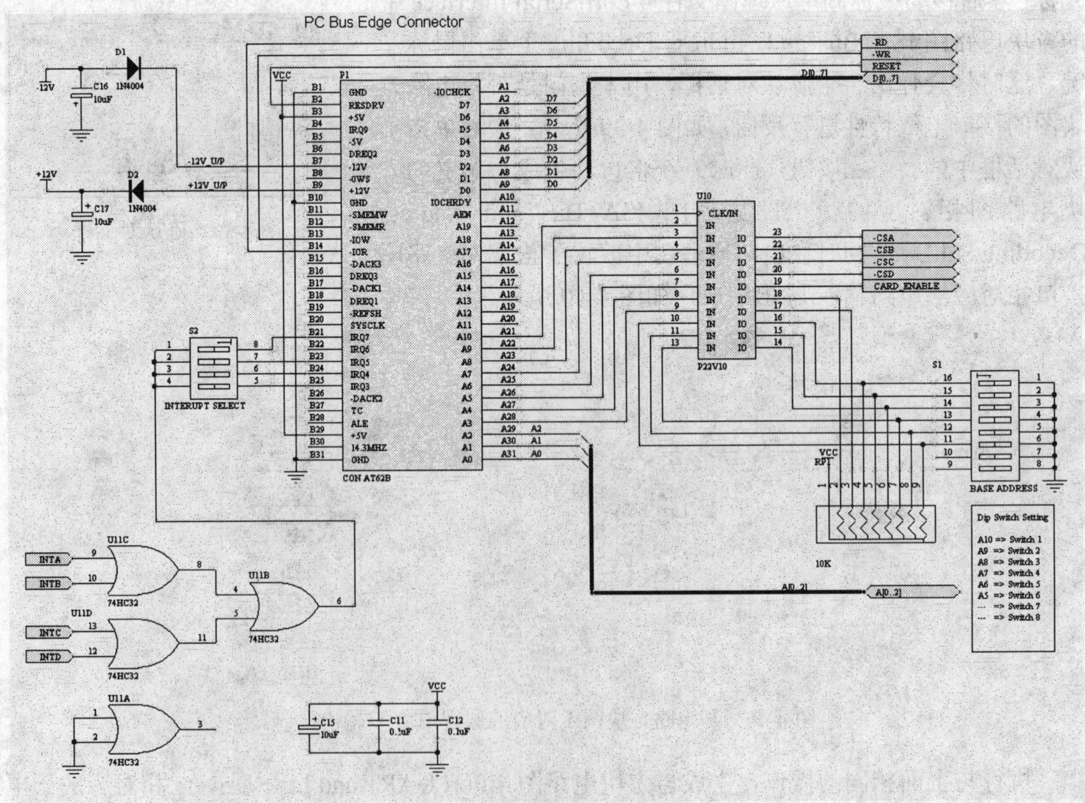

图 4-42　ISA 总线和地址译码电路的子原理图

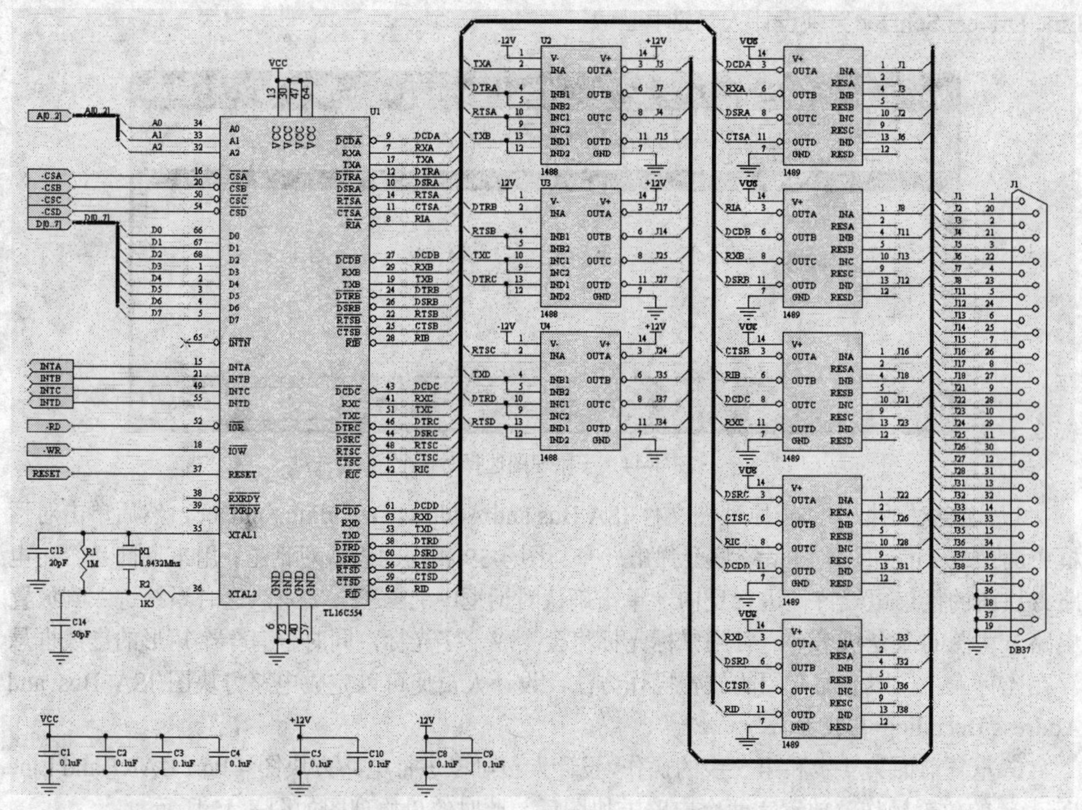

图 4-43　4 口 UART 和线性驱动电路的子原理图

2．自下而上的层次原理图设计方法

自下而上的层次原理图设计方法是指用户根据设计要求将设计项目划分为模块和子模块，首先绘制模块和子模块对应的子电路原理图；然后执行相应的操作产生与子原理图相对应的方块电路图；最后通过放置相应的电气连接工具将方块电路图连接起来，从而完成母原理图的绘制工作，进而完成整个设计项目的设计工作。可见，这种层次原理图设计方法是一种聚零为整的设计方法。

下面采用自下而上的层次原理图设计方法来设计一个 4 口的串行接口电路，目的是使读者掌握自下而上的层次原理图设计方法。

1）在 Protel DXP 中，执行菜单命令【File】→【New】→【PCB Project】，建立一个文件名称为“4 Port Serial Interface”的项目文件。

2）执行菜单命令【File】→【New】→【Schematic】，建立名称为“ISA Bus and Address Decoding”和“4 Port UART and Line Drivers”的两个原理图文件；然后按照图 4-42 和图 4-43 完成 ISA 总线和地址译码电路模块、4 口 UART 和线性驱动电路模块对应原理图的绘制工作。设计人员要重点注意子原理图输入/输出端口的设置。

3）执行菜单命令【File】→【New】→【Schematic】，建立一个名称为“4 Port Serial Interface”的母原理图文件，同时打开这个原理图文件。

4）在母原理图的编辑状态下，执行菜单命令【Design】→【Create Symbol From Sheet】，这时系统将会弹出相应的子原理图选择对话框，如图 4-44 所示。可见看出，这个对话框中列出了设计项目中的子原理图文件 ISA Bus and Address Decoding.SchDoc”和“4 Port UART and

Line Drivers.SchDoc”供设计人员选择。

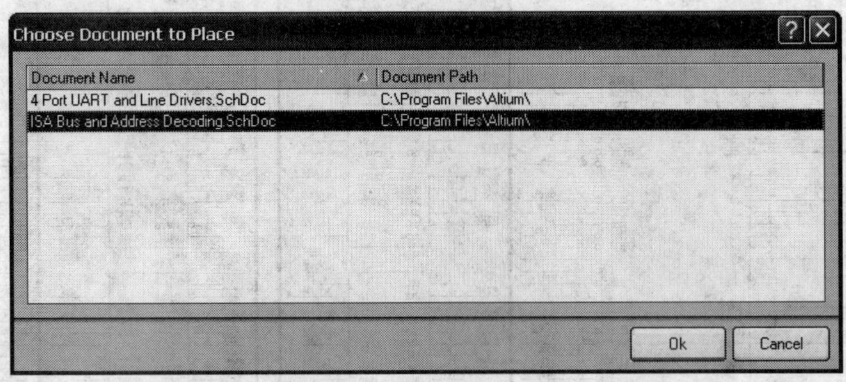

图 4-44　子原理图选择对话框

5）选定对话框中的子原理图文件 ISA Bus and Address Decoding.SchDoc，然后单击对话框中的 Ok 按钮，这时系统将会弹出一个与图 4-39 相同的确认对话框，用来询问是否将电路方块图的接口电气特性进行反向。单击确认对话框中的 No 按钮，这时系统进入到放置电路方块图的命令状态下，可见鼠标光标将会变成十字光标，同时含有一个矩形的虚线框悬浮在光标上。按照前面介绍的放置操作方法，设计人员便可以完成电路方块图 ISA Bus and Address Decoding 的放置。

6）重复前面第 4 步和第 5 步的操作，设计人员可以进行电路方块图 4 Port UART and Line Drivers 的放置操作。放置完两个电路方块图后，此时的母原理图如图 4-45 所示。

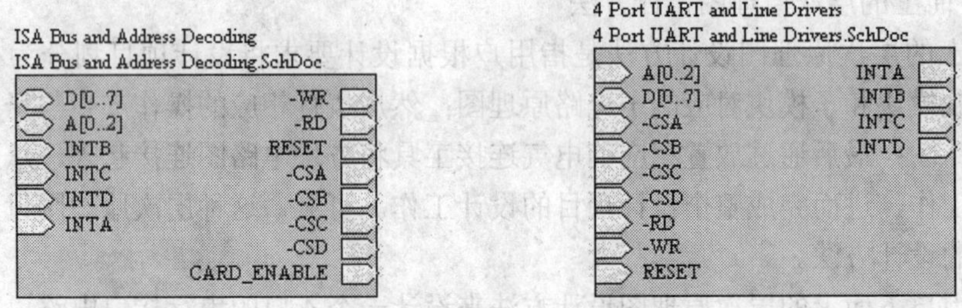

图 4-45　放置完电路方块图后的母原理图

7）为了便于后面连线的方便，设计人员需要对放置的电路方块图进行调整，调整的方法就是对电路方块图属性重新进行编辑，这里就不介绍了。进行调整后的母原理图如图 4-46 所示。

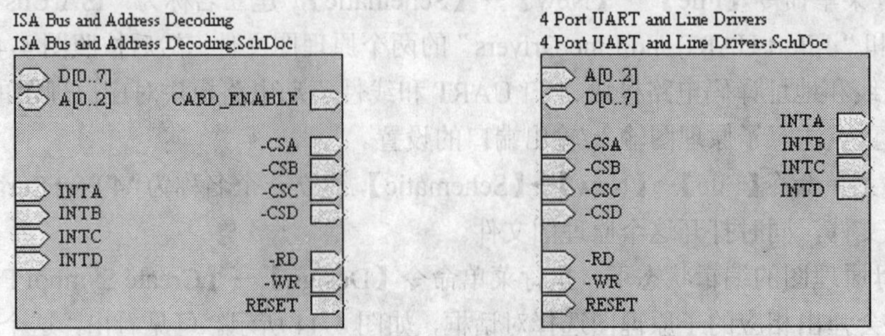

图 4-46　进行调整后的母原理图

8）完成上面的操作后，接下来进行的工作是对电路方块图进行连接。执行相应的菜单命令或者单击布线工具按钮，或者按下快捷键，启动放置直线和放置总线的命令，进行母原理图的布线操作。布线操作完成后，这时的母原理图如图 4-47 所示。

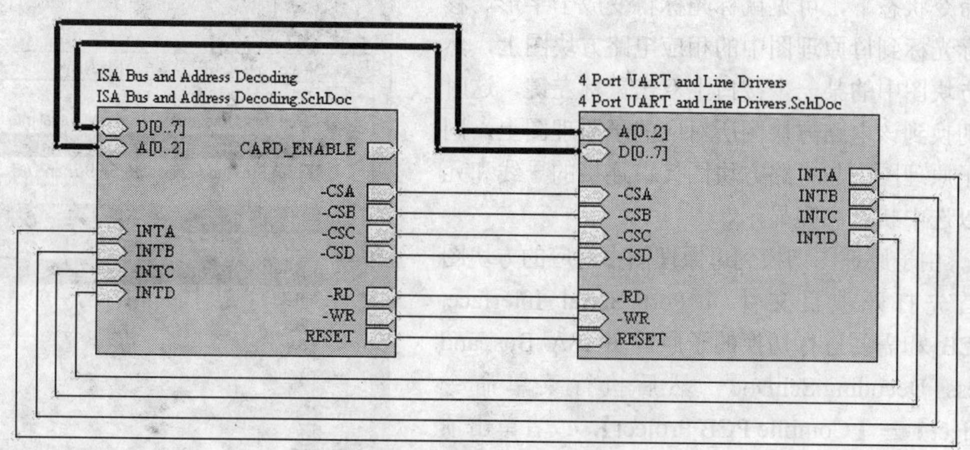

图 4-47　布线完成后的母原理图

这样，我们就采用自下而上的层次原理图设计方法完成了一个 4 口串行接口电路的原理图设计工作。

4.4.3　层次原理图的管理

在 Protel DXP 中，层次原理图的管理主要是在母原理图和子原理图之间进行切换，例如从母原理图中的电路方块图切换到对应的子原理图上。本节将以 Protel DXP 安装目录下的 Examples\4 Port Serial Interface\中的项目文件 4 Port Serial Interface.PRJPCB 为例讨论一下层次原理图中的管理。

1. 由电路方块图切换到对应的子原理图

首先打开项目文件 4 Port Serial Interface.PRJPCB，然后执行菜单命令【Project】→【Compile PCB Project】，或者单击项目工具栏中的按钮，或者单击导航器工作面板中的 Compile 按钮进行项目编译。编译结束后，编译工作面板中将会显示出层次原理图的层次结构关系等相应信息，如图 4-48 所示；同时导航器工作面板中也将显示出层次原理图中的相关网络和节点等相应信息，如图 4-49 所示。

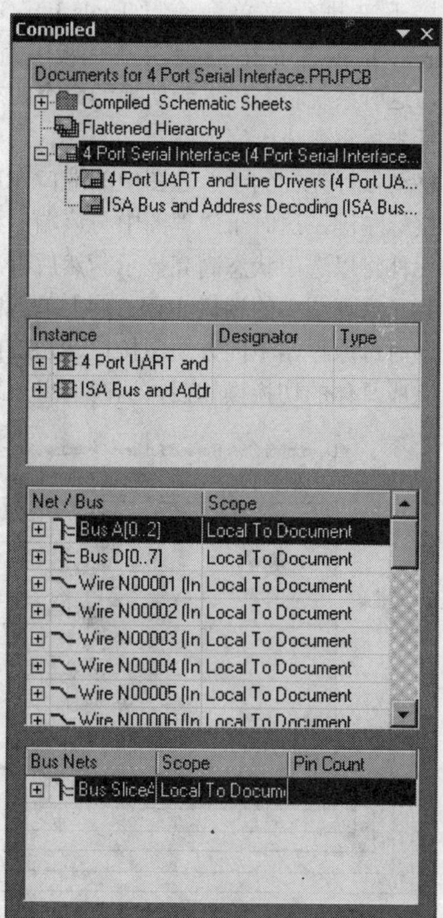

图 4-48　编译结束后的编译工作面板

接下来打开母原理图，然后执行菜单命令【Tools】→Up/Down Hierarchy，或者单击导航器工作面板中的Hierarchy按钮，这时系统将会进入到切换的命令状态下，可见鼠标光标将变成十字形。移动鼠标光标到母原理图中的相应电路方块图上，然后在方块图中的某一个接口上双击鼠标左键，这时将会切换到该电路方块图所对应的子原理图上，同时在子原理图中与电路方块图接口连接的导线和元件将以选中状态高亮显示。

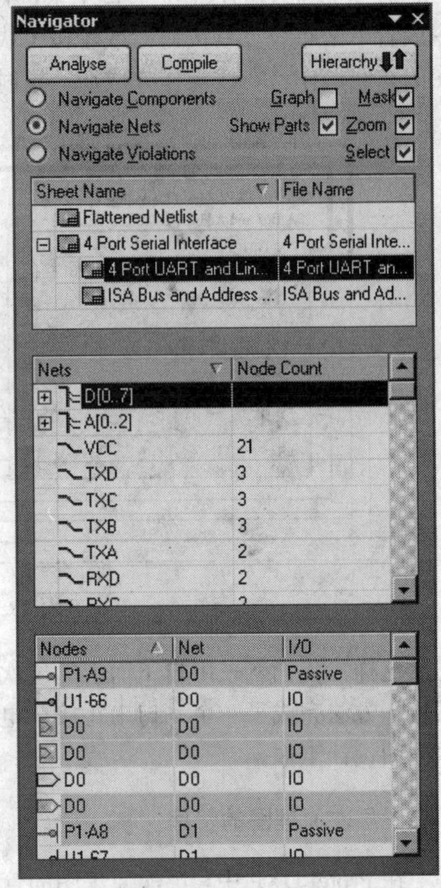

图 4-49　编译结束后的导航器工作面板

2．由子原理图切换到母原理图中对应的方块图

首先打开项目文件 4 Port Serial Interface.PRJPCB 和需要进行切换的子原理图 ISA Bus and Address Decoding.SchDoc，然后执行菜单命令【Project】→【Compile PCB Project】，或者单击项目工具栏中的按钮，或者单击导航器工作面板中的Compile按钮进行项目编译。

接下来执行菜单命令【Tools】→Up/Down Hierarchy】，或者单击导航器工作面板中的Hierarchy按钮，这时系统将会进入到切换的命令状态下，可见鼠标光标将变成十字形。

移动鼠标光标到子原理图中的端口 RESET 上单击鼠标左键，这时子原理图中与该端口相连的导线和元件将以选中状态高亮显示。然后再次将光标移动到子原理图中的端口 RESET 上单击鼠标左键，系统将会自动切换到它所属的母原理图中，同时母原理图中的方块图接口 RESET 将以选中状态高亮显示，其他部分以掩模方式显示。完成具体的切换操作后，这时的母原理图 4 Port Serial Interface.SchDoc 如图 4-50 所示。

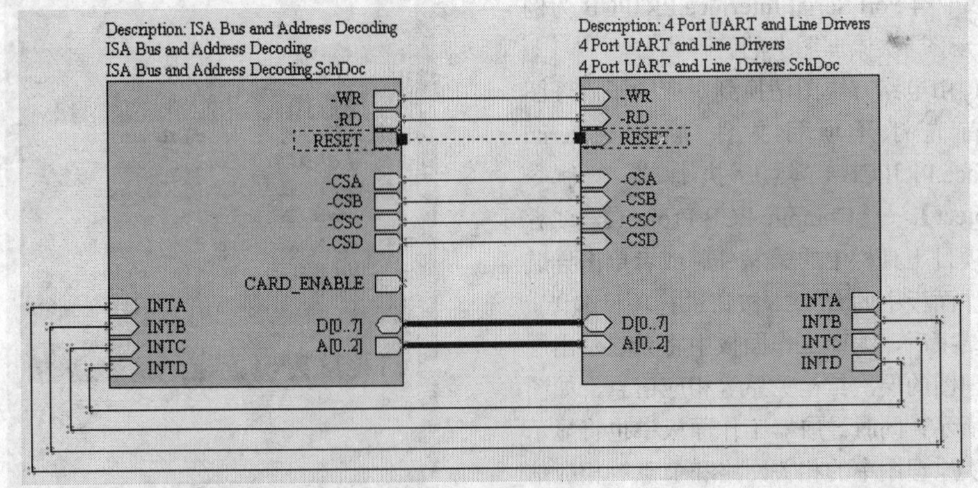

图 4-50　由子原理图切换到相应的母原理图

4.5　项目的 ERC 和报表生成

在 Protel DXP 中，ERC（电气规则检查）是一种重要的检查手段，它能够迅速找出原理图设计中存在的一些缺陷和错误，例如没有连接的网络标号、悬空的输入引脚和一些不该出现的短路问题等。另外，Protel DXP 在进行完 ERC 后，同时还能够提供给用户一些详细的检查报告。

通常，网络报表是 PCB 与原理图之间的重要连接纽带，因此原理图设计完成后需要生成相应的网络报表。同时，Protel DXP 的原理图设计系统还可以生成很多其他的报表，例如元件报表、元件交叉参考报表和项目层次报表等。

4.5.1　项目的 ERC

在 Protel DXP 中，设计项目的 ERC 是通过项目的编译来实现的，这一点与先前的 Protel 版本是完全不同的。通常，在项目编译的过程中，用户设置的错误检查将会启动，同时系统将会弹出相应的消息工作面板来显示错误信息；如果编译过程中没有检查出错误，这时系统将不会弹出相应的消息工作面板。

首先打开要进行 ERC 的项目文件 4 Port Serial Interface.PRJPCB，然后执行相应的菜单命令【Project】→【Project Options】，这时系统将会弹出相应的设计项目选项对话框，如图 4-51 所示。可以看出，项目选项对话框中包括错误检查规则、电气连接矩阵、差别比较器、ECO

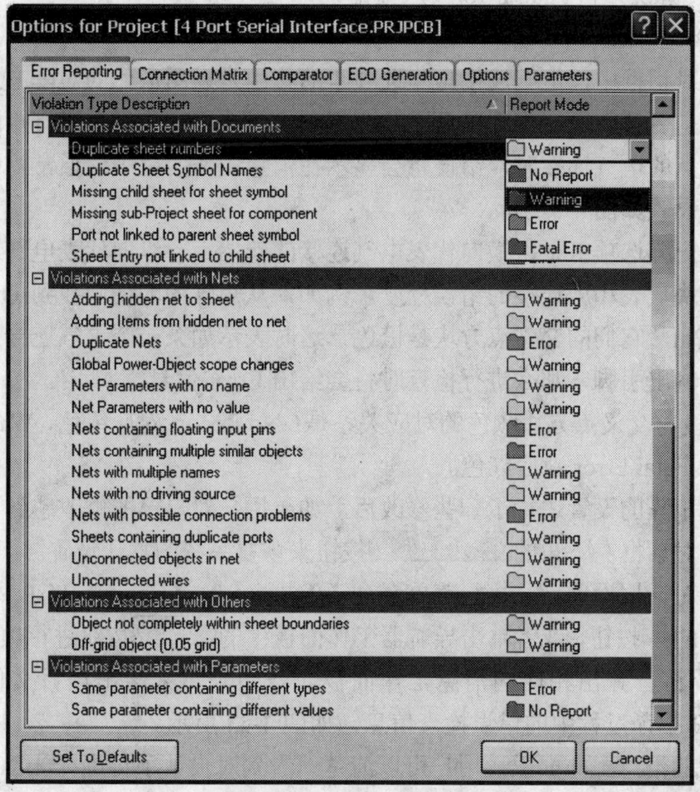

图 4-51　设计项目选项对话框

生成器、项目选项和参数设置共 6 个选项卡的设置，下面只对错误检查规则和电气连接矩阵两个选项卡进行介绍。

1．错误检查规则选项卡

在项目选项对话框中，错误检查规则选项卡的作用是对原理图检查过程中的错误程度进行设置，它的具体设置如图 4-51 所示。可以看出，该选项卡主要包括以下几项：

1）Violations Associated with Buses：用来对原理图中与总线相关联的各个检查项的错误程度进行设置。

2）Violations Associated with Components：用来对原理图中与元件相关联的各个检查项的错误程度进行设置。

3）Violations Associated with Documents：用来对原理图中与文件相关联的各个检查项的错误程度进行设置。

4）Violations Associated with Nets：用来对原理图中与网络标号相关联的各个检查项的错误程度进行设置。

5）Violations Associated with Others：用来对原理图中其他的各个相应检查项的错误程度进行设置。

6）Violations Associated with Parameters：用来对原理图中与参数设置相关联的各个检查项的错误程度进行设置。

另外，Protel DXP 为用户提供了 4 种错误程度，它们分别是 No Report（不报错）、Warning（警告）、Error（错误）和 Fatal Error（严重错误）。

2．电气连接矩阵选项卡

在项目选项对话框中，电气连接矩阵选项卡的作用是以图形化的矩阵方式来设置原理图中的各种连接点是否符合电气规则以及不符合规则的错误程度。根据连接矩阵的设置，系统在检查相应连接点的电气连接时，错误将会显示在消息工作面板中。通常，电气连接矩阵选项卡包含的具体设置如图 4-52 所示。

在电气连接矩阵选项卡中，横向代表电气连接的起始点，纵向代表电气连接的结束点，它们的交叉点方块代表相应连接的错误程度。例如，从矩阵图的横向找到 Output Pin，纵向也找到 Output Pin，它们的交叉点方块是橙色，这时表示如果一个电气连接是从一个输出引脚连接到另一个输出引脚，那么进行检查时将会给出 Error 信息。

4 种错误程度与交叉点方块颜色的对应关系是：No Report 对应绿色，Warning 对应黄色，Error 对应橙色，Fatal Error 对应红色。

对电气连接矩阵的设置进行了一些修改后，如果用户对自己的修改感到不满意的话，那么可以通过单击对话框左下角的 Set To Defaults 按钮来恢复系统的默认设置。

对项目选项对话框设置后，执行菜单命令【Project】→【Compile PCB Project】，或者单击项目工具栏中的按钮，或者单击导航器工作面板中的 Compile 按钮进行项目编译。项目编译完成后，系统将会弹出相应的消息工作面板，作用是用来给出项目文件 4 Port Serial Interface.PRJPCB 编译过程中的错误检查信息，如图 4-53 所示。

通过编译后的消息工作面板，用户可以清楚地看到对设计项目进行 ERC 后的情况，同时可以根据面板中给出的相应信息对原理图中的错误进行修改，从而得到正确的原理图。

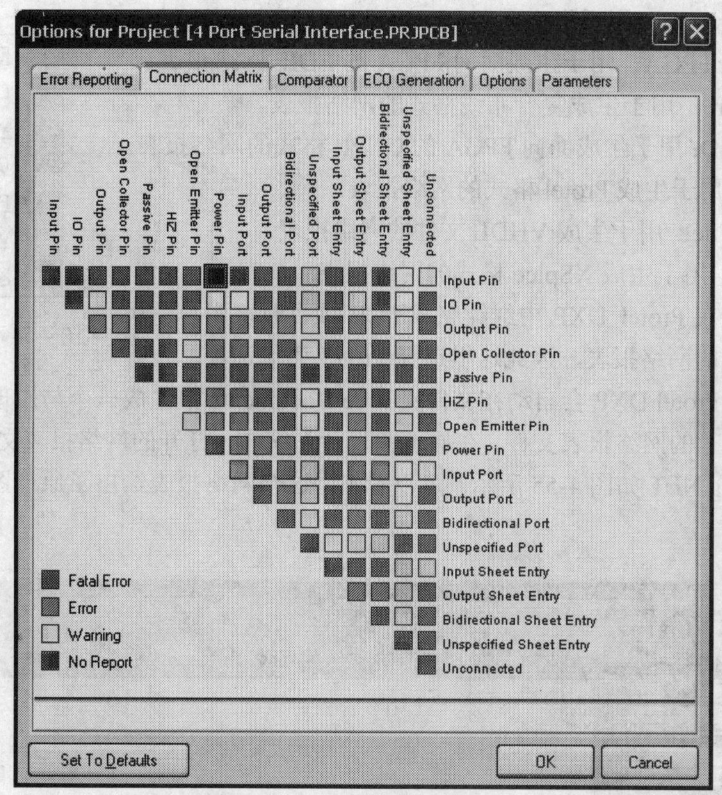

图 4-52　电气连接矩阵选项卡

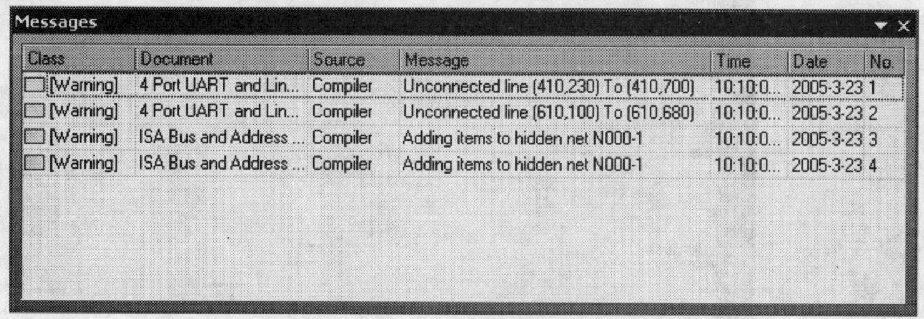

图 4-53　编译完成后的消息工作面板

4.5.2　生成网络报表

由于 Protel DXP 既强调设计项目的完整设计，同时也支持单个原理图的设计，因此网络报表的生成方式有两种：一种是产生单个原理图文件的网络报表，另外一种是产生整个项目原理图文件的网络报表。

1．产生单个原理图文件的网络报表

首先打开设计项目文件 4 Port Serial Interface 中的原理图文件 ISA Bus and Address Decoding.SchDoc，使其以单个自由文件的形式显示；然后执行菜单命令【Design】→【Netlist】，这时系统将会弹出一个下拉菜单，如图 4-54 所示。可以看出，下拉菜单中为用户提供了生成不同格式网络报表的菜单命令，如下所示：

1）EDIF for PCB：用于生成面向 PCB 的 EDIF 网络报表。

2）EDIF for FPGA：用于生成面向 FPGA 的 EDIF 网络报表。

3）MultiWire：用于生成复合布线格式的网络报表。

4）CUPL PLD：用于生成面向 FPGA 的 CUPL 格式的网络报表。

5）Protel：用于生成 Protel 格式的网络报表。

6）VHDL File：用于生成 VHDL 文件的网络报表。

7）XSpice：用于生成 XSpice 格式的网络报表。

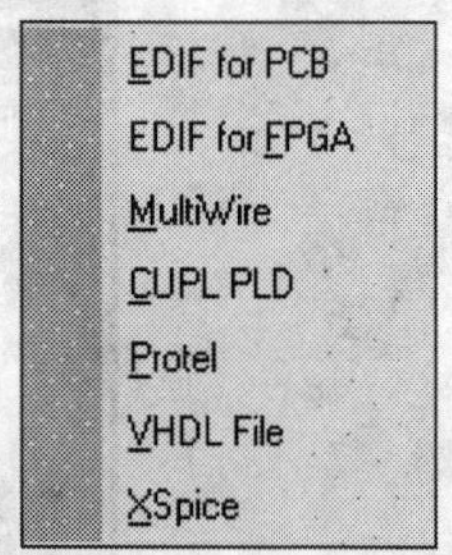

图 4-54 【Netlist】菜单

一般来说，在 Protel DXP 中继续完成 PCB 项目时，用户使用的是 Protel 格式的网络报表，因此这里选择 Protel 菜单选项。执行该菜单命令后，Protel DXP 会自动在文件夹 Free Documents 中生成一个与原理图文件同名、扩展名为“.NET”的网络报表文件。在原理图设计系统中，打开的网络报表文件 ISA Bus and Address Decoding.NET 如图 4-55 所示。可以看出，这个网络报表给出了原理图的元件信息和网络连接信息。

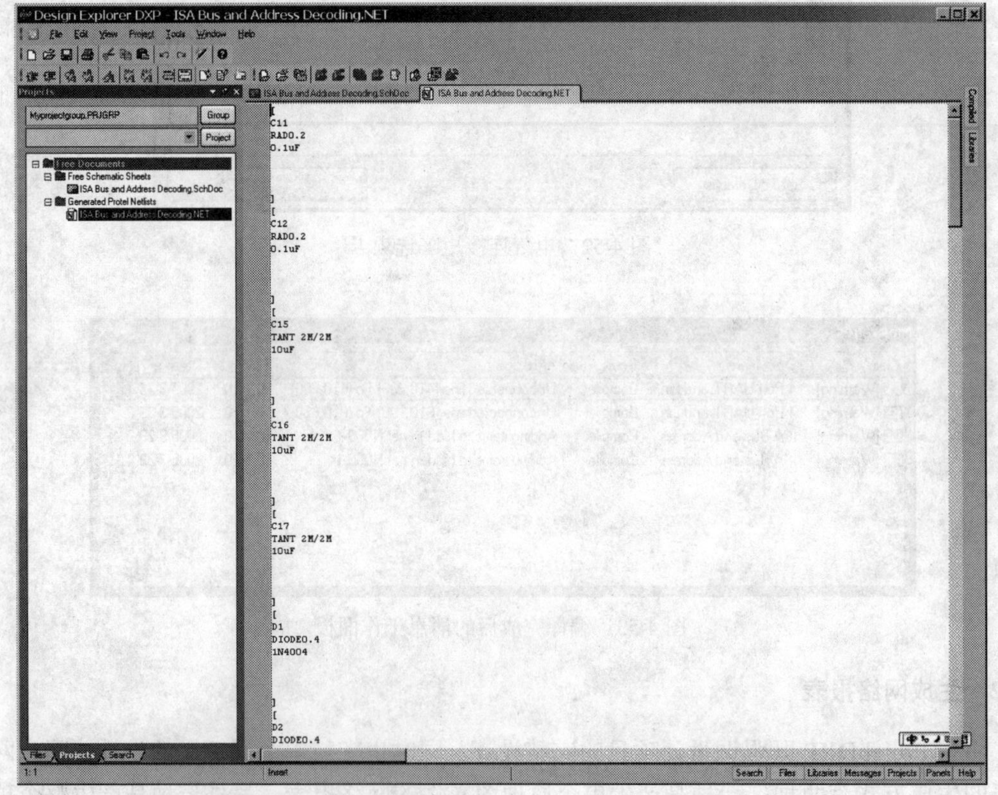

图 4-55 与原理图对应的网络报表

2．产生整个项目原理图文件的网络报表

首先打开设计项目文件 4 Port Serial Interface.PRJPCB，同时打开相应的母原理图文件 4 Port Serial Interface.SchDoc 以启动原理图设计系统。然后执行菜单命令【Design】→【Netlist】，选择弹出下拉菜单中的 Protel 命令；执行该命令后，Protel DXP 会自动在项目文件夹 4 Port Serial Interface.PRJPCB 中生成一个与项目文件夹同名、扩展名为“.NET”的网络报表文件。

打开这个相应的网络报表文件 4 Port Serial Interface.NET，可以看到它列出了设计项目 4 Port Serial Interface 中所有原理图的元件信息和网络连接信息。

4.5.3　生成元件报表

在 Protel DXP 中，元件报表用来整理和查看当前设计项目或者电路原理图中的所有元件，同时可以作为元件的采购清单。元件报表是在原理图设计系统中产生的，它的扩展名为“.xls”，内容主要包括元件的名称、网络标号和元件 PCB 封装等。下面仍然以设计项目 4 Port Serial Interface 为例，介绍元件报表的生成。

首先打开设计项目文件 4 Port Serial Interface.PRJPCB，同时打开相应的母原理图文件 4 Port Serial Interface.SchDoc 以启动原理图设计系统，然后执行菜单命令【Reports】→【Bill of Materials】，这时系统将会弹出元件报表对话框，如图 4-56 所示。

Bill of Materials For Project [4 Port Serial Interface.PRJPCB]

Grouped columns

Drag a column header here to group by that column

Designator	LibRef	Description	Footprint	Comment
C1	CAP 2M	Capacitor 0.2 pitch	RAD0.2	0.1uF
C2	CAP 2M	Capacitor 0.2 pitch	RAD0.2	0.1uF
C3	CAP 2M	Capacitor 0.2 pitch	RAD0.2	0.1uF
C4	CAP 2M	Capacitor 0.2 pitch	RAD0.2	0.1uF
C5	CAP 2M	Capacitor 0.2 pitch	RAD0.2	0.1uF
C8	CAP 2M	Capacitor 0.2 pitch	RAD0.2	0.1uF
C9	CAP 2M	Capacitor 0.2 pitch	RAD0.2	0.1uF
C10	CAP 2M	Capacitor 0.2 pitch	RAD0.2	0.1uF
C11	CAP 2M	Capacitor 0.2 pitch	RAD0.2	0.1uF
C12	CAP 2M	Capacitor 0.2 pitch	RAD0.2	0.1uF
C13	CAP 2M	Capacitor 0.2 pitch	RAD0.2	20pF
C14	CAP 2M	Capacitor 0.2 pitch	RAD0.2	50pF
C15	ELECTRO RB	Electrolytic Capacitor RB mou	TANT 2M/2M	10uF
C16	ELECTRO1		TANT 2M/2M	10uF
C17	ELECTRO1		TANT 2M/2M	10uF
D1	DIODE		DIODE0.4	1N4004
D2	DIODE		DIODE0.4	1N4004
J1	DB37		DB37RA/F	DB37
P1	CON AT62B		ECN-IBMXT	CON AT62B
R1	RES1		AXIAL0.4	1M
R2	RES1		AXIAL0.4	1K5
RP1	RESPACK 8COMMON	RESISTOR NETWORK 8 CC	SIP9	10K
S1	SW DIP-8		DIP16	BASE ADDRESS
S2	SW DIP-4		DIP8	INTERUPT SELECT
U1	TL16C554		PGA68X11_SKT	TL16C554
U2	1488_1	TTL-RS232 DRIVER	DIP14	1488
U3	1488_1	TTL-RS232 DRIVER	DIP14	1488
U4	1488_1	TTL-RS232 DRIVER	DIP14	1488
U5	1489_1	1489 RS232-TTL CONVERT	DIP14	1489
U6	1489_1	1489 RS232-TTL CONVERT	DIP14	1489
U7	1489_1	1489 RS232-TTL CONVERT	DIP14	1489
U8	1489_1	1489 RS232-TTL CONVERT	DIP14	1489

Visible Columns: Designator, LibRef, Description, Footprint, Comment

Hidden Columns: Index, Project, Title, Variant, Document, Sub-Parts, Pins, Implementations, X, Y, Part Field 1, Text Field1

Menu　Report...　Export...　Excel...　Selected Only　Close

图 4-56　元件报表对话框

在元件报表对话框中，用户可以通过对话框左下角的 Export... 按钮直接导出相应的元件报表清单，另外也可以通过 Excel... 按钮将元件报表的内容导出到 Excel 中。

4.5.4　生成元件交叉参考报表

在 Protel DXP 中，元件交叉参考报表用来整理和查看当前设计项目或者电路原理图中所有元件的元件标号、元件在所属库中的名称、元件的描述信息、元件的 PCB 封装、元件的参数信息和元件所在的原理图名称等。

首先打开设计项目文件 4 Port Serial Interface.PRJPCB，同时打开相应的母原理图文件 4 Port Serial Interface.SchDoc 以启动原理图设计系统，然后执行菜单命令【Reports】→【Component Cross Reference】，这时系统将会弹出相应的元件交叉参考报表对话框，如图 4-57 所示。

Component Cross Reference Report For Project [4 Port Serial Interface.PRJPCB]

Grouped columns: Document

Visible Columns: Designator, LibRef, Description, Footprint, Comment

Hidden Columns: Index, Project, Title, Variant, Sub-Parts, Pins, Implementations, X, Y, Part Field 1, Text Field1

Designator	LibRef	Description	Footprint	Comment
Document : 4 Port UART and Line Drivers.SchDoc				
C1	CAP 2M	Capacitor 0.2 pitch	RAD0.2	0.1uF
C2	CAP 2M	Capacitor 0.2 pitch	RAD0.2	0.1uF
C3	CAP 2M	Capacitor 0.2 pitch	RAD0.2	0.1uF
C4	CAP 2M	Capacitor 0.2 pitch	RAD0.2	0.1uF
C5	CAP 2M	Capacitor 0.2 pitch	RAD0.2	0.1uF
C8	CAP 2M	Capacitor 0.2 pitch	RAD0.2	0.1uF
C9	CAP 2M	Capacitor 0.2 pitch	RAD0.2	0.1uF
C10	CAP 2M	Capacitor 0.2 pitch	RAD0.2	0.1uF
C13	CAP 2M	Capacitor 0.2 pitch	RAD0.2	20pF
C14	CAP 2M	Capacitor 0.2 pitch	RAD0.2	50pF
J1	DB37		DB37RA/F	DB37
R1	RES1		AXIAL0.4	1M
R2	RES1		AXIAL0.4	1K5
U1	TL16C554		PGA68X11_SKT	TL16C554
U2	1488_1	TTL-RS232 DRIVER	DIP14	1488
U3	1488_1	TTL-RS232 DRIVER	DIP14	1488
U4	1488_1	TTL-RS232 DRIVER	DIP14	1488
U5	1489_1	1489 RS232-TTL CONVERT	DIP14	1489
U6	1489_1	1489 RS232-TTL CONVERT	DIP14	1489
U7	1489_1	1489 RS232-TTL CONVERT	DIP14	1489
U8	1489_1	1489 RS232-TTL CONVERT	DIP14	1489
U9	1489_1	1489 RS232-TTL CONVERT	DIP14	1489
X1	CRYSTAL		XTAL1	1.8432Mhz
Document : ISA Bus and Address Decoding.SchDoc				
C11	CAP 2M	Capacitor 0.2 pitch	RAD0.2	0.1uF
C12	CAP 2M	Capacitor 0.2 pitch	RAD0.2	0.1uF
C15	ELECTRO RB	Electrolytic Capacitor RB mo	TANT 2M/2M	10uF
C16	ELECTRO1		TANT 2M/2M	10uF
C17	ELECTRO1		TANT 2M/2M	10uF
D1	DIODE		DIODE0.4	1N4004
D2	DIODE		DIODE0.4	1N4004

Menu　Report...　Export...　Excel...　Selected Only　Close

图 4-57　元件交叉参考报表对话框

可以看出，元件交叉参考报表对话框中元件是按照设计项目中的原理图文件来进行分类排列的。除了这一点外，元件交叉参考报表对话框和元件报表对话框的内容是完全相同。同样，用户可以通过对话框左下角的 Export... 按钮直接导出相应的元件交叉参考报表清单，另外也可以通过 Excel... 按钮将元件交叉参考报表的内容导出到 Excel 中。

4.5.5 生成项目层次报表

在 Protel DXP 中，项目层次报表用来给出当前设计项目中所包含的各个原理图文件名称和彼此之间的层次结构关系。

打开设计项目文件 4 Port Serial Interface.PRJPCB，同时打开相应的母原理图文件 4 Port Serial Interface.SchDoc 以启动原理图设计系统，然后执行命令【Reports】→【Report Project Hierarchy】，这时 Protel DXP 系统将会自动在项目文件夹 4 Port Serial Interface.PRJPCB 中生成一个与项目文件夹同名、扩展名为“.REP”的项目层次报表。

报表给出了当前设计项目中原理图之间的层次关系，如下所示：

```
------------------------------------------------------------
Design Hierarchy Report for 4 Port Serial Interface.PRJPCB
-- 2005-3-23
-- 15:59:40
------------------------------------------------------------

4 Port Serial Interface              SCH     (4 Port Serial Interface.SchDoc)
      4 Port UART and Line Drivers SCH      (4 Port UART and Line Drivers.SchDoc)
      ISA Bus and Address Decoding SCH      (ISA Bus and Address Decoding.SchDoc)
```

第5章　原理图仿真

5.1　原理图仿真简介

在电路设计的过程中，设计人员进行原理图仿真的目的就是要对设计的电路进行预分析、判断和校验，从而判断当前的设计能否满足电路设计的具体要求。如果设计人员不对设计的电路进行仿真操作，那么在设计的前期阶段是无法判断电路好坏的，因此只能够直接进行PCB的设计，然后对设计好的电路进行具体的测试。这时，如果设计的电路不能满足设计要求的话，那么一切工作都需要重新开始，这样将会浪费大量的人力和物力，从而延缓了电路产品的上市时间。可见，对设计的电路进行仿真是十分重要的。

在传统的设计方法中，设计人员可以采用两种方法来对设计的电路进行仿真操作：一种是为设计的电路建立一个数学模型，然后采用相应的数学物理方法进行电路的分析验证；另外一种方法是根据设计的电路，利用相应的元件、导线和电源等在面包板上搭建具体的实验电路，然后利用相关的仪器来对电路的技术指标进行测试，验证设计的电路是否合理。对于简单电路的设计来说，上面的两种方法是完全可行的；但是对于大型、复杂的电路设计来说，上面的两种方法实现起来比较困难，某些情况下甚至是不可行的。

随着科学技术的迅猛发展，传统的电路系统设计方法已经不能满足实际设计的需要，它已经远远落后于当今技术的发展，因此需要寻求新的方法来设计电路，当然也包括需要寻求一种新的电路仿真方法来解决电路设计的前期仿真工作。目前，几乎所有的EDA软件都能够进行电路的仿真操作，它们通常采用先进的仿真引擎，几乎能够仿真所有的设计电路，而对仿真电路的类型、门数规模和复杂程度等没有任何限制。

作为EDA软件中的佼佼者，Protel DXP开发系统内置了功能十分强大的SPICE 3F5/XSPICE电路仿真软件，它是由美国加州大学伯克利分校开发的，能兼容大多数的SPICE模型，能够提供模拟电路、数字电路以及混合电路的仿真操作。通常，SPICE 3F5/XSPICE电路仿真软件运行于Protel DXP的集成开发环境下，通过与Protel Advanced Schematic原理图设计程序的协同工作，为用户提供了一个完整的从设计到仿真验证的设计环境。

概括起来，Protel DXP中的电路原理图仿真软件具有如下特点：

1）电路原理图仿真软件与原理图设计系统的编辑环境是相同的，用户可以很容易地掌握它的具体操作方法。

2）电路原理图仿真软件的功能十分强大，不但可以进行模拟电路和数字电路的仿真操作，而且还能够进行模拟/数字混合电路的仿真。

3）电路原理图仿真软件提供了大量的仿真元件、各种不同类型的激励源以及多种仿真分析类型，几乎能够完成所有电路原理图的仿真操作。

4）电路原理图仿真软件能够以图形的方式输出具体的仿真结果，十分直观。

一般来讲，原理图的仿真操作可以分为以下几个步骤：设计仿真电路原理图、设置具体的仿真元件参数、设置仿真激励源、设置仿真节点、设置仿真分析类型和参数、运行原理图仿真分析、观察仿真结果、存储和打印仿真结果。

5.2　仿真元件的查找和参数设置

在 Protel DXP 中，进行原理图仿真的第 1 步是设计仿真电路原理图，这里要求仿真电路原理图中的所有元件必须包含有仿真信息，以便仿真软件能够正确识别和处理。一般情况下，仿真电路原理图中的元件必须引用适当的 SPICE 元件模型。可见，设计仿真电路原理图之前，首先必须要进行仿真元件的查找操作。

同时，在设计仿真电路原理图的过程中，用户必须要对仿真元件的具体参数进行设置，因为它们将会影响到最终的仿真结果，从而影响设计人员对电路性能的评估。

5.2.1　仿真元件的查找

与先前版本的 Protel 不同，Protel DXP 采用了一种新的元件库管理方式，引入了元件集成库的概念。在元件集成库中，Protel DXP 集成了元件的原理图符号、PCB 封装形式、SPICE 仿真模型和信号完整性分析，这样在调用元件的时候就可以把相应的信息同步地传递给具有的设计项目。可见，Protel DXP 并没有为用户提供专门的仿真元件库，仿真元件分散在各个不同的元件集成库中，因此用户需要进行仿真元件的查找操作。

通常，用户可以通过库文件工作面板来查看选定的元件是否具有仿真模型。例如，如果用户需要查看 Miscellaneous Devices.IntLib 中的元件 Res1 是否具有仿真模型，那么只需要在库文件工作面板中选定该元件，这时在模型列表框将会出现“Simulation”类型，这就表示指定元件库中的元件 Res1 具有仿真模型。

另外，用户还可以通过库文件工作面板来查找带有仿真模型的元件。例如，如果用户想要查找具有仿真模型的晶振元件 XTAL，那么用户需要通过单击库文件工作面板上部的 Search... 按钮，这时将会弹出相应的搜索元件库对话框；然后用户便可以在对话框中进行相应的搜索设置，如图 5-1 所示，这时需要在 Model Type 选择栏中选择 Simulation 选项；最后单击对话框中的 Search 按钮，系统将会进入到搜索状态。

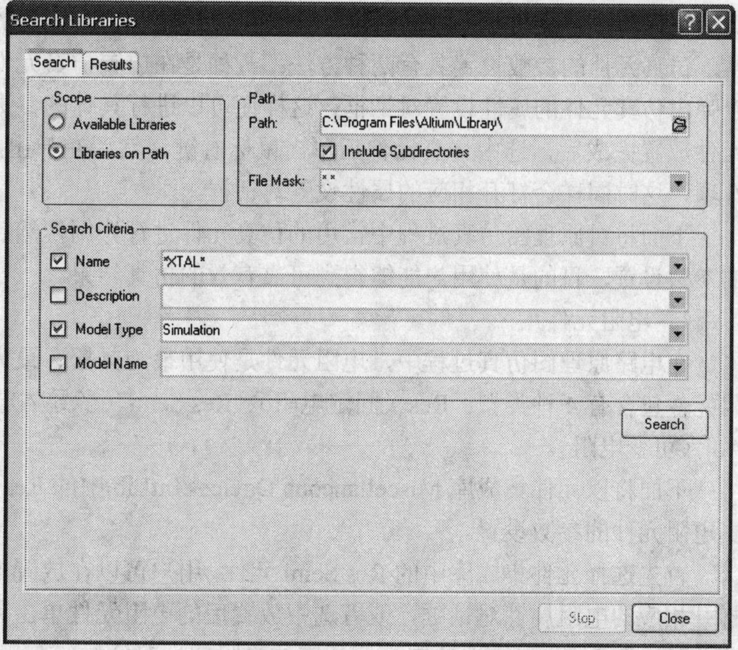

图 5-1　搜索元件库对话框

经过一段搜索时间，元

件库的搜索结果将会显示在搜索元件库对话框的 Results 选项卡中，最终的搜索结果如图 5-2 所示。可以看出，具有仿真模型的晶振元件 XTAL 存在于元件集成库 Miscellaneous Devices.IntLib 中，接下来用户就可以进行仿真元件的放置操作来设计相应的仿真电路原理图了。

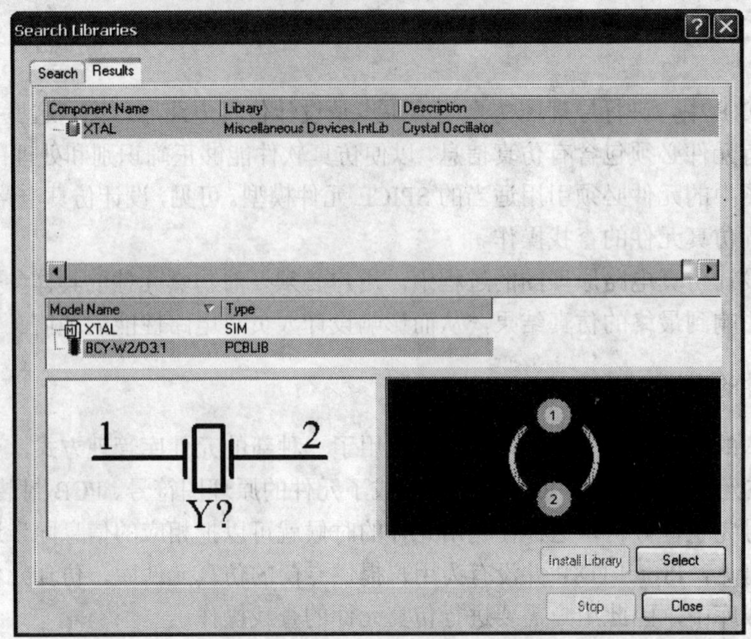

图 5-2 具有仿真模型的元件 XTAL 的搜索结果

5.2.2 常用仿真元件的参数设置

在 Protel DXP 中，用户选择合适的仿真元件放置到仿真电路原理图中，这时仿真元件将会自动地连接到相应的仿真模型上，仿真模型可以使仿真元件具有 SPICE 仿真用到的所有仿真信息。为了得到可靠有效的仿真结果，用户需要对仿真元件的具体参数进行设置操作。通常，仿真元件的参数设置具有两种方法：一种是在放置仿真元件的命令下，按下 Tab 键就可以弹出仿真元件的属性设置对话框，这样便可以进行具体的参数设置；另一种方法是在仿真元件放置完成后，选中仿真元件后单击鼠标右键，然后在弹出的下拉菜单中选取 Properties 选项，这时同样会打开相应的属性设置对话框。

下面将对原理图仿真过程中常用的仿真元件进行介绍，然后重点介绍这些常用仿真元件的参数设置，目的是使用户能够得到可靠有效的仿真结果。

1．电阻元件

在电路原理图仿真过程中，电阻元件是使用最为频繁、最为广泛的一种元件。通常，电阻元件包含有 4 种类型：Res（固定电阻）、Res Semi（半导体电阻）、Rpot（电位器）和 Res Adj（可变电阻）。

下面将以元件集成库 Miscellaneous Devices.IntLib 中的 Res Semi 元件为例，介绍一下仿真电阻元件的参数设置。

首先选择元件集成库中的 Res Semi 元件，用户可以在放置电阻元件的过程中按下 Tab 键打开相应的电阻属性对话框，或者选中放置后的电阻元件单击鼠标右键，然后在弹出的下拉菜单中选取 Properties 选项来打开相应的电阻属性对话框。在相应的电阻元件属性对话框中，用户双击模型列表中的“Simulation”，这时系统将会弹出电阻元件的参数设置对话框，如图 5-3 所示。

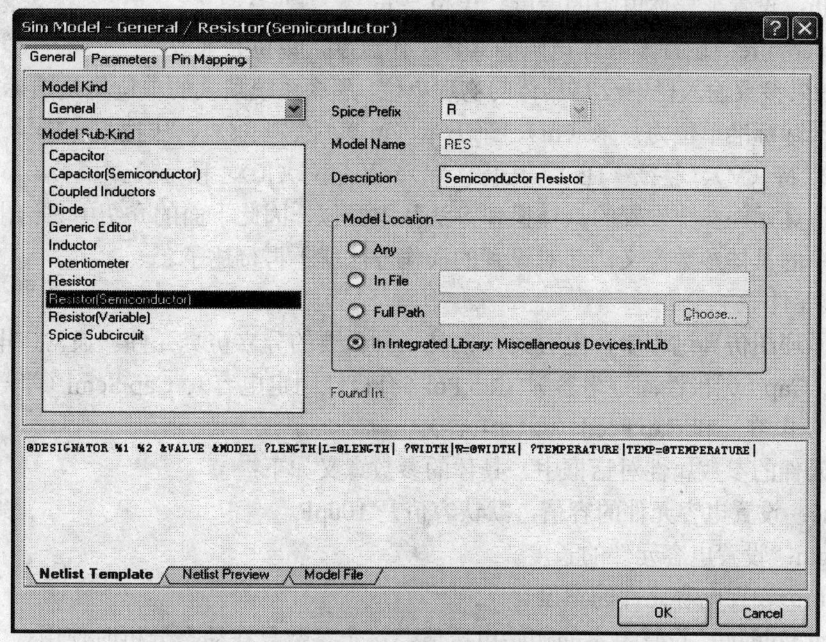

图 5-3 电阻元件的参数设置对话框

在参数属性设置对话框中，单击对话框上部的Parameters标签，这时系统将会弹出相应的 Parameter 选项卡设置对话框，如图 5-4 所示。可以看出，参数属性设置对话框中包括以下 4 项具体设置：

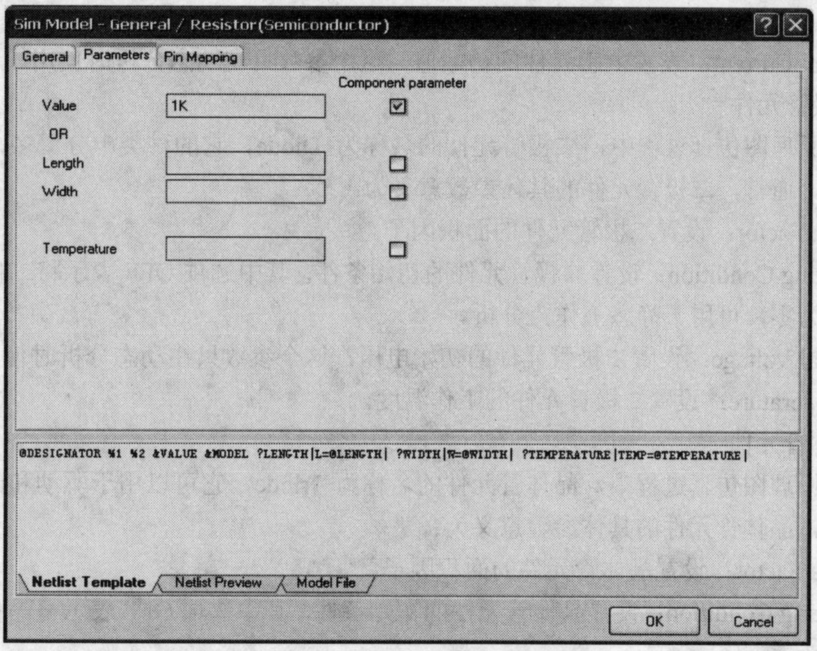

图 5-4 Parameter 选项卡设置对话框

1）Value：设置半导体电阻的阻值，单位是Ω，默认阻值是 1k。

2）Length：设置半导体电阻的长度，单位是 m。

3）Width：设置半导体电阻的宽度，单位是 m。

4）Temperature：设置半导体电阻的具体工作温度，单位是 K。

注意，如果参数输入栏中没有具体的物理单位，那么系统默认的单位将是国际标准单位，常用的一些国际标准单位为：米（m）、平方米（m^2）、欧姆（Ω）、法拉第（F）、亨利（H）、安培（A）、伏特（V）、赫兹（Hz）、瓦特（W）、开尔文（K），秒（s）。

另外，仿真元件参数设置的具体操作方法基本类似，因此下面的介绍中只给出参数属性设置对话框中的具体参数意义，而对设置的操作方法就不再赘述了。

2．电容元件

在电路原理图仿真过程中，电容元件也是一种重要的分立仿真元件。通常，电容元件包括 5 种类型：Cap（无极性固定电容）、Cap Pol（有极性固定电容）、Cap Semi（半导体电容）、Cap Var（可变电容）和 Cap Feed（反馈电容）。

在电容元件的参数属性对话框中，具体的参数意义如下：

1）Value：设置电容元件的容值，默认容值是 100pF。

2）Length：设置电容元件的长度。

3）Width：设置电容元件的宽度。

4）Initial Voltage：设置电容的初始电压值，这个参数只在动态分析时使用。

5）Initial Current：设置电容的初始电流值，这个参数只在动态分析时使用。

3．电感元件

在电路原理图仿真过程中，电感元件是一种重要的分立仿真元件，它和电阻、电容并称为电路的三大基本元件。电感元件的具体参数意义如下：

1）Value：设置电感元件的电感值，默认值是 10mH。

2）Initial Current：设置电感元件的初始值，这个参数只在动态分析时使用。

4．二极管元件

在电路原理图仿真过程中，二极管元件的名称为 Diode，它的种类十分繁多，这里就不一一介绍了。通常，二极管元件的具体参数意义为：

1）Area Factor：设置二极管元件的面积因子。

2）Starting Condition：设置二极管元件的初始条件，其中选项 OFF 表示将二极管元件的结束电压置为零，可用于静态工作点分析。

3）Initial Voltage：设置二极管元件的初始电压，这个参数只在动态分析时使用。

4）Temperature：设置二极管元件的工作温度。

5．晶体管元件

在电路原理图仿真过程中，晶体管元件的名称为 Triode，它可以用于驱动和电路放大等场合。通常，晶体管元件的具体参数意义为：

1）Area Factor：设置晶体管元件的面积因子。

2）Starting Condition：设置晶体管元件的初始条件，其中选项 OFF 表示将晶体管元件的结束电压置为零。

3）Initial B-E Voltage：设置晶体管元件中基极与发射极之间的初始电压。

4）Initial C-E Voltage：设置晶体管元件中集电极与发射极之间的初始电压。

5）Temperature：设置晶体管元件的工作温度。

6．结型场效应管元件

通常，结型场效应管元件的具体参数意义为：

1）Area Factor：设置结型场效应管元件的面积因子。

2）Starting Condition：设置结型场效应管元件的初始条件，其中选项OFF表示将结型场效应管元件的结束电压置为零。

3）Initial D-S Voltage：设置结型场效应管元件中漏极与源极之间的初始电压。

4）Initial G-S Voltage：设置结型场效应管元件中栅极与源极之间的初始电压。

5）Temperature：设置结型场效应管元件的工作温度。

7．MOS场效应管元件

通常，MOS场效应管元件的具体参数意义为：

1）Length：设置MOS场效应管元件的沟道长度。

2）Width：设置MOS场效应管元件的沟道宽度。

3）Drain Area：设置MOS场效应管元件的漏极面积。

4）Source Area：设置MOS场效应管元件的源极面积。

5）Drain Perimeter：设置MOS场效应管元件的漏极周长。

6）Source Perimeter：设置MOS场效应管元件的源极周长。

7）NRD：设置MOS场效应管元件的漏极扩散长度。

8）NRS：设置MOS场效应管元件的源极扩散长度。

9）Starting Condition：设置MOS场效应管元件的初始条件，其中选项OFF表示将MOS场效应管元件结束电压置为零。

10）Initial D-S Voltage：设置MOS场效应管元件中漏极与源极之间的初始电压。

11）Initial G-S Voltage：设置MOS场效应管元件中栅极与源极之间的初始电压。

12）Initial B-S Voltage：设置MOS场效应管元件中基极与源极之间的初始电压。

13）Temperature：设置MOS场效应管元件的工作温度。

8．MES场效应管元件

通常，MES场效应管元件的具体参数意义为：

1）Area Factor：设置MES场效应管元件的面积因子。

2）Starting Condition：设置MES场效应管元件的初始条件，其中选项OFF表示将MES场效应管元件的结束电压置为零。

3）Initial D-S Voltage：设置MES场效应管元件中漏极与源极之间的初始电压。

4）Initial G-S Voltage：设置MES场效应管元件中栅极与源极之间的初始电压。

9．熔丝元件

在电路原理图仿真过程中，熔丝元件的名称为Fuse，它的作用是用来保护相应的电路以免损坏。通常，熔丝元件的具体参数意义为：

1）Resistance：设置熔丝元件的阻抗。

2）Current：设置熔丝元件的最大电流。

10．晶振元件

在电路原理图仿真过程中，晶振元件的名称为 XTAL，它的作用是用来产生电路中的各种时钟信号。通常，晶振元件的具体参数意义为：

1）FREQ：设置晶振元件的频率。

2）RS：设置晶振元件的级联阻抗，单位是Ω。

3）C：设置晶振元件的等效电容。

4）Q：设置晶振元件的品质因数。

11．继电器元件

在电路原理图仿真过程中，继电器元件的名称为 Relay，用来为电路提供相应的供电电压。通常，继电器元件的具体参数意义为：

1）Pullin：设置继电器元件的吸合电压。

2）Dropoff：设置继电器元件的断开电压。

3）Contact：设置继电器元件的闭合阻抗。

4）Resistance：设置继电器元件的线圈阻抗。

5）Inductance：设置继电器元件的线圈感应系数。

12．变压器元件

在电路原理图仿真过程中，变压器元件的名称为 Transformer，用来为电路提供可变的供电电压。通常，变压器元件的具体参数意义为：

1）Ratio：设置变压器元件的二次侧/一次侧电压比。

2）Rp：设置变压器元件的一次绕组直流阻抗。

3）Rs：设置变压器元件的二次绕组直流阻抗。

4）Leak：设置变压器元件的漏电感应系数。

5）Mag：设置变压器元件的磁化感应系数。

5.3 仿真的激励源及参数设置

在电路原理图的仿真过程中，用户需要为设计好的仿真电路原理图放置激励源，这个激励源相当于一个输入信号，它可以是电压源或电流源。同样，仿真激励源也具有相应的参数设置，不同的参数设置会对仿真结果产生不同的影响。

5.3.1 仿真常用的激励源

在 Protel DXP 中，仿真激励源可以看作是一种特殊的元件，它的具体放置方法、属性参数设置和具体操作与一般的元件是完全相同的。与普通元件相同，在仿真电路原理图中放置仿真激励源之前，用户同样需要添加相应的仿真元件库。采用前面介绍的添加元件库的具体方法，用户可以把 Protel DXP 提供的仿真元件库 Simulation Sources.IntLib 添加到当前的设计项目中。

通过浏览仿真元件库 Simulation Sources.IntLib 中的相应内容，可以看到它为用户提供了大量的仿真激励源。通常，这些常用的仿真激励源可以分为以下几类：直流仿真电源、正弦仿真电源、脉冲仿真电源、分段线性仿真电源、指数仿真电源、正弦调频仿真电源、线性受控仿真电源和非线性受控仿真电源。

仿真元件库 Simulation Sources.IntLib 中提供的仿真电源均为理想电源，即对于电压源来说，它的内部阻抗为零；对于电流源来说，它的内部阻抗为无穷大。

下面将对仿真元件库 Simulation Sources.IntLib 中的各种仿真电源和参数设置进行介绍，目的是使读者能够为仿真电路原理图添加正确的激励源。另外，由于仿真激励源可以看作是一种特殊的元件，因此打开相应的参数属性设置对话框的操作方法与普通元件是完全一样的，下面只介绍对话框中的具体参数意义。

5.3.2　直流仿真电源

仿真元件库 Simulation Sources.IntLib 为用户提供了两种类型的直流仿真电源，它们分别是直流仿真电流源（ISRC）和直流仿真电压源（VSRC），如图 5-5 所示。其中，直流仿真电流源的功能是为电路提供一个稳定不变的直流电流激励，直流仿真电压源的功能是为电路提供一个稳定不变的直流电压激励。通常，直流仿真电源用来作为电路瞬态特性分析时的激励源。

在 Protel DXP 中，打开直流仿真电流源的参数属性设置对话框，如图 5-6 所示。可以看出，对话框中的具体参数设置如下：

1）Value：设置直流仿真电流源的电流值。

2）AC Magnitude：设置直流仿真电流源进行交流小信号分析时的电流值。

3）AC Phase：设置直流仿真电流源进行交流小信号分析时的初始相位。

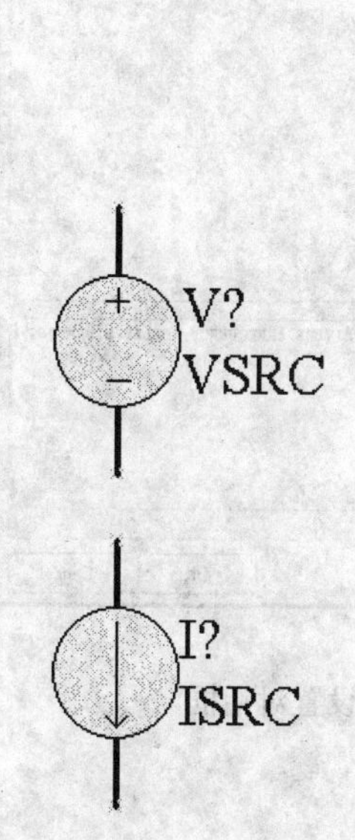

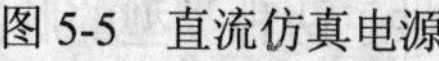

图 5-5　直流仿真电源

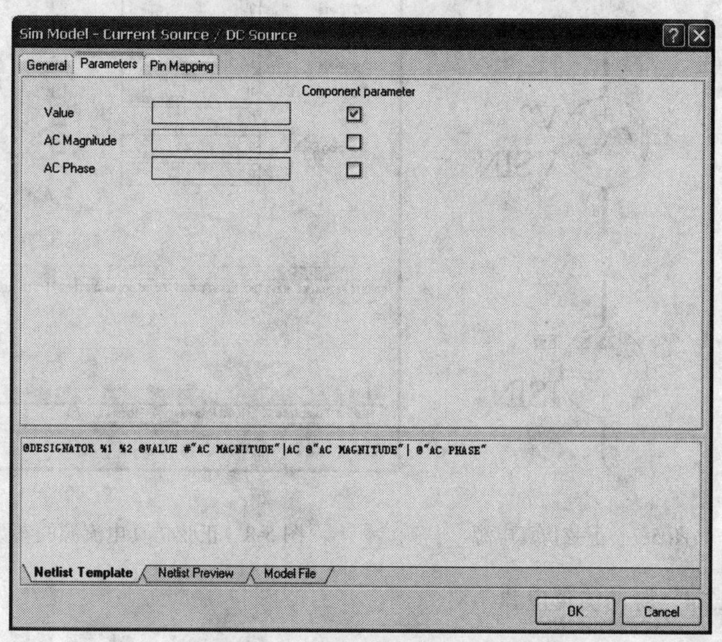

图 5-6　直流仿真电流源的参数属性设置对话框

5.3.3　正弦仿真电源

在 Protel DXP 中，仿真元件库 Simulation Sources.IntLib 为用户提供了两种类型的正弦仿真电源，它们分别是正弦仿真电流源（ISIN）和正弦仿真电压源（VSIN），如图 5-7 所示。

其中，正弦仿真电流源的功能是为电路提供一个具有固定频率的正弦电流激励，正弦仿真电压源的功能是为电路提供一个具有固定频率的正弦电压激励。通常，正弦仿真电源用来作为电路瞬态特性分析和交流小信号分析的激励源。

在 Protel DXP 中，正弦仿真电流源的参数属性设置对话框如图 5-8 所示。可以看出，对话框中的具体参数设置如下：

1）DC Magnitude：对于正弦仿真电源来说，该项忽略。

2）AC Magnitude：设置正弦仿真电流源进行交流小信号分析时的电流值。

3）AC Phase：设置正弦仿真电流源进行交流小信号分析时的初始相位。

4）Offset：设置正弦仿真电流源中的直流分量。

5）Amplitude：设置正弦仿真电流源的信号幅度。

6）Frequency：设置正弦仿真电流源的信号频率。

7）Delay：设置正弦仿真电流源的延迟时间。

8）Damping Factor：设置正弦仿真电流源的信号衰减指数。

9）Phase：设置正弦仿真电流源的信号初始相位。

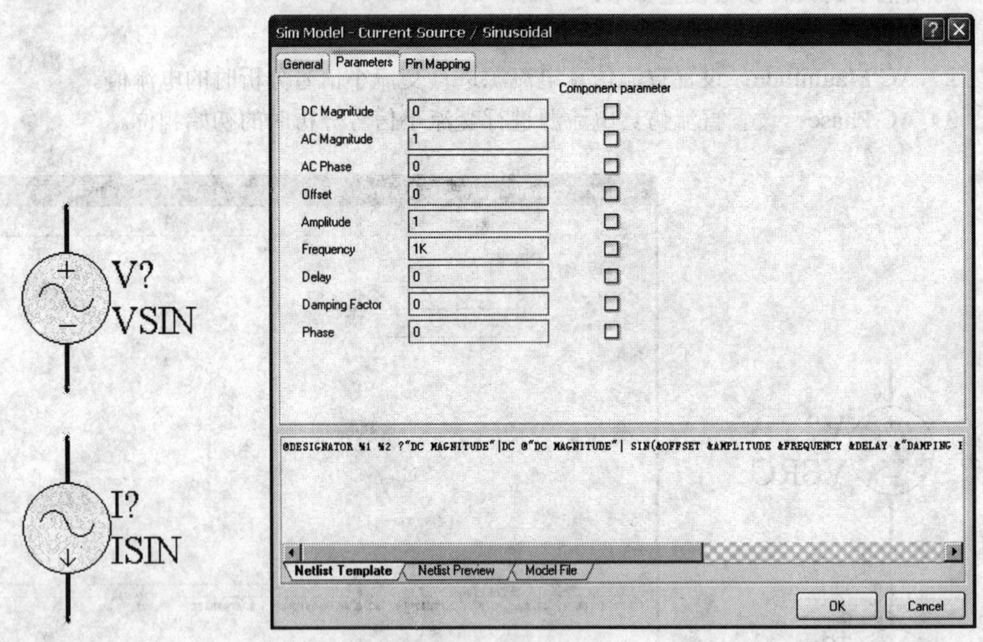

图 5-7　正弦仿真电源　　　　图 5-8　正弦仿真电流源的参数属性设置对话框

5.3.4 脉冲仿真电源

在 Protel DXP 中，仿真元件库 Simulation Sources.IntLib 为用户提供了两种类型的脉冲仿真电源，它们分别是脉冲仿真电流源（IPULSE）和脉冲仿真电压源（VPULSE），如图 5-9 所示。其中，脉冲仿真电流源的功能是为电路提供一个周期性的连续脉冲电流激励，脉冲仿真电压源的功能是为电路提供一个周期性的连续脉冲电压激励。通常，脉冲仿真电源用来作为电路瞬态特性分析和交流小信号分析时的激励源，用于产生各种类型的脉冲信号。

脉冲仿真电流源的参数属性设置对话框如图 5-10 所示。可以看出，这个参数属性设置对话框中的具体参数设置如下：

1）DC Magnitude：设置脉冲仿真电流源的直流分量。

2）AC Magnitude：设置脉冲仿真电流源进行交流小信号分析时的电流值。

3）AC Phase：设置脉冲仿真电流源进行交流小信号分析时的初始相位。

4）Initial Value：设置脉冲仿真电流源零时刻的起始电压。

5）Pulsed Value：设置脉冲仿真电流源的信号幅度。

6）Time Delay：设置脉冲仿真电流源的延迟时间。

7）Rise Time：设置脉冲仿真电流源的信号上升时间。

8）Fall Time：设置脉冲仿真电流源的信号下降时间。

9）Pulse Width：设置脉冲仿真电流源的信号脉冲宽度。

10）Period：设置脉冲仿真电流源的信号周期。

11）Phase：设置脉冲仿真电流源的信号初始相位。

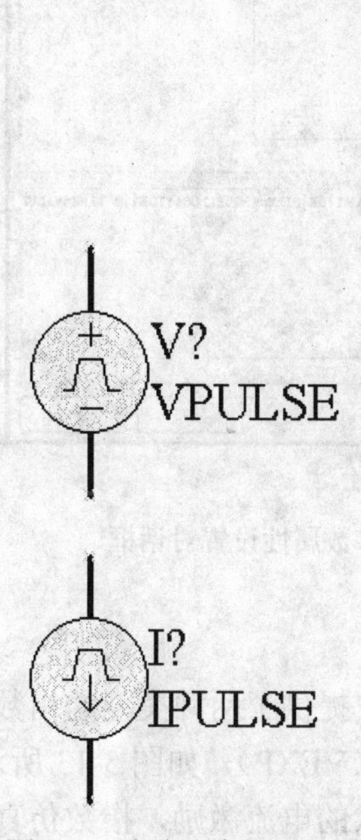

图 5-9　脉冲仿真电源

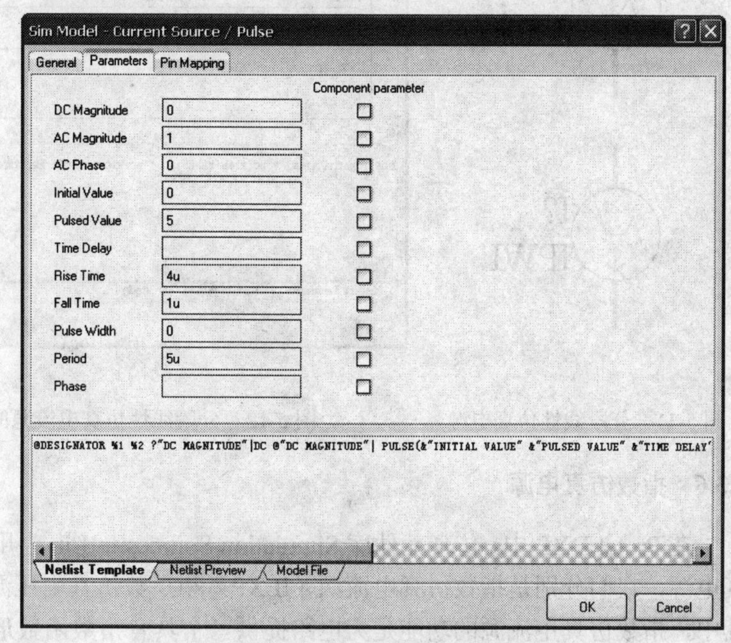

图 5-10　脉冲仿真电流源的参数属性设置对话框

5.3.5　分段线性仿真电源

在 Protel DXP 中，仿真元件库 Simulation Sources.IntLib 为用户提供了两种类型的分段线性仿真电源，它们分别是分段线性仿真电流源（IPWL）和分段线性仿真电压源（VPWL），如图 5-11 所示。其中，分段线性仿真电流源的功能是为电路提供一个具有特殊波形的电流激励，分段线性仿真电压源的功能是为电路提供一个具有特殊波形的电压激励。通常，分段线性仿真电源用来作为交流小信号分析的激励源，它可以用来产生阶跃函数、冲击响应以及单脉冲等各种分段线性信号。

分段线性仿真电流源的参数属性设置对话框如图 5-12 所示。可以看出，这个对话框中的具体参数设置如下：

1）DC Magnitude：设置分段线性仿真电流源的直流分量。

2）AC Magnitude：设置分段线性仿真电流源进行交流小信号分析时的电流值。

3）AC Phase：设置分段线性仿真电流源进行交流小信号分析时的初始相位。

4）Time/Value Pairs：设置分段线性仿真电流源中信号转折点的时间—电流幅度对，最多可以设置 8 对值。用户单击右侧的 Add... 按钮和 Delete... 按钮便可进行时间—电流幅度对的添加和删除操作。

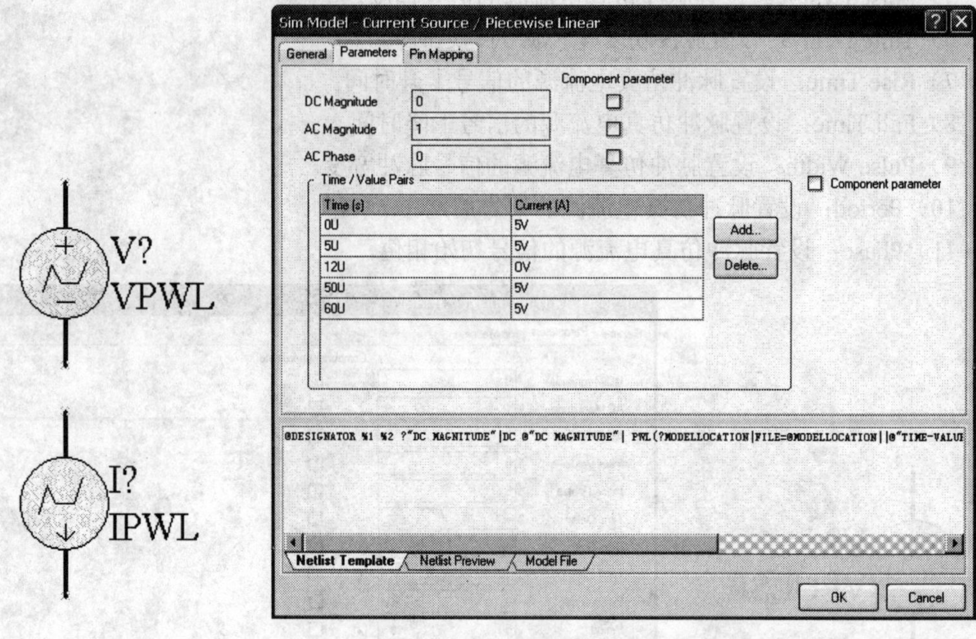

图 5-11　分段线性仿真电源　　　　图 5-12　分段线性仿真电流源的参数属性设置对话框

5.3.6　指数仿真电源

在 Protel DXP 中，仿真元件库 Simulation Sources.IntLib 为用户提供了两种类型的指数仿真电源，它们分别是指数仿真电流源（IEXP）和指数仿真电压源（VEXP），如图 5-13 所示。其中，指数仿真电流源的功能是为电路提供一个具有指数函数形状的电流激励，指数仿真电压源的功能是为电路提供一个具有指数函数形状的电压激励。

指数仿真电流源的参数属性设置对话框如图 5-14 所示。可以看出，这个对话框中的具体参数设置如下：

1）DC Magnitude：对于指数仿真电源来说，该项忽略。

2）AC Magnitude：设置指数仿真电流源进行交流小信号分析时的电流值。

3）AC Phase：设置指数仿真电流源进行交流小信号分析时的初始相位。

4）Initial Value：设置指数仿真电流源零时刻的起始电压。

5）Pulsed Value：设置指数仿真电流源的信号幅度。

6）Rise Delay Time：设置指数仿真电流源上升沿的延迟时间。

7）Rise Time Constant：设置指数仿真电流源的信号上升时间。

8）Fall Delay Time：设置指数仿真电流源下降沿的延迟时间。

9）Fall Time Constant：设置指数仿真电流源的信号下降时间。

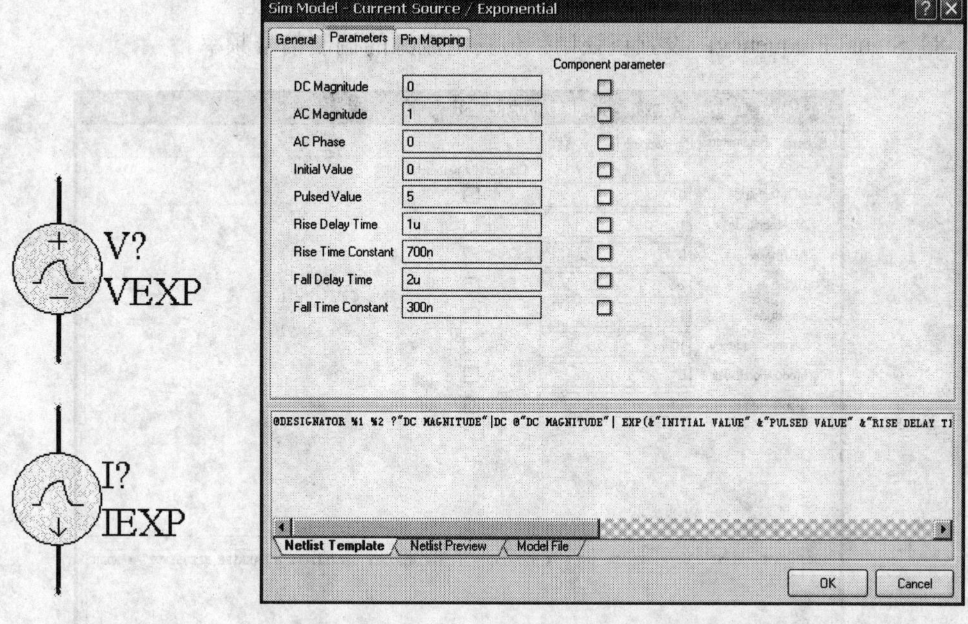

图 5-13　指数仿真电源　　　　图 5-14　指数仿真电流源的参数属性设置对话框

5.3.7　正弦调频仿真电源

同样，仿真元件库 Simulation Sources.IntLib 也为用户提供了两种类型的正弦调频仿真电源，它们分别是正弦调频仿真电流源（ISFFM）和正弦调频仿真电压源（VSFFM），如图 5-15 所示。其中，正弦调频仿真电流源的功能是为电路提供一个正弦调频的电流激励，正弦调频仿真电压源的功能是为电路提供一个正弦调频的电压激励。通常，正弦调频仿真电源用于作为高频信号仿真中的激励源。

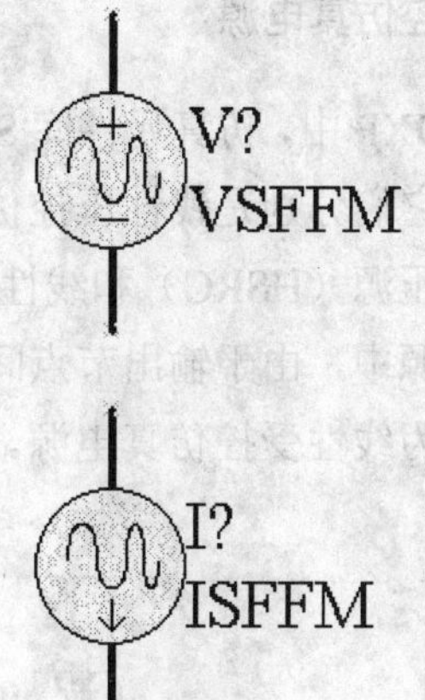

图 5-15　正弦调频仿真电源

在 Protel DXP 中，正弦调频仿真电流源的参数属性设置对话框如图 5-16 所示。不难看出，这个对话框中的具体参数设置如下：

1）DC Magnitude：对于正弦调频仿真电源来说，该项忽略。

2）AC Magnitude：设置正弦调频仿真电流源进行交流小信号分析时的电流值。

3）AC Phase：设置正弦调频仿真电流源进行交流小信号分析时的初始相位。

4）Offset：设置正弦调频仿真电流源中的直流分量。

5）Amplitude：设置正弦调频仿真电流源的信号幅度。

6）Carrier Frequency：设置正弦调频仿真电流源的载波频率。

7）Modulation Index：设置正弦调频仿真电流源的调制系数。

8）Signal Frequency：设置正弦调频仿真电流源的调制信号频率。

Sim Model - Current Source / Single-Frequency FM

General | Parameters | Pin Mapping

		Component parameter
DC Magnitude	0	☐
AC Magnitude	1	☐
AC Phase	0	☐
Offset	2.5	☐
Amplitude	1	☐
Carrier Frequency	100k	☐
Modulation Index	5	☐
Signal Frequency	10k	☐

```
@DESIGNATOR %1 %2 ?"DC MAGNITUDE"|DC @"DC MAGNITUDE"| SFFM(@OFFSET @AMPLITUDE @"CARRIER FREQUENCY" @"MODUI
```

Netlist Template | Netlist Preview | Model File

OK　Cancel

图 5-16　正弦调频仿真电流源的参数属性设置对话框

5.3.8　线性受控仿真电源

在 Protel DXP 中，仿真元件库 Simulation Sources.IntLib 为用户提供了 4 种类型的线性受控仿真电源，它们分别是线性压控仿真电压源（ESRC）、线性压控仿真电流源（GSRC）、线性流控仿真电压源（HSRC）和线性流控仿真电流源（FSRC），如图 5-17 所示。在上面的 4 种受控仿真电源中，由于输出节点间的电压或者电流是输入节点间的电压或者电流的线性函数，因此称之为线性受控仿真电源。

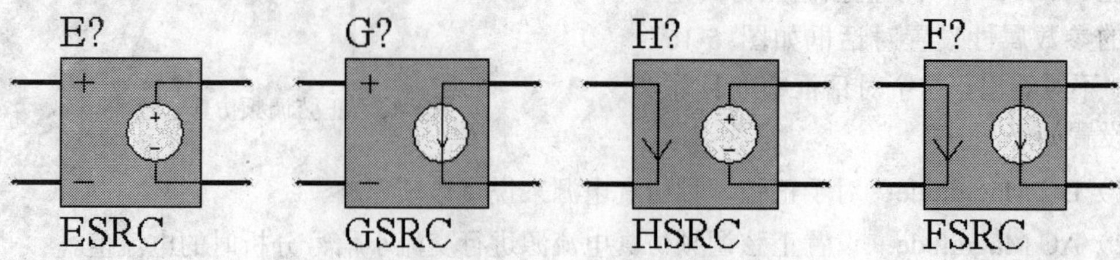

图 5-17　线性受控仿真电源

线性压控仿真电压源的参数属性设置对话框如图 5-18 所示。不难看出，这个对话框中只包括一个参数 Gain 的设置，它是用来设置线性压控仿真电压源的电压增益，这是一个没有量纲的物理量。另外，对于线性压控仿真电流源来说，参数 Gain 用来设置它的电导率，单位是 S（西门子）；对于线性流控仿真电压源来说，参数 Gain 用来设置它的阻抗，单位是Ω；对于线性流控仿真电流源来说，参数 Gain 用来设置它的电流增益。

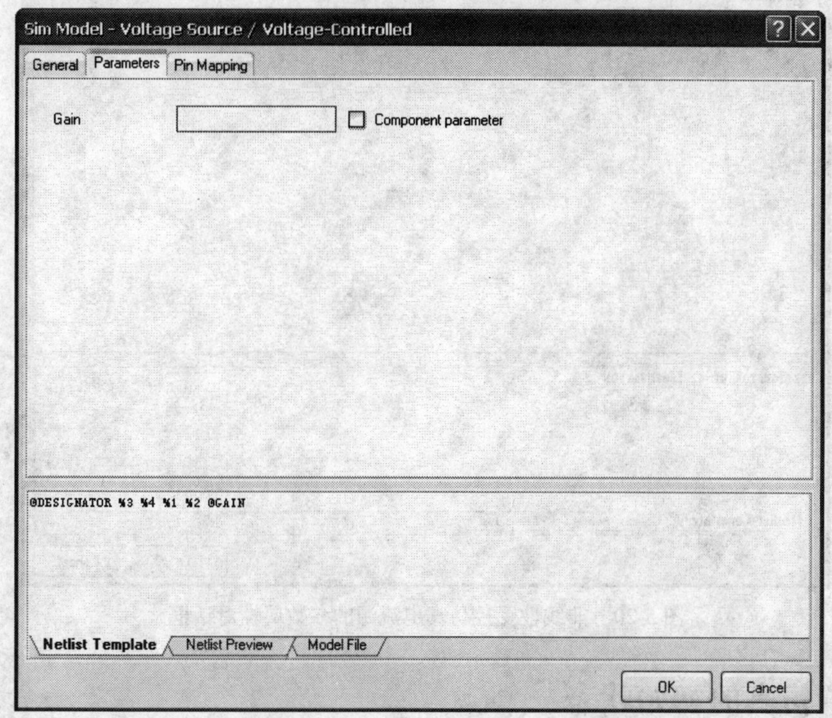

图 5-18　线性压控仿真电压源的参数属性设置对话框

5.3.9　非线性受控仿真电源

在 Protel DXP 中，仿真元件库 Simulation Sources.IntLib 为用户提供了两种类型的非线性受控仿真电源，它们分别是非线性受控仿真电流源（BISRC）和非线性受控仿真电压源（BVSRC），如图 5-19 所示。其中，非线性受控仿真电流源的功能是为电路提供一个非线性受控的电流激励源，非线性受控仿真电压源的功能是为电路提供一个非线性受控的电压激励源。非线性受控仿真电流源和非线性受控仿真电压源是标准的 SPICE 非线性受控激励源，也可以称作方程定义激励源。

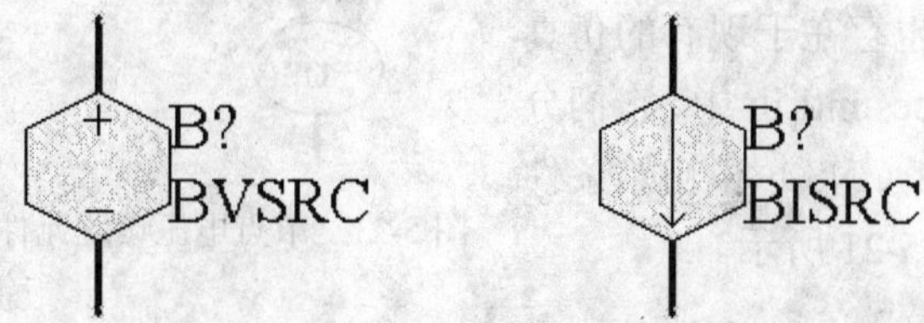

图 5-19　非线性受控仿真电源

在 Protel DXP 中，用户打开相应的非线性受控仿真电流源的参数属性对话框，如图 5-20

所示。不难看出，这个对话框中只包括一个参数 Equation 的设置，它的功能是用来设置非线性受控仿真电流源的波形表达式。

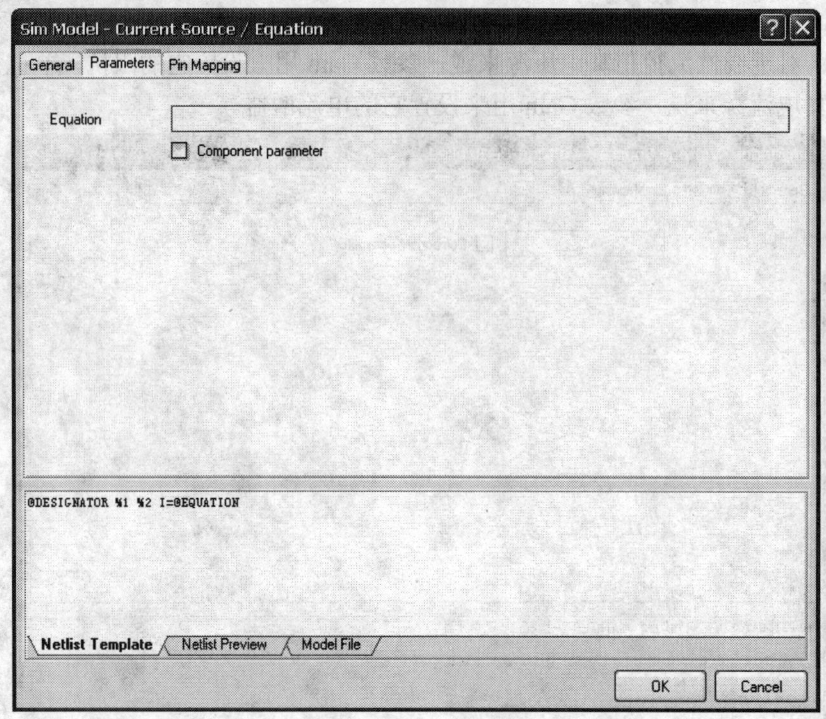

图 5-20　非线性受控仿真电流源的参数属性对话框

5.4　设置仿真的初始状态

在 Protel DXP 中，仿真初始状态的设置是通过初始状态定义符来进行的，它的主要目的是为了解决电路中的收敛问题，它的主要方法是从两个或者多个稳定工作点中选择一个作为初始点，作用是使电路原理图仿真能够顺利进行并且能够满足收敛问题。通常，用户在仿真非线性电路、振荡器或者触发器等电路的瞬态特性时，经常需要为计算偏置点而设置一个或者多个电压值、电流值，目的便是设置仿真的初始状态。

为了解决电路中的收敛问题，Protel DXP 为用户提供了初始状态设置元件。与仿真激励源类似，初始状态设置元件也是一种特殊的元件，它的具体放置方法、属性参数设置和具体操作与仿真激励源是完全相同的。同样，初始状态设置元件也存在于现有的仿真元件库 Simulation Sources.IntLib 中，它们分别是节点电压设置元件（.NS）和初始条件设置元件（.IC），如图 5-21 所示。

图 5-21　节点电压设置元件和初始条件设置元件

5.4.1　节点电压设置元件

在 Protel DXP 中，节点电压设置元件的功能是用来设置仿真电路原理图中指定节点的初始电压。这样，具体的初始电压设置完成后，仿真软件将会按照这个设置的节点电压来求得具体的仿真结果。可以看出，这个节点电压设置元件对于双稳态或者不稳定电路的瞬态特性分析来说是必须的，它可以使得电路摆脱停顿状态，从而进入到用户所希望的状态。

按照与仿真激励源类似的方法，用户可以打开与节点电压设置元件相对应的参数属性对话框，如图 5-22 所示。不难看出，参数属性对话框中只包含有一个参数 Initial Voltage 的设置，它的功能是用来设置节点电压的初始幅值。

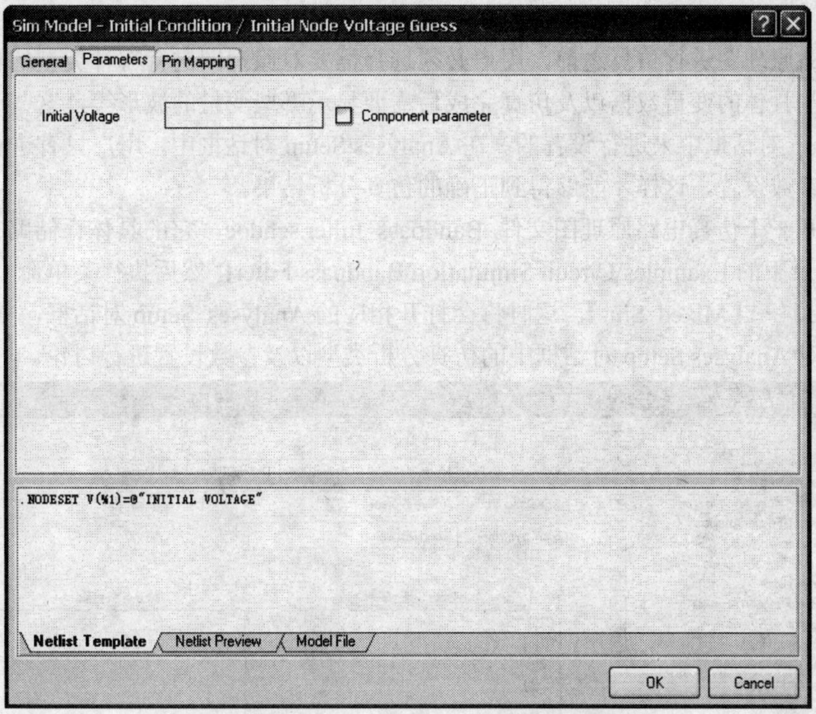

图 5-22　节点电压设置元件的参数属性对话框

通常，在双稳态或者不稳定电路的瞬态特性分析的过程中，仿真软件首先假设指定节点的电压收敛于节点电压设置元件的初始幅值，然后开始进行相应的仿真计算。如果计算出分析结果收敛，那么这时将会去掉相应的初始电压设置并重新开始计算，直到计算出一个真正的收敛分析结果；否则将会继续按照初始电压设置进行相应的仿真计算。

5.4.2　初始条件设置元件

在 Protel DXP 中，初始条件设置元件的功能是用来设置仿真电路原理图进行瞬态特性分析时的初始条件。这样，具体的初始条件设置完成后，仿真软件就会按照这个设置的初始条件来进行具体的仿真计算，从而得到相应的仿真结果。

按照与仿真激励源类似的方法，用户同样可以打开与初始条件设置元件相对应的参数属性对话框，这个对话框与节点电压设置元件的参数属性对话框是完全一样的。参数属性对话框中也只含有一个参数 Initial Voltage 的设置，它的功能是用来设置瞬态特性分析时的初始条件，即节点电压的初始幅值。

在一个瞬态特性分析的过程中，如果 Analyses Setup 对话框中的 Transient/Fourier Analysis 选项卡中的 Use Initial Conditions 复选框没有被选中，那么在静态工作点分析过程中节点电压就保持在由初始条件设置元件指定的初始幅值上，接下来将会去掉这个初始幅值而去进行相应的瞬态特性分析。如果 Use Initial Conditions 复选框被选中，那么仿真软件不需要进行静态工作点分析，而是直接采用初始条件设置元件指定的初始幅值来作为瞬态特性分析的初始条件，接下来便可以进行相应的瞬态特性分析。

5.5 仿真的分析类型及参数设置

在对电路原理图进行仿真之前，用户必须选择需要对原理图进行哪种类型的仿真分析，需要收集哪些具体的变量数据以及仿真完成后需要显示哪些变量的波形等，这些通常都是在 Analyses Setup 对话框中来进行设置的。在 Analyses Setup 对话框中，用户只有进行正确的分析类型以及参数设置，这样才能够得到正确的仿真分析结果。

首先打开一个仿真电路原理图文件 Bandpass Filter.schdoc，它的具体存储路径为 Protel DXP 安装目录下的 Examples\Circuit Simulation\Bandpass Filter；然后执行菜单命令【Design】→【Simulate】→【Mixed Sim】，这时将会打开相应的 Analyses Setup 对话框，如图 5-23 所示。下面将对 Analyses Setup 对话框中的仿真分析类型以及参数设置进行讨论。

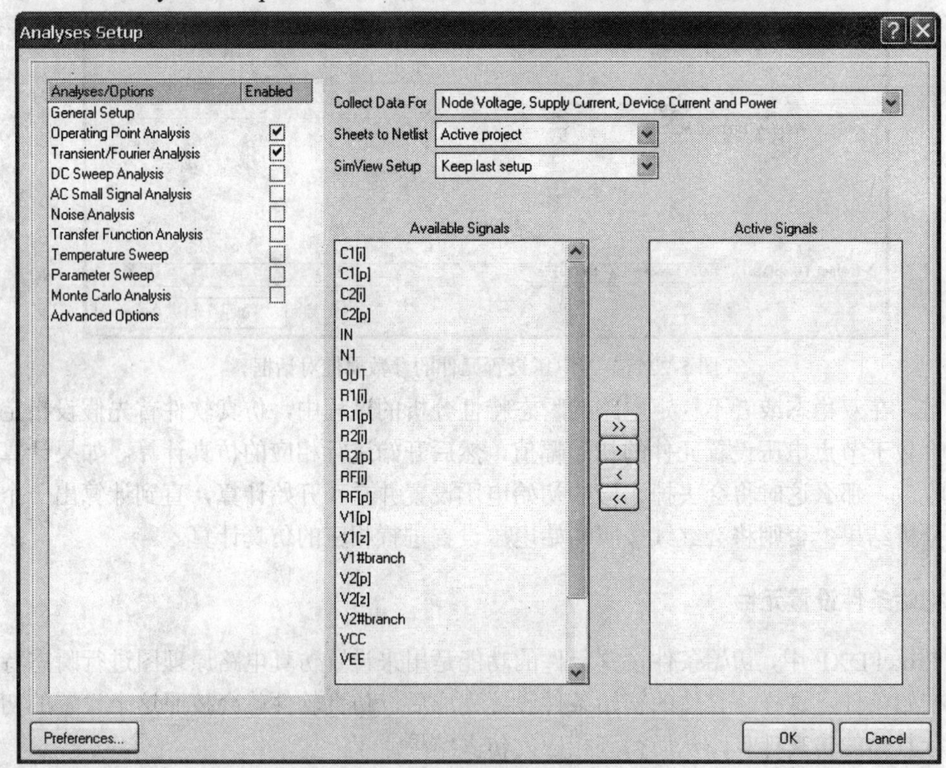

图 5-23 Analyses Setup 对话框

5.5.1 公共参数的设置

在 Analyses Setup 对话框中，General Setup 选项卡的作用是用来对电路原理图仿真的公共参数进行设置。通常，General Setup 选项卡的具体设置如图 5-23 所示。可以看出，它主要包括仿真的分析类型、需要保存的仿真数据（Collect Data For）、需要仿真的原理图（Sheets to

Netlist）、仿真显示结果的设置（SimView Setup）、可用信号列表框（Available Signals）和激活信号列表框（Active Signals）。General Setup 选项卡的具体设置如下：

1）仿真的分析类型：作用是用来设置需要对原理图进行哪种类型的仿真分析。在 General Setup 选项卡中的左侧，Protel DXP 为用户提供了 9 种仿真的分析类型，它们分别是 Operating Point Analysis（静态工作点分析）、Transient/Fourier Analysis（瞬态/傅里叶分析）、DC Sweep Analysis（直流扫描分析）、AC Small Signal Analysis（交流小信号分析）、Noise Analysis（噪声分析）、Transfer Function Analysis（传递函数分析）、Temperature Sweep（温度扫描分析）、Parameter Sweep（参数扫描分析）和 Monte Carlo Analysis（蒙特卡罗分析）。

2）Collect Data For：作用是用来设置需要保存的仿真节点数据，例如节点电压和电流等。下拉列表为用户提供了以下 5 个选项：

Node Voltage and Supply Current：保存仿真节点的电压和电源电流。

Node Voltage，Supply and Device Current：保存仿真节点的电压、电源和仿真元件的电流。

Node Voltage，Supply Current，Device Current and Power：保存仿真节点的电压、电源电流、仿真元件的电流和消耗功率。

Node Voltage，Supply Current and Subcircuit VARs：保存仿真节点的电压、电源电流和支路变量。

Active Signals：保存所有激活信号的仿真数据。

3）Sheets to Netlist：作用是用来设置需要仿真的原理图，即仿真程序的仿真范围。下拉列表为用户提供了以下两个选项：

Active sheet：仿真程序的范围是当前激活的原理图。

Active project：仿真程序的范围是当前激活的整个项目。

4）SimView Setup：作用是用来设置具体的仿真显示结果。下拉列表为用户提供了以下两个选项：

Keep last setup：保持上一次的具体设置，这时系统将会按照上次对仿真节点数据的选择结果来保存和显示仿真数据。

Show active signals：按照当前选择的激活信号来保存和显示仿真数据。

5）Available Signals：这个列表框的作用是用来给出仿真过程中所有可用的信号。

6）Active Signals：这个列表框的作用是用来给出仿真过程中的所有激活信号。

另外，General Setup 选项卡还为用户提供了 4 个选择按钮，它们的主要功能是用来对 Available Signals 列表框和 Active Signals 列表框中的信号进行添加和删除操作。各个按钮的具体功能如下：

[>>]：将 Available Signals 列表框中的所有信号添加到 Active Signals 列表框中。

[>]：将 Available Signals 列表框中的选中信号添加到 Active Signals 列表框中。

[<]：将 Active Signals 列表框中的所有信号移回到 Available Signals 列表框中。

[<<]：将 Active Signals 列表框中的选中信号移回到 Available Signals 列表框中。

5.5.2 静态工作点分析

在模拟电路中，静态工作点是在分析放大电路中提出来的，它是放大电路正常工作的重要条件。如果把放大电路的输入信号短路，那么这时放大电路将会处于无信号输入的状态，即称为静态。一般来说，静态工作点分析就是在电感元件看作是短路、电容元件看作是断路的情况下，分别计算电路中各节点的状态。

由于静态工作点分析是其他一些分析的重要基础，因此即使用户没有选择静态工作点分析，那么对于需要进行静态工作点分析的其他分析来说，系统将会自动运行相应的静态工作点分析，只不过不显示静态工作点的仿真数据。例如，在进行交流小信号的分析时，仿真软件会先进行静态工作点分析，这样做的目的是确定电路节点的初始状态，然后系统才会进行相应的交流小信号分析。

在 Analyses Setup 对话框中，单击相应的 Operating Point Analysis 选项卡，这时对话框的右侧将会给出相应的参数设置。由于静态工作点分析是一种电路节点初始状态的分析过程，因此它不需要进行任何参数的设置，如图 5-24 所示。

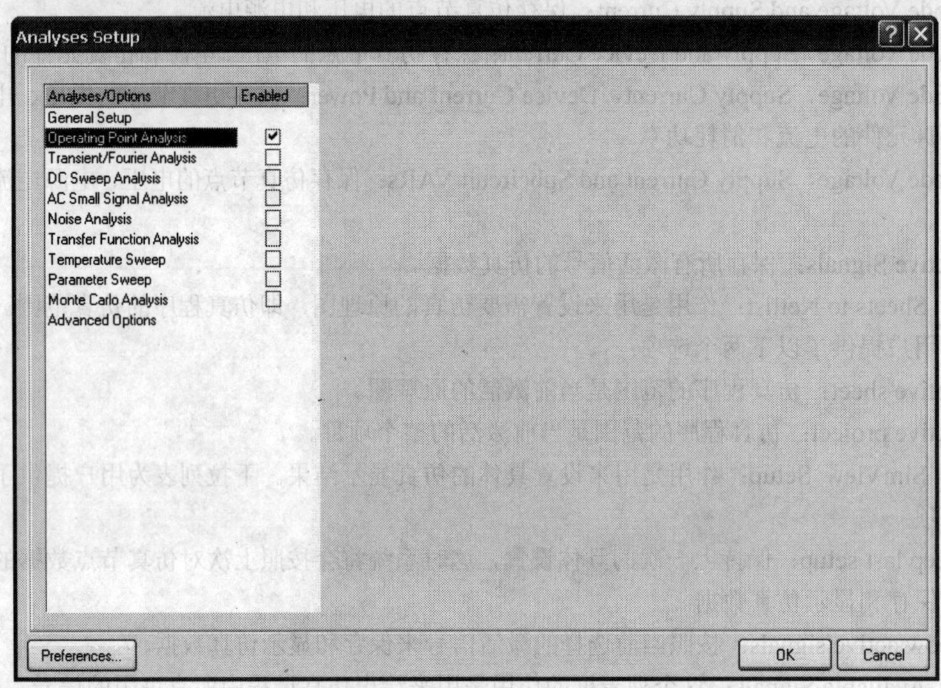

图 5-24 Operating Point Analysis 选项卡

5.5.3 瞬态/傅里叶分析

在电路原理图的仿真过程中，瞬态特性分析是一种时域分析方式，它产生的结果就像采用示波器测量的波形一样，可以用来获得电路中各个节点的瞬态输出变量，例如电压、电流和功率等。进行瞬态特性分析时，系统将会自动预先运行静态工作点分析，作用是用来确定电路中的直流偏置。

瞬态特性分析通常是从零时刻开始的，在零时刻和开始时间这个时间段内，仿真软件进行瞬态特性分析但并不保存仿真的结果；在开始时间和终止时间这个时间段内，仿真软件进行瞬态特性分析的同时还要保存仿真的结果，目的是为分析后的波形显示做准备。

时间步长通常用来作为瞬态特性分析的微小时间增量，这个步长并不是固定不变的，系统为了获得收敛性将会自动改变这个步长。最大时间步长用于瞬态特性分析时将时间片的变化限制在一定的范围之内，系统默认它等于时间步长或者等于(终止时间–开始时间)的 1/50。一般来讲，用户习惯将时间步长和最大时间步长设置为同一个值。

在电路原理图的仿真过程中，傅里叶分析是一种频域分析方式，它的功能是对瞬态特性分析过程中获得的最后一个周期的瞬态数据进行相应的傅里叶分析，目的是得到电路节点的直流分量、基波以及各次谐波分量。例如，傅里叶分析的基频设为 1.000kHz，那么系统将会对最后一个周期（即 1ms）的瞬态数据进行傅里叶分析。

在 Analyses Setup 对话框中，单击相应的 Transient/Fourier Analysis 选项卡，这时对话框的右侧将会给出相应的参数设置，如图 5-25 所示。可以看出，这个选项卡中主要包括如下的参数设置：

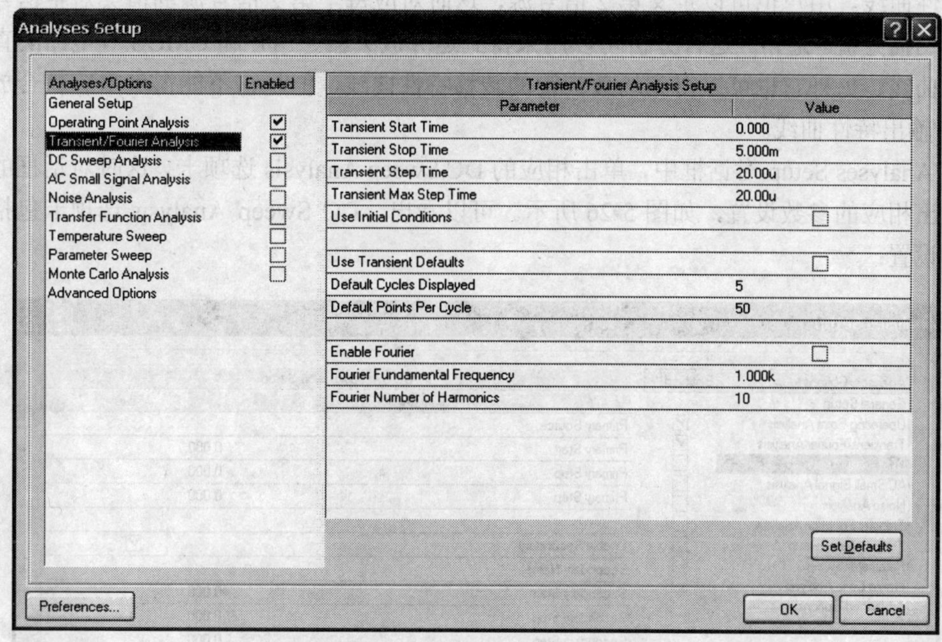

图 5-25　Transient/Fourier Analysis 选项卡

1）Transient Start Time：设置瞬态特性分析的开始时间。

2）Transient Stop Time：设置瞬态特性分析的终止时间。

3）Transient Step Time：设置瞬态特性分析的时间步长。

4）Transient MAX Step Time：设置瞬态特性分析的最大时间步长。

5）Use Initial Conditions：设置瞬态特性分析是否从预先定义的初始条件开始，而忽略相应的静态工作点分析。如果用户希望从一个非静态工作点出发进行瞬态特性分析，那么此时应该选中该选项。但是需要特别主要的是，这时用户需要保证为电路中的电容和电感等储能元件设置初始条件或者直接在原理图中放置相应的初始条件设置元件。

6）Use Transient Defaults：设置瞬态特性分析时系统是否自动计算瞬态分析的相应参数。这时开始时间为零，而终止时间、时间步长和最大时间步长采用默认值计算，显示的周期数目和每周期的取样点数基于电路中的最低频率源。

7）Default Cycles Displayed：设置瞬态特性分析时显示仿真结果的周期数目。

8）Default Points Per Cycle：设置瞬态特性分析时每周期的取样点数。通常，每周期的取样点数越多，显示的仿真波形越平滑，花费的仿真时间也越多；反之显示的仿真波形越不平滑，花费的仿真时间也越少。

9）Enable Fourier：设置瞬态特性分析时是否采用傅里叶分析。

10）Fourier Fundamental Frequency：设置傅里叶分析时的基频。

11）Fourier Number of Harmonics：设置傅里叶分析时的谐波数。

5.5.4 直流扫描分析

在电路原理图的仿真过程中，直流扫描分析的输出就像一个曲线跟踪器，它会根据信号源的电压变化而进行一系列的工作点分析，每次修改信号源的电压都会给出一个相应的直流传输特性曲线。用户也可以定义第 2 信号源，这时对应每个第 2 信号源的值会对主信号源进行直流扫描分析。通常，这种分析可以用来得到运算放大器、TTL 和 CMOS 等电路的直流传输特性曲线，另外它也可以得到场效应管的转移特性曲线，但是它不能得到阻容耦合放大器的输入/输出特性曲线。

在 Analyses Setup 对话框中，单击相应的 DC Sweep Analysis 选项卡，这时对话框的右侧将会给出相应的参数设置，如图 5-26 所示。可以看出，DC Sweep Analysis 选项卡包括如下的参数设置：

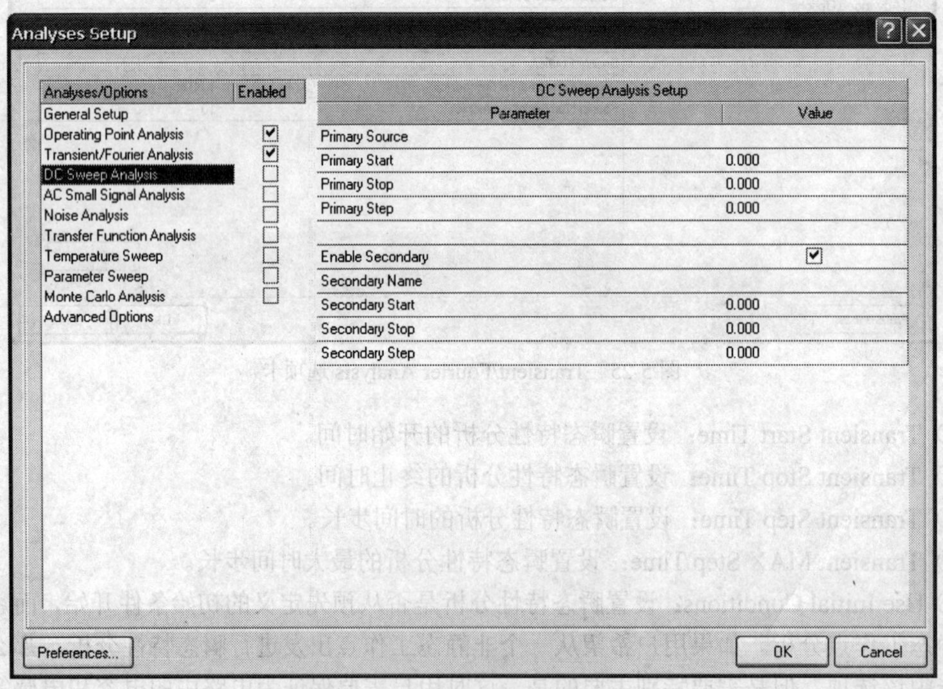

图 5-26　DC Sweep Analysis 选项卡

1）Primary Source：设置直流扫描分析时的主信号源。

2）Primary Start：设置直流扫描分析时主信号源的开始电压值。

3）Primary Stop：设置直流扫描分析时主信号源的终止电压值。

4）Primary Step：设置直流扫描分析时主信号源的电压幅值变化的步长。

5）Enable Secondary：设置直流扫描分析时是否使用第 2 信号源。如果该选项设为有效，那么用户便可以对第 2 信号源、开始电压值、终止电压值和相应的步长进行设置；否则相应的第 2 信号源将不需要进行设置。

5.5.5　交流小信号分析

在电路原理图的仿真过程中，交流小信号分析是一种线性频域分析方式，它的功能是产生电路的频率响应输出，即将输出变量作为频率的函数计算出来。通常，交流小信号分析首先进行一个工作点分析，目的是确定电路的直流偏置；其次是采用固定幅值的正弦信号发生器来代替信号源；最后将在指定的频率范围内对已经线性化的电路进行频率扫描分析。一般情况下，交流小信号分析的理想输出结果是一个传输函数，例如电压增益。

在 Analyses Setup 对话框中，单击相应的 AC Small Signal Analysis 选项卡，这时对话框的右侧将会给出相应的参数设置，如图 5-27 所示。可以看出，AC Small Signal Analysis 选项卡中的具体参数设置如下：

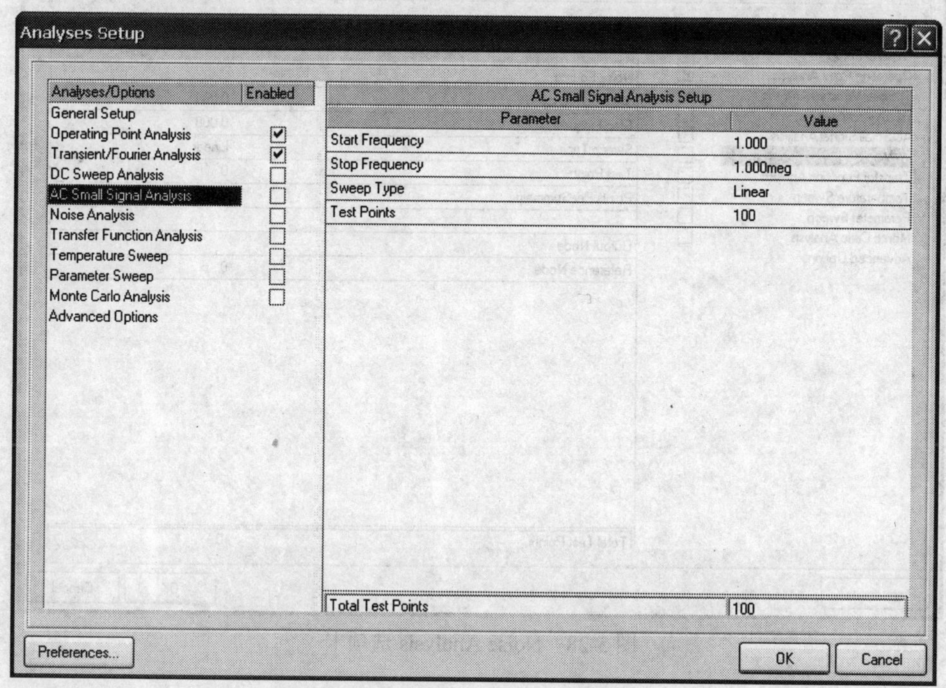

图 5-27　AC Small Signal Analysis 选项卡

1）Start Frequency：设置交流小信号分析时的开始频率。

2）Stop Frequency：设置交流小信号分析时的终止频率。

3）Sweep Type：设置交流小信号分析时的具体扫描类型。下拉列表为用户提供了以下 3 种扫描类型：

Linear：线性扫描方式，相应的测试点数定义了扫描中测试点总数。

Decade：10 倍频扫描方式，相应的测试点数定义了扫描中每 10 倍频中的测试点数。

Octave：8 倍频扫描方式，相应的测试点数定义了扫描中每 8 倍频中的测试点数。

4）Test Points：设置交流小信号分析时的测试点数。

5）Total Test Points：显示交流小信号分析时的测试点总数，它与扫描类型有关。

5.5.6 噪声分析

在电路原理图的仿真过程中，噪声分析主要用于分析电路的噪声特性，目的是通过分析噪声的频谱密度关系来确定电路中的电阻和半导体元件对噪声特性的影响。在电路系统中，由于电路中产生噪声的元件主要有电阻和半导体器件，每个元件的噪声源在交流小信号分析的频率处计算其相应的噪声，然后传送到相应的输出节点并将所有的噪声进行相加，这样便会得到指定输出节点的等效输出噪声，同时还可以计算出从输入节点到输出节点的电压增益，从而得到等效的输入噪声信号。

在 Analyses Setup 对话框中，单击相应的 Noise Analysis 选项卡，这时对话框的右侧将会给出相应的参数设置，如图 5-28 所示。可以看出，Noise Analysis 选项卡中的具体参数设置如下：

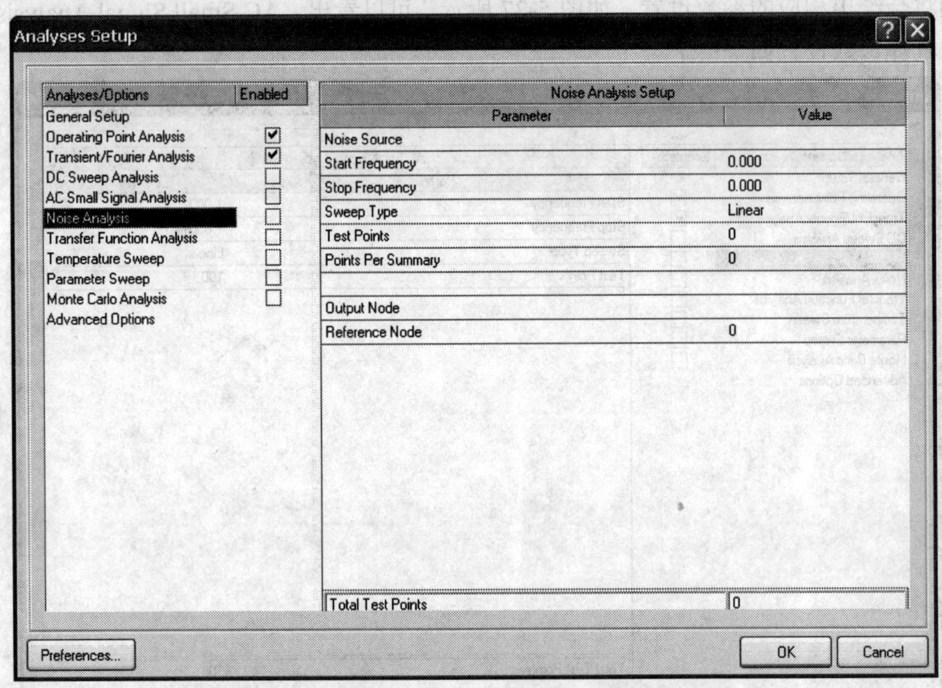

图 5-28　Noise Analysis 选项卡

1）Noise Source：设置噪声分析时的噪声信号源。

2）Start Frequency：设置噪声分析时的开始频率。

3）Stop Frequency：设置噪声分析时的终止频率。

4）Sweep Type：设置噪声分析时的具体扫描类型。下拉列表为用户提供了以下 3 种扫描类型：

Linear：线性扫描方式，相应的测试点数定义了扫描中测试点总数。

Decade：10 倍频扫描方式，相应的测试点数定义了扫描中每 10 倍频中的测试点数。

Octave：8 倍频扫描方式，相应的测试点数定义了扫描中每 8 倍频中的测试点数。

5）Test Points：设置噪声分析时的测试点数。

6）Points Per Summary：设置噪声分析时的具体方式。如果设置内容为 0 时，那么这时候只计算输入节点噪声和输出节点噪声；如果设置内容为 1 时，那么这时候将会计算每个指定元件的噪声。

7）Output Node：设置噪声分析时的输出节点。

8）Reference Node：设置噪声分析时的参考节点，输出节点的噪声是相对于这个参考点而言的，其中 0 表示选择电路中的地作为相应的参考节点。

9）Total Test Points：显示噪声分析时的测试点总数，它与扫描类型有关。

5.5.7　传递函数分析

在电路原理图的仿真过程中，传递函数分析的功能是用于计算直流的输入阻抗、输出阻抗和直流增益等参数。在 Analyses Setup 对话框中，单击相应的 Transfer Function Analysis 选项卡，这时对话框的右侧将会给出相应的参数设置，如图 5-29 所示。可以看出，Transfer Function Analysis 选项卡中的具体参数设置如下：

1）Source Name：设置传递函数分析时的直流信号源。

2）Reference Node：设置传递函数分析时直流信号源的参考节点，其中 0 表示选择电路中的地作为相应的参考节点。

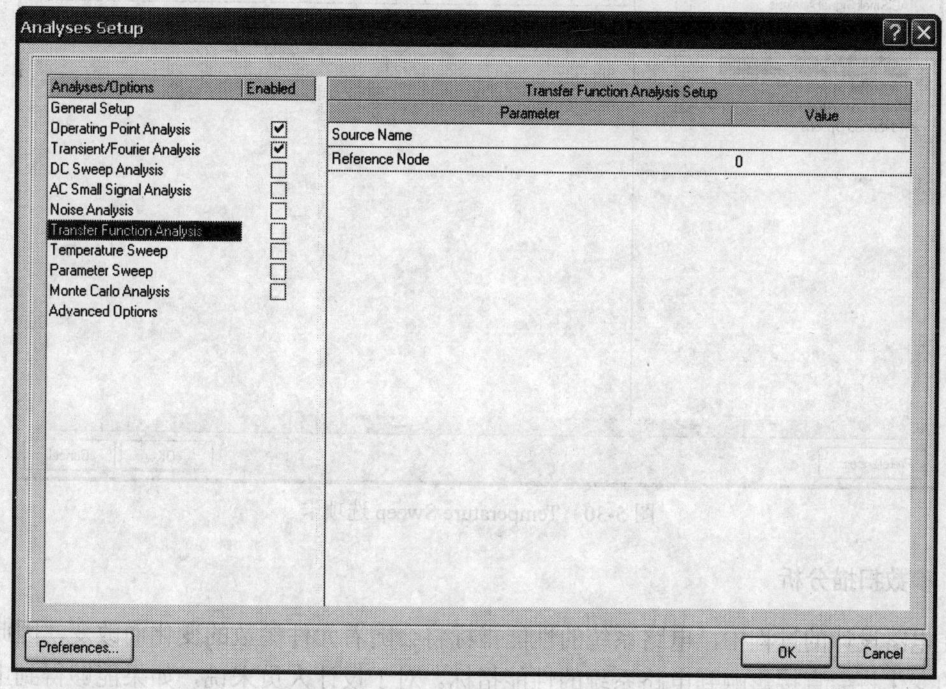

图 5-29　Transfer Function Analysis 选项卡

5.5.8　温度扫描分析

在电路设计的过程中，具体的元件参数经常会随着温度的变化而改变，因此温度的改变将会影响到电路系统的性能指标。对于设计人员来说，如果能够得到电路中性能指标跟随温度的变化曲线将会对电路的设计十分有帮助，温度扫描分析正是为了得到相应的随温度变化的电路响应曲线而设计的。

通常，仿真元件库中的所有元件参数都是假定在常温下，即 27℃下的值。对于某些元件而言，用户可以在相应的属性设置对话框中修改元件的工作温度。一般在进行瞬态特性分析、直流扫描分析和交流小信号分析时，用户可以采用温度扫描分析来进行不同温度条件下的分析，目的是得到电路中性能指标随温度变化的情况。需要注意的是，温度扫描分析不能单独使用，它必须与其他分析配合才能够使用。

在 Analyses Setup 对话框中，单击相应的 Temperature Sweep 选项卡，这时对话框的右侧将会给出相应的参数设置，如图 5-30 所示。可以看出，Temperature Sweep 选项卡中的具体参数设置如下：

1）Start Temperature：设置温度扫描分析时的开始温度。

2）Stop Temperature：设置温度扫描分析时的终止温度。

3）Step Temperature：设置温度扫描分析时的温度变化步长。

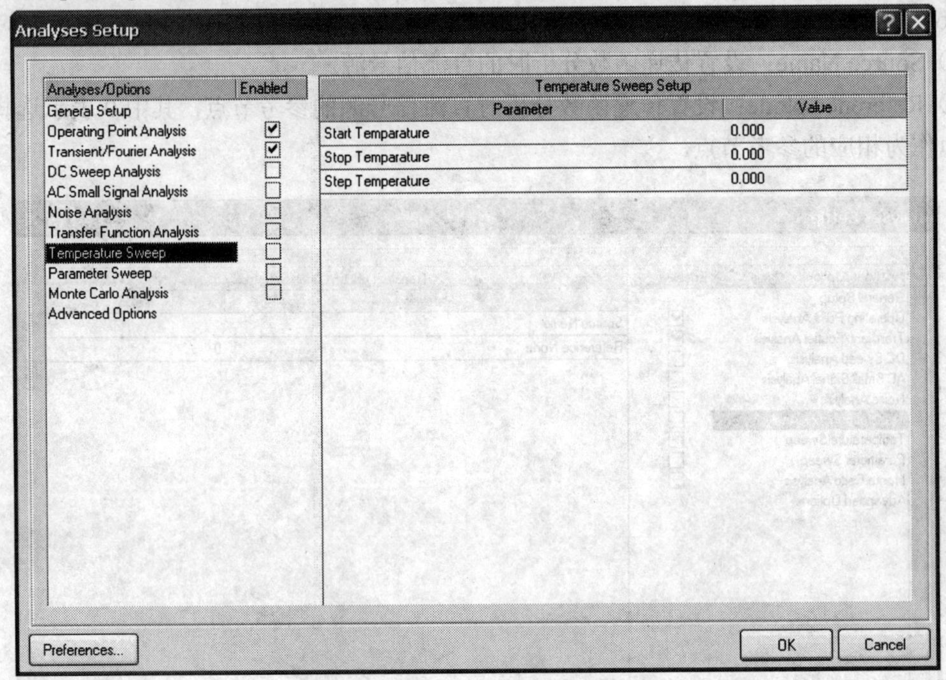

图 5-30　Temperature Sweep 选项卡

5.5.9　参数扫描分析

在电路设计的过程中，电路系统的性能指标将会随着元件参数的变化而改变，因此元件参数的变化将会直接影响到电路系统的性能指标。对于设计人员来说，如果能够得到电路性能指标随元件参数变化的相应电路响应，那么这样就可以确定电路系统中关键元件的参数取值。因此，电路中提出了参数扫描分析的概念，目的是解决上面的问题。

在电路原理图的仿真过程中，参数扫描分析是与瞬态特性分析、直流扫描分析和交流小信号分析的一种或者几种联合使用的，单独的参数扫描分析是没有任何意义的。在进行电路系统的瞬态特性分析、直流扫描分析和交流小信号分析时，参数扫描分析的功能是用来获得电路中关键元件参数的变化对电路系统性能指标的影响。

在 Analyses Setup 对话框中，单击相应的 Parameter Sweep 选项卡，这时对话框的右侧将会给出相应的参数设置，如图 5-31 所示。可以看出，Parameter Sweep 选项卡中主要包括如下的参数设置：

1）Primary Sweep Variable：设置参数扫描分析时的主扫描参数变量。

2）Primary Start Value：设置参数扫描分析时扫描参数的起始值。

3）Primary Stop Value：设置参数扫描分析时扫描参数的结束值。

4）Primary Step Value：设置参数扫描分析时扫描参数的变化步长。

5）Primary Sweep Type：设置参数扫描分析时的具体扫描类型。下拉列表为用户提供了以下两种扫描类型：

Absolute Values：参数扫描按照绝对值变化来给出相应的分析参数值。

Relative Values：参数扫描按照相对值变化来给出相应的分析参数值。

6）Enable Secondary：设置参数扫描分析是否使用第 2 参数扫描。如果该选项设为有效，那么用户便可以对第 2 扫描参数变量、起始值、结束值和相应的变化步长进行设置；否则相应的第 2 扫描参数变量将不需要进行设置。

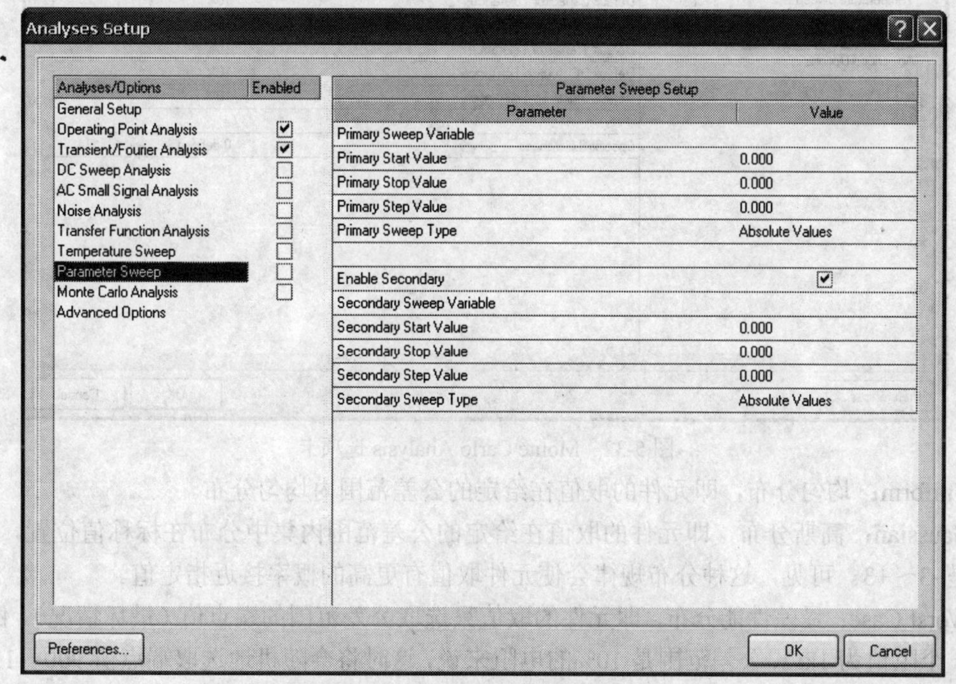

图 5-31 Parameter Sweep 选项卡

5.5.10 蒙特卡罗分析

在电路原理图的仿真过程中，蒙特卡罗分析是一种数理统计的分析方式，它的功能是对元件在特定的公差范围内由于随机变化而造成的离散性进行仿真分析。通常，在进行蒙特卡罗分析的过程中，子电路的数据将不会发生变化，只有基于元件和模型的数据才能变化。

在仿真过程中，蒙特卡罗分析是与瞬态特性分析、直流扫描分析和交流小信号分析的一种或者几种联合使用的，单独的蒙特卡罗分析也是没有任何意义的。另外，只有对于那些在 Analyses Setup 对话框中加载到 Active Signals 列表框中的节点信号，仿真软件才会保存它们的蒙特卡罗分析数据。

在 Analyses Setup 对话框中，单击相应的 Monte Carlo Analysis 选项卡，这时对话框的右侧将会给出相应的参数设置，如图 5-32 所示。可以看出，Monte Carlo Analysis 选项卡中主要包括如下的参数设置：

1）Seed：设置蒙特卡罗分析时用来产生随机数的种子数，系统默认值是-1。通常，改变种子数，用来进行蒙特卡罗分析的随机数序列也将发生变化。

2）Distribution：设置蒙特卡罗分析时进行数理统计的元件值的分布规律。下拉列表为用户提供了以下 3 种分布规律：

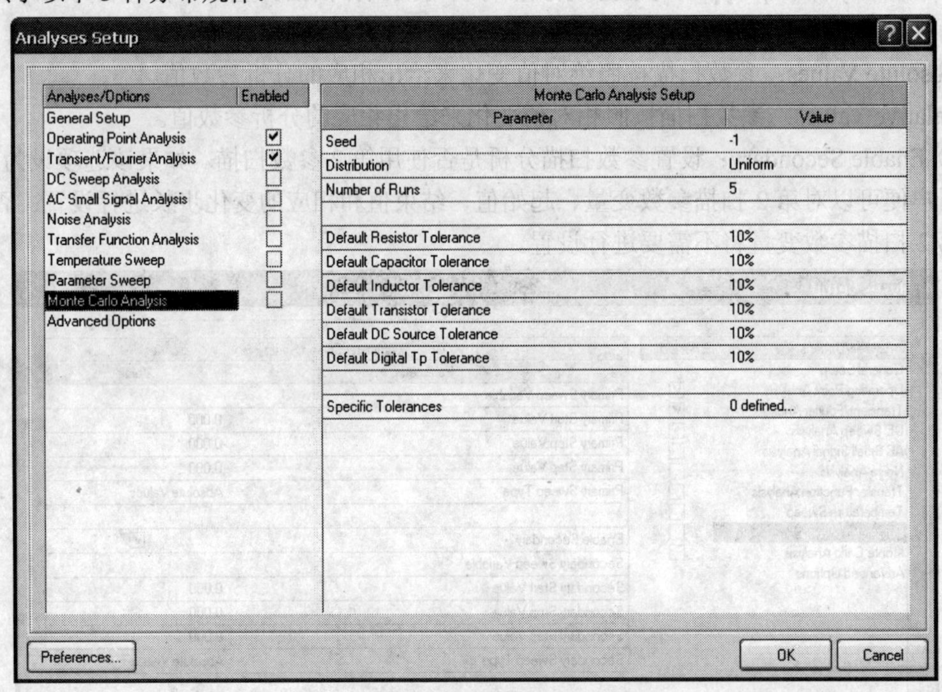

图 5-32 Monte Carlo Analysis 选项卡

Uniform：均匀分布，即元件的取值在给定的公差范围内均匀分布。

Gaussian：高斯分布，即元件的取值在给定的公差范围内集中分布在标称值位置，公差范围是-3～+3。可见，这种分布规律会使元件取值有更高的概率接近指定值。

Worst Case：最差性能分布，即元件的取值只选取公差范围的端点值（最坏情况）。例如，对于一个阻值为 1kΩ、公差范围是 10%的电阻来说，这时将会随机地选取端点值 900～1100Ω 中的一个值。对于任意次的仿真过程来说，低端值 900Ω和高端值 1100Ω具有相同的取值概率。

3）Number of Runs：设置蒙特卡罗分析时想要进行的具体仿真次数。例如，如果定义次数为 10，那么系统将在公差范围内运行 10 次，但每次运行都使用不同的元件值来进行具体的仿真操作。

4）Default Resistor Tolerance：设置蒙特卡罗分析时电阻元件的默认公差，系统默认值是 10%。

5）Default Capacitor Tolerance：设置蒙特卡罗分析时电容元件的默认公差，系统默认值是 10%。

6）Default Inductor Tolerance：设置蒙特卡罗分析时电感元件的默认公差，系统默认值是 10%。

7）Default Transistor Tolerance：设置蒙特卡罗分析时晶体管元件的默认公差，系统默认值是 10%。

8）Default DC Source Tolerance：设置蒙特卡罗分析时直流激励源的默认公差，系统默认值是 10%。

9）Default Digital Tp Tolerance：设置蒙特卡罗分析时数字元件传输时间的默认公差，系统默认值是 10%。

10）Specific Tolerances：设置蒙特卡罗分析时添加其他元件的默认公差，单击右侧的...按钮，这时将会弹出如图 5-33 所示的默认公差指定对话框。

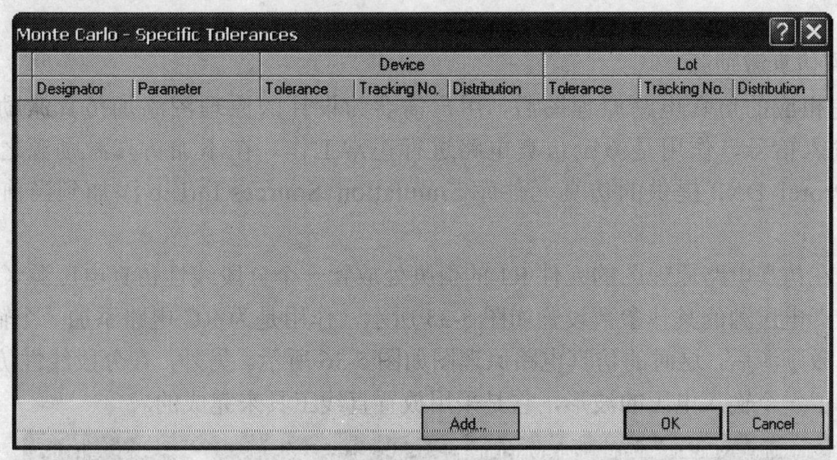

图 5-33　默认公差指定对话框

可以看出，通过默认公差指定对话框中的 Add... 按钮，用户可以很容易地添加其他元件的默认公差。由于这个操作比较简单，这里就不进行介绍了。

5.6　原理图仿真实例

本节将介绍一个简单 RC 电路的仿真实例。通过这个实例的介绍，希望读者能够掌握原理图仿真的具体步骤以及仿真波形的管理方法。

5.6.1　简单 RC 电路的仿真

1．设计仿真电路原理图

在 Protel DXP 中，仿真电路原理图的设计方法与普通电路原理图的设计方法完全一致，但是需要注意的是仿真电路原理图中所有的元件都必须具有仿真模型。如果仿真电路原理图中的某一个元件不具有仿真模型，那么仿真软件在仿真过程中会因为找不到相应的仿真模型而终止仿真过程，这样将会导致整个过程的失败。同时，设计仿真电路原理图的过程中，用户必须对电路元件的标称值（例如电阻、电容和电感的值等）进行设置，因为它们对电路原理图的仿真是必不可少的。

下面绘制一个简单的 RC 电路原理图，如图 5-34 所示。可以看出，这个仿真电路原理图与普通的电路原理图是完全一样的，不同的是原理图中的所有电阻元件 R1、R2、RL 和电容元件 C1、C2 都具有仿真模型。

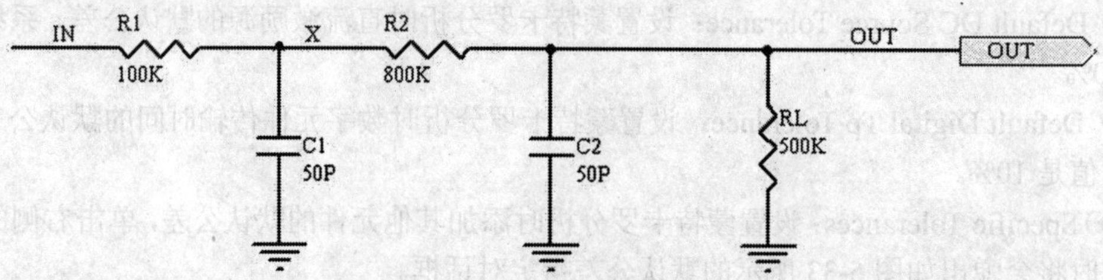

图 5-34 简单 RC 电路原理图

2．设置仿真激励源

设计完相应的仿真电路原理图后，用户需要为设计的原理图添加仿真激励源，它相当于一个输入信号，作用是激励仿真电路进行正常工作。在添加仿真激励源之前，用户首先要把 Protel DXP 提供的仿真元件库 Simulation Sources.IntLib 添加到当前的设计项目中。

下面将在仿真电路原理图的元件 R1 的引脚处放置一个分段线性仿真电压源（VPWL），分段线性仿真电压源的具体参数设置如图 5-35 所示，作用是为 RC 电路添加一个输入电压。设置完仿真激励源后，这时的仿真电路原理图如图 5-36 所示。另外，在分段线性仿真电压源的左侧绘制了一个输入电压的波形，它是采用放置直线工具来完成的。

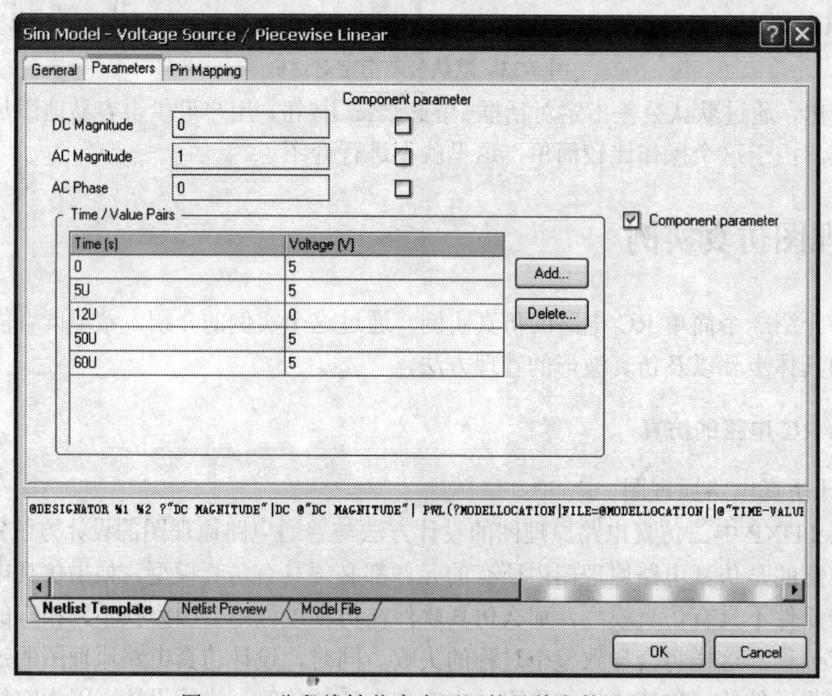

图 5-35 分段线性仿真电压源的具体参数设置

3．设置仿真节点

通常，为了便于观测波形，用户常常需要在需要观测仿真波形的节点上放置节点网络标号。如果用户需要观察仿真电路原理图中的多个节点，那么只需要放置多个节点网络标号即可，例如图 5-36 中的网络标号 IN、X 和 OUT。放置节点网络标号的具体操作方法与普通电路原理图中放置网络标号的方法完全相同，这里就不进行介绍了。

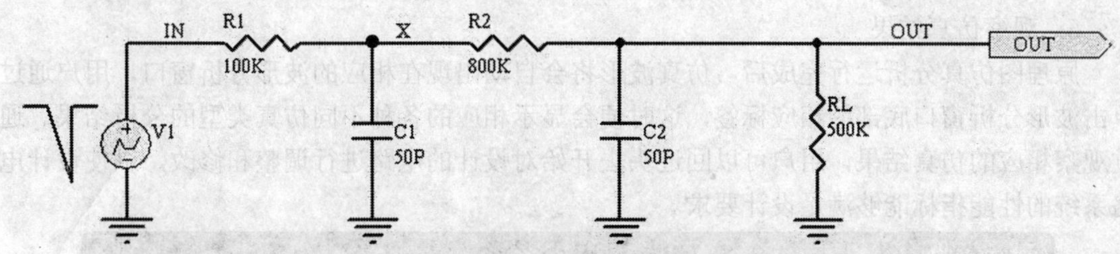

图 5-36　添加激励源后的 RC 电路原理图

4．设置仿真分析类型和参数

执行相应的菜单命令【Design】→【Simulate】→【Mixed Sim】，这时将会打开相应的 Analyses Setup 对话框；然后在对话框的 General Setup 选项卡中，选择静态工作点分析和瞬态/傅里叶分析两种仿真分析类型；接下来将 Available Signals 列表框中的节点信号 C1[i]、C2[p]、IN、OUT 和 X 添加到 Active Signals 列表框中。这时，Analyses Setup 对话框如图 5-37 所示。

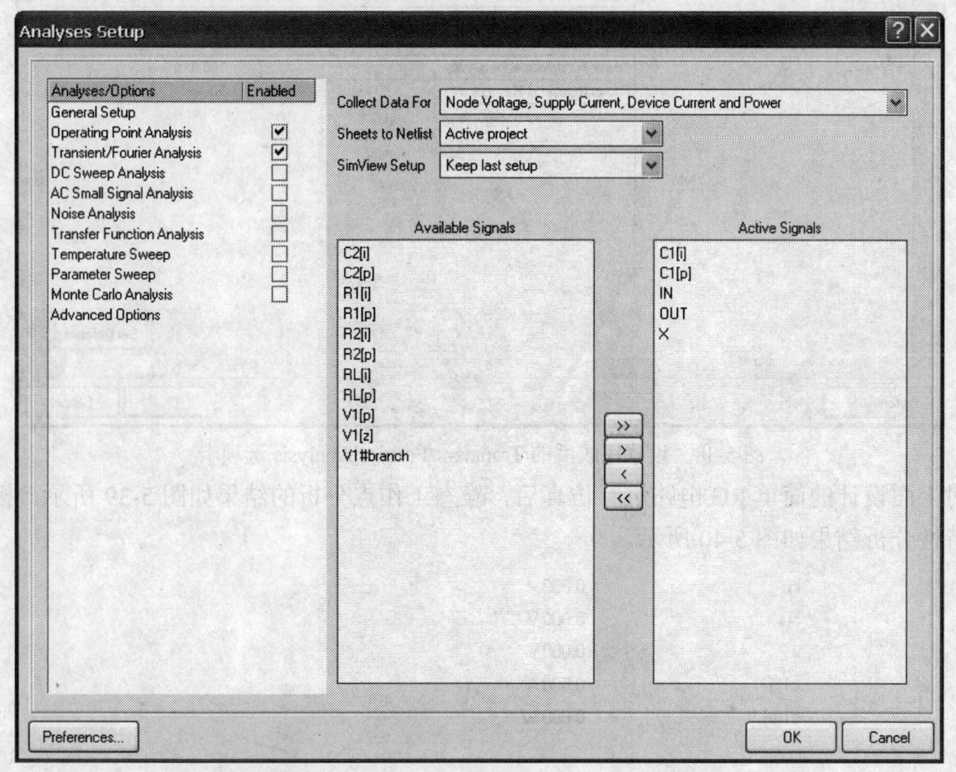

图 5-37　设置仿真类型和节点信号后的 Analyses Setup 对话框

在 Analyses Setup 对话框中，单击相应的 Transient/Fourier Analysis 选项卡，这时对话框的右侧将会给出相应的参数设置；接下来用户便可以对相应的参数进行设置，设置完成后的 Transient/Fourier Analysis 选项卡如图 5-38 所示。

5．运行原理图仿真分析

完成上面的各个步骤后，单击 Analyses Setup 对话框中的 OK 按钮，这时 Protel DXP 将会运行相应的原理图仿真过程。经过一段时间后，系统将会给出相应节点信号的仿真波形和仿真网络表文件，它们的文件扩展名为.sdf 和.nsx。

6．观察仿真结果

原理图仿真分析运行完成后，仿真波形将会自动出现在相应的波形分析窗口，用户通过单击波形分析窗口底部的相应标签，这时便会显示相应的各种不同仿真类型的分析结果。通过观察相应的仿真结果，用户可以回过头去开始对设计的电路进行调整和修改，以使设计电路系统的性能指标能够满足设计要求。

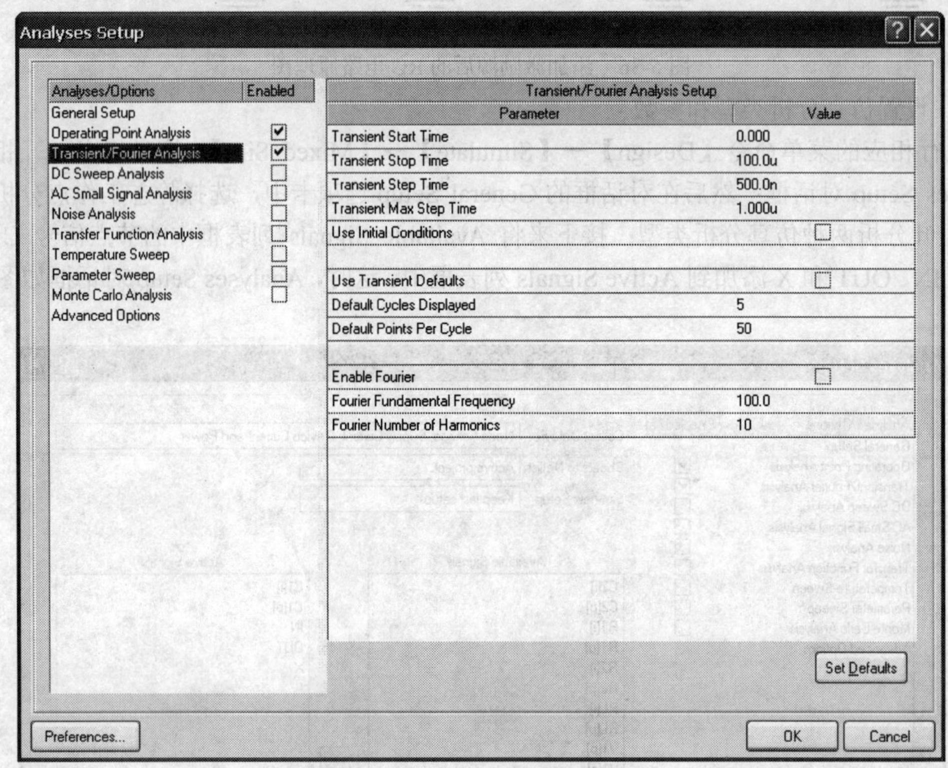

图 5-38 设置完成后的 Transient/Fourier Analysis 选项卡

对上面设计的简单 RC 电路进行仿真后，静态工作点分析的结果如图 5-39 所示，相应的瞬态特性分析结果如图 5-40 所示。

in	0.000 V
out	0.000 V
x	0.000 V
c1[i]	0.000 A
c1[p]	0.000 W

Operating Point　Transient Analysis

图 5-39 静态工作点分析的结果

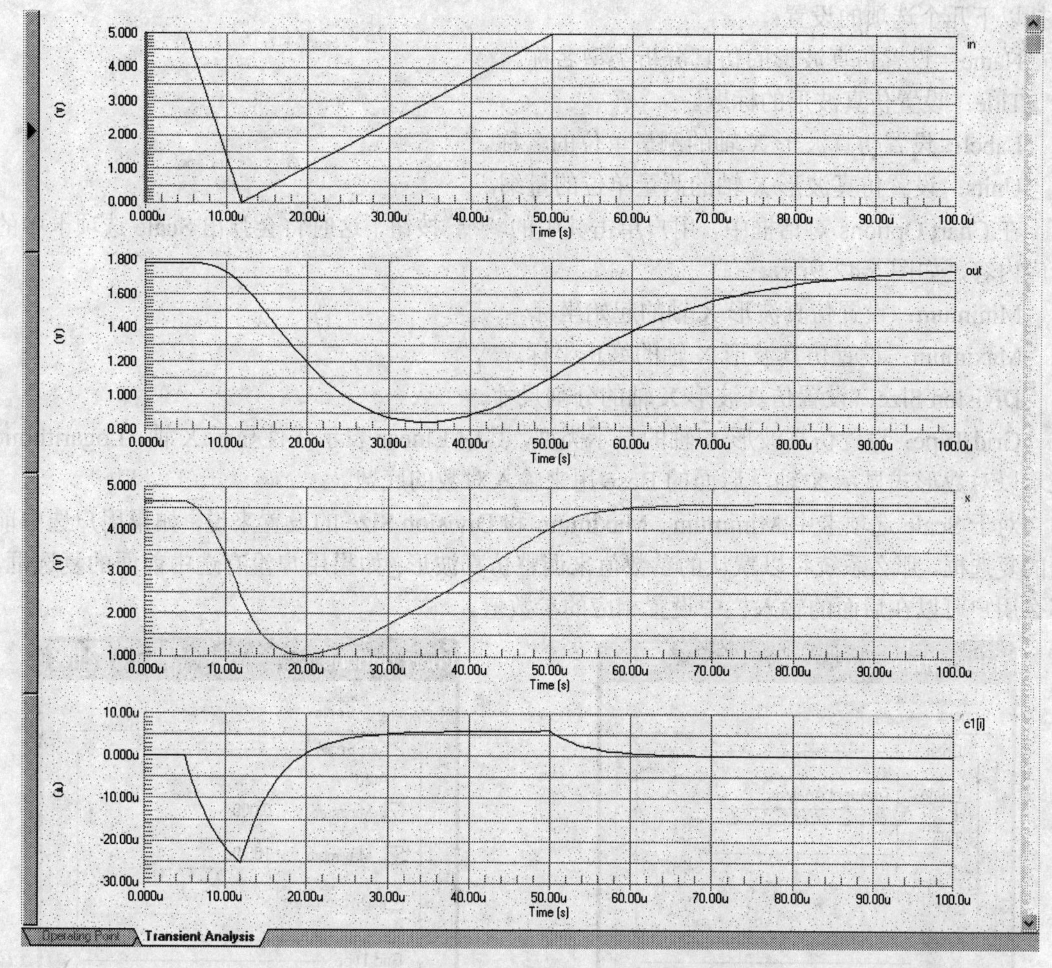

图 5-40　瞬态特性分析结果的仿真波形

5.6.2　仿真波形的管理

1．调整仿真波形的大小

在 Protel DXP 中，仿真软件将把多个分析结果的仿真波形显示在波形分析窗口中，这样用户可以快速、准确地分析相应的仿真结果。在波形分析窗口中，所有的仿真波形都以统一的 X 轴坐标表示，Y 轴坐标将以标准的单元格高度自适应显示，用户要注意查看仿真波形左侧的 Y 轴测量显示单位。

通常在【View】菜单中，Protel DXP 为用户提供了 3 种调整仿真波形大小的菜单选项，它们分别是 Fit Waveforms（使仿真波形填满整个显示窗口）、Zoom In（放大仿真波形在窗口中的显示）和 Zoom Out（缩小仿真波形在窗口中的显示）。另外，工具栏中有与这些菜单命令相对应的工具按钮。

2．调整仿真波形的 X 轴设置

在 Protel DXP 中，执行菜单命令【Chart】→【Chart Options】，或者在波形分析窗口中单击坐标右键，然后在弹出的下拉菜单中选择 Chart Options 选项，这时系统将会打开相应的 Chart Options 对话框，如图 5-41 所示。可以看出，Chart Options 对话框的 General 选项卡中包括以下几个选项的设置：

Name：设置仿真波形的仿真分析类型名称。

Title：设置仿真波形的标题。

Label：设置仿真波形 X 轴的测量单位的名称。

Units：设置仿真波形 X 轴的测量单位的量纲。

在 Chart Options 对话框中，用户单击其中的 Scale 按钮，这时将会弹出 Scale 选项卡中的相应内容，如图 5-42 所示。

Minimum：设置仿真波形 X 轴的起始坐标。

Maximum：设置仿真波形 X 轴的终止坐标。

Division Size：设置仿真波形 X 轴的分割尺寸。

Grid Type：设置仿真波形 X 轴的显示类型，其中 Linear 表示线性显示 X 轴，Logarithmic 表示以对数形式显示 X 轴，后面的 Base 用来输入对数的底数。

对于 Scale 选项卡中 Minimum、Maximum 和 Division Size 的设置来说，如果用户选中前面的复选框，那么系统将以默认的参数值来调整仿真波形；如果用户没有选中前面的复选框，那么用户可以在后面的输入栏中设置相应的参数值。

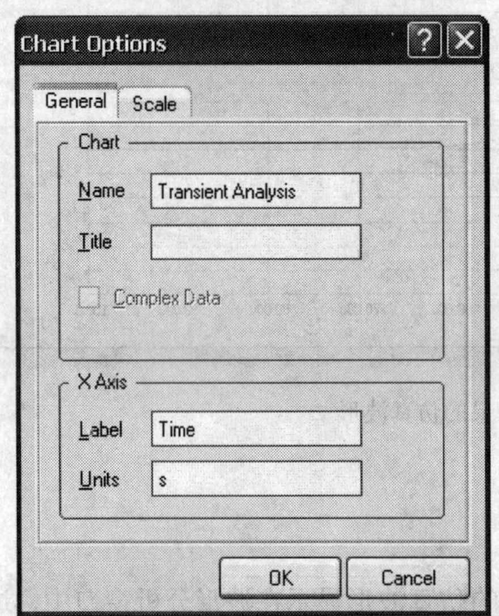

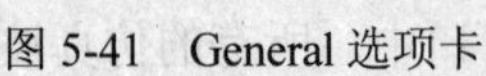
图 5-41 General 选项卡

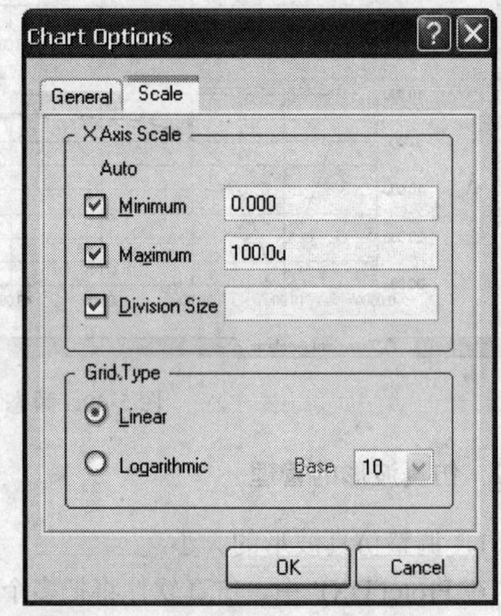

图 5-42 Scale 选项卡

在 General 选项卡中，设置仿真波形 X 轴的标题为 Output Result；在相应的 Scale 选项卡中，设置仿真波形 X 轴的显示类型为 Logarithmic，底数 Base 设为 10。然后单击下面的 OK 按钮，这时相应的仿真波形如图 5-43 所示。

3．调整仿真波形的 Y 轴设置

在 Protel DXP 中，首先选中波形显示窗口中的一个仿真波形，这里选择电路的输出仿真波形 out；然后执行菜单命令【Plot】→【Format Y Axis】，这时系统将会弹出相应的 Y Axis Settings 对话框，如图 5-44 所示。可以看出，它包括以下几个选项的设置：

Label：设置仿真波形 Y 轴的测量单位的名称。

Units：设置仿真波形 Y 轴的测量单位的量纲。

Minimum：设置仿真波形 Y 轴的起始坐标。

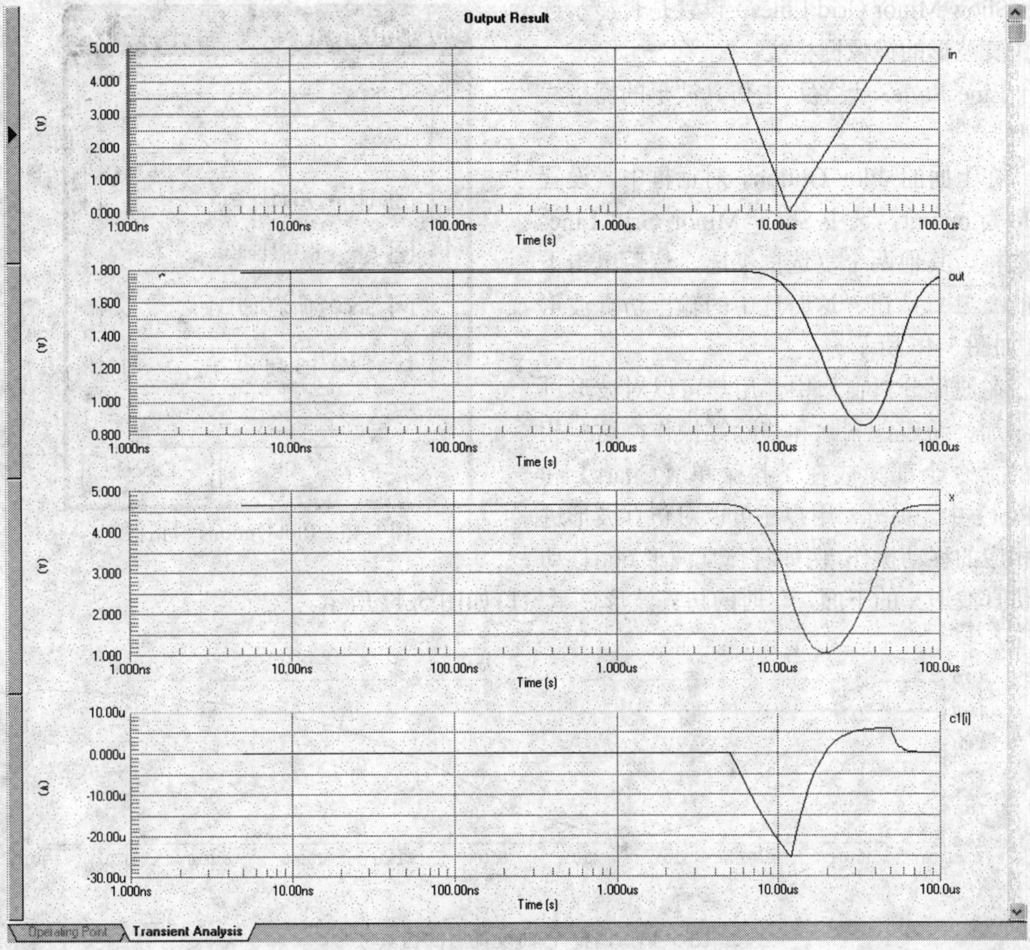

图 5-43　调整 X 轴设置后的仿真波形

Maximum：设置仿真波形 Y 轴的终止坐标。

Division Size：设置仿真波形 Y 轴的分割尺寸。

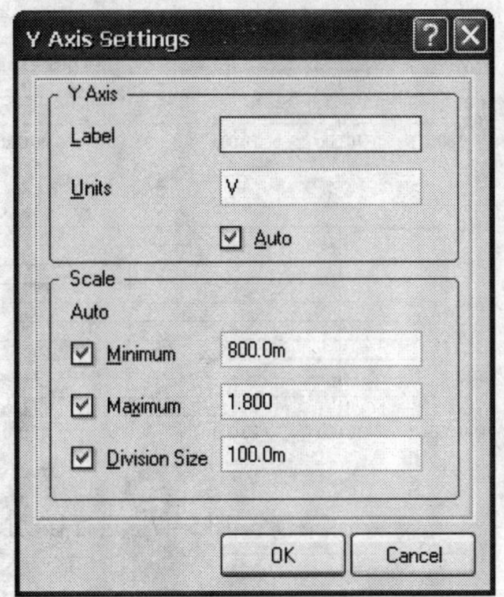

图 5-44　Y Axis Settings 对话框

在 Y Axis Settings 对话框中，设置 Units 为 V，单击OK按钮。然后执行相应的菜单命令【Plot】→【Plot Options】，或者在波形分析窗口中单击坐标右键，然后在弹出的下拉菜单中选择 Plot Options 选项，这时系统将会打开相应的 Plot Options 对话框，如图 5-45 所示。可以看出，其中的相应设置如下所示：

Title：设置选中仿真波形的名称。

Show X Grid Lines：设置是否显示选中仿真波形的 X 轴栅格线。

Show Y Grid Lines：设置是否显示选中仿真波形的 Y 轴栅格线。

Show Minor Grid Lines：设置是否显示选中仿真波形的镜像栅格线。

Line Style：设置选中仿真波形的栅格线类型。

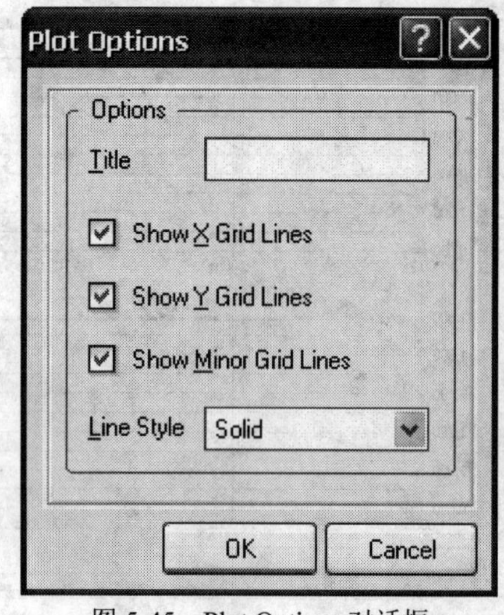

图 5-45 Plot Options 对话框

在上面的 Plot Options 对话框中，设置 Title 为 output，选中 Show Minor Grid Lines 复选框，其他两个复选框不选，然后单击下面的 OK 按钮，这时选中的输出仿真波形 out 如图 5-46 所示。

在波形分析窗口中，用户可以对波形进行添加、新建、删除和移除等操作，这些相应的命令全部集成在下拉菜单【Chart】和【Plot】中。另外，用户还可以对仿真波形进行相应的移动操作，例如将仿真波形 out 移动到仿真波形 x 的下面，这时的仿真波形显示窗口如图 5-47 所示。

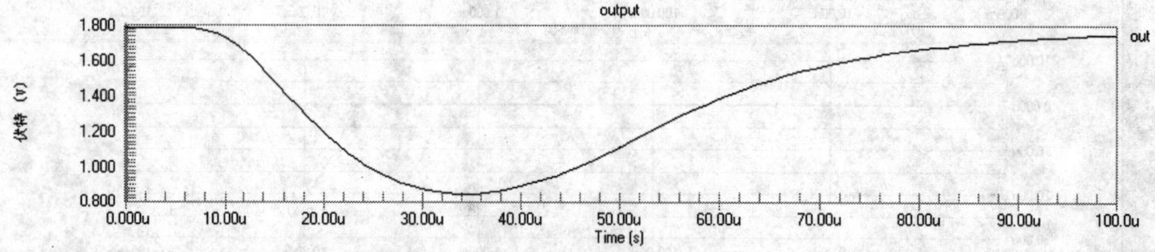

图 5-46 调整 Y 轴设置后的仿真波形

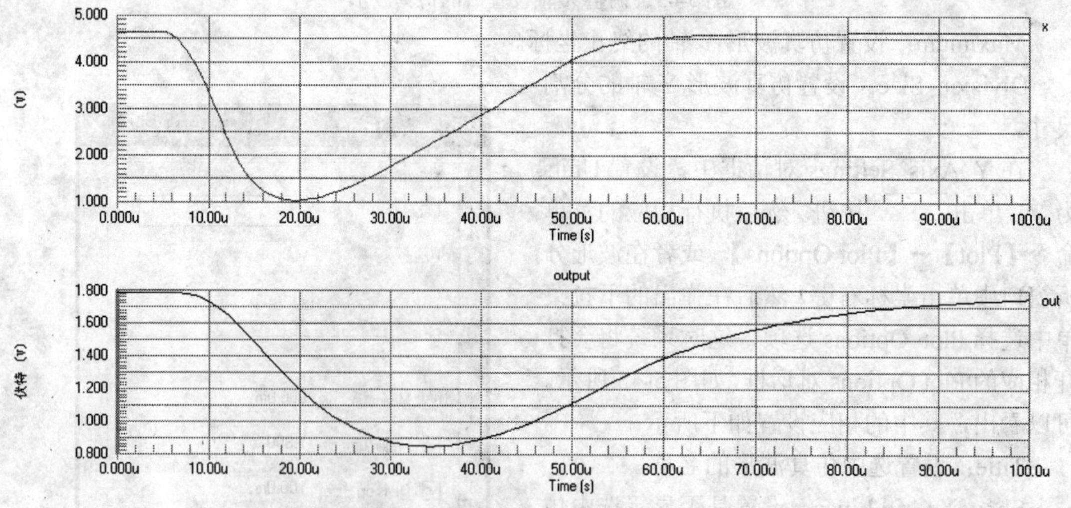

图 5-47 进行移动操作后的仿真波形显示窗口

第 6 章　PCB 设计系统的操作环境

6.1　PCB 设计系统的窗口管理

在 Protel DXP 中，PCB 设计系统同样为用户提供了强大的窗口管理功能，因此在介绍具体的 PCB 设计之前，有必要先来介绍 PCB 设计系统的窗口管理。

6.1.1　工具栏的打开和关闭

按照前面 2.3 节中介绍的方法建立一个新的 PCB 文件或者直接打开现有的 PCB 设计文件，这时 Protel DXP 将会进入到相应的 PCB 设计系统中。通常，PCB 设计系统总共为用户提供了 9 种工具栏，它们分别是 Dimensions 工具栏、Filter 工具栏、PCB Standard 工具栏、Rooms 工具栏、Component Placement 工具栏、Find Selections 工具栏、Placement 工具栏、Project 工具栏和 SI 工具栏。

在 PCB 设计系统中，执行菜单命令【View】→【Toolbars】，这时系统将会打开如图 6-1 所示的下拉菜单。如果用户想要打开某一个工具栏，那么只需要在下拉菜单中勾选相应工具栏的菜单选项，即可打开所需要的工具栏；如果用户想要关闭某一个工具栏，那么只需要在下拉菜单中单击☑图标，即可关闭已经打开的工具栏。

与原理图设计系统类似，PCB 设计系统也为用户提供了大量的工作面板。在 PCB 设计系统中，执行菜单命令【View】→【Workspace Panels】，这时系统将会弹出一个工作面板下拉菜单，如图 6-2 所示。通过勾选或者不勾选某一个菜单选项，用户便可以很方便地打开或者关闭相应的工作面板。另外，用户也可以通过单击 PCB 设计窗口右下角标签栏中的相应标签来打开所需要的工作面板，这是一种较为快捷的方法。

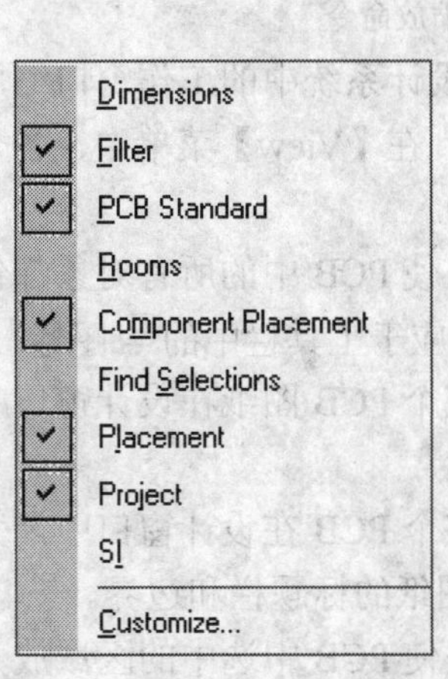

图 6-1　【Toolbars】下拉菜单

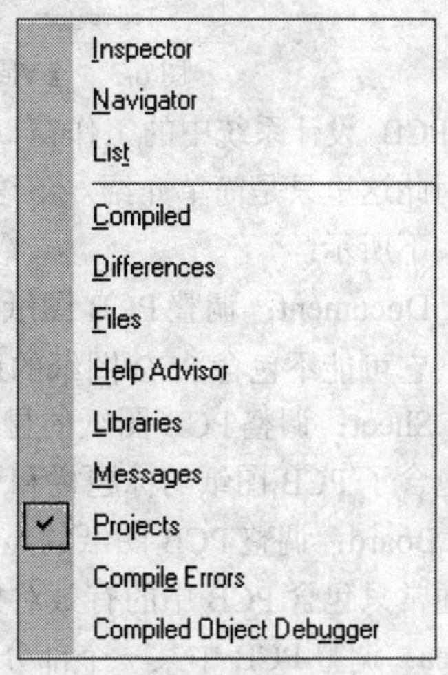

图 6-2　【Workspace Panels】下拉菜单

6.1.2　工作窗口的管理

在 PCB 设计系统中，用户通常会打开多个 PCB 文件，这时用户需要既可以查看整个 PCB 图以规划电路整体布局，同时也可以查看 PCB 图的某一个部分，目的是设计出完整美观、符合设计需要的 PCB 图。通常，PCB 设计系统为用户提供了丰富的工作窗口管理功能，主要包括工作窗口的缩放、PCB 图的移动和工作窗口的排列等。

1．工作窗口的缩放

在 PCB 设计系统中，用户单击菜单栏中的【View】菜单，这时将会弹出如图 6-3 所示的下拉菜单。可以看出，这个菜单中集成了工作窗口缩放的许多菜单选项，通过它们用户可以快速地完成工作窗口的缩放操作。

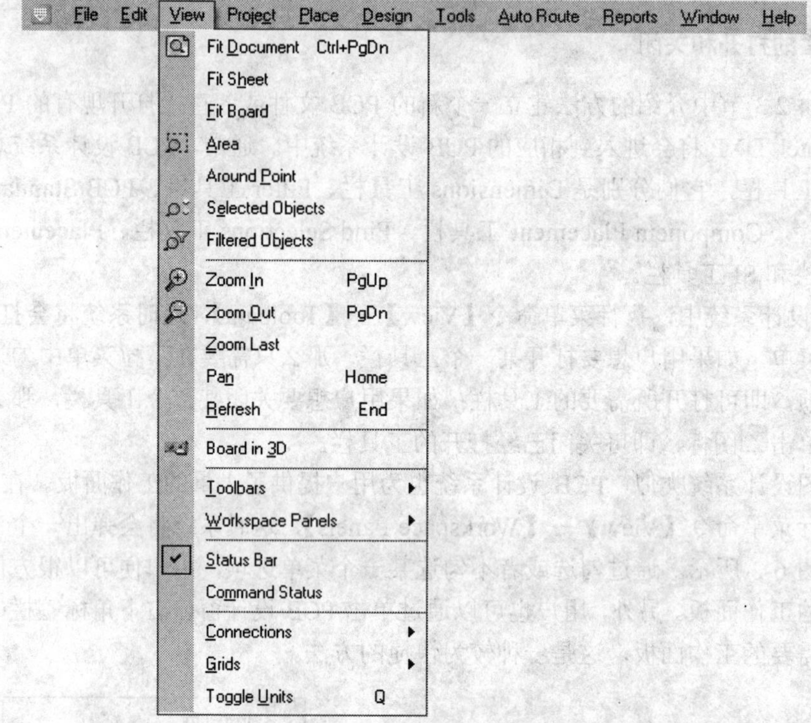

图 6-3　【View】菜单中的工作窗口缩放命令

由于 PCB 设计系统中的工作窗口缩放命令与原理图设计系统中的工作窗口缩放命令基本类似，因此这里只是简单介绍一下这些缩放命令的功能。在【View】菜单中，各个缩放命令的功能如下所示：

1）Fit Document：调整 PCB 图纸的显示方式，功能是使 PCB 中的所有对象都包含在设计窗口中，它可能不包含 PCB 图纸的边界。该菜单选项对应于工具栏中的图标。

2）Fit Sheet：调整 PCB 图纸的显示方式，功能是使整个 PCB 图纸在设计窗口中最大化显示，它包含了 PCB 图纸的标题栏和边界。

3）Fit Board：调整 PCB 图纸的显示方式，功能是使整个 PCB 在设计窗口中最大化显示出来，它通常只包含 PCB 中的有效对象，而不包含 PCB 图纸的标题栏和边界。

4）Area：调整 PCB 中某一个部分的缩放比例，功能是使 PCB 中选中的区域放大到整个设计窗口。该菜单选项对应于工具栏中的图标。

5）Around Point：调整 PCB 中某一个部分的缩放比例，功能是使 PCB 中选中的区域放大到整个设计窗口。与 Area 菜单命令不同，这个命令需要采用鼠标来确定一个基准点，然后便可将鼠标选中的以基准点为中心的矩形区域放大到设计窗口中。

6）Selected Objects：调整 PCB 中选中的某一个对象或者某一个部分的缩放比例，功能是使选中的对象或者某一部分放大到整个设计窗口。该菜单选项对应于工具栏中的图标。

7）Filtered Objects：调整 PCB 中选定过滤对象的缩放比例，功能是使选中的过滤对象放大到整个设计窗口。该菜单选项对应于工具栏中的图标。

8）Zoom In：调整 PCB 图纸的缩放比例，功能是放大 PCB 图纸在设计窗口中的显示，这个菜单选项可以重复执行多次。该菜单选项对应于工具栏中的图标。

9）Zoom Out：调整 PCB 图纸的缩放比例，功能是缩小 PCB 图纸在设计窗口中的显示，这个菜单选项可以重复执行多次。该菜单选项对应于工具栏中的图标。

10）Zoom Last：调整 PCB 图纸的缩放比例，功能是使 PCB 图纸恢复到上一次在设计窗口中的显示状态，即以上一次的缩放比例来显示 PCB 图纸。

11）Pan：调整 PCB 图纸的显示方式，功能是使 PCB 图纸以鼠标选定点为中心显示在设计窗口中。一般来说，首先将鼠标光标移动到显示中心的目标点，然后选择这个菜单选项，这时设计窗口将以该目标点为屏幕中心显示 PCB 图纸。

12）Refresh：调整 PCB 图纸的显示方式，功能是刷新设计窗口中的 PCB 图纸，目的是消除一些操作后 PCB 图纸上含有残留的斑点或者图形变形的问题。

与原理图设计系统相同，PCB 设计系统也为用户提供了一些快捷键来进行设计窗口的缩放操作。通常，PCB 设计系统用来进行设计窗口缩放的快捷键主要包括以下几种：

1）Page Up：调整 PCB 图纸的缩放比例，功能是将 PCB 图纸以鼠标光标的当前位置为中心位置进行放大显示，这个快捷键可以连续操作。可以看出，它是菜单 Zoom In 的一种快捷方式，对应于工具栏中的图标。

2）Page Down：调整 PCB 图纸的缩放比例，功能是将 PCB 图纸以鼠标光标的当前位置为中心位置进行缩小显示，这个快捷键可以连续操作。可以看出，它是菜单 Zoom Out 的一种快捷方式，对应于工具栏中的图标。

3）Home：调整 PCB 图纸的显示方式，功能与 Pan 菜单相同。

4）End：调整 PCB 图纸的显示方式，功能与 Refresh 菜单相同。

5）Ctrl+ Page Down：调整 PCB 图纸的显示方式，功能与 Fit Document 菜单相同。

一般来说，PCB 设计系统提供了上述快捷键的好处主要体现在两个方面：一方面可以方便、快速地实现 PCB 板图纸在设计窗口中的缩放操作；另一个方面是在 PCB 设计系统处于其他命令状态下，用户仍然可以进行相应的缩放操作。

2．工作窗口的排列

在 PCB 设计系统中，用户常常会在设计窗口中打开多个 PCB 文件，这时用户需要在设计窗口中进行多个 PCB 图纸之间的切换操作或者激活某个 PCB 图纸，目的是为了便于 PCB 设计工作的顺利进行。为了解决上面的问题，PCB 设计系统为用户提供了多种进行工作窗口排列操作的菜单命令。通过这些菜单命令，用户可以方便地对多个 PCB 图纸进行相应的排列操作，从而便于用户进行 PCB 图纸之间的切换操作或者某个 PCB 图纸的激活操作。

在 PCB 设计系统中，用户可以通过菜单栏中的【Window】菜单中的相应排列命令来进行工作窗口的排列操作。在 PCB 设计的过程中，用户单击菜单栏中的【Window】菜单，这时系统将会弹出如图 6-4 所示的下拉菜单。

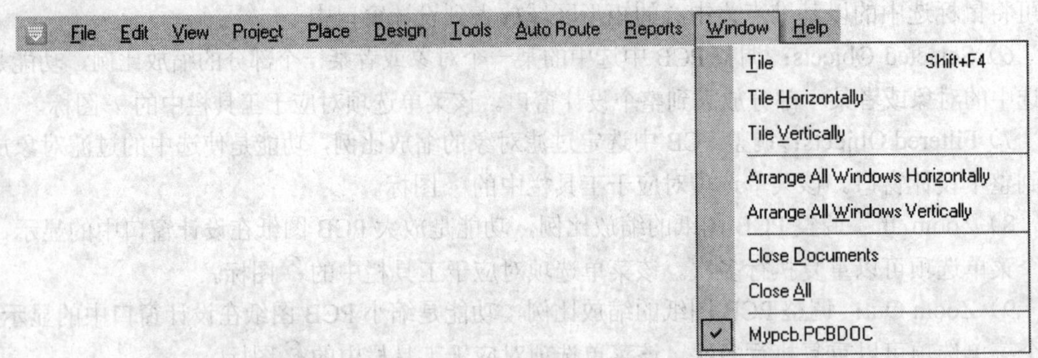

图 6-4 【Window】菜单中的工作窗口排列命令

可以看出，【Window】下拉菜单中集成了工作窗口排列的相应菜单命令，它们的具体排列功能如下所示：

1）Title：对 Protel DXP 中的多个 PCB 设计窗口进行排列，功能是将多个 PCB 图纸设计窗口平铺在主工作窗口中。

2）Title Horizontally：对 Protel DXP 中的多个 PCB 设计窗口进行排列，功能是将多个 PCB 图纸设计窗口水平层叠在主工作窗口中。

3）Title Vertically：对 Protel DXP 中的多个 PCB 设计窗口进行排列，功能是将多个 PCB 图纸设计窗口垂直层叠在主工作窗口中。

4）Arrange All Windows Horizontally：对 Windows 操作系统中的所有设计窗口进行排列，功能是将所有的设计窗口水平层叠在 Windows 操作界面上。

5）Arrange All Windows Vertically：对 Windows 操作系统中的所有设计窗口进行排列，功能是将所有的设计窗口垂直层叠在 Windows 操作界面上。

3．工作窗口中 PCB 图纸的移动

通常在 PCB 设计的过程中，用户常常需要对设计的 PCB 图纸进行上下、左右的移动，目的是为了查看 PCB 图纸的某一个部分或者 PCB 图纸的整体，以方便用户的设计操作。

PCB 设计系统为用户提供了两种 PCB 图纸的移动操作：一种是通过 PCB 设计窗口右侧的垂直滚动条和底部的水平滚动条来进行 PCB 图纸的移动操作，另外一种是通过 PCB 设计系统中的导航器工作面板来进行画面的移动操作。

图 6-5 导航器工作面板中的 PCB 图纸显示窗口

在 PCB 设计系统中，打开一个 PCB 文件 Z80-routed.pcbdoc，它的具体存储路径为 Protel DXP 安装目录下的 Examples\Z80（stages）\。这时，用户可以发现在导航器工作面板下部的显示窗口中可以用来显示整个 PCB 板图纸，如图 6-5 所示。

在图 6-5 所示的显示窗口中，墨绿色方块表示整个 PCB 图纸，而白色线框则用来表示当前的设计窗口在整个 PCB 图纸上所处的具体位置。可以看出，通过显示窗口中的墨绿色方块和白色线框，用户可以很容易地判别出当前设计窗口中显示的 PCB 图纸是整个设计图纸的哪一个部分，从而实现了 PCB 图纸的定位。如果想要进行 PCB 图纸的移动操作，那么用户只需要将鼠标移到白色线框内并按住鼠标左键不放，这时相应的白色线框区域将变成白色，接下来利用鼠标拖动白色区域即可进行 PCB 图纸的移动操作。

6.2　PCB 设计中工作层面的设置

在 PCB 设计的过程中，用户将会根据设计的需要来决定使用哪种形式的印制电路板。通常，根据电路板导电层数的不同，印制电路板可以为单层板、双层板和多层板。

单层板是一种结构较为简单的印制电路板，它只有一面进行覆铜，因此用户只能在覆铜的一面放置元件并进行布线。由于单层板结构简单、不需要打过孔，并且成本较低，因此批量生产的简单电路设计将会采用这种形式。

双层板是一种较为复杂的印制电路板，它是一种两面进行覆铜，同时两面都可以进行放置元件和布线操作的结构。双层板包括顶层（Top Layer）和底层（Bottom Layer）两个层面，同时双层板的顶层和底层之间可以采用过孔来进行相应的电气连接，因此这是一种应用极为广泛的印制电路板结构。

多层板是一种结构十分复杂的印制电路板，除了顶层和底层之外，它还包括信号层、中间层、内部电源和接地层等多个工作层面。例如对于 4 层板来说，其中顶层和底层都是信号层，而顶层和底层之间则是电源层和接地层。

正是由于印制电路板具有上面 3 种结构，因此用户必须要对自己设计的 PCB 工作层面进行相应的设置和管理。只有对设计 PCB 的工作层面进行设置后，用户才可以继续进行后面的设计工作。

6.2.1　工作层面的管理

在 Protel DXP 中，PCB 设计系统为用户提供了非常丰富的工作层面，它包括 32 个信号层、16 个内部电源/接地层、16 个机械层、4 个防护层、2 个丝印层和其他一些特殊的工作层面。对于这些工作层面来说，用户只有掌握这些工作层面的管理操作，才能更好地利用这些层来为自己的 PCB 设计服务。

与先前版本的 Protel 相同，PCB 设计系统为用户提供了一个层堆栈管理器，功能是用来对 PCB 设计的工作层面进行管理和设置。通常，启动层堆栈管理器的方法有两种：一种是在 PCB 设计系统中直接执行相应的菜单命令【Design】→【Layer Stack Manager】；另一种方法是在 PCB 图纸设计窗口中单击鼠标右键，然后在弹出的菜单中执行菜单命令【Options】→【Layer Stack Manager】。在 Protel DXP 中，启动的层堆栈管理器如图 6-6 所示。

一般来说，层堆栈管理器默认采用双层板设计，即给出了顶层工作层面（Top Layer）和底层工作层面（Bottom Layer）。如果用户对默认的双层板设计感到不满意的话，那么可以通过层堆栈管理器右上角的各个功能按钮来进行设置和调整。层堆栈管理器中的各个功能按钮以及各项设置如下所示：

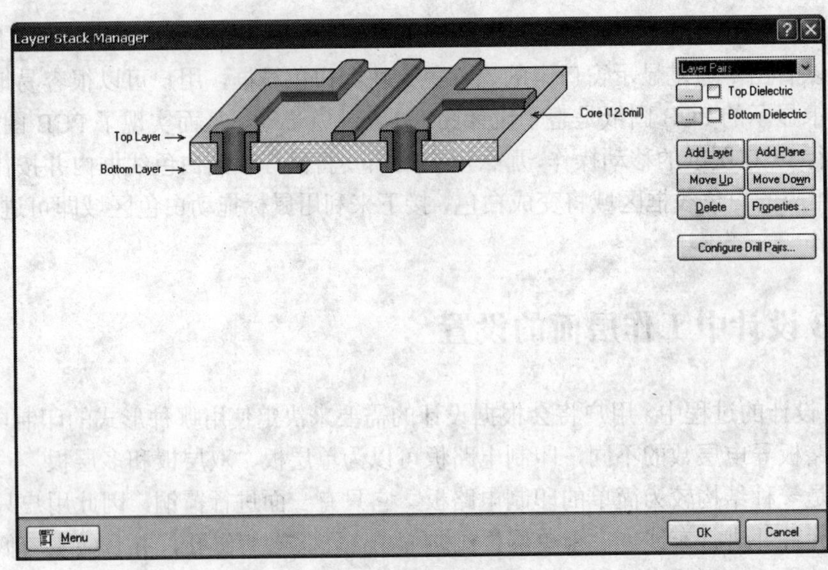

图 6-6 层堆栈管理器

1）下拉列表框：设置多层印制电路板的工艺材料放置方式。下拉列表框为用户提供了 3 种放置方式，分别是 Layer Pairs、Internal Layer Pairs 和 Build-Up。其中，Layer Pairs 表示印制电路板按照一层胶木板、一层树脂板的顺序进行工艺材料的放置；Internal Layer Pairs 表示印制电路板按照一层树脂板、一层胶木板的顺序进行工艺材料的放置；Build-Up 表示印制电路板按照底层采用胶木板、其他各层采用树脂板的顺序进行工艺材料的放置。

2）Top Dielectric：设置是否对印制电路板的顶层工作层面添加阻焊层。另外，用户还可以通过单击复选框旁边的 ... 按钮来弹出相应的阻焊层参数设置对话框（如图 6-7 所示），然后在这个对话框中对相应的阻焊层参数进行设置。一般来说，对话框中包括以下 3 个参数的设置：

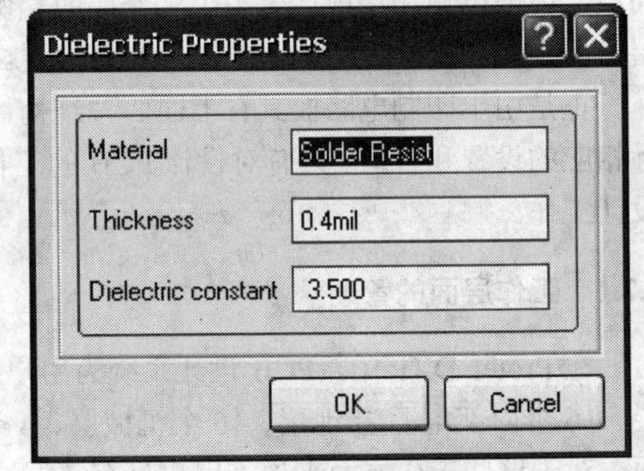

图 6-7 阻焊层参数设置对话框

Material：设置阻焊层的材料。

Thickness：设置阻焊层的厚度，默认值是 0.4mil。

Dielectric Constant：设置阻焊层的阻焊常量，默认值是 3.500。

3）Bottom Dielectric：设置是否对印制电路板的底层工作层面添加阻焊层，它的具体操作与 Top Dielectric 是完全相同的。

4）Add Layer：为当前的印制电路板添加一层信号层，该层主要用来放置与信号有关的各种电气对象。

5）Add Plane：为当前的印制电路板添加一层内部电源/接地层，该层主要用来放置电源和接地符号。用户在添加内部电源/接地层之前，首先要选定层的添加位置。

6）Move Up：将选定的工作层面向上移动一层。

7）Move Down：将选定的工作层面向下移动一层。

8）Delete：将选定的工作层面删除。

9）Properties...：对选定的工作层面进行编辑。在层堆栈管理器中，选定相应的工作层面，然后单击该按钮将会打开一个工作层面编辑对话框，如图 6-8 所示。在对话框中，Name 输入栏用来设置工作层面，Copper thickness 输入栏用来设置工作层面的厚度。

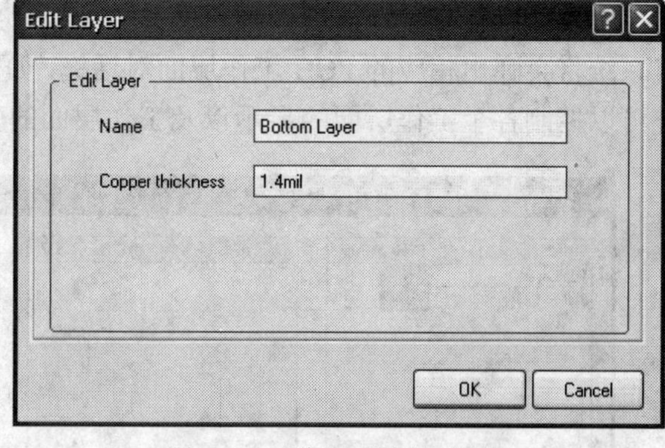

图 6-8　工作层面编辑对话框

10）Configure Drill Pairs...：设置多层板中用于添加钻孔的两层工作层面。在层堆栈管理器中，单击这个功能按钮，这时将会弹出一个钻孔层面管理器，如图 6-9 所示。可以看出，钻孔层面管理器中显示了顶层工作层面和底层工作层面用于设置钻孔层面。

11）Menu：提供与上面功能按钮相对应的菜单命令。在层堆栈管理器中，单击这个功能按钮，这时将会弹出如图 6-10 所示的下拉菜单。其中，Example Layer Stacks 命令用来设置印制电路板的样例供用户使用，可以看出共有 10 个样例。

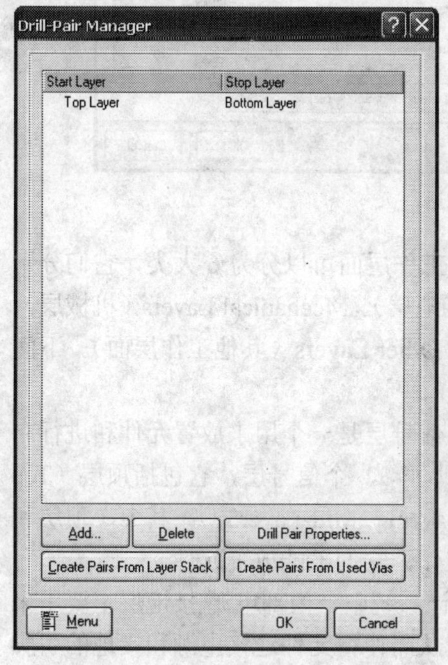

图 6-9　钻孔层面管理器图

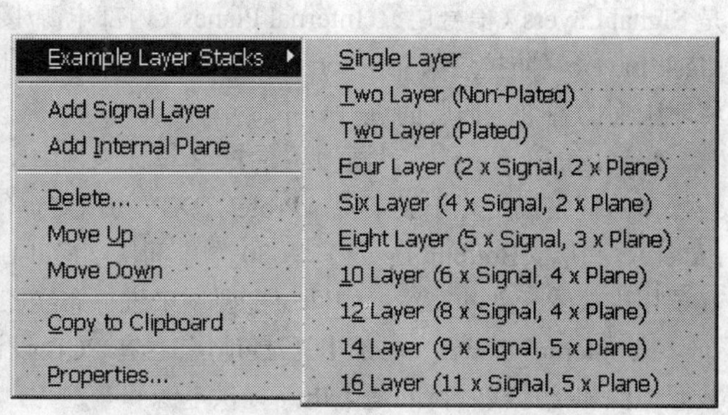

图 6-10　Menu 按钮对应的下拉菜单

通过上面的介绍可以看出，PCB 设计系统中是通过层堆栈管理器来对 PCB 的工作层面进行管理操作，因此用户必须熟练掌握层堆栈管理器中的各项操作。

6.2.2　工作层面的类型

在 PCB 设计系统中，执行菜单命令【Design】→【Board Layers】，或者在 PCB 图纸设计窗口中单击鼠标右键，然后在弹出的菜单中执行菜单命令【Options】→【Board Layers】，这时系统将会弹出相应的 PCB 工作层面对话框，如图 6-11 所示。在 PCB 工作层面对话框中，用户可以控制各个工作层面的显示以及工作层面的颜色等属性设置。

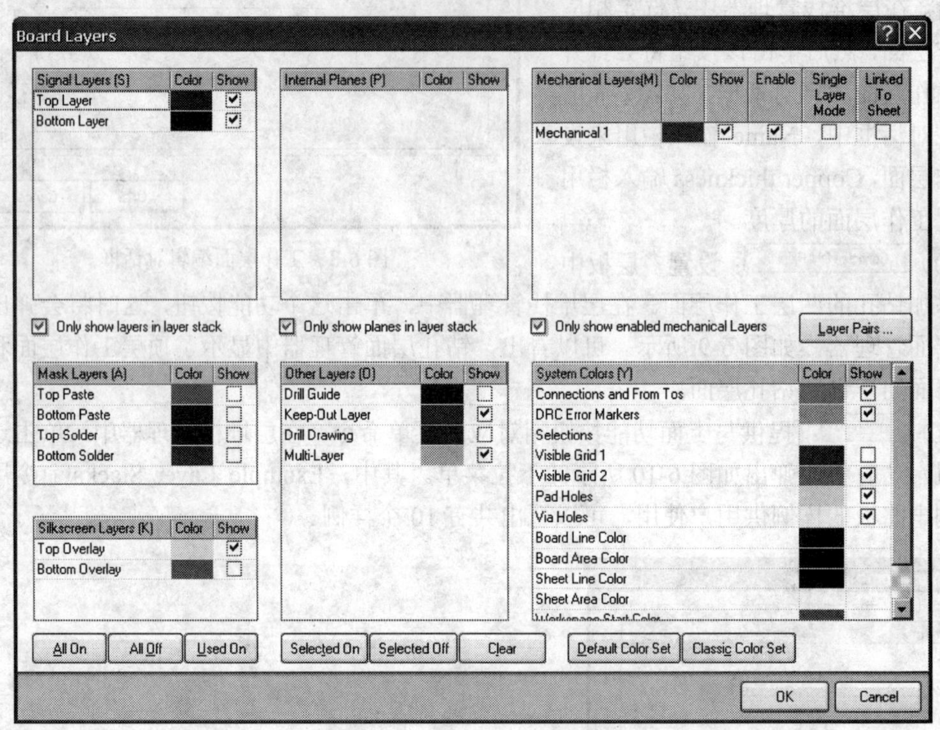

图 6-11　PCB 工作层面对话框

通过这个 PCB 工作层面对话框，可以看到 PCB 的工作层面可以分为 6 大类，它们分别是 Signal Layers（信号层）、Internal Planes（内部电源/接地层）、Mechanical Layers（机械层）、Mask Layers（防护层）、Silkscreen Layers（丝印层）和 Other Layers（其他工作层面）。下面将对上面的各个工作层面进行一下简单介绍。

1）Signal Layers（信号层）：在 PCB 设计系统中，信号层是一个用来放置元件和进行布线操作的铜膜板层。一般来说，Protel DXP 为用户提供了 32 个信号层，它包括顶层（Top Layer）、底层（Bottom Layer）和 30 个中间层（Mid-Layer1～Mid-Layer30）。其中，顶层和底层用来放置元件和布线；中间层主要用来进行布线操作，它们不能放置元件。

2）Internal Planes（内部电源/接地层）：在 PCB 设计系统中，内部电源/接地层主要用来放置电源和接地线，目的是为电路提供电源和接地点，从而使得元件连接电源和接地的引脚不需要经过任何铜膜导线而直接连接到电源和接地线上。一般来说，Protel DXP 为用户提供了 16 个内部电源/接地层，它包括 Internal Plane1～Internal Plane16。

3）Mechanical Layers（机械层）：在 PCB 设计系统中，机械层主要用来放置物理边界和放置尺寸标注等信息，目的是起到相应的提示作用。在设计 PCB 的过程中，系统默认的信号层为两层，而机械层为一层。一般来说，Protel DXP 为用户提供了 16 个机械层。

4）Mask Layers（防护层）：在 PCB 设计系统中，防护层主要包括锡膏层和阻焊层两大类。锡膏层主要用于将表贴元件粘贴在 PCB 上，阻焊层用于防止焊锡镀在不应该焊接的地方。

其中，锡膏层包括 Top Paste（顶层锡膏层）和 Bottom Paste（底层锡膏层），阻焊层包括 Top Solder（顶层阻焊层）和 Bottom Solder（底层阻焊层）。

5）Silkscreen Layers（丝印层）：在 PCB 设计系统中，丝印层主要用来绘制元件封装的外观轮廓和放置字符串等，目的是使 PCB 具有可读性。一般来说，Protel DXP 为用户提供了两种丝印层，它们分别是顶层丝印层（Top Overlay）和底层丝印层（Bottom Overlay）。

6）Other Layers（其他工作层面）：在 PCB 设计系统中，其他工作层面主要用来提供一些具有特殊作用的工作层面。通常，Protel DXP 为用户提供了 4 种特殊的工作层面，它们分别是 Keep-Out Layer（禁止布线层）、Drill Guide（钻孔导引层）、Drill Drawing（钻孔图层）和 Multi-Layer（复合层）。

6.2.3 工作层面的设置

1．PCB 工作层面对话框中的设置

通过图 6-11 可以看出，PCB 工作层面对话框中主要包括 7 个区域的设置，它的主要功能是设置工作层面是否显示以及相应的颜色设置。在 Signal Layers、Internal Planes、Mechanical Layers、Mask Layers、Silkscreen Layers 和 Other Layers 区域中，每一个工作层面后面的 Color 选择框用来设置相应工作层面的颜色，而 Show 复选框用来设置是否显示相应的工作层面标签。

下面主要介绍一下 System Colors 区域中各个选项的具体含义：

1）Connections and From Tos：设置飞线颜色以及是否显示飞线。

2）DRC Error Markers：设置 DRC 错误标志的颜色以及是否显示 DRC 错误标志。

3）Selections：设置 PCB 选中区域的颜色。

4）Visible Grid1：设置 PCB 中可视栅格 1 的颜色以及是否显示可视栅格 1。

5）Visible Grid2：设置 PCB 中可视栅格 2 的颜色以及是否显示可视栅格 2。

6）Pad Holes：设置焊盘中心孔的颜色以及是否显示焊盘中心孔。

7）Via Holes：设置过孔中心孔的颜色以及是否显示过孔中心孔。

8）Board Line Color：设置 PCB 的边框颜色。

9）Board Area Color：设置 PCB 的区域颜色。

10）Sheet Line Color：设置 PCB 图纸的边框颜色。

11）Sheet Area Color：设置 PCB 图纸的区域颜色。

12）Workspace Start Color：设置工作面板的开始颜色。

13）Workspace End Color：设置工作面板的结束颜色。

另外，PCB 工作层面对话框的底部还有一些功能按钮，其中 All On 按钮表示打开所有的工作层面，All Off 按钮表示关闭所有的工作层面，Used On 按钮表示打开当前 PCB 文件中使用的工作层面，Selected On 按钮表示打开选中的工作层面，Selected Off 按钮表示关闭选中的工作层面，Clear 按钮表示取消工作层面的选中状态，Default Color Set 按钮表示使用系统默认的颜色设置，Classic Color Set 按钮表示使用系统的标准颜色设置。

2．PCB 选项对话框中的设置

在 PCB 设计系统中，执行菜单命令【Design】→【Options】，或者在 PCB 图纸设计窗口中单击鼠标右键，然后在弹出的菜单中执行菜单命令【Options】→【Board Options】，这时系统将会弹出相应的 PCB 选项对话框，如图 6-12 所示。可以看出，PCB 选项对话框主要包括度量单位、捕获栅格、元件栅格、电气栅格、可视栅格和 PCB 图纸位置等设置。

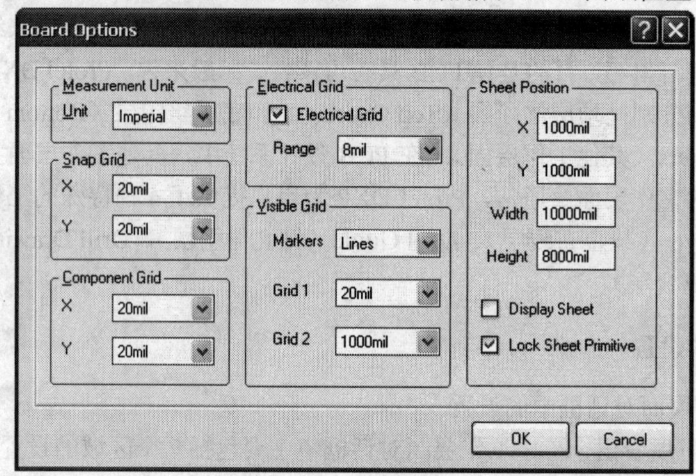

图 6-12　PCB 选项对话框

1）Measurement Unit：设置 PCB 中的度量单位，系统为用户提供了两种单位，即 Imperial（英制）和 Metric（米制）。

2）Snap Grid：设置 PCB 设计中图纸捕获栅格的距离，即鼠标光标移动的最小距离，可以分别对 X 方向和 Y 方向进行栅格设置。通常，设置合适的捕获栅格有助于顺序地放置元件和提供最大的布线通道。

3）Component Grid：设置 PCB 设计中元件捕获栅格的最小距离。同样，用户可以对 X 方向和 Y 方向的栅格进行设置。

4）Electrical Grid：设置 PCB 设计中的电气栅格，即系统向四周搜索电气节点的半径。其中，Electrical Grid 复选框用来设置是否允许进行电气栅格捕获，Range 输入栏用来设置电气栅格的捕获范围。

5）Visible Grid：设置 PCB 设计中图纸上的可见栅格。其中，Markers 用来设置可见栅格的显示类型，它包括 Dots（点型）和 Lines（线型）；Grid1 和 Grid2 分别用来设置图纸中的可视栅格 1 和可视栅格 2。

6）Sheet Position：设置 PCB 在图纸上的具体位置。其中，X 和 Y 用来设置 PCB 左下角的坐标，Width 用来设置 PCB 的宽度，Height 用来设置 PCB 的高度，Display Sheet 复选框用来设置是否显示 PCB 图纸，Lock Sheet Primitive 复选框用来设置是否 PCB 图纸。

6.3　PCB 设计的系统参数设置

与原理图设计系统相同，用户可以通过对 PCB 设计系统中的系统参数进行设置，从而改善 PCB 设计系统的开发环境、界面风格和提高工作效率。在 PCB 设计系统中，执行菜单命令【Tools】→【Preferences】，或者在 PCB 图纸设计窗口中单击鼠标右键，然后在弹出的菜单中执行菜单命令【Options】→【Preferences】，这时系统将会弹出相应的系统参数设置对话框，如图 6-13 所示。

可以看出，PCB 设计系统的系统参数设置对话框包括 4 个选项卡，它们分别是 Options

选项卡、Display 选项卡、Show/Hide 选项卡和 Defaults 选项卡。下面将对这 4 个选项卡进行比较详细地介绍。

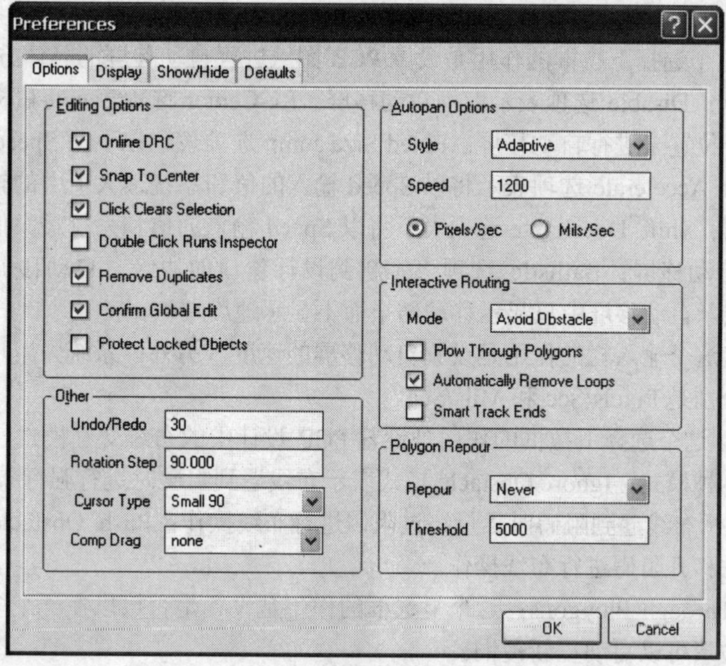

图 6-13　系统参数设置对话框

6.3.1　Options 选项卡设置

在系统参数属性设置对话框中，Options 选项卡的作用是用来对 PCB 设计中的基础操作进行相应的设置，例如 PCB 设计中的编辑操作设置、自动移屏设置、布线设置、矩形覆铜设置以及其他的一些设置。通常，Options 选项卡的具体设置如图 6-13 所示。可以看出，这个选项卡包括【Editing Options】、【Autopan Options】、【Interactive Routing】、【Polygon Repour】和【Others】5 个区域的设置。

Options 选项卡中 5 个区域的具体设置如下所示：

1）Online DRC：这个复选框的作用是设置 PCB 布线时的在线设计规则检查，默认状态为选中状态，这时系统将会按照设定的布线规则检查走线的错误。

2）Snap To Center：这个复选框的作用是设置在移动元件封装和字符串时，光标是否移动相应的参考点上；在移动焊盘或者过孔时，光标是否自动移动到相应的中心点上。系统默认状态为选中状态。

3）Click Clears Selection：这个复选框的作用是设置是否可以通过单击 PCB 图纸上的任何位置来清除当前图纸上的所有选中对象，默认状态是选中状态。

4）Double Click Runs Inspector：这个复选框的作用是设置是否在对象上可以通过双击鼠标弹出相应的 Inspector 工作面板。

5）Remove Duplicates：这个复选框的作用是设置在输出 PCB 数据时，系统是否会自动移除 PCB 设计中的重叠对象，默认状态为选中状态。

6）Confirm Global Edit：这个复选框的作用是设置在进行全局性的修改时，系统是否会自动弹出一个对话框来提示全局编辑所替换的对象数目。

7）Protect Locked Objects：这个复选框的作用是设置是否保护 PCB 设计中已经锁定的所有对象。

8）Style：这个选择下拉框的作用是设置 PCB 图纸进行自动移屏的具体方式。可以看出，它包含 7 个选项：Disable 选项表示取消自动移屏；Re-Center 选项表示将鼠标光标所在的位置设为新的中心位置来进行自动移屏；Fixed Size Jump 选项表示以下面 Speed 输入的值进行自动移屏；Shift Accelerate 选项表示将以 Speed 输入的值和系统最大值中的较小者为移动速度进行自动移屏；Shift Decelerate 选项表示将以 Speed 输入的值和系统最大值中的较大者为移动速度进行自动移屏；Ballistic 选项表示越到设计窗口的边缘，自动移屏的速度越快；Adaptive 选项表示自动移屏中只显示移动结果而不显示速度单位。

9）Speed：这个输入栏的作用是设置自动移屏的速度。另外，系统为用户提供了两种速度单位，它们分别是 Pixels/Sec 和 Mils/Sec。

10）Mode：这个选择下拉框的作用是设置 PCB 设计中的布线交互模式。PCB 设计系统为用户提供了 3 种模式：Ignore Obstacle 模式表示布线遇到阻碍时进行强行布线操作；Avoid Obstacle 模式表示布线遇到阻碍时尽量绕过阻碍进行布线操作；Push Obstacle 模式表示布线遇到阻碍时设法移开阻碍进行布线操作。

11）Plow Through Ploygons：这个复选框的作用是设置是否可以在一个多边形的覆铜区域内走线，多边形可以自动重新覆铜。

12）Automatically Remove Loops：这个复选框的作用是设置是否自动移除手工布线时产生的电路环路，系统默认状态为选中状态。

13）Smart Track Ends：这个复选框的作用是设置布线过程中的断点显示方式。选中这个复选框时，断线端点以点型飞线的形式连接到应连接点；没有选中这个复选框时，断线端点以实型飞线的形式显示未连接线。

14）Repour：这个选择下拉框的作用是设置是否启动自动重新覆铜的功能。系统为用户提供了 3 个选项，其中 Never 表示不启动自动重新覆铜的功能；Threshold 表示布线超过某限定值后启动自动重新覆铜的功能；Always 表示只要覆铜的多边形发生变化，系统便启动自动重新覆铜的功能。

15）Threshold：这个输入栏的作用是设置 PCB 设计中重新覆铜的限定值。

16）Undo/Redo：这个输入栏的作用是设置 PCB 设计中撤销或者重复前面操作的次数。

17）Rotation Step：这个输入栏的作用是设置 PCB 中的选中对象在按下空格键时逆时针旋转的角度，系统默认值是 90°。

18）Cursor Type：这个选择下拉框的作用是设置鼠标光标的具体类型。系统为用户提供了 3 种类型，分别是 Large 90、Small 90 和 Small 45。

19）Comp Drag：这个选择下拉框的作用是设置元件拖动时是否移动元件相连的导线。系统为用户提供了两个选项，分别是 None（不移动元件相连的导线）和 Connected Tracks（移动元件相连的导线）。

6.3.2 Display 选项卡设置

在系统参数属性设置对话框中，Display 选项卡的作用是用来对 PCB 设计中的显示操作进行相应的设置，例如 PCB 设计中的屏幕显示设置、显示方式设置、走线和字符串显示设置以及工作层面的顺序设置。通常，Display 选项卡的具体设置如图 6-14 所示。可以看出，这个选项卡包括【Display Options】、【Show】、【Draft Thresholds】和 Layer Drawing Order... 按钮 4 个部分的设置。

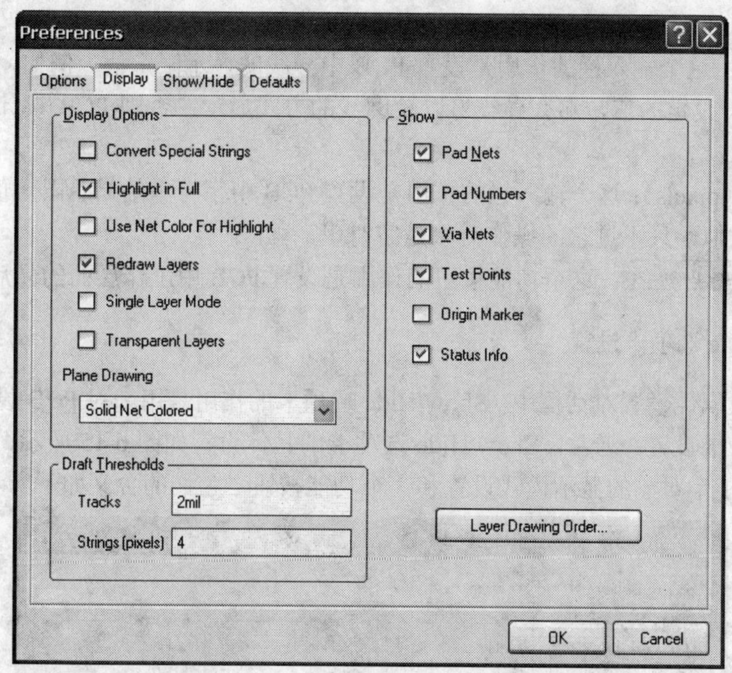

图 6-14　Display 选项卡

Display 选项卡中的具体设置如下所示：

1）Convert Special Strings：这个复选框的作用是设置是否将 PCB 中的特殊字符串转换成它们所代表的具体信息显示出来。

2）Highlight in Full：这个复选框的作用是设置是否将选中的对象以选择色全部高亮显示。如果没有选中这个复选框，那么选中的对象只有轮廓会高亮显示，而对象内部则不会高亮显示。

3）Use Net Color For Highlight：这个复选框的作用是设置是否使用网络颜色来高亮显示 PCB 中选中的网络。

4）Redraw Layers：这个复选框的作用是设置在进行 PCB 层间切换时是否重新绘制工作层面。如果选中这个复选框，那么层间切换时系统将会一层层重新绘制工作层面，最后绘制当前的工作层面。

5）Single Layer Mode：这个复选框的作用是设置是否采用单层显示模式。如果选中这个复选框，系统将只显示当前的工作层面，其他工作层面则不显示。

6）Transparent Layers：这个复选框的作用是设置 PCB 中的工作层面是否采用透明方式显示。如果选中这个复选框，那么所有的导线和焊盘等将变成透明。

7）Plane Drawing：这个选择下拉框的作用是设置 PCB 中内部电源/接地层绘制的显示方式。系统为用户提供了 Outlined Layer Colored（层面颜色的轮廓显示）、Outlined Net Colored（网络颜色的轮廓显示）和 Solid Net Colored（网络颜色的实心显示）。

8）Pan Nets：这个复选框的作用是设置是否显示焊盘的网络名称。

9）Pad Numbers：这个复选框的作用是设置是否显示焊盘的序号。

10）Via Nets：这个复选框的作用是设置是否显示过孔的网络名称。

11）Test Points：这个复选框的作用是设置是否显示 PCB 中的测试点。

12）Origin Marker：这个复选框的作用是设置是否显示坐标原点的标志。

13）Status Info：这个复选框的作用是设置是否显示当前的状态信息。

14）Tracks：这个输入栏的作用是设置 PCB 中导线的显示限定值。例如，如果实际导线宽度大于 Tracks 设定的值，那么导线将以轮廓线的方式显示；否则 PCB 设计系统将以单个线条的方式显示。

15）Strings（pixels）：这个输入栏的作用是设置 PCB 中字符串的显示限定值。它与 Tracks 输入栏的作用类似，只不过它的操作对象是字符串。

16）[Layer Drawing Order...]：这个功能按钮的作用是设置 PCB 中工作层面的先后顺序。

6.3.3 Show/Hide 选项卡设置

在系统参数属性设置对话框中，Show/Hide 选项卡的作用是用来对 PCB 设计中对象的显示模式进行相应的设置。通常，Show/Hide 选项卡的具体设置如图 6-15 所示。可以看出，这个选项卡包括 11 个对象的显示模式设置和 3 个功能按钮，它们的含义如下所示：

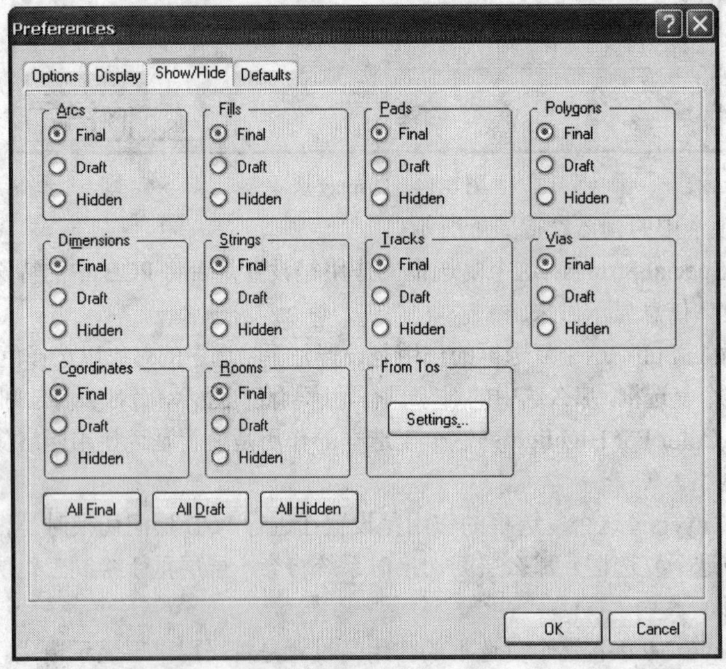

图 6-15 Show/Hide 选项卡

1）Arcs：作用是设置 PCB 中圆弧的显示方式。系统为用户提供了 3 种模式，分别是 Final、Draft 和 Hidden。其中，Final 表示对象的每一个像素都是实心显示，Draft 表示对象的每一个像素都是以轮廓的形式显示，Hidden 表示隐藏相应的对象。

2）Fills：作用是设置 PCB 中填充的显示方式。

3）Pads：作用是设置 PCB 中焊盘的显示方式。

4）Polygons：作用是设置 PCB 中多边形的显示方式。

5）Dimensions：作用是设置 PCB 中尺寸标注的显示方式。

6）Strings：作用是设置 PCB 中字符串的显示方式。

7）Tracks：作用是设置 PCB 中导线的显示方式。

8）Vias：作用是设置 PCB 中过孔的显示方式。

9）Coordinates：作用是设置 PCB 中坐标的显示方式。

10）Rooms：作用是设置模块区域的显示方式。

11）From Tos：作用是设置 PCB 中飞线的显示方式，它是通过 Settings... 按钮设置的。

12）All Final：设置选项卡中的所有对象以 Final 模式显示。

13）All Draft：设置选项卡中的所有对象以 Draft 模式显示。

14）All Hidden：设置选项卡中的所有对象处于隐藏方式。

6.3.4 Default 选项卡设置

在系统参数属性设置对话框中，Default 选项卡的作用是用来对 PCB 设计中的各项参数的默认值进行相应的设置。通常，Default 选项卡的具体设置如图 6-16 所示。可以看出，它包括【Primitive Type】、【Information】和【Options】3 个区域的设置。

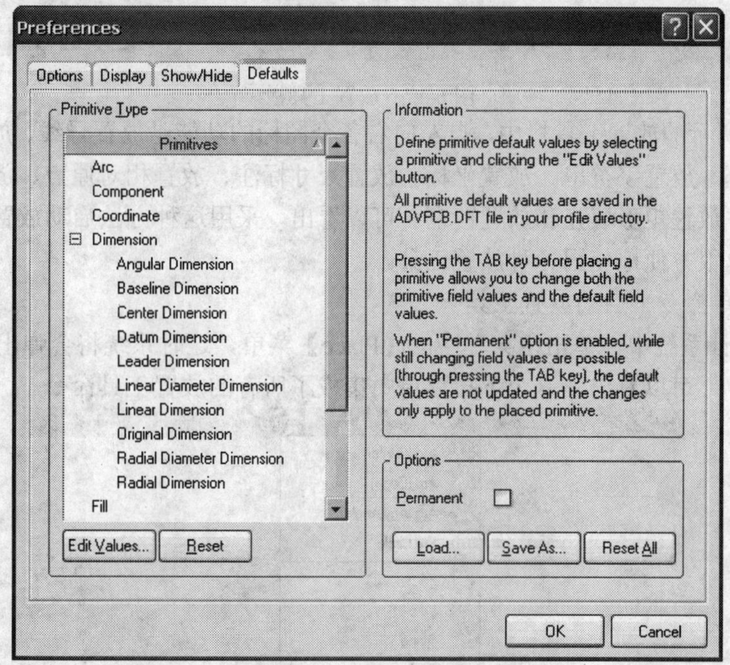

图 6-16　Default 选项卡

Default 选项卡的具体设置如下所示：

1）Primitive Type：这个列表框的作用是用来选择 PCB 中的对象，同时可以对选中的对象进行原始属性编辑或者复位到安装时的状态。另外，列表框中的 Edit Values... 按钮的作用是用来弹出选中对象的属性编辑对话框，Reset 按钮的作用是将选中对象的属性复位到系统安装时的初始状态。

2）Information：这个区域的作用是用来给出这个选项卡的相应信息。

3）Permanent：这个复选框的作用是将所有的更改设置为永久的预置状态。

4）Load...：作用是用来加载默认的原始设置。

5）Save As...：作用是用来保存默认的原始设置。

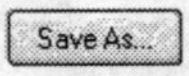

6）Reset All：作用是将所有对象的属性复位到安装时的初始状态。

6.4 PCB 设计中的放置工具

与设计电路原理图类似，PCB 设计的过程也是一个不断放置对象、编辑对象和进行对象间连线的过程。在 Protel DXP 中，用户放置对象是通过 PCB 设计系统中的放置工具来完成的，因此这里有必要详细地讨论 PCB 中放置工具的使用。

在 PCB 设计系统中，Protel DXP 为用户提供了 3 种启动放置工具的方法：一种是利用系统提供的放置工具栏来启动放置工具；另一种是利用菜单命令来启动放置工具；还有一种是利用快捷键的方式来启动放置工具。

1．利用放置工具栏来启动放置工具

在 PCB 设计系统中，执行菜单命令【View】→【Toolbars】→【Placement】，这时设计窗口的顶部将会出现相应的放置工具栏，如图 6-17 所示。

图 6-17 放置工具栏

在图 6-17 所示的放置工具栏中，自左向右各个图标的功能是放置导线、放置直线、放置焊盘、放置过孔、放置字符串、放置坐标、放置尺寸标注、放置相对原点、放置元件封装、放置圆和圆弧、放置矩形填充和放置覆铜。可以看出，采用这种方法启动放置工具十分简单快捷，用户可以很方便地使用各种放置工具。

2．利用菜单命令来启动放置工具

在 PCB 设计系统中，单击主菜单中的【Place】菜单，这时系统将会弹出一个如图 6-18 所示的下拉菜单。可以看出，这个下拉菜单中集成了所有的放置工具命令。

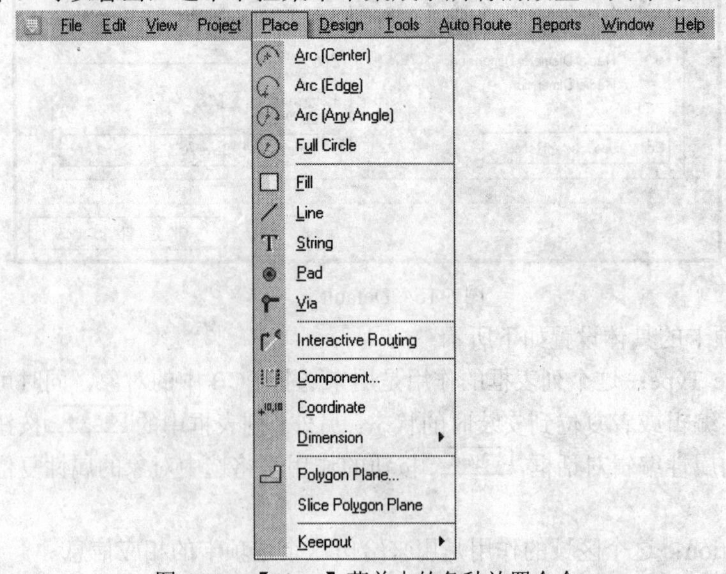

图 6-18 【Place】菜单中的各种放置命令

3．利用快捷键启动放置工具

在 PCB 设计系统中，Protel DXP 为用户提供了放置工具的相应快捷命令，它们分别是 Alt＋P＋T（放置导线）、Alt＋P＋L（放置直线）、Alt＋P＋P（放置焊盘）、Alt＋P＋V（放置过孔）、Alt＋P＋S（放置字符串）、Alt＋P＋O（放置坐标）、Alt＋P＋D＋D（放置尺寸标注）、Alt＋E＋O＋S（放置相对原点）、Alt＋P＋C（放置元件封装）、Alt＋P＋A（中心法放置圆弧）、Alt＋P＋E（边缘法放置圆弧）、Alt＋P＋N（放置任意角度的圆弧）、Alt＋P＋U（放置圆）、Alt＋P＋F（放置矩形填充）和 Alt＋P＋G（放置覆铜）。

同样，如果用户对放置的对象感到不满意的话，那么可以通过相应的对象属性对话框来编辑对象的属性。通常，Protel DXP 为用户提供了两种打开对象属性对话框的方法：一种是在放置对象的命令状态下按下 Tab 键打开属性对话框；另外一种方法是选中需要修改的对象，然后在单击鼠标右键弹出的下拉菜单中选择 Properties 选项，这时同样可以打开相应的对象属性对话框。

6.4.1 放置导线

导线是 PCB 设计中最为基本的一种电气对象，它是一种具有电气连接特性的连线。一般来讲，PCB 设计中的元件封装之间都是通过导线来进行连接的。

在 PCB 设计系统中，执行菜单命令【Place】→【Interactive Routing】，或者单击放置工具栏中的按钮或者按下快捷键 Alt＋P＋T，这时系统将会进入到放置导线的命令状态，可以看到鼠标光标将会变成十字光标。

移动光标到 PCB 中要放置导线的起点位置，单击鼠标左键即可确定放置导线的起点，这时按下 Tab 键将会打开一个布线属性设置对话框，如图 6-19 所示。可以看出，布线属性设置对话框中包括如下设置：

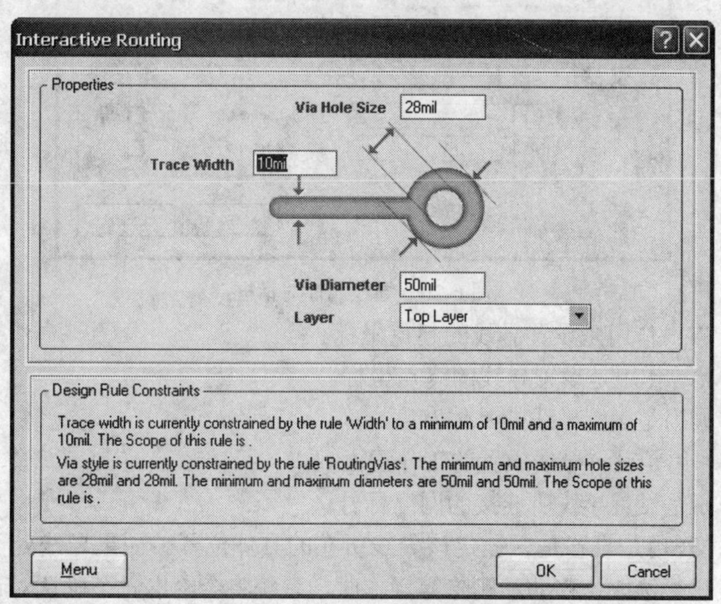

图 6-19 布线属性设置对话框

1）Trace Width：作用是设置导线的具体宽度，默认宽度是 10mil。

2）Via Hole Size：作用是设置与导线相连的过孔内径的大小。

3）Via Diameter：作用是设置与导线相连的过孔外径的大小。

4）Layer：作用是设置导线放置的工作层面。

5）Menu：作用是设置导线的布线规则。系统为用户提供了 4 个选项，分别是 Edit Width Rule（线宽规则的编辑）、Edit Via Rule（过孔规则的编辑）、Add Width Rule（线宽规则的添加）和 Add Via Rule（过孔规则的添加）。

在布线属性设置对话框中完成相应的设置后，单击 OK 按钮即可退出布线属性设置对话框。这时，可以看到鼠标光标上悬浮着一条导线，然后拖动鼠标到放置导线的下一个转折点或者导线终点位置单击鼠标左键，这样便可以完成一个导线的放置操作。放置完一根导线后，单击鼠标右键或者按下 Esc 键便可退出一根连续导线的放置操作。这时，系统仍然处于放置导线的命令状态，用户可以重复前面的步骤放置新的导线，或者再一次单击鼠标右键或者按下 Esc 键退出放置导线的命令状态。在放置导线的过程中，用户同样可以通过同时按下 Shift 和空格键来进行导线模式的切换。

放置导线完成后，如果用户对放置的导线感到不满意的话，这时可以选中要进行修改的导线，然后在单击鼠标右键弹出的下拉菜单中选择 Properties 选项，这样便会弹出导线属性对话框，如图 6-20 所示。可以看出，图 6-20 所示的属性对话框与图 6-19 所示的属性对话框是不同的。图 6-20 所示属性对话框中的具体设置如下所示：

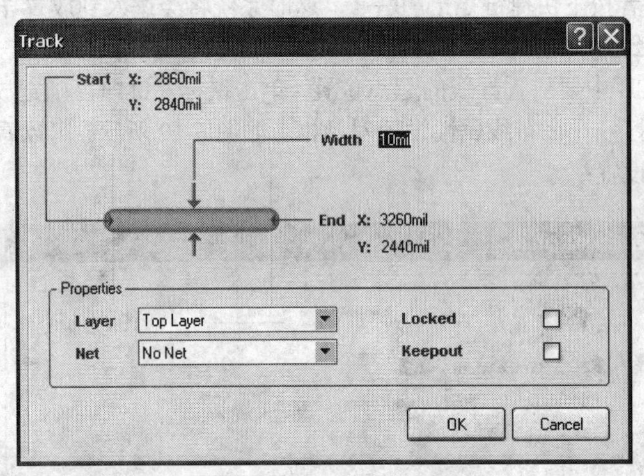

图 6-20　导线属性对话框

1）Start X，Y：作用是设置导线的起点坐标。

2）End X，Y：作用是设置导线的终点坐标。

3）Width：作用是设置导线的具体宽度。

4）Layer：作用是设置导线放置的工作层面。

5）Net：作用是设置导线所连接的网络标号。

6）Locked：作用是设置是否锁定该导线所在的具体位置。如果导线处于锁定状态，那么用户在对导线进行选取、移动和删除等操作时，系统将会给出一个确认对话框，用来提醒用户是否继续进行该操作。

7）Keepout：作用是设置导线是否处于禁止布线状态。

6.4.2　放置直线

在 PCB 设计系统中，直线是一种非电气对象，它的主要功能是用来定义 PCB 的结构尺寸、标注和说明图形等机械层信息或者禁止布线层信息等。

在 PCB 设计系统中，执行菜单命令【Place】→【Line】，或者单击放置工具栏中的 ⁄ 按钮或者按下快捷键 Alt＋P＋L，这时系统将会进入到放置导线的命令状态，可以看到鼠标光标将会变成十字光标。

移动光标到 PCB 中要放置直线的起点位置单击鼠标左键，然后拖动鼠标到放置直线的下一个转折点或者直线终点位置单击鼠标左键，这样便可以完成一个直线的放置操作。在放置直线的过程中，用户同样可以通过同时按下 Shift 和空格键来进行直线模式的切换。

同样，如果用户对放置的直线感到不满意的话，这时可以选中要进行修改的直线，然后在单击鼠标右键弹出的下拉菜单中选择 Properties 选项，这样便会弹出相应的直线属性对话框，如图 6-21 所示。可以看出，直线属性对话框中包括以下两项设置：

1）Line Width：作用是设置直线的具体宽度。

2）Current Layer：作用是设置直线的放置层面。

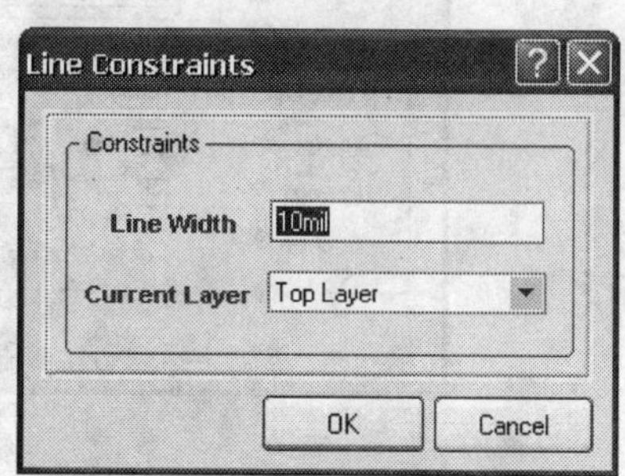

图 6-21　直线属性对话框

6.4.3　放置焊盘

焊盘是 PCB 设计中的一个重要组成部分，它的主要功能是将元件封装与电路板进行相应的电气连接，放置焊盘是 PCB 设计中的一种常见操作。通常，用户经常使用的焊盘包括 3 种形状，它们分别是圆形（Round）、矩形（Rectangle）和八角形（Octagonal）。

在 PCB 设计系统中，执行菜单命令【Place】→【Pad】，或者单击放置工具栏中的 ◉ 按钮或者按下快捷键 Alt＋P＋P，这时系统将会进入到放置焊盘的命令状态，可以看到鼠标光标将会变成十字光标，同时有一个焊盘的虚线框悬浮在光标上。

移动鼠标光标到 PCB 中需要放置焊盘的地方，然后单击鼠标左键即可完成一个焊盘的放置操作。当用户完成一个焊盘的放置操作后，系统仍然处于放置焊盘的命令状态，用户可以重复前面的步骤放置新的焊盘，或者单击鼠标右键或者按下 Esc 键即可退出放置焊盘的命令状态。可见，PCB 设计中放置焊盘的操作十分简单。

完成焊盘的放置操作后，如果用户对放置的焊盘感到不满意的话，这时用户可以选中要进行修改的焊盘，然后在单击鼠标右键弹出的下拉菜单中选择 Properties 选项，这时将会弹出如图 6-22 所示的焊盘属性对话框。可以看出，焊盘属性对话框中包括如下设置：

1）Hole Size：作用是设置焊盘通孔的孔径尺寸。

2）Rotation：作用是设置焊盘的旋转角度，旋转角度对于圆形焊盘没有任何意义。

3）Location X，Y：作用是设置焊盘中心点的坐标。

4）Designator：作用是设置焊盘的序号。

5）Layer：作用是设置焊盘放置的工作层面。

6）Net：作用是设置焊盘所在的网络。

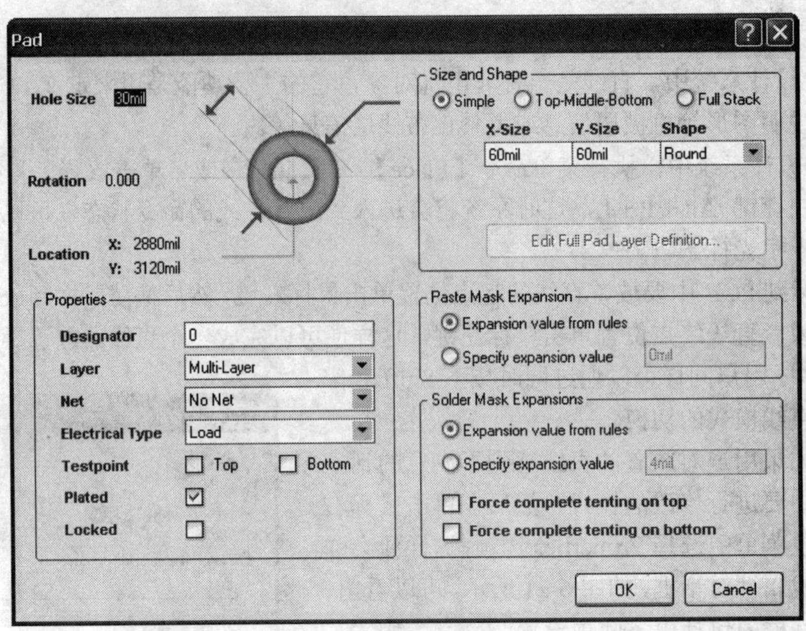

图 6-22 焊盘属性对话框

7）Electrical Type：作用是设置焊盘在网络中的电气属性。系统为用户提供了 3 种类型，它们分别是 Load（中间点）、Terminator（终点）和 Source（起点）。

8）Testpoint：作用是设置焊盘测试点放置的工作层面，系统为用户提供了 Top（顶层）和 Bottom（底层）两个工作层面。

9）Plated：作用是设置焊盘通孔的孔壁是否加上电镀。

10）Locked：作用是设置是否锁定该焊盘所在的具体位置。

11）Simple：作用是设置焊盘的类型为单个焊盘。

12）Top-Middle-Bottom：作用是设置焊盘的类型为通孔焊盘。

13）Full Stack：作用是设置焊盘的类型为工作层面焊盘。

14）X-Size，Y-Size：作用是设置焊盘的 X 轴尺寸和 Y 轴尺寸。

15）Shape：作用是设置焊盘的形状。焊盘形状包括 Round（圆形）、Rectangle（矩形）和 Octagonal（八角形）3 种。

16）Paste Mask Expansion：作用是设置焊盘锡膏层的延伸值。其中：Expansion value from rules 表示按照设计规则设定延伸值；Specify expansion value 表示由用户自己指定延伸值。

17）Solder Mask Expansion：作用是设置焊盘阻焊层的延伸值，Expansion value from rules 和 Specify expansion value 与上面相同。

18）Force complete tenting on top：作用是设置焊盘是否在顶层忽略设计规则中的任何阻焊规则。

19）Force complete tenting on bottom：作用是设置焊盘是否在底层忽略设计规则中的任何阻焊规则。

6.4.4 放置过孔

在 PCB 设计的过程中，过孔的主要作用是用来连接不同板层间的导线或者网络，它也是

PCB 设计中的一种常见操作。通常，过孔根据贯穿工作层面的不同可以分为 3 种：一种是从顶层到底层的穿透式过孔，另一种是从顶层到内层或者从内层到底层的盲过孔，还有一种是内层间的深埋过孔。

在 PCB 设计系统中，执行菜单命令【Place】→【Via】，或者单击放置工具栏中的按钮或者按下快捷键 Alt＋P＋V，这时系统将会进入到放置过孔的命令状态，可以看到鼠标光标将会变成十字光标，同时有一个过孔的虚线框悬浮在光标上。

移动鼠标光标到 PCB 中需要放置过孔的地方，然后单击鼠标左键即可完成一个过孔的放置操作。当用户完成一个过孔的放置操作后，这时 PCB 设计系统仍然处于放置过孔的命令状态。在这种情况下，用户可以重复前面的步骤放置新的过孔，或者单击鼠标右键或者按下 Esc 键即可退出放置过孔的命令状态。

如果对放置的过孔感到不满意的话，这时用户可以选中要进行修改的过孔，然后在单击鼠标右键弹出的下拉菜单中选择 Properties 选项，这时将会弹出过孔属性对话框，如图 6-23 所示。可以看出，过孔属性对话框中包括如下设置：

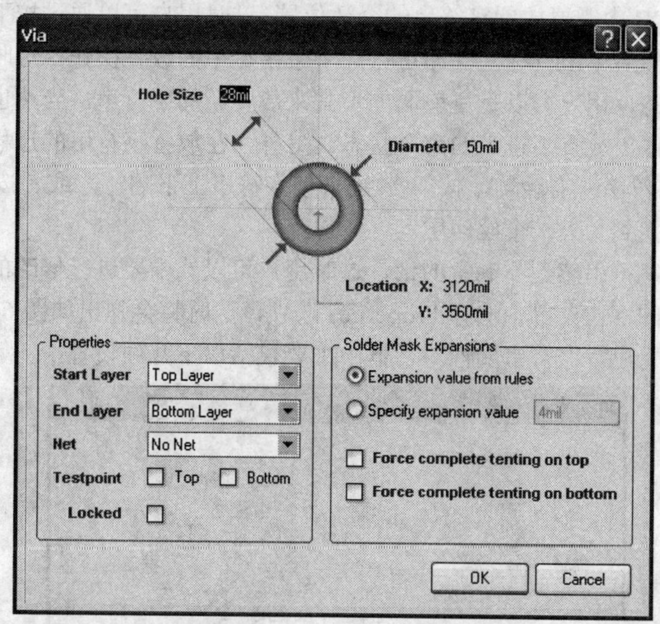

图 6-23　过孔属性对话框

1）Hole Size：作用是设置过孔内径的大小。

2）Diameter：作用是设置过孔外径的大小。

3）Location X，Y：作用是设置过孔中心点的坐标。

4）Start Layer：作用是设置过孔穿过的起始板层。

5）End Layer：作用是设置过孔穿过的结束板层。

6）Net：作用是设置过孔所在的网络。

7）Testpoint：作用是设置过孔测试点放置的工作层面，系统为用户提供了 Top（顶层）和 Bottom（底层）两个工作层面。

8）Locked：作用是设置是否锁定该过孔所在的具体位置。

9）Solder Mask Expansion：作用是设置过孔阻焊层的延伸值。其中，Expansion value from rules 表示按照设计规则设定延伸值，Specify expansion value 表示由用户自己指定延伸值。

10）Force complete tenting on top：作用是设置过孔是否在顶层忽略设计规则中的任何阻焊规则。

11）Force complete tenting on bottom：作用是设置过孔是否在底层忽略设计规则中的任何阻焊规则。

6.4.5　放置字符串

在 PCB 设计的过程中，字符串的作用是用来为相应的元件封装或者电路模块等添加一定的文字标注，这样可以增强 PCB 的可读性。字符串应该放置在 PCB 中的顶层丝印层和底层丝印层上，而不能放置在其他的工作层面。

在 PCB 设计系统中，执行菜单命令【Place】→【String】，或者单击放置工具栏中的 T 按钮或者按下快捷键 Alt＋P＋S，这时系统将会进入到放置字符串的命令状态，可以看到鼠标光标将会变成十字光标，同时有一个虚线的文本字符串悬浮在光标上。

移动光标到 PCB 中需要放置字符串的合适位置，这时用户可以通过按下空格键来切换放置字符串的方向，然后单击鼠标左键即可完成一个字符串的放置操作。这时系统仍然处于放置字符串的命令状态，用户可以重复前面的步骤来放置新的字符串，当然也可以通过鼠标右键或者按下 Esc 键退出放置字符串的命令状态。另外，在放置字符串的过程中，用户可以通过按下 X 键来使字符串左右翻转，按下 Y 键来使字符串上下翻转，或者按下 L 键来使字符串从一个丝印层切换到另外一个丝印层。

如果对放置的字符串感到不满意的话，这时用户可以选中要进行修改的字符串，然后在单击鼠标右键弹出的下拉菜单中选择 Properties 选项，这时将会弹出如图 6-24 所示的字符串属性对话框。可以看出，字符串属性对话框中主要包括以下几项设置：

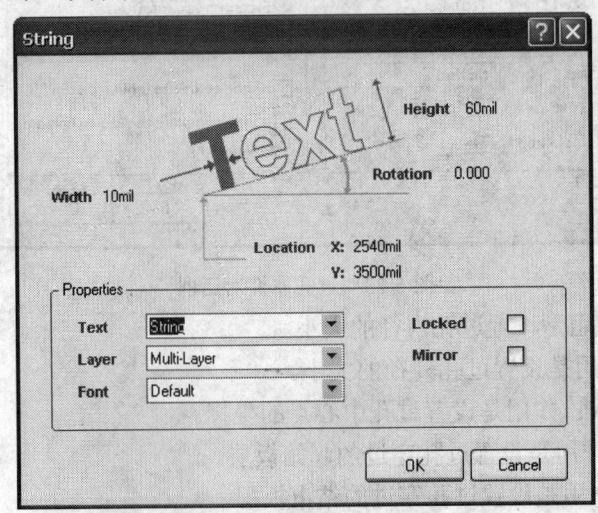

图 6-24　字符串属性对话框

1）Width：作用是设置字符串的字符线条宽度。

2）Height：作用是设置字符串的字符线条高度。

3）Rotation：作用是设置字符串的旋转角度。

4）Location X，Y：作用是设置字符串的字符起始点的坐标。

5）Text：作用是设置字符串的具体说明内容。

6）Layer：作用是设置字符串放置的工作层面。

7）Font：作用是设置字符串的显示字体。系统为用户提供了 3 个选项的设置，它们分别是 Default（默认设置）、Sans Serif（无底线设置）和 Serif（有底线设置）。

8）Locked：作用是设置是否锁定该字符串所在的具体位置。

9）Mirror：作用是设置字符串是否进行镜像翻转操作。

6.4.6 放置坐标

与前面的字符串类似，坐标在 PCB 中也只能放置在顶层丝印层和底层丝印层上，而不能放置在其他的工作层面。同样，坐标不具有任何电气特性，它的作用是用来给出 PCB 中某些特殊点上的具体坐标值。

在 PCB 设计系统中，执行菜单命令【Place】→【Coordinate】，或者单击放置工具栏中的 按钮或者按下快捷键 Alt＋P＋O，这时系统将会进入到放置坐标的命令状态，可以看到鼠标光标将会变成十字光标，同时将有一个对应的坐标值悬浮在光标上。

移动鼠标光标到 PCB 中的合适位置，这时可以看到光标上粘附的坐标值将会随着光标的移动而变化，确定位置后单击鼠标左键即可完成一个坐标的放置操作。当用户完成一个坐标的放置操作后，这时 PCB 设计系统仍然处于放置坐标的命令状态。用户可以重复前面的步骤放置新的坐标，或者单击鼠标右键或者按下 Esc 键即可退出放置坐标的命令状态。

如果对放置的坐标感到不满意的话，这时用户可以选中要进行修改的坐标，然后在单击鼠标右键弹出的下拉菜单中选择 Properties 选项，这时将会弹出如图 6-25 所示的坐标属性对话框。可以看出，坐标属性对话框中主要包括以下几项设置：

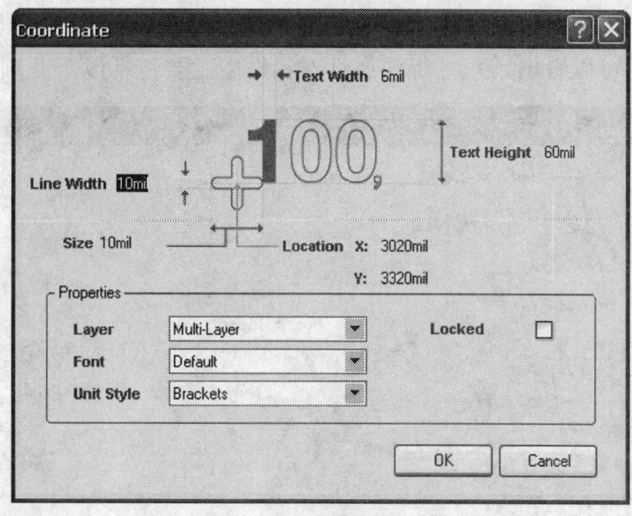

图 6-25　坐标属性对话框

1）Line Width：作用是设置坐标指示十字符号的线宽。

2）Size：作用是设置坐标指示十字符号的宽度。

3）Location X，Y：作用是设置坐标指示十字符号中心点的坐标。

4）Text Width：作用是设置坐标文字指示的文字宽度。

5）Text Height：作用是设置坐标文字指示的文字高度。

6）Layer：作用是设置坐标放置的工作层面。

7）Font：作用是设置坐标的显示字体。系统为用户提供了 3 个选项的设置，它们分别是 Default（默认设置）、Sans Serif（无底线设置）和 Serif（有底线设置）。

8）Unit Style：作用是设置坐标的单位显示形式。系统为用户提供了 3 种单位显示形式，它们分别是 None（无单位）、Normal（常规显示）和 Brackets（括号显示）。

9）Locked：作用是设置是否锁定该坐标所在的具体位置。

6.4.7 放置尺寸标注

在 PCB 设计的过程中，用户常常需要标注一些特殊尺寸或者用户提示的尺寸，目的是为了方便 PCB 的制板工作，这时就需要在 PCB 中放置尺寸标注。同样，尺寸标注不具有任何电气特性，它只能放在机械层上，而不能放置在其他的工作层面。

在 PCB 设计系统中，执行菜单命令【Place】→【Dimension】→【Dimension】，或者单击放置工具栏中的 按钮或者按下快捷键 Alt＋P＋D＋D，这时系统将会进入到放置尺寸标注的命令状态，可以看到鼠标光标将会变成十字光标，同时将会有一对尺寸标注的箭头悬浮在鼠标光标上。

移动光标到 PCB 中需要放置尺寸标注的合适位置，单击鼠标左键即可确定尺寸标注的起点位置，然后移动鼠标光标到需要放置尺寸标注终点的位置，单击鼠标左键即可完成一个尺寸标注的放置工作。当用户完成一个尺寸标注的放置操作后，系统仍然处于放置尺寸标注的命令状态下。这时用户可以重复前面的步骤来放置新的尺寸标注，当然也可以通过鼠标右键或者按下 Esc 键退出放置尺寸标注的命令状态。

如果对放置的尺寸标注感到不满意的话，这时用户可以选中要进行修改的尺寸标注，然后在单击鼠标右键弹出的下拉菜单中选择 Properties 选项，这时将会弹出如图 6-26 所示的尺寸标注属性对话框。可以看出，尺寸标注属性对话框中主要包括以下几项设置：

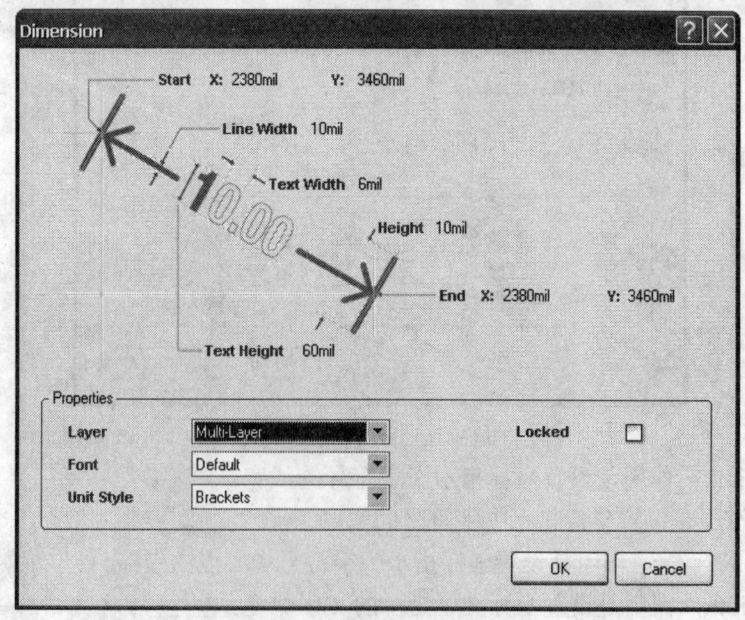

图 6-26 尺寸标注属性对话框

1）Start X，Y：作用是设置尺寸标注的起点位置坐标。

2）End X，Y：作用是设置尺寸标注的终点位置坐标。

3）Line Width：作用是设置尺寸标注中标注线的线条宽度。

4）Height：作用是设置尺寸标注中标注线的高度。

5）Text Width：作用是设置尺寸标注中标注文字的字符宽度。

6）Text Height：作用是设置尺寸标注中标注文字的高度。

7）Layer：作用是设置尺寸标注放置的工作层面。

8）Font：作用是设置尺寸标注的显示字体。

9）Unit Style：作用是设置尺寸标注的单位显示形式。

10）Locked：作用是设置是否锁定该尺寸标注所在的具体位置。

6.4.8　放置相对原点

在 PCB 设计系统中，实际上存在着两种坐标关系：一种是 Protel DXP 提供的原始坐标系，另外一种是用户自己定义的坐标系。原始坐标系中的坐标位置是由绝对原点来确定的，用户自己定义的坐标系中的坐标位置是由相对原点来确定的。可以看出，定义 PCB 设计中的相对原点能够方便用户对设计的 PCB 进行规划和查看。

在启动 PCB 设计系统的时候， Protel DXP 中的绝对原点和相对原点是完全重合在一起的。这时执行菜单命令【Edit】→【Origin】→【Set】，或者单击放置工具栏中的⊠按钮或者按下快捷键 Alt＋E＋O＋S，这时系统将会进入到放置相对原点的命令状态下，可以看到鼠标光标将会变成十字光标。移动鼠标光标到 PCB 中的合适位置，这时单击鼠标左键即可将当前位置设置成系统的相对原点。

另外，在 PCB 设计系统中，执行菜单命令【Edit】→【Origin】→【Reset】，这时系统将会取消当前相对原点的设置，而使相对原点与绝对原点重合。

6.4.9　放置元件封装

元件封装是 PCB 设计中的重要概念，它是实际元件焊接到印制电路板时的焊接位置和焊接形状，通常包括了实际元件的外形尺寸、所占空间、引脚数目以及引脚间的距离等。可以看出，元件封装是一个空间的概念，不同的元件可以具有相同的封装，而同样一种封装则可以用于不同的元件。例如“RES”通常代表电阻，它可以有 AXIAL0.3、AXIAL0.4 和 AXIAL0.6 等几种封装形式。

在 PCB 设计的过程中，PCB 设计系统为用户提供了两种放置元件封装的方法：一种是采用手工的方法来放置元件封装，另一种是采用添加网络表的方法来放置相应的元件封装。下面重点介绍手工放置元件封装的方法，另外一种方法将在下一章中讨论。

在 PCB 设计系统中，执行菜单命令【Place】→【Component】，或者单击放置工具栏中的按钮或者按下快捷键 Alt＋P＋C 后，系统将会进入到放置元件封装的命令状态，这时将会弹出一个放置元件封装对话框，如图 6-27 所示。放置元件封装对话框的各个选项的具体含义如下所示：

1）Footprint：作用是用来设置是否放置元件的封装。

2）Component：作用是用来设置是否放置元件的原理图符号。

3）Lib Ref：作用是用来输入元件封装在所属元件库中的名称。

4）Designator：作用是用来输入元件封装在 PCB 中的具体标号。

5）Comment：作用是用来输入放置元件封装的具体描述信息。

6）Footprint：作用是用来输入元件的具体封装形式。如果用户十分熟悉放置元件的具体名称和 PCB 封装类型，那么可以直接在输入栏中输入元件的封装形式；如果用户对放置元件的具体名称和 PCB 封装类型不是很熟悉的话，那么用户需要单击输入栏右侧的□按钮，这时将会弹出一个浏览库文件对话框，如图 6-28 所示。

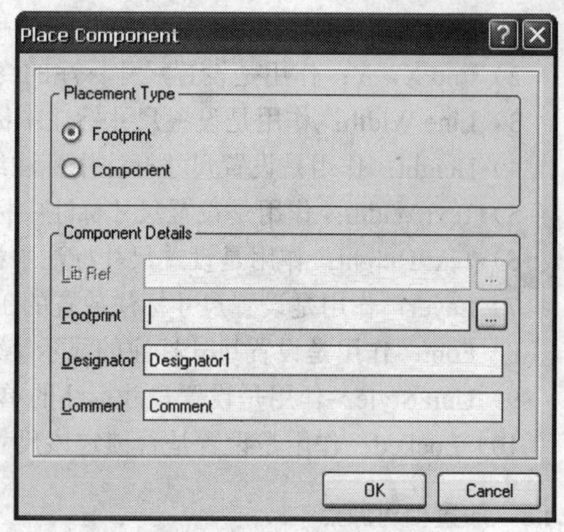

图 6-27 放置元件封装对话框

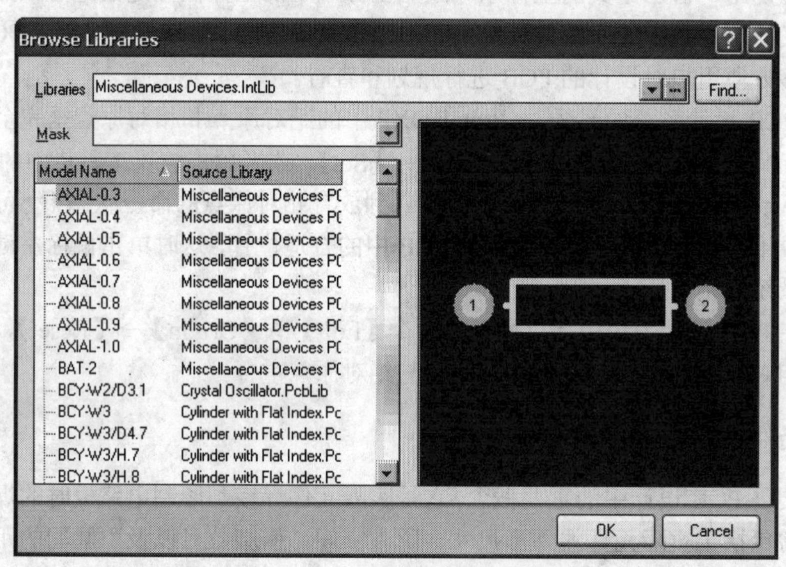

图 6-28 浏览库文件对话框

由于 PCB 设计系统中的浏览库文件对话框的操作与原理图设计系统中的浏览库文件对话框的操作基本相同，这里就不再赘述了。在浏览库文件对话框中选取了合适的元件封装后，单击 OK 按钮即可返回到图 6-27 所示的放置元件封装对话框。在放置元件封装对话框中，用户可以对元件的相应信息进行设置，然后单击 OK 按钮即可返回到放置元件的状态，鼠标光标将变为十字光标并且光标上粘附着一个元件封装的选线框。

移动鼠标光标到 PCB 中需要放置元件封装的地方，然后单击鼠标左键即可完成一个元件封装的放置操作。当用户完成一个元件封装的放置操作后，这时 PCB 设计系统仍然处于放置元件封装的命令状态。在这种情况下，用户可以重复前面的步骤放置新的元件封装，或者单击鼠标右键或者按下 Esc 键即可退出放置元件封装的命令状态。

同样，如果用户对放置元件封装的一些属性设置感到不满意，那么这时用户可以选中要进行修改的元件封装，然后在单击鼠标右键弹出的下拉菜单中选择 Properties 选项，这样将会弹出如图 6-29 所示的元件标号属性对话框。可以看出，这个对话框可以对元件封装的属性、元件封装的标号、元件封装的具体描述信息和相应的资源链接属性等进行相应的设置，从而使元件封装的属性设置满足设计的要求。

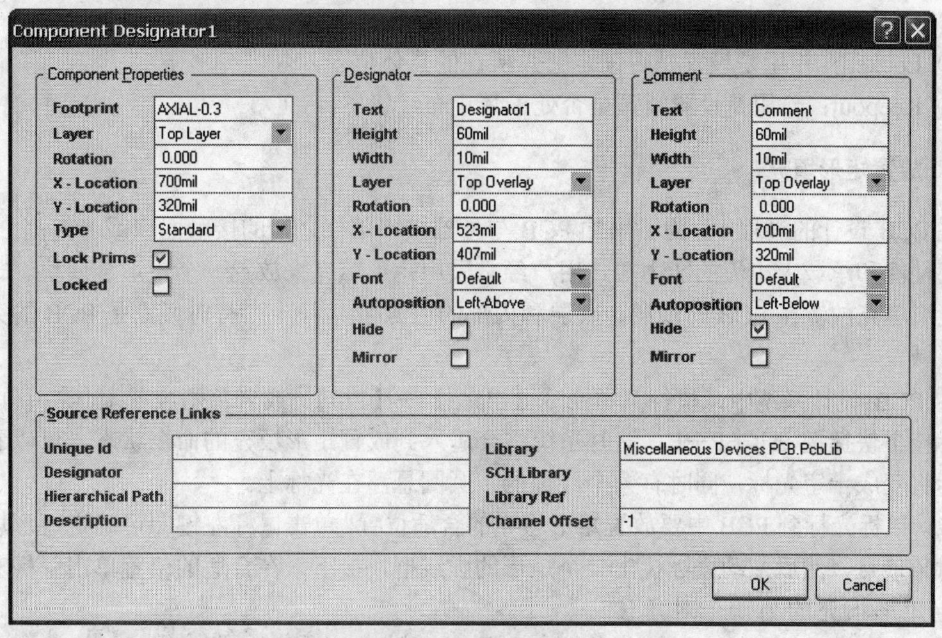

图 6-29　元件标号属性对话框

6.4.10　放置圆弧和圆

一般来说，圆弧是圆形的连线元素，它可以被放置在 PCB 的任何工作层面，半径可以从 0.001mil 到 16000mil，线宽可以从 0.001mil 到 10000mil，角度分辨率为 0.0001°。在 Protel DXP 中，PCB 设计系统为用户提供了 4 种放置圆弧和圆的工具，它们是中心法放置圆弧、边缘法放置 90° 圆弧、边缘法放置任何角度的圆弧和放置圆。

由于放置圆弧和圆的操作方法十分简单，读者可以参考原理图设计中放置椭圆弧和椭圆的操作方法，这里只介绍圆弧属性对话框中的具体参数设置。在 PCB 设计系统中，打开的圆弧属性对话框如图 6-30 所示。可以看出，圆弧属性对话框包括如下设置：

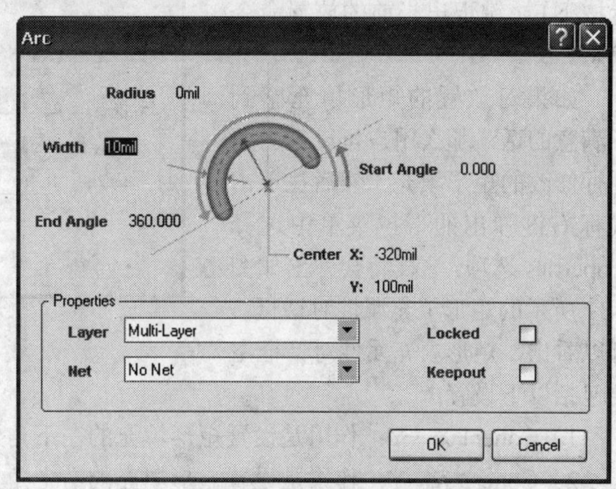

图 6-30　圆弧属性对话框

1）Start Angle：作用是设置圆弧的起始角度。

2）End Angle：作用是设置圆弧的结束角度。

3）Center X，Y：作用是设置圆弧的中心点坐标。

4）Width：作用是设置圆弧中的弧线宽度。

5）Radius：作用是设置圆弧的半径。

6）Layer：作用是设置圆弧放置的工作层面。

7）Net：作用是设置圆弧所在的网络。

8）Locked：作用是设置是否锁定圆弧所在的具体位置。

9）Keepout：作用是设置圆弧是否处于禁止布线状态。

6.4.11 放置矩形填充

在 PCB 设计的过程中，为了增加 PCB 与外部接口部件之间的接触面积或者提高 PCB 的抗干扰性能和承载大电流的能力等，用户经常采用矩形填充来放置一个矩形金属块。一般来说，矩形填充放置在 PCB 的顶层、底层和内部的电源/接地层上，有时候则是 PCB 的大面积覆铜区域。

在 PCB 设计系统中，执行菜单命令【Place】→【Fill】，或者单击放置工具栏中的□按钮或者按下快捷键 Alt＋P＋F，这时系统将会进入到放置矩形填充的命令状态，可以看到鼠标光标将变成十字光标，同时有一个红色的小圆圈悬浮在光标上。

移动鼠标光标到 PCB 中要放置矩形填充的合适位置，单击鼠标左键即可确定矩形填充的一个对角顶点，然后拖动鼠标拉出一个矩形的虚线框，接下来在合适的位置单击鼠标左键即可确定矩形填充的另一个对角顶点，这样便完成了一个矩形填充的放置操作。这时系统仍然处于放置矩形填充的命令状态，用户可以重复前面的步骤放置新的矩形填充，当然也可以通过单击鼠标右键或者按下 Esc 键退出当前的放置命令状态。

如果对放置的矩形填充感到不满意的话，那么用户可以选中要进行修改的矩形填充，然后在单击鼠标右键弹出的下拉菜单中选择 Properties 选项，这样将会弹出如图 6-31 所示的矩形填充属性对话框。可以看出，矩形填充属性对话框主要包括以下设置：

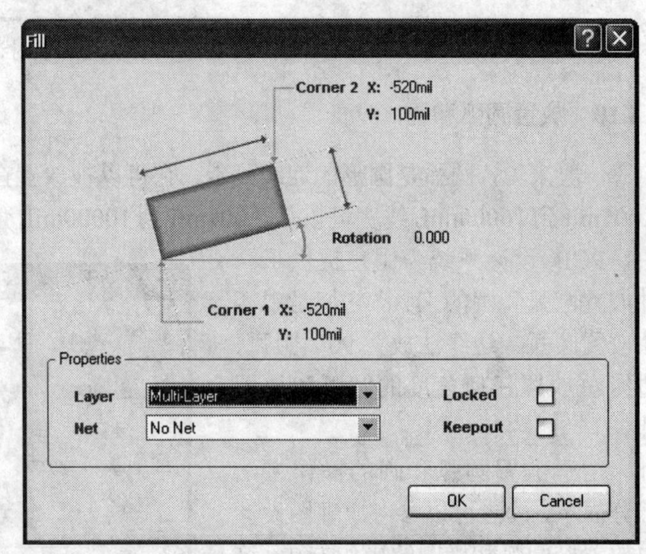

图 6-31 矩形填充属性对话框

1）Coner1 X，Y：作用是设置矩形填充的左下角坐标。

2）Coner2 X，Y：作用是设置矩形填充的右上角坐标。

3）Rotation：作用是设置矩形填充的逆时针旋转角度。

4）Layer：作用是设置矩形填充放置的工作层面。

5）Net：作用是设置矩形填充所在的网络。

6）Locked：作用是设置是否锁定矩形填充所在的具体位置。

7）Keepout：作用是设置矩形填充是否处于禁止布线状态。

6.4.12　放置覆铜

在 PCB 设计的过程中，为了提高 PCB 电路的抗干扰能力和承载大电流的能力等方面的考虑，用户常常需要将电路板上没有布线的空白地方覆上铜膜。通常，PCB 设计中常将所覆的铜膜接地，这样可以大大提高电路板的抗干扰能力。

在 PCB 设计系统中，执行菜单命令【Place】→【Polygon Plane】，或者单击放置工具栏中的按钮或者按下快捷键 Alt＋P＋G，系统将会进入到放置覆铜的命令状态，这时将会弹出覆铜属性对话框，如图 6-32 所示。可以看出，覆铜属性对话框中包含如下设置：

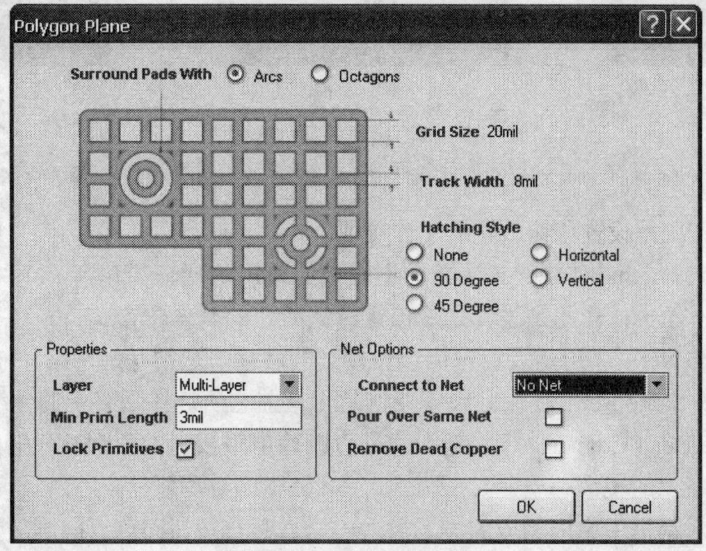

图 6-32　覆铜属性对话框

1）Surround Pads With：作用是设置覆铜环绕焊盘的具体方式。PCB 设计系统为用户提供了两种环绕方式，分别是 Arcs（圆弧环绕方式）和 Octagons（八角形环绕方式），两种环绕方式如图 6-33 所示。

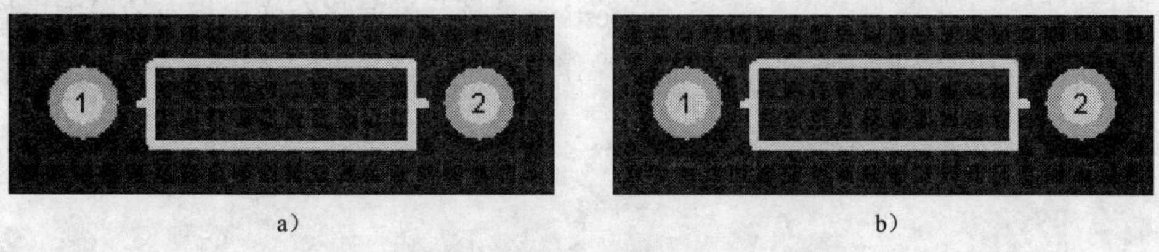

图 6-33　覆铜的两种环绕方式

a）圆弧环绕方式　b）八角形环绕方式

2）Grid Size：作用是设置覆铜所用栅格的间距。

3）Track Width：作用是设置覆铜所用栅格的线宽。当栅格的间距大于栅格的线宽时，放置的覆铜将会呈现栅格状；当栅格的间距小于栅格的线宽时，放置的覆铜将会呈现块状。

4）Hatching Style：作用是设置覆铜时栅格采用的具体方式。PCB 设计系统为用户提供了 5 种覆铜方式，分别是 None（中空覆铜）、90°（90°栅格覆铜）、45°（45°栅格覆铜）、Horizontal（水平栅格覆铜）和 Vertical（垂直栅格覆铜），它们的具体方式如图 6-34 所示。

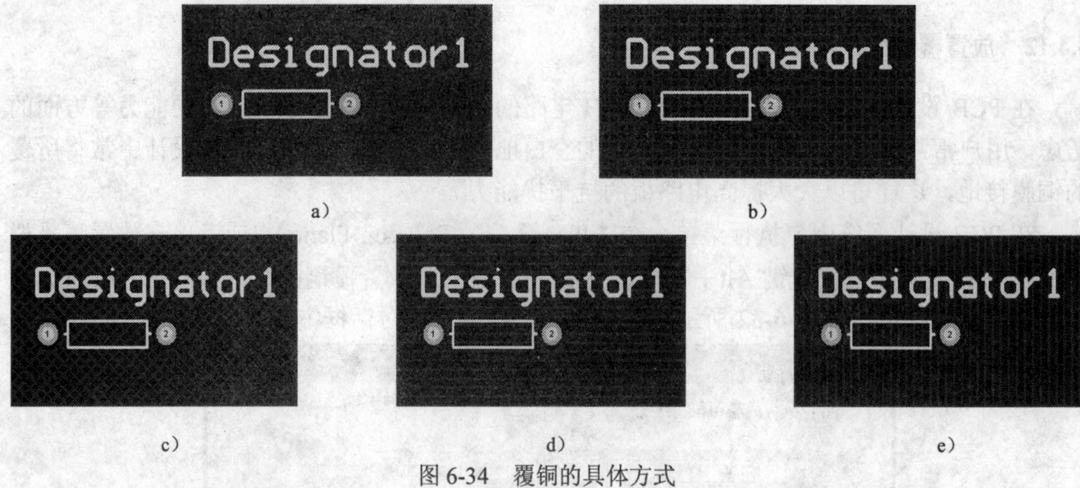

a） b）

c） d） e）

图 6-34 覆铜的具体方式

a）中空覆铜 b）90° 栅格覆铜 c）45° 栅格覆铜 d）水平栅格覆铜 e）垂直栅格覆铜

5）Layer：作用是设置覆铜放置的工作层面。

6）Min Prim Length：作用是设置覆铜铜膜线的最短长度。

7）Lock Primitives：作用是设置是否锁定覆铜所在的具体位置。

8）Connect to Net：作用是设置覆铜锁连接到的网络，通常是地网络。

9）Pour Over Same Net：作用是设置覆铜是否覆盖它所连接网络中的导线。

10）Remove Dead Copper：作用是设置是否删除电路板上的死铜。死铜是指独立并且无法连接到指定网络上的覆铜。

在覆铜属性对话框中完成相应的设置后，单击 OK 按钮即可返回到放置覆铜的命令状态下，这时鼠标光标将变为十字光标。移动鼠标光标到 PCB 中放置覆铜的合适位置，单击鼠标左键依次确定覆铜区域的各个顶点，然后单击鼠标右键或者按下 Esc 键，这时系统会自动将各个顶点连接起来完成一个覆铜区域的放置操作。

如果对放置的覆铜感到不满意的话，那么用户可以选中需要进行修改操作的覆铜，然后在单击鼠标右键弹出的下拉菜单中选择 Properties 选项，这时将会弹出相应的覆铜属性对话框。这样，用户便可以进行覆铜区域的修改操作了。

6.5 PCB 设计中的对象编辑

在 PCB 设计的过程中，用户常常需要对其中的一些对象进行相应的编辑操作，目的是为了满足 PCB 设计的要求。因此，用户熟练掌握 PCB 设计中的各种对象编辑操作，将会大大有助于用户设计出合理、美观的电路板，而且还能够提高开发效率，节省大量的人力和物力。下面将对 PCB 设计中的各种编辑操作进行一下讨论。

6.5.1 对象属性的编辑

如果对 PCB 中放置的一些对象感到不满意的话，那么用户可以采用一定的方法来打开相应的对象属性对话框，然后便可以在对话框中来修改和编辑对象的具体属性。在 Protel DXP

中，PCB 设计系统为用户提供了 3 种打开对象属性对话框的方法。

1）利用鼠标打开对象属性对话框：在 PCB 设计的过程中，移动鼠标光标到 PCB 中需要进行属性编辑的对象上，然后双击鼠标左键即可弹出相应的对象属性对话框。需要注意的是，如果用户想要采用这种方法打开对象属性对话框，那么必须在系统参数属性设置对话框的 Options 选项卡中将 Double Click Runs Inspector 复选框设置为未选状态。

2)利用菜单命令打开对象属性对话框：在 PCB 设计的过程中，执行相应的菜单命令【Edit】→【Change】后，这时可以看到鼠标光标将会变成十字光标。移动十字光标到 PCB 中需要进行属性编辑的对象上，然后单击鼠标左键即可弹出相应的对象属性设置对话框。

3）利用快捷菜单打开对象属性对话框：在 PCB 设计的过程中，用户首先选中 PCB 中需要进行属性编辑的对象，其次单击鼠标右键将会弹出一个快捷菜单，然后选中快捷菜单中的 Properties 选项，这时同样可以打开相应的对象属性设置对话框。

对于对象属性对话框中的各项参数设置，由于已经在前面一节中进行了详细介绍，这里就不再赘述了。读者可以参考前面一节，这样就可以进行对象属性的编辑操作了。

6.5.2　对象的选取

在 PCB 设计系统中，用户只有选取相应的对象后才可以对其进行相应的操作，例如移动、排列和删除等操作。Protel DXP 为用户提供了 3 种元件的选取方法。

1．鼠标选取方法

在 PCB 设计系统中，鼠标选取方法是最为简单，也是最常采用的一种方法，它可以进行单个对象、多个对象、单个区域和多个区域对象的选取操作。

1）单个或者多个对象的选取：在 PCB 设计系统中，移动鼠标光标指向 PCB 中需要进行选取的对象上，然后单击鼠标左键即可完成一个对象的选取操作，这时选取的对象将会变成灰色。另外，在按下 Shift 键的同时采用选取单个对象的方法，用户便可以完成 PCB 中多个对象的选取操作。

2）单个区域和多个区域对象的选取：在 PCB 设计系统中，移动鼠标光标在 PCB 中选中某一个位置按下鼠标左键不放，鼠标光标将变成十字光标，然后拖动鼠标到原理图中的另外位置松开鼠标，这时鼠标将会在 PCB 中拖出一个以两次鼠标位置为对角的矩形，同时矩形区域中的所有对象将被选取。另外，在按下 Shift 键的同时采用选取单个区域对象的方法，用户便可以完成多个区域对象的选取操作。

2．菜单命令选取方法

在 PCB 设计系统中，执行菜单命令【Edit】→【Select】后将会弹出如图 6-35 所示的选取命令菜单。各个选取命令的具体含义如下所示：

1）Inside Area：作用是选取指定区域内的所有对象。

2）Outside Area：作用是选取指定区域外的所有对象。

3）All：作用是选取当前 PCB 中的所有对象。

4）Board：作用是选取 PCB 中的所有内容，其中包括所有的对象。

5）Net：作用是选取 PCB 中的指定网络。注意，这个选取命令不能选取多个网络，当用户选取一个指定网络时，先前选取的指定网络将会跳出选取状态。

6）Connected Copper：作用是选取与所选导线或者焊盘有实际连接的所有导线。

7）Physical Connection：作用是选取两个焊盘之间的电气连接对象。

8）All on Layer：作用是选取当前工作层面上的所有对象。

9）Free Objects：作用是选取所有不与电路相连的自由对象。

10）All Locked：作用是选取 PCB 中所有锁定的对象。

11）Off Grid Pads：作用是选取 PCB 中不在栅格点上的所有焊盘。

12）Toggle Selection：作用是用来切换对象的选取状态。

另外，PCB 设计系统也为用户提供了相应的取消选取命令菜单。在 PCB 设计系统中，执行菜单命令【Edit】→【DeSelect】，将会弹出如图 6-36 所示的取消选取命令菜单。各个取消选取命令的具体含义如下所示：

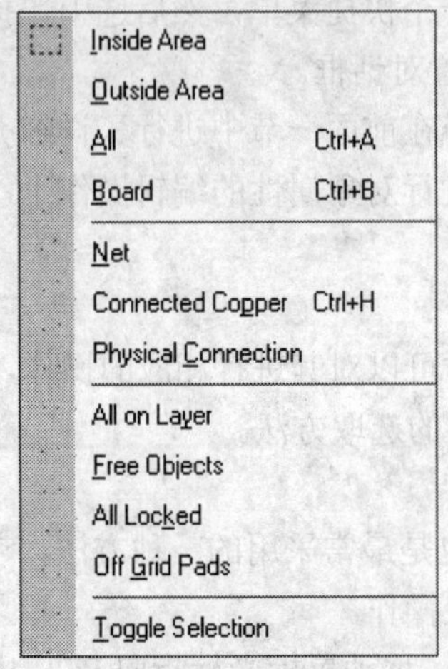

图 6-35　选取命令菜单

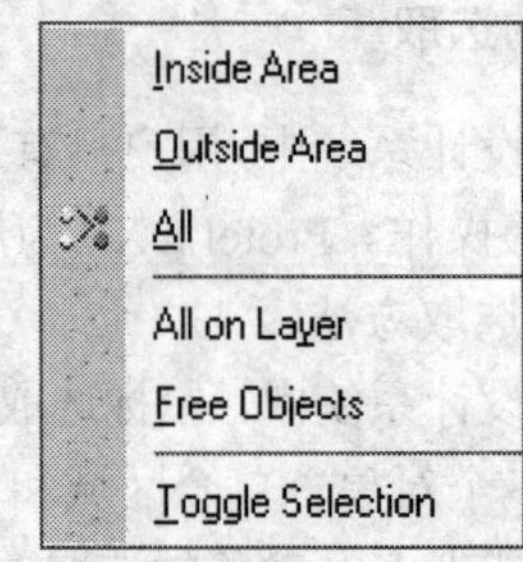

图 6-36　取消选取命令菜单

1）Inside Area：作用是取消指定区域内所有对象的选取状态。

2）Outside Area：作用是取消指定区域外所有对象的选取状态。

3）All：作用是取消当前 PCB 中所有对象的选取状态。

4）All on Layer：作用是取消当前工作层面上所有对象的选取状态。

5）Free Objects：作用是取消 PCB 中所有自由对象的选取状态。

6）Toggle Selection：作用是用来切换对象的选取状态。

3．工具栏命令选取方法

在 PCB 设计系统中，标准工具栏为用户提供了两个选取工具图标，它们是⬚和⤨。这两个选取工具图标的具体意义如下所示：

1）⬚：功能与选取命令菜单中的 Inside Area 选项相同。

2）⤨：功能与取消选取命令菜单中的 All 选项相同。

6.5.3　对象的移动

在 PCB 设计的过程中，用户需要采用对象的移动操作来改变对象在 PCB 中的位置，目的是对 PCB 中的各种对象进行合理的布局，以方便 PCB 后续的设计工作。在 PCB 设计系统中，用户同样可以采用鼠标来移动对象，它的移动方法与原理图设计系统中移动元件的操作方法完全相同，这里就不进行介绍了。另外，执行菜单命令【Edit】→【Move】后系统将会弹出一个移动命令菜单，如图 6-37 所示。各个移动命令的具体含义如下所示：

1）Move：作用是对 PCB 中的对象进行移动，执行命令之前不需要进行对象的选择。

2）Drag：作用是对 PCB 中的对象进行移动，同时与对象相连接的导线也会随着对象一起移动。需要注意的是，如果用户想要同时拖动相连接的导线，那么必须在系统参数属性设置对话框的 Options 选项卡中选择 Comp Drag 下拉框中的 Connected Tracks。

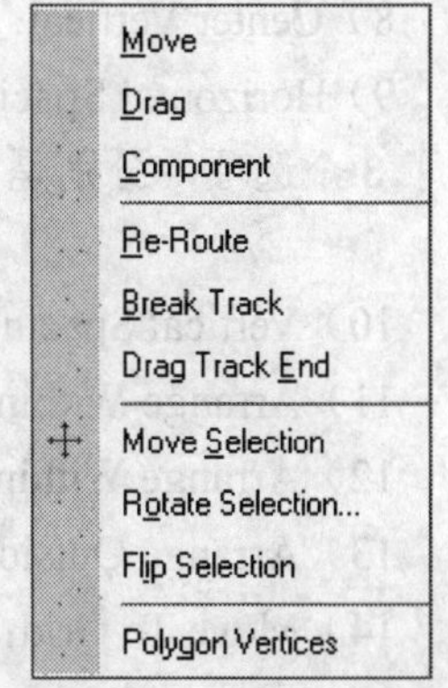

图 6-37　移动命令菜单

3）Component：作用是对 PCB 中的元件封装进行移动。

4）Re-Route：作用是对 PCB 中的一段导线进行重新布线。执行该菜单命令后，鼠标光标将会变成十字光标；然后移动鼠标光标到一段导线上单击鼠标左键，这时导线两端固定不动而中间部分断为两段并且随着光标移动；移动光标到 PCB 中的合适位置单击鼠标左键即可确定一段导线，接下来在另一个合适位置处再次单击鼠标左键即可确定另外一段导线。操作结束后，用户单击鼠标右键或者按下 Esc 键即可退出重新布线状态。

5）Break Track：作用是对 PCB 中的一段导线进行重新布线，与上面命令类似。

6）Drag Track End：作用是对 PCB 中的一段导线的端点进行移动。

7）Move Selection：作用是对 PCB 中处于选中状态的单个或者多个对象进行移动，它与标准工具栏中的 ┼ 工具具有相同的功能。

8）Rotate Selection：作用是对 PCB 中处于选中状态的对象进行逆时针旋转。

9）Flip Selection：作用是对 PCB 中处于选中状态的对象进行左右翻转。

10）Polygon Vertices：作用是对 PCB 中覆铜的多个顶点进行更改操作。

6.5.4　对象的排列与对齐

在 PCB 设计系统中，执行菜单命令【Tools】→【Interactive Placement】，系统将会弹出一个排列与对齐命令菜单，如图 6-38 所示。各个排列与对齐命令的具体含义如下所示：

1）Align：作用是对 PCB 中选取的对象同时进行两种排列与对齐操作。执行该命令后将会打开一个排列与对齐设置对话框，它与原理图设计系统中相应对话框的操作相同。

2）Position Component Text：作用是对 PCB 中元件封装的标注进行定位。

3）Align Left：作用是对选取的对象以最左端的对象为基准进行纵向对齐。

4）Align Right：作用是对选取的对象以最右端的对象为基准进行纵向对齐。

5）Align Top：作用是对选取的对象以最上端的对象为基准进行横向对齐。

6）Align Bottom：作用是对选取的对象以最下端的对象为基准进行横向对齐。

7）Center Horizontal：作用是对选取的对象以相应的中心

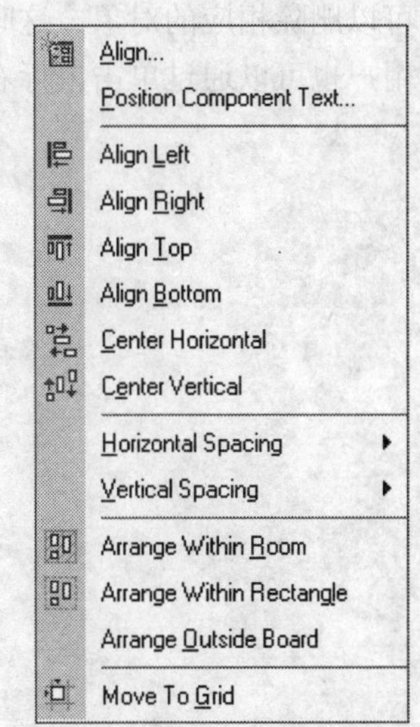

图 6-38　排列与对齐命令菜单

位置进行纵向对齐。

8）Center Vertical：作用是对选取的对象以相应的中心位置进行横向对齐。

9）Horizontal Spacing：作用是对选取的对象以不同的间距进行纵向对齐。系统为用户提供了 3 个选项，分别是 Make Equal（间距相等）、Increase（间距增大）和 Decrease（间距减小）。

10）Vertical Spacing：作用是对选取的对象以不同的间距进行横向对齐。

11）Arrange Within Room：作用是对选取的对象在空间内排列。

12）Arrange Within Rectangle：作用是对选取的对象在矩形区域内排列。

13）Arrange Outside Board：作用是对选取的对象在 PCB 之外进行排列。

14）Move To Grid：作用是对选取的对象在栅格点上排列。

6.5.5 对象的删除

在 PCB 设计系统中，对象的删除是 PCB 设计中的一项基本操作。通常，PCB 设计系统为用户提供了两种删除对象的方法：一种是利用快捷键来删除对象，另外一种是采用菜单命令来删除对象。采用快捷键来删除对象十分简单，用户只需要在 PCB 中选取要删除的对象，然后按下 Delete 键即可以完成元件的快速删除操作。

另外，PCB 设计系统在【Edit】菜单中为用户提供了 3 条进行删除操作的菜单命令，它们的具体删除功能如下所示：

1）Cut：删除在 PCB 中选取的对象，使用该命令之前需要选取对象。首先选取相应的删除对象，然后执行该菜单命令，这时鼠标光标将变成十字光标，接下来在选取的对象上单击鼠标左键即可删除选取的对象，同时系统退出删除命令状态。

2）Clear：删除在 PCB 中选取的对象，使用该命令之前需要选取对象。首先选取相应的删除对象，然后执行该菜单命令即可删除选取的对象。

3）Delete：删除在 PCB 中的对象，使用该命令之前不需要选取对象。在 PCB 系统中，执行该菜单命令后鼠标光标将变成十字光标，然后在需要删除的对象上单击鼠标左键，这样便可以删除相应的对象。这时，系统仍然处于删除状态，用户可以继续删除其他的对象，当然用户也可以通过单击鼠标右键或者按下 Esc 键退出删除命令。

第 7 章　PCB 的具体设计

7.1　PCB 设计的基本流程

在实际的设计过程中，PCB 设计是整个电路设计中非常重要的一环，因为几乎所有的电路设计首先都是通过 PCB 来实现的，可见 PCB 设计是整个电路设计的基石。对于一个电路设计来说，PCB 设计将会直接影响到整个电路设计的具体实现，因此这应该引起设计人员的足够重视。一般来说，PCB 设计的基本流程如下所示：

1．建立设计项目

Protel DXP 引入了“项目”的设计概念，因此 PCB 设计往往是从建立一个项目文件开始的。在 PCB 设计的过程中，项目的作用就是将所有的设计元素连接在一起，这样将会大大方便用户对设计的管理操作。建立相应的设计项目后，用户需要在项目中建立新的原理图文件和 PCB 文件。通常，原理图设计是 PCB 设计中的第 1 步，它是利用原理图设计系统来进行原理图设计的，并生成用来连接原理图和 PCB 的网络报表。一般来说，对于结构比较简单或者连线思路比较清晰的电路设计来说，用户可以跳过这一步而直接进入到 PCB 的设计中。

2．规划设计的 PCB

在设计具体的 PCB 之前，用户需要对 PCB 进行一个初步的规划，例如 PCB 采用多大的物理尺寸、采用何种板层结构、PCB 具体的安装位置和安装方式、采用何种元件封装形式以及相应的接口形式等规划。一般来说，PCB 物理尺寸越小，工作层面越少，相应的制板费用越低廉，但是这样可能会存在一定的走线困难。因此非常有经验的用户将会合理考虑设计的方方面面，权衡各种利弊关系，然后规划出一个相对合理的电路板。

3．设置工作环境

对于用户来说，设置工作环境是 PCB 设计中的一个重要环节，好的工作环境能够大大提高用户的工作效率，从而缩短 PCB 设计的时间。通常，设置工作环境主要包括 PCB 的系统参数设置和 PCB 选项对话框设置两大部分。其中，PCB 的系统参数设置的作用是使 PCB 设计系统的开发环境、界面风格和操作习惯符合用户的要求；PCB 选项对话框设置主要是对度量单位、捕获栅格、元件栅格、电气栅格、可视栅格和图纸位置等进行设置，从而提高用户设计 PCB 的操作效率。

4．添加网络报表

一般来说，网络报表是原理图设计和 PCB 设计的接口，它是 PCB 进行自动布线的灵魂，因为自动布线的操作是根据网络报表的具体内容来进行的。添加网络报表的过程中，PCB 设计系统将会装入相应的元件封装和电路连接方式，同时还会生成一个内部的网表，作用是用来形成飞线。用户要在添加网络报表之前添加相应的元件封装库，否则在添加网络报表的过程中将会给出错误信息，从而导致添加网络报表的失败。

5．设置 PCB 的设计规则

PCB 的设计规则是 PCB 设计的基本准则，它的作用是用来制约 PCB 设计中的自动布局和自动布线等操作。一般来说，PCB 设计系统为用户提供了 10 个类别的设计规则，其中最重要的是布局规则和布线规则。如果用户能够根据 PCB 设计的具体要求对相应的设计规则进行设置，那么将会大大降低后面的修改机率，从而提高工作效率。

6．元件布局

元件布局是指 PCB 中的元件封装在电路板上的合理放置，它除了讲究效果美观之外，还要充分考虑 PCB 的走线是否方便。通常，元件布局应该从机械结构、散热性、抗干扰能力和布线是否方便等方面进行考虑和评估。PCB 设计系统为用户提供了自动布局的功能，但是自动布局的效果一般不太理想，这时用户需要采用手工布局进行相应的调整操作，或者干脆直接采用手工布局。

7．PCB 的布线

Protel DXP 为用户提供了强大的无网格的、基于形状的对角线自动布线技术，布通率接近于 100%。通常，只要元件布局合理、布线规则设置正确，系统都可以成功地完成 PCB 的自动布线。自动布线完成后，系统将会给出布线成功率、所布导线总数以及花费时间的提示。在自动布线不太理想的情况下，用户需要采用手工布线来进行相应的调整操作，或者干脆直接采用手工布线。

8．PCB 的设计规则检查（DRC）

完成上面各个步骤的操作后，用户可以利用 PCB 设计系统提供的相应工具进行设计规则检查，目的是用来查找 PCB 设计中存在的错误，从而能够返回前面的步骤进行修改。通常，查找错误和修改错误是一个反复操作的过程，只有这样用户才能够设计出一个布局美观、性能优良的 PCB。

9．报表生成

在 PCB 设计系统中，用户利用相应的报表生成工具可以得到各种不同的报表输出，这些报表含有 PCB 设计的各种信息，例如元件报表、元件交叉参考报表和项目层次报表等。通过这些报表，可以帮助用户更好地了解设计的 PCB 和对 PCB 进行管理操作。

10．存盘和打印输出

完成上面的各个操作步骤后，用户可以将 PCB 中的各种设计文件进行存盘或者打印输出，包括 PCB 文件和各种报表文件，目的是对设计的项目进行存档。这样，用户就完成了一个 PCB 设计的全部过程。

7.2 规划设计的 PCB

前面提到过，用户在设计具体的 PCB 之前需要对 PCB 进行一个初步的规划，目的是确定 PCB 采用多大的物理尺寸、采用何种板层结构和采用何种元件封装形式等参数信息。一般来讲，用户可以采用两种方法来规划设计 PCB：一种是在利用 PCB 生成向导建立 PCB 文件的过程中直接对设计的 PCB 进行规划；另外一种方法是先建立一个 PCB 文件，然后再对 PCB 进行相应的规划设置。

7.2.1 利用生成向导规划设计的 PCB

在 PCB 设计系统中，用户可以采用两种方法来建立新的 PCB 文件：一种是利用菜单命令【File】→【New】→【PCB】直接建立 PCB 文件；另一种是利用系统提供的 PCB 生成向导来建立 PCB 文件，这种方法的好处是可以在建立的过程中对 PCB 进行规划。

1）在 Protel DXP 的主工作界面上，单击文件工作面板底部【New from template】区域中的 PCB Board Wizard 选项（如图 7-1 所示），这时系统将会启动相应的 PCB 生成向导，如图 7-2 所示。

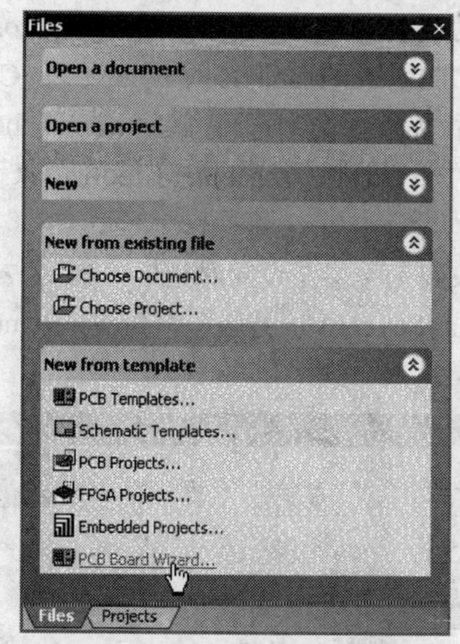

图 7-1　PCB Board Wizard 选项

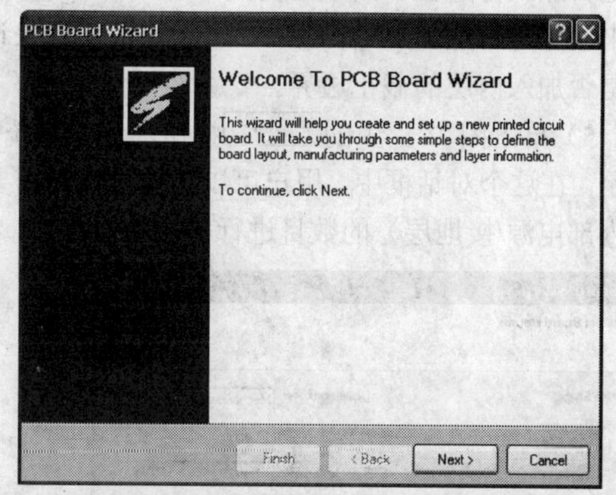

图 7-2　启动的 PCB Board Wizard 对话框

2）单击图 7-2 中的 Next > 按钮，这时系统将会进入到 PCB 度量单位设置对话框，如图 7-3 所示。在这个对话框中，用户可以根据 PCB 设计的需要来选择合适的度量单位。可以看出，系统为用户提供了两种度量单位：一种是 Imperial（英制），PCB 中常用的英制单位是 mil（0.001in）；另一种是 Metric（米制），PCB 中常用的公制单位是 mm。英制单位 mil 和公制单位 mm 的换算关系是 1mil＝0.0254mm。

3）单击图 7-3 中的 Next > 按钮，这时系统将会进入到 PCB 标准板形设置对话框，如图 7-4 所示。在这个设置对话框中，用户可以根据 PCB 设计的需要来选择合适的工业标准板形。可以看出，左侧列表栏中为用户提供了 59 种标准的工业板形，同时右侧可以显示出选定板形的预览图形。另外，用户还可以根据自己的需要选择 Custom 选项，这样可以自行定义 PCB 的板形。

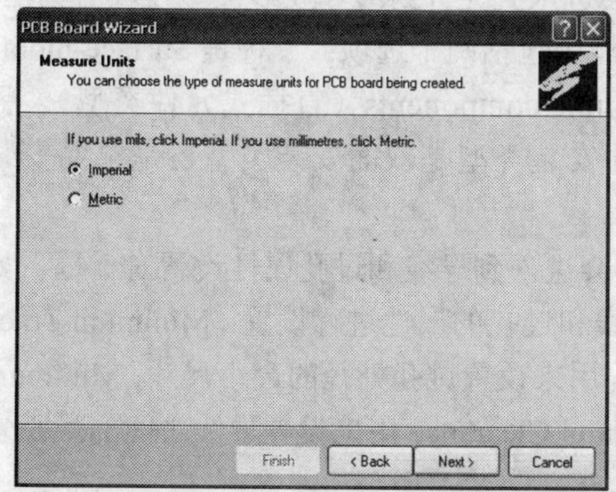

图 7-3　PCB 度量单位设置对话框

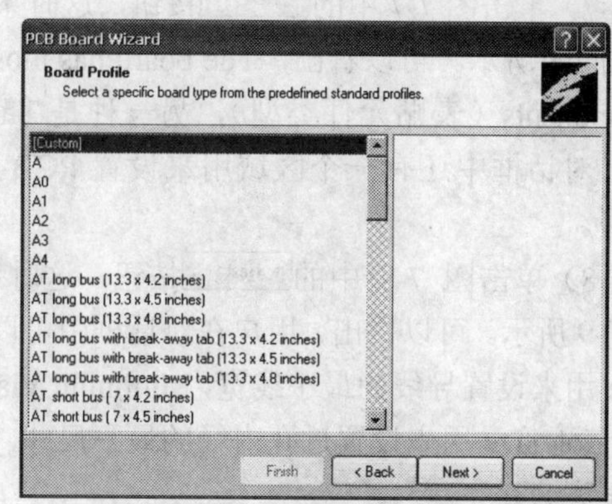

图 7-4　PCB 标准板形设置对话框

4）单击图 7-4 中的 Next> 按钮，这时系统将会进入到自定义板形设置对话框，如图 7-5 所示。在这个设置对话框中，用户可以根据需要自行定义 PCB 的板形。可以看出，系统为用户提供了 3 种板形，分别是 Rectangular（矩形）、Circular（圆形）和 Custom（自定义）；板形尺寸为用户提供了两个参数的设置，分别是 PCB 的 Width（宽度）和 Height（长度）；Dimension Layer 用来设置用于尺寸标注的机械层；Boundary Track Width 用来设置 PCB 中边界线的宽度；Dimension Line Width 用来设置尺寸标注中的线条宽度；Keep Out Distance From Board Edge 用来设置 PCB 中电气边界和物理边界的间距；Title Block and Scale 用来设置 PCB 中是否加入标题栏和图纸比例；Legend String 用来设置是否加入图例字符串；Dimension Lines 用来设置是否加入尺寸标注；Corner Cutoff 用来设置是否加入截止边界；Inner Cutoff 用来设置是否加入内层的截止边界。

5）单击图 7-5 中的 Next> 按钮，这时系统将会进入到工作层面设置对话框，如图 7-6 所示。在这个对话框中，用户可以根据设计的需要对 Signal Layers（信号层）和 Power Planes（内部电源/接地层）的数目进行相应的设置。

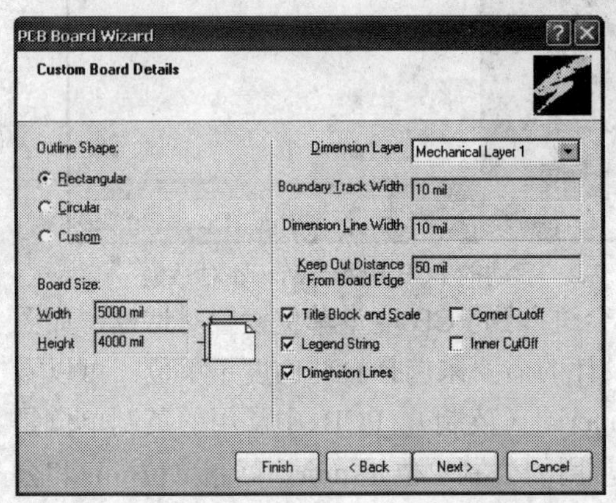

图 7-5 自定义板形设置对话框

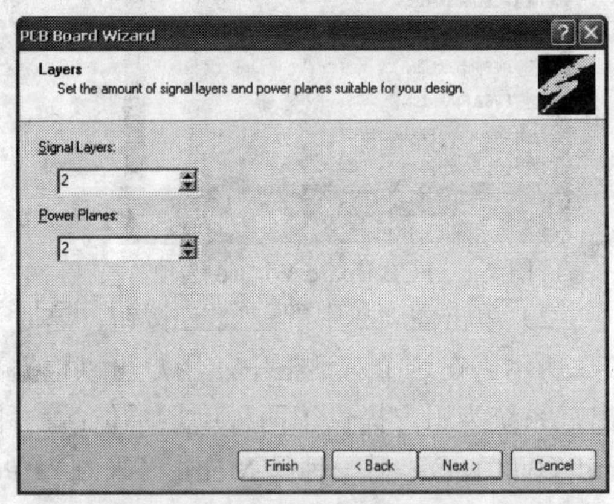

图 7-6 工作层面设置对话框

6）单击图 7-6 中的 Next> 按钮，这时系统将会进入到过孔类型设置对话框，如图 7-7 所示。在这个对话框中，用户可以选择相应的过孔类型以满足 PCB 设计的需要。可以看出，系统为用户提供了两种过孔类型，它们分别是 Thruhole Vias only（穿透式过孔类型）和 Blind and Buried Vias only（盲过孔和隐藏过孔类型）。

7）单击图 7-7 中的 Next> 按钮，这时系统将会进入到元件封装和安装类型设置对话框，如图 7-8 所示。可以看出，The board has mostly 区域中包括两个选项：一种是 Surface-mount components（表贴元件类型），另一种是 Through-hole components（直插式元件类型）。另外，对话框中还有一个区域用来设置 PCB 的元件安装类型是双面安装类型还是单面安装类型。

8）单击图 7-8 中的 Next> 按钮，这时系统将会进入到导线和过孔属性设置对话框，如图 7-9 所示。可以看出，用户在对话框中可以对导线和过孔的属性进行设置：Minimum Track Size 用来设置导线的最小线宽，Minimum Via Width 用来设置过孔外径的最小尺寸，Minimum Via HoleSize 用来设置过孔内径的最小尺寸，Minimum Clearance 用来设置导线之间的最小安全距离。

9）单击图 7-9 中的 Next> 按钮，这时系统将会进入到 PCB 生成向导完成的提示框，如

图 7-10 所示。单击 Finish 按钮，这时系统将会建立一个 PCB1.PcbDoc 文件，同时将会启动 PCB 设计系统。最后进行文件的保存工作，从而完成利用 PCB 生成向导建立 PCB 文件的全部过程。可以看出，用户在建立 PCB 文件的过程中同时完成了 PCB 的规划工作。

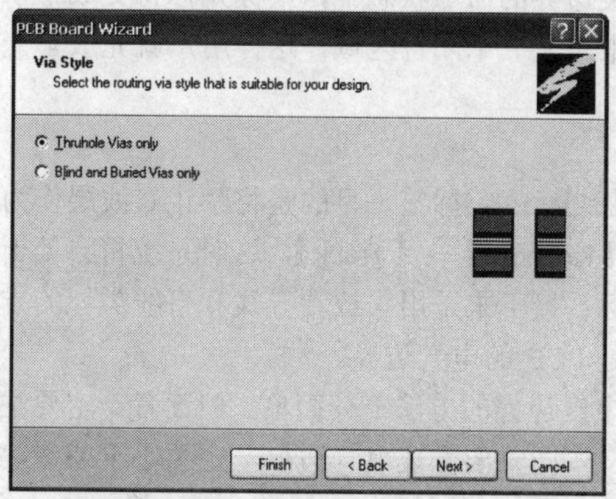

图 7-7　过孔类型设置对话框

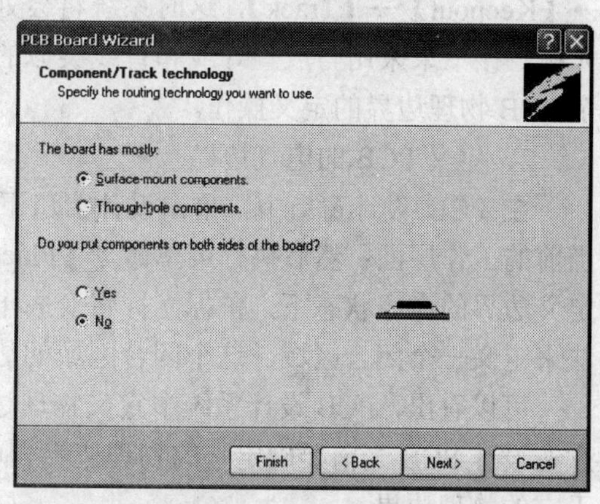

图 7-8　元件封装和安装类型设置对话框

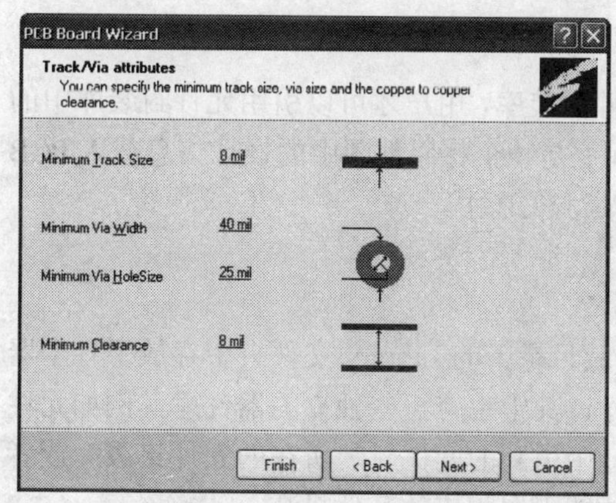

图 7-9　导线和过孔属性设置对话框

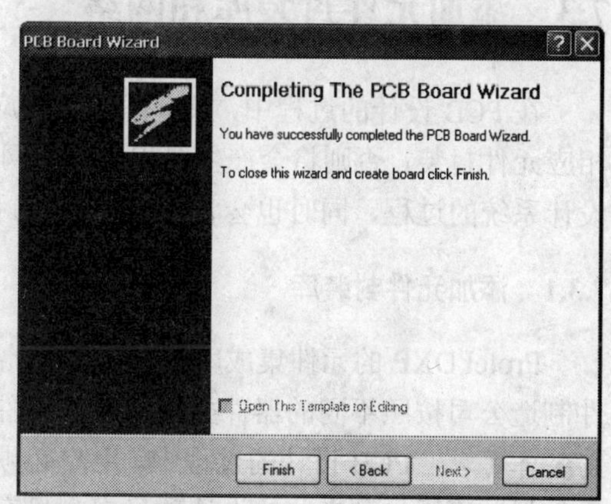

图 7-10　PCB 生成向导完成的提示框

7.2.2　直接规划设计的 PCB

对于要进行设计的 PCB 来说，用户需要根据设计的内容来定义 PCB 的尺寸，这个尺寸的作用是用来限制元件封装和布线的范围，即定义 PCB 的电气边界。另外，用户还需要定义一个物理边界，这个边界实际上就是 PCB 实际加工的具体尺寸，这个尺寸的作用是用来限制 PCB 的外形和接口部件的安装位置。

通常，为了安全起见，PCB 的物理边界往往要大于它的电气边界，否则 PCB 加工时将有可能破坏 PCB 中的某些布线，从而引起制板工作的失败。在 PCB 设计系统中，往往要求 PCB 的物理边界和电气边界之间有一个安全间距，在 PCB 设计系统中，用户执行【File】→【New】→【PCB】即可建立一个 PCB 文件，接下来用户就可以对新建的 PCB 进行规划操作，这一步骤主要包括定义 PCB 的物理边界和电气边界。

1．定义 PCB 的物理边界

在 PCB 设计系统中，状态栏中的坐标值是根据相对原点来确定的，因此用户要使用放置相对原点的工具来确定 PCB 中的相对原点。在 PCB 设计窗口中，单击设计窗口下部的相应机械层（Mechanical）标签，作用是将机械层作为当前的工作层面；然后执行菜单命令【Place】→【Keepout】→【Track】，这时系统将会处于定义边界的命令状态下，鼠标光标将变成十字光标；接下来采用与放置导线和直线类似的方法来定义一个闭合区域，这样用户就完成了一个 PCB 物理边界的定义操作。

2．定义 PCB 的电气边界

在 PCB 设计窗口中，单击设计窗口下部的 Keep-Out Layer 标签，目的是将禁止布线层作为当前的工作层面；然后执行菜单命令【Place】→【Keepout】→【Track】，这时系统将会处于定义边界的命令状态下，鼠标光标将变成十字光标；接下来采用与放置导线和直线类似的方法来定义一个闭合区域，这个闭合区域的边界就是 PCB 的电气边界。

可以看出，PCB 设计系统中定义物理边界和电气边界的方法十分简单，但读者一定要注意在设计 PCB 之前要确定它的物理边界和电气边界，同时要保证电气边界一定要小于或者等于它的物理边界。

7.3 添加元件封装库和网络

在 PCB 设计的过程中，只有添加了相应的元件封装库，用户才可以引用元件封装库中的相应元件封装，否则将会产生错误。添加网络实际上是一个将原理图中的设计信息载入 PCB 设计系统的过程，同时也会将相应的元件封装载入到 PCB 中。

7.3.1 添加元件封装库

Protel DXP 的元件集成库资源十分丰富，其安装目录下的 Library 文件夹中存放了各个器件制造公司按照不同的器件类型建立的元件集成库，其中也有一些独立的器件库，例如元件封装库等。在 PCB 设计的过程中，用户必须将设计中用到的元件封装所在的元件集成库或者元件封装库添加到当前的设计项目中，只有这样才能引用相应的元件封装。

通常，PCB 设计系统为用户提供了两种添加元件集成库或者元件封装库的方法：一种是直接添加用户熟悉的元件集成库或者元件封装库；另外一种方法是通过搜索方式来寻找元件所在的元件集成库或者元件封装库，然后再添加相应的库文件。

在 PCB 设计系统中，执行菜单命令【View】→【Workspace Panels】→【Libraries】，这时系统将会打开相应的库文件工作面板，如图 7-11 所示。可以看出，它与原理图设计系统中的库文件工作面板是完全相同的。选中库文件工作面板上部的 Footprints 选项，这时的库文件工作面板如图 7-12 所示，可以看出它列出了选定元件集成库或者元件封装库中的所有元件封装和预览图形。

通过上面的库文件工作面板，用户可以直接添加自己所熟悉的元件集成库或者元件封装库。如果用户不熟悉元件封装所在的元件集成库或者元件封装库，那么用户这时首先要搜索元件封装所在的元件集成库或者元件封装库，接下来才能够添加相应的库文件。利用库文件搜索元件封装所在的元件集成库或者元件封装库的具体操作方法与原理图设计系统中的操作方法是完全相同的，读者可以参考 3.4.1 节。

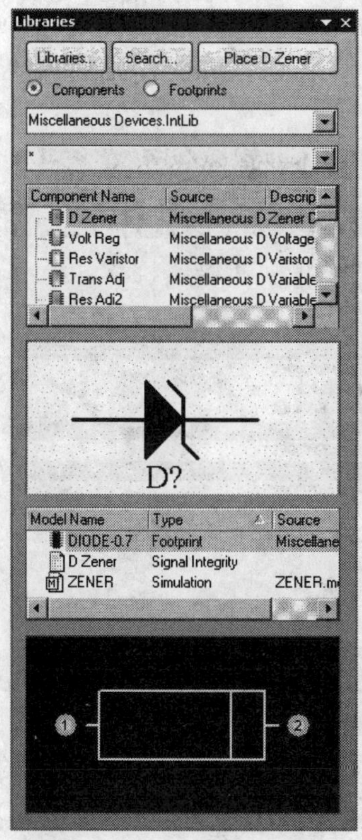

图 7-11　库文件工作面板

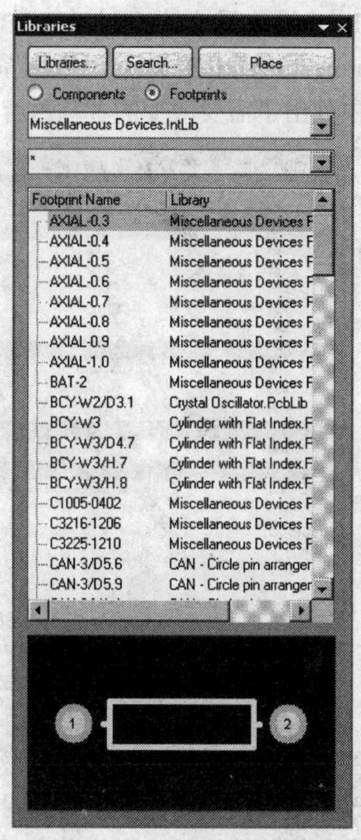

图 7-12　显示所有元件封装的库文件工作面板

7.3.2　添加网络和元件封装

与先前版本的 Protel 不同，Protel DXP 为用户提供了两种添加网络和元件封装的方法：一种是在 PCB 设计系统中利用菜单命令来添加网络和元件封装，另一种是在原理图设计系统中利用菜单命令来添加网络和元件封装。

下面将以一个简单的 RC 电路为例介绍添加网络和元件封装的具体操作。首先建立一个项目文件 Myproject.PRJPCB，然后分别建立一个原理图文件 Myschematic.SCHDOC 和一个 PCB 文件 Mypcb.PCBDOC。RC 电路的原理图如图 7-13 所示。

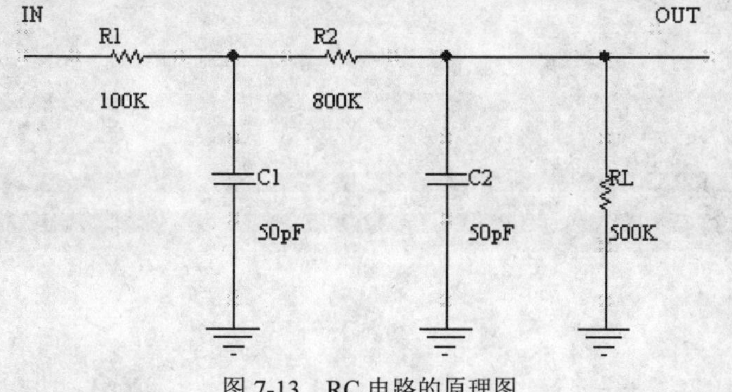

图 7-13　RC 电路的原理图

1．在 PCB 设计系统中添加网络和元件封装

在 Protel DXP 中，首先打开相应的项目文件和 PCB 文件 Mypcb.PCBDOC，同时将会启

动相应的 PCB 设计系统；接下来在 PCB 设计系统中执行菜单命令【Design】→【Import Changes From[Myproject.PRJPCB]】，可以看到系统将会弹出一个 ECO（Engineering Change Order）对话框，其中列出了需要改变的各项内容，如图 7-14 所示。

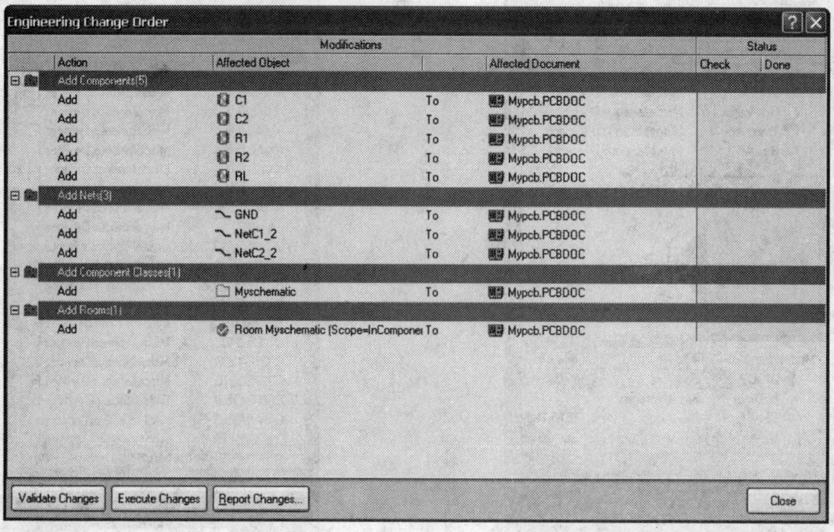

图 7-14　ECO 对话框

单击图 7-14 中的 Validate Changes 按钮，这时 PCB 设计系统将会检查装入到 PCB 中的网络和元件封装等改变是否正确。如果检查到网络和元件封装等改变有效时，那么相应的 Check 栏中将会出现绿色打勾标记；否则将会出现红色的打叉标记，这时用户可以通过消息工作面板来查看相应的错误信息并进行修改，直到全部出现绿色打勾标记为止。

单击图 7-14 中的 Execute Changes 按钮，这时 PCB 设计系统将会把相应的改变发送给 PCB，即把网络和元件封装等改变装入到 PCB 中。如果元件和网络等改变装入执行正确时，那么相应的 Done 栏中将会出现绿色打勾标记；否则将会出现红色的打叉标记，这时用户可以通过消息工作面板来查看相应的错误信息并进行修改，直到全部出现绿色打勾标记为止。

完成上面的两步操作后，这时的 ECO 对话框如图 7-15 所示。

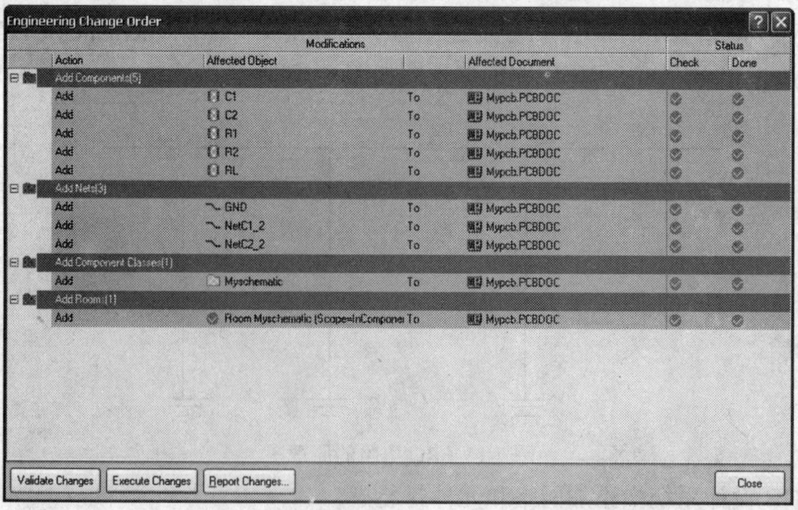

图 7-15　检查和装入操作后的 ECO 对话框

最后，单击 7-14 中的 Close 按钮完成添加网络和元件封装的操作，此时可以看到原理图设计中的网络和元件封装等信息已经添加到当前的 PCB 文件 Mypcb.PCBDOC 中，如图 7-15 所示。而在图 7-16 中，用户可以发现元件封装、网络连接关系和层次设计时依据子原理图产生的 Room 将一并出现在 PCB 的右端。另外，元件封装和网络连接关系将以飞线的形式出现在 PCB 中，它们是用来进行自动布线和手工布线的重要依据。

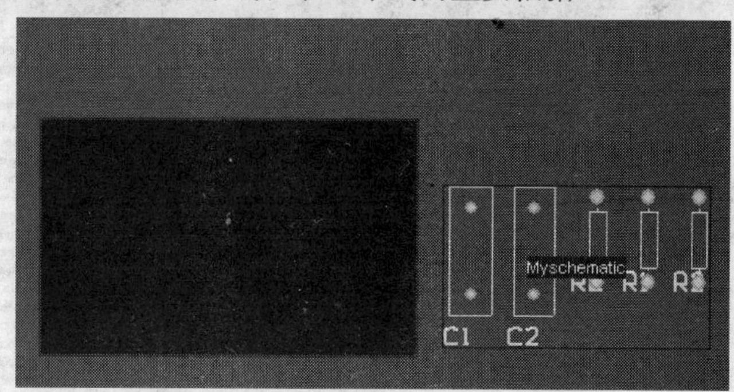

图 7-16　添加网络和元件封装的 PCB

2．在原理图设计系统中添加网络和元件封装

在 Protel DXP 中，打开相应的项目文件和 PCB 文件 Mypcb.PCBDOC，同时将会启动相应的 PCB 设计系统；然后打开设计项目中的原理图文件 Myschematic.SCHDOC，这时系统将会切换到原理图设计系统；在原理图设计系统中执行菜单命令【Design】→【Update PCB Mypcb.PCBDOC】，可以看到系统将会弹出一个 ECO 对话框；接下来用户只需要执行与前面完全相同的操作，同样可以添加网络和元件封装到相应的 PCB 中。

7.4　PCB 规则的设置

在 Protel DXP 中，PCB 设计系统为用户提供了一个功能强大、内容丰富的 PCB 规则和约束编辑器。通过这个编辑器，用户可以对 PCB 设计中的各种设计规则进行设置，例如导线放置、元件放置、PCB 布线和信号完整性等规则。根据这些设计规则，PCB 设计系统可以对 PCB 进行自动布局和自动布线等操作，可见合理的设计规则将会决定 PCB 布线是否成功以及布线的具体质量，从而提高 PCB 设计的效率。

在 PCB 设计系统中，执行菜单命令【Design】→【Rules】，这时系统将会弹出 PCB 规则和约束编辑器，如图 7-17 所示。可以看出，Protel DXP 中的设计规则几乎涵盖了 PCB 设计的全过程，这些规则涉及到安全间距、对象几何形状、阻抗控制、布线优先级、布线拓扑和信号完整性等。从 PCB 规则和约束编辑器的左侧列表框中可以看出，设计规则主要包括以下 10 大类规则的具体设置：

1）Electrical：作用是进行电气设计规则的设置。

2）Routing：作用是进行布线设计规则的设置。

3）SMT：作用是进行表贴元件设计规则的设置。

4）Mask：作用是进行锡膏层和阻焊层设计规则的设置。

5）Plane：作用是进行 PCB 覆铜设计规则的设置。

6）Testpoint：作用是进行测试点设计规则的设置。

7）Manufacturing：作用是进行制造设计规则的设置。

8）High Speed：作用是进行高频电路设计规则的设置。

9）Placement：作用是进行布局设计规则的设置。

10）Signal Integrity：作用是进行信号完整性分析设计规则的设置。

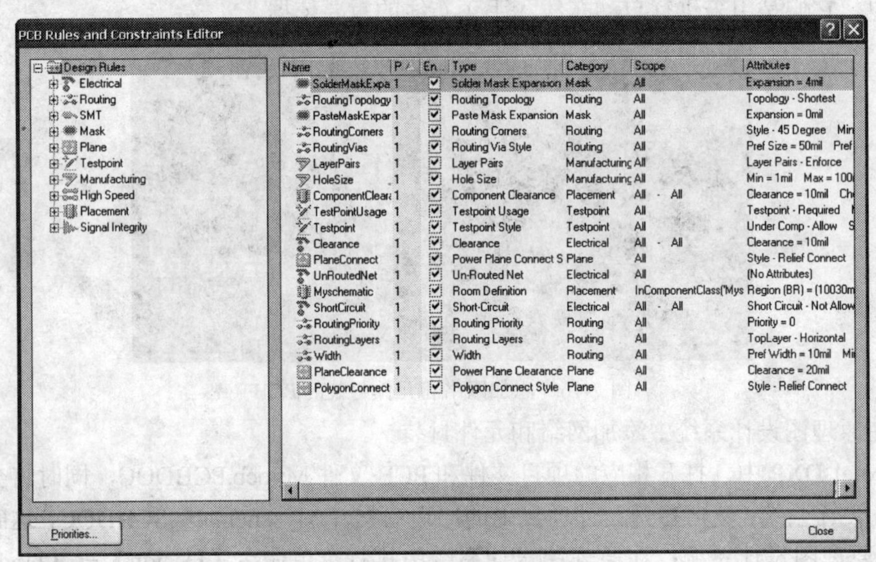

图 7-17　PCB 规则和约束编辑器

下面我们将对其中的电气设计规则、布局设计规则和布线设计规则进行介绍。

7.4.1　电气设计规则的设置

在各个设计规则设置的过程中，电气设计规则是其中最为重要的一项规则，它的作用是用来对 PCB 设计中的电气特性进行设置，例如安全间距规则和短路规则等。在 PCB 规则和约束编辑器中，双击左侧列表框中的 Electrical 选项或者单击其左侧的 ⊞ 按钮，这时系统将会展开这一类规则的详细列表，如图 7-18 所示。可以看出，电气设计规则中包括 4 小类设计规则，它们分别是 Clearance（安全间距规则）、Short-Circuit（短路规则）、Un-Routed Net（未连接网络规则）和 Un-Connected Pin（未连接引脚规则）。

通常，用户对设计规则的基本操作包括新建规则、删除规则、导入规则、导出规则和以报告形式显示规则等。当用户在 PCB 规则和约束编辑器中的某一类或者某一项设计规则附近单击鼠标右键，这时系统将会弹出一个快捷菜单，其中集成了 New Rule、Delete Rule、Export Rules、Import Rules 和 Report 5 个菜单选项，它们的功能分别对应于新建规则、删除规则、导入规则、导出规则和以报告形式显示规则。

1．Clearance（安全间距规则）

在 PCB 设计系统中，Clearance 的作用是在进行 PCB 布线操作时，用来设置导线与导线、焊盘与焊盘、导线与焊盘等电气对象之间的最小安全间距。在图 7-18 中，单击这个设计规则下面的 Clearance 选项，可以看到系统将会弹出一个 Clearance 规则的编辑和约束界面，如图 7-19 所示。可以看出，规则的编辑和约束界面包括 3 个基本部分，它们是规则名称区域、规则作用区域和规则参数约束区域。

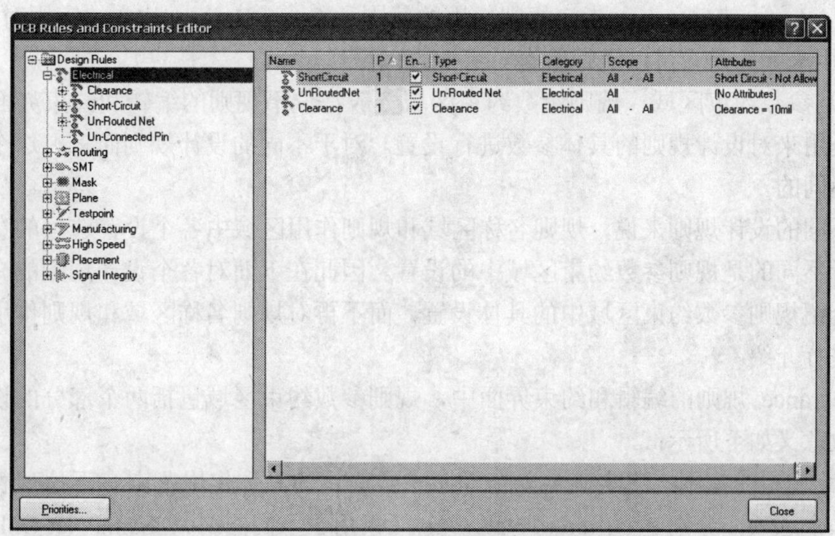

图 7-18　电气设计规则的设置

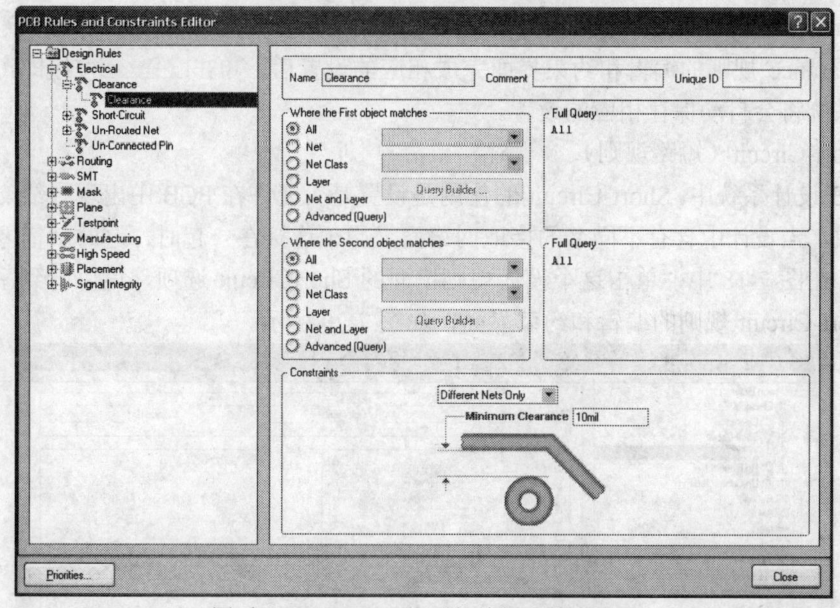

图 7-19　Clearance 规则的编辑和约束界面

1）规则名称区域　规则名称区域一般都位于规则的编辑和约束界面的上部，建立的时候系统会自动指定一个默认名称。另外，用户也可以对这个区域的内容自行定义，采用恰当的名称可以大大简化用户对设计规则的设置。规则名称区域包括 3 项设置，其中 Name 用来指定设计规则的名称，Comment 用来指定设计规则的描述信息，Unique ID 用来指定系统为设计规则分配的惟一 ID 号。

2）规则作用区域　通常，规则作用区域一般都位于规则的编辑和约束界面的中部，它的作用是用来对设计规则的作用范围进行设置。可以看出，规则作用区域包括 7 项设置。其中，All 指定规则作用的范围是 PCB 中的所有对象，Net 指定规则作用的范围是 PCB 中的所有网络，Net Class 指定规则作用的范围是 PCB 中某一网络类的所有对象，Layer 指定规则作用的范围是某一工作层面上的所有对象，Net and Layer 指定规则作用的范围是工作层面上的网络对象，Advanced（Query）指定规则作用的范围是 Query Builder 建立的应用对象表达式，Full Query 用来指定是否可以进行所有对象的查询操作。

3）规则参数约束区域 规则参数约束区域一般都位于规则的编辑和约束界面的下部，它的作用是用来对设计规则的具体参数进行设置。对于不同的设计规则而言，这个区域的设置往往是不同的。

对于不同的设计规则来说，规则名称区域和规则作用区域中各个设置选项的意义是完全相同的，所不同的是规则参数约束区域中的设置。因此在下面对各个设计规则的介绍中，我们将重点介绍规则参数约束区域中的具体设置，而不再对规则名称区域和规则作用区域中的各项设置进行介绍。

在 Clearance 规则的编辑和约束界面中，规则参数约束区域包括两个部分的设置，它们具体的参数意义如下所示：

1）参数作用的范围：用来确定安全间距参数应用的具体作用范围。下拉列表框中为用户提供了 3 个选项，分别是 Different Nets Only（仅用于不同网络）、Same Net Only（仅用于同一网络）和 Any Net（用于任何网络）。

2）Minimum Clearance：用来设置最小安全间距的具体数值。

在 Clearance 规则的编辑和约束界面完成相应的设置后，单击Close按钮即可退出编辑器，这时系统将会自动保存相应的设置。

2．Short-Circuit（短路规则）

在 PCB 设计系统中，Short-Circuit 的作用是设置是否允许在 PCB 中出现导线交叉短路的情况，例如，当设计中含有不同名的接地网络而又必须连接在一起时，这时就需要使用这个设计规则。在图 7-18 中，单击这个设计规则下面的 ShortCircuit 选项，可以看到系统将会弹出一个 Short-Circuit 规则的编辑和约束界面，如图 7-20 所示。

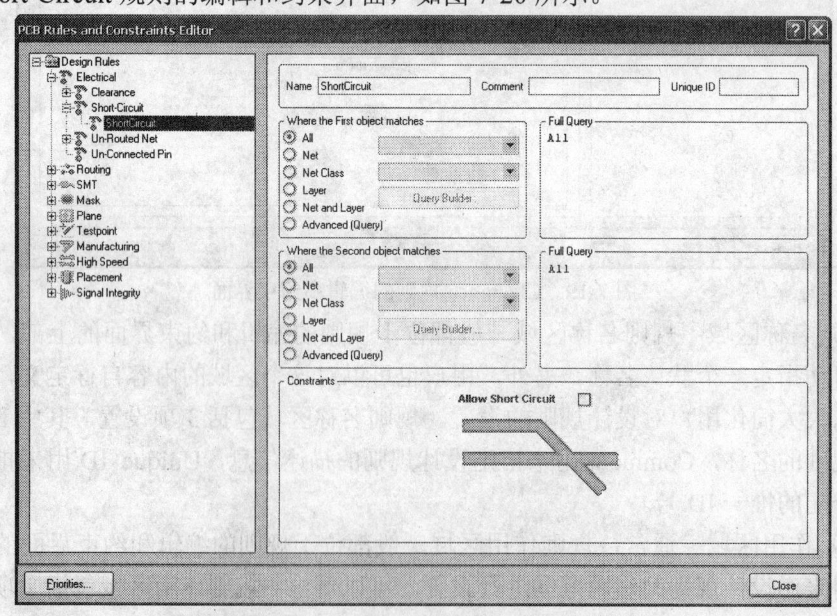

图 7-20 Short-Circuit 规则的编辑和约束界面

可以看出，规则参数约束区域中只包含一个 Allow Short Circuit 复选框，作用是用来设置是否允许在 PCB 中出现交叉短路。

3．Un-Routed Net（未连接网络规则）

在 PCB 规则和约束编辑器中，Un-Routed Net 的作用是用来检查 PCB 中指定范围内的布线是否成功。如果布线没有成功，PCB 将会保持相应的飞线连接，同时每一个完成部分的布通率将会显示出来。在图 7-18 所示的电气设计规则的设置对话框中，单击这个设计规则下面的 UnRoutedNet 选项，可以看到系统将会弹出一个 Un-Routed Net 规则的编辑和约束界面，如图 7-21 所示。

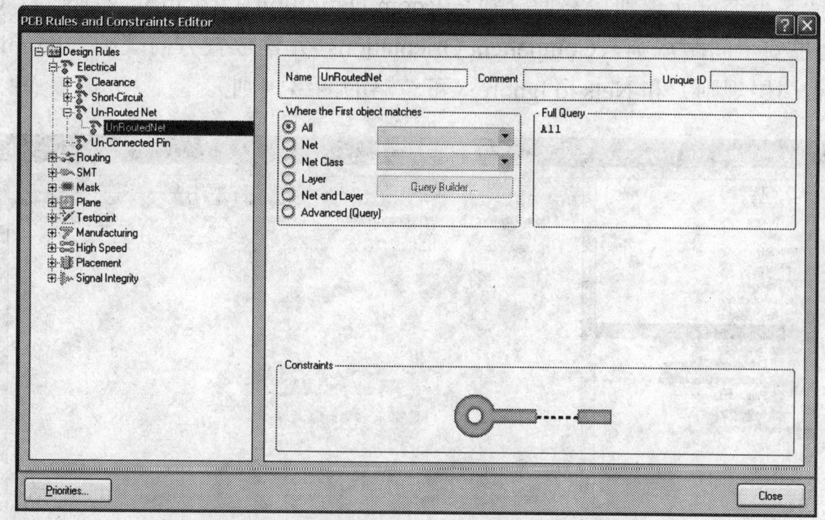

图 7-21　Un-Routed Net 规则的编辑和约束界面

4．Un-Connected Pin（未连接引脚规则）

在 PCB 规则和约束编辑器中，Un-Connected Pin 的作用是用来检查 PCB 中指定范围内的所有元件引脚是否连接成功。在图 7-18 所示的电气设计规则的设置对话框中，在相应的 Un-Connected Pin 上单击鼠标右键，然后选择弹出快捷菜单中的 New Rule 选项，这时系统会自动添加一个 UnConnectedPin 规则。单击新建的 UnConnectedPin 规则，可以看到系统将会弹出一个 Un-Connected Pin 规则的编辑和约束界面，如图 7-22 所示。

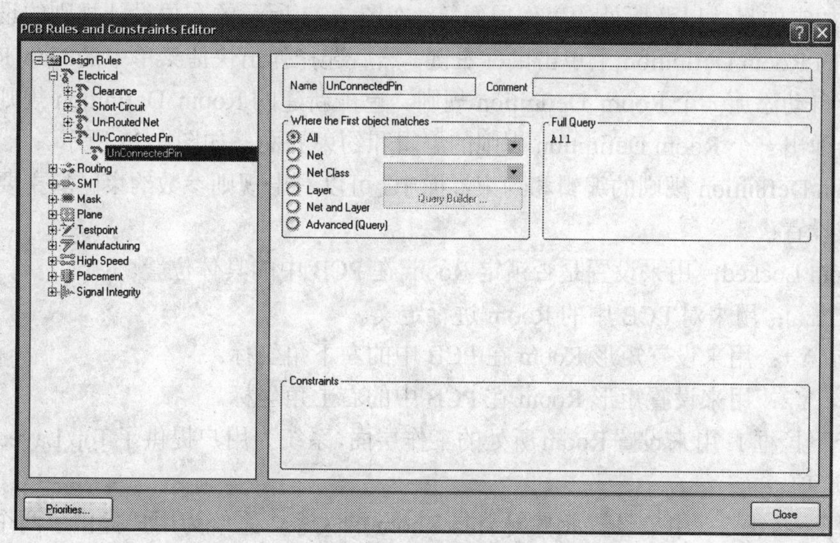

图 7-22　Un-Connected Pin 规则的编辑和约束界面

7.4.2 布局设计规则的设置

在各个设计规则的设置过程中，布局设计规则是与 PCB 中自动布局操作密切相关的一项规则，它的作用是用来对 PCB 中的布局操作进行设置，例如元件安全间距规则和元件放置方向规则等。在 PCB 规则和约束编辑器中，双击左侧列表框中的 Placement 选项或者单击其左侧的⊞按钮，这时系统将会展开这一类规则的详细列表，如图 7-23 所示。可以看出，布局设计规则中包括 5 小类设计规则，它们分别是 Room Definition（Room 定义规则）、Component Clearance（元件安全间距规则）、Component Orientations（元件放置方向规则）、Permitted Layers（元件允许布局层规则）和 Nets to Ignore（可忽略的网络规则）。

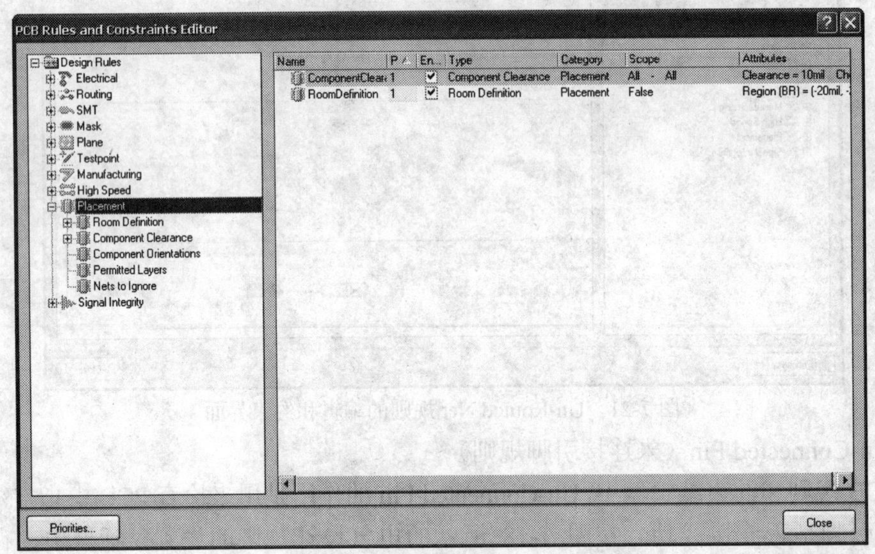

图 7-23 布局设计规则的设置

1．Room Definition（Room 定义规则）

在 PCB 规则和约束编辑器中，Room Definition 的作用是用来设置 Room 在 PCB 中的具体定义，例如它的尺寸以及所处的工作层面等。在图 7-23 所示的布局设计规则的设置对话框中，在相应的 Room Definition 上单击鼠标右键，然后选择弹出快捷菜单中的 New Rule 选项，这时系统会自动添加一个 Room Definition 规则。单击新建的 Room Definition 规则，可以看到系统将会弹出一个 Room Definition 规则的编辑和约束界面，如图 7-24 所示。

在 Room Definition 规则的编辑和约束界面中，可以看出规则参数约束区域主要包括如下的具体参数设置：

1）Room Locked：用来设置是否锁定 Room 在 PCB 中的具体位置。

2）Define...：用来对 PCB 中的 Room 进行定义。

3）X1，Y1：用来设置矩形 Room 在 PCB 中的左下角坐标。

4）X2，Y2：用来设置矩形 Room 在 PCB 中的右上角坐标。

5）选择下拉框 1：用来设置 Room 所处的工作层面，系统为用户提供了 Top Layer 和 Bottom Layer 两个选项。

6）选择下拉框 2：用来设置元件封装与 Room 的关系。系统为用户提供了两个选项，分别是 Keep Objects Inside（元件封装放置在 Room 内部）和 Keep Objects Outside（元件封装放置在 Room 外部）。

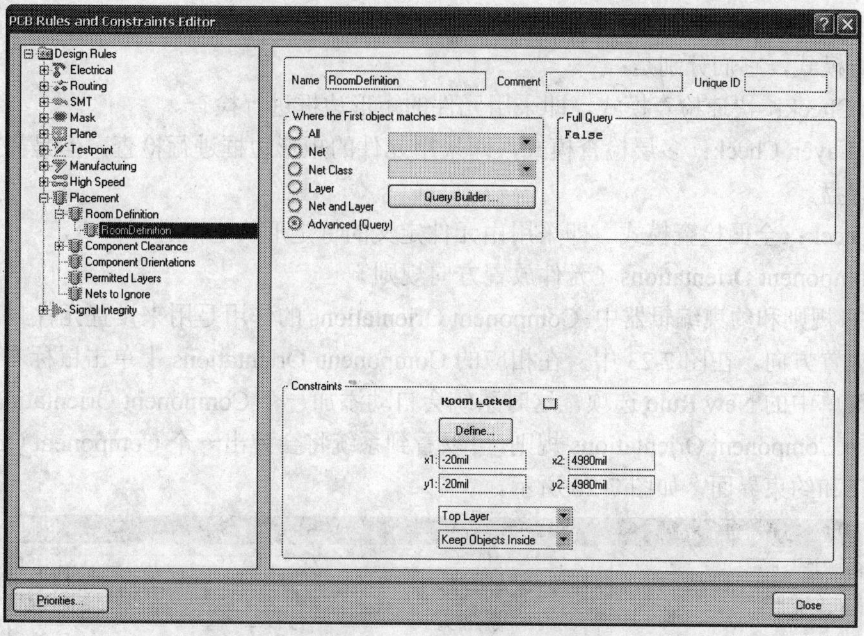

图 7-24　Room Definition 规则的编辑和约束界面

2．Component Clearance（元件安全间距规则）

在 PCB 设计系统中，Component Clearance 的作用是用来设置 PCB 中元件封装之间的最小安全间距。在图 7-23 所示的布局设计规则的设置对话框中，单击这个设计规则下面的 Component Clearance 选项，可以看到系统将会弹出一个 Component Clearance 规则的编辑和约束界面，如图 7-25 所示。在 Component Clearance 规则的编辑和约束界面，可以看出规则参数约束区域包括两项参数的具体设置：

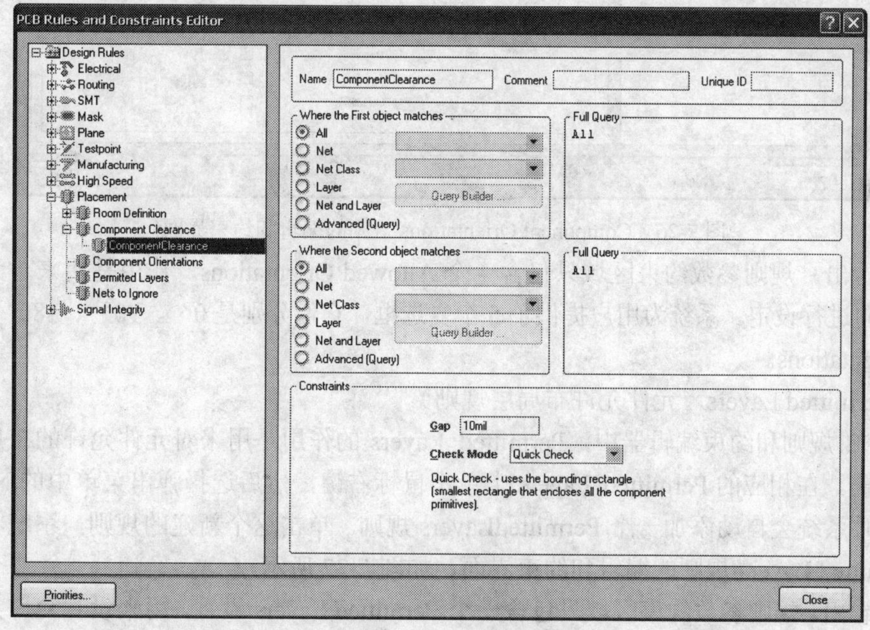

图 7-25　Component Clearance 规则的编辑和约束界面

1）Gap：用来设置 PCB 中元件封装之间的最小安全间距。

2）Check Mode：用来设置对 PCB 中的最小安全间距进行检查的模式。系统为用户提供了 3 种检查模式，它们分别是：

Quick Check：快速检查模式，即采用元件的矩形边框进行检查。

Multi Layer Check：多层检查模式，即采用元件的矩形边框进行检查，但是需要考虑底层的通孔焊盘。

Full Check：全面检查模式，即采用由元件定义的特定形状边框进行检查。

3．Component Orientations（元件放置方向规则）

在 PCB 规则和约束编辑器中，Component Orientations 的作用是用来设置元件封装在 PCB 中的具体放置方向。在图 7-23 中，在相应的 Component Orientations 上单击鼠标右键，然后选择弹出菜单中的 New Rule 选项，这时系统会自动添加一个 Component Orientations 规则。单击新建的 Component Orientations 规则，可以看到系统将会弹出一个 Component Orientations 规则的编辑和约束界面，如图 7-26 所示。

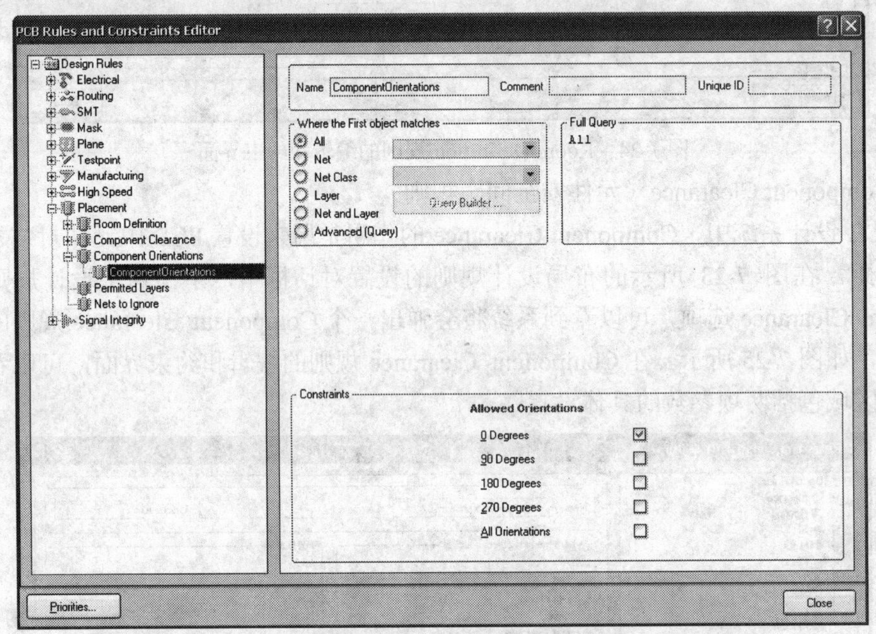

图 7-26　Component Orientations 规则的编辑和约束界面

可以看出，规则参数约束区域只包含一个 Allowed Orientations，作用是用来对元件封装的放置方向进行设定。系统为用户提供了 5 个复选框，它们分别是 0°、90°、180°、270°和 All Orientations。

4．Permitted Layers（元件允许布局层规则）

在 PCB 规则和约束编辑器中，Permitted Layers 的作用是用来对元件允许的布局工作层面进行设置。在相应的 Permitted Layers 上单击鼠标右键，然后选择弹出菜单中的 New Rule 选项，这时系统会自动添加一个 PermittedLayers 规则。单击这个新建的规则，系统将会弹出一个 Permitted Layers 规则的编辑和约束界面，如图 7-27 所示。

可以看出，规则参数约束区域只包含一个 Permitted Layers 设置，用来设置允许元件布局的工作层面。系统为用户提供了 Top Layer 和 Bottom Layer 两个复选框。

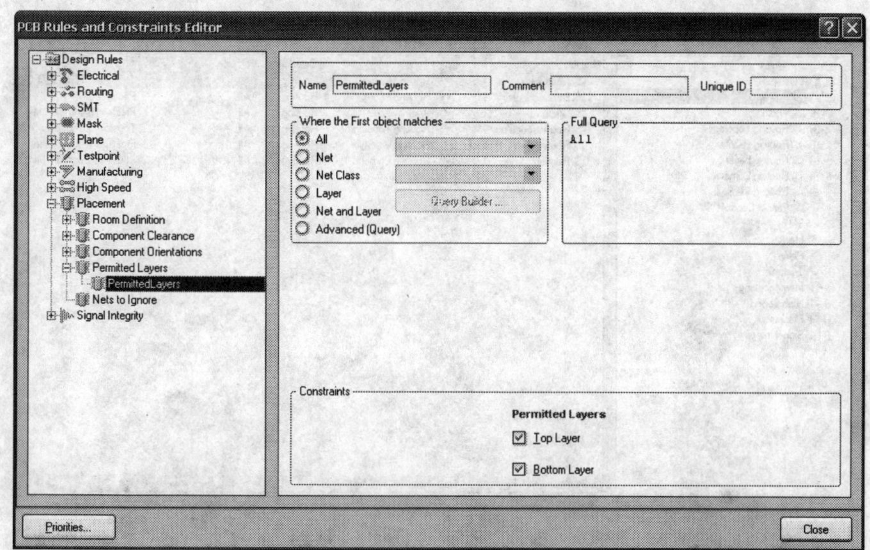

图 7-27　Permitted Layers 规则的编辑和约束界面

5．Nets to Ignore（可忽略的网络规则）

在 PCB 规则和约束编辑器中，Nets to Ignore 的作用是用来设置元件自动布局时可以忽略的网络。在相应的 Nets to Ignore 上单击鼠标右键，然后选择弹出菜单中的 New Rule 选项，这时系统会自动添加一个 Nets to Ignore 规则。单击这个新建的规则，系统将会弹出一个 Nets to Ignore 规则的编辑和约束界面，如图 7-28 所示。

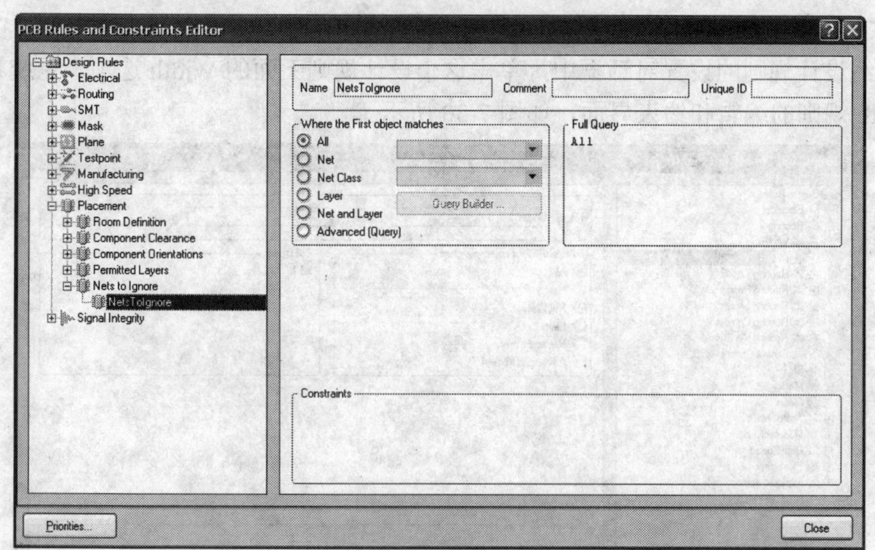

图 7-28　Nets to Ignore 规则的编辑和约束界面

7.4.3　布线设计规则的设置

在各个设计规则的设置过程中，布线设计规则是与 PCB 中自动布线操作密切相关的一项规则，它的作用是对 PCB 中的布线操作进行设置，例如布线的线宽规则、布线拓扑规则和布线优先级规则等。在 PCB 规则和约束编辑器中，双击左侧列表框中的 Routing 选项或者单击其左侧的 ⊞ 按钮，这时系统将会展开这一类规则的详细列表，如图 7-29 所示。

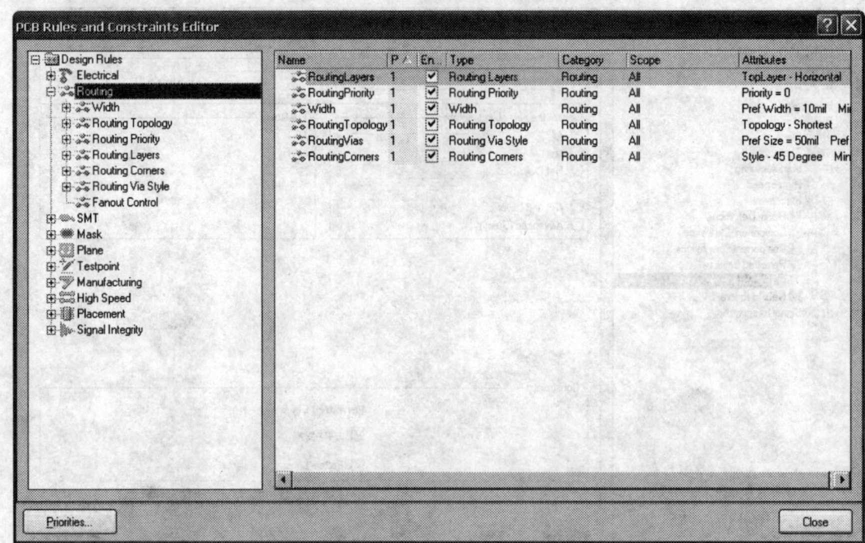

图 7-29 布线设计规则的设置

通过图 7-29 可以看出，布线设计规则中包括 7 小类设计规则，它们分别是 Width（线宽规则）、Routing Topology（布线拓扑规则）、Routing Priority（布线优先级规则）、Routing Layers（布线层面规则）、Routing Corners（布线拐角规则）、Routing Via Style（布线过孔模式规则）和 Fanout Control（扇出控制规则）。

1．Width（线宽规则）

在 PCB 规则和约束编辑器中，Width 的作用是用来设置 PCB 中的布线宽度。在图 7-29 所示的布线设计规则的设置对话框中，单击这个设计规则下面的 Width 选项，系统将会弹出一个 Width 规则的编辑和约束界面，如图 7-30 所示。

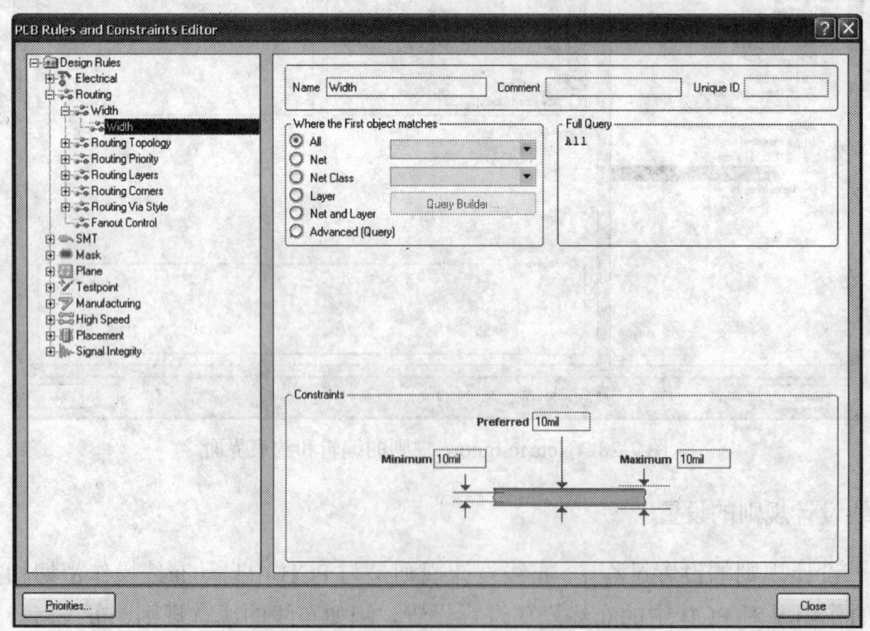

图 7-30 Width 规则的编辑和约束界面

可以看出，规则参数约束区域包含 3 个参数的设置，它们分别是 Minimum（布线宽度的最小值）、Preferred（布线宽度的最佳值）和 Maximum（布线宽度的最大值）。

2．Routing Topology（布线拓扑规则）

在 PCB 规则和约束编辑器中，Routing Topology 的作用是用来设置 PCB 进行自动布线时所采用的拓扑逻辑约束。通常，用户经常采用的布线约束为布线长度最短的拓扑结构，当然用户也可以根据设计的需要来选择不同的布线拓扑结构。在图 7-29 所示的布线设计规则的设置对话框中，单击这个设计规则下面的 Routing Topology 选项，系统将会弹出一个 Routing Topology 规则的编辑和约束界面，如图 7-31 所示。

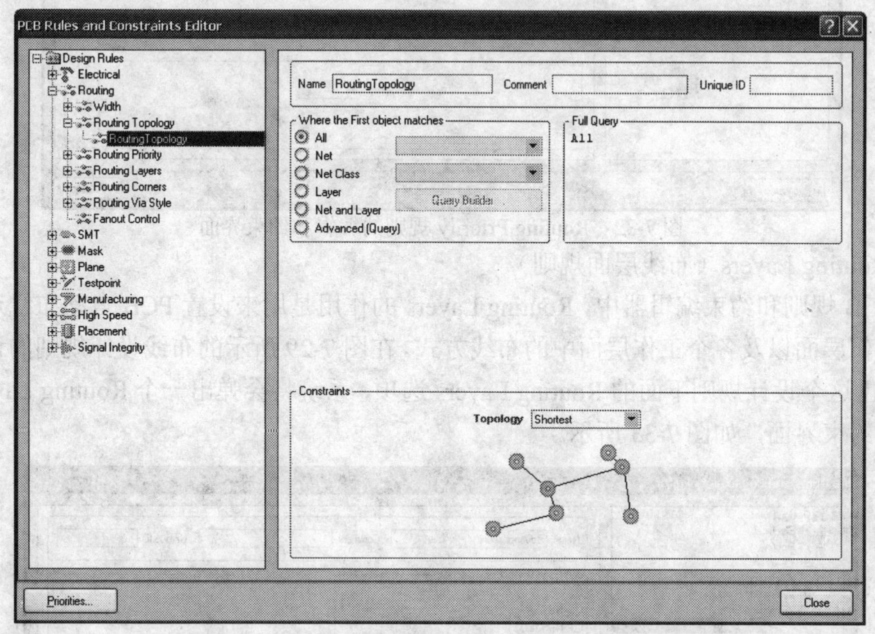

图 7-31　Routing Topology 规则的编辑和约束界面

可以看出，规则参数约束区域中包括一个拓扑结构选择下拉框和一个拓扑结构的预览区域，对应于不同的拓扑结构，预览区域将显示不同的拓扑结构图形。拓扑结构选择下拉框为用户提供了 7 种拓扑结构，它们分别是 Shortest（布线最短拓扑结构）、Horizontal（水平布线最短拓扑结构）、Vertical（垂直布线最短拓扑结构）、Daisy-Simple（简单菊花链拓扑结构）、Daisy-MidDriven（中点菊花链拓扑结构）、Daisy-Balanced（平衡菊花链拓扑结构）和 Starburst（星形网络拓扑结构）。

3．Routing Priority（布线优先级规则）

在 PCB 规则和约束编辑器中，Routing Priority 的作用是用来设置 PCB 中各个网络的布线优先级，优先级高的网络先进行布线，优先级较低的网络后进行布线。通常，PCB 设计系统中的优先级为 0～100，100 为最高的优先级，0 为最低的优先级。需要注意的是，这里的布线优先级只是一个相对的数值。

在图 7-29 所示的布线设计规则的设置对话框中，单击这个设计规则下面的 Routing Priority 选项，系统将会弹出一个 Routing Priority 规则的编辑和约束界面，如图 7-32 所示。通过图中所示的编辑和约束界面可以看出，规则参数约束区域的设置非常简单，它只包括一个 Routing Priority 的设置，作用是用来设置表示优先级的数值。用户既可以直接输入数值，也可以通过按钮来增加或者减小数值。

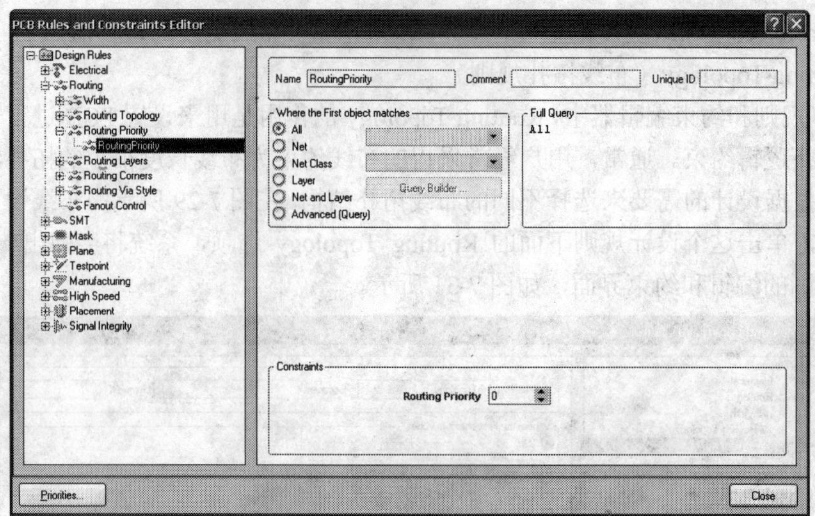

图 7-32　Routing Priority 规则的编辑和约束界面

4．Routing Layers（布线层面规则）

在 PCB 规则和约束编辑器中，Routing Layers 的作用是用来设置 PCB 自动布线过程中所使用的工作层面以及各个工作层面中的布线方式。在图 7-29 所示的布线设计规则的设置对话框中，单击这个设计规则下面的 Routing Layers 选项，系统将会弹出一个 Routing Layers 规则的编辑和约束界面，如图 7-33 所示。

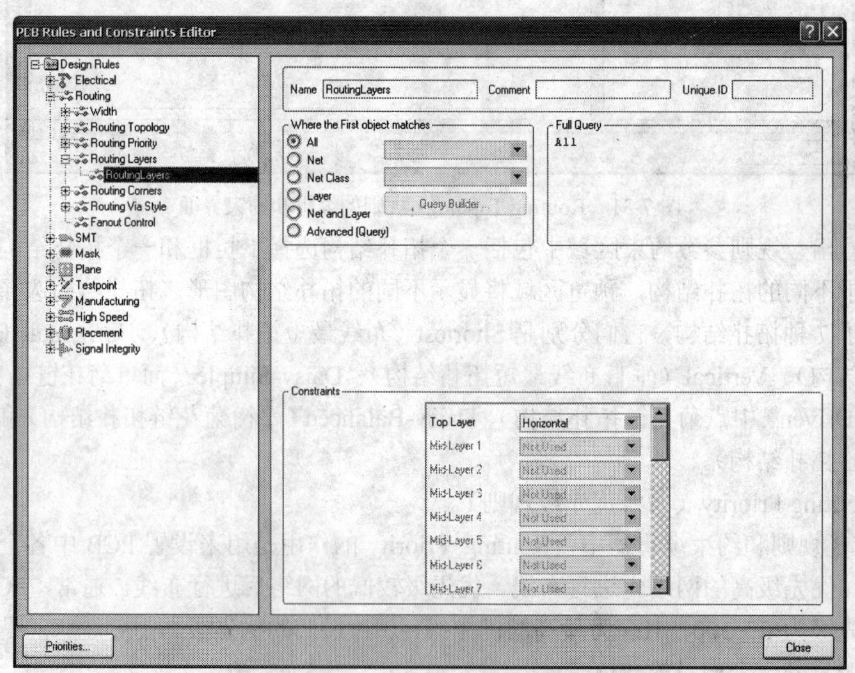

图 7-33　Routing Layers 规则的编辑和约束界面

可以看出，规则参数约束区域中包括 Top Layer、Mid-Layer1～Mid-Layer30 和 Bottom Layer 共 32 个工作层面的布线方式设置，Mid-Layer1～Mid-Layer30 是否有效取决于当前的 PCB 是否使用了这些工具层面。在各个工作层面的选择下拉框中，系统为用户提供了 11 种布线方式，分别是 Not Used（不进行布线）、Horizontal（水平布线）、Vertical（垂直布线）、

Any（任意方向布线）、1 O"Clock（1 点钟方向布线）、2 O"Clock（2 点钟方向布线）、4 O"Clock（4 点钟方向布线）、5 O"Clock（5 点钟方向布线）、45 Up（向上 45° 方向布线）、45Down（向下 45° 方向布线）和 Fan Out（扇出方向走线）。

5．Routing Corners（布线拐角规则）

在 PCB 规则和约束编辑器中，Routing Corners 的作用是用来设置 PCB 布线过程中的布线拐角形式。在图 7-29 所示的布线设计规则的设置对话框中，单击这个设计规则下面的 Routing Corners 选项，系统将会弹出一个 Routing Corners 规则的编辑和约束界面，如图 7-34 所示。通过图中所示的编辑和约束界面可以看出，规则参数约束区域主要包括如下的具体参数设置：

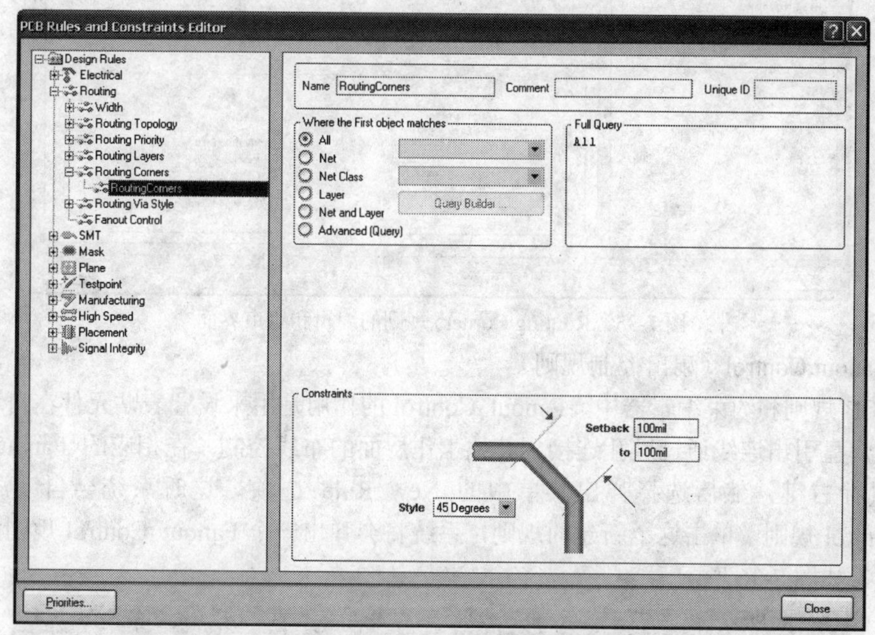

图 7-34　Routing Corners 规则的编辑和约束界面

1）Style：用来设置 PCB 布线时导线拐角的具体模式。系统为用户提供了 3 种拐角模式，分别是 90°（90° 拐角模式）、45°（45° 拐角模式）和 Rounded（圆弧拐角模式）。

2）Setback：用来设置导线最小拐角的大小，这项设置将会随着拐角模式的不同而不同。如果选中 90° 拐角模式，那么则没有该项设置；如果选中 45° 拐角模式，那么它将表示拐角的高度；如果选中圆弧拐角模式，那么它将表示圆弧拐角的直径。

3）to：用来设置导线最大拐角的大小，它的含义与 Setback 相同。

6．Routing Via Style（布线过孔模式规则）

在 PCB 规则和约束编辑器中，Routing Via Style 的作用是用来设置 PCB 自动布线过程中过孔的具体尺寸。在图 7-29 所示的布线设计规则的设置对话框中，单击这个设计规则下面的 Routing Vias 选项，系统将会弹出一个 Routing Corners 规则的编辑和约束界面，如图 7-35 所示。通过图中所示的编辑和约束界面可以看出，规则参数约束区域主要包括过孔外径和过孔内径两个尺寸的设置：

1）Via Diameter：用来设置过孔外径的直径大小。系统为用户提供了 3 个参数的设置，分别是 Minimum（直径的最小值）、Maximum（直径的最大值）和 Preferred（直径的最佳值）。

2）Via Hole Size：用来设置过孔内径的直径大小。系统也为用户提供了 3 个参数的设置，它们的含义与 Via Diameter 中的参数含义相同。

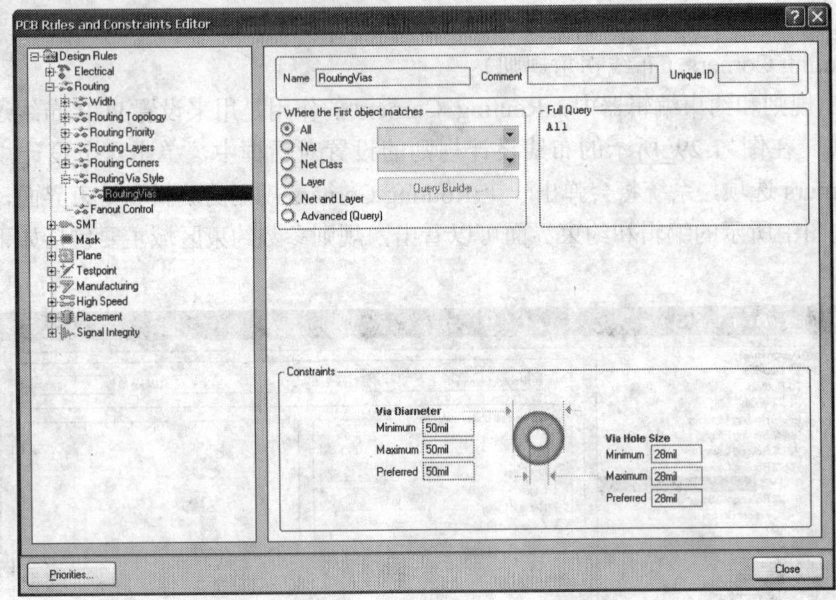

图 7-35　Routing Corners 规则的编辑和约束界面

7．Fanout Control（扇出控制规则）

在 PCB 规则和约束编辑器中，Fanout Control 的作用是用来设置表贴元件在自动布线过程中，从焊盘引出连线通过过孔连接到其他工作层面的布线控制。在相应的 Fanout Control 上单击鼠标右键，然后选择弹出菜单中的 New Rule 选项，这时系统会自动添加一个 FanoutControl 规则。单击这个新建的规则，系统将会弹出一个 Fanout Control 规则的编辑和约束界面，如图 7-36 所示。

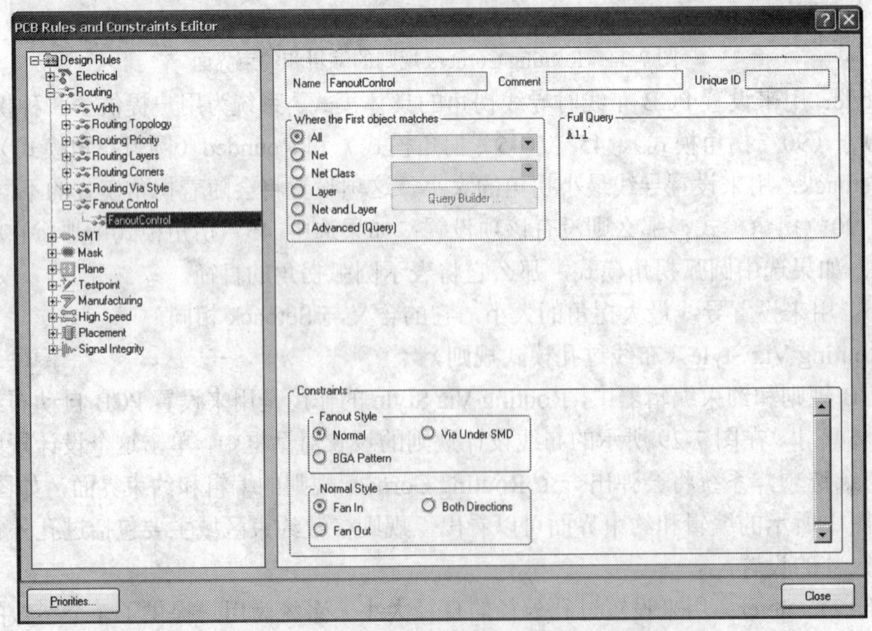

图 7-36　Fanout Control 规则的编辑和约束界面

通过图 7-36 所示的编辑和约束界面可以看出，规则参数约束区域主要包括两个部分的设置，它们中的参数设置如下所示：

1）Fanout Style：用来设置自动布线过程中的扇出形式。系统为用户提供了 3 种扇出形式，它们分别是 Normal（普通形式）、Via Under SMD（表贴元件下的过孔形式）和 BGA Pattern（BGA 形式）。

2）Normal Style：用来设置自动布线过程中的扇出方向。系统为用户提供了 3 种扇出方向，它们分别是 Fan In（所有扇出在元件内部）、Both Directions（所有扇出在元件内部和外部均可）和 Fan Out（所有扇出在元件外部）。

通过前面的介绍，相信读者对 PCB 规则和约束编辑器中的电气设计规则、布局设计规则和布线设计规则已经有了一个比较全面的了解。对这些设计规则设置完毕后，接下来读者便可以进行元件的布局和 PCB 的布线操作了。

7.5　元件的布局

在 PCB 设计的过程中，进行完添加元件封装库和网络的具体操作后，用户可以看出元件在 PCB 中的布局很不合理，因此用户需要对 PCB 中的元件进行重新布局。通常，元件的布局是 PCB 设计中最为重要，也是最为复杂的一项工作，它将直接影响到 PCB 设计的优劣。

另外，合理的布局是 PCB 中能否成功布线的重要因素：如果单层板中的元件布局不合理，那么用户将会无法完成布线操作；如果双层板中的元件布局不合理，那么用户在布线的过程中就需要大量使用过孔，从而使得 PCB 的布线变得十分复杂；如果多层板中的元件布局不合理，那么用户设计的 PCB 中将会存在着大量的电磁干扰，从而导致 PCB 不能正常工作。可见，元件的布局对于 PCB 设计来说是至关重要的。

通常，PCB 设计系统为用户提供了自动布局的功能，但是自动布局的效果一般不太理想，这时用户需要采用手工布局进行相应的调整操作，或者干脆直接采用手工布局。下面将对 PCB 设计系统中的自动布局和手工布局进行介绍。

7.5.1　自动布局

在 Protel DXP 中，PCB 设计系统为用户提供了强大的自动布局功能。通过自动布局功能，用户可以快速、准确地对相应的 PCB 设计进行合理的布局。通常，PCB 设计系统中与布局操作相关的命令集成在【Tools】→【Auto Placement】下拉菜单下，如图 7-37 所示。下面将介绍一下这些命令的具体含义：

1）Auto Placer：用来进行 PCB 中元件的自动布局操作。

2）Stop Auto Placer：用来停止 PCB 中元件的自动布局操作。

3）Shove：用来进行 PCB 中元件的推挤操作，即用来将 PCB 中重叠的元件分离开。执行这个菜单命令后，鼠标光标将会变成十字光标，然后移动光标到需要进行推挤操作的基准元件上单击鼠标左键，这时将会执行下面两种操作之一：如果基准元件与周围元件之间的距离小于允许的元件安全间距，那么系统将以基准元件为中心向四周推挤其他相应的元件；如果基准元件与周围元件之间的距离大于允许的元件安全间距，那么这时系统将不会执行相应的推挤操作。

4）Set Shove Depth：用来设置 PCB 中元件进行推挤操作的深度，即用来设置系统以基准元件为中心向四周推挤其他元件的具体次数。

5）Place From File：通过相应的文件来进行元件的布局操作。

下面将以前面设计的 RC 电路为例，介绍一下元件的自动布局操作。在 PCB 设计系统中，打开前面进行完添加元件封装库和网络操作的 PCB 文件 Mypcb.PCBDOC，然后执行菜单命令【Tools】→【Auto Placement】→【Auto Placer】，这时系统将会弹出一个自动布局设置对话框，如图 7-38 所示。

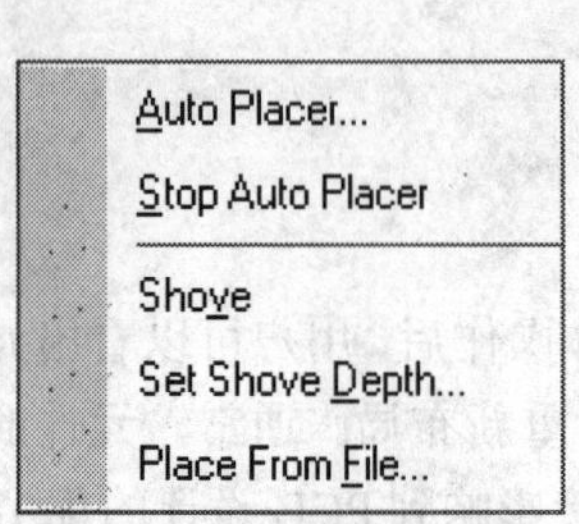

图 7-37 【Auto Placement】菜单

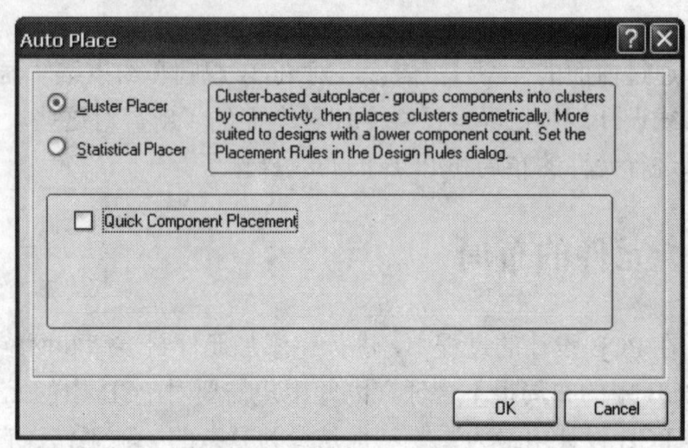

图 7-38 自动布局设置对话框

通过图 7-38 所示的自动布局设置对话框，可以看出系统为用户提供了两种自动布局的方式：Cluster Placer（元件组布局方式）和 Statistical Placer（统计布局方式），它们采用不同的算法和优化工具来进行元件的布局操作。

元件组布局方式是将 PCB 中的元件按照连接关系分成不同的元件组，然后根据元件的几何形状和元件组的几何对应关系来对这些元件组进行相应的布局操作。通常，这种布局方式非常适用于元件数目较少的情况，它的基本布局准则是布局面积最小。采用这种布局方式的时候，可以看出它含有一个 Quick Component Placement 复选框的设置，它的功能是用来设定是否进行快速布局操作。

统计布局方式使用基于人工智能的模拟退火算法，它将分析整个 PCB 的具体形状，然后通盘考虑元件之间的连线长度、连线密度和元件排列方式等来进行相应的布局操作。由于这个布局工具采用的是基于统计的算法，因此它非常适用于元件数目较多的情况，它的基本布局准则是连线长度最短。采用这种布局方式的时候，可以看出它包含有 6 个参数的设置，如图 7-39 所示。

1）Group Components：用来设置是否将当前网络中连接关系密切的元件分成一组，然后在进行元件布局时将以元件组为单位来进行布局操作。

2）Rotate Components：用来设置是否可以根据当前网络连接和排列的需要，在进行元件布局的过程中适当旋转元件或者元件组。

3）Automatic PCB Update：用来设置元件布局时是否自动更新 PCB 文件。

4）Power Nets：用来设置电源网络的名称。

5）Ground Nets：用来设置接地网络的名称。

6）Grid Size：用来设置元件自动布局时的栅格大小。

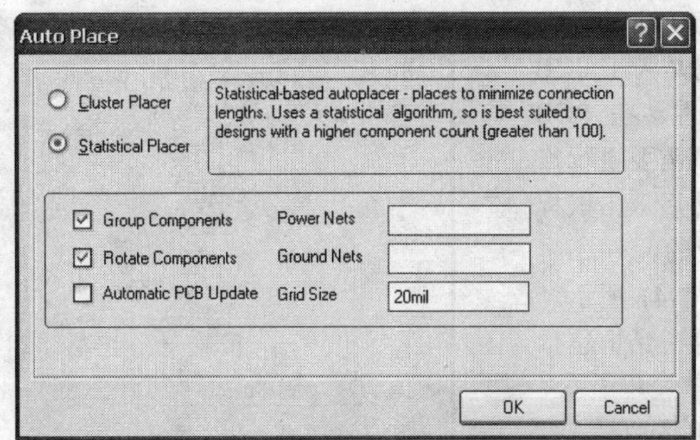

图 7-39　统计布局方式的参数设置

选择系统默认的元件组布局方式，然后单击 OK 按钮关闭自动布局设置对话框，这时系统将开始进行元件的自动布局操作。可以看到，PCB 设计窗口中将会显示自动布局的工作界面，工作界面会根据布局的进程变化而不断变化。通常，自动布局所花费的时间往往取决于 PCB 中元件数量的多少和系统配置的高低。自动布局操作完成后，这时的 PCB 设计窗口如图 7-40 所示。

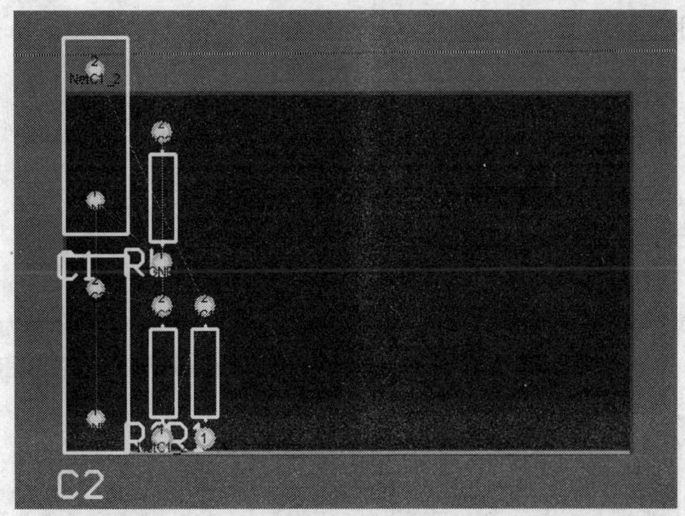

图 7-40　进行自动布局后的 PCB

7.5.2　手工布局

通过图 7-40 可以看出，由于自动布局是以布局面积最小或者连线长度最短为目标来进行操作的，因此元件自动布局的效果往往很差，元件的布局基本上也没有什么规律，甚至有一些元件的布局已经超出了 PCB 的边界。可见，自动布局后用户需要采用手工布局进行相应的调整操作，目的是使元件在 PCB 中进行合理的布局。

通常，所谓手工布局就是对 PCB 中的元件进行相应的编辑操作，例如元件属性的编辑、元件的选取、元件的移动、元件的排列与对齐和元件的删除等操作。这些具体的操作在前面 6.5 小节中已经进行了比较详细地讨论，这里就不进行介绍了。

通过图 7-40 可以看出，PCB 中的元件序号往往比较凌乱，而且还有元件序号重叠的情

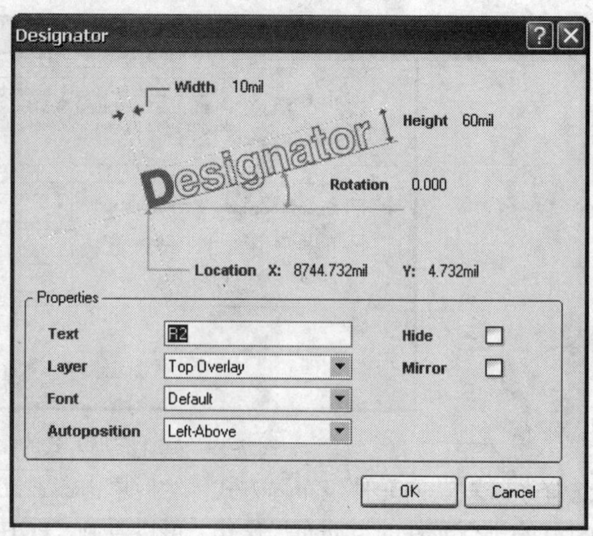

图 7-41 元件序号属性对话框

况，因此需要对 PCB 中的元件序号进行调整，目的是为了 PCB 的美观和增强可读性。在 PCB 中，移动鼠标光标到需要进行修改的元件序号上，然后双击鼠标左键即可弹出相应的元件序号属性对话框，如图 7-41 所示。可见，元件序号属性对话框包括如下设置：

1）Width：作用是设置元件序号中的字符线条宽度。

2）Height：作用是设置元件序号中的字符高度。

3）Location X，Y：作用是设置元件序号的字符起始点坐标。

4）Rotation：作用是设置元件序号的逆时针旋转角度。

5）Text：作用是设置元件序号的具体说明内容。

6）Layer：作用是设置元件序号放置的工作层面。

7）Font：作用是设置元件序号的显示字体。系统为用户提供了 3 个选项的设置，分别是 Default（缺省设置）、Sans Serif（无底线设置）和 Serif（有底线设置）。

8）Autoposition：作用是设置元件序号在元件中的具体放置位置。

9）Hide：作用是设置是否隐藏元件序号。

10）Mirror：作用是设置元件序号是否进行镜像翻转操作。

对 PCB 中的元件进行编辑操作和对元件序号进行调整操作，目的都是为了更好地对元件进行布局，这是一个不断重复、反复修改的过程。通过一系列的元件编辑和调整操作，手工布局后的 PCB 如图 7-42 所示。

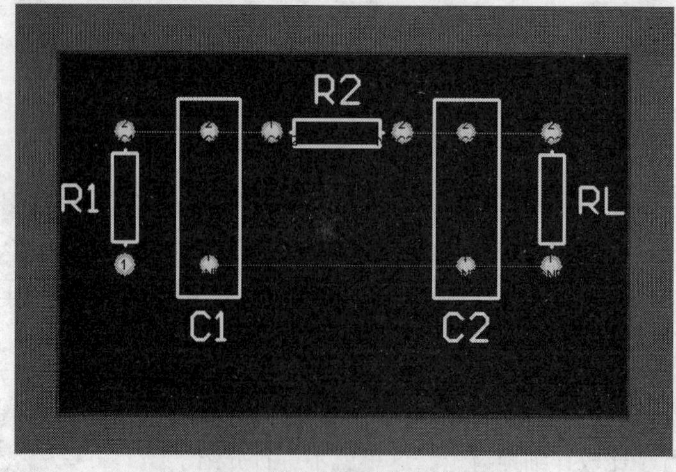

图 7-42 进行手工布局后的 PCB

7.5.3　网络密度分析和 3D 效果图

通常，完成元件的布局操作后，用户往往需要根据经验来判断 PCB 中元件的布局是否合理。但是对于初学者来说，判断元件布局是否合理是一项比较困难的事情。基于这一点，Protel DXP 为用户提供了相应的网络密度分析功能和 3D 效果图显示功能，通过它们可以很容易地判断元件布局是否合理。

在 PCB 设计系统中，执行菜单命令【Tools】→【Density Map】，这时系统将会对当前的 PCB 进行相应的网络密度分析。进行网络密度分析后，系统将会给出相应的网络密度分析图，如图 7-43 所示。对于网络密度分析图来说，颜色越深的位置表示网络密度越大，颜色越浅的位置表示网络密度越小。可见，通过网络密度分析图可以很容易地判断出 PCB 中的元件布局是否合理。利用完网络密度分析图后，用户只需要执行菜单命令【View】→【Refresh】或者按下 End 键即可清除网络密度分析图。

在 PCB 设计系统中，执行菜单命令【View】→【Board in 3D】，这时系统将会对当前的 PCB 板进行相应的 3D 效果分析。进行完 3D 效果分析后，系统将会给出一个 3D 效果分析图，如图 7-44 所示。可以看出，3D 效果分析图给出了 PCB 中元件布局的实际效果，它不但可以进行元件布局的判断和分析，而且还可以查看元件的封装、元件的安装以及接口元件安装是否正确，从而避免将设计的错误带到 PCB 的布线中。

图 7-43　网络密度分析图

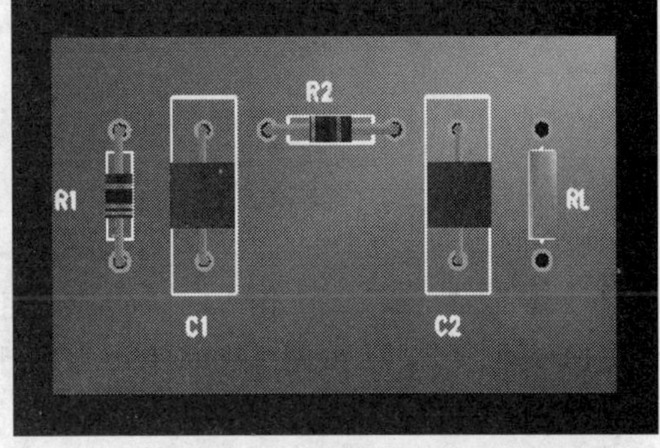

图 7-44　3D 效果分析图

7.6　PCB 的布线

在 PCB 设计的过程中，所谓布线就是将 PCB 中的逻辑连接转换成物理连接的过程。一般来说，这些物理连接主要包括导线连接、焊盘、过孔、覆铜和电源/接地层等。在 PCB 设计的流程中，用户完成了 PCB 的元件布局后，接下来就可以进行相应的布线操作了。

在进行具体的布线之前，用户首先应该根据设计的具体要求来设置相应的布线规则，合理的布线规则将会大大提高布线的效率和布通率。在 Protel DXP 中，PCB 设计系统为用户提供了两种布线方式，分别是自动布线和手工布线。自动布线是指利用系统提供的自动布线器对 PCB 进行相应的布线操作，整个布线过程由系统自动完成。通常，只要元件布局合理、布线规则设置正确，系统都可以成功地完成 PCB 的自动布线。虽然自动布线的速度快、成功率也较高，但是自动布线的结果往往不太理想，这时用户需要采用手工布线来进行相应的调整操作，或者干脆直接采用手工布线。

下面将对 PCB 设计系统中的自动布线和手工布线进行介绍。

7.6.1 自动布线

在 Protel DXP 中，PCB 设计系统为用户提供了强大的无网格的、基于形状的对角线自动布线技术，布通率接近于 100%。通常，只要元件布局合理，布线规则设置正确，系统都可以成功地完成 PCB 的自动布线。自动布线完成后，系统将会给出布线成功率、所布导线总数以及花费时间的提示。

通常，PCB 设计系统中与自动布线操作相关的命令集成在菜单栏中的【Auto Route】菜单中，如图 7-45 所示。这些菜单命令的具体含义如下所示：

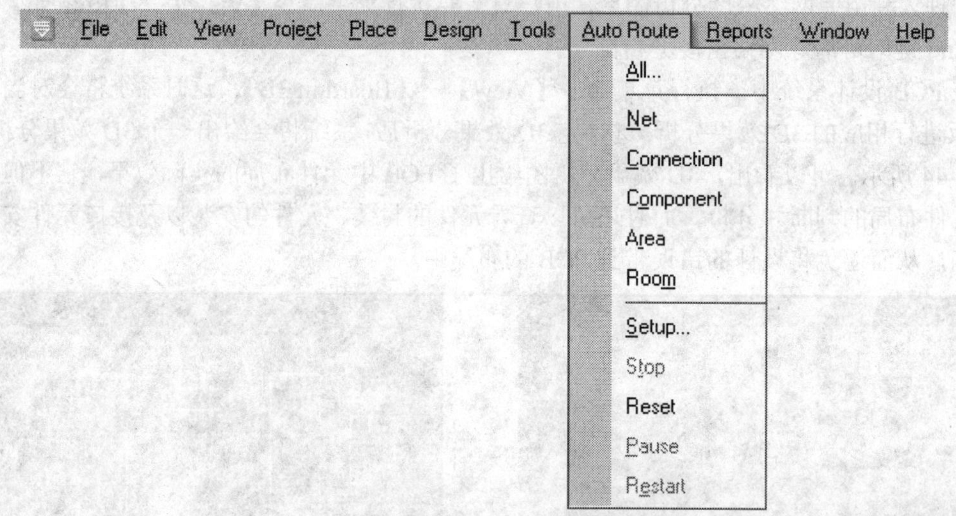

图 7-45 PCB 设计系统中的【Auto Route】菜单

1）All：用来对 PCB 中的所有对象进行自动布线操作。

2）Net：用来对 PCB 中指定的具体网络进行自动布线操作。

3）Connection：用来对 PCB 中指定的焊盘进行自动布线操作。

4）Component：用来对 PCB 中指定的元件进行自动布线操作。

5）Area：用来对 PCB 中指定的区域进行自动布线操作。

6）Room：用来对 PCB 中指定的 Room 区域进行自动布线操作。

7）Setup：用来对 PCB 的自动布线策略进行设置。选择这个菜单命令后，系统将会弹出如图 7-46 所示的自动布线策略对话框。在自动布线策略对话框中，用户可以根据设计的需要来选择相应的布线策略。例如，对于双层板来说，一般选择 Default 2 Layer Board 选项；对于多层板来说，一般选择 Default Multi Layer Board 选项。建议用户使用系统默认的布线策略，因为根据默认的布线策略一般可以得到理想的布线结果。

另外，用户也可以根据设计的需要来对当前的布线策略进行修改。通过对话框底部的功能按钮，用户可以对相应的布线策略进行添加、移除、编辑和复制等操作。

8）Stop：用来停止 PCB 的自动布线操作。

9）Reset：用来对已经布线的 PCB 重新进行自动布线操作。

10）Pause：用来暂停 PCB 的自动布线操作。

11）Restart：用来恢复已经暂停的自动布线操作。

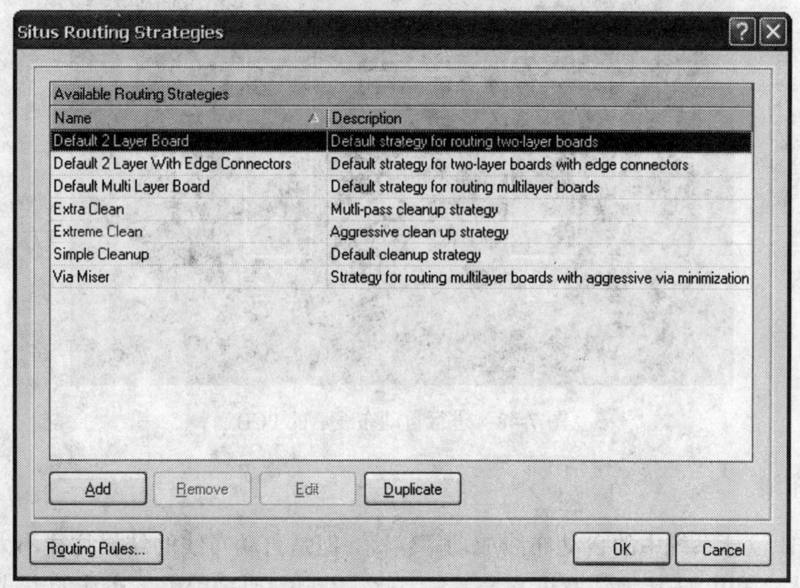

图 7-46　自动布线策略对话框

选择系统默认的布线策略，然后单击 OK 按钮关闭自动布线策略对话框，这样便完成了自动布线策略的设置工作。

下面仍以前面设计的 RC 电路为例，介绍一下 PCB 中的自动布线操作。在 PCB 设计系统中，打开前面进行元件布局后的 PCB 文件 Mypcb.PCBDOC，然后执行菜单命令【Auto Route】→【All】，这时系统将会弹出一个与图 7-46 完全相同的自动布线策略对话框。确定了对话框中的自动布线策略后，单击 Route All 按钮关闭自动布线策略对话框，这时系统将开始进行 PCB 的自动布线操作。可以看出，PCB 设计窗口中将会显示自动布线的工作界面，工作界面会根据布线的进程变化而不断变化。同时，设计窗口中还会出现相应的消息工作面板，它用来显示自动布线的执行情况，如图 7-47 所示。自动布线操作完成后，这时相应的 PCB 设计窗口如图 7-48 所示，可见它完成了 PCB 的全部布线工作。

Messages

Class	Document	Sour...	Message	Time	Date	N...
Situs E...	Mypcb.PCB...	Situs	Starting Fan out to Plane	09:34:1...	2005-4-4	5
Situs E...	Mypcb.PCB...	Situs	Completed Fan out to Plane in 0 Seconds	09:34:1...	2005-4-4	6
Situs E...	Mypcb.PCB...	Situs	Starting Layer Patterns	09:34:1...	2005-4-4	7
Situs E...	Mypcb.PCB...	Situs	Completed Layer Patterns in 0 Seconds	09:34:1...	2005-4-4	8
Situs E...	Mypcb.PCB...	Situs	Starting Main	09:34:1...	2005-4-4	9
Routin...	Mypcb.PCB...	Situs	Calculating Board Density	09:34:1...	2005-4-4	10
Situs E...	Mypcb.PCB...	Situs	Completed Main in 0 Seconds	09:34:1...	2005-4-4	11
Situs E...	Mypcb.PCB...	Situs	Starting Completion	09:34:1...	2005-4-4	12
Situs E...	Mypcb.PCB...	Situs	Completed Completion in 0 Seconds	09:34:1...	2005-4-4	13
Situs E...	Mypcb.PCB...	Situs	Starting Straighten	09:34:1...	2005-4-4	14
Situs E...	Mypcb.PCB...	Situs	Completed Straighten in 0 Seconds	09:34:1...	2005-4-4	15
Situs E...	Mypcb.PCB...	Situs	Starting Smooth	09:34:1...	2005-4-4	16
Situs E...	Mypcb.PCB...	Situs	Completed Smooth in 0 Seconds	09:34:1...	2005-4-4	17
Routin...	Mypcb.PCB...	Situs	6 of 6 connections routed (100.00%) in 3 Seconds	09:34:1...	2005-4-4	18
Situs E...	Mypcb.PCB...	Situs	Routing finished with 0 contentions(s). Failed to complete 0 con...	09:34:1...	2005-4-4	19

图 7-47　自动布线时的消息工作面板

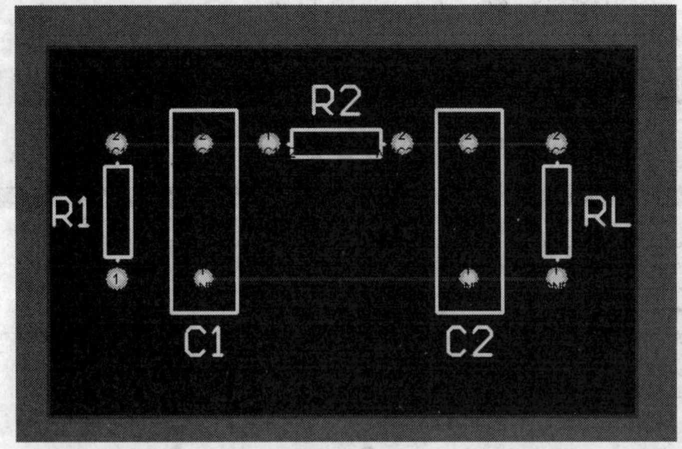

图 7-48 进行自动布线后的 PCB

7.6.2 手工布线

虽然 PCB 设计系统中的自动布线成功率较高，但是自动布线的结果往往不太理想，例如导线歪曲处太多和电源/接地线宽度太窄等。因此，用户需要采用手工布线的方式对自动布线后的 PCB 进行调整。

1. 手工调整布线

完成 PCB 的自动布线后，用户常常会发现 PCB 中有一些导线放置得很不合理，例如导线歪曲处太多、导线直接穿过元件内部或者元件引脚之间等，因此用户需要对这些布线进行手工调整。通常，手工调整布线的方法有两种：一种是打开相应的导线属性对话框，然后直接在对话框中对属性进行编辑操作；另一种方法是先拆除需要调整的导线，然后利用放置导线工具重新进行布线操作。前面的章节中已经对第 1 种方法进行了较为详细地介绍，因此这里只简单介绍一下 PCB 设计系统中的拆除布线命令。

在 PCB 设计系统中，拆除布线命令主要集成在【Tools】→【Un-Route】菜单栏中，如图 7-49 所示。菜单栏中各个拆除布线命令的具体含义如下所示：

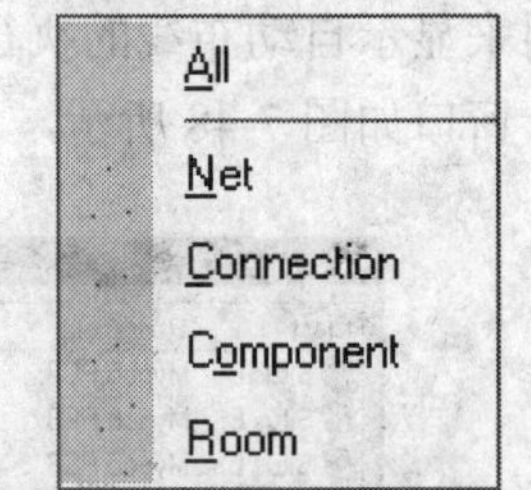

图 7-49 【Un-Route】菜单

1）All：用来拆除 PCB 中所有对象的布线。

2）Net：用来拆除 PCB 中指定网络的布线。

3）Connection：用来拆除 PCB 中指定焊盘的布线。

4）Component：用来拆除 PCB 中指定元件的布线。

5）Room：用来拆除 PCB 中指定 Room 区域的布线。

2. 手工调整电源/接地线宽度

在 PCB 设计的过程中，为了提高 PCB 的抗干扰能力和增强电路的稳定性，用户需要对 PCB 中的电源和接地线进行加宽操作。下面我们将采用两种方法对图 7-48 中的接地线进行相应的加宽操作。

在图 7-48 所示的 PCB 中，选中元件 C1 和元件 C2 之间的接地线，然后双击该导线即可弹出相应的导线属性对话框。在导线属性对话框中，将接地线的宽度调整为 30mil，然后单击 OK 按钮即可完成元件 C1 和元件 C2 之间接地线的加宽操作。

在图 7-48 所示的 PCB 中，执行相应的拆除布线命令拆除元件 C2 和元件 RL 之间的接地线；然后执行菜单命令【Place】→【Interactive Routing】，或者单击放置工具栏中的按钮或者按下快捷键 Alt+P+T，这时系统将会进入到放置导线的命令状态；最后在 PCB 中的元件 C2 和元件 RL 之间重新放置一根宽度为 30mil 的导线，从而完成元件 C2 和元件 RL 之间接地线的加宽操作。完成上面的两步操作后，这时的 PCB 如图 7-50 所示。

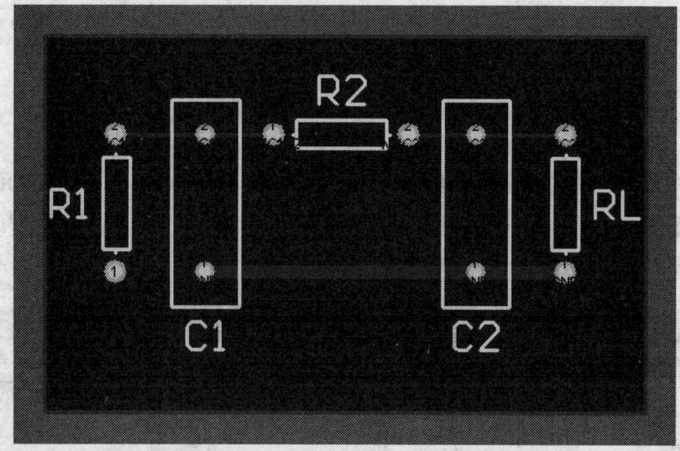

图 7-50 进行加宽操作后的 PCB

3．放置覆铜

通常，为了提高 PCB 电路的抗干扰能力和承载大电流的能力等方面的考虑，用户常常需要将电路板上没有布线的空白地方覆上铜膜。通常，PCB 设计中常将所覆的铜膜接地，这样可以大大提高电路板的抗干扰能力。

在图 7-50 所示的 PCB 中，执行菜单命令【Place】→【Polygon Plane】，或者单击放置工具栏中的按钮或者按下快捷键 Alt+P+G，系统将会进入到放置覆铜的命令状态，这时将会弹出覆铜属性对话框；在对话框中对覆铜属性设置完成后，单击 OK 按钮返回到放置覆铜的命令状态；最后在 PCB 的空白处完成相应的放置覆铜操作，同时将覆铜与电路中的接地线连接起来，操作完成后的 PCB 如图 7-51 所示。

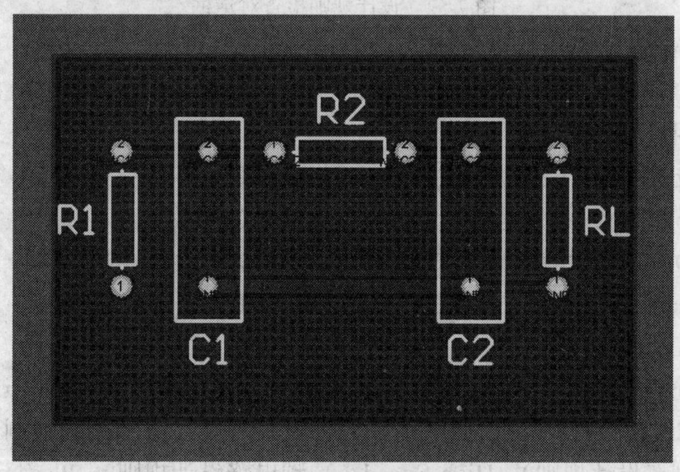

图 7-51 放置覆铜后的 PCB

7.7 DRC 和报表生成

完成 PCB 的布线操作后，Protel DXP 为用户提供了相应的工具进行设计规则检查，即 DRC，目的是用来查找 PCB 设计中存在的错误和一些违反电气设计规则的信息。另外，用户利用相应的报表生成工具可以得到各种不同的报表输出，这些报表含有 PCB 设计的各种信息，例如元件报表、元件交叉参考报表和项目层次报表等。通过这些报表，可以帮助用户更好地了解设计的 PCB 和对 PCB 进行管理操作。

7.7.1 DRC

在 PCB 设计系统中，打开前面布线操作后的 PCB 文件 Mypcb.PCBDOC，然后执行菜单命令【Tools】→【Design Rule Check】，这时系统将会弹出一个设计规则检查对话框，如图 7-52 所示。可以看出，对话框中包括两个部分的设置：

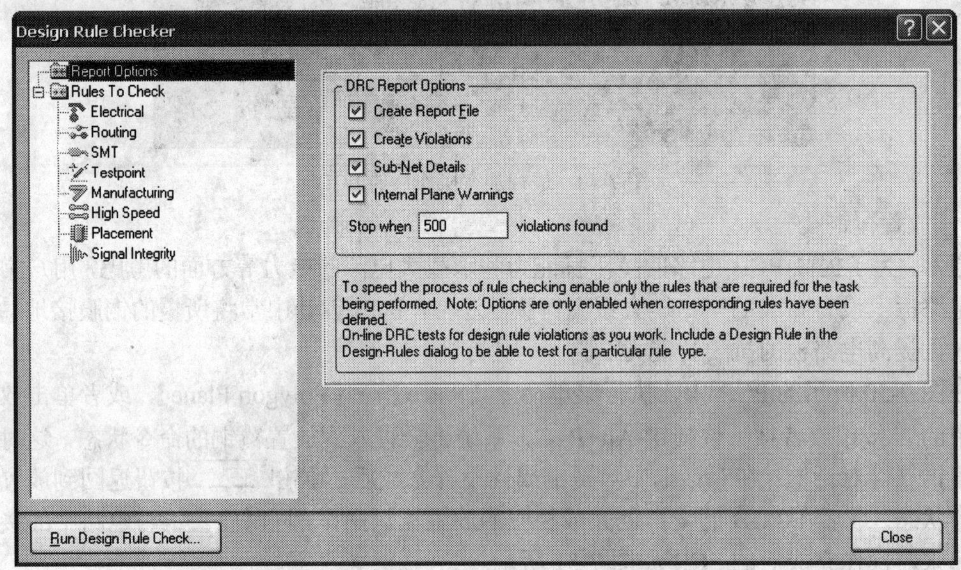

图 7-52 设计规则检查对话框

1．Report Options 部分

在设计规则检查对话框中，Report Options 部分的作用是用来设置 DRC 报表将会包含哪些选项。系统为用户提供了 4 个复选框：

1）Create Report File：设置是否生成 DRC 报告文件。

2）Create Violations：设置是否显示违反设计规则的相关信息。

3）Sub-Net Details：设置是否对 PCB 中的子网络进行设计规则检查。

4）Internal Plane Warnings：设置是否显示内层的相关警告信息。

2．Rules To Check 部分

在设计规则检查对话框中，Rules To Check 部分的作用是用来对 Electrical（电气设计规则）、Routing（布线设计规则）、SMT（表贴元件设计规则）、Testpoint（测试点设计规则）、Manufacturing（制造设计规则）、High Speed（高频电路设计规则）、Placement（布局设计规则）和 Signal Integrity（信号完整性设计规则）的检查方式进行设置，如图 7-53 所示。可以看出，检查方式包括 Online（在线检查）和 Batch（并行检查）两种。

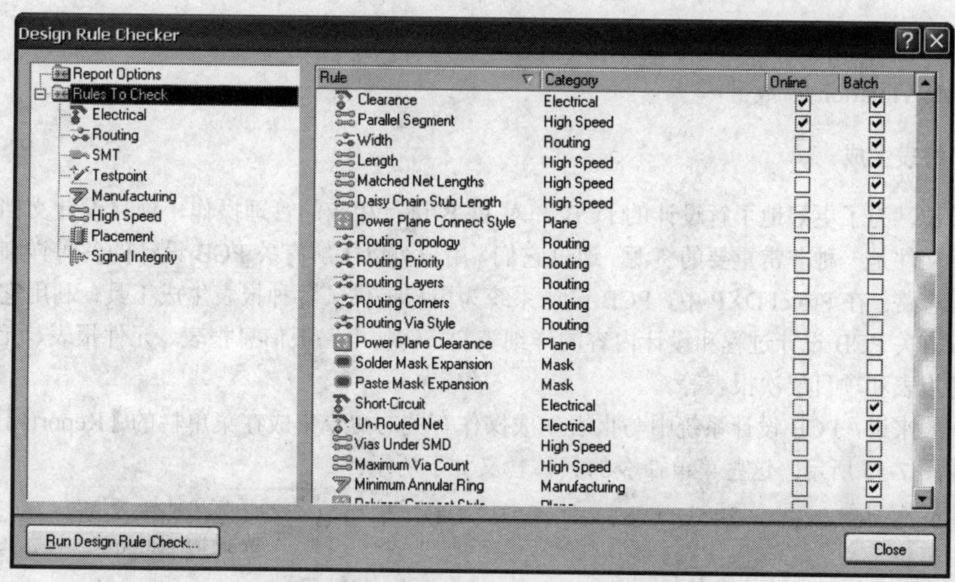

图 7-53　Rules To Check 设置对话框

对设计规则检查对话框中的各个参数设置完毕后，单击 Run Design Rule Check... 按钮即可进行相应的设计规则检查，同时系统将会自动生成一个与 PCB 文件同名、扩展名为“.DRC”的设计规则检查文件。

在 PCB 设计系统中，打开的设计规则检查文件 Mypcb.DRC 如图 7-54 所示。可见，设计规则检查文件将会逐项给出各种设计规则的检查情况。通常，DRC 报告文件中进行每一项涉设计规则检查的语法格式如下所示：

```
Protel Design System Design Rule Check
PCB File : \Program Files\Altium\Examples\Mypcb.PCBDOC
Date     : 2005-4-5
Time     : 0:06:47

Processing Rule : Hole Size Constraint (Min=1mil) (Max=100mil) (All)
Rule Violations :0

Processing Rule : Width Constraint (Min=10mil) (Max=10mil) (Prefered=10mil) (All)
   Violation           Track (8840mil,725mil)(9440mil,725mil)  Top Layer  Actual Width = 30mil
Rule Violations :1

Processing Rule : Clearance Constraint (Gap=10mil) (All),(All)
Rule Violations :0

Processing Rule : Broken-Net Constraint ( (All) )
Rule Violations :0

Processing Rule : Short-Circuit Constraint (Allowed=Not Allowed) (All),(All)
Rule Violations :0


Violations Detected : 1
Time Elapsed        : 00:00:01
```

图 7-54　设计规则检查文件 Mypcb.DRC

Processing Rule：设计规则名称　Constraint 约束条件

　　Violation　违反设计规则的相关信息

　　……

　　Violation　违反设计规则的相关信息

Rule Violations：数目

7.7.2　报表生成

通常，为了更好地了解设计的 PCB 和对 PCB 进行相应的管理操作，项目设计文档和各种报表文件是一种非常重要的资源。通过它们，用户可以了解有关 PCB 设计的各种详细信息和设计思路。在 Protel DXP 中，PCB 设计系统为用户提供了各种报表生成工具，利用它们可以生成有关 PCB 设计过程和设计内容的详细资料，例如电路板信息报表、元件报表、元件交叉参考报表和项目层次报表等。

一般来讲，PCB 设计系统中与报表生成操作有关的命令集成在菜单栏的【Reports】菜单中，如图 7-55 所示。这些菜单命令的具体含义如下所示：

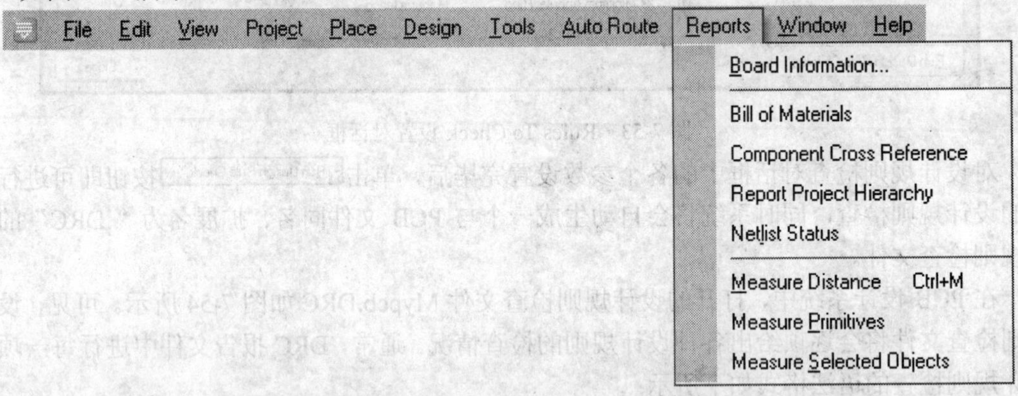

图 7-55　PCB 设计系统中的【Reports】菜单

1）Board Information：功能是用来产生 PCB 的电路板信息报表。

2）Bill of Materials：功能是用来产生 PCB 的元件报表。

3）Component Cross Reference：功能是用来产生 PCB 的元件交叉参考报表。

4）Report Project Hierarchy：功能是用来产生 PCB 的项目层次报表。

5）Netlist Status：功能是用来产生 PCB 的网络状态报表。

6）Measure Distance：功能是用来测量 PCB 中任意两点间的距离。

7）Measure Primitives：功能是用来测量 PCB 中导线和焊盘等对象之间的距离。

8）Measure Selected Objects：功能是用来测量 PCB 中选中对象之间的距离，它可以用来测量一些不规则对象的距离。

在 PCB 设计系统中，由于元件报表、元件交叉参考报表、项目层次报表和网络报表的生成操作与原理图设计系统中相应报表的生成操作是相同，这里就不再进行介绍了。下面将重点介绍一下电路板信息报表的生成操作。

在 PCB 设计系统中，打开前面设计完成的 PCB 文件 Mypcb.PCBDOC，然后执行菜单命令【Reports】→【Board Information】，这时系统将会弹出一个如图 7-56 所示的电路板信息对话框。可以看出，电路板信息对话框以下 3 个选项卡：

1）General 选项卡：作用是用来显示设计电路板的一般信息，它包括电路板大小、导线数目、焊盘数目、过孔数目、覆铜数目和违反设计规则的信息数目等。General 选项卡的具体内容如图 7-56 所示。

2）Components 选项卡：作用是用来显示设计电路板的元件信息，它包括元件封装的数目、元件封装的序号以及元件封装所在的工作层面等信息。Components 选项卡的具体内容如图 7-57 所示。

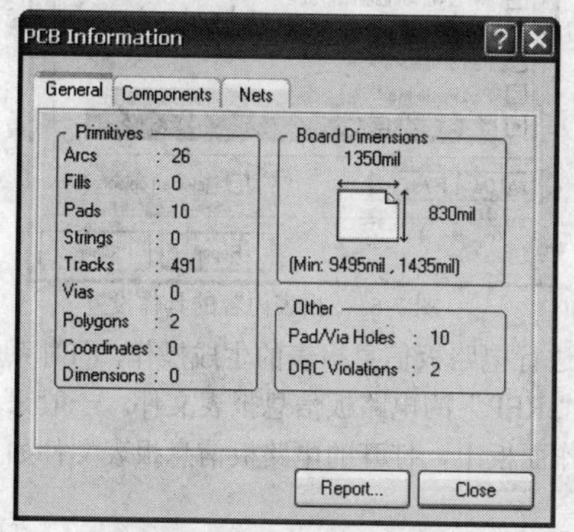

图 7-56　电路板信息对话框

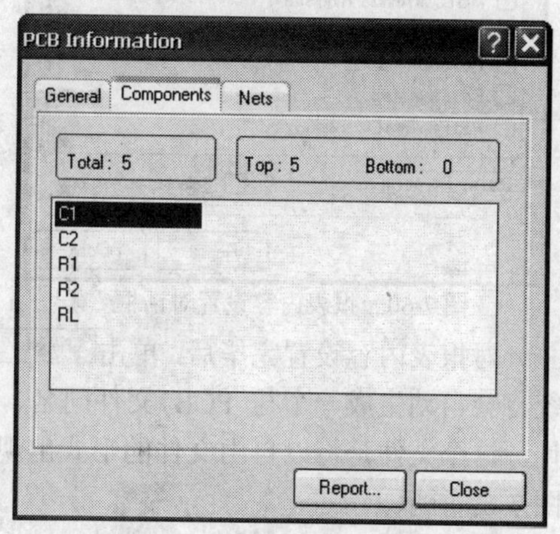

图 7-57　Components 选项卡

3）Nets 选项卡：作用是用来显示设计电路板的网络信息，它包括 PCB 中引入的网络名称和网络数目。Nets 选项卡的具体内容如图 7-58 所示。另外，通过单击 Pwr/Gnd... 按钮弹出的内部电源/接地层信息对话框，用户还可以查看电源层和接地层的信息，如图 7-59 所示。由于 PCB 文件 Mypcb.PCBDOC 中没有内部层，因此这个对话框中没有任何信息。

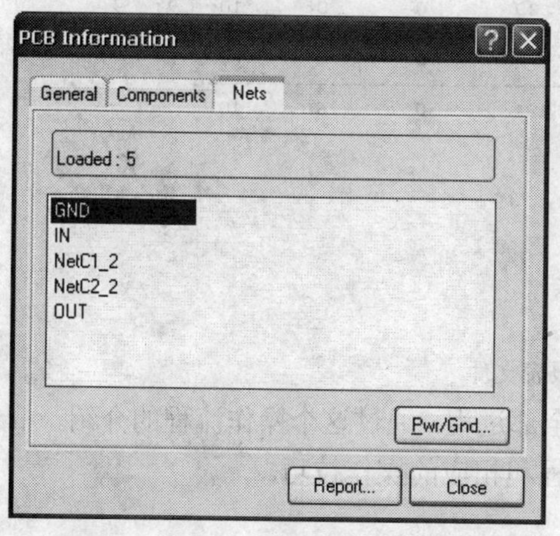

图 7-58　Nets 选项卡

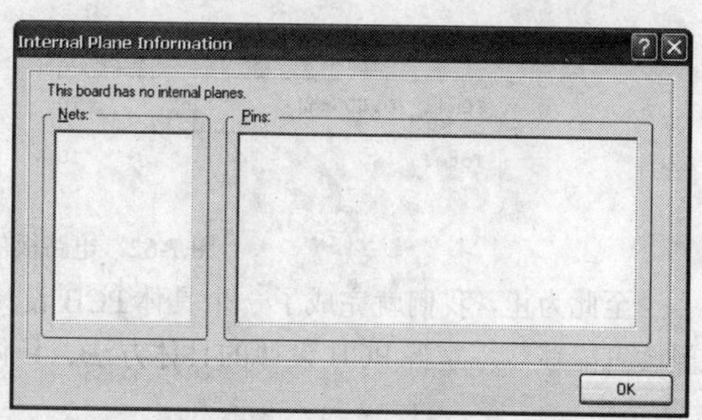

图 7-59　内部电源/接地层信息对话框

接下来用户单击电路板信息对话框中的 Report... 按钮，这时系统将会弹出一个如图 7-60 所示的报表内容设置对话框。通过这个对话框，用户可以对电路板信息报表中所要显示的具体内容进行相应的设置。可以将报表显示的内容设置为 Board Specifications、Layer Information 和 Pad Pwr/Gnd Expansion 3 项，如图 7-61 所示。

Board Report

Check items that you would like included in the report

Board Specifications
Layer Information
Layer Pair
Non-Plated Hole Size
Plated Hole Size
Top Layer Annular Ring Size
Mid Layer Annular Ring Size
Bottom Layer Annular Ring Size
Pad Solder Mask
Pad Paste Mask
Pad Pwr/Gnd Expansion

All On　All Off　Selected objects only

Report　Close

图 7-60 报表内容设置对话框

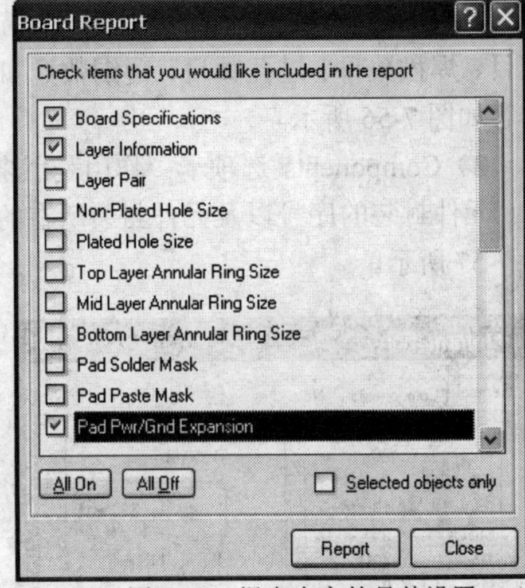

图 7-61 报表内容的具体设置

对报表内容设置完毕后，单击 Report... 按钮即可进行电路板信息报表的生成操作，同时系统将会自动生成一个与 PCB 文件同名、扩展名为“.REP”的电路板信息报表文件。一般来说，这个文件是将以自由文件的形式出现在项目工作面板中，打开的电路板信息报表文件如图 7-62 所示。

```
Specifications For Mypcb.PCBDOC
On 2005-4-5 at 13:34:06

Size Of board                        1.35 x 0.83 sq in
Equivalent 14 pin components         1.57 sq in/14 pin component
Components on board                  5

 Layer                  Route   Pads   Tracks   Fills   Arcs   Text
-----------------------------------------------------------------------
 Top Layer                0      256      0      16      0
 Bottom Layer             0      202      0      10      0
 Top Overlay              0       29      0       0     10
 Keep-Out Layer           0        4      0       0      0
 Multi-Layer             10        0      0       0      0
-----------------------------------------------------------------------
 Total                   10      491      0      26     10


 Pad Pwr/Gnd Expansion        Count
-------------------------------------
 20mil (0.508mm)                10
-------------------------------------
 Total                          10
```

图 7-62 电路板信息报表文件

至此为止，我们就完成了一个具体 PCB 设计的全部过程。通过这个操作流程的介绍，希望读者能够熟练掌握 PCB 设计的具体方法、具体流程和相应的操作技巧。

第 8 章　信号完整性分析

8.1　信号完整性简介

随着电子工业的飞速发展，IC 芯片的体积越来越小、引脚数越来越多、功能越来越强大，因此由 IC 芯片构成的电子系统正朝着速度快、体积小、容量大、性能高和微功耗的方向发展，这种发展必将导致 PCB 的设计越来越复杂，从而引起布局布线密度加大、板上信号频率不断提高和干扰不断加重等问题。

目前，由于数字信号处理技术的不断发展，如何处理高速信号成为 PCB 设计中的一个关键性问题。随着信号频率的不断提高，信号延时、反射、串扰以及相互间干扰等问题已经成为困扰电子设计工程师的主要问题。以前只是高频电路设计需要考虑的问题逐渐摆在了所有电子设计工程师的面前，其中信号完整性问题成为所有电子设计工程师所必须要面对的一个关键性问题。

信号完整性（Signal Integrity，SI）是指信号在传输线上的传输质量，即电路传输信号的时候对信号的保真程度以及与邻近空间其他信号之间的相互影响程度。通常，良好的信号完整性是指信号经过传输后，接收端的信号波形与发送端的信号波形在误差范围内基本保持一致，同时还可以保证与邻近空间其他信号之间的相互影响也在允许的范围内。在设计的过程中，差的信号完整性不是由某个单一因素引起的，而是板级设计中众多因素共同作用的结果，这正是电子设计工程师所要分析的问题。

一般来讲，形成信号完整性问题的主要原因是由于随着信号频率的不断提高，因此这时电路设计中必须采用波动的观点来看待电路中传输的信号，同时也必须以电磁辐射和接收的观点来看待传输信号与邻近空间其他信号之间的相互影响。根据信号完整性形成的原因，一般认为电路设计中的信号完整性问题主要包括反射、串扰、振铃和地弹等。

反射是指信号在传输线上产生的回波现象。如果源端与负载端的阻抗不匹配，那么信号传输到线上并到达负载端时将会引起线上反射，这时负载将把一部分电压反射源端。如果负载阻抗大于源阻抗，那么反射电压为正；否则反射电压为负。可见，反射回的信号将与源端的入射信号叠加，这将使传输线上的信号波形发生畸变。对于高频信号来说，由于信号传输时的波动频率很高，这种不良作用就越明显。

串扰是指电路中两条信号之间的耦合，信号线之间的互感和互容将会引起传输线上的噪声。一般来讲，容性耦合会引起耦合电流，感性耦合则会引起耦合电压。在电路中，串扰将会引起被干扰信号的振荡，从而恶化信号的品质，严重时将会导致信号不能使用。在 PCB 的设计中，PCB 中的工作层面设置、布线间的间距和对象间的端接方式都会对板中的串扰造成一定的影响。

振铃是由传输线上的电容或者电感引起的一种欠阻尼状态，它将会引起信号在传输线的振荡，从而将会引起传输信号的波形失真。与反射类似，振铃通常也是由众多因素引起的，因此一般不可能完全消除，设计人员只能通过适当的端接来减小振铃。

地弹现象是由电路中的大电流涌动时产生的，例如电路中许多器件的输出同时开启时将会有一个很大的瞬态电流在器件和电路板的电源平面上通过，这时元件封装和电源平面的电感和电阻将会引发相应的电源噪声。通常，负载电阻的减小、负载电容的增大、地电感的增大以及开关元件数目的增加均将导致地弹的增大。

对于设计人员来说，发现和分析 PCB 中的信号完整性问题是一件十分困难的事情，例如 PCB 中的串扰一般是间歇发生的，因此很难发现 PCB 中是否存在串扰，也就很难分析串扰的危害程度。如果在电路板设计完成后发现信号完整性问题，设计人员一般很难在板上实施有效的解决方案，这样将会导致设计工作的重新进行，从而延长了开发周期，并浪费了大量的人力和物力。基于这一点，设计人员常常希望能够在 PCB 制板之前查找、分析和解决设计中的信号完整性问题，从而以最小化的代价来解决 PCB 中存在的信号完整性问题。

通常，信号完整性分析包括两个方面的内容：一是研究和分析传输电路是如何影响传输信号的；二是为了保证良好的信号完整性，应该采用何种方法对传输电路进行调整。在 Protel DXP 中，系统为设计人员提供了功能强大的信号完整性分析器，它采用了经典的传输线理论和 I/O 缓冲器宏模型信息作为仿真输入，因此能够对 PCB 进行布线前后的信号完整性分析，能够满足信号完整性分析所应包括的两方面内容。

Protel DXP 中的信号完整性分析器能够根据 PCB 中的工作层面设置、布线间的间距和覆铜厚度等参数来计算电路中传输线的阻抗特性；接下来把得到的阻抗特性和 I/O 缓冲器模型一起作为仿真输入，这样就能够计算出 PCB 中任意一点信号的反射、串扰、电源电压、延时和信号畸变等真实性能；然后根据信号完整性分析的结果，利用 Protel DXP 提供的一些终端解决方案来对设计的 PCB 进行改进，从而得到性能优良的 PCB 设计。

另外，与电路原理图仿真类似，Protel DXP 也为用户提供了波形窗口，它可以与信号完整性分析器结合使用，这样就可以十分方便快捷地观察、测量和分析网络的信号完整性情况。同时，用户还可以利用模拟端接的方式来查看采用终端解决方案后的改善波形，从而帮助用户选择一个最优化的终端解决方案。可见，Protel DXP 中的信号完整性分析器功能十分强大，因此用户有必要掌握它以辅助相应的 PCB 设计。

8.2 信号完整性规则的设置

与元件的布局和 PCB 的布线类似，采用 Protel DXP 提供的分析器对 PCB 的信号完整性进行分析之前，用户也需要对信号完整性分析的设计规则进行相应的设置，合理的设计规则将会提高信号完整性分析的准确性和效率。

在 PCB 设计系统中，执行菜单命令【Design】→【Rules】，这时系统将会弹出 PCB 规则和约束编辑器；然后在编辑器中双击左侧列表框中的 Signal Integrity 选项或者单击其左侧的⊞按钮，这时系统将会展开这一类规则的详细列表，如图 8-1 所示。

可见，信号完整性规则包括 13 类设计规则，它们分别是信号激励源规则、下降沿的过冲规则、上升沿的过冲规则、下降沿的下冲规则、上升沿的下冲规则、阻抗规则、信号高电平规则、信号低电平规则、上升沿的延时规则、下降沿的延时规则、上升沿的斜率延时规则、下降沿的斜率延时规则和电源网络规则。

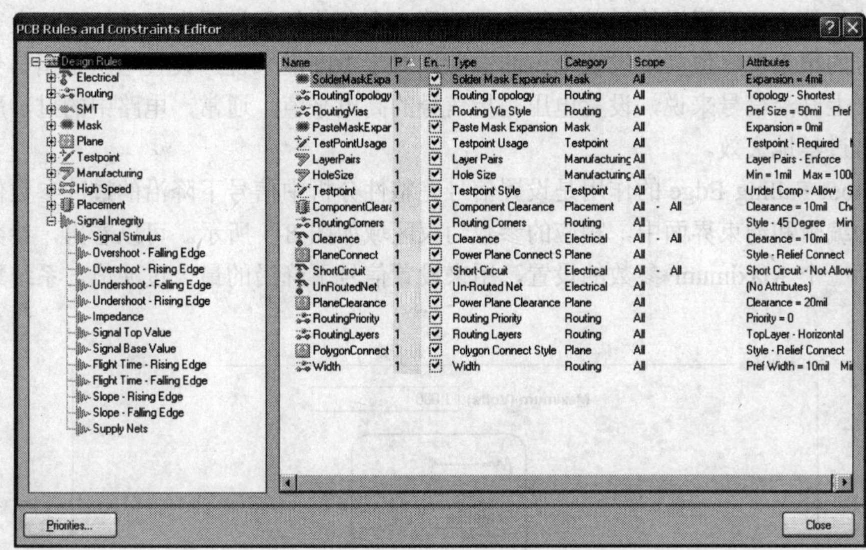

图 8-1 信号完整性规则的设置

接下来将对上面 13 类设计规则的设置进行介绍，由于用户对设计规则的基本操作以及打开相应规则的编辑和约束界面的具体操作方法与前面设计规则的操作方法完全一样，因此就不再重复介绍了，下面只介绍规则参数约束区域中的参数设置。

1. Signal Stimulus（信号激励源规则）

Signal Stimulus 的作用是设置信号完整性分析中的信号激励源以及激励源的相关参数信息。在这个规则的编辑和约束界面中，相应的参数约束区域如图 8-2 所示。可以看出，参数约束区域包括如下的参数设置：

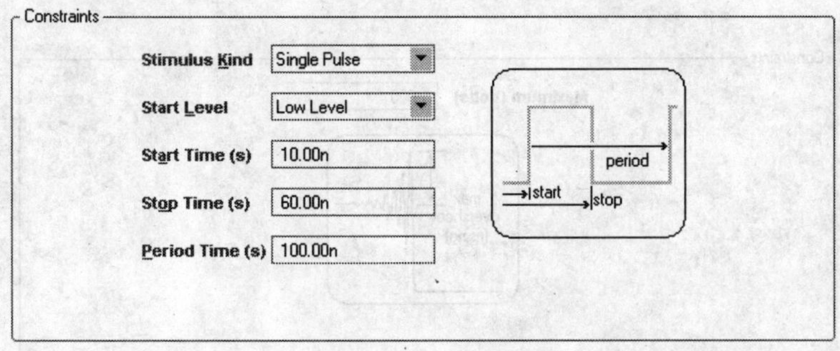

图 8-2 Signal Stimulus 的参数约束区域

1）Stimulus Kind：用来设置信号激励源的具体种类。系统为用户提供了 3 种激励源种类，分别是 Constant Level（直流信号激励）、Single Pulse（单脉冲信号激励）和 Periodic Pulse（周期性脉冲信号激励）。

2）Start Level：用来设置信号激励源的起始电平。系统为用户提供了两种起始电平，分别是 Low Level（低电平）和 High Level（高电平）。

3）Start Time（s）：用来设置信号激励源的开始时间，系统默认值是 10ns。

4）Stop Time（s）：用来设置信号激励源的结束时间，系统默认值是 60ns。

5）Period Time（s）：用来设置信号激励源的周期，系统默认值是 100ns。

2. Overshoot-Falling Edge（下降沿的过冲规则）

在电路设计中，下降沿的过冲是指信号的第 1 个谷值低于设置电压的情况，上升沿的过冲是指信号的第 1 个峰值高于设置电压的情况。对于下降沿来说，设置电压是指信号的低电平值；对于上升沿信号来说，设置电压是指信号的高电平值。通常，电路中的过冲严重时将会导致信号过早地失效。

Overshoot-Falling Edge 的作用是设置信号完整性分析中信号下降沿的过冲参数信息。在这个规则的编辑和约束界面中，相应的参数约束区域如图 8-3 所示。可以看出，参数约束区域中只包括一个 Maximum 参数的设置，用来设置信号下降沿的最大过冲值，系统默认值是 1V。

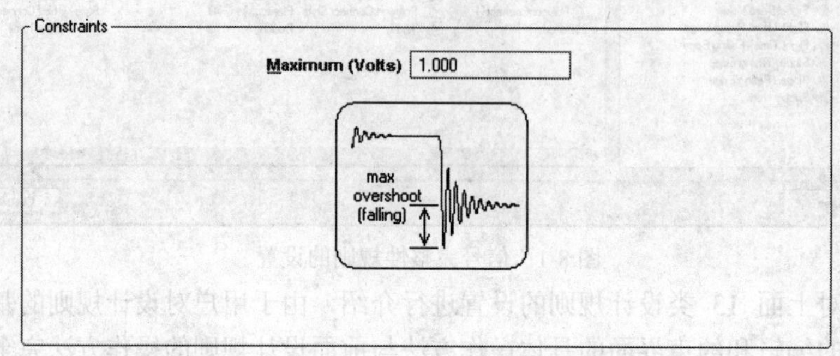

图 8-3　Overshoot-Falling Edge 的参数约束区域

3. Overshoot-Rising Edge（上升沿的过冲规则）

Overshoot-Rising Edge 的作用是设置信号完整性分析中信号上升沿的过冲参数信息。在这个规则的编辑和约束界面中，相应的参数约束区域如图 8-4 所示。可以看出，参数约束区域中只包括一个 Maximum 参数的设置，用来设置信号上升沿的最大过冲值，系统默认值是 1V。

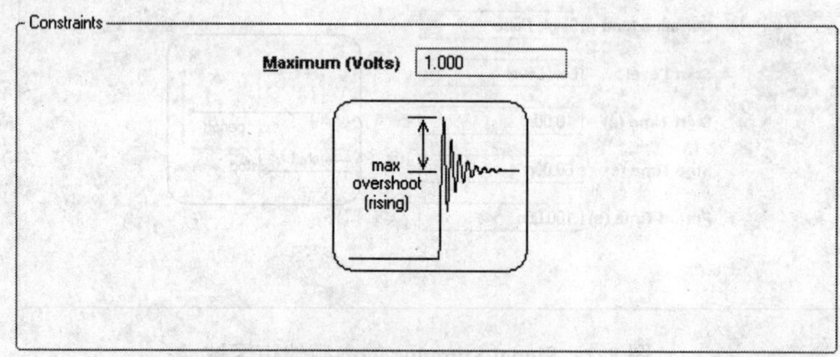

图 8-4　Overshoot-Rising Edge 的参数约束区域

4. Undershoot-Falling Edge（下降沿的下冲规则）

在电路设计中，下降沿的下冲是指信号的第 1 个峰值超过设置电压的情况，上升沿的下冲是指信号的第一个谷值低于设定电压的情况。对于下降沿来说，设置电压是指信号低电平值；对于上升沿信号来说，设置电压是指信号的高电平值。通常，电路中的下冲严重时将会引起假的时钟或者数据错误。

Undershoot-Falling Edge 的作用是设置信号完整性分析中信号下降沿的下冲参数信息。在这个规则的编辑和约束界面中，相应的参数约束区域如图 8-5 所示。可以看出，参数约束区域中只包括一个 Maximum 参数的设置，用来设置信号下降沿的最大下冲值，系统默认值是

1V。

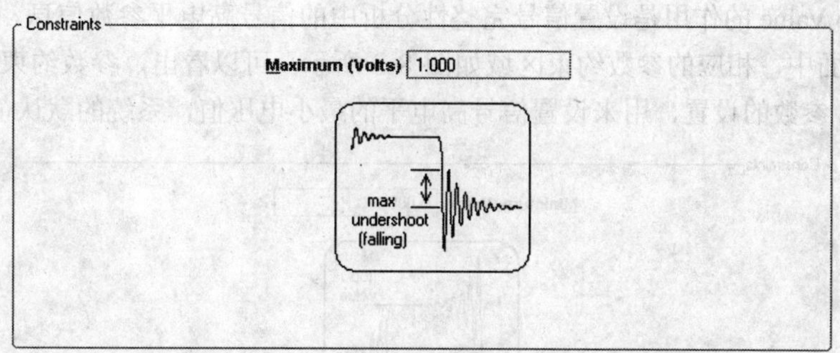

图 8-5　Undershoot-Falling Edge 的参数约束区域

5. Undershoot-Rising Edge（上升沿的下冲规则）

Undershoot-Rising Edge 的作用是设置信号完整性分析中信号上升沿的下冲参数信息。在这个规则的编辑和约束界面中，相应的参数约束区域如图 8-6 所示。可以看出，参数约束区域中只包括一个 Maximum 参数的设置，用来设置信号上升沿的最大下冲值，系统默认值是 1V。

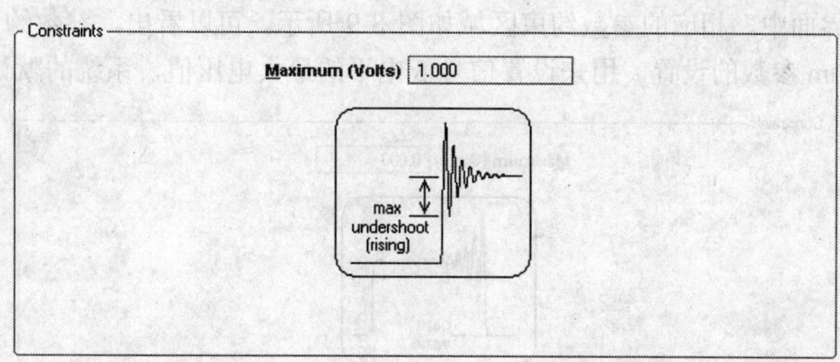

图 8-6　Undershoot-Rising Edge 的参数约束区域

6. Impedance（阻抗规则）

Impedance 的作用是用来设置信号完整性分析中有关阻抗的相关参数信息。在这个规则的编辑和约束界面中，相应的参数约束区域如图 8-7 所示。可以看出，参数约束区域包括如下的参数设置：

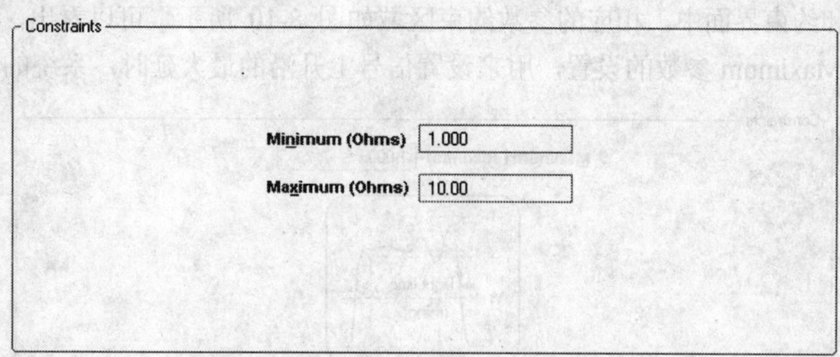

图 8-7　Impedance 的参数约束区域

1）Minimum（Ohms）：用来设置阻抗的最小允许值，系统默认值是 1Ω。

2）Maximum（Ohms）：用来设置阻抗的最大允许值，系统默认值是 10Ω。

7. Signal Top Value（信号高电平规则）

Signal Top Value 的作用是设置信号完整性分析中的信号高电平参数信息。在这个规则的编辑和约束界面中，相应的参数约束区域如图 8-8 所示。可以看出，参数约束区域中只包括一个 Minimum 参数的设置，用来设置信号高电平的最小电压值，系统的默认值是 5V。

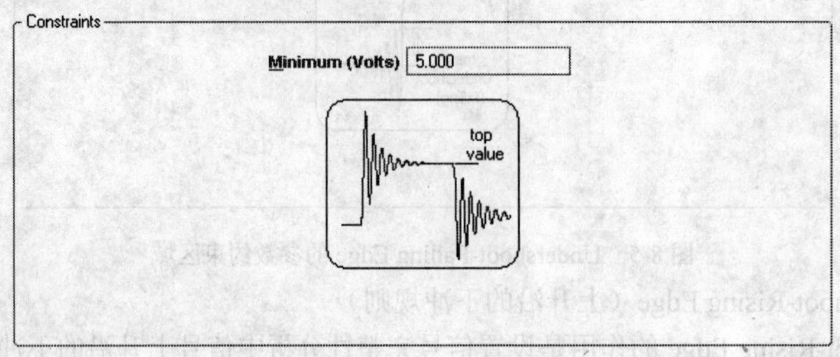

图 8-8 Signal Top Value 的参数约束区域

8. Signal Base Value（信号低电平规则）

Signal Base Value 的作用是设置信号完整性分析中的信号低电平参数信息。在这个规则的编辑和约束界面中，相应的参数约束区域如图 8-9 所示。可以看出，参数约束区域中只包括一个 Maximum 参数的设置，用来设置信号低电平的最大电压值，系统的默认值是 0V。

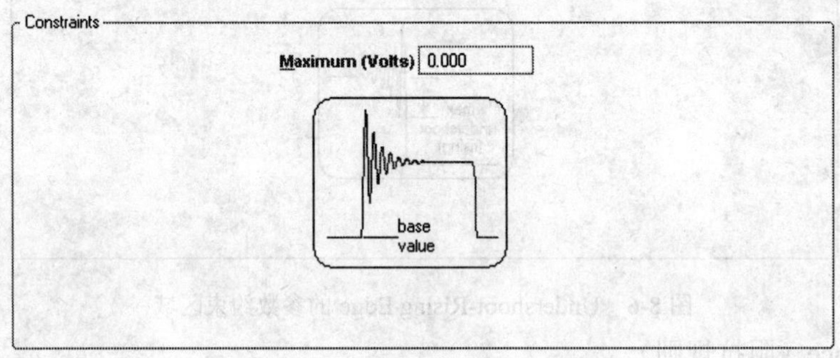

图 8-9 Signal Base Value 的参数约束区域

9. Flight Time-Rising Edge（上升沿的延时规则）

Flight Time-Rising Edge 的作用是设置信号完整性分析中信号上升沿的延时参数信息。在这个规则的编辑和约束界面中，相应的参数约束区域如图 8-10 所示。可以看出，参数约束区域中只包括一个 Maximum 参数的设置，用来设置信号上升沿的最大延时，系统的默认值是 1ns。

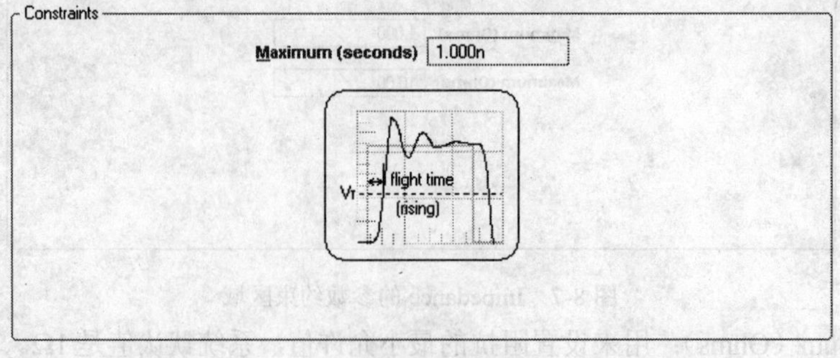

图 8-10 Flight Time-Rising Edge 的参数约束区域

10. Flight Time-Falling Edge（下降沿的延时规则）

Flight Time-Falling Edge 的作用是设置信号完整性分析中信号下降沿的延时参数信息。在这个规则的编辑和约束界面中，相应的参数约束区域如图 8-11 所示。可以看出，参数约束区域中只包括一个 Maximum 参数的设置，用来设置信号下降沿的最大延时，系统的默认值是 1ns。

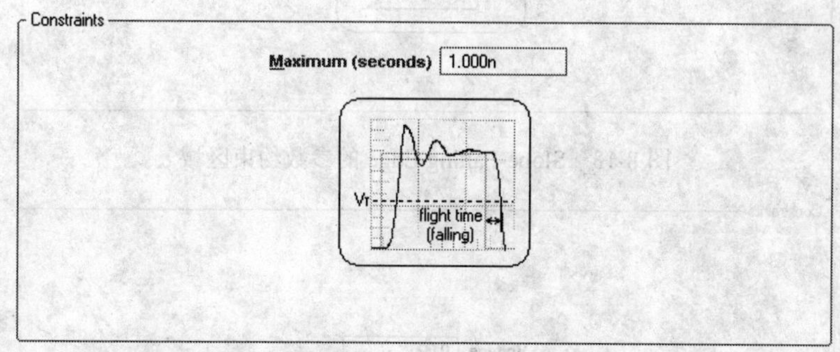

图 8-11　Flight Time-Falling Edge 的参数约束区域

11. Slope-Rising Edge（上升沿的斜率延时规则）

Slope-Rising Edge 的作用是设置信号完整性分析中信号上升沿的斜率延时参数信息。在这个规则的编辑和约束界面中，相应的参数约束区域如图 8-12 所示。可以看出，参数约束区域中只包括一个 Maximum 参数的设置，用来设置信号上升沿从阈值电压上升到高电平电压的最大延时，系统的默认值是 1ns。

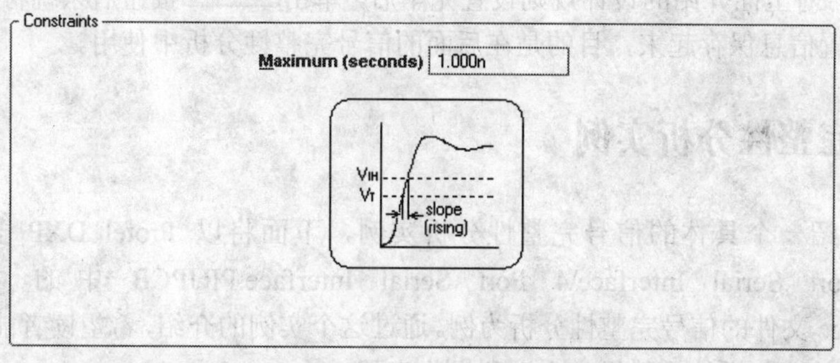

图 8-12　Slope-Rising Edge 的参数约束区域

12. Slope-Falling Edge（下降沿的斜率延时规则）

Slope-Falling Edge 的作用是设置信号完整性分析中信号上升沿的斜率延时参数信息。在这个规则的编辑和约束界面中，相应的参数约束区域如图 8-13 所示。可以看出，参数约束区域中只包括一个 Maximum 参数的设置，用来设置信号下降沿从阈值电压下降到低电平电压的最大延时，系统的默认值是 1ns。

13. Supply Nets（电源网络规则）

Supply Nets 的作用是设置信号完整性分析中有关电源网络的参数信息。在这个规则的编辑和约束界面中，相应的参数约束区域如图 8-14 所示。可以看出，参数约束区域中只包括一个 Voltage 参数的设置，用来设置电源网络的电压值，系统默认的电源网络是地网络，因此它的值是 0V。

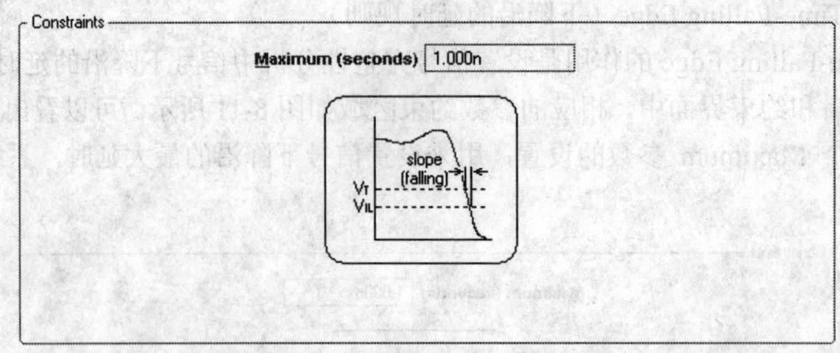

图 8-13 Slope-Falling Edge 的参数约束区域

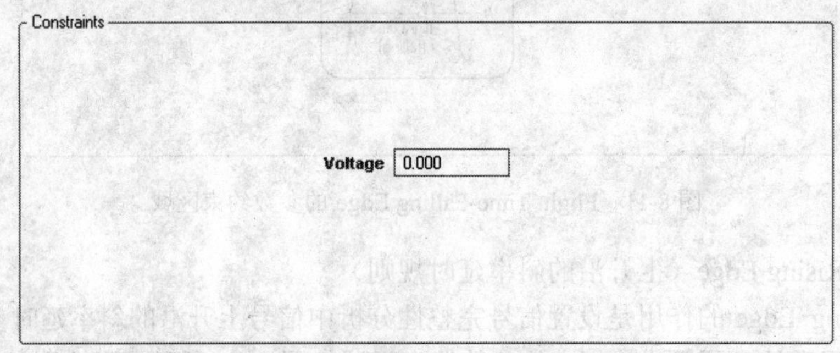

图 8-14 Supply Nets 的参数约束区域

通过前面的介绍，相信读者对信号完整性的设计规则和具体的设置方法已经有了一个比较全面的了解。对上面介绍的设计规则设置完毕后，单击Close按钮后系统将把信号完整性设计规则的设置信息保存起来，目的是在后面的信号完整性分析中使用。

8.3 信号完整性分析实例

本节将介绍一个具体的信号完整性分析实例，下面将以 Protel DXP 安装目录下的 Examples\4 Port Serial Interface\4 Port Serial Interface.PRJPCB 中的 4 Port Serial Interface.PcbDoc 文件的信号完整性分析为例。通过这个实例的介绍，希望读者能够掌握 Protel DXP 中信号完整性分析的具体操作方法和操作步骤。

8.3.1 信号完整性分析的规则设置

在介绍具体的信号完整性分析之前，用户首先要打开相应的 PCB 分析文件 4 Port Serial Interface.PcbDoc，然后要对信号完整性规则进行相应的设置，目的是为了满足电路中信号完整性分析的要求，例如设置信号高电平规则、低电平规则和电源网络规则等。

在图 8-1 所示的 PCB 规则和约束编辑器中，选择信号完整性规则列表下的 Signal Top Value 后单击鼠标右键，然后选择弹出菜单中的 New Rule 选项，这时系统会自动添加一个 Signal Top Value 规则。在新建规则的编辑和约束界面中，可以把参数约束区域中的 Minimum 参数设置为 3.3V，这时表示信号完整性分析中信号高电平的最小电压值为 3.3V。这样，用户就可以完成信号高电平规则的设置。

按照与前面完全相同的方法，这里再建立一个新的 Signal Base Value 规则，然后将其对应参数约束区域中的 Maximum 参数设置为 1V，这时表示信号完整性分析中信号低电平的最大电压值为 1V。这样，用户便完成了信号低电平规则的设置。

在图 8-1 所示的 PCB 规则和约束编辑器中，选择信号完整性规则列表下的 Supply Nets 后单击鼠标右键，然后选择弹出菜单中的 New Rule 菜单选项，这时系统将会自动添加一个 SupplyNets 规则。在新建规则的编辑和约束界面中，首先选中规则作用区域中的 Net 选择框，然后在其右侧的下拉框中选择网络“GND”，接下来将参数约束区域中的 Voltage 参数设置为 0V，这样就完成了网络 GND 的电源网络规则设置。

同样，继续选择信号完整性规则列表下的 Supply Nets 后单击鼠标右键，然后选择弹出菜单中的 New Rule 菜单选项，这时系统将会自动添加一个 SupplyNets_1 规则。按照与前面相同的方法，在新建规则的编辑和约束界面中将信号完整性分析中网络 VCC 的 Voltage 参数设置为 5V，这样就完成了网络 VCC 的电源网络规则设置。

完成上面的设置后，单击Close按钮即可退出 PCB 规则和约束编辑器，这样系统将会自动保存相应的信号完整性规则的设置。

8.3.2　信号完整性分析的网络设置

在 PCB 设计系统中，执行相应的菜单命令【Tools】→【Signal Integrity】→【Setup and Run】后，这时系统将会启动信号完整性分析的参数设置和运行进程，通常系统会弹出一个如图 8-15 所示的确认对话框。

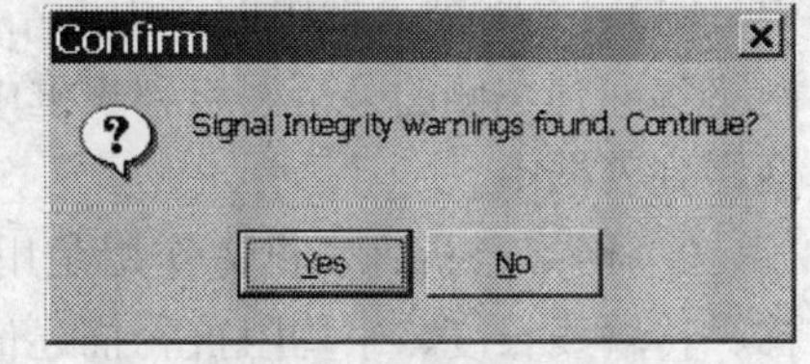

图 8-15　确认对话框

可以看出，确认对话框用来提示用户发现了一些信号完整性分析的警告信息，询问是否继续进行后续的操作。在这种情况下，通常是 PCB 中的一些元件没有找到与其匹配的信号完整性模型，这时用户可以单击No按钮返回到 PCB 中为元件配置相应的模型。如果用户只是想大概观察一下相应的信号完整性分析波形，那么单击Yes按钮后即可弹出如图 8-16 所示的信号完整性分析设置对话框。

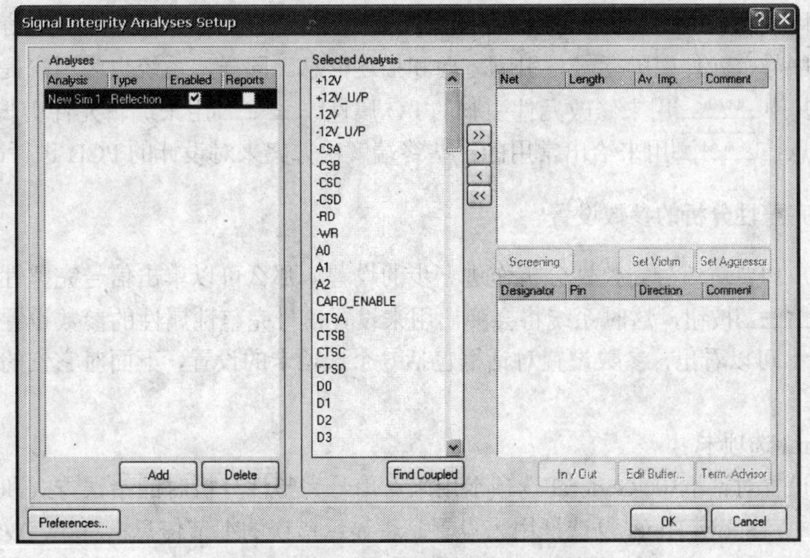

图 8-16　信号完整性分析设置对话框

在图 8-16 所示的对话框中，可以看出这个对话框包括 Analyses 和 Selected Analysis 两个区域的设置。

1. Analyses 区域

在信号完整性分析设置对话框中，这个区域的功能是设置信号完整性分析的相关信息，它包括如下的参数设置：

1）分析波形文件列表框：用来设置分析波形文件的相关信息。系统为用户提供了 4 项参数设置，其中 Analysis 用来设置分析波形文件的名称；Type 用来设置具体的分析类型，下拉框为用户提供了两种分析类型：Reflection（反射）和 Crosstalk（串扰）；Enabled 复选框用来设置对应的分析是否有效；Reports 用来设置是否产生信号完整性分析的报告文件。

2）功能按钮：用来对分析波形文件列表框中的分析波形文件进行相应的简单操作。系统为用户提供了两种操作，分别是 Add （添加新文件）和 Delete （删除列表框中已有的文件）。

2. Selected Analysis 区域

在信号完整性分析设置对话框中，这个区域的功能是设置需要进行信号完整性分析的网络和分析结果显示的一些相关参数，它主要包括如下的参数设置：

1）分析网络列表框：作用是用来列出系统当前可以分析的各个网络。另外，系统还为用户提供了 5 个功能按钮来对分析网络列表框中的网络进行相应的操作。其中，Find Coupled 用来选择分析网络列表框中所有成组的网络，>> 用来将列表框中的网络全部添加到右侧的列表框中，> 用来将列表框中的选中网络添加到右侧的列表框中，< 用来将右侧列表框中的选中网络移回到左侧的分析网络列表框中，<< 用来将右侧列表框中的所有网络移回到左侧的分析网络列表框中。

2）网络分析列表框：作用是用来给出已选网络的相关分析信息，这些信息包括网络名称、传输线长度、平均阻抗和描述信息。另外，系统还为用户提供了 3 个功能按钮来对列表框中的网络进行操作。其中，Screening 用来给出已选网络的信号完整性分析结果；Set Victim 用来为已选网络添加一个标号以便于识别其他网络信号造成的串扰情况；Set Aggressor 用来标识所定义的网络标号是惟一有激励的网络标号。

3）元件引脚列表框：作用是用来给出与已选网络相连接的所有元件引脚信息，这些信息包括元件序号、元件引脚标号、引脚方向和描述信息。同样，系统也为用户提供了 3 个功能按钮，其中 In / Out 用来修改元件引脚的 I/O 属性；Edit Buffer... 用来编辑元件引脚的 I/O 缓冲器宏模型信息；Term. Advisor 用来给出常用的一些终端解决方案来对设计的 PCB 进行改进。

8.3.3 信号完整性分析的参数设置

如果用户想要对信号完整性分析作进一步的设置，那么可以单击信号完整性分析设置对话框中的 Preferences... 按钮，这时系统将会弹出用来设置信号完整性属性的参数设置对话框，如图 8-17 所示。可以看出，参数设置对话框包括 6 个选项卡的设置，下面对它们的具体设置分别进行介绍。

1. General 选项卡

在参数设置对话框中，General 选项卡用来对信号完整性分析时的错误方式和测量单位进行设置。其中，Show Hints 复选框用来设置是否显示错误的细节信息；Show Warnings 复选框用来设置是否显示相应的警告信息；Unit 用来设置分析的具体测量单位，它包括英制中的

mil 和米制中的 mm。

2. Configuration 选项卡

在参数设置对话框中，Configuration 选项卡用来对信号完整性分析时的仿真信息和耦合参数进行设置，如图 8-18 所示。其中，Ignore Stubs 用来设置仿真时可以忽略的传输线长度；Total Time 用来设置仿真时的时间；Time Step 用来设置仿真时的时间步长；Max Distance 用来设置计算耦合的最大距离；Min Length 用来设置计算耦合的最小距离。

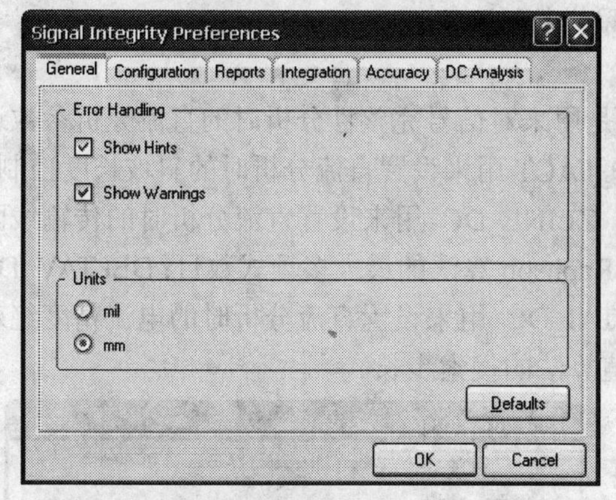

图 8-17　参数设置对话框

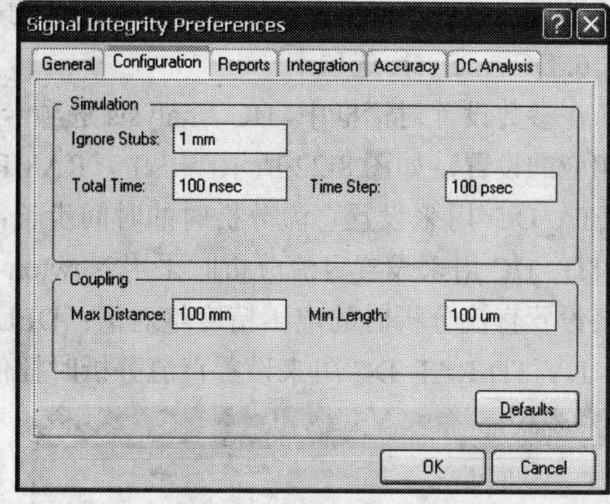

图 8-18　Configuration 选项卡

3. Reports 选项卡

在参数设置对话框中，Reports 选项卡用来对信号完整性分析时产生的报告文件的相应内容参数进行设置，如图 8-19 所示。其中，Selected Reports 主要用来设置是否生成网络分析结果报告、阻抗报告、电压报告、时间报告、层堆栈报告、网络数据报告以及串扰报告；Appearance 主要用来设置报告文件是否以 CSV 格式显示、是否每页都显示日期、是否每页都标注页数以及设置每页的行数。

4. Integration 选项卡

在参数设置对话框中，Integration 选项卡是用来对信号完整性分析时的波形逼近方法进行设置，如图 8-20 所示。系统为用户提供了 4 种算法，分别是 Trapezoidal（梯形函数逼近）、Gear's Method 1st Order（1 阶函数逼近）、Gear's Method 2nd Order（2 阶函数逼近）和 Gear's Method 3rd Order（3 阶函数逼近）。

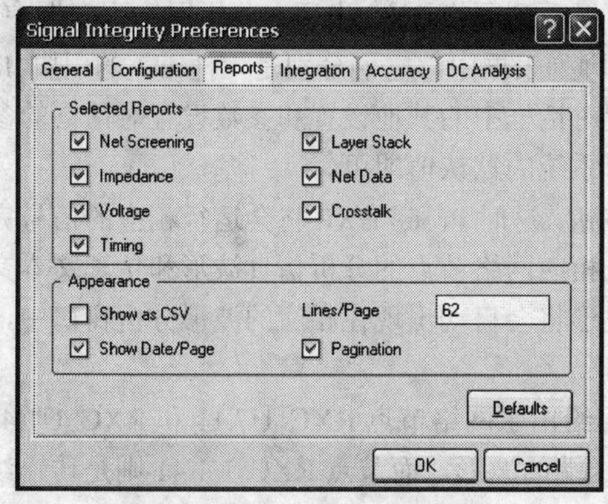

图 8-19　Reports 选项卡

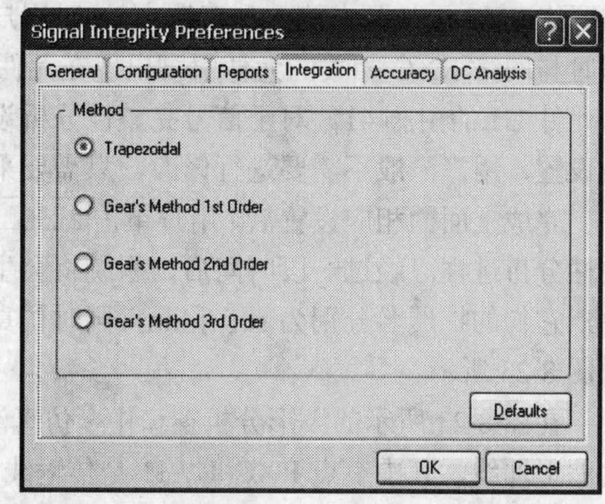

图 8-20　Integration 选项卡

5. Accuracy 选项卡

在参数设置对话框中，Accuracy 选项卡是用来对信号完整性分析时的各种精度进行相应的设置，如图 8-21 所示。其中，RELTOL 用来设置电压电流变化允许的最小相对值；ABSTOL 用来设置电流变化允许的最小绝对值；VNTOL 用来设置电压变化允许的最小绝对值；TRTOL 用来设置分析时采用的算法因子数目；NRVABS 用来设置 Newton-Raphson 算法的最小差值；DTMIN 用来设置信号时域分析时的最小步长；ITL 用来设置 Newton-Raphson 算法的最大多项式数目；LIMPTS 用来设置每个电压波形的采样数量。

6. DC Analysis 选项卡

在参数设置对话框中，DC Analysis 选项卡是用来对信号完整性分析时的直流分析参数进行相应的设置，如图 8-22 所示。其中，RAMP_FACT 用来设置直流分析时的斜坡长度控制；DELTA_DC 用来设置直流分析时的时间步长；ZLINE_DC 用来设置直流分析时的传输线阻抗；ITL_DC 用来设置直流分析时采用 Newton-Raphson 算法的最大多项式数目；DELTAV_DC 用来设置直流分析时的电压精度绝对值；DELTAI_DC 用来设置直流分析时的电流精度绝对值；DV_ITERAT_DC 用来设置直流分析时插值算法的搜索步长。

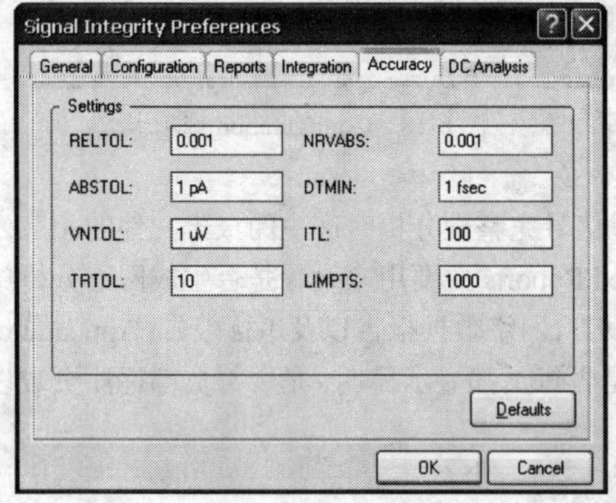

图 8-21 Accuracy 选项卡

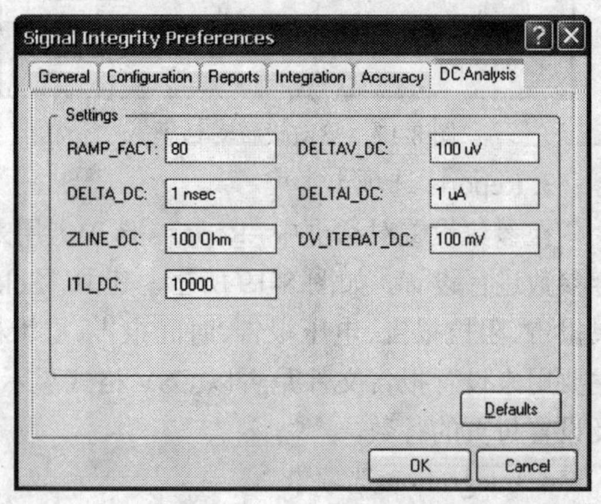

图 8-22 DC Analysis 选项卡

8.3.4 信号完整性分析的运行

在图 8-16 所示的信号完整性分析设置对话框中选择网络 RXC，然后单击按钮将选中的网络 RXC 添加到右侧的列表框中，这时用户可以看到网络 RXC 出现在分析网络列表框中，同时与网络 RXC 相关的元件引脚出现在元件引脚列表框中，它们分别是元件 U7 的引脚 11 和元件 U1 的引脚 41。对于信号完整性分析设置对话框中的其他设置和参数设置对话框的参数设置，用户一般不需要进行修改，只需要采用系统的默认值即可。

完成上面的相应设置后，用户单击 OK 按钮，这时 Protel DXP 将会运行相应的信号完整性分析进程。经过一段时间后，系统将会生成相应网络节点的分析仿真波形和仿真文本文件，它们的扩展名分别为.sdf 和.in，同时仿真波形将会自动出现在相应的波形分析窗口中，如图 8-23 所示。

在图 8-23 所示的波形分析窗口中，仿真波形给出了网络节点 RXC_U7.11 和 RXC_U1.41 的波形曲线，其中节点 RXC_U7.11 是传输线发送端的波形，而节点 RXC_U1.41 则是传输线接收端的波形。可见，由于 PCB 中网络走线长度较大，经过传输线传输后的节点 RXC_U1.41

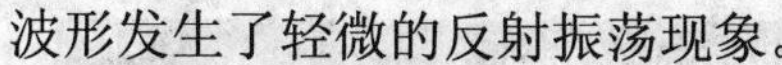

波形发生了轻微的反射振荡现象。

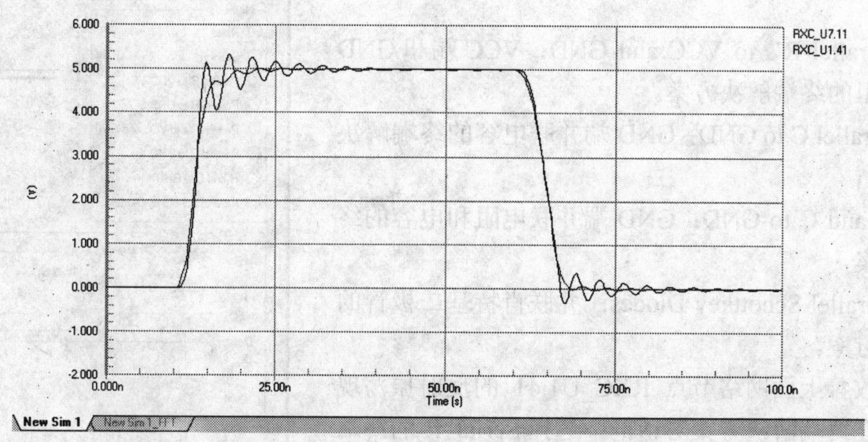

图 8-23　网络 RXC 的信号完整性分析波形

如果用户想要查看相应的信号完整性分析数据，那么这时只需要在仿真数据工作面板（SimDatapanel）右上角的 Waveforms 列表框中选中需要查看的网络节点，则 Waveform Measurements 列表框中将会给出相应的节点分析数据。网络 RXC 的节点 RXC_U7.11 和 RXC_U1.41 的分析数据如图 8-24 所示。

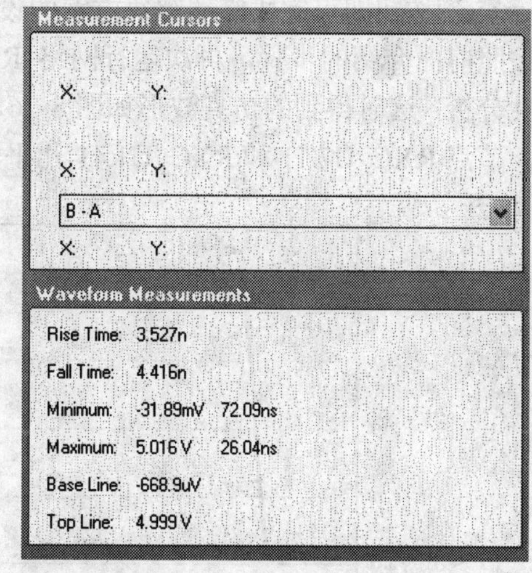

图 8-24　节点 RXC_U7.11 和 RXC_U1.41 的分析数据

同样，用户也可以在信号完整性的波形分析窗口中对相应的仿真波形进行管理操作，它的具体管理操作与原理图仿真中的仿真波形管理操作十分类似，读者可以参考第 5 章中的相关介绍，这里就不再赘述了。

8.3.5　终端解决方案

在信号完整性分析的过程中，用户需要对反射比较严重的网络重新进行布线，甚至是重新布局，这样将会大大提高用户的工作量，从而影响设计效率。基于这一点，Protel DXP 为用户提供了一系列的终端解决方案，目的是使用户在不进行走线修改的情况下能够降低反射，改善波形。

在图 8-16 所示的信号完整性分析设置对话框中，单击 Term. Advisor 按钮，这时系统将会弹出一个终端解决方案对话框，如图 8-25 所示。可以看出，系统为用户提供了 8 种终端解决方案，具体解决方案的含义如下：

1）None：不采用终端解决方案。

2）Serial R：串联电阻的终端解决方案。

3）Parallel R to VCC：VCC 端并联电阻的终端解决方案。

4）Parallel R to GND：GND 端并联电阻的终端解决方案。

5）Parallel R's to VCC and GND：VCC 端和 GND 端并联电阻的终端解决方案。

6）Parallel C to GND：GND 端并联电容的终端解决方案。

7）R and C to GND：GND 端并联电阻和电容的终端解决方案。

8）Parallel Schottkey Diodes：并联肖特基二极管的终端解决方案。

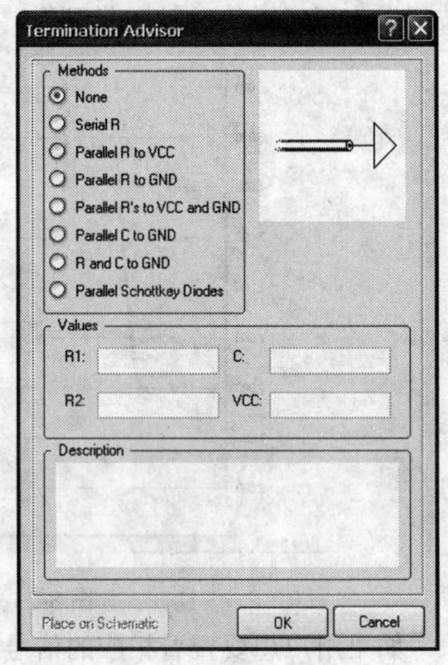

图 8-25 终端解决方案对话框

为了改善上面网络节点 RXC_U1.41 的反射振荡现象，可以在终端解决方案对话框中选择 Serial R 的终端解决方案，同时在下面的阻值对话框中输入 75Ω，然后单击 OK 按钮即可完成终端解决方案的设置操作。接下来按照前面介绍的步骤，再次运行网络 RXC 的信号完整性分析，这时得到的仿真波形如图 8-26 所示。可以看出，节点 RXC_U7.11 和 RXC_U1.41 几乎完全相同，降低了 RXC_U1.41 的反射振荡。

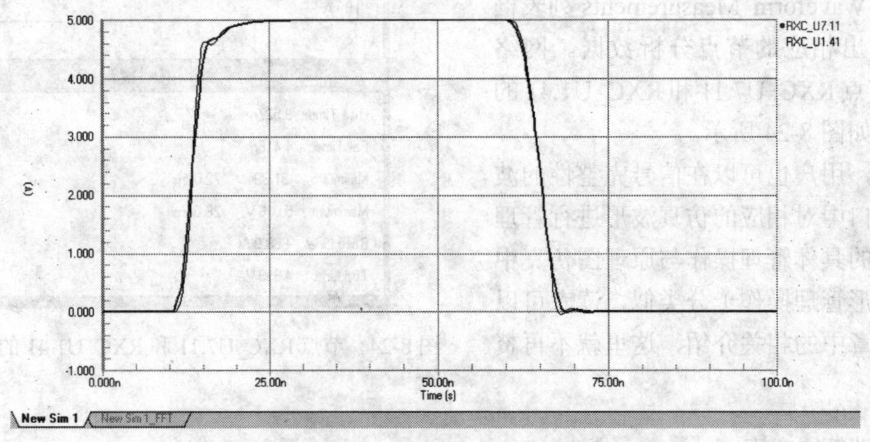

图 8-26 添加 Serial R 后的信号完整性分析波形

第 9 章　创建元件集成库

9.1　创建元件的原理图库

通常，Protel DXP 集成开发环境会将电路设计中常用元件的原理图和 PCB 封装保存在相应的元件库中，目的是方便用户在具体的电路设计中使用它们。由于 Protel DXP 为用户提供了多达 45 个芯片制造厂商的 847 个元件库，而且允许用户到公司的官方网站上下载新增加的元件库，因此这些元件库基本上能够满足用户的设计要求。

但是随着电子技术的日新月异，芯片制造厂商新产品的不断出现，某些情况下用户将无法从 Protel DXP 的元件库中找到相应的元件原理图或者 PCB 封装，这时用户需要自行创建新的元件原理图库和元件 PCB 封装库。

由于 Protel DXP 提出了元件集成库的概念，因此 Protel DXP 中经常使用的种类增加为 3 类，分别是元件原理图库（*.SchLib）、元件 PCB 封装库（*.PcbLib）和元件集成库（*.IntLib），因此掌握这 3 种元件库的创建对于用户来说是十分重要的。下面将对 Protel DXP 中的这 3 种元件库的创建进行介绍，本节先来介绍元件原理图库的创建。

9.1.1　启动元件原理图编辑器

在 Protel DXP 中，元件原理图编辑器的功能是用来创建、编辑和管理元件原理图库文件以及库文件中的元件原理图。与原理图设计系统中的原理图编辑器类似，元件原理图编辑器使用同样的放置对象方法和编辑方法，不同之处在于元件原理图编辑器多了引脚对象用来完成元件所特有的引脚编辑功能。

一般情况下，用户进入到 Protel DXP 中并不会自动启动元件原理图编辑器，因此用户需要采用一定的方法来启动相应的元件原理图编辑器。通常，Protel DXP 为用户提供了 3 种启动方法：一种是通过打开现有的元件原理图库来启动编辑器；第 2 种是通过打开现有的元件集成库来启动编辑器；还有一种是通过建立新的元件原理图库来启动相应的编辑器。可以看出，前面两种启动编辑器的方法基本类似，因此这里只介绍第 2 种方法和第 3 种启动元件原理图编辑器的方法。

1. 通过打开元件集成库来启动编辑器

在 Protel DXP 中，首先执行菜单命令【File】→【Open】，这时系统将会弹出一个打开文件选择对话框；然后在弹出的文件选择对话框中，选择元件集成库文件 Miscellaneous Devices.IntLib 后，单击 打开(O) 按钮，这时系统将会弹出一个相应的信息对话框，用来给出相应的提示信息，如图 9-1 所示。

图 9-1　信息对话框

在图 9-1 所示的信息对话框中，单击 Yes 按钮，这时的项目工作面板中将会出现一个元件原理图库文件 Miscellaneous Devices.SchLib，然后打开这个元件原理图库文件，这样在打开元件原理图库文件的同时将会启动相应的元件原理图编辑器，这时的设计窗口如图 9-2 所示。

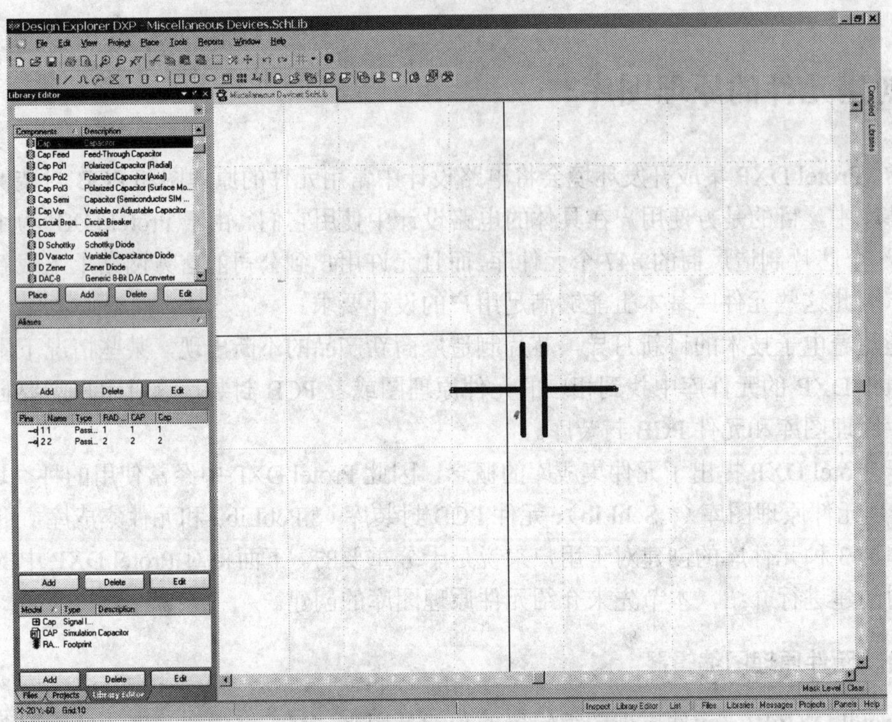

图 9-2　打开元件集成库启动元件原理图编辑器

可以看出，元件原理图编辑器启动后，菜单栏、工具栏和标签栏等都进行了扩展，作用是提供给用户大量元件原理图编辑时所采用的菜单命令、工具图标和标签栏。

2. 通过新建元件原理图库来启动编辑器

在 Protel DXP 中，首先执行菜单命令【File】→【New】→【Schematic Library】，这时一个名称为“Schlib1.SchLib”的空白元件原理图库文件将会出现在设计窗口，同时将会自动启动元件原理图编辑器，这时的项目工作面板如图 9-3 所示。

图 9-3　新建原理图库的项目工作面板

接下来执行菜单命令【File】→【Save】，将新建的元件原理图库文件保存在系统默认的文件夹 Examples 下，文件命名为“Myschlib”。保存完新建的元件原理图库文件后，这时的项目工作面板如图 9-4 所示。另外，元件原理图库文件添加到项目文件或者项目组文件中的操作方法与普通原理图文件是完全相同的，这里就不进行介绍了。

9.1.2　创建元件原理图的工具栏

在 Protel DXP 的元件原理图编辑器中，系统为用户提供了丰富的工具栏，这些工具栏提供的工具将会大大方便用户的设计工作。元件原理图编辑器为用户提供了 4 种工具栏，分别是 Project 工具栏、Sch Lib Drawing 工具栏、Sch Lib IEEE 工具栏和 Sch Lib Standard 工具栏。

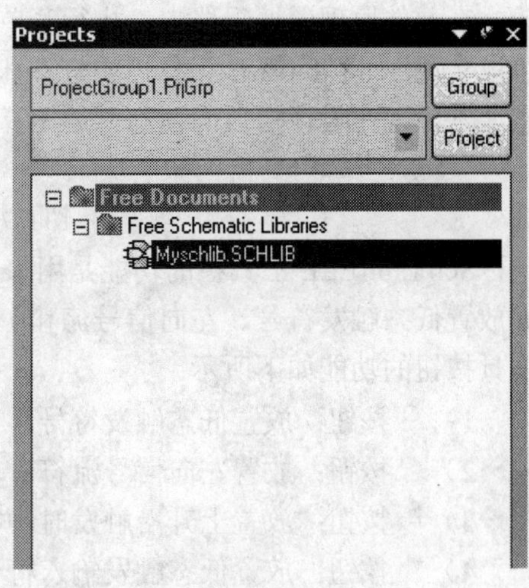

图 9-4　保存原理图库的项目工作面板

通常，元件原理图编辑器提供的工具栏并不总是处于显示状态，用户只是将常用的工具栏设为显示状态，而将不经常使用的工具栏关闭，只有在使用它们的时候才将其设为显示状态。在 Protel DXP 中，用来打开和关闭相应工具栏的命令集成在【View】→【Toolbars】中，用户只要选择其中的菜单选项即可打开相应的工具栏。

1. Project 工具栏

在元件原理图编辑器中，执行相应的菜单命令【View】→【Toolbars】→【Project】，就可以实现 Project 工具栏的打开和关闭操作。执行打开 Project 工具栏的操作后，它通常出现在设计窗口的顶部，如图 9-5 所示。

图 9-5　Project 工具栏

Project 工具栏的功能是用来对 Protel DXP 中的设计项目进行相应的操作，例如设计项目的建立、编译和添加等操作。由于 Project 工具栏中的按钮功能与前面原理图设计系统和 PCB 设计系统是完全相同的，这里就不进行介绍了。

2. Sch Lib Drawing 工具栏

在元件原理图编辑器中，执行菜单命令【View】→【Toolbars】→【Sch Lib Drawing】，就可以实现 Sch Lib Drawing 工具栏的打开和关闭操作。执行打开 Sch Lib Drawing 工具栏的操作后，它通常出现在设计窗口的顶部，如图 9-6 所示。

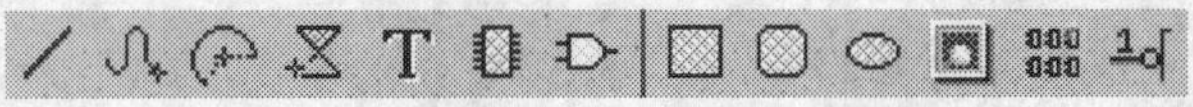

图 9-6　Sch Lib Drawing 工具栏

Sch Lib Drawing 工具栏的功能是用来在相应的元件原理图文件中执行放置操作，例如放置直线、贝塞尔曲线和圆弧等。由于上面大部分工具按钮的功能在前面的章节中已经介绍过了，因此这里只给出部分工具按钮的功能。

1）按钮：建立一个新元件。

2）按钮：添加元件部件。

3）按钮：放置元件引脚。

3. Sch Lib IEEE 工具栏

在元件原理图编辑器中，执行菜单命令【View】→【Toolbars】→【Sch Lib IEEE】，就可以实现 Sch Lib IEEE 工具栏的打开和关闭操作。执行打开 Sch Lib IEEE 工具栏的操作后，它通常出现在设计窗口的顶部，如图 9-7 所示。

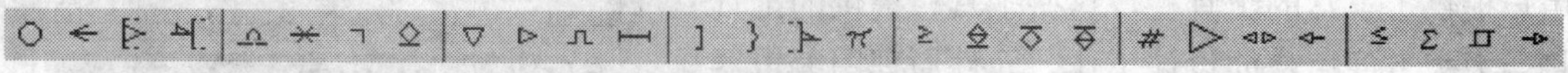

图 9-7 Sch Lib IEEE 工具栏

Sch Lib IEEE 工具栏的功能是用来在相应的元件原理图文件中放置相应的 IEEE 符号，例如放置低态触发符号、左向信号流和上升沿触发时钟信号等。Sch Lib IEEE 工具栏中的各个工具按钮的功能如下所示：

1）按钮：放置低态触发符号。
2）按钮：放置左向信号流符号。
3）按钮：放置上升沿触发时钟符号。
4）按钮：放置低态触发输入符号。
5）按钮：放置模拟信号输入符号。
6）按钮：放置无逻辑连接符号。
7）按钮：放置具有暂缓性输出的符号。
8）按钮：放置具有开集极输出的符号。
9）按钮：放置高阻抗状态符号。
10）按钮：放置高输出电路符号。
11）按钮：放置脉冲符号。
12）按钮：放置延时符号。
13）按钮：放置多条 I/O 线的组合符号。
14）按钮：放置多位二进制的组合符号。
15）按钮：放置低态触发输出的符号。
16）按钮：放置π符号。
17）按钮：放置大于等于符号。
18）按钮：放置具有上拉电阻的开集极输出符号。
19）按钮：放置开射极输出的符号。
20）按钮：放置具有下拉电阻的开射极输出符号。
21）按钮：放置数字输入符号。
22）按钮：放置反相器符号。
23）按钮：放置双向 I/O 符号。
24）按钮：放置数据左移符号。
25）按钮：放置小于等于符号。
26）按钮：放置Σ符号。
27）按钮：放置具有施密特触发的输入特性符号。
28）按钮：放置数据右移符号。

4. Sch Lib Standard 工具栏

在元件原理图编辑器中，执行菜单命令【View】→【Toolbars】→【Sch Lib Standard】，就可以实现 Sch Lib Standard 工具栏的打开和关闭操作。执行打开 Sch Lib Standard 工具栏的操作后，它通常出现在设计窗口的顶部，如图 9-8 所示。

图 9-8　Sch Lib Standard 工具栏

Sch Lib Standard 工具栏的功能是用来对相应的元件原理图文件进行一些常规操作，例如文件的新建、打开和保存等操作。由于 Sch Lib Standard 工具栏的按钮功能与前面原理图设计系统和 PCB 设计系统是完全相同的，这里就不进行介绍了。

9.1.3　创建一个元件的原理图

下面我们将以一个 PLL（锁相环）元件的原理图（如图 9-9 所示）创建为例，重点介绍创建一个元件原理图的具体操作步骤和操作方法。通过这个小例子，希望读者能够掌握创建一个元件原理图的相关知识。

1）如果用户要在一个打开的元件原理图库文件中创建新的元件原理图，那么只需要执行相应的菜单命令【Tools】→【New Component】即可；如果用户想要在刚刚建立的元件原理图库中创建新的元件原理图，那么只需要采用在新建元件原理图库的过程中自动建立的新元件 Component_1 即可。由于这里将在前面建立的元件原理图库 Myschlib.SCHLIB 中创建新的元件原理图，因此可以直接采用自动建立的新元件 Component_1。

2）在元件原理图编辑器中，选中库文件编辑工作面板中的新元件 Component_1，然后执行菜单命令【Tools】→【Rename Component】，这时系统会弹出一个命名新元件对话框，如图 9-10 所示。在相应的对话框中，输入新建元件的名称为 PLL，然后单击  OK 按钮即可完成一个新元件的命名操作。

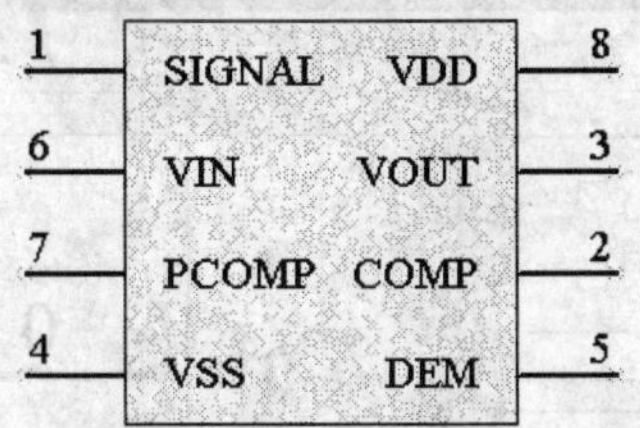

图 9-9　PLL 原理图

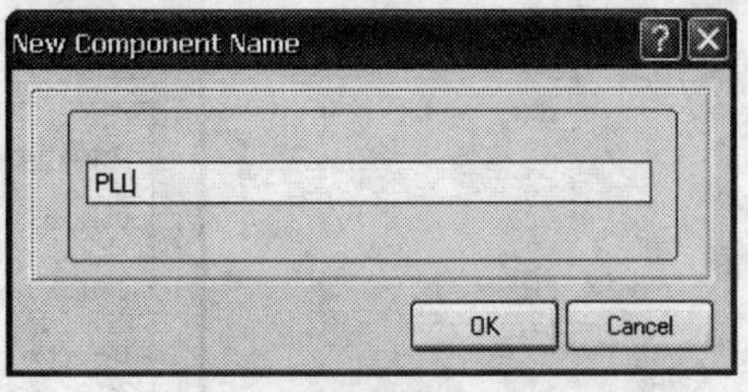

图 9-10　命名新元件对话框

3）在 Protel DXP 中，元件的参考点是放置元件时光标所能获取元件的位置，这个参考点通常默认为系统图纸的绝对原点。为了放置元件时能够准确获取元件，用户通常应该将创建的元件建立在参考点的附近。一般来说，Protel DXP 提供的元件原理图都是建立在图纸中心的十字交叉线的右下方。在原理图编辑器中，执行菜单命令【Edit】→【Jump】→【Origin】，系统将使鼠标光标指向图纸的中心点，同时会将设计图纸放置在相应设计窗口的中心位置。

4）接下来执行菜单命令【Tools】→【Document Options】，这时系统将会弹出相应的库文件编辑器文档选项对话框，如图 9-11 所示。

可以看出，库文件编辑器文档选项对话框中各个设置参数的含义比较简单，这里就不进行介绍了。在这个对话框中，选中 Snap 复选框并在后面的输入栏中输入 1，表示将捕获栅格设置为 1mil；选中 Visible 复选框并在后面的输入栏中输入 10，表示将可视栅格设置为 10mil；

其他参数设置采用默认设置，单击 OK 按钮即可完成相应的设置。

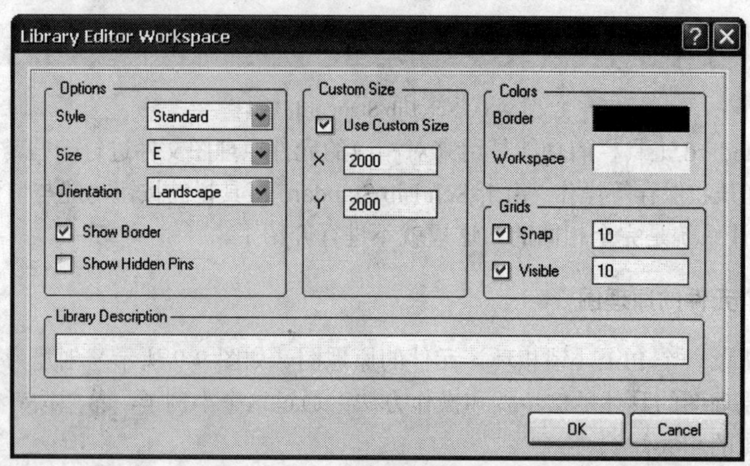

图 9-11 库文件编辑器文档选项对话框

5）执行菜单命令【Place】→【Rectangle】或单击绘图工具栏中的按钮或者按下 Alt+P+R 快捷键，这时系统将会进入到放置矩形的命令状态，可见鼠标光标将会变成十字光标；然后移动鼠标光标到设计图纸上放置相应的矩形，从而完成 PLL 元件原理图边框的具体放置操作。放置后的元件原理图边框如图 9-12 所示。

6）执行菜单命令【Place】→【Pin】或单击绘图工具栏中的按钮或者按下 Alt+P+P 快捷键，这时系统将会处于放置元件引脚的命令状态，可见鼠标光标将会变成十字光标；同时，一个带有标号的引脚虚线框将会悬浮在鼠标光标上，这时按下 Tab 键即可弹出相应的元件引脚属性对话框，如图 9-13 所示。可以看出，对话框中包括如下设置：

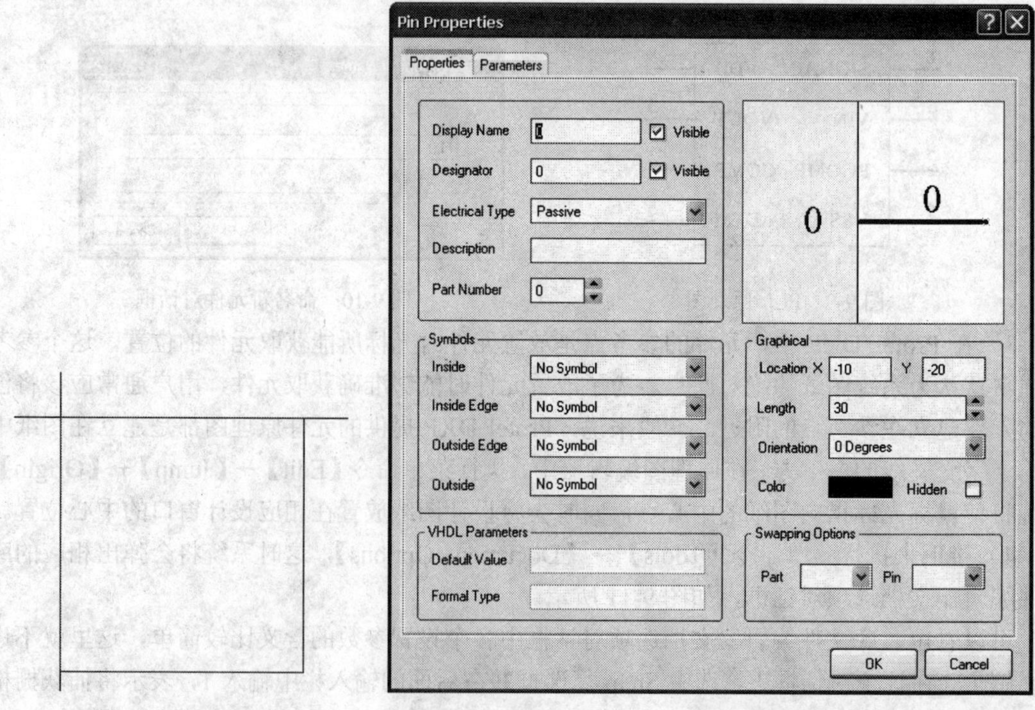

图 9-12 原理图边框　　图 9-13 元件引脚属性对话框

Display Name：设置元件引脚的名称。

Designator：设置元件引脚的序号。

Electrical Type：设置元件引脚的电气类型。系统在下拉列表框中为用户提供了 10 种不同的电气类型，用来满足原理图绘制的需要。

Description：设置元件引脚的简单描述信息。

Part Number：设置元件的部件编号。

Inside、Inside Edge、Outside Edge、Outside：设置添加 IEEE 符号的元件引脚位置，系统只为用户提供了 4 种位置。

Default Value：设置 VHDL 参数中的默认值。

Formal Type：设置所属 VHDL 中的类型值。

Location X，Y：设置元件引脚起点的坐标。

Length：设置元件引脚的具体长度。

Orientation：设置元件引脚的放置方向。系统为用户提供了 4 种放置方向，分别是 0°、90°、180° 和 270°。

Color：设置元件引脚的具体颜色，可以打开相应的颜色选择框进行选择。

Hidden：设置是否隐藏元件引脚。

Part：设置多部件元件中元件引脚所在的部件。

Pin：设置元件引脚在多部件元件中的编号。

7）在图 9-13 所示的元件引脚属性对话框中，对需要放置的元件引脚 1 进行符合用户要求的设置，设置的结果如图 9-14 所示。进行完相应的元件引脚参数设置后，单击右下角的 OK 按钮即可完成引脚属性的设置工作。

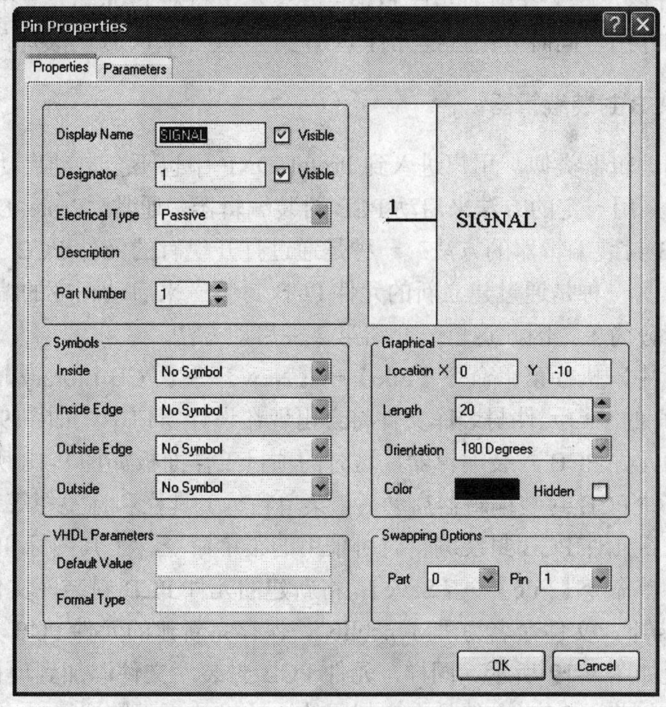

图 9-14　元件引脚 1 的属性设置

8）接下来移动鼠标光标到元件原理图中需要放置引脚的地方，单击鼠标左键即可完成元件 PLL 的引脚 1 的放置工作，如图 9-15 所示。可以看出，放置的元件引脚名称为 SIGNAL，引脚序号为 1。

9）重复前面放置元件引脚的操作，完成元件 PLL 其他 7 个引脚的放置操作。放置工作完成后的元件原理图如图 9-16 所示。执行菜单命令【File】→【Save】进行元件原理图的保存工作，这样就完成了元件 PLL 原理图的全部创建工作。

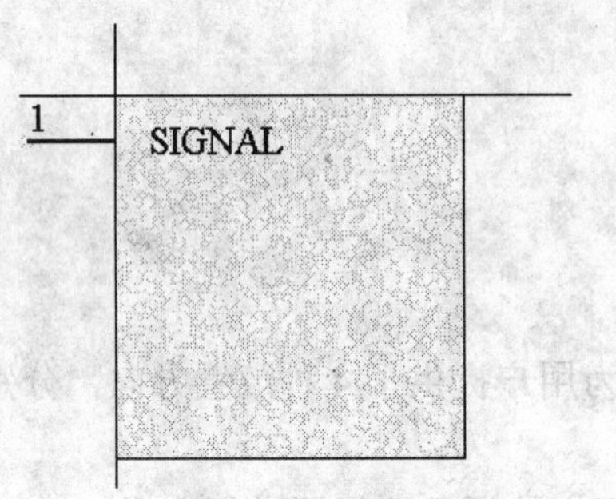

图 9-15 放置引脚 1 后的元件 PLL

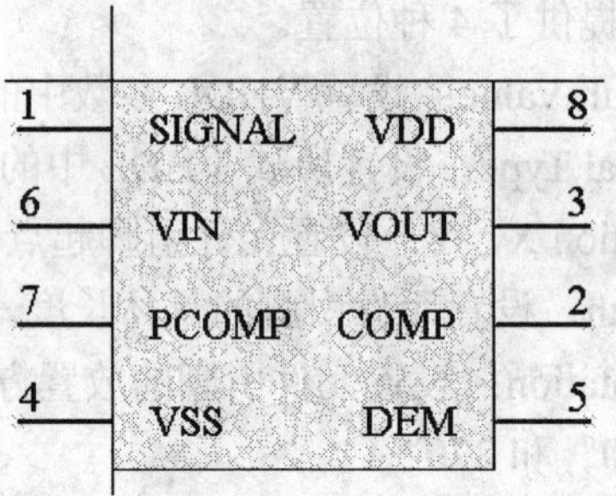

图 9-16 放置全部引脚后的元件 PLL

9.2 创建元件的 PCB 封装库

与创建元件原理图库类似，Protel DXP 为用户提供了对应的 PCB 封装编辑器来进行元件 PCB 封装的创建操作。在 Protel DXP 中，PCB 封装编辑器的功能是用来创建、编辑和管理元件 PCB 封装库文件以及库文件中的元件 PCB 封装。本节将对 Protel DXP 中的 PCB 封装编辑器进行比较详细的介绍，同时介绍创建元件 PCB 封装和元件 PCB 封装库的方法。

9.2.1 启动元件 PCB 封装编辑器

与元件原理图编辑器类似，用户进入到 Protel DXP 中也不会自动启动所需的 PCB 封装编辑器，同样需要采用一定的方法来启动 PCB 封装编辑器。通常，Protel DXP 为用户提供了两种启动元件 PCB 封装编辑器的方法：一种是通过打开现有的元件 PCB 封装库来启动元件 PCB 封装编辑器；另一种是通过建立新的元件 PCB 封装库来启动相应的编辑器。可以看出，第 1 种启动方法十分简单，因此这里只介绍第 2 种启动方法。

在 Protel DXP 中，执行菜单命令【File】→【New】→【PCB Library】，这时一个名称为“PcbLib1.PcbLib”的空白元件封装库文件将会出现在设计窗口中，如图 9-17 所示。同时，系统将会自动启动元件 PCB 封装编辑器，这时的项目工作面板如图 9-18 所示。

可以看出，元件 PCB 封装编辑器启动后，菜单栏、工具栏和标签栏等都进行了扩展，作用是提供给用户大量元件 PCB 封装编辑时所采用的菜单命令、工具图标和标签栏。

接下来执行菜单命令【File】→【Save】，将新建的元件 PCB 封装库文件保存在系统默认的文件夹 Examples 下，文件命名为“Mypcblib”。保存完新建的元件 PCB 封装库文件后，这时的项目工作面板如图 9-19 所示。同样，元件 PCB 封装库文件添加到项目文件或者项目组文件中的操作方法与普通 PCB 文件是完全相同的，这里就不再赘述了。

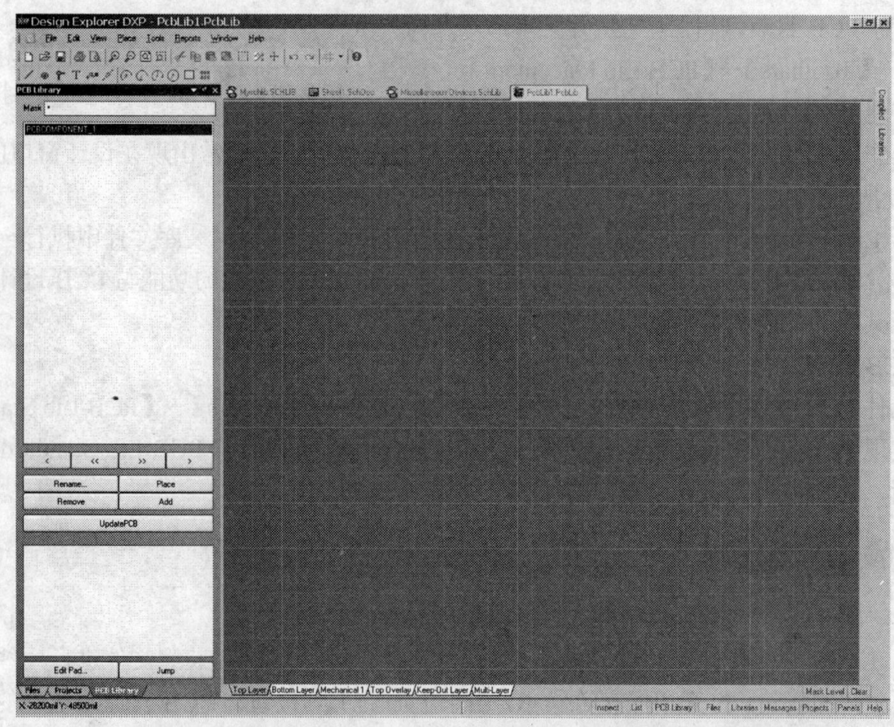

图 9-17　通过新建元件 PCB 封装库启动元件 PCB 封装编辑器

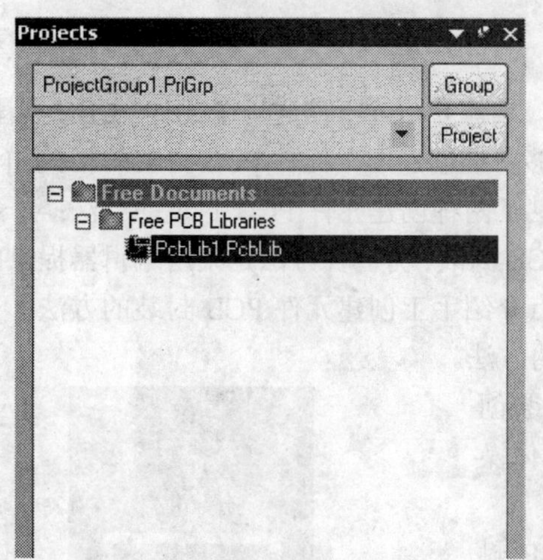

图 9-18　新建 PCB 封装库的项目工作面板

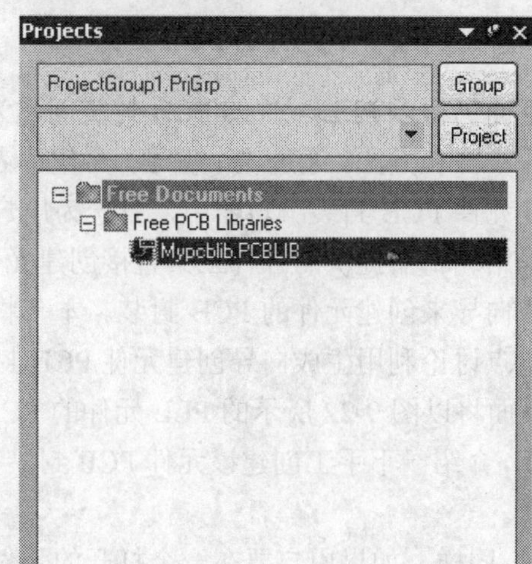

图 9-19　保存 PCB 封装库的项目工作面板

9.2.2　创建元件 PCB 封装的工具栏

在 Protel DXP 的元件 PCB 封装编辑器中，系统只为用户提供了两种工具栏，分别是 PCB Lib Placement 工具栏和 PCB Lib Standard 工具栏。可以看出，元件 PCB 封装编辑器中的工具栏要比元件原理图编辑器的工具栏简单得多。与元件原理图编辑器类似，Protel DXP 中用来打开和关闭相应工具栏的命令集成在【View】→【Toolbars】中，用户只要选择其中的菜单选项即可打开相应的工具栏。

1. PCB Lib Placement 工具栏

在元件 PCB 封装编辑器中，执行菜单命令【View】→【Toolbars】→【PCB Lib Placement】，就可以实现 PCB Lib Placement 工具栏的打开和关闭操作。执行打开 PCB Lib Placement 工具栏的操作后，它通常出现在设计窗口的顶部，如图 9-20 所示。

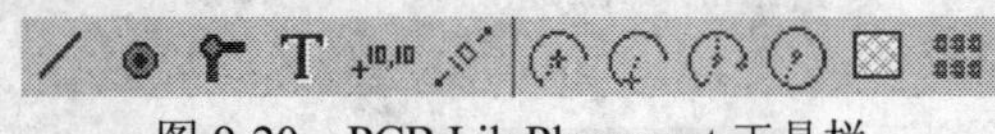

图 9-20 PCB Lib Placement 工具栏

PCB Lib Placement 工具栏的功能是用来在相应的元件 PCB 封装库文件中执行一定的放置操作，例如放置直线、焊盘和过孔等。由于上面大部分工具按钮的功能与 PCB 设计系统中的放置工具栏的功能基本相同，这里就不进行介绍了。

2. PCB Lib Standard 工具栏

在元件 PCB 封装编辑器中，执行菜单命令【View】→【Toolbars】→【PCB Lib Standard】，就可以实现 PCB Lib Standard 工具栏的打开和关闭操作。执行打开 PCB Lib Standard 工具栏的操作后，它通常出现在设计窗口的顶部，如图 9-21 所示。

图 9-21 PCB Lib Standard 工具栏

PCB Lib Standard 工具栏的功能是用来对相应的元件 PCB 封装库文件进行一些常规操作，例如文件的新建、打开和保存等操作。由于上面的工具按钮与 PCB 设计系统中的标准工具栏的按钮功能完全相同，这里就不进行介绍了。

9.2.3 手工创建一个元件的 PCB 封装

下面仍将以 PLL 元件的 PCB 封装创建为例，具体介绍一下创建一个元件 PCB 封装的具体操作步骤和方法。通过这个例子，希望读者能够掌握创建一个元件 PCB 封装的相关知识内容。在元件 PCB 封装编辑器中，系统为用户提供了两种创建元件 PCB 封装的方法：一种是直接采用编辑器提供的各种工具直接创建元件 PCB 封装；另一种方法是采用编辑器提供的元件生成向导来创建元件的 PCB 封装。本节将重点介绍手工创建元件 PCB 封装的方法，下一节将重点讨论利用生成向导创建元件 PCB 封装的方法。

下面将以图 9-22 所示的 PLL 元件的 PCB 封装创建为例，介绍一下手工创建该元件 PCB 封装的具体操作步骤。

1）同样，如果用户要在一个打开的元件 PCB 封装库文件中创建新的元件 PCB 封装，那么只需要执行相应的菜单命令【Tools】→【New Component】即可；如果用户想要在刚刚建立的元件 PCB 封装库中创建新的元件 PCB 封装，那么只需要采用在新建元件 PCB 封装库的过程中自动建立的新元件 PCBCOMPONENT_1 即可。由于这里将在前面建立的元件 PCB 封装库 Mypcblib.PCBLIB 中创建新的元件 PCB 封装，因此下面可以直接采用自动建立的新元件 PCBCOMPONENT_1 来进行 PCB 封装的创建操作。

图 9-22 PLL 元件的 PCB 封装

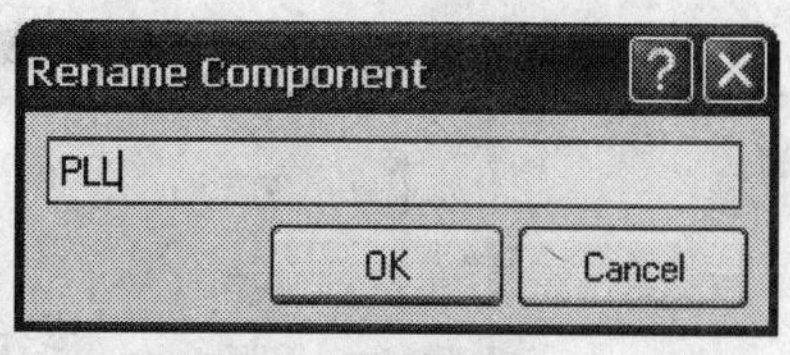

图 9-23　命名新元件对话框

2）在库文件编辑工作面板中，选中自动建立的新元件 PCBCOMPONENT_1，然后执行菜单命令【Tools】→【Rename Component】，或者单击鼠标右键，然后在弹出的下拉菜单中选择 Rename Component 选项，这时系统将会弹出一个命名新元件对话框，如图 9-23 所示。在上面的命名对话框中，输入新建元件 PCB 封装的名称为 PLL，然后单击 OK 按钮即可完成一个新建元件 PCB 封装的命名。

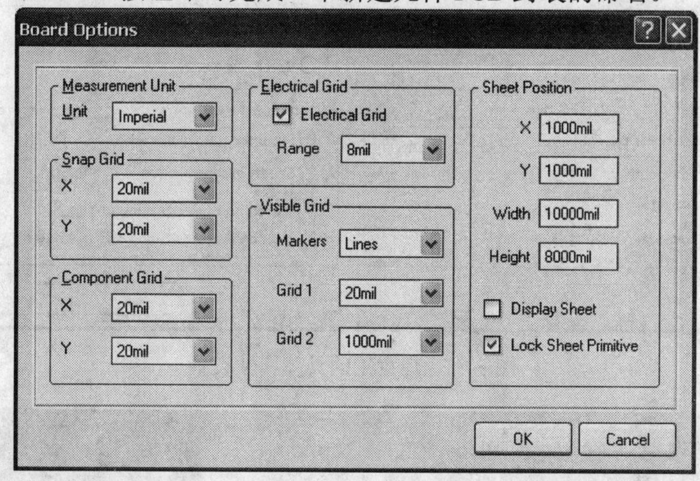

图 9-24　PCB 选项对话框

3）执行菜单命令【Tools】→【Library Options】，这时系统将会弹出一个 PCB 选项对话框，如图 9-24 所示。可以看出，PCB 选项对话框主要包括度量单位、捕获栅格、元件栅格、电气栅格、可视栅格和 PCB 图纸位置等设置。由于 PCB 选项对话框中的具体参数设置与 PCB 设计系统中对应 PCB 选项对话框的参数设置完全一样，这里就不进行介绍了。度量单位采用米制，然后单击 OK 按钮即可完成设置操作。

4）在 PCB 设计的过程中，元件通常都建立在顶层工作层面上，有时候也会建立在底层工作层面上。由于利用 Protel DXP 的相应放置操作可以方便地将元件转到底层上，因此用户创建元件 PCB 封装时通常将其创建在顶层上。在设计窗口中，单击设计窗口下部的相应顶层工作标签，作用是将顶层作为当前的工作层面。

5）执行菜单命令【Place】→【Pad】或单击放置工具栏中的按钮或者按下 Alt+P+P 快捷键，这时系统将会进入到放置焊盘的命令状态，可见鼠标光标将会变成十字光标。同时，将有一个焊盘的虚线框悬浮在光标上，这时按下 Tab 键即可弹出一个相应的焊盘属性设置对话框。在属性对话框中对焊盘 1 的属性进行相应的设置，设置完成后的焊盘属性设置对话框如图 9-25 所示，然后单击右下角的 OK 按钮即可完成焊盘 1 的属性设置工作。

6）移动鼠标光标到设计窗口中需要放置焊盘 1 的合适位置，单击鼠标左键即可完成元件 PLL 的焊盘 1 的放置工作，如图 9-26 所示。重复前面放置焊盘的具体操作，完成 PLL 元件其他 7 个焊盘的放置操作，放置工作完成后的设计窗口如图 9-27 所示。

7）在 PCB 设计的过程中，元件封装的外观轮廓通常位于顶层丝印层上，因此创建元件 PCB 封装外观轮廓的工作应该在顶层丝印层上进行。在设计窗口中，单击设计窗口下部的相应顶层丝印层标签，作用是将顶层丝印层作为当前的工作层面。

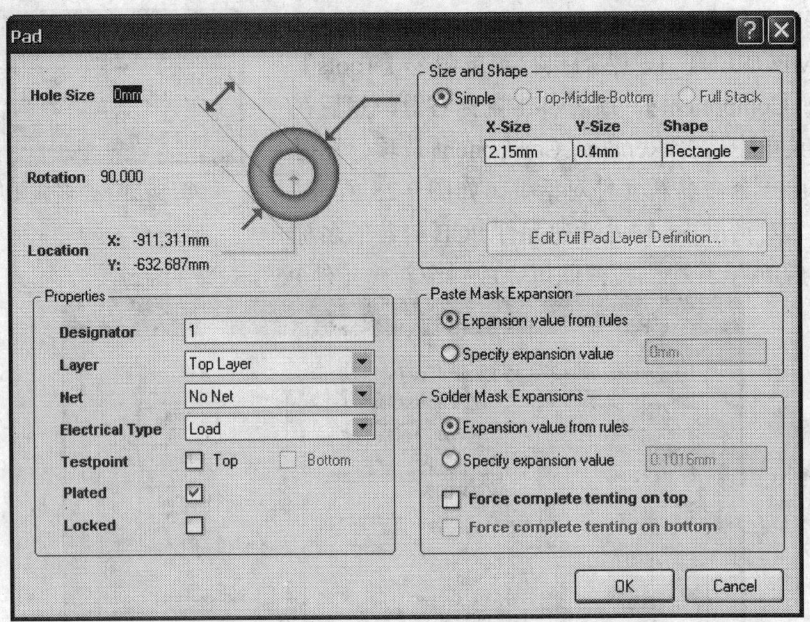

图 9-25　焊盘 1 的具体属性设置

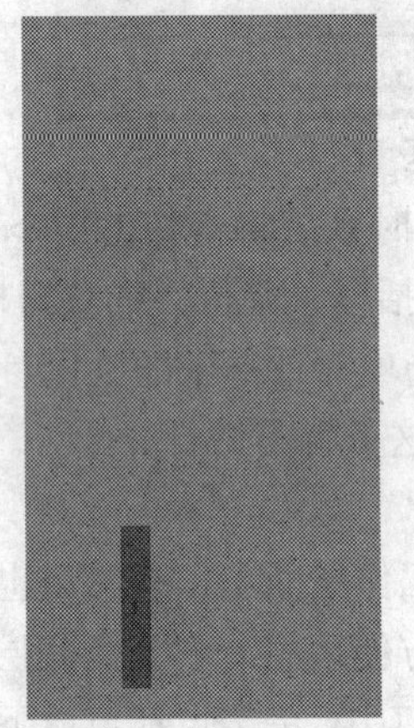

图 9-26　放置焊盘 1 后的设计窗口

图 9-27　放置全部焊盘后的设计窗口

8）执行菜单命令【Place】→【Line】或单击放置工具栏中的按钮或者按下 Alt+P+L 快捷键，这时系统将会进入到放置直线的命令状态，可见鼠标光标将会变成十字光标，这时按下 Tab 键即可弹出一个相应的直线属性设置对话框。在属性对话框中对放置的直线进行相应的属性设置，设置完成后的直线属性设置对话框如图 9-28 所示。移动鼠标光标到设计窗口中需要放置元件外观轮廓的合适位置，进行放置直线的具体操作，完成直线放置后的设计窗口如图 9-29 所示。

9）执行菜单命令【Place】→【Arc（Any Angle）】或单击放置工具栏中的按钮或者按下 Alt+P+N，这时系统将会进入到放置圆弧的命令状态，可见鼠标光标将会变成十字光标，这时按下 Tab 键即可弹出一个相应的圆弧属性设置对话框。在属性对话框中对放置的圆弧进行相应的属性设置，设置完毕后的对话框如图 9-30 所示。移动鼠标光标到设计窗口中元件外观轮廓的缺口处，进行放置圆弧的具体操作，这时的设计窗口如图 9-31 所示。

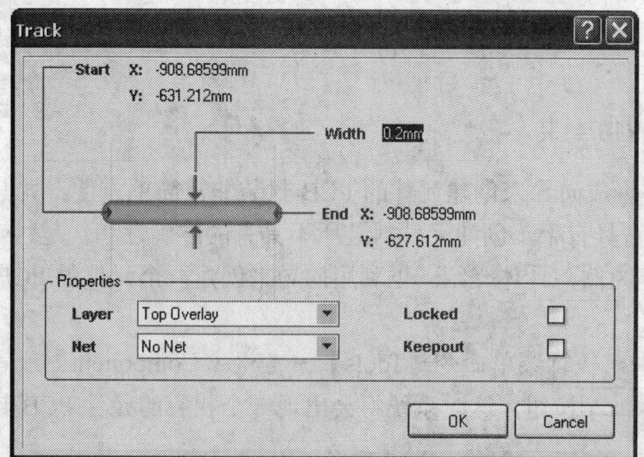

图 9-28　直线的具体属性设置

图 9-29　放置直线后的设计窗口

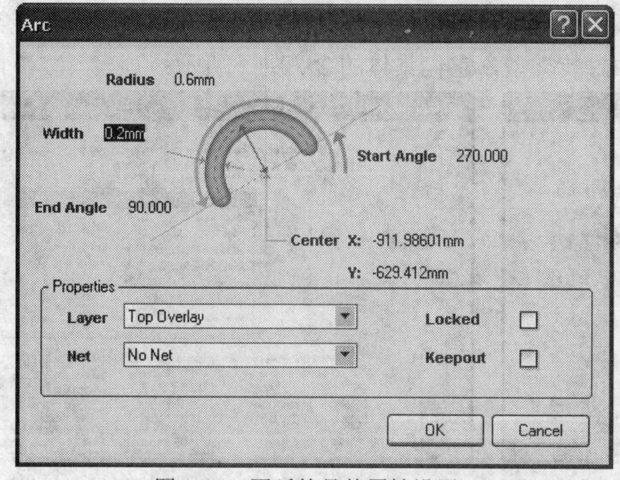

图 9-30　圆弧的具体属性设置

图 9-31　放置圆弧后的设计窗口

10）继续执行放置圆弧的命令，这时圆弧属性设置对话框的具体属性设置如图 9-32 所示；然后将鼠标光标移动到元件焊盘 1 的左侧进行定位孔的放置操作，操作完成后的设计窗口如图 9-33 所示。

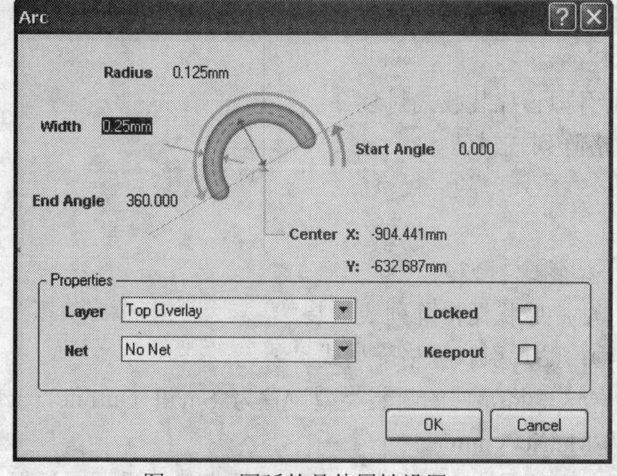

图 9-32　圆弧的具体属性设置

图 9-33　放置定位孔后的设计窗口

最后执行菜单命令【File】→【Save】进行相应的保存操作，这样就完成了 PLL 元件的 PCB 封装的手工创建工作。

9.2.4 利用向导创建一个元件的 PCB 封装

利用 Protel DXP 提供的元件生成向导来创建元件的 PCB 封装非常简单方便，尤其是在定义元件 PCB 封装尺寸的时候，它具有手工创建元件封装所不具有的准确性和优越性。下面仍将以 PLL 元件的 PCB 封装创建为例，具体介绍一下利用向导来创建一个元件的 PCB 封装的操作步骤。

1）在元件 PCB 封装编辑器中，执行菜单命令【Tools】→【New Component】或者单击库文件编辑工作面板中的 Add 按钮，这时系统将会出现一个相应的元件 PCB 封装的生成向导，如图 9-34 所示。

2）单击图 9-34 中的 Next > 按钮，这时系统将会进入到元件的 PCB 封装类型设置对话框，如图 9-35 所示。在这个设置对话框中，用户可以根据设计的需要来选择合适的封装类型。可以看出，系统为用户提供了 12 种封装类型，它们具体的含义如下所示：

图 9-34　启动的 Component Wizard 对话框

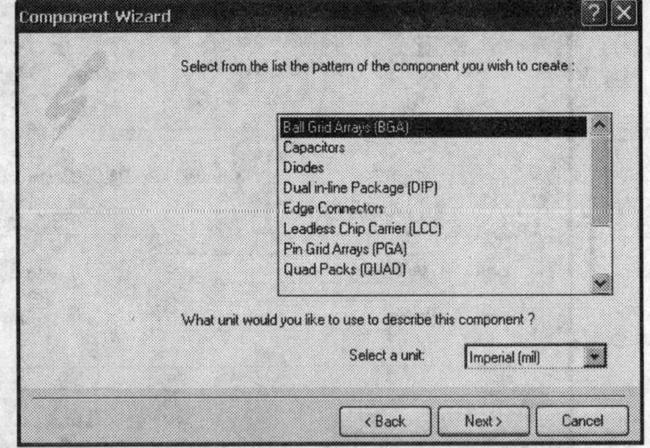

图 9-35　元件 PCB 封装类型设置对话框

Ball Grid Arrays（BGA）：球状栅格阵列式封装。

Capacitors：电容式封装。

Diodes：二极管式封装。

Dual in-line Package（DIP）：双列直插式封装。

Edge Connectors：边接插件式封装。

Leadless Chip Carrier（LCC）：无引脚芯片装载式封装。

Pin Grid Arrays（PGA）：引脚栅格阵列式封装。

Quad Packs（QUAD）：方型封装。

Resistors：电阻式封装。

Small Outline Package（SOP）：小型轮廓封装。

Staggered Grid Arrays（SBGA）：贴片球状栅格阵列式封装。

Staggered Pin Grid Arrays（SPGA）：贴片引脚栅格阵列式封装。

根据元件 PCB 封装创建的需要，这里将元件的封装类型设置为 Small Outline Package（SOP），同时将基本度量单位设置为 Metric（mm）。

3）单击图 9-35 中的 Next > 按钮，这时系统将会进入到元件的焊盘尺寸设置对话框，如

图 9-36 所示。在这个设置对话框中，用户可以根据设计的需要设置元件 PCB 封装中焊盘的具体大小。可以看出，对话框中包括两个焊盘参数的设置：一个参数用来设置焊盘的具体长度，另外一个参数用来设置焊盘的具体宽度。根据元件 PCB 封装创建的需要，这里将焊盘的长度设置为 2.15mm，宽度设置为 0.4mm。

4）单击图 9-36 中的 Next > 按钮，这时系统将会进入到元件的焊盘间距设置对话框，如图 9-37 所示。在这个设置对话框中，用户可以根据设计的需要来设置元件 PCB 封装中焊盘的间距。对话框中包括两个参数的设置：一个参数用来设置焊盘的水平间距，另一个参数用来设置焊盘的垂直间距。根据元件 PCB 封装创建的需要，这里将焊盘的水平间距设置为 6.55mm，垂直间距设置为 0.65mm。

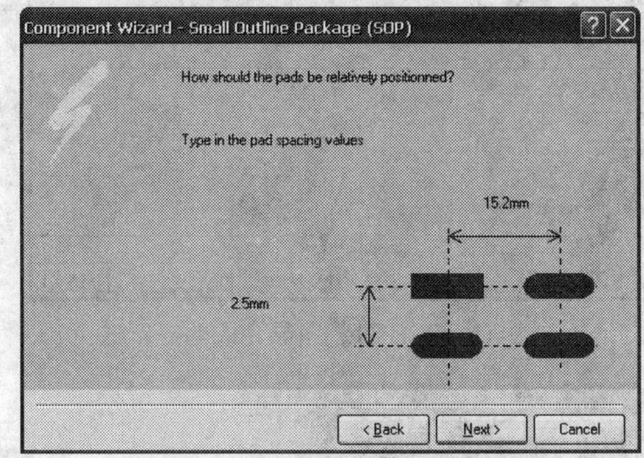

图 9-36　元件焊盘尺寸设置对话框

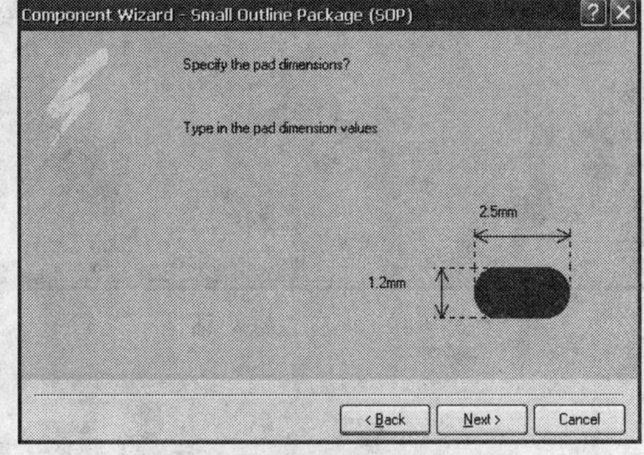

图 9-37　元件焊盘间距设置对话框

5）单击图 9-37 中的 Next > 按钮，这时系统将会进入到元件封装外观轮廓的线宽设置对话框，如图 9-38 所示。在这个设置对话框中，用户可以根据设计的需要来设置外观轮廓线的具体大小。根据设计的要求，这里将线宽设置为 0.2mm。

6）单击图 9-38 中的 Next > 按钮，这时系统将会进入到元件的焊盘数目设置对话框，如图 9-39 所示。在这个设置对话框中，用户可以根据设计的需要来设置元件 PCB 封装中的具体焊盘数目，用户既可以直接输入焊盘的具体数目，也可以通过旁边的下拉框来直接选择焊盘的具体数目。根据元件 PCB 封装创建的需要，这里将焊盘数目设置为 8。

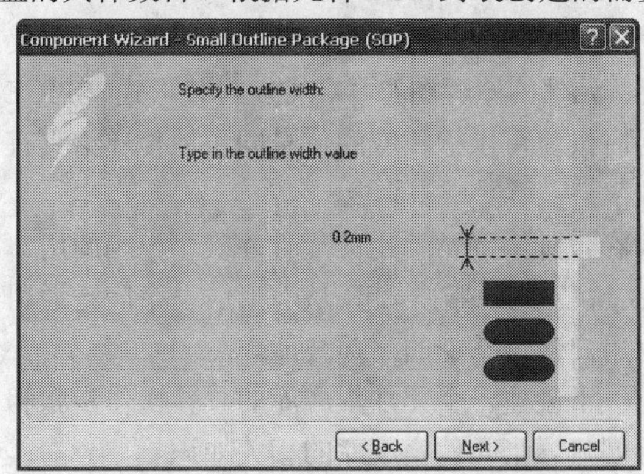

图 9-38　外观轮廓的线宽设置对话框

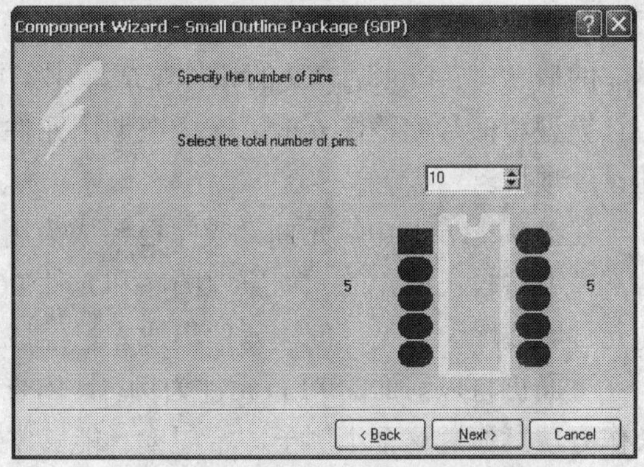

图 9-39　元件的焊盘数目设置对话框

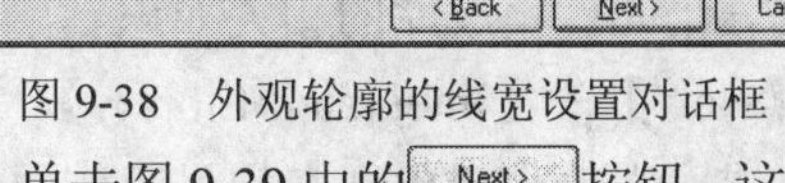

7）单击图 9-39 中的 Next > 按钮，这时系统将会进入到元件 PCB 封装的名称设置对话框，如图 9-40 所示。系统默认的元件名称一般为元件的 PCB 封装类型加上元件的焊盘数目，例如本例中系统默认的名称为 SOP8。根据元件 PCB 封装创建的需要，这里将 PCB 封装的名称

命名为 PLL-SOP8。

8）单击图 9-40 中的 Next> 按钮，这时系统将会进入到 PCB 封装向导完成的提示框，如图 9-41 所示，用来提示利用向导创建元件 PCB 封装的工作已经完成。单击 Finish 按钮，这时设计窗口中就会创建一个按照向导要求设计的元件 PCB 封装，如图 9-42 所示。最后执行菜单命令【File】→【Save】进行相应的保存操作，这样就完成了利用元件生成向导创建 PLL 元件 PCB 封装的全部工作。

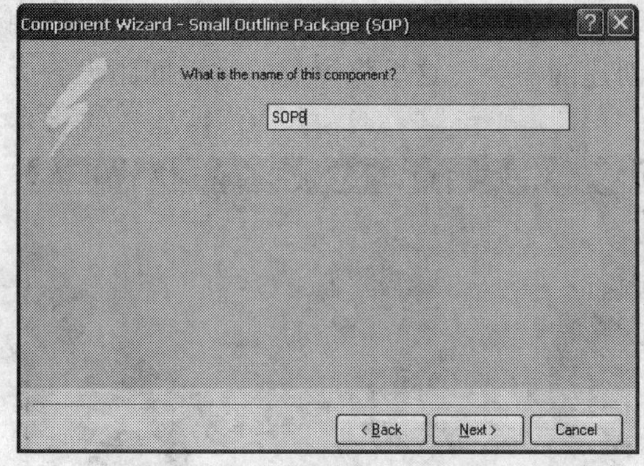

图 9-40　名称设置对话框

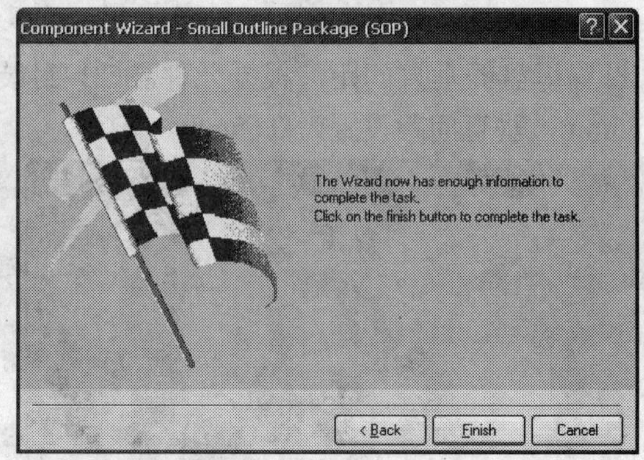

图 9-41　PCB 封装向导完成的提示框

图 9-42　利用向导创建的 PLL 元件 PCB 封装

9.3　创建元件集成库

与先前版本的 Protel 不同，Protel DXP 采用了一种新的元件库管理方式，引入了元件集成库的概念。在 Protel DXP 的元件集成库中集成了元件的原理图符号、PCB 封装形式、SPICE 仿真模型和信号完整性分析，这样在调用元件的时候就可以把相应的信息同步地传递给具有的设计项目。

在 Protel DXP 中，元件集成库已经成为用户在设计中经常使用的元件库类型，因此用户常常需要将自己创建的元件原理图库和元件 PCB 封装库集成在一起，从而形成一个广泛通用的元件集成库。可见，创建元件集成库已经成为用户应该掌握的一项技能。

下面仍将以前面的 PLL 元件为例，具体介绍一下创建一个元件集成库的具体操作步骤和操作方法。通过这个小例子，希望读者能够掌握创建一个元件集成库的相关知识。

1）在 Protel DXP 中，执行菜单命令【File】→【New】→【Integrated Library】，这时一个名称为“Integrated Library1.LibPkg”的空白元件集成库文件将会出现在项目工作面板中，如图 9-43 所示。可以看出，与新建元件原理图库文件和元件 PCB 封装库文件不同，这时不会有相应的元件集成库文件出现在设计窗口中。这是因为元件集成库文件实际上只是一个链接文件，通过它可以把相应的元件信息集成在一起。

2）执行相应的菜单命令【File】→【Save Project】，然后将相应的元件集成库文件保存在系统默认的文件夹 Examples 下，文件命名为“Myintlib”。保存完新建的元件集成库文件后，这时的项目工作面板如图 9-44 所示。

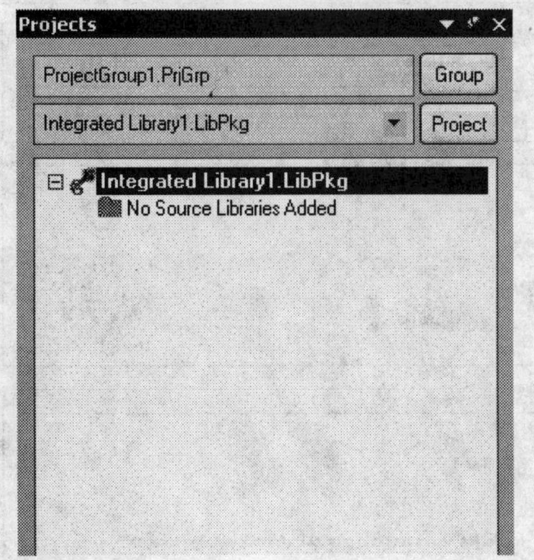

图 9-43　新建元件集成库的项目工作面板

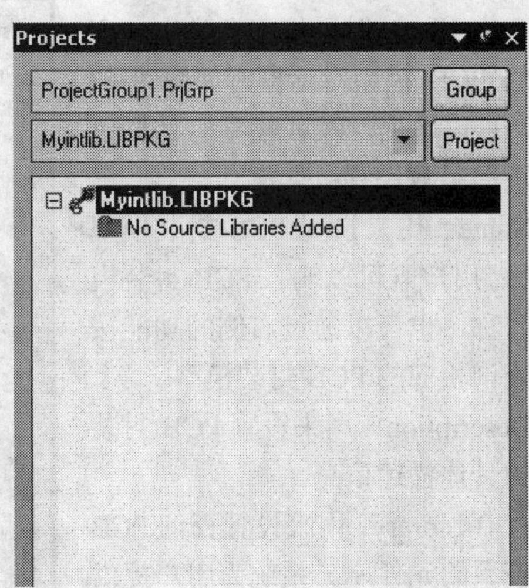

图 9-44　保存元件集成库的项目工作面板

3）执行菜单命令【Project】→【Add to Project】，这时系统将会弹出添加到项目中的文件选择对话框。在这个文件选择对话框中，选择前面已经创建的元件原理图库文件 Myschlib.SCHLIB，它保存在系统默认文件夹 Examples 下。单击对话框中的打开(O)按钮，这时系统便将文件 Myschlib.SCHLIB 添加到当前的元件集成库文件 Myintlib.LIBPKG 中。完成元件原理图库文件的添加操作后，这时的项目工作面板如图 9-45 所示。

重复前面的操作，把前面创建的元件 PCB 封装库文件 Mypcblib.PCBLIB 添加到添加到当前的元件集成库文件 Myintlib.LIBPKG 中，这时的项目工作面板如图 9-46 所示。

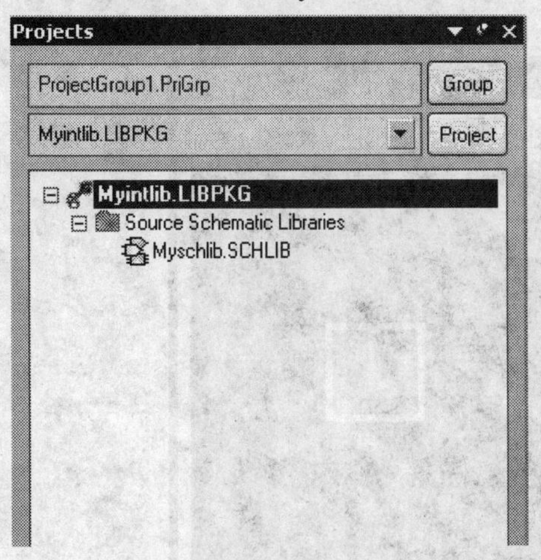

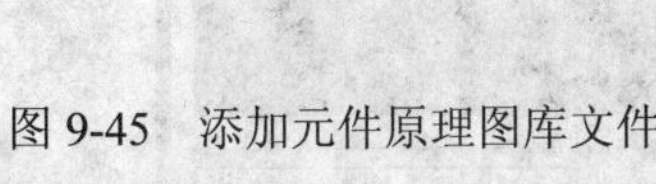

图 9-45　添加元件原理图库文件

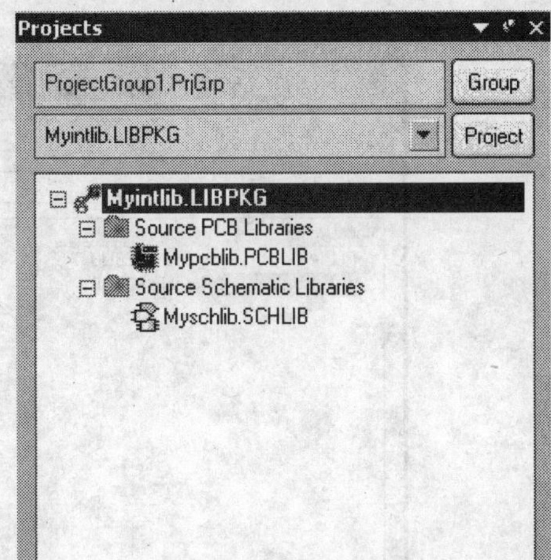

图 9-46　添加元件 PCB 封装库文件

4）打开项目工作面板中的元件原理图库文件 Myschlib.SCHLIB，然后在库文件编辑工作面板中的元件列表框中选择元件 PLL，然后单击工作面板底部的模型列表区域中的 Add 按钮，这时系统将会弹出一个简单的新模型添加对话框。可以看到，这个新模型添加对话框为用户提供了 4 种模型：EDIF Macro（网络表宏模型）、Footprint（PCB 封装模型）、Signal Integrity（信号完整性模型）和 Simulation（仿真模型）。根据用户为元件原理图添加模型的具体需要，这里选择 Footprint 模型。

5）单击新模型添加对话框中的 OK 按钮，这时系统将会弹出一个相应的 PCB 模型对话框，如图 9-47 所示。可以看出，PCB 模型对话框包含如下的参数设置：

Name：用来设置 PCB 封装模型的名称。用户既可以输入 PCB 封装模型的名称，也可以通过右侧的功能按钮来查询相应的 PCB 封装模型。

Description：用来设置 PCB 封装模型的具体描述信息。

PCB Library：用来设置查询 PCB 封装模型的元件库。系统为用户提供了 3 种设置，分别是 Any（任意库）、Library name（库名称）、Library path（库路径）。

Use footprint from integrated library：用来设置是否查询现有元件集成库中相应的元件 PCB 封装模型。

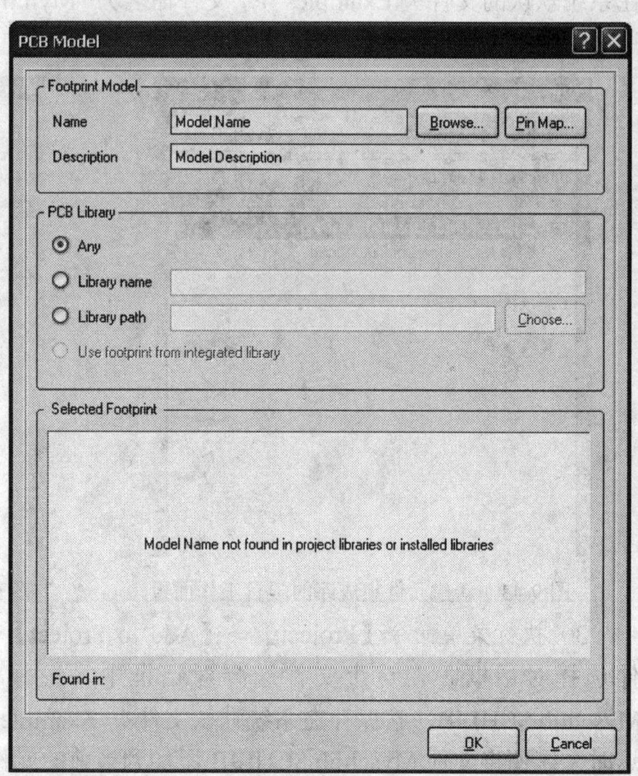

图 9-47　PCB 模型对话框

Selected Footprint：用来显示 PCB 封装模型的具体搜索结果。

在 PCB 模型对话框中，单击 Name 输入栏右侧的 Browse... 按钮，这时系统将会弹出一个元件库浏览对话框，如图 9-48 所示。

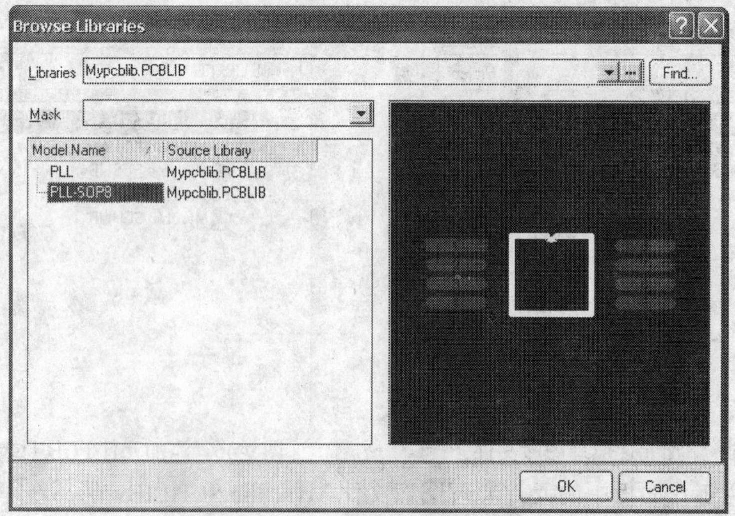

图 9-48　元件库浏览对话框

6）可以看出，元件库浏览对话框中给出了用来为 PLL 元件原理图文件指定的各种 PCB

封装模型，用户可以根据需要来选择所需的具体 PCB 封装模型。选择元件 PCB 封装库中的元件 PCB 封装 PLL-SOP8，然后单击 OK 按钮返回到 PCB 模型对话框，这时的对话框如图 9-49 所示。

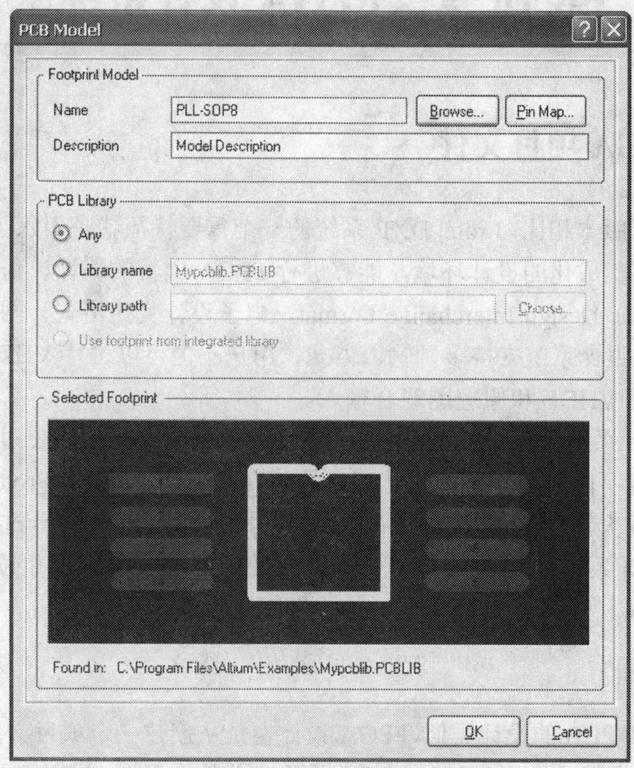

图 9-49　指定模型后的 PCB 模型对话框

7）单击 PCB 模型对话框中的 OK 按钮，这时就完成了模型的添加工作。执行相应的菜单命令【Project】→【Compile Integrated Library】，编译当前的项目文件。编译结束后，系统将会在默认文件夹 Examples 下的文件夹 Project Outputs for Myintlib 中生成对应的元件集成库文件 Myintlib.IntLib。执行相应的保存操作，这样便完成了创建一个元件集成库的全部工作。

第 10 章 FPGA 设计系统

10.1 创建 FPGA 项目文件

与以往的 Protel 版本相比，Protel DXP 系统的一个重要特征就是引入了 FPGA 设计系统。FPGA 设计系统具有集成化的设计环境，能够进行 FPGA 项目的编译、仿真、综合、调试、输出 EDIF（Electronic Design Interchange Format，电子设计交换格式）网络表和映射引脚等过程。另外，FPGA 设计系统支持多种输入方式，用户不但可以进行 VHDL 输入和原理图输入，同时也可以进行 VHDL 和原理图混合输入。

由于 FPGA 设计系统支持与 FPGA 的著名厂商 Altera、Xilinx 等公司的开发工具接口，因此能够方便地进行不同厂商 FPGA 设计项目的仿真和综合。可见，Protel DXP 中的 FPGA 设计系统功能十分强大，它能够支持除了布局、布线外的所有 FPGA 设计过程。本章将对 Protel DXP 中的 FPGA 设计系统进行比较详细地介绍。通过本章的介绍，希望读者能够掌握 FPGA 项目设计的全部过程。

10.1.1 创建项目文件

与电路原理图和 PCB 的设计类似，FPGA 设计也是从创建一个项目文件开始的。在 FPGA 设计系统中，FPGA 项目的作用是将与 FPGA 设计有关的原理图、VHDL 文件、VHDL 模型、VHDL 库和网络表文件等设计元素有机地组织在一起，从而使得设计项目的管理更加智能化，极大地提高了设计效率。

可以看出，采用 FPGA 设计系统进行 FPGA 设计的第 1 步就是创建一个 FPGA 设计项目，它的具体操作步骤如下所示：

1）在 Protel DXP 的操作界面上，执行菜单命令【File】→【New】→【FPGA Project】，或者单击 Pick a task 区域中的 Create a new FPGA Design Project 选项，系统会自动建立一个名称为“FPGA Project1.PrjFpg”的项目文件，这时的项目工作面板如图 10-1 所示。可以看出，这个新建立的项目文件下没有添加任何的设计文件。

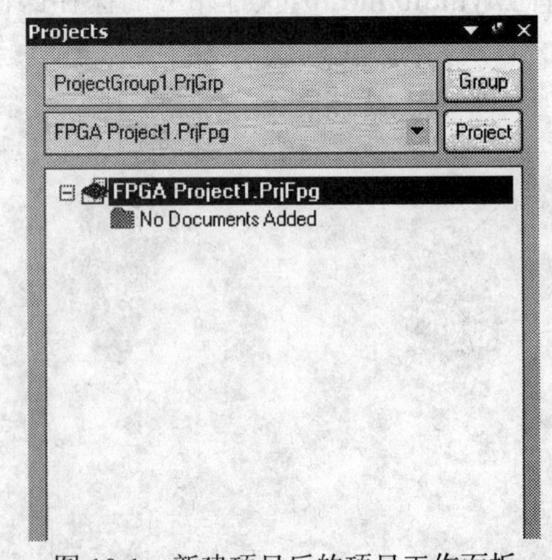

图 10-1 新建项目后的项目工作面板

2）然后继续执行菜单命令【File】→【Save Project】，将新建项目保存在系统默认的文件夹“Examples”下，项目命名为“Myfpga”。保存新建的项目文件后，这时的项目工作面板如图 10-2 所示。

这样，我们就完成了一个FPGA 设计项目的创建工作。对于大多数的FPGA 设计项目来说，用户需要注意使用符合它们标准的文件名和存储路径，目的是为了避免使用相应的开发工具时出现不必要的麻烦。例如，Xilinx 的布局布线工具一般不支持带有空格的文件名称，否则将会出现不必要的错误。

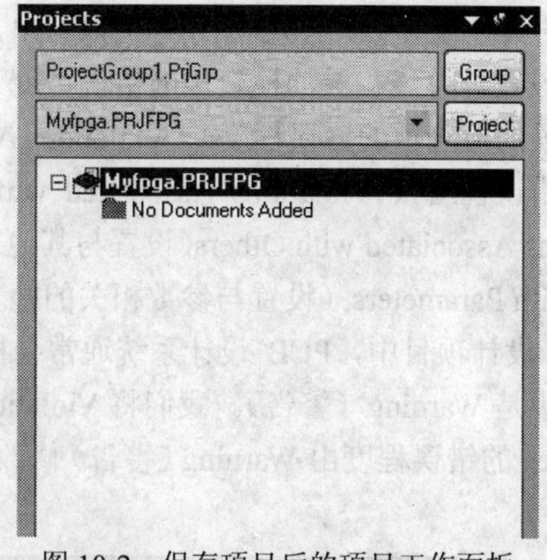

图 10-2　保存项目后的项目工作面板

10.1.2　设计项目选项设置

与 Protel DXP 中的其他项目类似，FPGA 设计项目也需要进行一系列的设计项目选项设置，目的是为了满足 FPGA 设计项目的需要，例如错误检查规则、电气连接矩阵、差别比较器、ECO（Engineering Change Order）生成器、项目选项和参数设置等。选中前面创建的设计项目 Myfpga，然后执行菜单命令【Project】→【Project Options】，这时系统将会弹出相应的设计项目选项对话框，如图 10-3 所示。对话框中 6 个选项卡的具体含义如下所示：

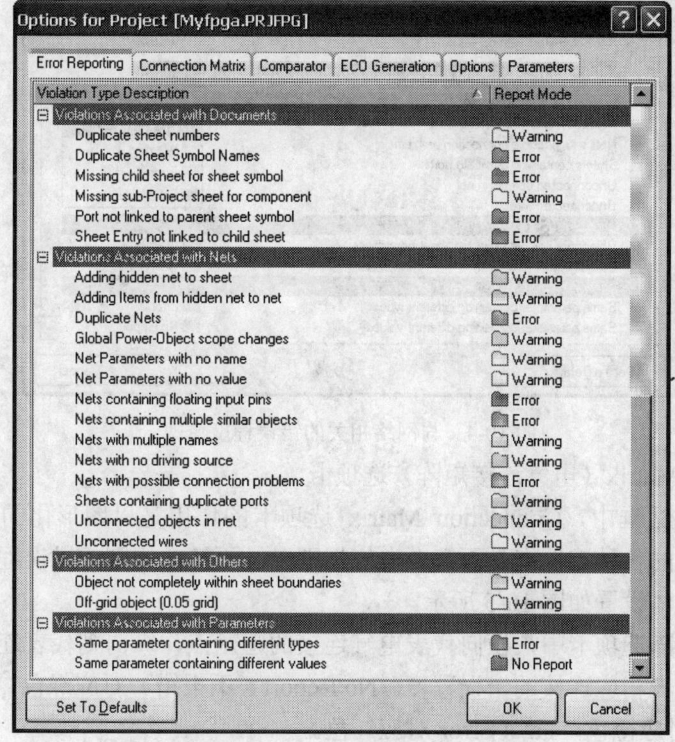

图 10-3　FPGA 设计项目选项对话框

1. Error Reporting（错误检查规则）选项卡

在项目选项对话框中，Error Reporting 选项卡的作用是对 FPGA 设计项目的错误程度进行设置，它的具体设置如图 10-3 所示。可以看出，这个选项卡主要包括 Violations Associated with Buses（设置与总线相关的检查项的错误程度）、Violations Associated with Components（设置与元件相关的检查项的错误程度）、Violations Associated with Documents（设置与文档相关的检查项的错误程度）、Violations Associated with Nets（设置与网络相关的检查项的错误程度）、Violations Associated with Others（设置与其他对象相关的检查项的错误程度）和 Violations Associated with Parameters（设置与参数相关的检查项的错误程度）6 个选项的设置。

在 PCB 设计项目中，PCB 设计系统通常会检查设计端口是否被命名为不同的网络名，它的错误等级是 Warning（警告）。我们将 Violations Associated with Nets 区域中的 Nets with multiple names 的错误程度由 Warning（警告）修改为 No Report（不报错），修改情况如图 10-4 所示。

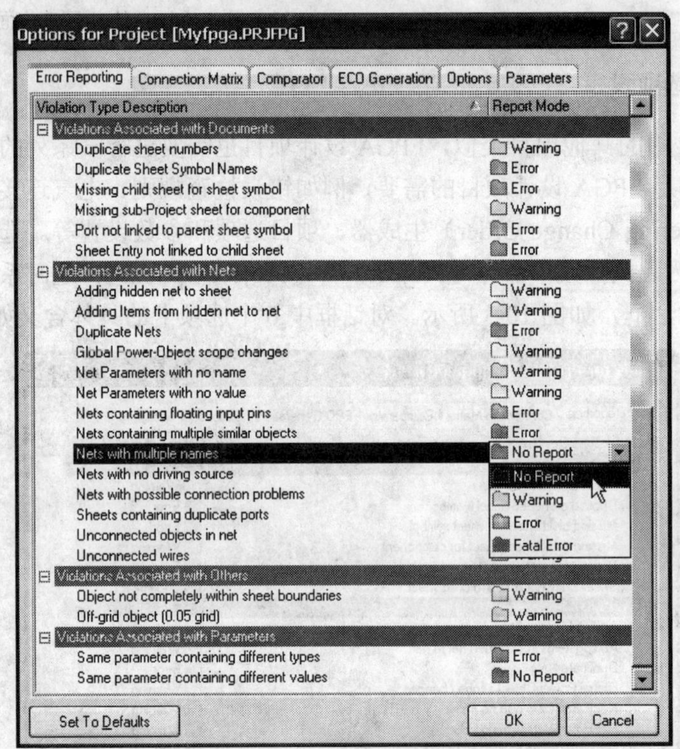

图 10-4 与网络相关的错误程度修改

2. Connection Matrix（电气连接矩阵）选项卡

在项目选项对话框中，Connection Matrix 选项卡的作用是以图形化的矩阵方式来设置 FPGA 设计项目中的各种连接点是否符合电气规则以及不符合规则的错误程度。电气连接矩阵选项卡包含的具体设置如图 10-5 所示。

在电气连接矩阵选项卡中，横向代表电气连接的起始点，纵向则代表连接的结束点，它们的交叉点方块代表相应连接的错误程度。No Report（不报错）对应绿色，Warning（警告）对应黄色，Error 对应橙色，Fatal Error 对应红色。

3. Comparator（差别比较器）选项卡

在项目选项对话框中，Comparator 选项卡的作用是对 FPGA 设计项目中相关对象的差别进行比较，它的具体设置如图 10-6 所示。

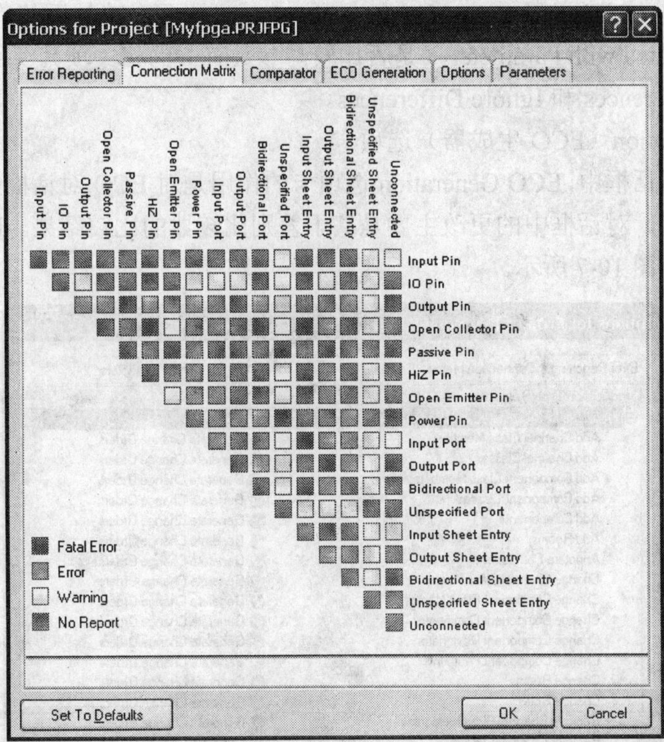

图 10-5　Connection Matrix 选项卡

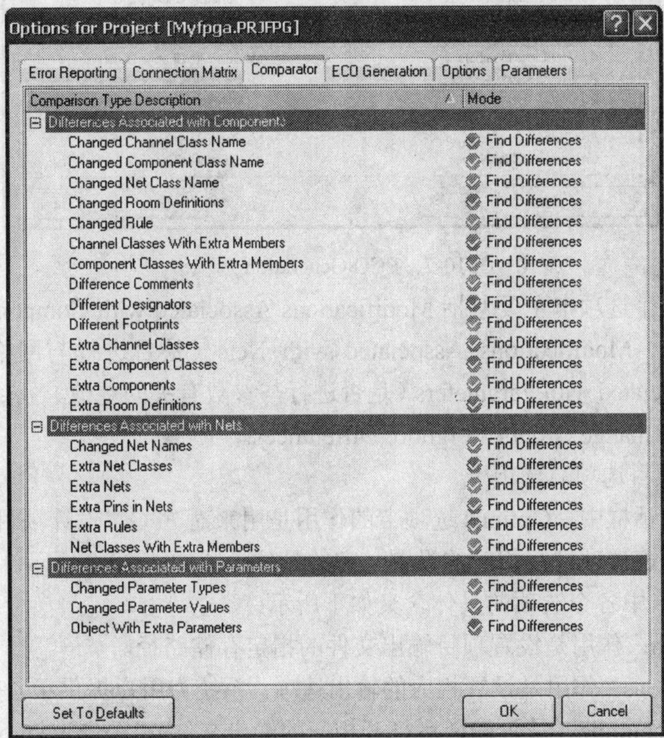

图 10-6　Comparator 选项卡

可以看出，这个选项卡主要包括 Differences Associated with Components（是否比较与元

件有关的相关项)、Differences Associated with Nets（是否比较与网络有关的相关项）和 Differences Associated with Parameters（是否比较与参数有关的相关项)。系统为用户提供了两个选项：Find Differences 和 Ignore Differences。

4. ECO Generation（ECO 生成器）选项卡

在项目选项对话框中，ECO Generation 选项卡的作用是对 ECO 对话框中需要进行哪些项目的更改进行设置，对话框中的更改主要是基于差别比较器的比较结果。ECO Generation 选项卡的具体设置如图 10-7 所示。

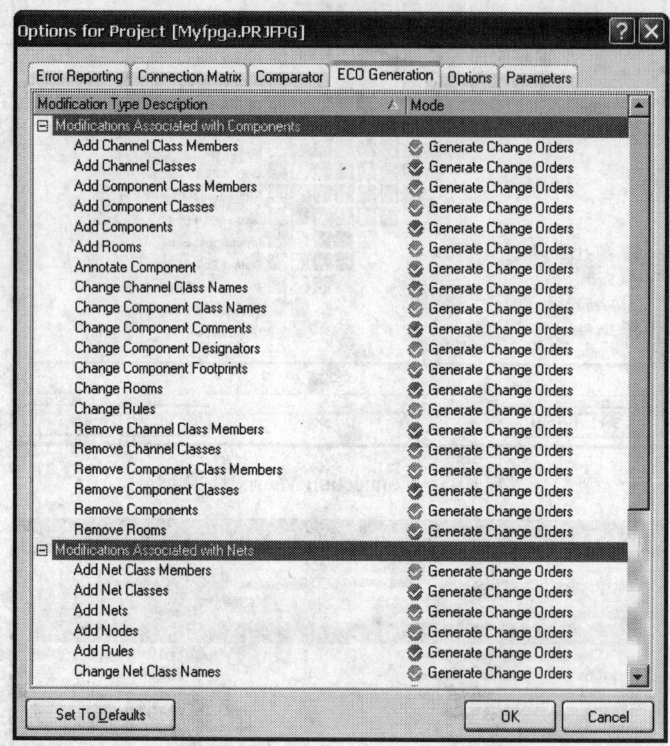

图 10-7 ECO Generation 选项卡

可以看出，这个选项卡主要包括 Modifications Associated with Components（是否进行与元件有关的更改)、Modifications Associated with Nets（是否进行与网络有关的更改）和 Modifications Associated with Parameters（是否进行与参数有关的更改)。系统为用户提供了两个选项：Generate Change Orders 和 Ignore Differences。

5. Options（项目选项）选项卡

在项目选项对话框中，Options 选项卡的作用是用来对 FPGA 设计项目文件的输出路径、输出选项和网络列表选项进行相应的设置，它的具体设置如图 10-8 所示。

Options 选项卡中各个选项的具体含义如下所示：

1）Output Path：作用是设置项目输出文件的指定存储路径。

2）Output options：作用是设置相应的输出选项。系统为用户提供了 4 个复选框，分别是 Open outputs after compile（是否编译后打开相应的输出文件)、Archive project document（是否存储相应的项目文档)、Timestamp folder(是否建立 Timestamp 文件夹)和 Use separate folder for each output type（对于不同的输出类型是否采用分开的文件夹)。

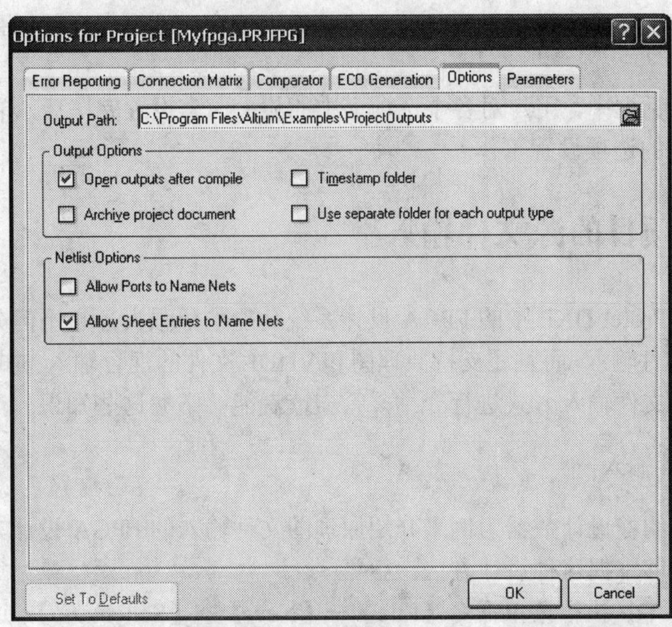

图 10-8　Options 选项卡

3）Netlist Options：作用是设置相应的网络列表选项。系统为用户提供了两个复选框，分别是 Allow Ports to Name Nets（是否为网络名称添加端口）和 Allow Sheet Entries to Name Nets（是否为网络名称添加原理图接口）。

6. Parameters（参数设置）选项卡

在项目选项对话框中，Parameters 选项卡的作用是用来对 FPGA 设计项目中的参数进行具体的设置，如图 10-9 所示。通过这个选项卡，用户可以对参数进行新建、移除和编辑操作，此外用户还可以将参数置位成系统的默认值。例如单击 Add... 按钮，系统将会在设计项目选

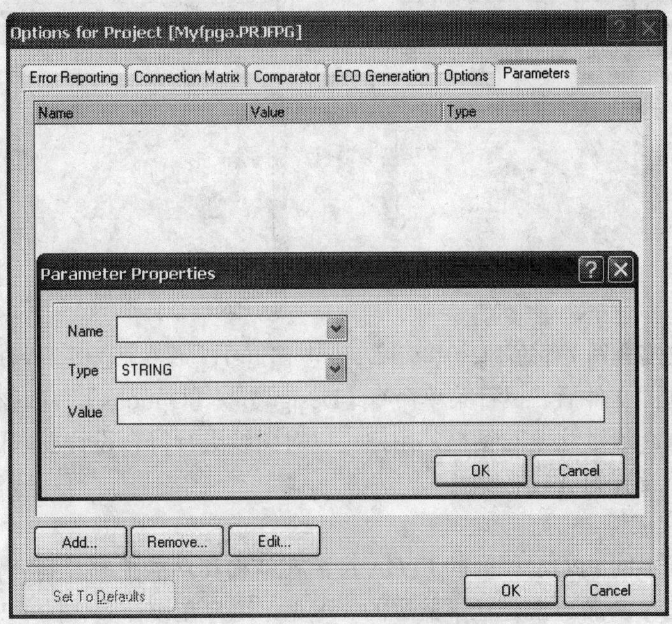

图 10-9　Parameters 选项卡

项对话框的上方弹出一个参数属性对话框，可见通过这个对话框用户可以直接新建 FPGA 项目中的参数。

在项目选项对话框中，用户对各个选项卡中的相关内容设置完毕后，单击 OK 按钮即可完成 FPGA 项目的选项设置工作。

10.2 FPGA 项目的源文件输入

前面提到过，Protel DXP 中的 FPGA 设计系统功能十分强大，它不但分别支持原理图文件输入和 VHDL 文件输入，而且还支持原理图和 VHDL 文件的混合输入方式。下面将对 FPGA 设计系统中的不同文件输入方式进行介绍，希望读者能够掌握这些知识。

10.2.1 原理图文件输入

下面将以一个约翰逊计数器为例来介绍原理图文件输入的 FPGA 设计方法。通过这个小例子，希望读者能够掌握这种设计方法。

在 Protel DXP 中，执行菜单命令【File】→【New】→【Schematic】，这时系统将自动建立一个名称为“Sheet1.SchDoc”的空白原理图文件，同时系统将会打开这个原理图文件并且启动相应的原理图设计系统，这时的项目工作面板如图 10-10 所示。

接下来继续执行相应的菜单命令【File】→【Save】，将新建的原理图文件保存在相应的文件夹下，文件命名为“Johnson Counter”。对新建的原理图文件进行保存后，这时的项目工作面板如图 10-11 所示。

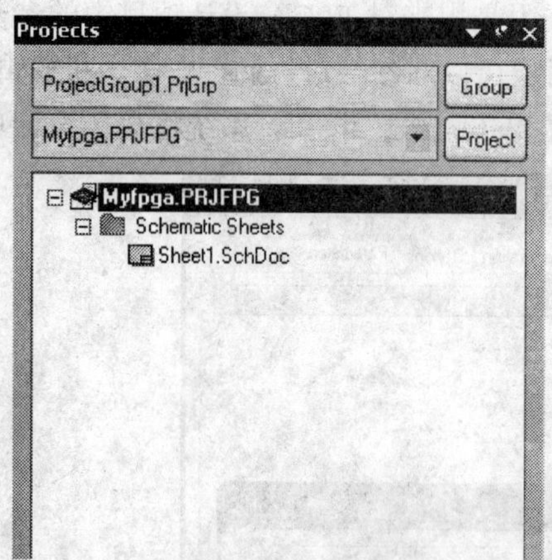

图 10-10 新建原理图文件的项目工作面板

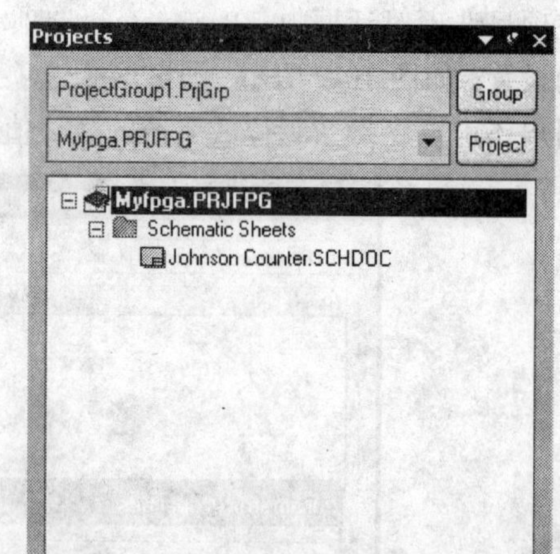

图 10-11 保存原理图文件的项目工作面板

建立新的原理图文件后，执行菜单命令【Design】→【Options】，这时将会弹出相应的图纸属性设置对话框。通过这个对话框，用户可以对图纸进行符合设计要求的设置，这里我们将图纸的尺寸大小设置为 A4。

1. 添加元件集成库

由于世界各国不同 FPGA 厂商的 FPGA 产品在结构和功能上都具有自己的特点，因此各个厂商之间的 FPGA 产品通常是互不兼容的。可见，用户在设计具体的 FPGA 项目时必须考虑使用哪一个厂商的 FPGA 芯片，否则将会给后续的设计工作带来不必要的麻烦。

通常，Protel DXP 设计系统为用户提供了几乎所有 FPGA 厂商的元件原理图。这样，用户在决定了 FPGA 芯片厂商和需要采用的元件系列后，接下来的工作就是将使用的元件集成库添加到当前的设计项目中。这里，设计项目将选用 Xilinx 公司的 FPGA 芯片。

首先在原理图设计系统中打开库文件工作面板，然后单击工作面板左上角的Libraries...按钮，这时将会弹出一个添加/删除元件库对话框。可以看出，对话框中包含有两个默认的元件库 Miscellaneous Devices.IntLib 和 Miscellaneous Connectors.IntLib。为了避免意外放置其他不可用元件集成库中的元件，建议用户移除所有的当前加载库文件。

接下来在弹出的添加/删除元件库对话框中，单击底部的Add Library...按钮，这时将会弹出相应的打开元件库对话框。通过这个对话框，用户可以选择需要添加的元件集成库，这里选择 Xilinx 公司的 Xilinx Spartan-II & Spartan-IIE FPGA.IntLib，最后单击打开(O)按钮即可完成相应元件库的添加操作。

添加了 Xilinx Spartan-II & Spartan-IIE FPGA.IntLib 的添加/删除元件库对话框如图 10-12 所示，然后单击对话框中的Close按钮即可关闭这个对话框，这时添加的元件集成库 Xilinx Spartan-II & Spartan-IIE FPGA.IntLib 将会自动出现在库文件工作面板的元件集成库选择栏中，从而完成元件集成库的添加工作。

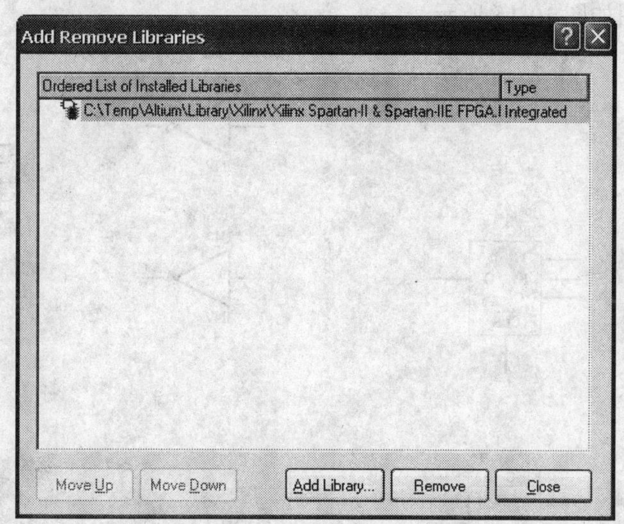

图 10-12　添加 FPGA 元件集成库后的添加/删除元件库对话框

2. 设计电路原理图

在打开的库文件工作面板中，单击添加库文件的输入选择栏右侧的▼按钮，接下来在弹出的下拉列表中选择元件库 Xilinx Spartan-II & Spartan-IIE FPGA.IntLib，目的是将这个元件库设定为当前的元件库；然后在过滤条件输入选择栏中输入“*SR4*”作为相应的过滤条件，这时库文件工作面板的元件列表框中将会显示出元件库中所有与“SR4”相关的元件，如图 10-13 所示。

在图 10-13 所示的元件列表框中查找并选中用户需要的元件 SR4CLED，然后直接双击元件 SR4CLED 使系统进入到放置元件的状态，这时鼠标光标将变为十字箭头状并且光标上粘附一个元件的虚影。移动鼠标到原理图设计窗口的相应位置处单击鼠标左键即可完成该元件的放置工作，这时原理图中放置的元件 SR4CLED 如图 10-14 所示。

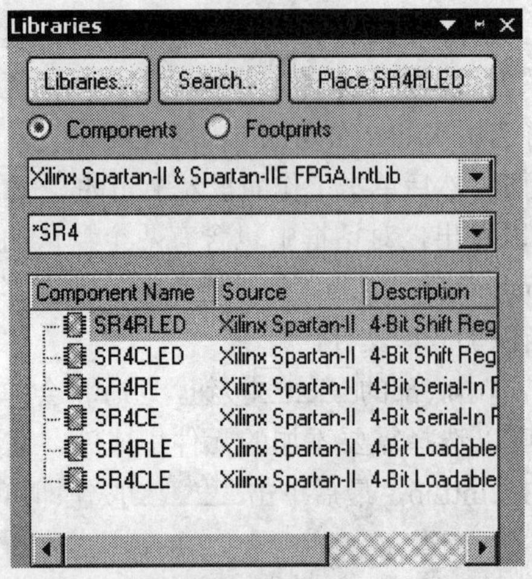

图 10-13　通过过滤条件选择相应的元件

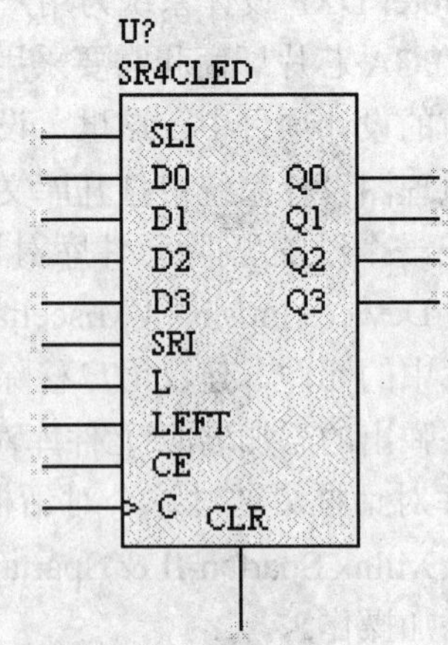

图 10-14　放置的元件 SR4CLED

重复前面的操作过程，在原理图中依次放置 5 个 INV（反相器）元件、2 个 FJKC（触发器）元件和 1 个 OR2B2（2 输入或门），另外用户还需要在原理图中放置一个接地符号 GND；同时要对放置的元件属性进行相应的编辑操作，例如修改元件序号等。完成元件放置和属性编辑操作后的原理图如图 10-15 所示。

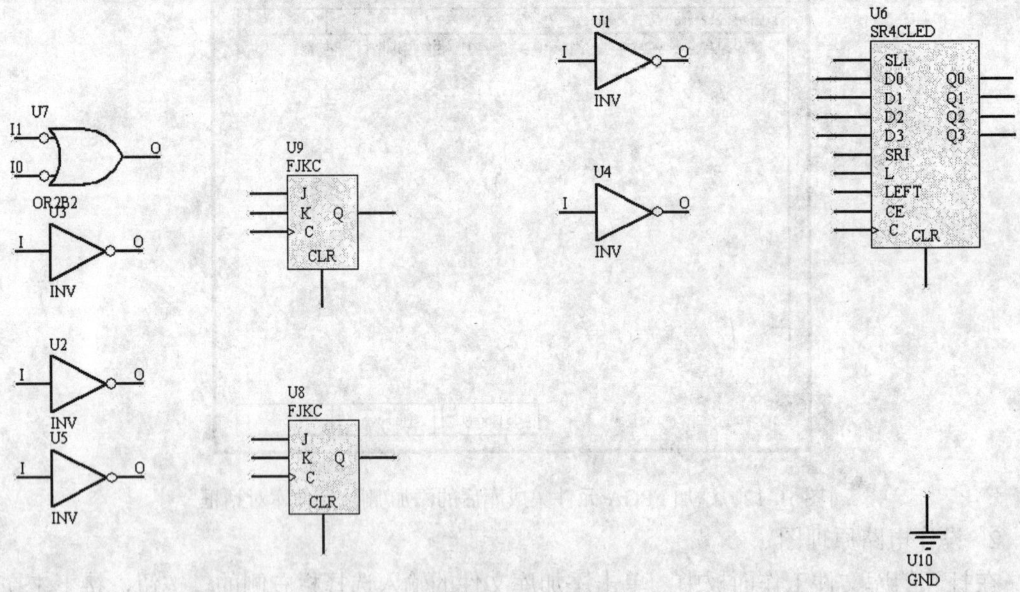

图 10-15　放置元件后的原理图

与其他的原理图类似，实际上每一个 FPGA 设计项目中的原理图就是一个实体或者元件，而端口则相当于这个实体或者元件的引脚。另外，端口对于上一层电路原理图来说是直接映射到实际 FPGA 芯片的实际引脚。可见，端口在 FPGA 设计项目中具有非常重要的意义。

通常，约翰逊计数器具有 5 个输入端口，分别是 Left、Right、Stop、Load 和 Clk；另外，它具有 4 个输出端口，分别是 Q3、Q2、Q1 和 Q0。

在原理图设计系统中，执行菜单命令【Place】→【Port】或单击布线工具栏中的按钮或者按下 Alt+P+R 快捷键，这时系统将会进入到放置电路输入/输出端口的命令状态，可见鼠标光标将会变成十字光标，同时有一个电路输入/输出端口的虚线框悬浮在光标上。

移动光标到需要放置电路输入/输出端口的导线或者元件引脚等电气对象附近，然后单击鼠标左键即可定位输入/输出端口的一端，接下来拖动鼠标到另一个位置处单击鼠标左键，则完成了一个输入/输出端口 Left 的放置。如果用户对放置的电路输入/输出端口感到不满意的话，那么可以打开相应的属性对话框来进行编辑和修改。

重复前面的操作依次放置 Right、Stop、Load、Clk 和 Q[3..0]，然后单击鼠标右键或者按下 Esc 键退出当前命令状态。这样，完成端口放置后的原理图如图 10-16 所示。

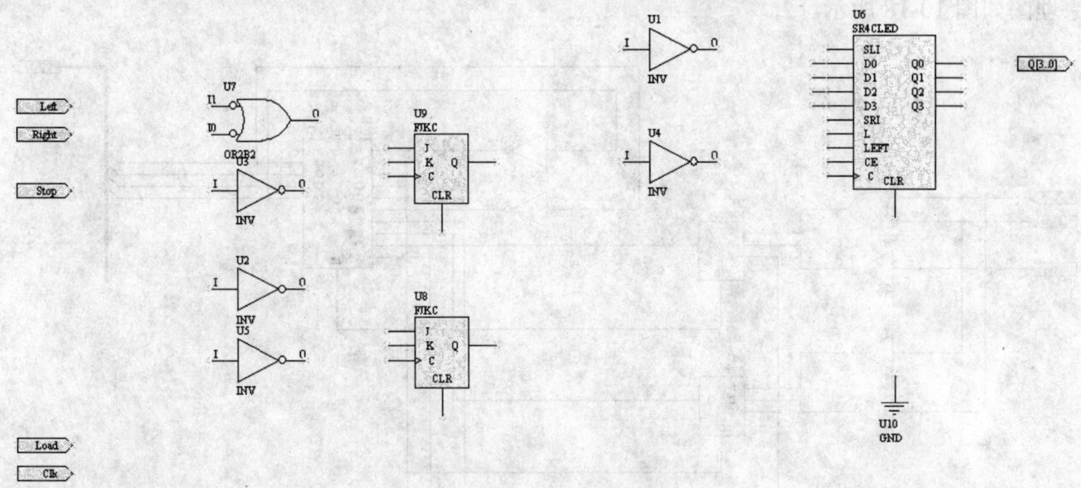

图 10-16　放置端口后的原理图

执行菜单命令【Place】→【Wire】或单击布线工具栏中的按钮或者按下 Alt+P+W 快捷键，这时系统将会进入到放置导线的命令状态，可见鼠标光标将会变成十字光标。按照前面介绍的放置方法，对原理图中进行相应连线的放置操作。完成放置导线的具体操作后，这时的电路原理图如图 10-17 所示。

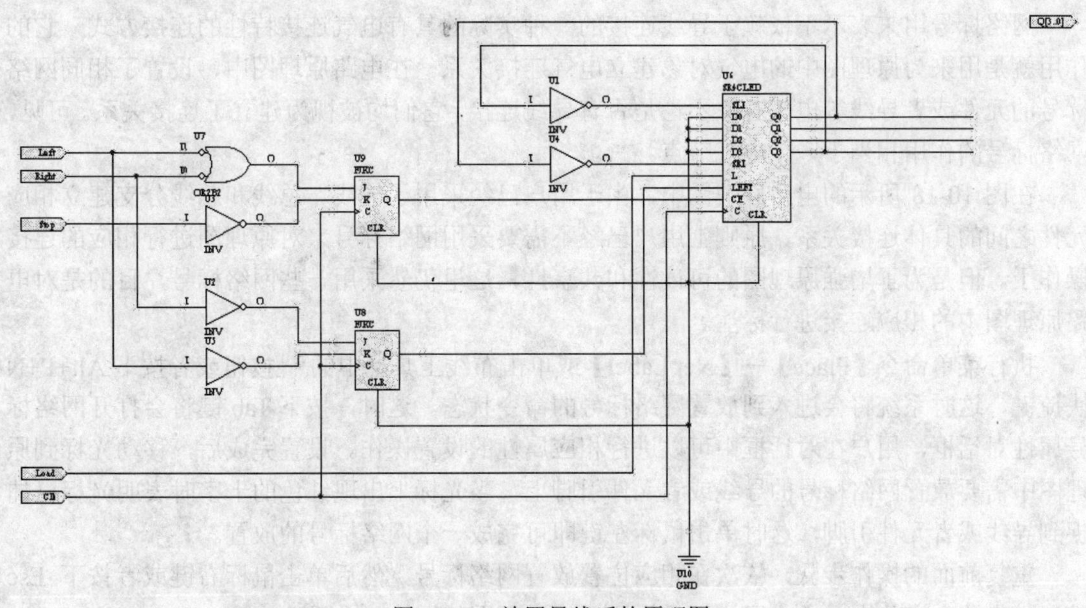

图 10-17　放置导线后的原理图

执行菜单命令【Place】→【Bus】或单击布线工具栏中的按钮或者按下 Alt+P+B 快捷键，这时系统将会进入到放置总线的命令状态，可见鼠标光标将会变成十字光标。按照前面介绍的放置方法，对原理图中的端口 Q[3..0]进行相应的总线连接。

执行菜单命令【Place】→【Bus Entry】或单击布线工具栏中的按钮或者按下 Alt+P+U 快捷键，这时系统将会进入到放置总线分支的命令状态，可见鼠标光标将会变成十字光标，同时还有总线分支线“/”或者“\”悬浮在光标上。按照前面介绍的放置方法，将原理图中的端口 Q[3..0]与相应的导线连接起来。完成放置总线和总线分支的具体操作后，这时的电路原理图如图 10-18 所示。

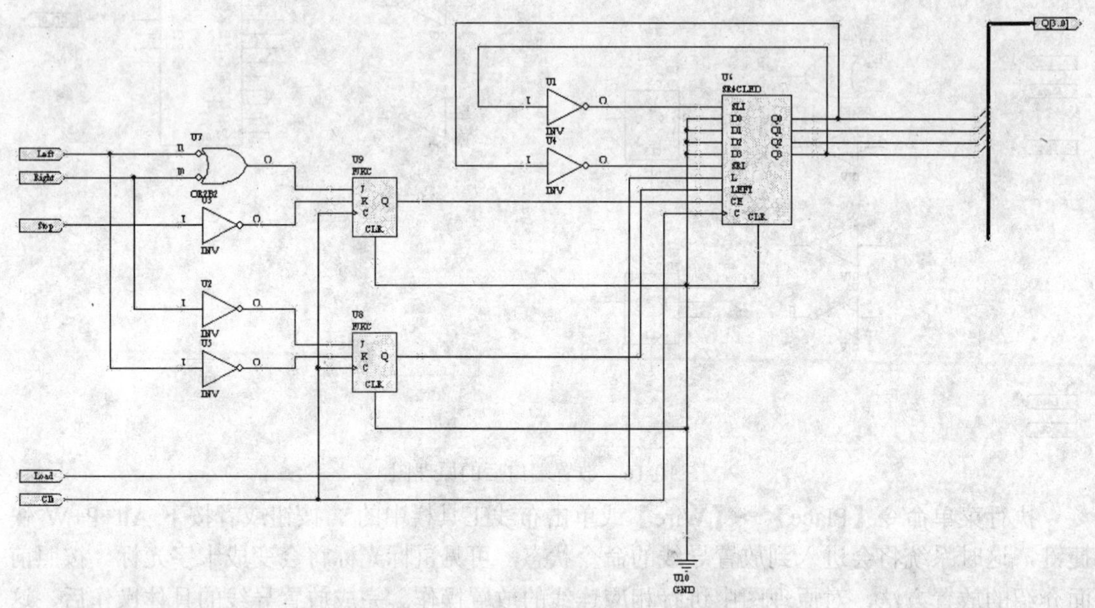

图 10-18 放置总线和总线分支后的原理图

网络标号用来表示不依赖于导线连接的一种实际的具有电气连接特性的连接方式，它的作用就是用来为原理图中的电气对象建立电气连接关系。在电路原理图中，设置了相同网络标号的元件或者导线等电气对象不论是否有导线连接，它们均被视为建立了连接关系。可见，网络标号的作用相当于一个电气节点。

在图 10-18 所示的电路原理图中，由于用户已经采用了导线、总线和总线分支建立相应元件之间的具体连接关系，原则上用户已经不需要采用网络标号来对原理图进行相应的连接操作了。但是为了增强原理图的可读性和共享性，这里仍然采用一些网络标号，目的是对电路原理图中的相应连接进行标注。

执行菜单命令【Place】→【Net Label】或单击布线工具栏中的按钮或者按下 Alt+P+N 快捷键，这时系统将会进入到放置网络标号的命令状态。这时，按下 Tab 键将会打开网络标号属性对话框，用户在对话框中可以进行相应属性的设置操作。设置完成后，移动光标到原理图中需要放置网络标号的导线或者元件引脚上，当光标上出现红色的十字时表明光标已捕捉到导线或者元件引脚，这时单击鼠标左键即可完成一个网络标号的放置。

重复前面的操作步骤，依次在相应位置放置网络标号，然后单击鼠标右键或者按下 Esc 键退出当前命令状态。完成网络标号放置后的原理图如图 10-19 所示。

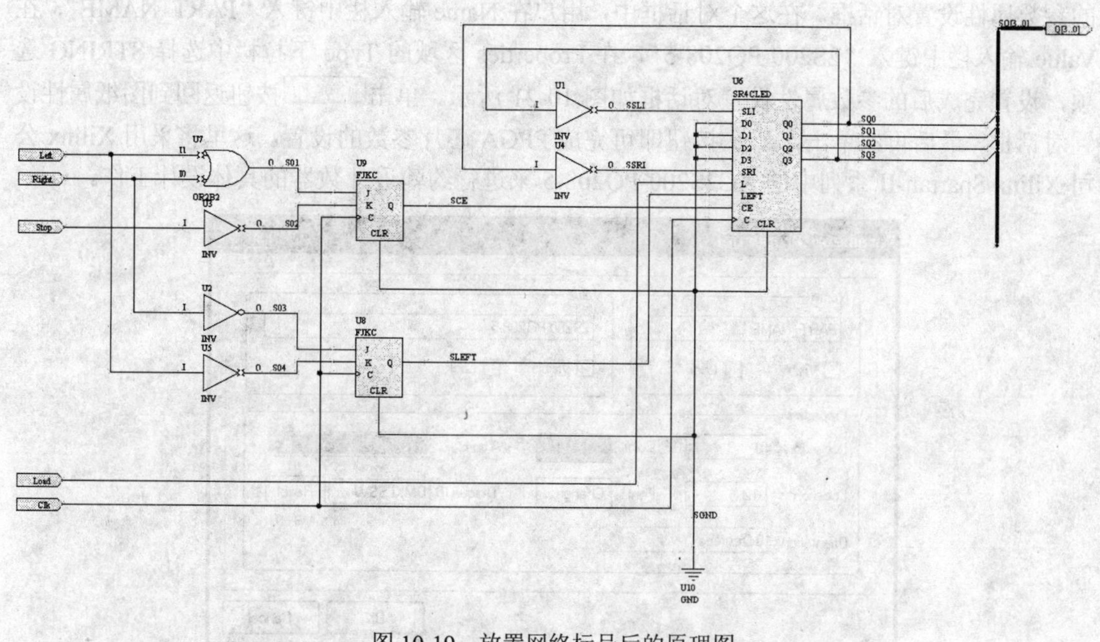

图 10-19 放置网络标号后的原理图

3. 原理图中的参数配置

通过上面的逐步操作，至此为止就完成了电路原理图的设计工作，接下来的工作是需要生成相应的 EDIF-FPGA 网表。通过设计项目对应的 EDIF-FPGA 网表，用户就可以采用 FPGA 芯片厂商或者第 3 方厂商提供的布局布线工具来继续进行 FPGA 的设计操作。在生成具体的 EDIF-FPGA 网表之前，用户还需要对原理图中的一些参数进行配置。

在原理图设计系统中，执行菜单命令【Design】→【Options】，系统将会弹出一个图纸属性设置对话框，然后打开相应的 Parameters 选项卡，如图 10-20 所示。

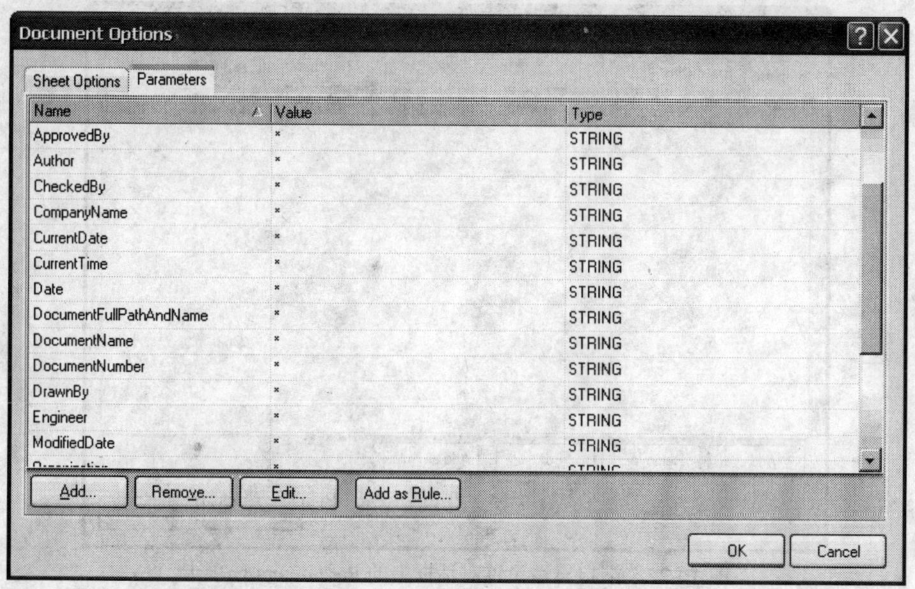

图 10-20 图纸属性对话框中的 Parameters 选项卡

在图 10-20 所示的 Parameters 选项卡中，单击 Add... 按钮，这时系统将会弹出一个相应的参数属性设置对话框。在这个对话框中，用户在 Name 输入栏中键入“PART_NAME”，在 Value 输入栏中键入“2S200-PQ208-5”，在 Properties 区域的 Type 下拉栏中选择 STRING 选项，设置完成后的参数属性设置对话框如图 10-21 所示。单击 OK 按钮返回到图纸属性设置对话框，最后再次单击 OK 按钮即可完成 FPGA 芯片参数的设置。这里将采用 Xilinx 公司 Xilinx Spartan-II 系列中的 XC2S200-PQ208-5 来进行约翰逊计数器的具体设计工作。

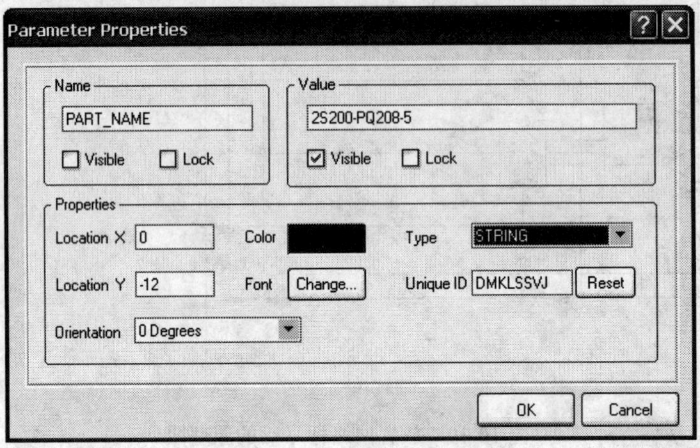

图 10-21　新建参数属性的设置

用户进行完 FPGA 芯片的选取工作后，接下来可以将原理图中的所有端口映射到选取 FPGA 芯片的实际引脚上，这样用户便可以锁定对芯片引脚的安排。另外，用户也可以通过第 3 方工具来映射 FPGA 芯片的实际引脚，然后再反向注释到 FPGA 设计项目中来。下面介绍一下将端口映射到实际引脚上的具体操作方法。

在图 10-19 所示的电路原理图中，双击要进行端口映射的端口 Left，这时系统将会弹出一个端口属性设置对话框，然后打开相应的 Parameters 选项卡，如图 10-22 所示。

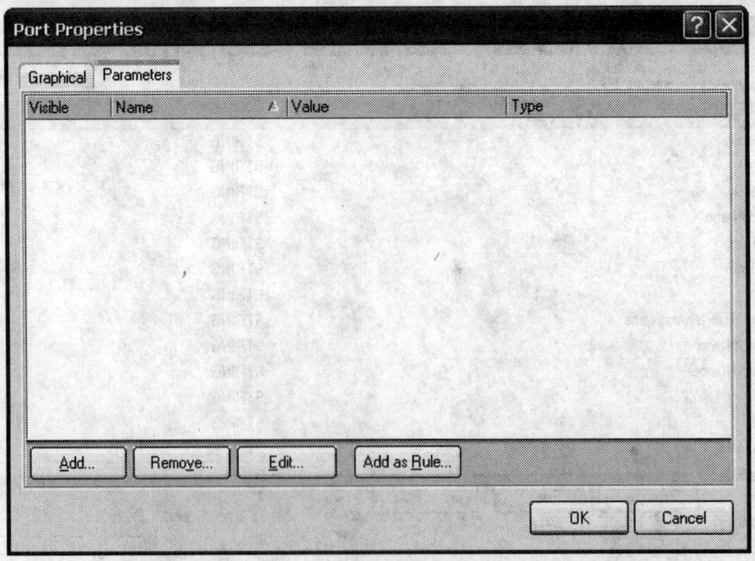

图 10-22　端口属性设置对话框中的 Parameters 选项卡

在图 10-22 所示的 Parameters 选项卡中，单击 Add... 按钮，这时系统将会弹出一个相应的参数属性设置对话框。在这个对话框中，用户在 Name 输入栏中键入“PINNUM”并且选中 Visible 复选框，在 Value 输入栏中键入“P3”并且选中 Visible 复选框，同时在 Properties 区域的 Type 下拉栏中选择 STRING 选项，设置完成后的参数属性设置对话框如图 10-23 所示，单击 OK 按钮返回到端口属性设置对话框，最后再次单击 OK 按钮即可完成端口 Left 的映射引脚操作。

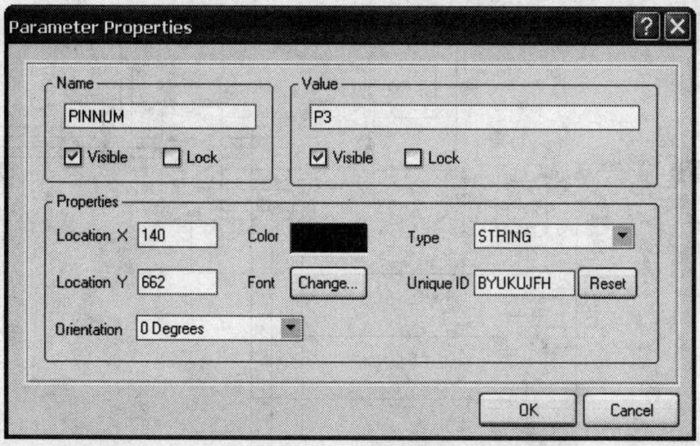

图 10-23　新建端口映射参数属性的设置

重复前面的操作步骤，依次对端口 Right、Stop、Load、Clk 和 Q[3..0]进行相应的映射操作，这里 Right 对应的参数值为 P4，Stop 对应的参数值为 P5，Load 对应的参数值为 P6，Clk 对应的参数值为 P77，Q[3..0]对应的参数值分别是 P15、P16、P17 和 P18。

在上面的原理图设计中，采用了一个输入时钟信号 Clk 连接到原理图中的每个元件，这里可以采用 Xilinx 工具将其优化为一个全局快速时钟信号，目的是节省计算时间和尽可能少地使用 FPGA 芯片中的宏单元。

因此，这里将为端口 Clk 添加另外一个参数，双击端口 Clk 打开端口属性设置对话框，然后单击 Parameters 选项卡中的 Add... 按钮打开相应的参数属性设置对话框。在这个对话框中，用户在 Name 输入栏中键入“Xilinx_bufg”并且选中 Visible 复选框，在 Value 输入栏中键入“true”并且选中 Visible 复选框，在 Properties 区域的 Type 下拉栏中选择 BOOLEAN 选项，设置完成后的参数属性设置对话框如图 10-24 所示。

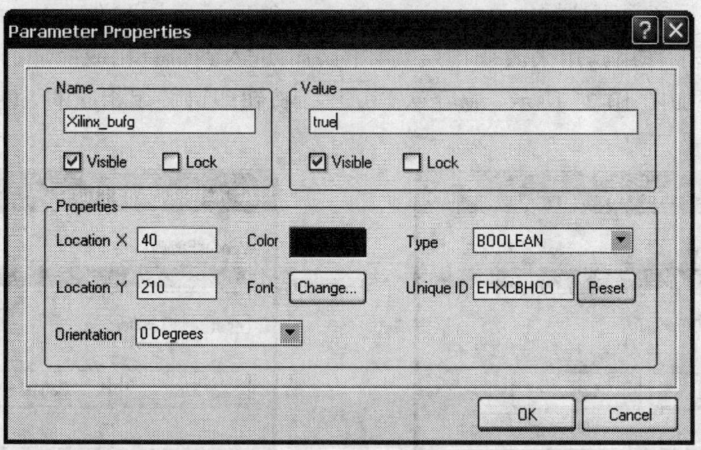

图 10-24　端口 Clk 的参数属性的设置

通过上面的具体操作后，我们就完成了有关 FPGA 芯片类型、端口映射和资源优化等参数的具体设置，这时参数配置完成后的原理图如图 10-25 所示。完成这一步操作后，接下来用户就可以进行 EDIF-FPGA 网表的生成操作，以便为用户采用 FPGA 芯片厂商或者第 3 方厂商提供的布局布线工具来继续设计 FPGA 提供准备。

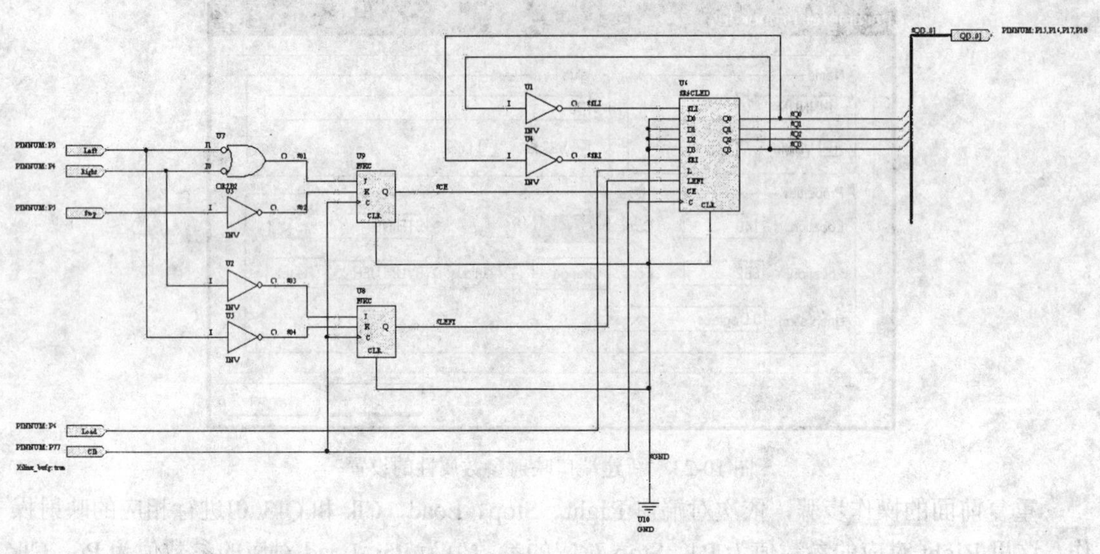

图 10-25 参数配置后的原理图

4. EDIF-FPGA 网表的生成

目前，几乎所有的第 3 方布局布线工具都支持 EDIF 格式，但是由于 EDIF 标准可能在各个厂商的不同工具中会有所改变，而且不同的厂商都有自己认可的参数和相应的参数配置方式，因此用户需要根据不同的 FPGA 芯片来决定使用哪一个厂商的参数和参数配置方式。另外，有些 FPGA 厂商需要放置特殊的元件来完成与其开发工具的接口操作，这就需要采用原理图来完成焊盘和缓冲器的接口。

在原理图设计系统中，执行菜单命令【Design】→【Netlist】→【EDIF for FPGA】，这时系统将会弹出一个 EDIF 网表属性对话框，如图 10-26 所示。在这个属性对话框中，用户在 Vendor Family（厂商）下拉框中选择 Xilinx Spartan 2 Series，同时选中 Insert IO Buffers 复选框，这个复选框的作用是用来改变顶层实体的端口进入到带有相应缓冲的焊盘，完成属性设置后的对话框如图 10-27 所示。最后单击 OK 按钮即可关闭相应的 EDIF 网表属性对话框。

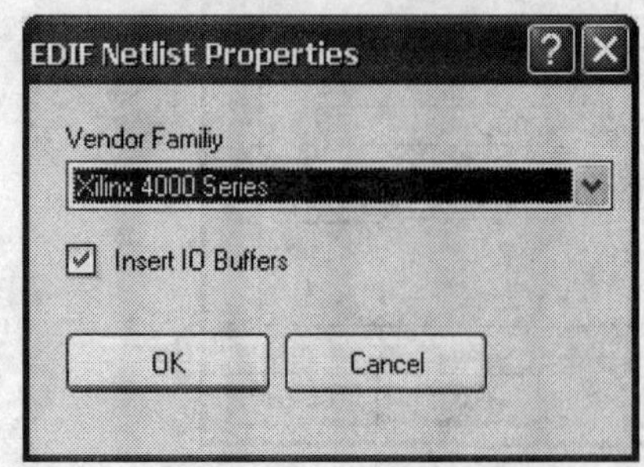

图 10-26 EDIF 网表属性对话框

图 10-27 网表属性对话框中的设置

这时系统开始进行 EDIF-FPGA 网表的生成操作，可以看到系统会自动在项目文件夹下生成一个新的文件夹 Generated EDIF Docunments，同时生成一个名称为 Johnson_Counter 且扩展名为“.EDN”的网表文件。需要注意的是，扩展名为“.EDN”的网表文件是 Xilinx 公司认可的 EDIF 文件格式。对于不同的 FPGA 芯片厂商来说，认可的 EDIF 文件格式的扩展名是不相同的，读者需要引起注意。

在生成 EDIF-FPGA 网表的过程中，用户可以通过信息工作面板来查看操作过程中的错误和警告信息。通过这些信息，用户可以很方便地对设计进行相应的修改。生成相应的 EDIF 网表文件后，用户通过双击文件名就可以打开这个文件，如图 10-28 所示。

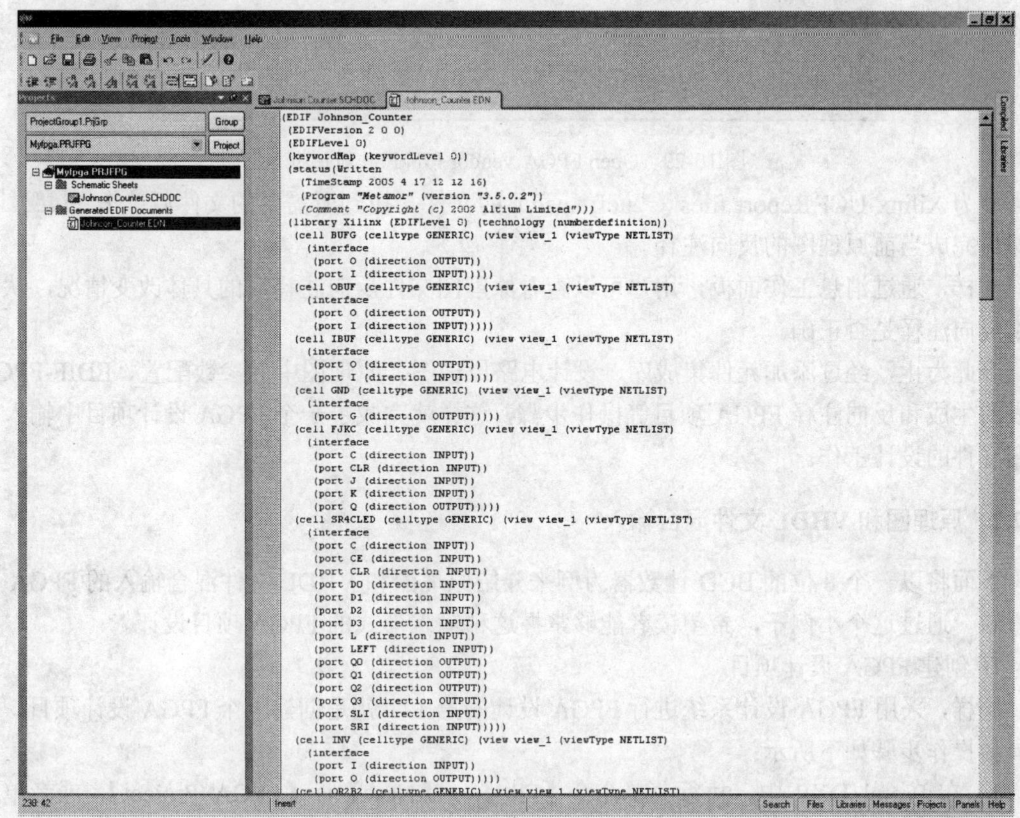

图 10-28　网表文件 Johnson_Counter.DEN

5. 反向注释 FPGA 项目

如果用户已经将 FPGA 设计项目采用相应的布局布线工具进行设计，那么设计过程中可能会对 PINNUM 信息进行了修改，这时用户需要返回到设计项目的原理图中对端口映射信息进行修改操作。在 Protel DXP 中，设计系统为用户提供了反向注释 FPGA 项目的功能，这样就避免了手工修改端口映射信息的麻烦。

在 Protel DXP 中，首先打开需要进行反向注释的原理图文件，然后执行相应的菜单命令【Tools】→【Import FPGA Pin-Data to Sheet】，这时系统将会打开一个 Open FPGA Vendor PIN File 对话框，如图 10-29 所示。

由于本例使用的是 Xilinx 公司的 FPGA 芯片，因此用户需要在文件类型下拉框中选择文

图 10-29　Open FPGA Vendor PIN File 对话框

件类型为 Xilinx UCF,Report files（*.ucf;*.pad）的文件，找到所需要的文件后单击 打开(O) 按钮即可完成当前原理图的反向注释。

同样，通过消息工作面板，用户可以查看原理图文件反向注释后的具体改变情况，从而判断反向注释是否正确。

至此为止，经过添加元件集成库、设计电路原理图、原理图中的参数配置、EDIF-FPGA 网表的生成和反向注释 FPGA 项目等操作步骤，这样就完成了一个 FPGA 设计项目中输入原理图文件的设计工作。

10.2.2　原理图和 VHDL 文件混合输入

下面将以一个 8 位的 BCD 计数器为例来介绍原理图和 VHDL 文件混合输入的 FPGA 设计方法。通过这个小例子，希望读者能够掌握这种输入形式的 FPGA 项目设计。

1. 创建 FPGA 设计项目

同样，采用 FPGA 设计系统进行 FPGA 设计的第 1 步就是创建一个 FPGA 设计项目，它的具体操作步骤如下所示：

1）在 Protel DXP 中，执行菜单命令【File】→【New】→【FPGA Project】，或者单击 Pick a task 区域中的 Create a new FPGA Design Project 选项，这时一个名称为“FPGA Project1.PrjFpg”的项目文件会出现在项目工作面板中，如图 10-30 所示。

2）接下来执行菜单命令【File】→【Save Project】，这时系统将会出现一个 FPGA 设计项目保存对话框。将新建项目保存在系统默认的文件夹“Examples”下，项目命名为“BCD8”，然后单击 保存(S) 按钮即可完成设计项目的保存工作。保存新建的项目文件后，这时的项目工作面板如图 10-31 所示。

按照上面的操作步骤，我们就创建了一个 8 位 BCD 计数器的 FPGA 设计项目。

2. 添加 VHDL 文件

完成 FPGA 设计项目的创建后，执行菜单命令【File】→【New】→【VHDL Document】，这时系统将自动建立一个名称为“VHDL_File1.Vhd”的空白 VHDL 文件，同时系统将会打开这个 VHDL 文件，这时的项目工作面板如图 10-32 所示。

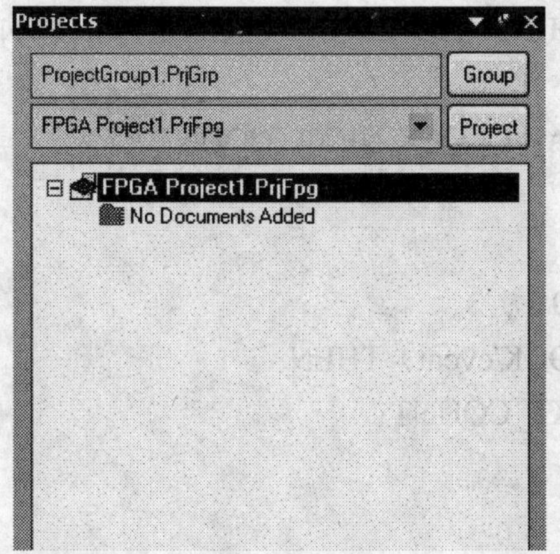

图 10-30　新建项目后的项目工作面板

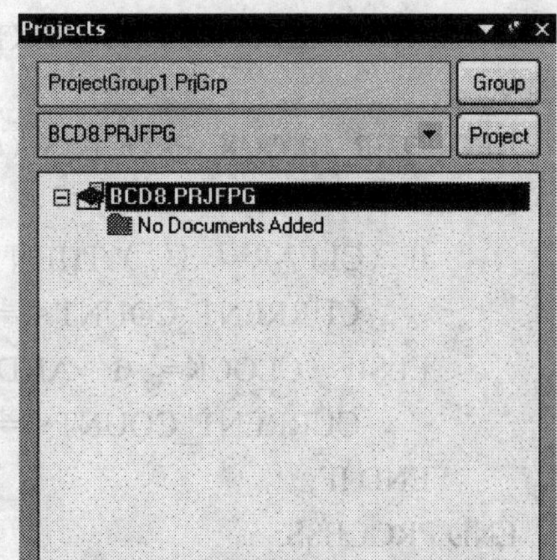

图 10-31　保存项目后的项目工作面板

接下来执行相应的菜单命令【File】→【Save】，将新建的 VHDL 文件保存在相应的文件夹下，文件命名为“BCD”。对这个新建的 VHDL 文件进行保存操作后，这时的项目工作面板如图 10-33 所示。

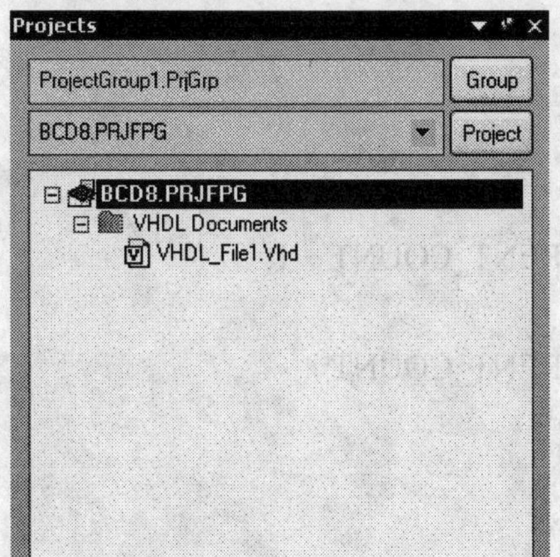

图 10-32　新建 VHDL 文件后的项目面板

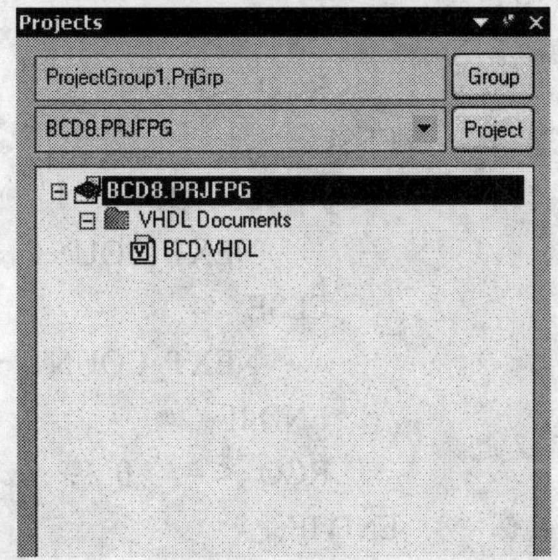

图 10-33　保存 VHDL 文件后的项目面板

下面将直接给出一个用来描述 4 位 BCD 计数器的 VHDL 程序，而不对 VHDL 的相关语法知识进行介绍。读者如果想要掌握 VHDL 的相关内容，请参考相关的书籍。4 位 BCD 计数器的 VHDL 程序如下所示：

```
LIBRARY IEEE;
USE IEEE.STD_LOGIC_1164.ALL;
USE IEEE.STD_LOGIC_UNSIGNED.ALL;

ENTITY BCD IS
    PORT（CLEAR，CLOCK，ENABLE：IN  STD_LOGIC；
            RCO：OUT STD_LOGIC；
            OCD：OUT STD_LOGIC_VECTOR（3 DOWNTO 0））;
END BCD;

ARCHITECTURE RTL OF BCD IS
```

```
    SIGNAL CURRENT_COUNT, NEXT_COUNT: STD_LOGIC_VECTOR(3 DOWNTO 0);
BEGIN
    REGISTER_BLOCK: PROCESS (CLEAR,CLOCK,NEXT_COUNT)
    BEGIN
        IF (CLEAR='1') THEN
            CURRENT_COUNT<= x"0";
        ELSIF (CLOCK='1' AND CLOCK'event) THEN
            CURRENT_COUNT<= NEXT_COUNT;
        END IF;
    END PROCESS;
    -- Binary Coded Decimal generator combinational logic block
    BCD_GENERATOR: PROCESS (CURRENT_COUNT,ENABLE)
    BEGIN
        IF (CURRENT_COUNT=x"9") AND (ENABLE='1') THEN
            NEXT_COUNT <= x"0";
            RCO <= '1';
        ELSE
            IF (ENABLE='1') THEN
                NEXT_COUNT <= CURRENT_COUNT + 1;
            ELSE
                NEXT_COUNT <= CURRENT_COUNT;
            END IF;
            RCO <= '0';
        END IF;
    END PROCESS;
    OCD <= CURRENT_COUNT;
END RTL;
```

完成上面的 VHDL 程序后，执行菜单命令【File】→【Save All】，保存对当前 FPGA 设计项目进行的所有操作。

3. 设计电路原理图

在 Protel DXP 中，首先执行菜单命令【File】→【New】→【Schematic】，这时一个名称为“Sheet1.SchDoc”的空白原理图文件将会自动建立，同时系统将会打开这个原理图文件并且启动相应的原理图设计系统，这时的项目工作面板如图 10-34 所示。

在原理图设计系统中，执行菜单命令【File】→【Save】，将新建的原理图文件保存在相应的文件夹下，文件命名为“BCD8”。对新建的原理图文件进行保存后，这时的项目工作面板如图 10-35 所示。

执行菜单命令【Design】→【Options】，这时将会弹出相应的图纸属性设置对话框。通过这个对话框，用户可以对图纸进行符合设计要求的设置，这里我们将设计图纸的尺寸大小设置为 A4。

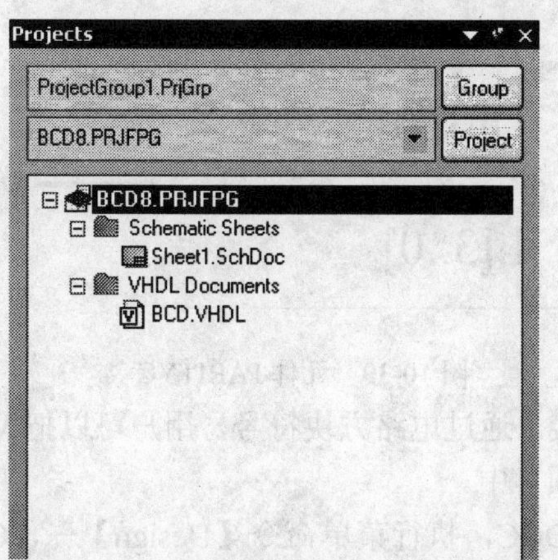

图 10-34　新建原理图文件的项目面板

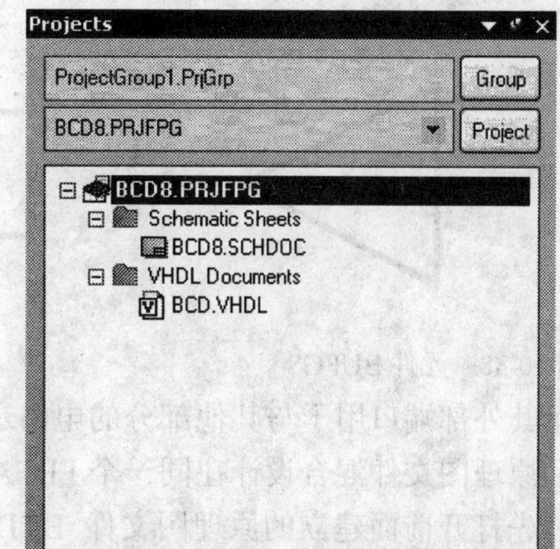

图 10-35　保存原理图文件的项目面板

完成上面设计项目的创建操作后，接下来就可以进行元件原理图库的创建工作了。在 Protel DXP 中，创建元件原理图库的具体操作步骤是：

1）执行菜单命令【File】→【New】→【Schematic Library】，这时系统将会自动建立一个名称为“Schlib1.SchLib”的空白元件原理图库文件，同时系统将会自动打开这个原理图库文件并启动相应的元件原理图编辑器。这时的项目工作面板如图 10-36 所示。

2）然后继续执行菜单命令【File】→【Save】，将新建的元件原理图库文件保存在系统默认的文件夹 Examples 下，文件命名为“BCD”。保存新建的元件原理图库文件后，这时的项目工作面板如图 10-37 所示。

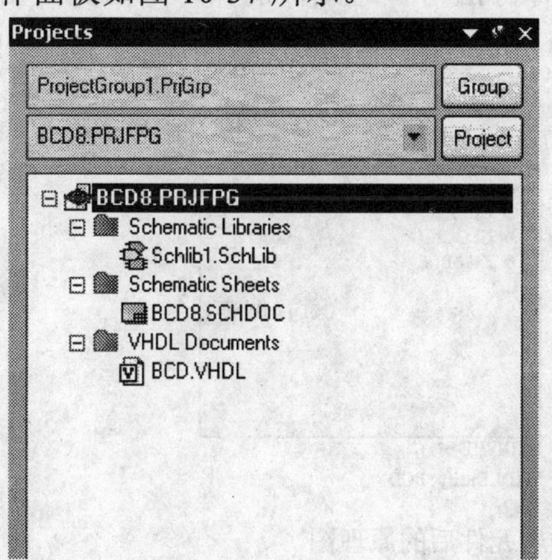

图 10-36　新建原理图库文件的项目工作面板

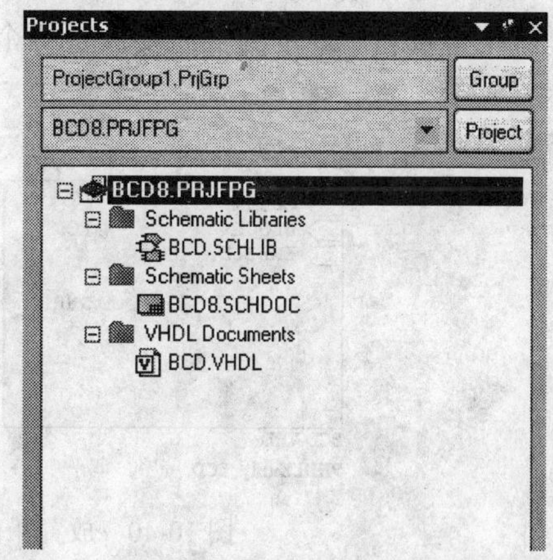

图 10-37　保存原理图库文件的项目工作面板

3）这样在打开的原理图库文件中，设计人员就可以按照项目的具体要求来创建相应的元件原理图符号。根据 8 位 BCD 计数器的设计要求，这里将建立两个元件原理图符号，如图 10-38 和图 10-39 所示。由于元件原理图的创建在前面的章节中已经介绍过了，这里就不再重复介绍了。完成创建工作后，执行菜单命令【File】→【Save】保存相应的库文件。

4）接下来打开相应的库文件工作面板，这时可以发现在装载库文件的选择下拉框中已经添加了新创建的元件原理图库文件。如果没有发现新创建的元件原理图库文件，那么这时可以执行相应的库添加操作把新建的库文件添加到当前项目文件中。

在 Protel DXP 中，电路方块符号是连接 VHDL 文件和顶层原理图的纽带。通常在这种情况下，VHDL 文件属于底层文件，它在顶层原理图中是以“黑匣子”的形式出现的，即这时

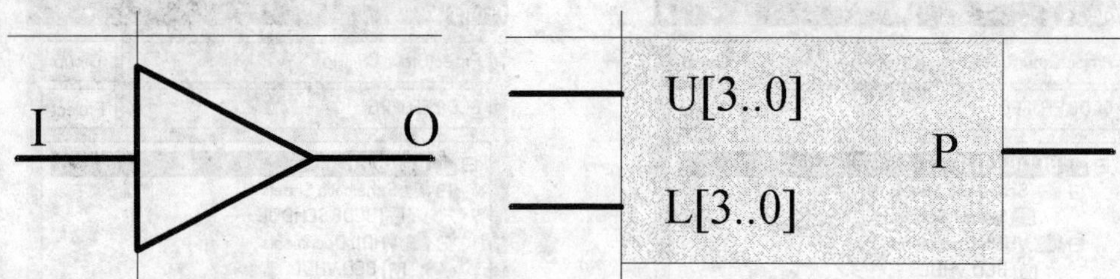

图 10-38 元件 BUFGS　　图 10-39 元件 PARITYC

只显示其外部端口用于与其他部分的电路进行连接。通过电路方块符号，用户可以把 VHDL 文件和原理图文件混合设计在同一个 FPGA 设计项目中。

首先打开前面建立的原理图文件 BCD8.SCHDOC，执行菜单命令【Design】→【Create Symbol From Sheet】，这时系统将会弹出一个放置文档选择对话框。在这个对话框中，选择前面建立的 VHDL 文件 BCD.VHD，然后单击按钮，这时系统将会处于放置元件符号的命令状态下，可以看到一个元件符号粘附在鼠标光标上。

移动光标到原理图中需要放置元件的合适位置，单击鼠标左键即可完成一个 4 位 BCD 计数器元件的放置操作。这时，系统仍然处在放置 4 位 BCD 计数器元件的命令状态下，用户可以重复前面的步骤放置新的 4 位 BCD 计数器元件，当然也可以通过单击鼠标右键或者按下 Esc 键退出当前的放置命令状态。

如果用户对放置的 4 位 BCD 计数器元件感到不满意的话，那么可以打开相应的元件属性对话框来进行编辑和修改。打开属性对话框的具体方法与普通元件的操作方法完全相同，这里就不再赘述了。本例中需要放置两个 4 位 BCD 计数器元件，放置后的原理图如图 10-40 所示。

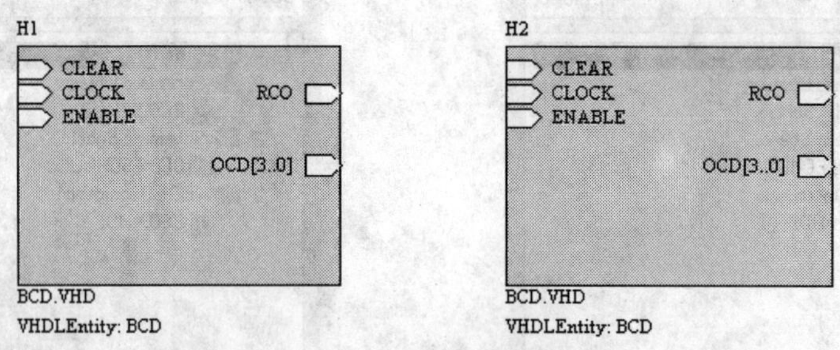

图 10-40 放置 4 位 BCD 计数器元件后的原理图

重复前面的操作过程，在原理图中依次放置 1 个 BUFGS 元件和 1 个 PARITYC 元件，另外还需要放置 7 个端口，放置完毕后的原理图如图 10-41 所示。

执行菜单命令【Place】→【Wire】或单击布线工具栏中的按钮或者按下 Alt+P+W 快捷键，这时系统将会进入到放置导线的命令状态，可见鼠标光标将会变成十字光标。按照前面介绍的放置方法，对原理图中进行相应连线的放置操作。

执行菜单命令【Place】→【Bus】或单击布线工具栏中的按钮或者按下 Alt+P+B 快捷键，这时系统将会进入到放置总线的命令状态，可见鼠标光标将会变成十字光标。按照前面介绍的放置方法，对原理图中的端口进行相应的总线连接。

执行菜单命令【Place】→【Net Label】或单击布线工具栏中的按钮或者按下 Alt+P+N 快捷键，这时系统将会进入到放置网络标号的命令状态。这时，按下 Tab 键将会打开网络标

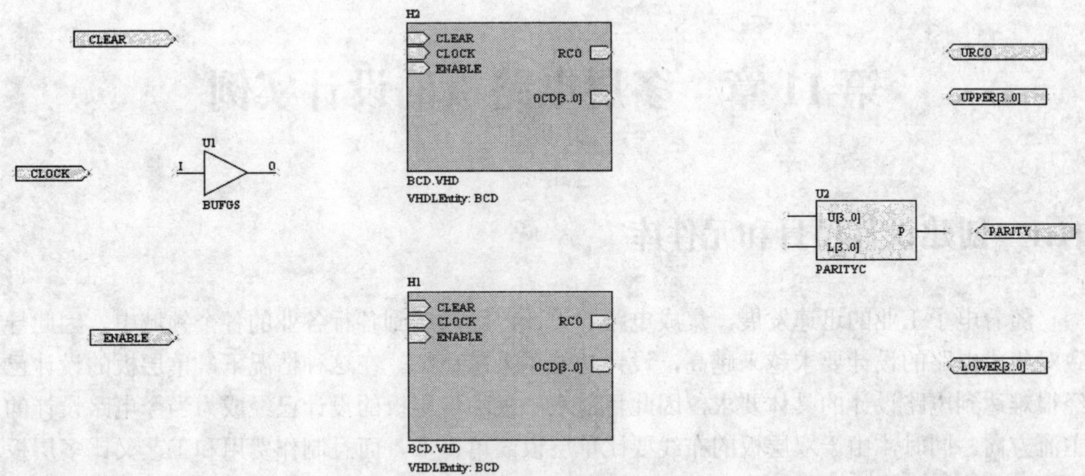

图 10-41　放置元件和端口后的原理图

号属性对话框，用户在对话框中可以进行相应属性的设置操作。设置完成后，移动光标到原理图中需要放置网络标号的导线或者元件引脚上，当光标上出现红色的十字时表明光标已捕捉到导线或者元件引脚，这时单击鼠标左键即可完成一个网络标号的放置。重复前面的操作步骤，依次在相应位置放置其他的网络标号。

完成上面的操作步骤后，这时的原理图如图 10-42 所示。

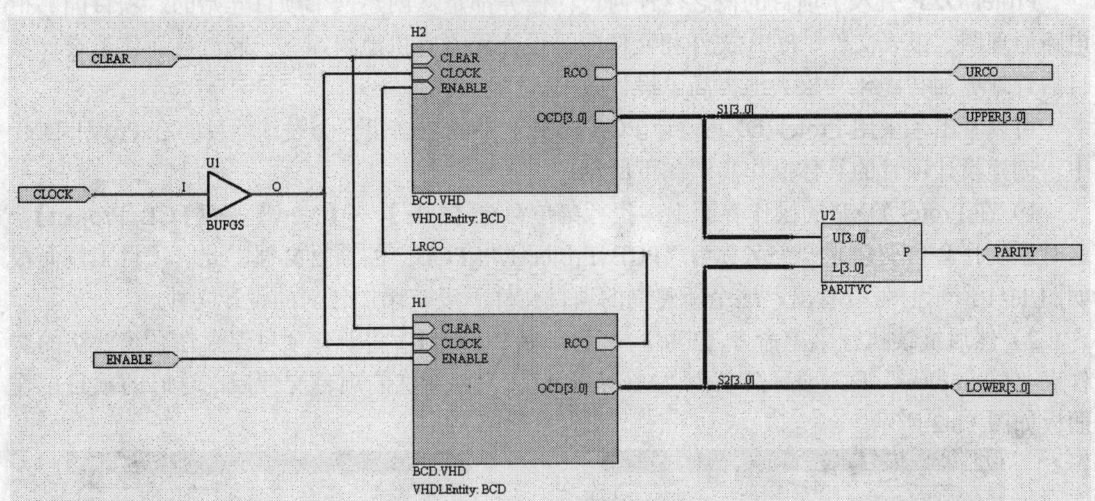

图 10-42　设计完成后的原理图

至此为止，经过创建 FPGA 设计项目、添加 VHDL 文件和设计电路原理图 3 个步骤的具体操作，我们就完成了一个 8 位 BCD 计数器设计项目中原理图和 VHDL 文件混合输入的设计工作。完成上面的设计工作后，接下来用户就可以进行原理图中的参数配置和生成 EDIF-FPGA 网表的操作。由于这两个步骤的具体操作在前一节中已经进行了详细介绍，这里就不再介绍了，请读者们自行完成这两步的操作。

当用户得到 8 位 BCD 计数器设计项目的网表文件后，用户便可以将网表添加到 FPGA 芯片厂商或者第 3 方厂商提供的布局布线工具中，从而完成整个项目的设计工作。

第 11 章　多层电路板的设计实例

11.1　创建设计项目和元件库

随着电子工业的迅速发展，集成电路的设计已经渗透到各行各业的各个领域中，因此导致对集成电路的设计要求越来越高，设计功能越来越精细。在这种情况下，单层板的设计已经很难达到电路设计的具体要求，因此目前双层板和多层板的设计已经成为当今电路设计的主流方向。同时，由于双层板的布线要比单层板简单得多，而且制作费用和工艺又比多层板廉价，所以双层板的应用要相对广泛得多。

下面将以一个具体的双层电路板设计为例，具体介绍采用 Protel DXP 设计 PCB 的全部过程和操作方法。这个双层电路板是用来实现一个 Z80 的具体功能，这里我们只介绍实现 Z80 具体功能的 PCB 制作，而对于 Z80 的相关知识，读者可以参考相关书籍。

11.1.1　创建设计项目

Protel DXP 引入了项目的概念，任何设计任务都是从创建一个项目开始的，项目能够把电路原理图、报表文件、PCB 文件和元件库等设计元素有机地组织在一起，从而使得设计项目的管理更加智能化，极大地提高了设计效率。

可以看出，采用 Protel DXP 设计 PCB 的第 1 步就是创建一个设计项目。在 Protel DXP 中，创建设计项目的具体操作步骤如下所示：

1）在 Protel DXP 的操作界面上，执行菜单命令【File】→【New】→【PCB Project】，这时系统将会自动建立一个名称为“PCB Project1.PrjPCB”的项目文件，此时项目工作面板如图 11-1 所示。可以看出，这个新建立的项目文件下没有添加任何的设计文件。

2）然后继续执行菜单命令【File】→【Save Project】，将新建项目保存在系统默认的文件夹“Examples”下，项目命名为“Myproject”。保存新建的项目文件后，这时的项目工作面板如图 11-2 所示。

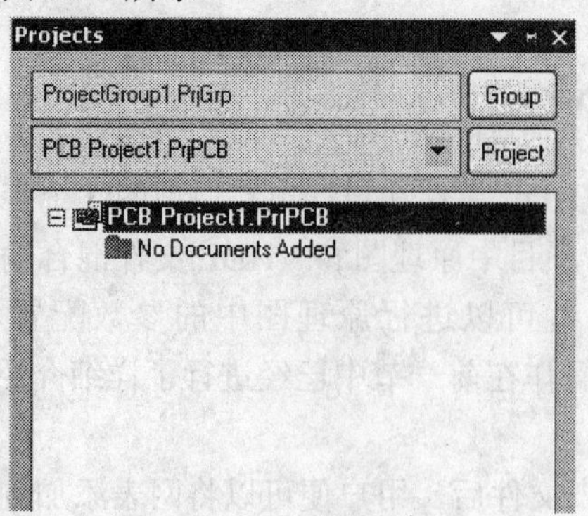

图 11-1　新建项目后的项目工作面板

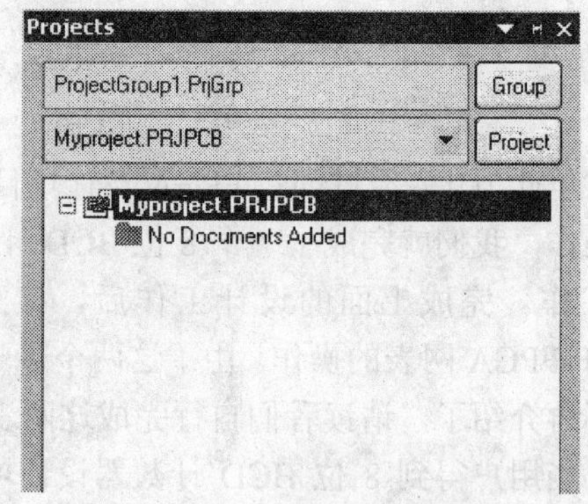

图 11-2　保存项目后的项目工作面板

这样，我们就完成了一个设计项目的创建工作。在 Protel DXP 中，设计项目并不是一个具体的设计文件，它只是一个将用户的设计文件连接在一起的链接文件，这样将有助于用户对自己的设计文件进行管理。

11.1.2　创建元件原理图库

前面提到过，在芯片制造厂商新产品的不断出现的今天，某些情况下用户将无法从 Protel DXP 的元件库中找到相应的元件原理图或者 PCB 封装，这时用户需要自行创建新的元件原理图库和元件 PCB 封装库。此外，很多电路设计工程师习惯于为每一个设计项目建立一个单独的元件原理图库和元件 PCB 封装库，这样将会大大方便设计人员对元件库的管理工作。因此，建议读者对于每一个设计项目都建立一个对应的元件原理图库和元件 PCB 封装库，这是一条有效的设计经验。

完成上面设计项目的创建操作后，接下来就可以进行元件原理图库的创建工作了。在 Protel DXP 中，创建元件原理图库的具体操作步骤是：

1）在 Protel DXP 的操作界面上，执行菜单命令【File】→【New】→【Schematic Library】，这时系统将会自动建立一个名称为“Schlib1.SchLib”的空白元件原理图库文件，同时系统将会自动打开这个原理图库文件并启动相应的元件原理图编辑器。这时的项目工作面板如图 11-3 所示。

2）然后继续执行菜单命令【File】→【Save】，将新建的元件原理图库文件保存在系统默认的文件夹 Examples 下，文件命名为“Myschlib”。保存新建的元件原理图库文件后，这时的项目工作面板如图 11-4 所示。

图 11-3　新建原理图库文件的项目工作面板

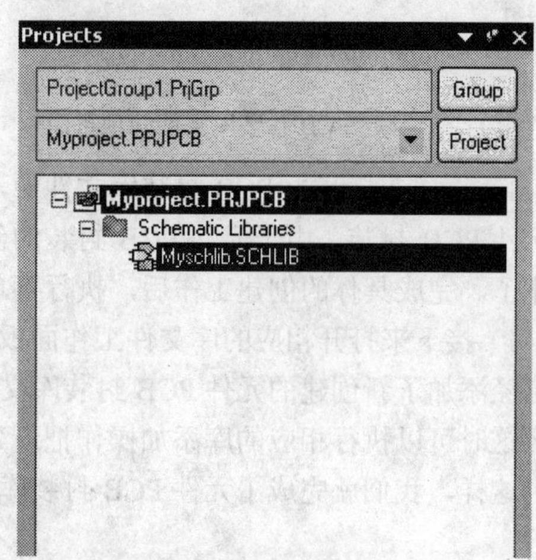

图 11-4　保存原理图库文件的项目工作面板

3）这样在打开的原理图库文件中，设计人员就可以按照项目的具体要求来创建相应的元件原理图符号。由于元件原理图的创建在前面的章节中已经介绍过了，这里就不再重复介绍了。完成创建工作后，执行菜单命令【File】→【Save】保存相应的库文件。

4）接下来打开相应的库文件工作面板，这时可以发现在装载库文件的选择下拉框中已经添加了新创建的元件原理图库文件。如果没有发现新创建的元件原理图库文件，那么这时可以执行相应的库添加操作把新建的库文件添加到当前项目文件中。

这样，我们就完成了元件原理图库的创建和添加到当前项目中的操作。

11.1.3　创建元件 PCB 封装库

下面进行的操作是为当前项目创建新的元件 PCB 封装库，它的操作步骤如下所示：

1）在 Protel DXP 中，执行菜单命令【File】→【New】→【PCB Library】，这时系统将自动建立一个名称为“PcbLib1.PcbLib”的空白元件 PCB 封装库文件，同时系统将会自动打开这个库文件并同时启动元件 PCB 封装编辑器，这时的项目工作面板如图 11-5 所示。

2）然后继续执行菜单命令【File】→【Save】，将新建的元件 PCB 封装库文件保存在系统默认的文件夹 Examples 下，文件命名为“Mypcblib”。保存新建的元件 PCB 封装库文件后，这时的项目工作面板如图 11-6 所示。

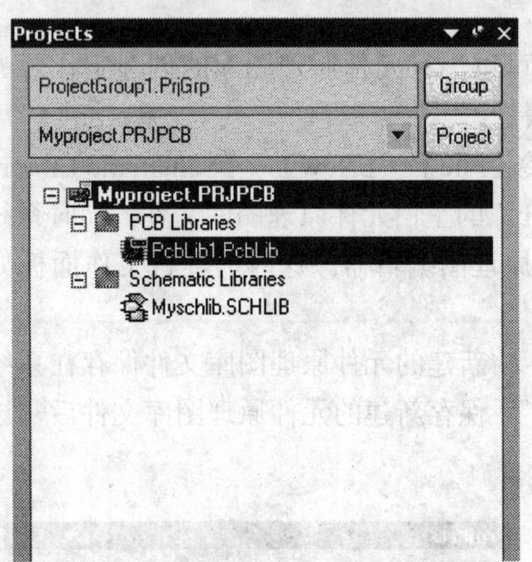

图 11-5　新建 PCB 封装库文件的项目面板

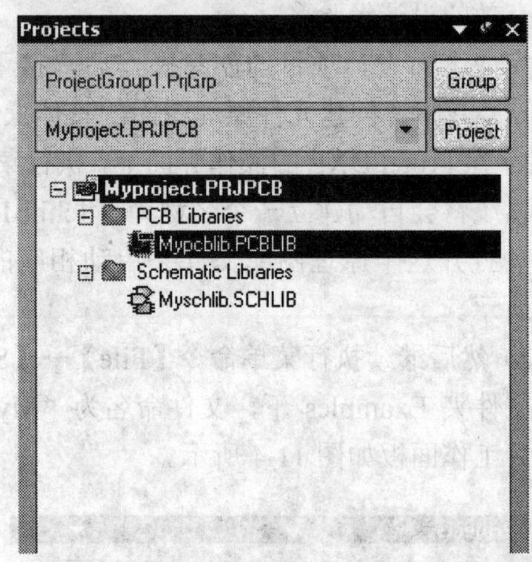

图 11-6　保存 PCB 封装库文件的项目面板

3）这样在打开的 PCB 封装库文件中，设计人员就可以按照项目的具体要求来创建相应的元件 PCB 封装。由于元件 PCB 封装的创建操作在前面的章节中已经介绍了，这里就不再赘述了。完成具体的创建工作后，执行菜单命令【File】→【Save】保存相应的库文件。

4）接下来打开相应的库文件工作面板，选择 Footprints 后可以发现在库文件选择下拉框中已经添加了新创建的元件 PCB 封装库文件。如果没有发现新创建的元件 PCB 封装库文件，那么这时可以执行相应的库添加操作把新建的库文件添加到当前项目文件中。

这样，我们就完成了元件 PCB 封装库的创建和添加到当前项目中的操作。

11.2　电路原理图设计

完成设计项目和元件库的创建操作后，接下来要进行的重要工作就是进行电路原理图的具体设计。在设计原理图的过程中，设计人员常常会遇到由于设计的电路系统太复杂而导致无法在一张图纸上完成整个电路原理图的情况，这时候经常采用层次原理图的设计方法来解决上面的问题。本例将采用自上而下的层次原理图设计方法来设计 Z80 的电路原理图。

11.2.1　顶层电路原理图的设计

根据 Z80 的逻辑功能和实现要求，可以将其划分为 6 个模块，分别是 CPU 时钟模块、电源模块、CPU 主体模块、可编程并行接口模块、串行接口模块和存储器模块。可以看出，采用层次原理图的设计方法可以很方便地对 Z80 进行电路原理图的设计操作。

下面我们将采用自上而下的层次原理图设计方法来完成 Z80 的原理图设计。首先来进行层次原理图中顶层原理图的设计，它的具体操作步骤如下所示：

1）在 Protel DXP 中，执行菜单命令【File】→【New】→【Schematic】，这时系统将自动建立一个名称为“Sheet1.SchDoc”的空白原理图文件，同时系统将会打开这个原理图文件并启动相应的原理图设计系统，这时的项目工作面板如图 11-7 所示。

2）然后继续执行相应的菜单命令【File】→【Save】，将新建的原理图文件保存在相应的文件夹下，文件命名为“Z80 Processor”。保存新建的原理图文件后，这时的项目工作面板如图 11-8 所示。

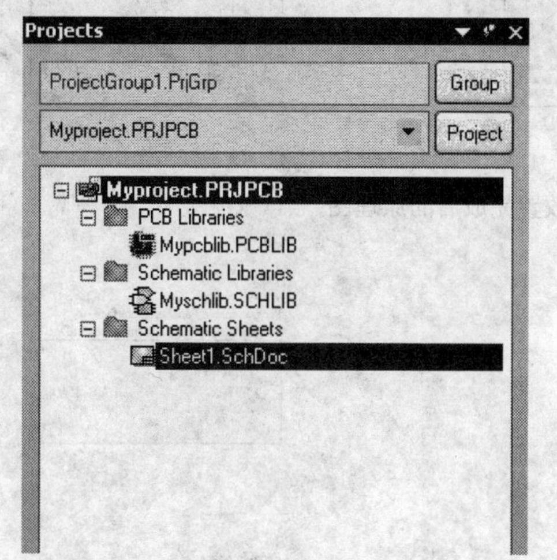

图 11-7　新建原理图文件的项目工作面板

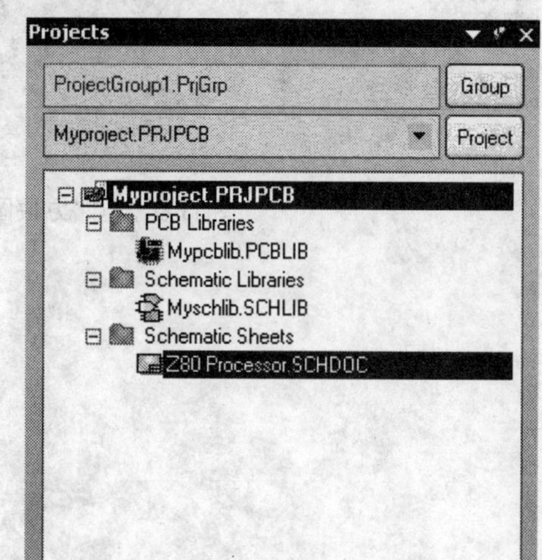

图 11-8　保存原理图文件的项目工作面板

3）执行菜单命令【Place】→【Sheet Symbol】或单击布线工具栏中的按钮或者按下 Alt+P+S 快捷键，这时系统将会进入到放置电路方块图的命令状态。按照前面介绍的放置方法，在原理图文件 Z80 Processor 的设计图纸上放置 6 个电路方块图，名称分别为 CPU Clock、Power Supply、CPU Section、Programmable Peripheral Interface、Serial Interface 和 Memory，如图 11-9 所示。其中，CPU Clock 对应着 CPU 时钟模块，Power Supply 对应着电源模块，CPU Section 对应着 CPU 主体模块，Programmable Peripheral Interface 对应着可编程并行接口模块，Serial Interface 对应着串行接口模块，Memory 对应着存储器模块。

4）执行菜单命令【Place】→【Add Sheet Entry】或单击布线工具栏中的按钮或者按下 Alt+P+A 快捷键，这时系统将会进入到放置电路方块图接口的命令状态。按照前面介绍的放置方法，对 6 个电路方块图进行相应接口的放置工作。电路方块图接口放置完成后的原理图如图 11-10 所示。

5）执行菜单命令【Place】→【Bus】或单击布线工具栏中的按钮或者按下 Alt+P+B

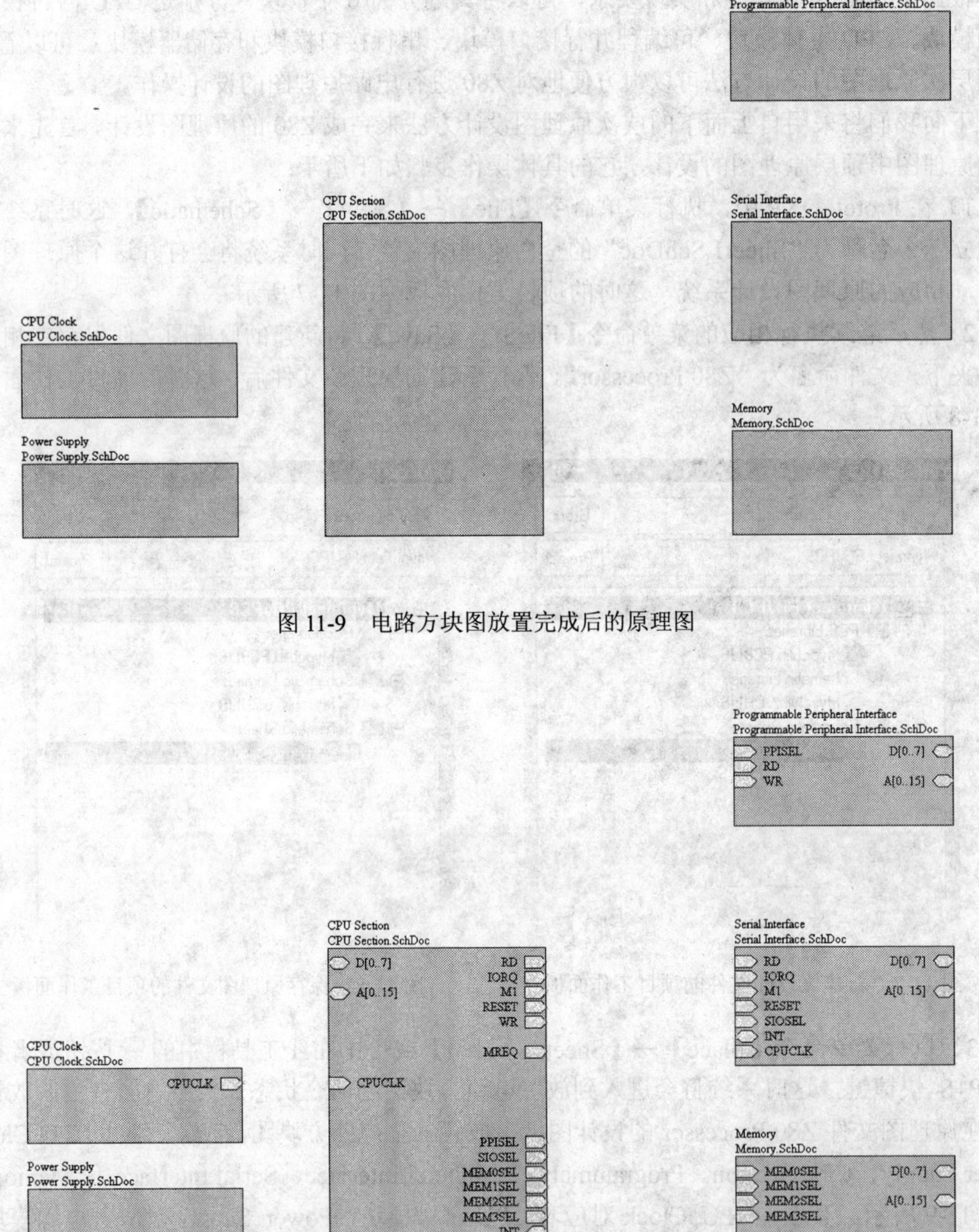

图 11-9　电路方块图放置完成后的原理图

图 11-10　电路方块图接口放置完成后的原理图

快捷键，这时系统将会进入到放置总线的命令状态。按照前面介绍的放置方法，对电路方块图中的接口 A[0..15]和 D[0..7]进行连接。

执行菜单命令【Place】→【Wire】或单击布线工具栏中的≈按钮或者按下 Alt+P+W 快捷键，这时系统将会进入到放置导线的命令状态。按照前面介绍的放置方法，对电路方块图中的其他接口进行相应的电气连接。连接后的原理图如图 11-11 所示。

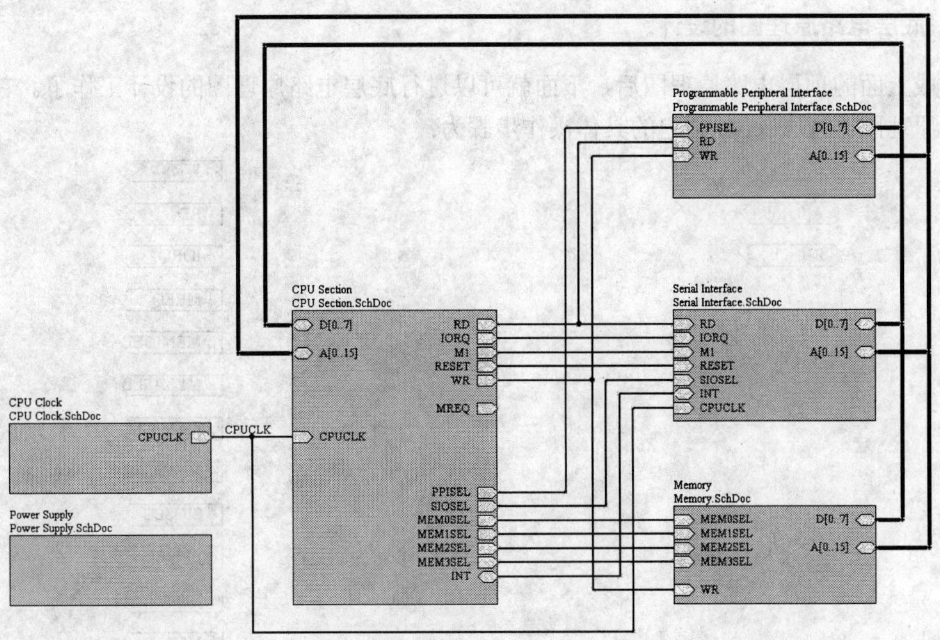

图 11-11 电路方块图进行连线后的原理图

6）执行菜单命令【Place】→【Net Label】或单击布线工具栏中的 按钮或者按下 Alt+P+N 快捷键，这时系统将会进入到放置网络标号的命令状态。按照前面介绍的放置方法，在电路方块图中放置相应的网络标号，如图 11-12 所示。

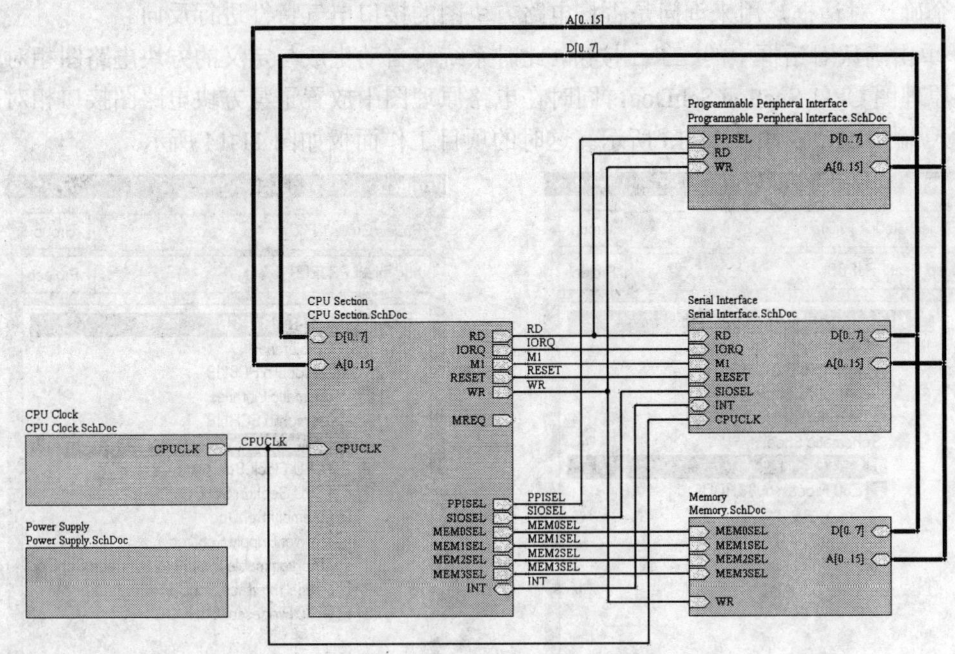

图 11-12 电路方块图中放置网络标号后的原理图

7）最后执行菜单命令【File】→【Save All】，完成当前所有文件的保存工作。

11.2.2　底层电路原理图的设计

完成上面的顶层电路原理图后，下面就可以进行底层电路原理图的设计工作了。首先来设计子原理图 CPU Section，它的具体操作步骤为：

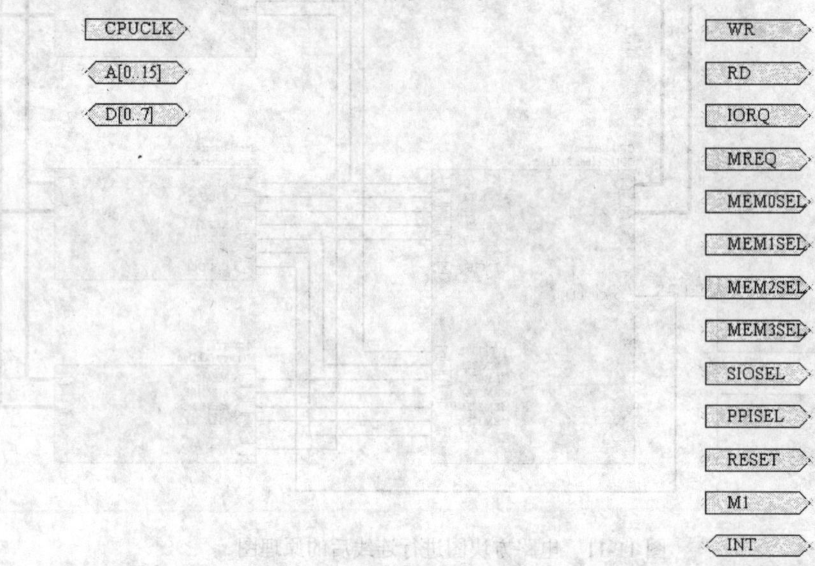

图 11-13　电路方块图 CPU Section 对应的子原理图端口

1）执行菜单命令【Design】→【Create Sheet From Symbol】，这时鼠标光标将变成十字光标。然后移动鼠标到顶层原理图中的方块电路图 CPU Section 上单击鼠标左键，这时将会弹出一个确认对话框，用来询问是否将电路方块图的接口电气特性进行反向。

2）单击确认对话框中的 No 按钮，此时系统将自动生成与定义的方块电路图相对应的子电路原理图 CPU Section.SchDoc，同时在电路原理图中放置了与方块电路图接口相对应的电路输入/输出端口，如图 11-13 所示。这时的项目工作面板如图 11-14 所示。

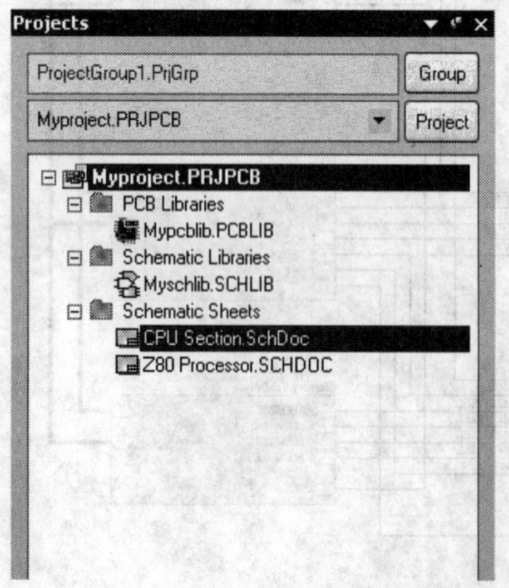

图 11-14　生成子原理图 CPU Section 后的工作面板

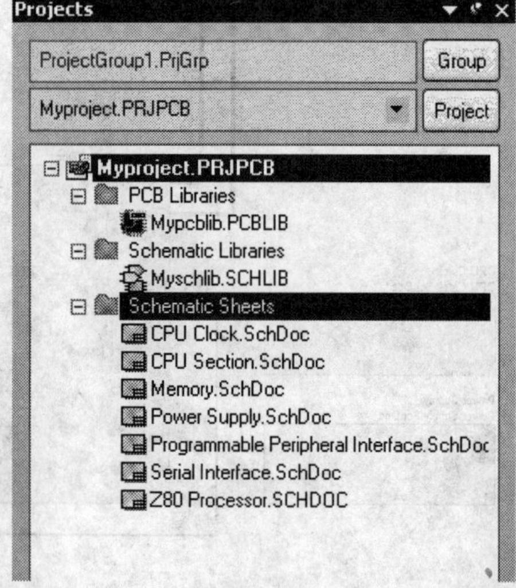

图 11-15　生成所有子原理图后的工作面板

3）重复前面第 1 步和第 2 步的具体操作过程，生成与定义的其他方块电路图相对应的子电路原理图，同时系统会在每一个子原理图中放置与方块电路图接口相对应的电路输入/输出端口。完成具体的操作后，这时的项目工作面板如图 11-15 所示。

4）执行完上面的操作后，设计人员便可以在相应的子原理图文件的设计窗口中进行子原理图的设计操作了。子原理图的设计方法与前面简单原理图的设计方法是一样的：首先进行元件的放置和编辑操作，然后利用原理图设计系统提供的放置工具对所有的元件进行连接操作。下面将直接给出设计完成后的子原理图，如图 11-16～图 11-21 所示。

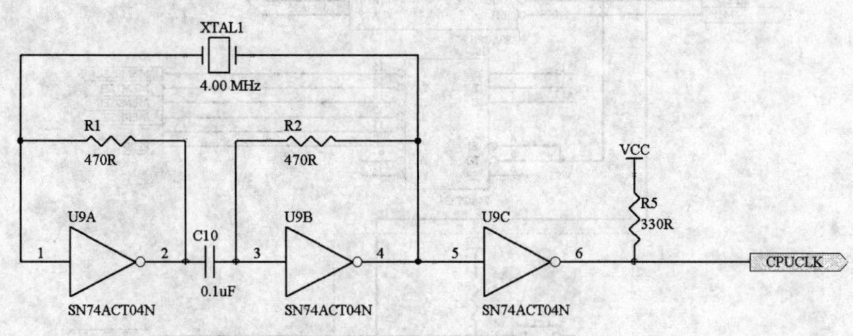

图 11-16 CPU Clock.SchDoc 子原理图

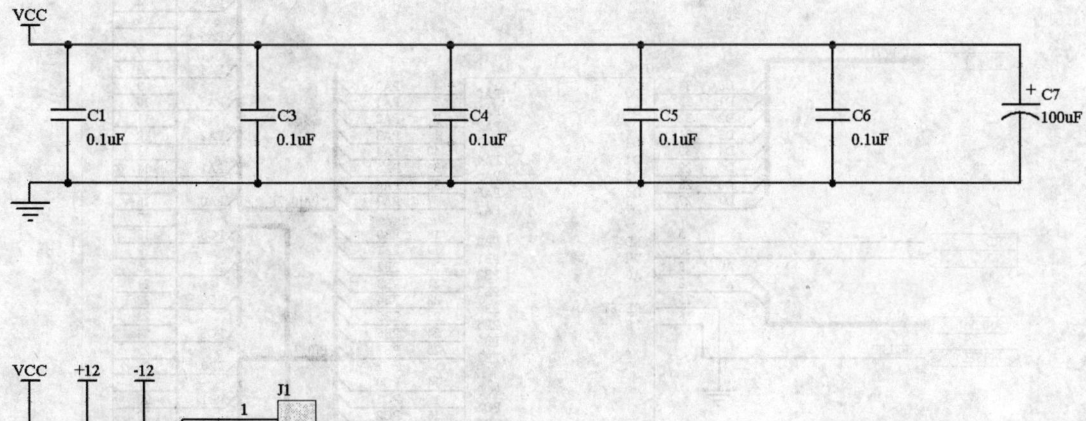

图 11-17 Power Supply.SchDoc 子原理图

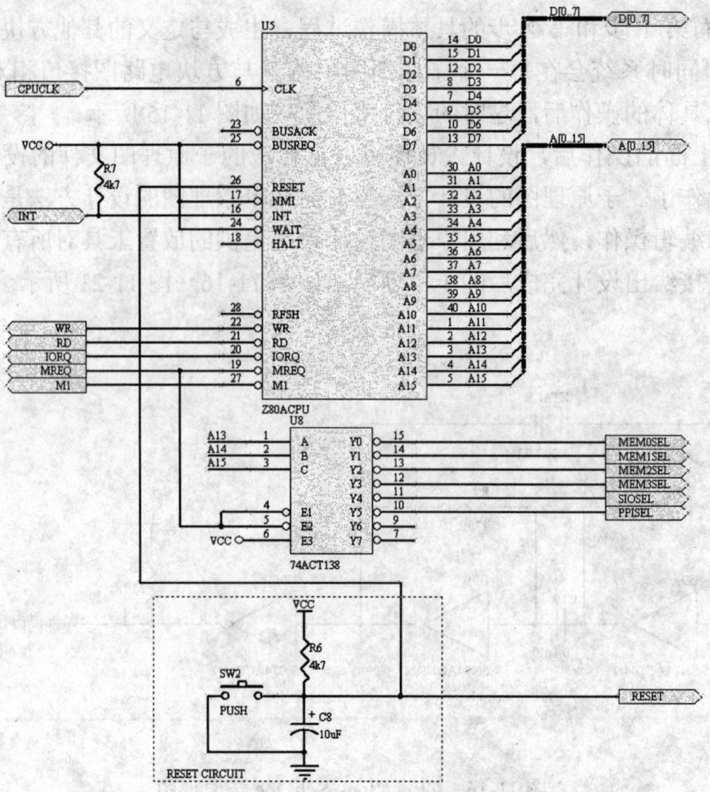

图 11-18 CPU Section.SchDoc 子原理图

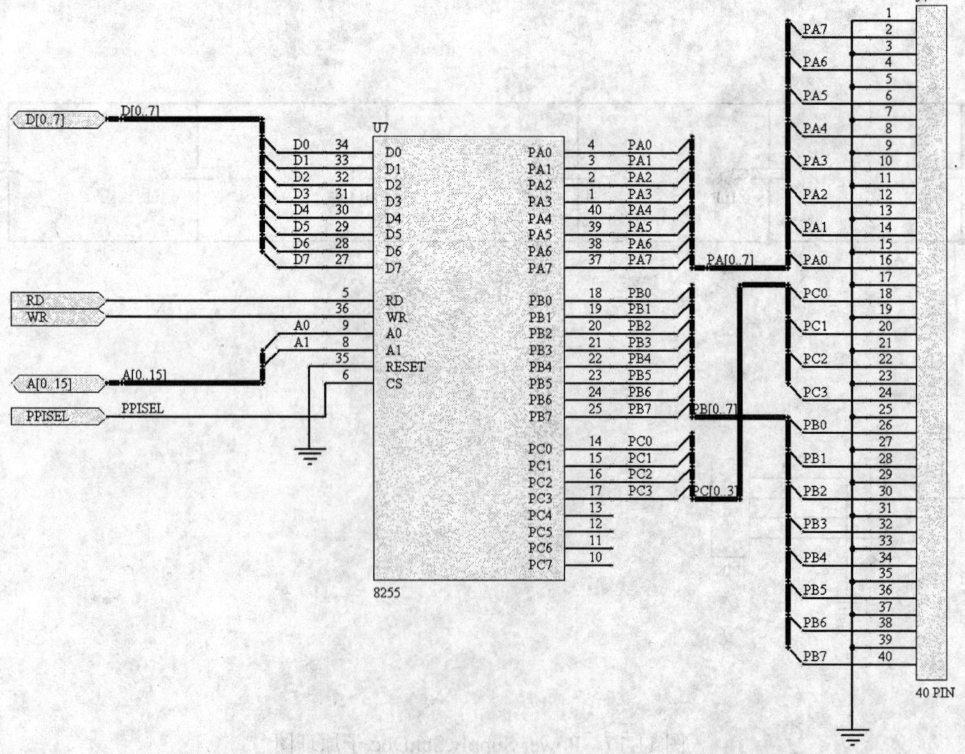

图 11-19 Programmable Peripheral Interface.SchDoc 子原理图

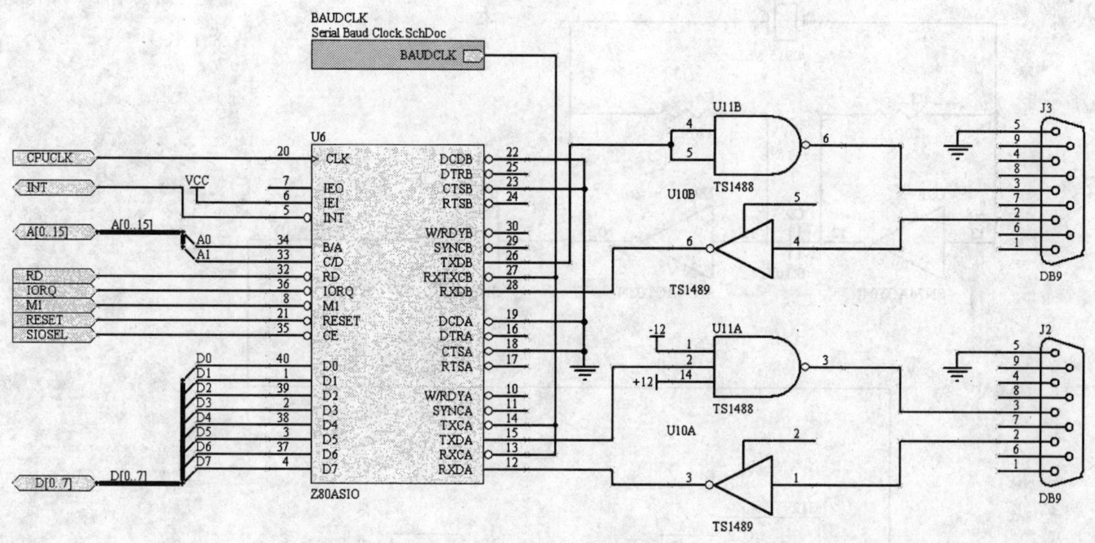

图 11-20　Serial Interface.SchDoc 子原理图

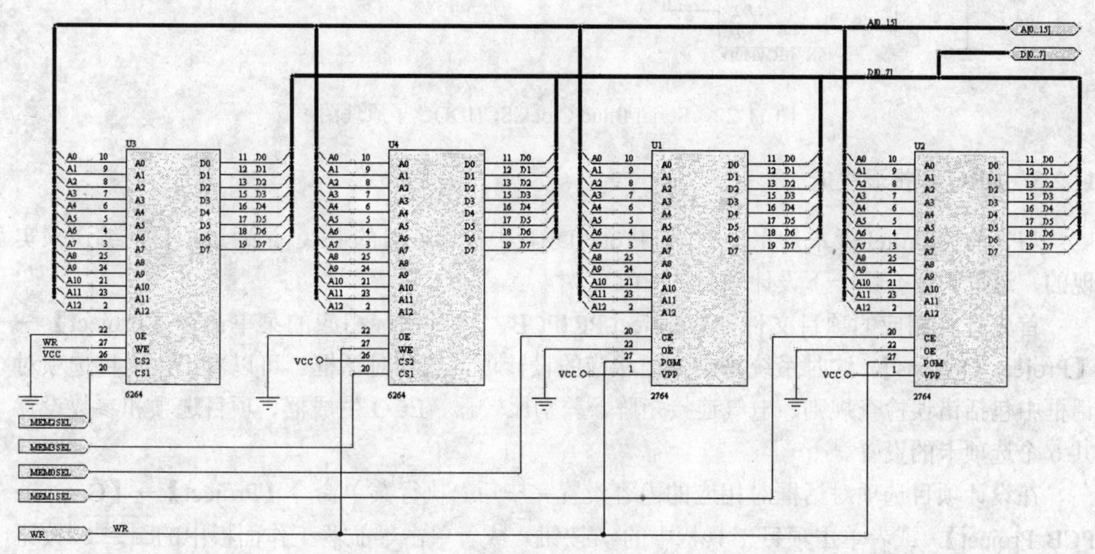

图 11-21　Memory.SchDoc 子原理图

5）在图 11-20 所示的 Serial Interface.SchDoc 子原理图中，可以看出还包含有一个方块电路图 BAUDCLK，它的功能是用来产生不同的时钟信号。重复前面第 1 步和第 2 步的具体操作过程，生成与定义的方块电路图 BAUDCLK 相对应的子电路原理图，然后设计相应的 Serial Baud Clock.SCHDOC 子电路原理图，如图 11-22 所示。

这样，采用自上而下的层次原理图设计方法设计 Z80 电路原理图的工作就完成了，接下来便可以进行电路原理图设计的一些后续工作了。

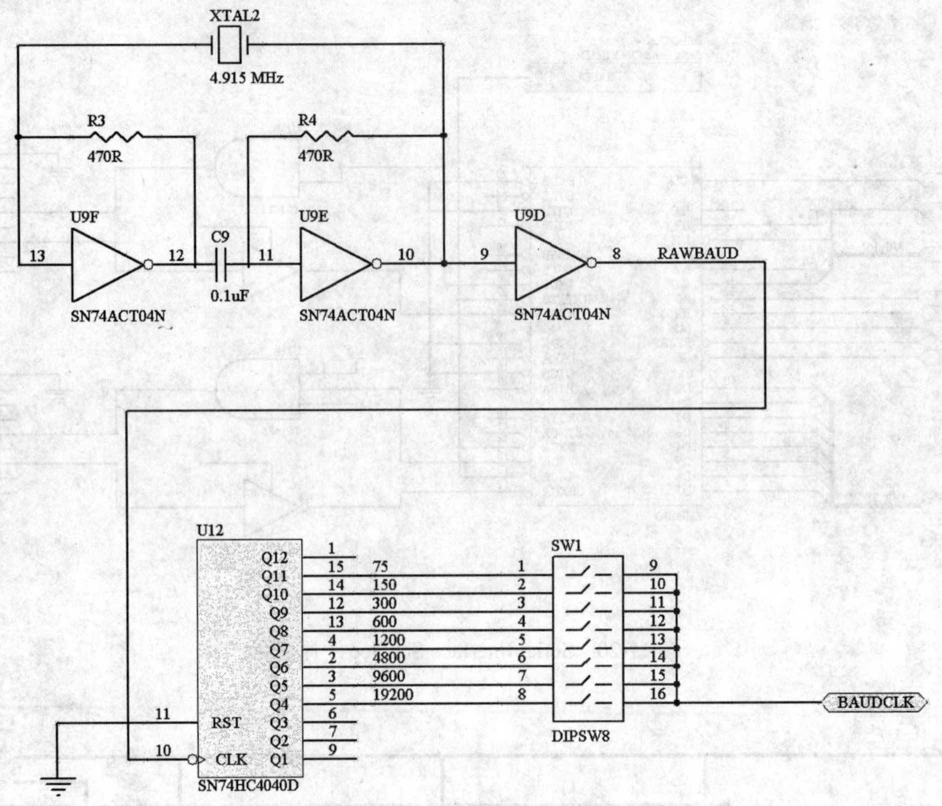

图 11-22　Serial Baud Clock.SCHDOC 子原理图

11.2.3　ERC 和报表生成

与先前的 Protel 版本是完全不同，Protel DXP 中设计项目的 ERC 是通过项目的编译来实现的，这里简单介绍一下设计项目的 ERC。

首先打开相应的项目文件 Myproject.PRJPCB，然后执行相应的菜单命令【Project】→【Project Options】，这时系统将会弹出相应的设计项目选项对话框。可以看出，项目选项对话框中包括错误检查规则、电气连接矩阵、差别比较器、ECO 生成器、项目选项和参数设置共 6 个选项卡的设置。

在设计项目选项对话框对相应的内容设置完毕后，执行菜单命令【Project】→【Compile PCB Project】，或者单击项目工具栏中的按钮，或者单击导航器工作面板中的Compile按钮进行项目编译。完成相应的项目编译后，设计人员通过消息工作面板可以检查当前设计项目中的错误，然后便可以对相应的错误进行修改操作。

设计项目的 ERC 完成后，设计人员就可以进行相应报表的生成工作了，下面给出几种重要报表的生成操作。

1．网络报表

在 Protel DXP 中，打开前面的设计项目文件 Myproject.PRJPCB，同时打开相应的顶层原理图文件 Z80 Processor.SCHDOC 来启动相应的原理图设计系统；接下来执行相应的菜单命令【Design】→【Netlist】，选择弹出下拉菜单中的 Protel 命令；完成相应的报表生成工作后，

Protel DXP 会自动在项目文件夹中生成一个与项目文件夹同名、扩展名为“.NET”的网络报表文件。

在原理图设计系统中，打开网络报表 Myproject.NET，这时的网络报表文件如图 11-23 所示。可以看出，这个网络报表给出了原理图的元件信息和网络连接信息。

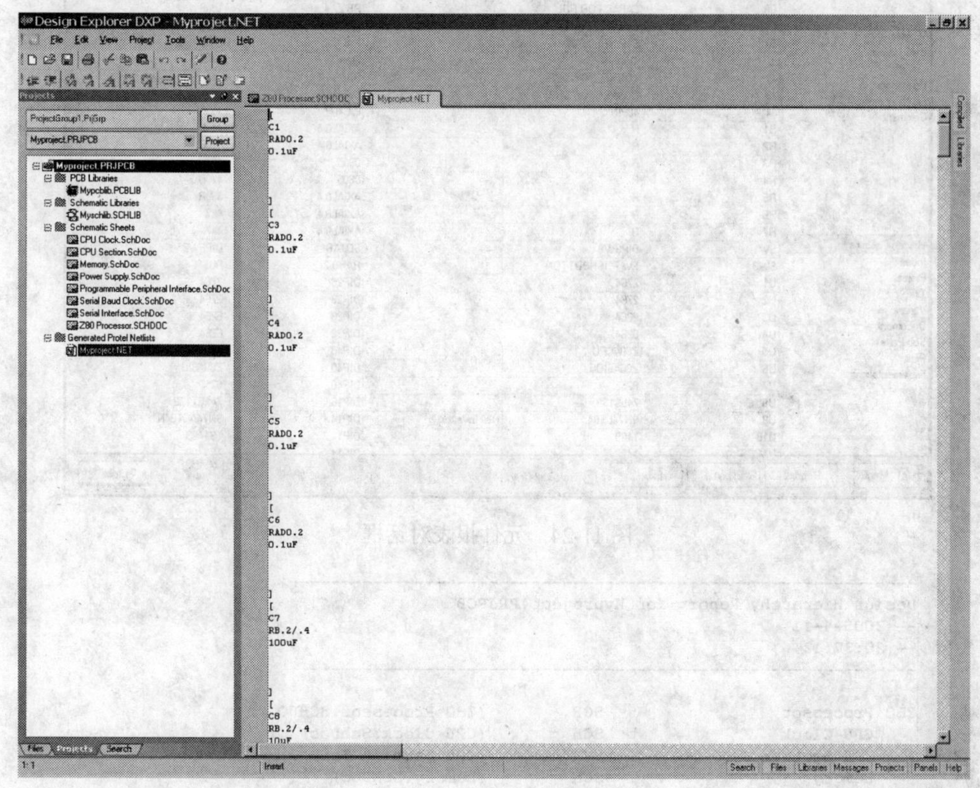

图 11-23　设计项目的网络报表

2．元件报表

在 Protel DXP 中，打开前面的设计项目文件 Myproject.PRJPCB，同时打开相应的顶层原理图文件 Z80 Processor.SCHDOC 来启动相应的原理图设计系统；接下来执行相应的菜单命令【Reports】→【Bill of Materials】，这时可以弹出元件报表对话框，如图 11-24 所示。这样，设计人员通过功能按钮 Export... 和 Excel... 即可导出相应的元件报表。

3．项目层次报表

在 Protel DXP 中，打开前面的设计项目文件 Myproject.PRJPCB，同时打开相应的顶层原理图文件 Z80 Processor.SCHDOC 来启动相应的原理图设计系统；接下来执行相应的菜单命令【Reports】→【Report Project Hierarchy】，Protel DXP 会自动在项目文件夹中生成一个与项目文件夹同名、扩展名为“.REP”的项目层次报表。

在原理图设计系统中，打开项目层次报表 Myproject.REP，这时的项目层次报表文件如图 11-25 所示。可以看出，项目层次报表给出了当前设计项目中所包含的各个原理图文件名称和彼此之间的层次结构关系。

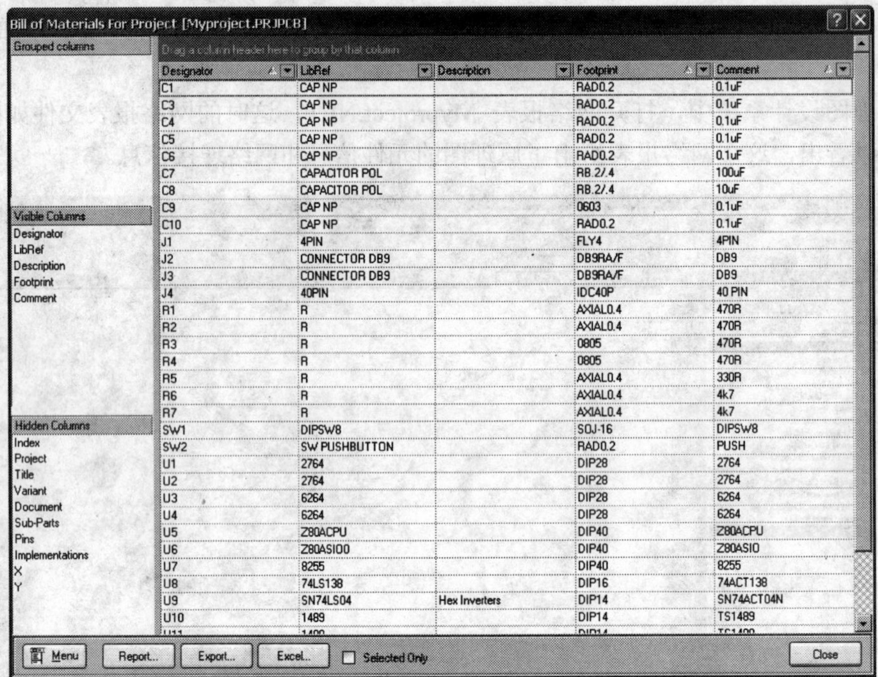

Designator	LibRef	Description	Footprint	Comment
C1	CAP NP		RAD0.2	0.1uF
C3	CAP NP		RAD0.2	0.1uF
C4	CAP NP		RAD0.2	0.1uF
C5	CAP NP		RAD0.2	0.1uF
C6	CAP NP		RAD0.2	0.1uF
C7	CAPACITOR POL		RB.2/.4	100uF
C8	CAPACITOR POL		RB.2/.4	10uF
C9	CAP NP		0603	0.1uF
C10	CAP NP		RAD0.2	0.1uF
J1	4PIN		FLY4	4PIN
J2	CONNECTOR DB9		DB9RA/F	DB9
J3	CONNECTOR DB9		DB9RA/F	DB9
J4	40PIN		IDC40P	40 PIN
R1	R		AXIAL0.4	470R
R2	R		AXIAL0.4	470R
R3	R		0805	470R
R4	R		0805	470R
R5	R		AXIAL0.4	330R
R6	R		AXIAL0.4	4k7
R7	R		AXIAL0.4	4k7
SW1	DIPSW8		SOJ-16	DIPSW8
SW2	SW PUSHBUTTON		RAD0.2	PUSH
U1	2764		DIP28	2764
U2	2764		DIP28	2764
U3	6264		DIP28	6264
U4	6264		DIP28	6264
U5	Z80ACPU		DIP40	Z80ACPU
U6	Z80ASIO0		DIP40	Z80ASIO
U7	8255		DIP40	8255
U8	74LS138		DIP16	74ACT138
U9	SN74LS04	Hex Inverters	DIP14	SN74ACT04N
U10	1489		DIP14	TS1489

图 11-24 元件报表对话框

```
------------------------------------------------------------
Design Hierarchy Report for Myproject.PRJPCB
-- 2005-4-11
-- 20:37:12
------------------------------------------------------------

Z80 Processor                  SCH        (Z80 Processor.SCHDOC)
    CPU Clock                  SCH        (CPU Clock.SchDoc)
    CPU Section                SCH        (CPU Section.SchDoc)
    Memory                     SCH        (Memory.SchDoc)
    Power Supply               SCH        (Power Supply.SchDoc)
    Programmable Peripheral InterfaceSCH         (Programmable Peripheral Interface.S
    Serial Interface           SCH        (Serial Interface.SchDoc)
        BAUDCLK                SCH        (Serial Baud Clock.SchDoc)
```

图 11-25 设计项目的项目层次报表

11.3 PCB 设计

完成设计项目的电路原理图操作后，接下来的工作就是进行电路 PCB 的设计，这是项目设计中最为重要的一项工作。

11.3.1 利用生成向导规划设计的 PCB

通常，设计 PCB 之前需要对 PCB 进行一个初步的规划，例如 PCB 采用多大的物理尺寸、采用何种板层结构、PCB 具体的安装位置和安装方式、采用何种元件封装形式以及相应的接口形式等规划。PCB 的规划操作需要合理考虑设计的方方面面，然后权衡各种利弊关系，最后规划出一个相对合理的电路板。

前面介绍过，设计人员可以采用两种方法来规划设计的电路板：一种是首先建立一个 PCB 文件，然后再利用相应的工具对它进行规划设置；另一种是直接利用 PCB 生成向导对设计的 PCB 进行规划设计。这里将采用第 2 种方法来规划需要设计的 PCB，它的具体操作步骤如下所示：

1）在 Protel DXP 的主界面中，单击文件工作面板底部【New from template】区域中的 PCB Board Wizard 选项，这时系统将会启动相应的 PCB 生成向导，如图 11-26 所示。

2）单击图 11-26 中的 Next> 按钮，这时系统会进入到 PCB 度量单位设置对话框。在这个相应的设置对话框中，将 PCB 度量单位设置为 Imperial（英制），如图 11-27 所示。一般来说，国内的大多数设计人员习惯于将度量单位设置为 Metric（米制）。

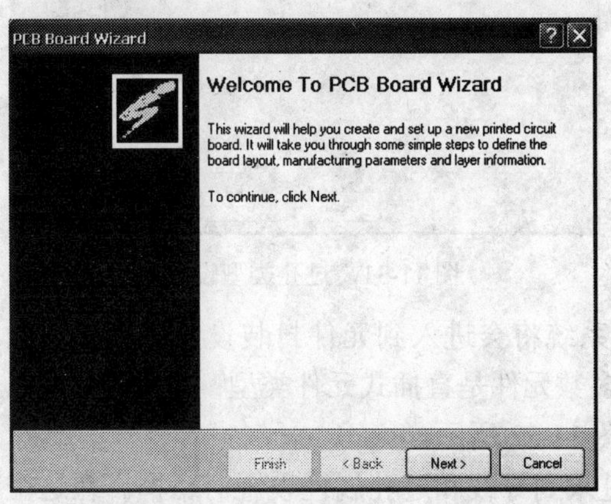

图 11-26　启动的 PCB Board Wizard

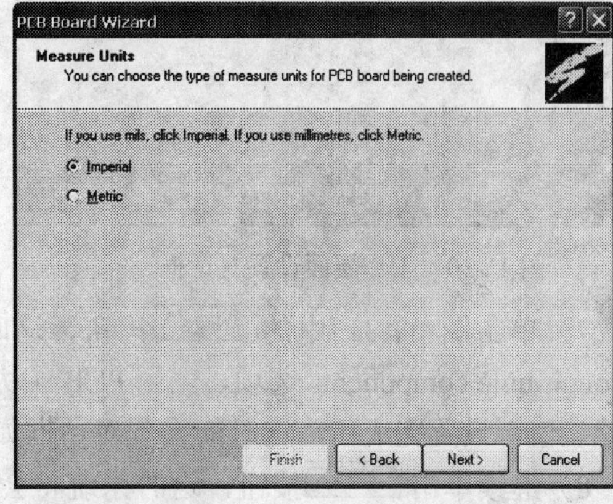

图 11-27　PCB 度量单位设置对话框

3）继续单击 Next> 按钮，这时系统将会进入到 PCB 板形设置对话框。在这个相应的设置对话框中，选择用户自定义 PCB 板形，如图 11-28 所示。

4）继续单击 Next> 按钮，这时系统将会进入到自定义板形设置对话框。PCB 板形设置为 Rectangular（矩形）；PCB 的宽度设置为 4640mil，高度设置为 3640mil；PCB 中电气边界和物理边界的间距设置为 25mil；选中 Title Block and Scale 复选框、Legend String 复选框和 Dimension Lines 复选框；其他选项的设置选择系统的默认值。设置操作完成后，这时的设置对话框如图 11-29 所示。

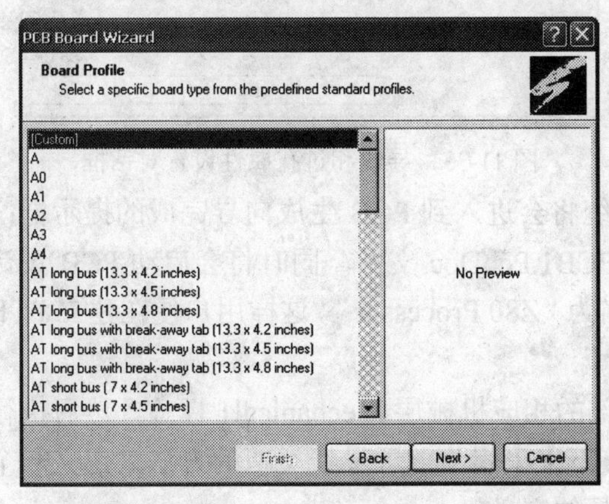

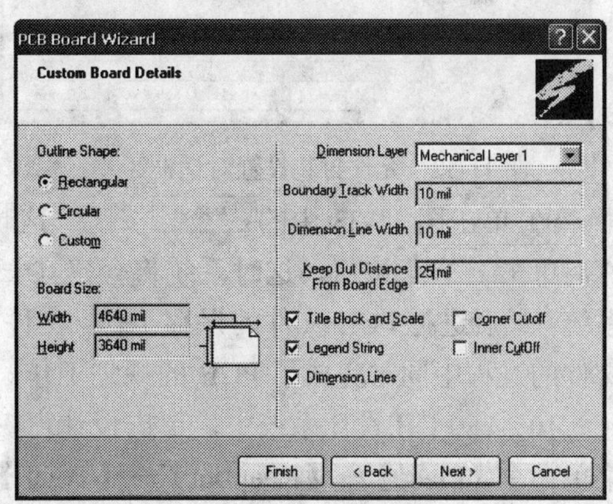

图 11-28　PCB 板形设置对话框

图 11-29　自定义板形设置对话框

5）单击图 11-29 中的 Next > 按钮，这时系统将会进入到工作层面设置对话框。这里将信号层的数目设置为 2，内部电源/接地层的数目设置为 0，如图 11-30 所示。

6）继续单击 Next > 按钮，这时系统将会进入到过孔类型设置对话框。在这个对话框中，我们选择 Thruhole Vias only 选项，如图 11-31 所示。

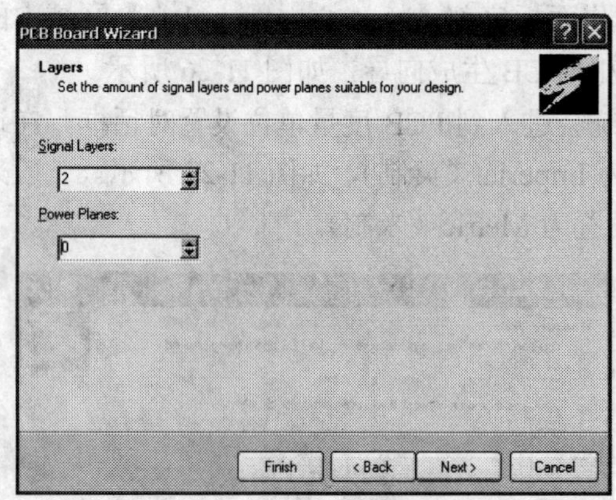

图 11-30 工作层面设置对话框

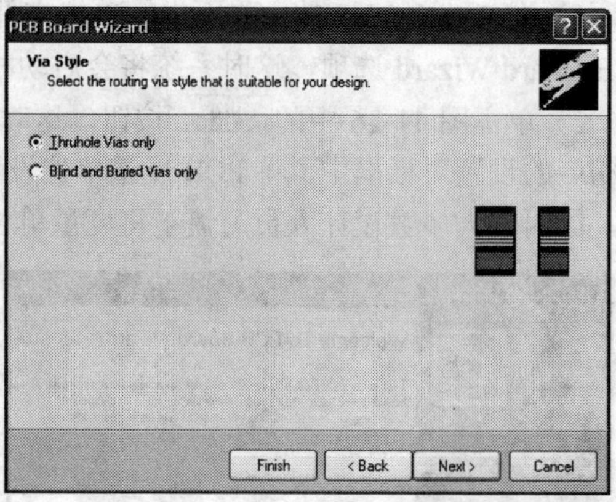

图 11-31 过孔类型设置对话框

7）单击图 11-31 中的 Next > 按钮，这时系统将会进入到元件封装设置对话框。选中 Through-hole components 选项，表示 PCB 中大多数元件是直插式元件类型；其他选项采用系统默认值。设置完成后，这时的设置对话框如图 11-32 所示。

8）继续单击 Next > 按钮，这时系统将会进入到导线和过孔属性设置对话框。在这个对话框中，设计人员可以选择系统默认值即可，如图 11-33 所示。

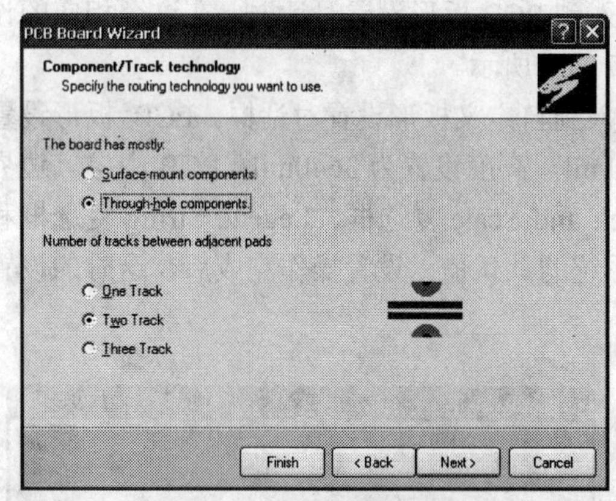

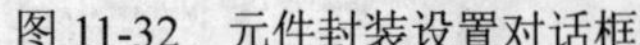
图 11-32 元件封装设置对话框

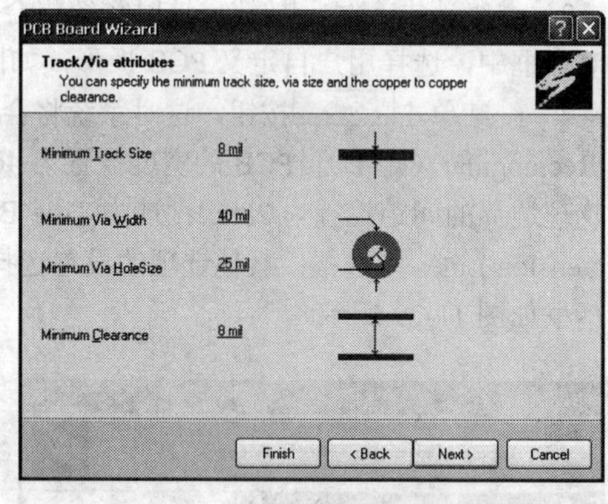

图 11-33 导线和过孔属性设置对话框

9）单击图 11-33 中的 Next > 按钮，这时系统将会进入到 PCB 生成向导完成的提示框；然后单击 Finish 按钮，这时系统将会建立一个 PCB1.PcbDoc 文件，同时将会启动 PCB 设计系统；最后进行 PCB 文件的保存工作，文件命名为“Z80 Processor”，这样用户便在建立 PCB 文件的过程中同时完成了 PCB 的规划工作。

10）在 PCB 设计系统中，单击设计窗口下部的相应机械层 Mechanical1 标签，然后执行菜单命令【Place】→【Keepout】→【Track】；接下来采用与放置导线类似的方法来定义一个矩形区域，这样就可以完成 PCB 中物理边界的具体定义。

此外，通过执行菜单命令【Design】→【Options】，系统将会弹出相应的 PCB 选项对话框，设计人员可以在这个对话框中对 PCB 的度量单位、捕获栅格、元件栅格、电气栅格、可视栅格和 PCB 图纸位置等进行设置。设置完成后，相应的对话框如图 11-34 所示。

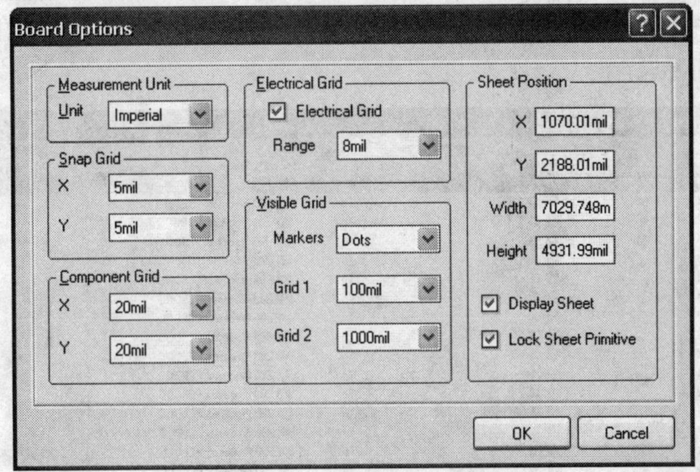

图 11-34　PCB 选项对话框

通过上面的操作步骤，我们就基本完成了本例中 PCB 的规划操作，这时的 PCB 如图 11-35 所示。如果设计人员对规划的 PCB 感到不满意的话，则可以采用相应的工具来进行修改，直到满足设计的要求为止。

图 11-35　完成规划操作后的 PCB

11.3.2　添加网络和元件封装

下面我们将采用在 PCB 设计系统中直接利用菜单命令来添加网络和元件封装的具体操

作方法。有关另一种添加网络和元件封装的方法，读者可以自己进行尝试。

1）在 Protel DXP 中，首先打开相应的项目文件 Myproject.PRJPCB 和前面新建的 PCB 文件 Z80 Processor.PCBDOC，这时 Protel DXP 将会启动 PCB 设计系统；然后执行相应的菜单命令【Design】→【Import Changes From[Myproject.PRJPCB]】，此时系统弹出一个 ECO 对话框，如图 11-36 所示。

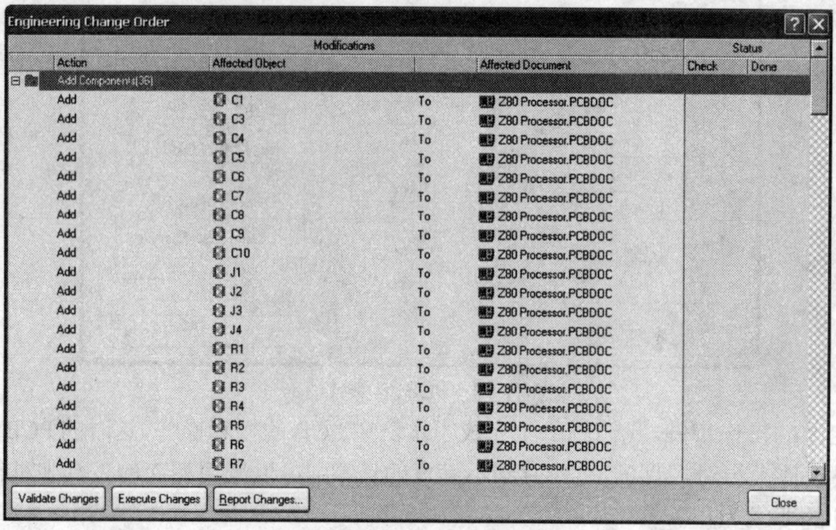

图 11-36　项目文件的 ECO 对话框

2）单击图 11-36 中的 Validate Changes 按钮，这时 PCB 设计系统将会检查装入到 PCB 中的网络和元件封装等改变是否正确。相应的检查工作完成后，设计人员可以通过消息工作面板来查看相应的错误信息并进行修改，直到全部出现绿色打勾标记为止。

3）如果上面的第 2 步操作中已经全部出现绿色打勾标记，那么接下来可以通过单击 Execute Changes 按钮将网络和元件封装等改变装入到 PCB 中。与上面类似，如果元件和网络等改变装入执行正确时，那么相应的 Done 栏中将会出现绿色打勾标记；否则将会出现红色的打叉标记。相应的装入操作完成后，设计人员仍然可以通过消息工作面板来查看相应的错误信息并进行修改，直到全部出现绿色打勾标记为止。

可以看到，如果网络和元件封装的装入操作都没有错误的话，那么相应的网络和元件封装将会直接装入到当前 PCB 的设计工作平面上。完成上面两步操作后的 ECO 对话框如图 11-37 所示。

4）另外，我们可以通过单击 ECO 对话框中的 Report Changes... 按钮来查看更加详细的网络和元件封装信息。单击 Report Changes... 按钮，这时系统将会弹出一个与当前项目相对应的报告预览对话框，如图 11-38 所示。可以看出，通过报告预览对话框底部的各个功能按钮，设计人员可以对报告进行操作，例如单击对话框底部的 Export... 按钮就可以导出信息报告。

5）完成上面的所有操作后，单击图 11-37 中的 Close 按钮关闭 ECO 对话框，同时完成添加网络和元件封装的操作。可以看到，原理图设计中的网络和元件封装等信息已经添加到当前的 PCB 文件 Z80 Processor.PCBDOC 的设计窗口中，这时可以发现元件封装、网络连接关系和层次设计时依据子原理图产生的 Room 将一并出现在 PCB 的右端，另外元件封装和网

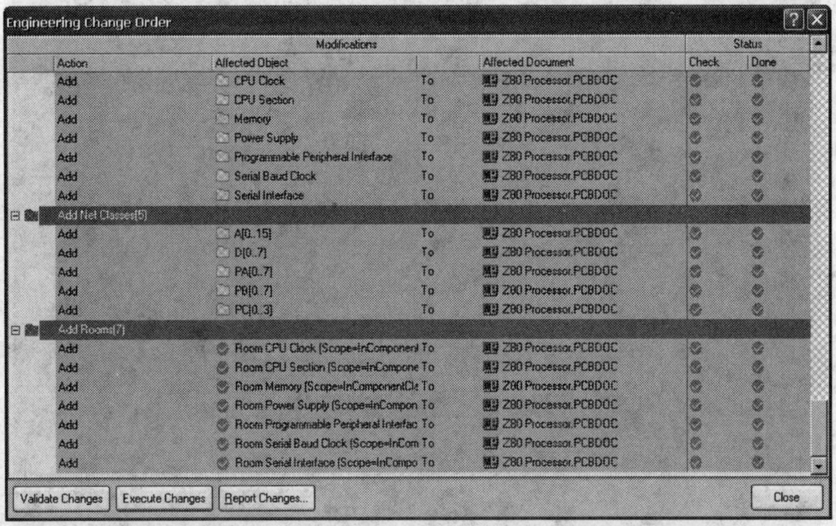

图 11-37　检查和装入操作后的 ECO 对话框

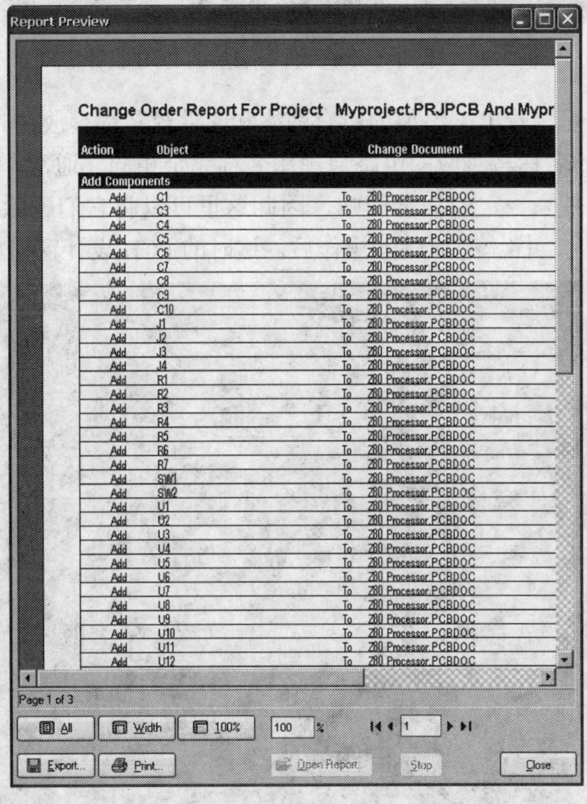

图 11-38　项目的报告预览对话框

络连接关系将以飞线的形式出现在 PCB 中，它们是用来进行自动布线和手工布线的重要依据。为了更好地表示装入的网络和元件封装与 PCB 之间的关系，这里隐藏了 PCB 的图纸，如图 11-39 所示。

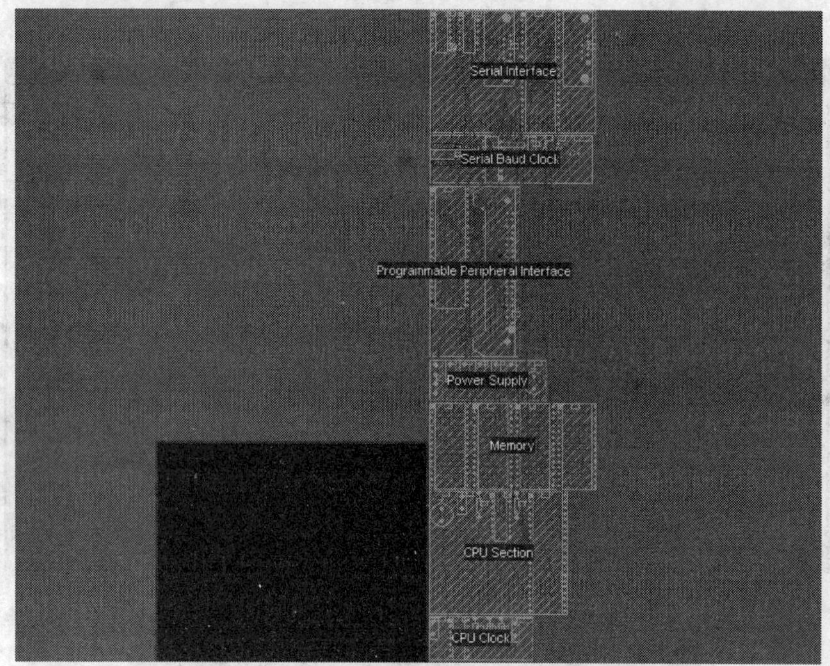

图 11-39 添加网络和元件封装后的 PCB 设计窗口

6）通过图 11-39 可以看出，添加的所有网络和元件封装都存放在具有绿色网格的 Room 区域中，Room 区域的名称与对应的电路原理图名称完全相同。通常，这些 Room 区域在布局和布线的过程中会带来一定的视觉影响，因此这里可以将它们删除，删除的方法与删除 PCB 中对象的方法完全一样。完成删除操作后，这时的 PCB 设计窗口如图 11-40 所示。

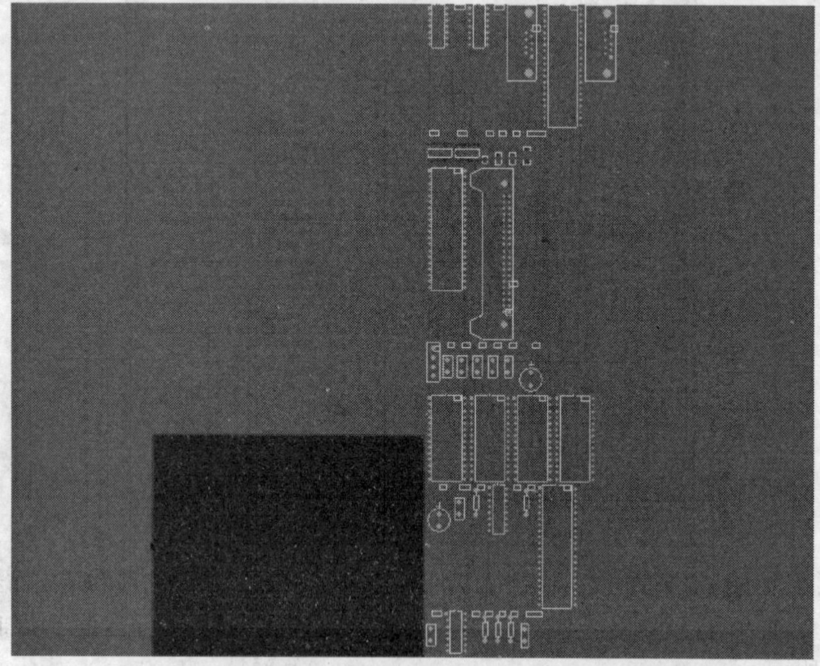

图 11-40 删除 Room 区域的 PCB 设计窗口

完成上面添加网络和元件封装的操作后，接下来就可以进行元件的布局操作了。

11.3.3　PCB 的元件布局

在 Protel DXP 中，设计系统为用户提供了两种布局方式：一种是自动布局，另外一种是手工布局。

在 Protel DXP 设计系统中，PCB 设计系统提供了强大的自动布局功能。只要合理地设置元件的布局规则，系统就会按照设计规则自动地在 PCB 上进行元件的布局，这种布局方式将会大大提高设计人员的工作效率。但是自动布局的效果一般不太理想，这时用户需要采用手工布局进行相应的调整操作，或者干脆直接采用手工布局。可以看出，一个完全的布局是通过自动布局和手工布局共同作用的结果。

在 Protel DXP 中，首先打开相应的项目文件 Myproject.PRJPCB 和前面新建的 PCB 文件 Z80 Processor.PCBDOC；然后执行菜单命令【Design】→【Rules】，这时系统将会弹出 PCB 规则和约束编辑器，接下来在这个编辑器中对布局规则进行设置操作；完成布局规则设置后，执行菜单命令【Tools】→【Auto Placement】→【Auto Placer】，这时系统将会弹出自动布局设置对话框，这里选择 Cluster Placer（元件组布局方式）；最后单击 OK 按钮关闭自动布局设置对话框，这时系统将开始进行元件的自动布局操作。

在自动布局的操作过程中，PCB 设计窗口中将会显示自动布局的工作界面，工作界面会根据布局的进程变化而不断变化。通常，自动布局所花费的时间往往取决于 PCB 中元件数量的多少和电路的复杂程度。自动布局操作完成后，PCB 设计窗口如图 11-41 所示。

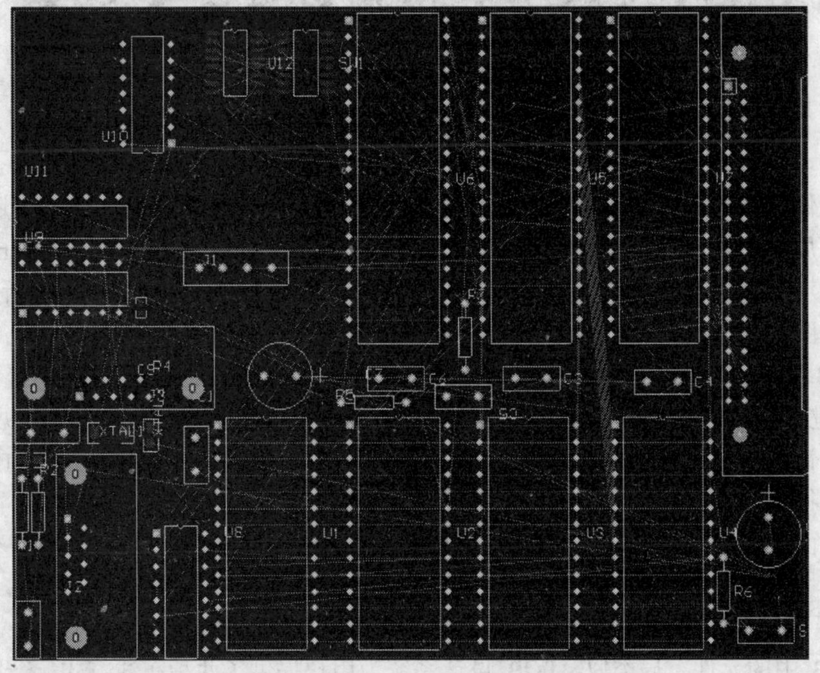

图 11-41　进行自动布局后的 PCB

可以看出，由于自动布局是以布局面积最小或者连线长度最短为目标来进行操作的，因此元件自动布局的效果往往很差，元件的布局基本上也没有什么规律。为了进行美观、实用的布局，设计人员还需要采用手工布局进行相应的调整操作，目的是使元件在 PCB 中进行合理的布局。

通常，手工布局的操作方法十分简单，它只需要对 PCB 中的元件进行相应的编辑操作即可。手工布局的难点在于如何能够满足 PCB 的机械要求、信号完整性、抗电磁干扰性能以及布通率等各种问题，这需要设计人员具有丰富的实践经验。

由于元件的编辑操作在前面的章节中已经进行了比较详细的介绍，因此这里就不再赘述了。一般来讲，PCB 中的元件布局操作是一个不断重复、反复修改的过程，需要设计人员具有足够的耐心。完成手工布局操作后的 PCB 如图 11-42 所示。

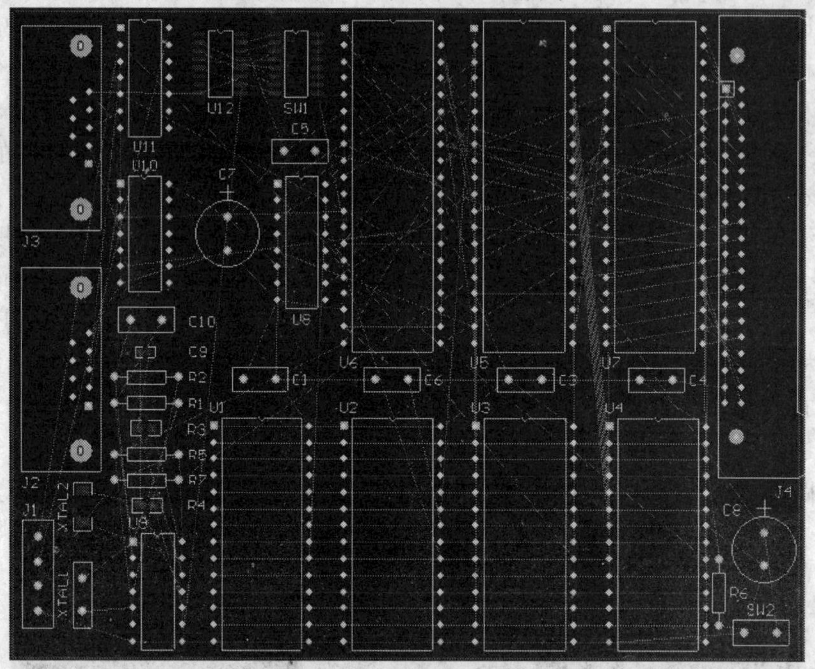

图 11-42　进行手工布局后的 PCB

完成元件的布局操作后，设计人员还需要采用 Protel DXP 提供的相应命令还判断 PCB 中元件的布局是否合理。在 PCB 的设计窗口中，执行菜单命令【Tools】→【Density Map】，这时系统会对当前的 PCB 进行网络密度分析，网络密度分析的结果如图 11-43 所示。通过网络密度分析图中的颜色，设计人员可以判断 PCB 中的元件布局是否合理。

在 PCB 的设计窗口中，执行菜单命令【View】→【Board in 3D】，这时系统将会对当前的 PCB 板进行相应的 3D 效果分析，3D 效果分析的结果如图 11-44 所示。通过观察 3D 效果分析图，设计人员不但可以进行元件布局的判断和分析，而且还可以查看元件的封装、元件的安装以及接口元件安装是否正确。

完成上面的布局操作后，接下来就可以进行 PCB 的布线操作了。

11.3.4　PCB 的布线

与 PCB 中的元件布局类似，PCB 设计系统为用户提供了两种布线方式：一种是自动布线方式，另一种是手工布线方式。所谓自动布线，就是指 PCB 设计系统按照设置好的布线规则自动地在 PCB 中进行布线操作；手工布线是指设计人员按照 PCB 中预拉线的引导手工在 PCB 上进行布线操作。

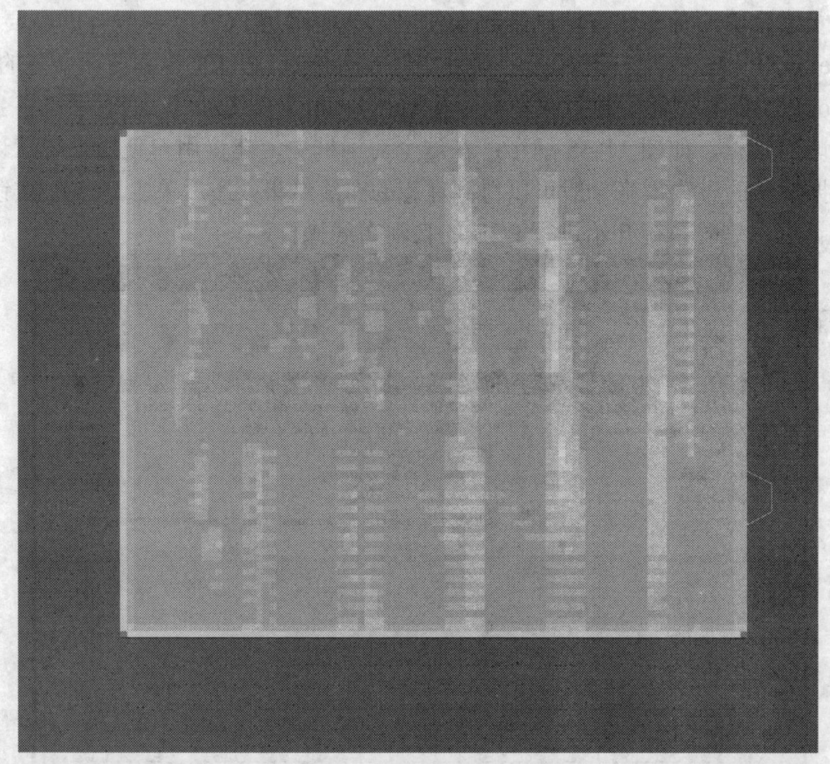

图 11-43　网络密度分析图

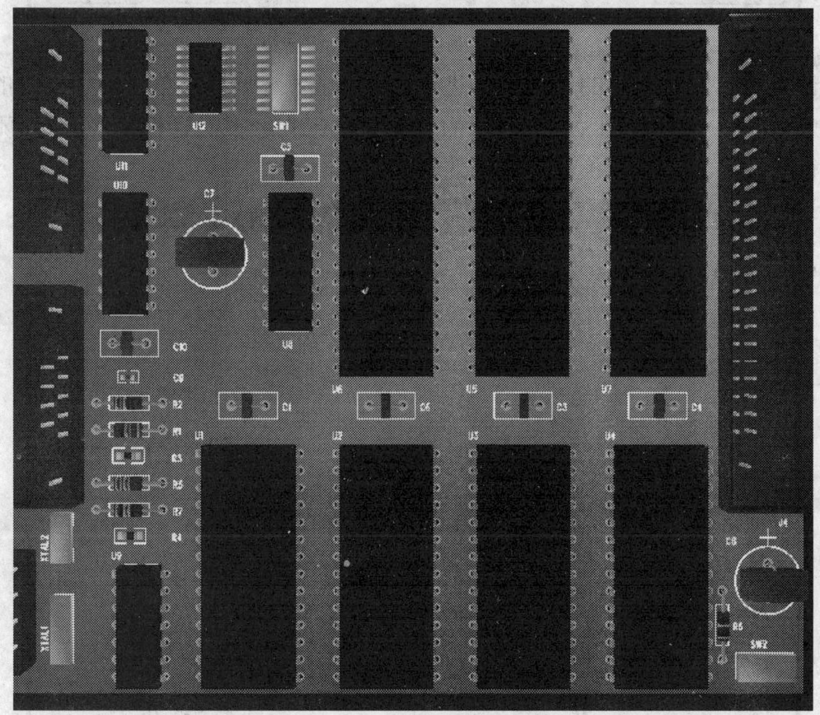

图 11-44　3D 效果分析图

通常情况下，虽然自动布线效率很高，但是有时布线结果不尽如人意；虽然手工布线效率较低，但是它能够根据设计的需要和个人习惯来进行布线操作。因此，在实际的布线过程中，设计人员常常将两种布线方法结合起来使用，从而满足 PCB 实际设计的需要。

在 Protel DXP 中，首先打开相应的项目文件 Myproject.PRJPCB 和前面新建的 PCB 文件 Z80 Processor.PCBDOC；然后执行菜单命令【Auto Route】→【All】，这时系统将会弹出一个自动布线策略对话框，如图 11-45 所示；在这个对话框中，建议用户使用系统默认的布线策略，因为根据默认的布线策略一般可以得到理想的布线结果；最后单击 Route All 按钮关闭自动布线策略对话框，这时系统开始进行 PCB 的自动布线操作。

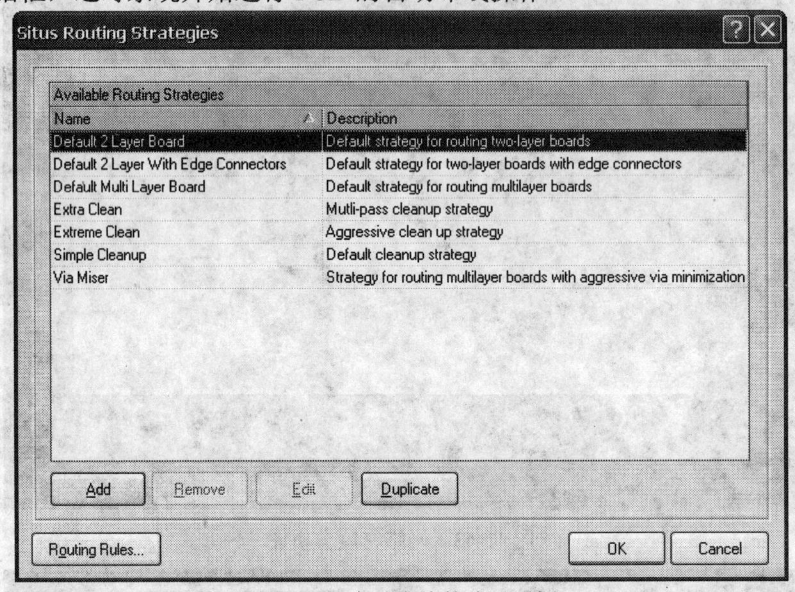

图 11-45　自动布线策略对话框

如果设计人员想要对选定的布线策略进行修改，那么这时只需单击对话框中的 Add 按钮或者 Duplicate 按钮来启动如图 11-46 所示的自动布线策略编辑对话框，然后就可以对选定的布线策略进行修改了。一般建议使用系统的默认设置。

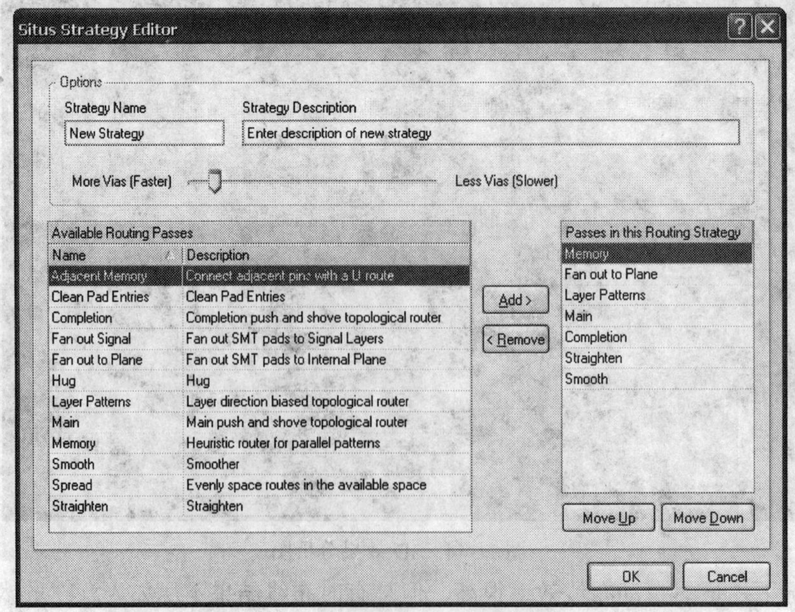

图 11-46　自动布线策略编辑对话框

在自动布线的操作过程中，PCB 设计窗口中将会显示自动布线的工作界面，工作界面会根据布线的进程变化而不断变化。同时，设计窗口中还会出现相应的消息工作面板，它用来显示自动布线的执行情况。自动布线操作完成后，PCB 设计窗口如图 11-47 所示。

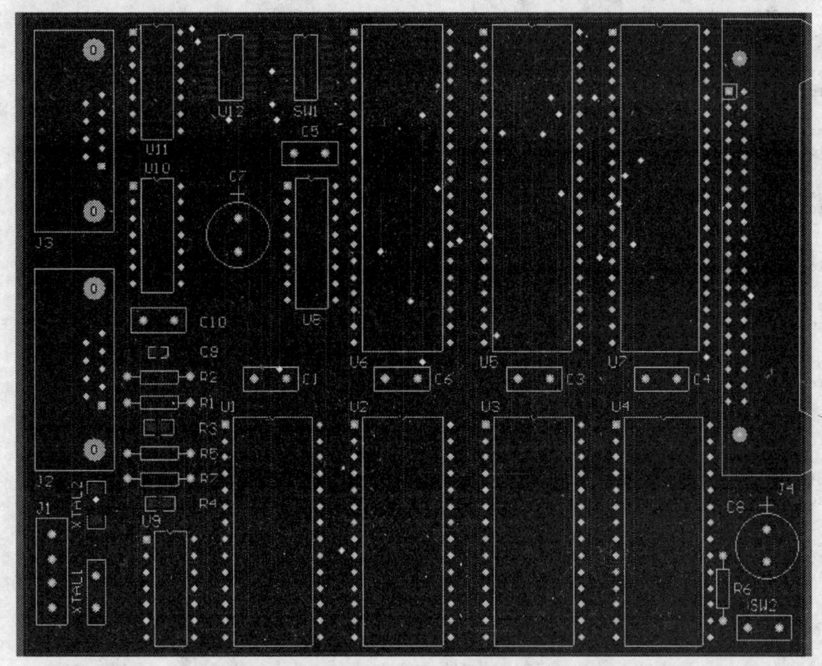

图 11-47　进行自动布线后的 PCB

可以看出，虽然 PCB 设计系统中的自动布线成功率较高，但是自动布线的结果往往不太理想，例如导线歪曲处太多和电源/接地线宽度太窄等。与 PCB 中的元件布局类似，设计人员也不能完全依赖于系统的自动布线操作，自动布线后还需要对其进行手工布线，目的是使 PCB 不但能够实现正确的电气连接，而且整齐、美观。

一般来讲，手工布线的操作方法十分简单，它只需要对 PCB 中的布线进行相应的编辑操作即可。同样，手工布线的难点在于如何满足设计要求的同时，能够最大限度地提高 PCB 的抗干扰性能，它需要设计人员具有一定的技术背景和实际的工作经验，只有这样才能够将 PCB 设计得尽善尽美。

有关手工布线的调整操作，请读者们自行完成，这里就不再进行介绍了。

11.3.5　DRC 和报表生成

完成 PCB 的布线操作后，Protel DXP 为用户提供了相应的工具进行设计规则检查，即 DRC，目的是用来查找 PCB 设计中存在的错误和一些违反电气设计规则的信息。

在 Protel DXP 中，首先打开相应的项目文件 Myproject.PRJPCB 和前面新建的 PCB 文件 Z80 Processor.PCBDOC；然后执行菜单命令【Tools】→【Design Rule Check】，这时系统将会弹出一个设计规则检查对话框；在对话框中对相应的检查规则设置完毕后，单击 Run Design Rule Check... 按钮即可进行相应的设计规则检查，同时系统将会自动生成一个与 PCB 文件同名、扩展名为“.DRC”的设计规则检查文件。

这时，在 PCB 设计系统中打开生成的设计规则检查文件 Z80 Processor.DRC，如图 11-48

所示。可见，设计规则检查文件将会逐项给出各种设计规则的检查情况。

```
Protel Design System Design Rule Check
PCB File : \Temp\Altium\Examples\Myproject\Z80 Processor.PCBDOC
Date     : 2005-4-14
Time     : 13:19:12

Processing Rule : Broken-Net Constraint ( (All) )
Rule Violations :0

Processing Rule : Short-Circuit Constraint (Allowed=Not Allowed) (All),(All)
Rule Violations :0

Processing Rule : Clearance Constraint (Gap=10mil) (All),(All)
Rule Violations :0

Processing Rule : Width Constraint (Min=10mil) (Max=10mil) (Prefered=10mil) (All)
Rule Violations :0

Processing Rule : Width Constraint (Min=15mil) (Max=15mil) (Prefered=15mil) (InNet('+12'))
Rule Violations :0

Processing Rule : Width Constraint (Min=15mil) (Max=15mil) (Prefered=15mil) (InNet('-12'))
Rule Violations :0

Processing Rule : Width Constraint (Min=20mil) (Max=20mil) (Prefered=20mil) (InNet('GND'))
Rule Violations :0

Processing Rule : Width Constraint (Min=20mil) (Max=20mil) (Prefered=20mil) (InNet('VCC'))
Rule Violations :0


Violations Detected : 0
Time Elapsed        : 00:00:01
```

图 11-48 设计规则检查文件 Z80 Processor.DRC

对设计的项目进行 DRC 后，设计人员就可以进行相应报表的生成工作了，这里只给出几种重要报表的生成操作。

1．电路板信息报表

在 Protel DXP 中，首先打开前面设计的 PCB 文件 Z80 Processor.PCBDOC，然后执行菜单命令【Reports】→【Board Information】，这时系统将会弹出电路板信息对话框。可以看出，对话框的 3 个选项卡中给出了 PCB 文件的电路板信息。

查看完毕后，单击电路板信息对话框中的 Report... 按钮，这时系统将会弹出一个报表内容设置对话框。通过这个对话框，用户可以对电路板信息报表中所要显示的具体内容进行相应的设置。可以将报表显示的内容设置为 Board Specifications、Layer Pair、Layer Information 和 Pad Pwr/Gnd Expansion。

对报表内容设置完毕后，单击 Report... 按钮即可进行电路板信息报表的生成操作，同时系统将会自动生成一个与 PCB 文件同名、扩展名为“.REP”的电路板信息报表文件，打开的电路板信息报表文件如图 11-49 所示。

2．元件报表

在 Protel DXP 中，首先打开前面设计的 PCB 文件 Z80 Processor.PCBDOC，然后执行相应的菜单命令【Reports】→【Bill of Materials】，这时系统将会弹出一个元件报表对话框，如图 11-50 所示。这样，设计人员通过相应的功能按钮 Export... 和 Excel... 即可导出相应的元件报表。

```
Specifications For Z80 Processor.PCBDOC
On 2005-4-14 at 13:36:18

Size Of board                     11.504 x 7.604 sq in
Equivalent 14 pin components      2.86 sq in/14 pin component
Components on board               36

 Layer                    Route     Pads   Tracks    Fills     Arcs     Text
 -----------------------------------------------------------------------------
 TopLayer                              0      589        0        0        1
 BottomLayer                           0      996        0        0        1
 Mechanical1                           0        4        0        0        0
 Mechanical4                           0       16        0        0        4
 Mechanical16                          0     1690        0        0       79
 TopOverlay                            0      176        0       15       73
 KeepOutLayer                          0        4        0        0        0
 MultiLayer                          428        0        0        0        0
 -----------------------------------------------------------------------------
 Total                               428     3475        0       15      158

 Pad Pwr/Gnd Expansion         Count
 ----------------------------------
 10mil (0.254mm)                 428
 ----------------------------------
 Total                           428


 Routing Information
 ----------------------------------
 Routing completion    : 100.00%
 Connections           : 282
 Connections routed    : 282
 Connections remaining : 0
 ----------------------------------
```

图 11-49　电路板信息报表文件

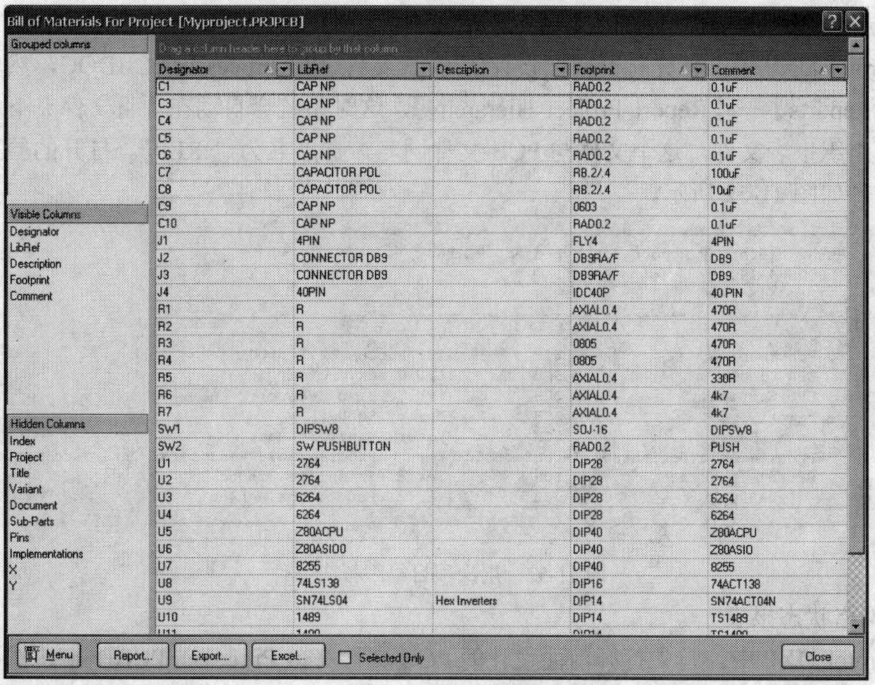

Bill of Materials For Project [Myproject.PRJPCB]

Grouped columns

Drag a column header here to group by that column

Designator	LibRef	Description	Footprint	Comment
C1	CAP NP		RAD0.2	0.1uF
C3	CAP NP		RAD0.2	0.1uF
C4	CAP NP		RAD0.2	0.1uF
C5	CAP NP		RAD0.2	0.1uF
C6	CAP NP		RAD0.2	0.1uF
C7	CAPACITOR POL		RB.2/.4	100uF
C8	CAPACITOR POL		RB.2/.4	10uF
C9	CAP NP		0603	0.1uF
C10	CAP NP		RAD0.2	0.1uF
J1	4PIN		FLY4	4PIN
J2	CONNECTOR DB9		DB9RA/F	DB9
J3	CONNECTOR DB9		DB9RA/F	DB9
J4	40PIN		IDC40P	40 PIN
R1	R		AXIAL0.4	470R
R2	R		AXIAL0.4	470R
R3	R		0805	470R
R4	R		0805	470R
R5	R		AXIAL0.4	330R
R6	R		AXIAL0.4	4k7
R7	R		AXIAL0.4	4k7
SW1	DIPSW8		SOJ-16	DIPSW8
SW2	SW PUSHBUTTON		RAD0.2	PUSH
U1	2764		DIP28	2764
U2	2764		DIP28	2764
U3	6264		DIP28	6264
U4	6264		DIP28	6264
U5	Z80ACPU		DIP40	Z80ACPU
U6	Z80ASIO0		DIP40	Z80ASIO
U7	8255		DIP40	8255
U8	74LS138		DIP16	74ACT138
U9	SN74LS04	Hex Inverters	DIP14	SN74ACT04N
U10	1489		DIP14	TS1489

Visible Columns: Designator, LibRef, Description, Footprint, Comment

Hidden Columns: Index, Project, Title, Variant, Document, Sub-Parts, Pins, Implementations, X, Y

Menu　Report...　Export...　Excel...　Selected Only　Close

图 11-50　元件报表对话框

另外，如果设计人员想要查看详细的元件封装信息，可以直接单击上面对话框中的 Report... 按钮，这时系统将会弹出一个元件报表预览对话框，如图 11-51 所示。同样，通过元件报表预览对话框底部的功能按钮 Export... 和 Excel... 即可导出相应的报表。

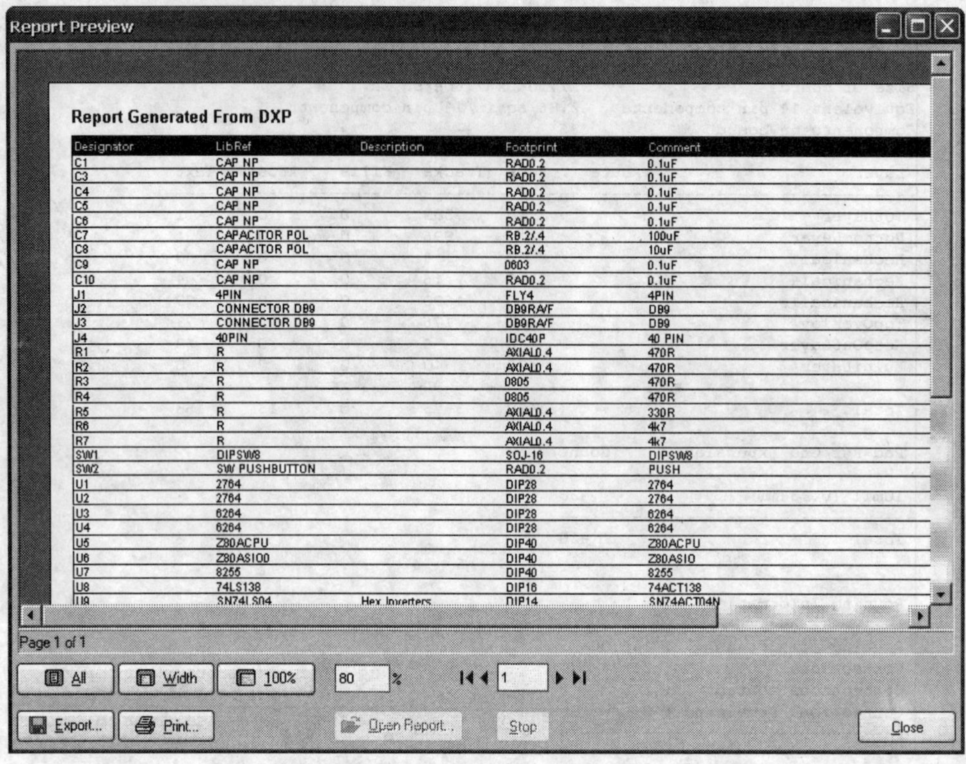

Report Generated From DXP

Designator	LibRef	Description	Footprint	Comment
C1	CAP NP		RAD0.2	0.1uF
C3	CAP NP		RAD0.2	0.1uF
C4	CAP NP		RAD0.2	0.1uF
C5	CAP NP		RAD0.2	0.1uF
C6	CAP NP		RAD0.2	0.1uF
C7	CAPACITOR POL		RB.2/.4	100uF
C8	CAPACITOR POL		RB.2/.4	10uF
C9	CAP NP		0603	0.1uF
C10	CAP NP		RAD0.2	0.1uF
J1	4PIN		FLY4	4PIN
J2	CONNECTOR DB9		DB9RA/F	DB9
J3	CONNECTOR DB9		DB9RA/F	DB9
J4	40PIN		IDC40P	40 PIN
R1	R		AXIAL0.4	470R
R2	R		AXIAL0.4	470R
R3	R		0805	470R
R4	R		0805	470R
R5	R		AXIAL0.4	330R
R6	R		AXIAL0.4	4k7
R7	R		AXIAL0.4	4k7
SW1	DIPSW8		SOJ-16	DIPSW8
SW2	SW PUSHBUTTON		RAD0.2	PUSH
U1	2764		DIP28	2764
U2	2764		DIP28	2764
U3	6264		DIP28	6264
U4	6264		DIP28	6264
U5	Z80ACPU		DIP40	Z80ACPU
U6	Z80ASIO0		DIP40	Z80ASIO
U7	8255		DIP40	8255
U8	74LS138		DIP16	74ACT138
U9	SN74LS04	Hex Inverters	DIP14	SN74ACT04N

图 11-51　元件报表预览对话框

3．层次项目组织报表

在 Protel DXP 中，首先打开前面设计的 PCB 文件 Z80 Processor.PCBDOC，然后执行菜单命令【Reports】→【Report Project Hierarchy】，这时系统会自动在项目文件夹下生成一个层次项目组织报表文件，这个文件与 PCB 文件同名，扩展名为“.REP”。打开的层次项目组织报表文件如图 11-52 所示。

```
------------------------------------------------------------
Design Hierarchy Report for Myproject.PRJPCB
-- 2005-4-14
-- 18:43:36
------------------------------------------------------------

Z80 Processor                SCH        (Z80 Processor.SCHDOC)
    CPU Clock                SCH        (CPU Clock.SchDoc)
    CPU Section              SCH        (CPU Section.SchDoc)
    Memory                   SCH        (Memory.SchDoc)
    Power Supply             SCH        (Power Supply.SchDoc)
    Programmable Peripheral InterfaceSCH       (Programmable Peripheral Interface.SchDoc
    Serial Interface         SCH        (Serial Interface.SchDoc)
        BAUDCLK              SCH        (Serial Baud Clock.SchDoc)
```

图 11-52　层次项目组织报表文件

4．网络状态报表

在 Protel DXP 中，首先打开前面设计的 PCB 文件 Z80 Processor.PCBDOC，然后执行菜单命令【Reports】→【Netlist Status】，这时系统会自动在项目文件夹下生成一个层次项目组织报表文件，这个文件与 PCB 文件同名，扩展名为“.REP”。如果设计人员已经生成了同名的其他的报表文件，那么新生成的这个网络状态报表会覆盖以前的报告文件。

打开相应的网络状态报表文件如图 11-53 所示。可以看出，网路状态报表给出 PCB 中各个网络所在的工作层面以及它们的长度信息。

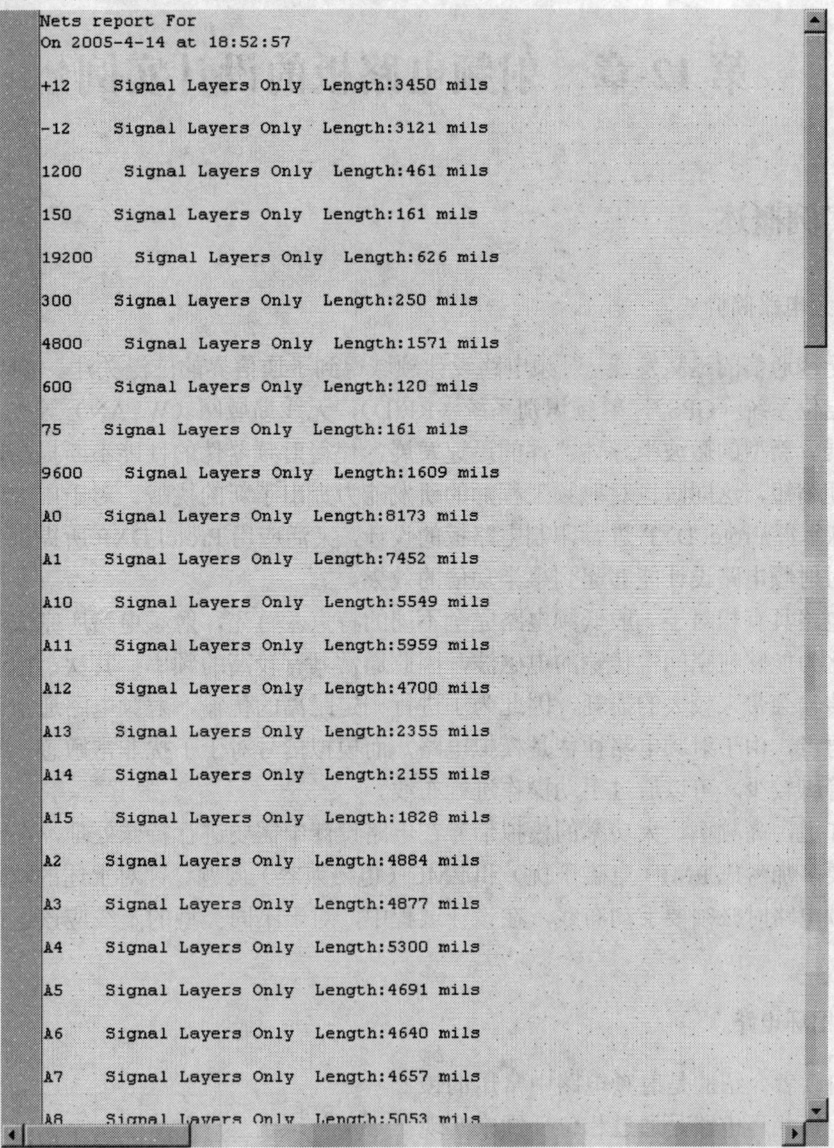

```
Nets report For
On 2005-4-14 at 18:52:57

+12   Signal Layers Only  Length:3450 mils

-12   Signal Layers Only  Length:3121 mils

1200   Signal Layers Only  Length:461 mils

150   Signal Layers Only  Length:161 mils

19200   Signal Layers Only  Length:626 mils

300   Signal Layers Only  Length:250 mils

4800   Signal Layers Only  Length:1571 mils

600   Signal Layers Only  Length:120 mils

75  Signal Layers Only  Length:161 mils

9600   Signal Layers Only  Length:1609 mils

A0  Signal Layers Only  Length:8173 mils

A1  Signal Layers Only  Length:7452 mils

A10   Signal Layers Only  Length:5549 mils

A11   Signal Layers Only  Length:5959 mils

A12   Signal Layers Only  Length:4700 mils

A13   Signal Layers Only  Length:2355 mils

A14   Signal Layers Only  Length:2155 mils

A15   Signal Layers Only  Length:1828 mils

A2  Signal Layers Only  Length:4884 mils

A3  Signal Layers Only  Length:4877 mils

A4  Signal Layers Only  Length:5300 mils

A5  Signal Layers Only  Length:4691 mils

A6  Signal Layers Only  Length:4640 mils

A7  Signal Layers Only  Length:4657 mils

A8  Signal Layers Only  Length:5053 mils
```

图 11-53　网络状态报表文件

到此为止，我们就完成了本设计实例的全部设计过程。通过这个实例，希望读者能够熟练掌握设计一个电路板的具体操作步骤和方法。

第 12 章　射频电路板的设计实例

12.1　实例概述

12.1.1　射频电路简介

随着无线通信的迅猛发展，射频电路设计领域得到了通信界的广泛关注。包括移动通信，全球卫星定位系统（GPS），射频识别系统（RFID），无线局域网（WLAN）等技术都得到了空前的发展。新型的微波半导体器件的迅速发展，使得射频器件的性能不断提高，产品更新换代的周期缩短，这同时也对射频工程师的研发能力提出了新的挑战。对于广大射频工程师来说，熟练掌握 Protel DXP 进行印制电路板的设计，灵活应用 Protel DXP 所提供的强大的画图功能，对射频电路设计能够起到事半功倍的效果。

射频电路具有相对于一般低频电路完全不同的特点。首先，射频电路所完成的功能就是把信号转化为能够在空间中传输的电磁波，因此通常具有较高的频率；其次，由于无线电波在空间中传输会带来较大的损耗，因此为了进行一定距离的传输，射频电路通常需要大功率的输出；再者，由于射频电路往往是模拟电路，而模拟信号对于干扰非常敏感；最后，射频芯片往往管脚较少，可以通过手动操作进行布线。

大家知道，高频率、大功率的模拟信号在电路设计中需要进行特殊处理，在设计中，射频电路需要多加考虑 EMI（电磁干扰）和 EMC（电磁兼容）问题。针对上述的特点，我们建议设计射频电路时必须要手动布线，在设计过程中，对于不同类型的走线应该进行区分，分别对待。

12.1.2　锁相环电路

本章向读者介绍的是射频电路中常用的锁相环电路。锁相环电路是通过相位反馈来实现环路输出信号的相位能跟踪输入基准信号相位的一种同步控制系统。下面给出锁相环电路的组成框图，如图 12-1 所示。

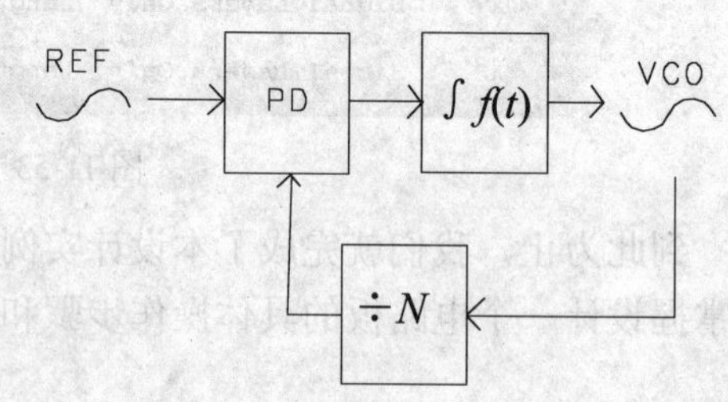

图 12-1　锁相环电路框图

在上面的框图中，REF 是参考频率源，PD 是鉴相器，∫ $f(t)$是环路滤波器，VCO 是压控振荡器。压控振荡器的输出经过 N 分频反馈到鉴相器去，鉴相器通过比较参考频率和反馈频率，将误差电压经过环路滤波器送到 VCO 的电压输入上以调整 VCO 的频率输出，从而构成一个闭合环路，稳定输出频率。

本例中选用 ADF4116 作为鉴相器，参考频率源使用高稳定度温度补偿晶振，VCO 采用 Mini-Circuit 的 POS-535。另外还选用 AT89C2051 作为鉴相器内部寄存器进行写数据。

12.2　原理图设计的前期准备

12.2.1　原理图文件的建立与配置

首先，执行菜单选项【File】→【New】→【Schematic】，新建一个 SCHDOC 文件，然后在该原理图文件上单击鼠标右键，选择【Save As】菜单选项，如图 12-2 所示。

然后执行相应的文件保存操作，文件名取为 MyPll.SchDoc。这个原理图文件还没有添加到任何工程项目中去，所以还是自由原理图文件。可以通过执行菜单选项【File】→【New】→【PCB Project】建立一个新的 PCB 工程，工程命名为 MyDesign.PRJPCB。通过右键单击新建的 PRJPCB 文件，再选择【Add to Project】菜单选项，这样将刚才建立的原理图文件添加到项目文件中，如图 12-3 所示。

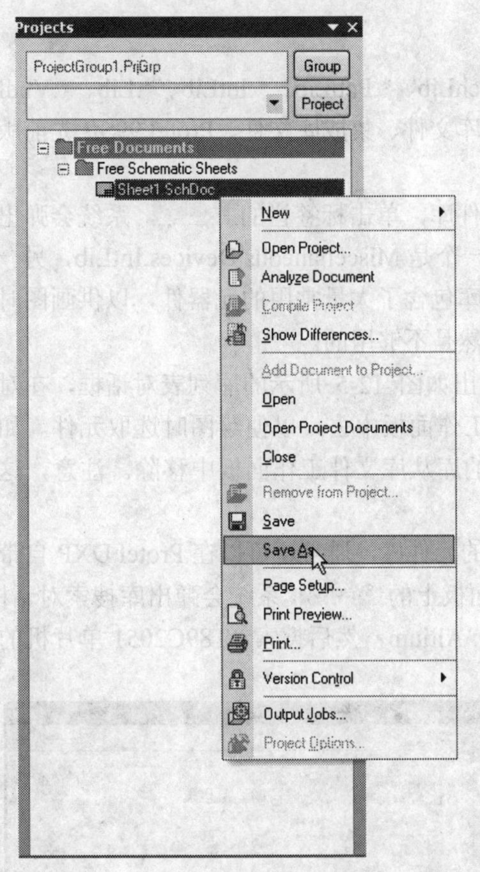

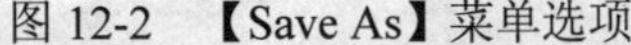
图 12-2　【Save As】菜单选项

图 12-3　存盘后的 MyPll.SchDoc

接下来进入 MyPll.SchDoc 原理图文件进行原理图的图纸设置，在原理图上单击右键打开菜单，选择【Document Options】，这时将会出现图 12-4 所示的设置对话框。可以看出，这个设置对话框可以用来对原理图的图纸进行满足用户设计要求的设置。

这里将 Snap 值选择为 5，其他图纸设置选项保持不变。设置完成后，单击【OK】按钮，这样便完成了原理图图纸的设置操作。

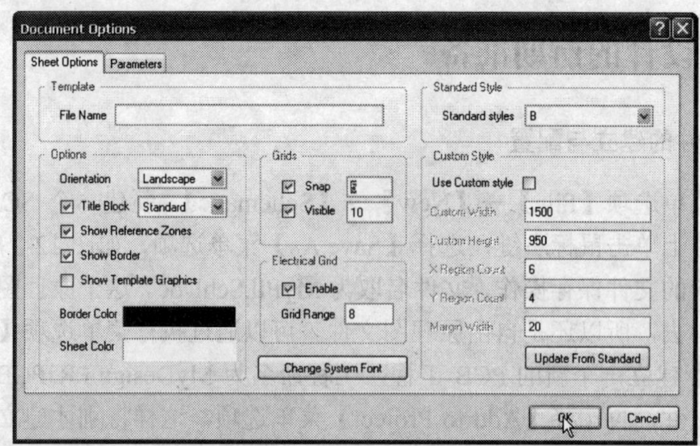

图 12-4　图纸属性设置对话框

12.2.2　原理图库的配置

Protel DXP 支持多种格式的元件库，例如*.SchLib、*.PcbLib、*.IntLib、*.Lib、*.VhdLib 等，这些库文件分别是原理图库文件、PCB 封装库文件、集成库文件、Protel 99SE 先前版本的元件库和 VHDL 宏库文件。

在开始画原理图的时候，首先准备原理图元件库，单击标签栏的 Libraries ，系统会弹出库文件工作面板，其中已经默认添加两个集成库，一个是 Miscellaneous Devices.IntLib，另一个是 Miscellaneous Connectors.IntLib。这两个集成库包含了大量常用的元器件，以供画图时选取。但是对于射频电路板的设计，这些元器件显然是不够用的。

单击库文件工作面板上的 Libraries... ，系统会弹出如图 12-5 所示的库列表对话框，在对话框中单击 Add Library... ，手动将元件库添加到库文件工作面板中去，以便绘图时选取元件。如果添加了多余的库，通常可以单击 Remove 将多余的库从库文件工作面板中移除。注意，这个操作不会删除该库。

另外为了节省时间，迅速找到包含所需元件的元件库，通常还可以在 Protel DXP 自带的元件库中搜寻我们需要的元件。单击库文件工作面板上的 Search... ，系统会弹出库搜索对话框，修改搜索路径到 Protel DXP 的安装路径中，即 D:\Altium，然后搜索 AT89C2051 单片机的库信息，填入关键字“*AT89C*”，如图 12-6 所示。

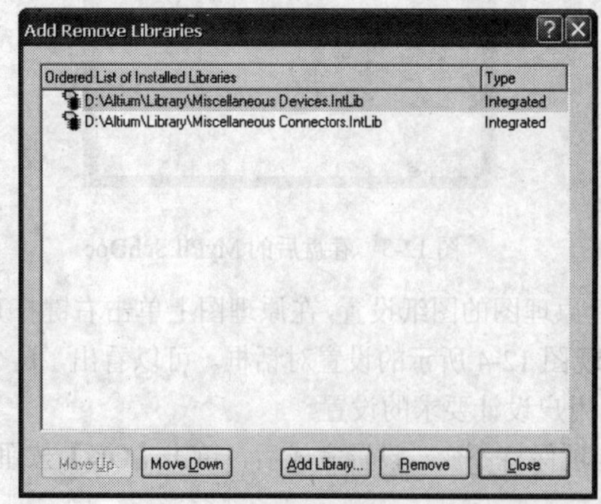

图 12-5　库列表对话框

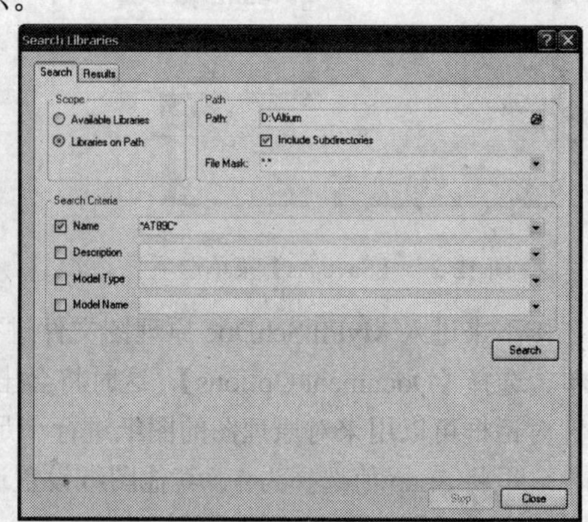

图 12-6　库搜索对话框

再单击 Search ，系统会自动在其库目录中搜索元器件的信息。可以根据要求挑选符合设计条件的元器件，在这个例子中需要查找单片机 AT89C2051 所需晶体的原理图元件。查找关键字填入“*CRYSTAL*”，一旦找到包含符合条件的元器件的库，如图 12-7 所示，单击对话框中的 Install Library ，便可以将这个库自动添加到库文件工作面板中去。

同时搜索范围还可以缩小至库工作面板上已经加载的库，例如在已经加载的库中搜索电容，填入关键字“CAP”，如图 12-8 所示，选择【Available Libraries】，搜索路径【Path】会自动变为不可用。

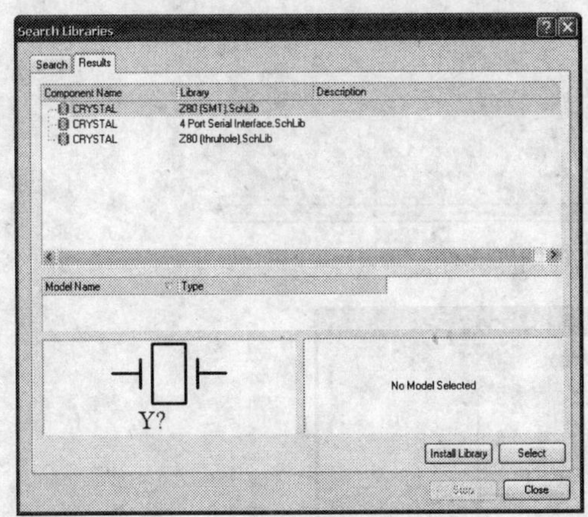

图 12-7　找到元器件后的库搜索对话框

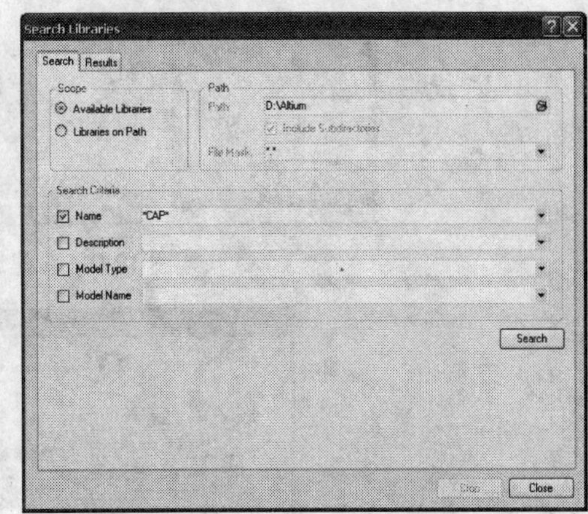

图 12-8　缩小搜索范围后的库搜索对话框

通过以上查找以及库的添加后，库文件工作面板中已经添加了原理图绘制过程中所需要的元件库了。例如本例中的电容、电阻、电感和单片机所需晶体的库都已经找到了。如果此时设计使用的元器件在库文件工作面板中都可以找到的话，下一步就可以进行原理图的绘制了；如果未能搜索到符合条件的元器件，那么表明 Protel DXP 自带的库中没有设计需要使用的元器件，那么这时可以进行手工绘制。

12.2.3　手工绘制原理图库文件

通过搜索，在 Protel DXP 自带的库中找到了包含 AT89C2051 所需晶体的元件库，而其他电容、电感和电阻等一些简单器件，在 Miscellaneous Devices.IntLib 这个集成库中都可以找到。

由于系统自带元件库中没有 ADF4116、POS-535、AT89C2051 以及温度补偿晶振的信息，首先执行菜单选项【New】→【Schematic Library】，新建一个原理图元件库文件，然后利用系统自带的绘制工具进行绘制，如图 12-9 所示。

在绘制过程中，原理图器件的尺寸要求并不严格，但是为了原理图的美观，要保证器件的大小均匀。

首先绘制 ADF4116，单击命令栏上的□按钮，可以通过拖放鼠标画出元件原理图的外形，然后通过单击命令栏上的按钮将 ADF4116 的管脚进行定义，如图 12-10 所示。第 1 根管脚名称是 FL0，因此这里将【Display Name】改为 FL0。ADF4116 共 16 根管脚，需要分别对每个管脚进行定义。

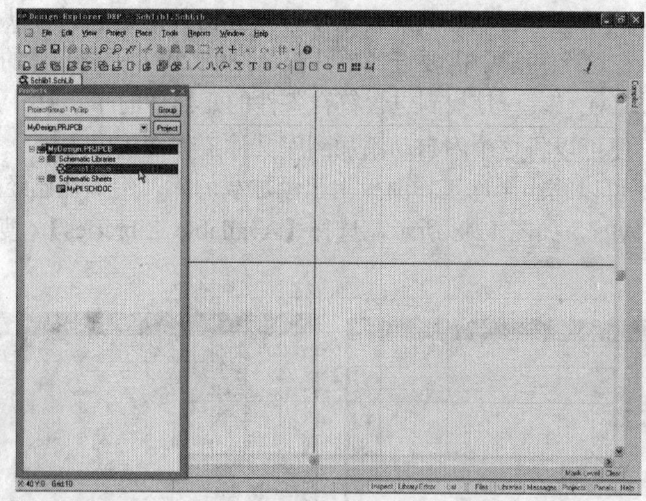

图 12-9　新建原理图库文件

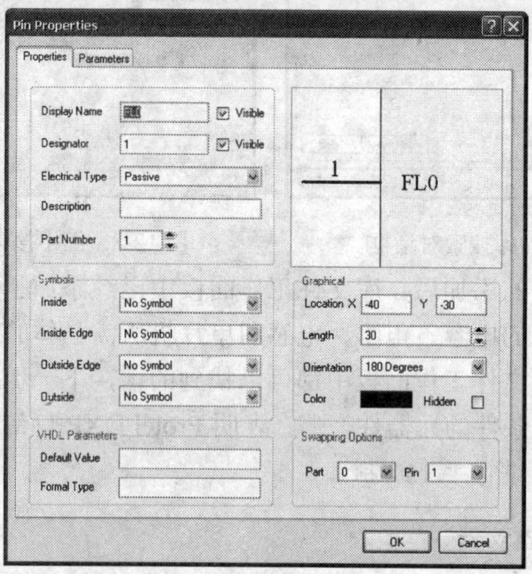

图 12-10　管脚定义对话框

ADF4116 的绘制结果如图 12-11a 所示。绘制元件原理图后，注意和芯片资料进行比较，保证管脚无差错后就可以继续下一个元件的绘制了。注意，元件原理图绘制的时候要尽量保证元件的美观，管脚之间的间隔要均匀。

按照与上面完全相同的操作方法进行其他元件的绘制操作，绘制操作完成后的结果如图 12-11b～d 所示。其中，图 12-11b 是 AT89C2051 单片机的原理图，图 12-11c 是 POS-535 的原理图，图 12-11d 是温度补偿晶振的原理图。

绘制完毕后，需要对原理图库文件进行保存。单击标签栏的 Projects ，则会弹出项目工作面板，然后在面板上右键单击库文件 Schlib1.SchLib,选择【Save As】，将其存为 Mylib.SchLib 文件，如图 12-12 所示。

接下来打开 MyPll.SCHDOC 原理图文件，单击标签栏的 Libraries ，弹出库文件工作面板，单击按钮 Libraries... ，可以看到上面手工绘制的 Mylib.SchLib 库已经自动添加到了库文件工作面板中。这样一来，设计所需要的所有原理图元件都已经可以找到了。

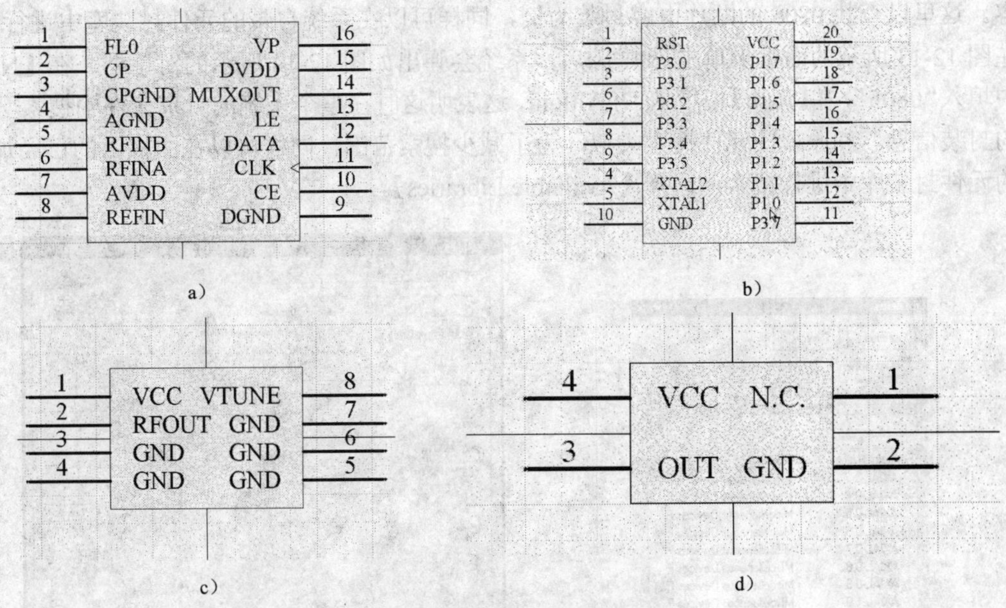

图 12-11　绘制原理图

a）ADF4116 的绘制结果　b）AT89C2051 单片机的原理图　c）POS-535 的原理图　d）温度补偿晶振的原理图

图 12-12　项目工作面板

12.3　PCB 设计的前期准备

12.3.1　PCB 图封装库的配置

PCB 图是整个电路板画图过程的关键所在，PCB 图所呈现的是最后制板的结果。Protel DXP 与前期系统版本不同的是，它支持集成库的元件库结构，元件的原理图和 PCB 封装图都是存在于同一个集成库中，而且两者相互关联，而不是像先前那样分别存放在原理图库和 PCB 图库中，两者之间无关联。这种库结构，使用户在设计中得到了相当大的方便。同样，根据设计的需要，也可以将自己所绘制的库编译成为一个集成库。

首先，类似配置原理图库的方法，首先要查找系统自带的元件封装库，看是否能找到设计所需要的元件封装。单击标签栏 Libraries，这时将会弹出相应的库文件工作面板，然后在面板上选择【Footprints】，如图 12-13 所示。

在射频电路中常用的贴片电容有多种封装，在此电路板中选用体积稍大的 0805 贴片电容。这里以查找 0805 的贴片电容封装为例，同样可以在系统自带的元件封装库中进行搜索。在图 12-13 所示的面板上单击 Search... 后，系统会弹出如图 12-14 所示的对话框。在【Name】中填入“0805”，在【Path】中填入 D:\Altium，这表明这时在整个系统的目录文件中搜索“0805”的封装信息。和原理图元件搜索类似，为了减少搜索范围，同样可以在面板上的已经加载了的元件封装库中进行搜索，选择【Available Libraries】。

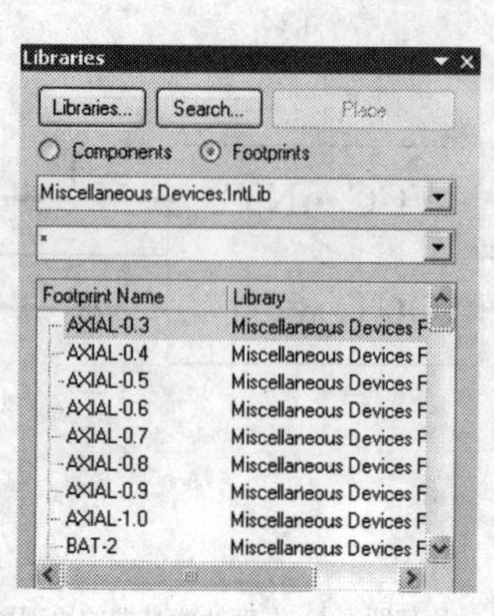

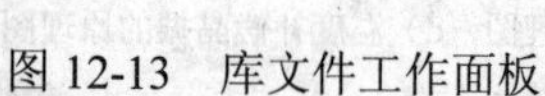
图 12-13 库文件工作面板

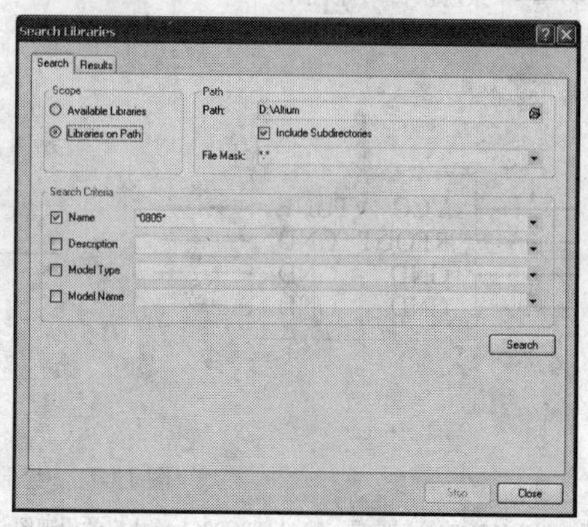

图 12-14 进行 0805 封装搜索的库搜索对话框

搜索完毕后，在【Results】页中会显示搜索后的结果，如图 12-15 所示。一旦找到合适的封装库，可以在如图 12-15 所示对话框中单击按钮 Install Library，将所查找到的库直接添加到库工作面板中去。

射频电路板上一般对于电源滤波都需要大容值的钽电容进行滤波处理，但是钽电容通常体积较大，因此这里选用 1206 的封装。可见下面还需要搜索 1206 的封装形式。

另外，我们要对所用芯片的封装进行统计以及查找，ADF4116 是 SSOP-16 封装形式，AT89C2051 是 SOP-20 封装形式，POS-535 是 DIP8 封装形式，单片机所需晶体的封装形式是 XTAL，晶振的封装形式是 XTAL4SOP。单击库工作面板上的 Search ，然后在弹出的搜索对话框中填入*SOP*，进行查找，如图 12-16 所示。

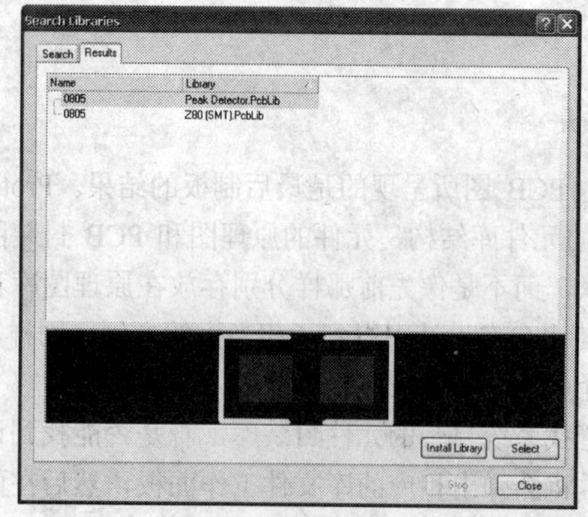

图 12-15 0805 封装的搜索结果

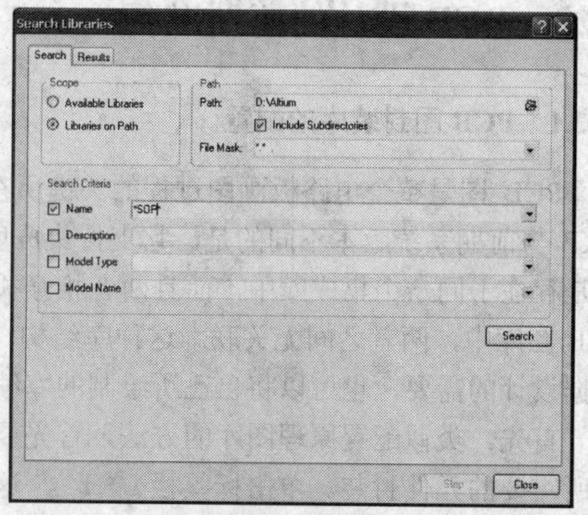

图 12-16 进行 SOP 封装搜索的库搜索对话框

这样一来，Protel DXP 自带库中所有带有 SOP 的封装形式都被搜索出来了，搜索结果如图 12-17 所示。接下来搜索 DIP8 封装，搜索结果如图 12-18 所示。XTAL 封装搜索结果如图 12-19 所示。选中设计所需要的封装库，再单击 Install Library，这样就将封装库添加到库工作面板中去。

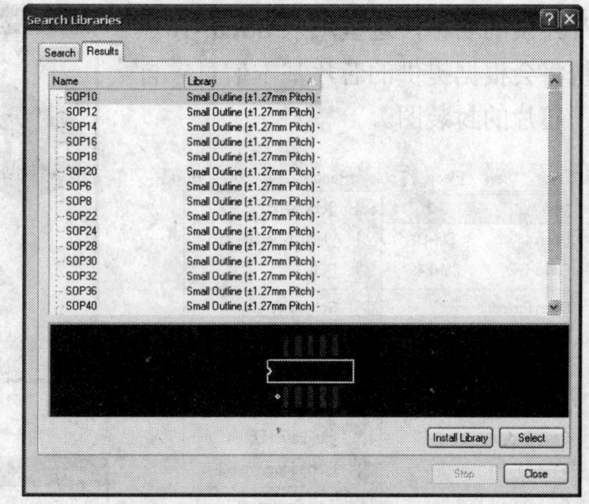

图 12-17　SOP 封装的搜索结果

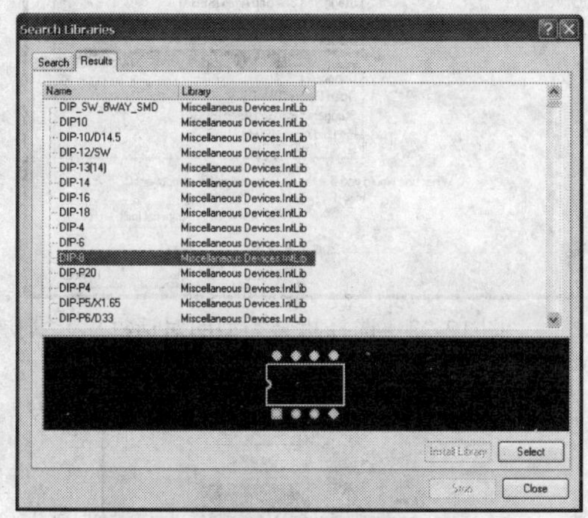

图 12-18　DIP 封装的搜索结果

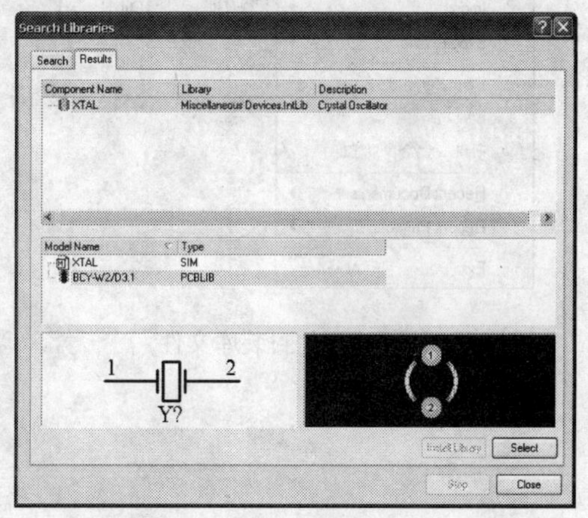

图 12-19　XTAL 封装搜索结果

12.3.2　手工绘制 PCB 图封装库

首先执行菜单选项【File】→【New】→【PCB Library】，新建一个元件封装库，如图 12-20 所示。然后将这个文件另命名为 LO.PcbLib，这时手绘制的器件封装就会存在这个库中。接下来执行菜单命令【Tools】→【New Component】，这时将会弹出一个元件封装生成向导，如图 12-21 所示。这是系统所提供的芯片封装辅助设计，通过用户所提供的一些芯片信息，系统会自动生成设计所需的芯片封装图，当然，这里还可以在生成的封装图基础上对芯片封装进行进一步的修改。

接下来单击 Next 按钮，选择 Small Outline Package（SOP），如图 12-22 所示。在对话框右下角将长度单位改为英制，如图 12-23 所示。单击 Next 按钮，然后根据所要绘制的芯片尺寸大小，在随后紧接的对话框中选择芯片焊盘，如图 12-24 所示。

然后继续单击 Next 按钮，在紧接着的对话框中选择焊盘的间距，如图 12-25 所示。再单击 Next 按钮，选择丝印层的线宽，这里选择系统默认的线宽。继续单击 Next 按钮，选择芯片的管脚数量，如图 12-26 所示。由于是 16 条管脚的芯片，因此选择 16。再单击 Next 按钮，定义芯片封装的名称，这里填入 SSOP-16。随后系统将会根据提供的芯片基本信息，自动生成了芯片的封装图。

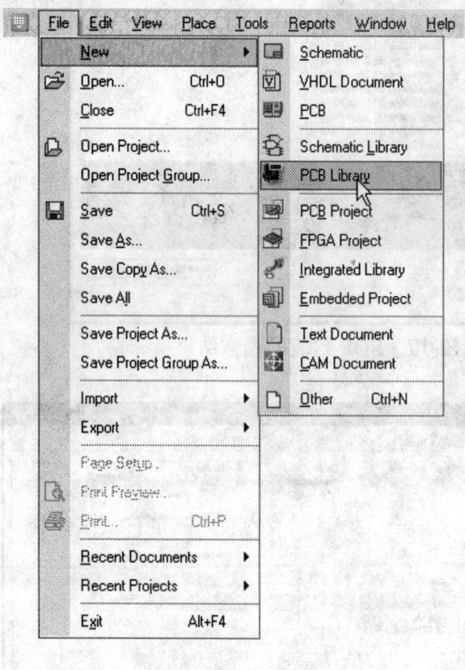

图 12-20 新建元件封装库文件

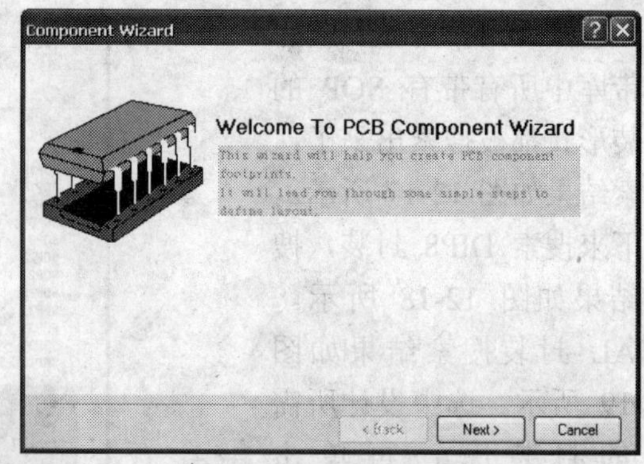

图 12-21 元件封装生成向导

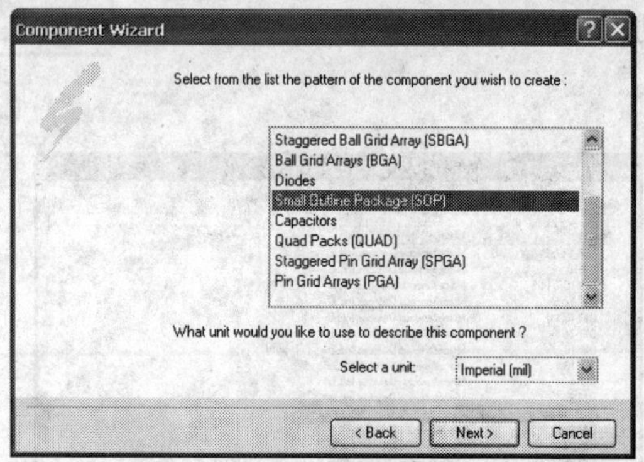

图 12-22 选择封装类型的对话框

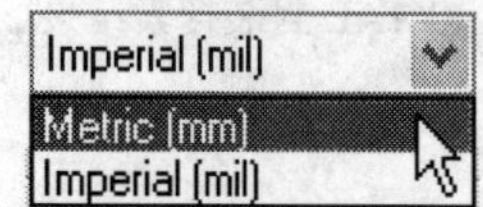

图 12-23 设置度量单位

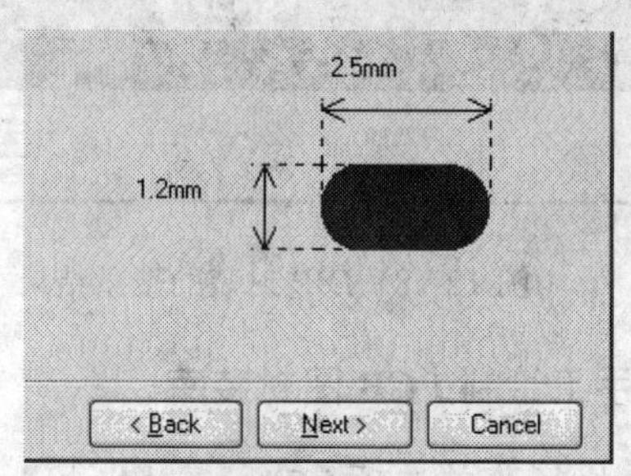

图 12-24 选择芯片焊盘的对话框

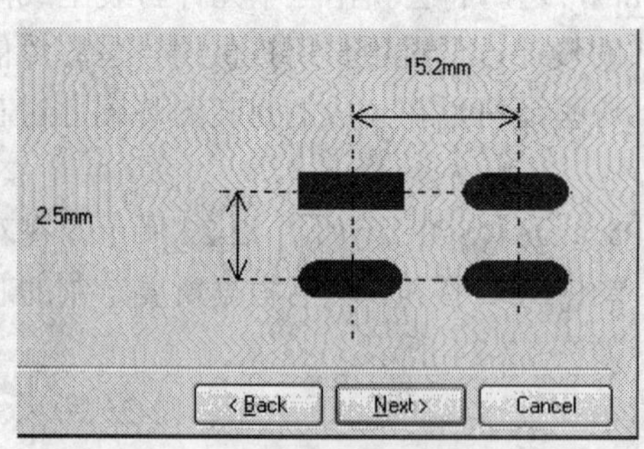

图 12-25 设置焊盘的间距

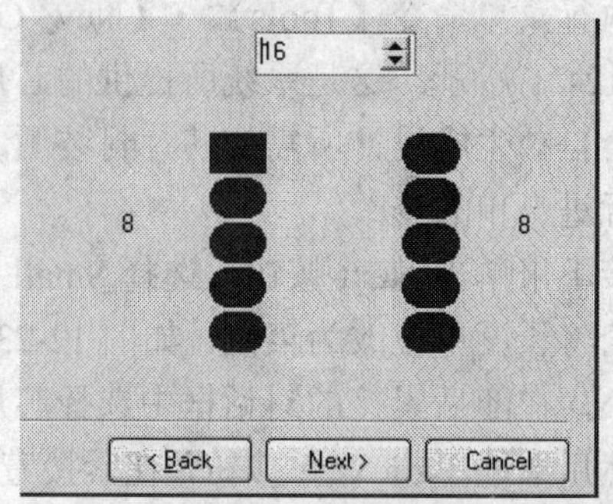

图 12-26 设置芯片的管脚数量

然后根据设计要求的封装尺寸对芯片封装进行进一步的修改，例如丝印层的改动、芯片焊盘的长度等等，直到符合设计的要求为止。接着单击图标，对这个封装库文件存盘处理。绘制完毕的芯片封装如图 12-27 所示。

用同样方法可以绘制出 XTAL4SOP 的封装，如图 12-28 所示。

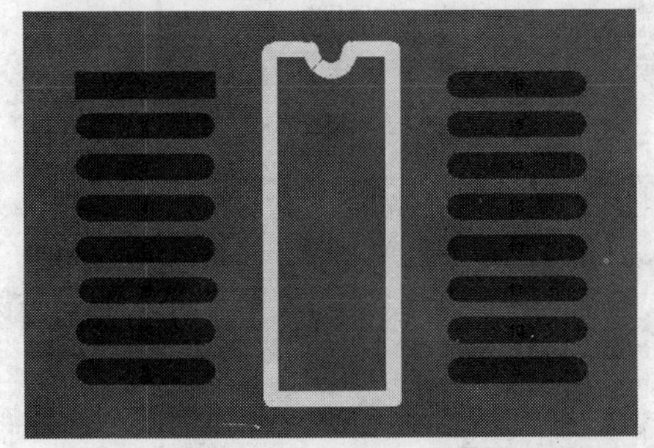

图 12-27　SSOP-16 的芯片封装

图 12-28　XTAL4SOP 的芯片封装

这样一来，我们就完成了元件库封装的绘制。这是标准元件的绘制，如果设计中遇到了一些外形较为特殊的元件，这时需要进行一些元件的自行绘制。为了绘制尺寸的精确，还可以利用系统提供的一些功能，包括设立坐标原点、修改焊盘的坐标以及系统提供的间距测量功能等，然后根据元件资料上的结构图，精确地绘制出元件的封装。

12.4　电路原理图设计

原理图元件库和 PCB 元件库配置完毕后，下面就可以开始绘制相应的原理图了。原理图要画得美观清晰，元件之间连线要直观易懂，这样才能满足设计的要求。打开前面已经配置好的原理图文件 MyPll.SCHDOC，接下来需要在库文件工作面板中加入前面绘制的原理图库 MyPll.SchLib，同时还有包含单片机晶体的库 Z80 (SMT).SchLib。单击标签栏 Libraries，弹出库文件工作面板，单击按钮 Libraries...，弹出库列表对话框，如图 12-29 所示。接下来单击 Add Library...，然后将所需要的两个库添加到库文件工作面板中去。

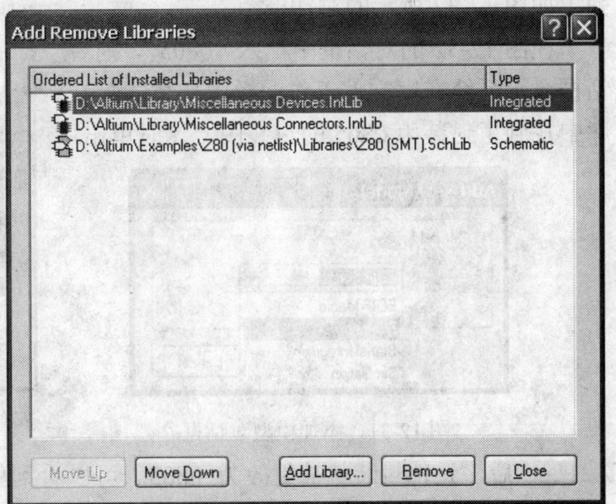

图 12-29　库文件添加/移除对话框

在画原理图的同时，可以定义原理图上元件的封装形式。这样做的好处是可以直接把原理图和 PCB 图关联起来。首先举个改变电阻封装的例子，双击库 Miscellaneous Devices.IntLib

中的电阻元件 RES1，器件就会随着鼠标移动，这时按下 Tab 键，系统将会弹出如图 12-30

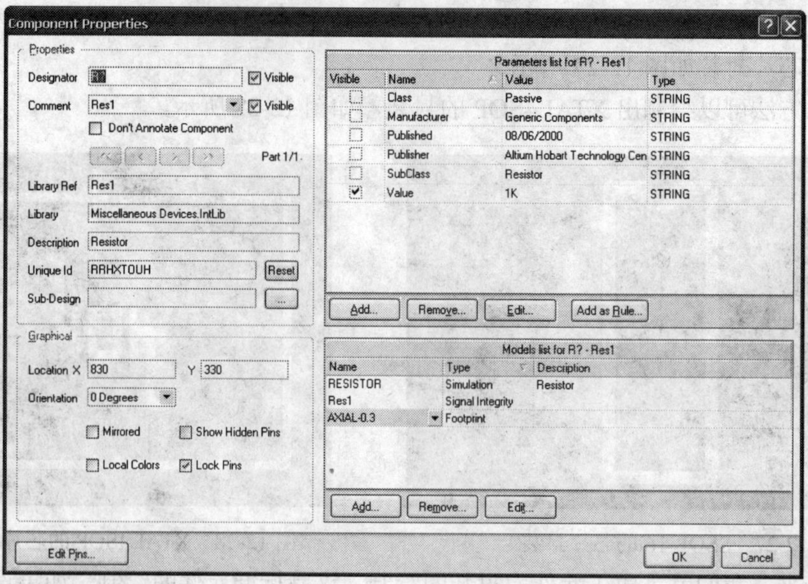

图 12-30　器件属性设置对话框

所示的对话框，可以对器件属性进行定义。在图 12-30 所示的对话框中，将 Designator 设为 R1，其大小选用默认值 1k。添加器件的封装形式可以单击右下角的 Add... ，弹出如图 12-31 所示的对话框。选择 Footprint，单击 OK ，弹出如图 12-32 所示的对话框。

在图 12-32 的对话框中填入“0805”，则对话框显示系统在库文件工作面板中加载的封装库中找到了封装为 0805 的封装图，这时单击

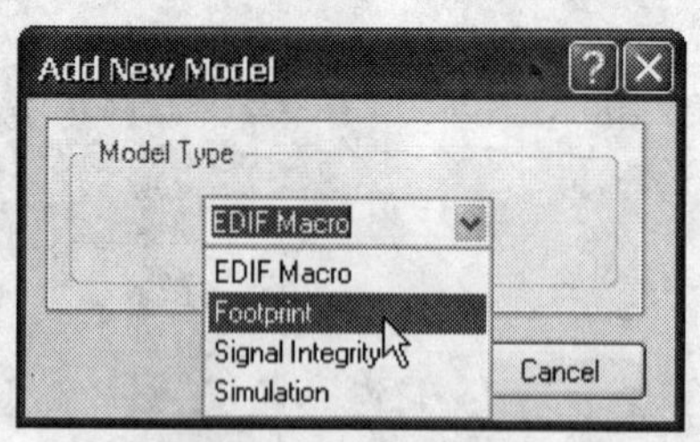

图 12-31　添加模型对话框

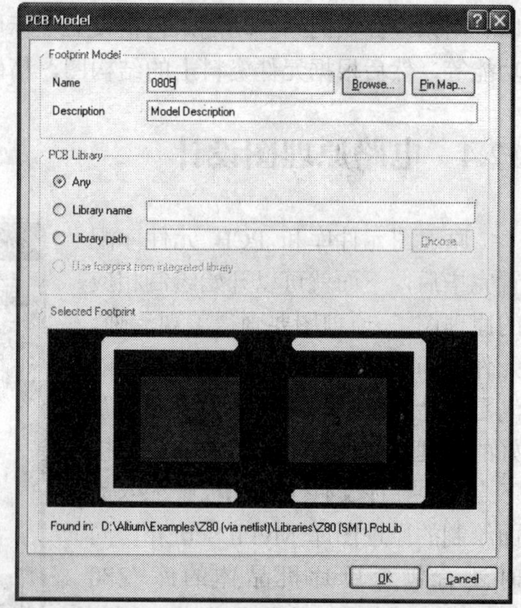

图 12-32　PCB 模型对话框

OK 后，元件封装就被更改为 0805。可以看到如果反复放置电阻时，Designator 值会自动增加。重复前面的操作，可以将设计需要的器件的 PCB 封装都改成需要的模式。

开始画原理图时，主要器件的摆放原则上要尽量避免走线的交叉，而且走线距离要尽量短，器件要尽量均匀地摆放在原理图上，如图 12-33 所示。

可以看到，AT89C2051 单片机需要往 ADF4116 鉴相器中的寄存器里写入数据，因此这里把单片机放置在鉴相器芯片的左侧，同时靠近鉴相器写入数据的管脚 LE、CLK 和 DATA；同样，由于 ADF4116 鉴相器的 CP 输出管脚需要经过环路滤波器对 VCO-POS535 进行控制电

压输入，因此这里把 VCO 放置在 ADF4116 的右侧，同时两者多间隔一些距离，目的是提供环路滤波器的放置；环路滤波器由简单器件电容和电阻构成；晶振需要提供 ADF4116 的参考源，而这个参考源的输入管脚位于 ADF4116 的左侧，因此可以将晶振放置在 ADF4116 的下方；晶体需要为单片机提供参考工作频率，为了布局均匀，将它放置在单片机的左下角。

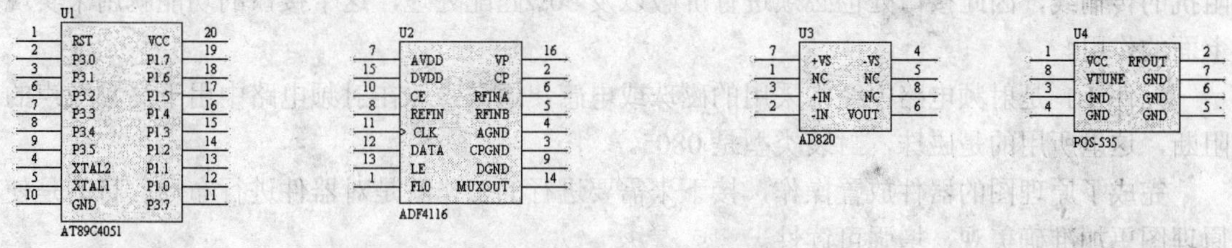

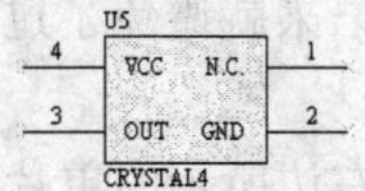

图 12-33　原理图中主要器件的摆放

接下来开始放置简单器件：电容、电阻、电感和发光二极管。按照前面介绍的方法，修改这些简单器件的声明（Designator）和封装（Footprint）。另外，用户还需要放置芯片周围的电源、地以及接头部件。完成放置操作后，原理图如图 12-34 所示。现对图 12-34 中放置的器件作一简单介绍：

元件 C1 采用的是射频电路中常用的贴片电容，这种电容体积小、无极性、无引脚、电容引脚带电感量（ESL）和电阻量（ESR）小，这里采用 0805 贴片电容封装。

元件 C6 采用的是钽电解电容，这种电容体积稍大、有极性、无引脚、耐压值高，它在射频电路中常用于电源的滤波，这里采用的是 1206 封装。

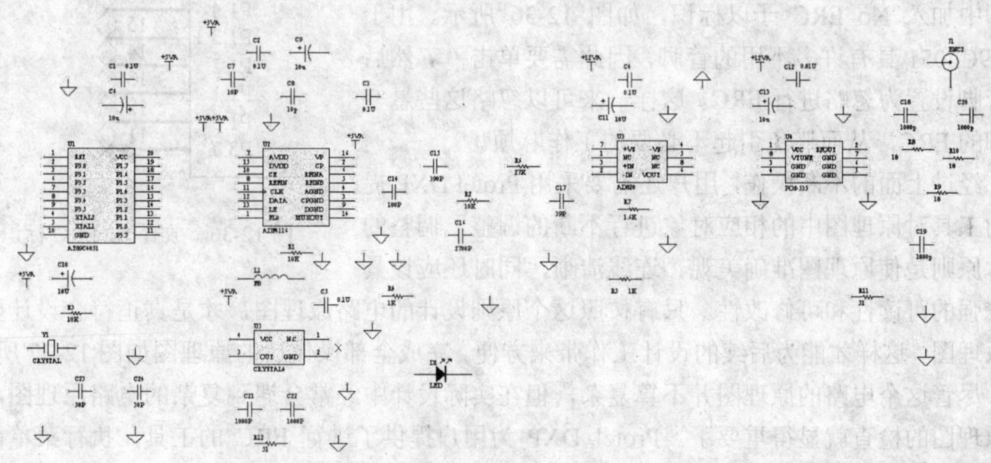

图 12-34　放置所有器件后的原理图

元件 R1 采用的是射频电路中常用的贴片电阻，这种电阻体积小、无引脚，这里采用的是 0805 贴片电阻封装。

元件 D1 是发光二极管，常用于指示作用，高电平即能够驱动二极管发光。

元件 J1 是电路板接口，射频电路板上高频走线通常需要采用屏蔽线，并且采用 50Ω特性阻抗的传输线，因此接口处也必须进行屏蔽以及 50Ω匹配处理，这个接口的功能就用来实现上面的作用。

元件 L1 是射频电路中经常采用的磁珠或电感，通常磁珠在射频电路中用于高频噪声的阻断，这里所用的是磁珠，封装类型是 0805。

完成了原理图的器件放置操作，接下来需要进行的工作就是对器件进行布局，目的是使原理图更加准确美观，增强可读性。

在原理图中，有时候可能会发现部分相连管脚相隔距离较长。试想一下，如果原理图上存在大量长走线，而且相互交叉在一起，这会使原理图的美观与易读性大打折扣。为了避免过长的走线影响原理图的美观和易读性，可以采用网络标号（Net Label）对芯片管脚进行标识。单击，在原理图器件管脚上进行标识，这样一来就避免了过长的走线，也增加了原理图的易读性。

例如，在图 12-35 中，左边的晶体两端连接在右边所示的单片机输入工作时钟管脚上，这里采用了简单的网络标号就完成了这两个管脚的电气连接，同时也保持了电路原理图的美观与易读性。

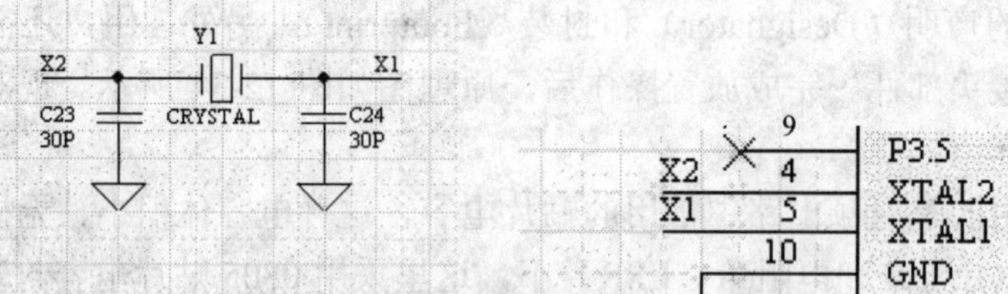

图 12-35　采用网络标号进行电气连接的例子

由于原理图中需要进行 ERC，因此需要在部分悬空的管脚中加入 No ERC 予以标识，如图 12-36 所示。由于 AT89C2051 具有许多不用的管脚，因此需要单击，然后将管脚设置为忽略进行 ERC。这样一来可以忽略这些悬空管脚的 ERC，从而避免引起不必要的工作麻烦。

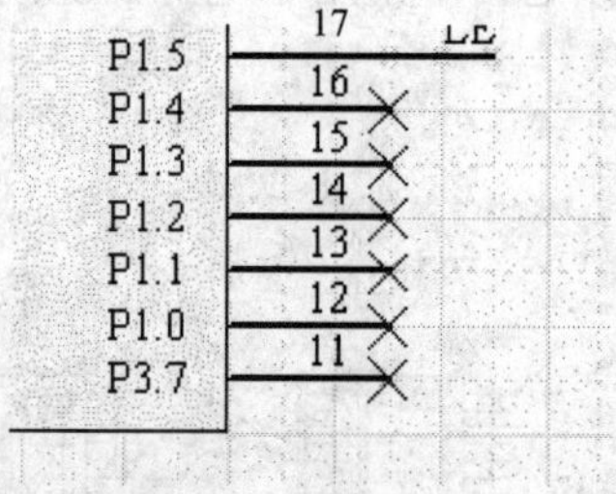

图 12-36　放置 No ERC 标识

经过上面的不断操作，用户还需要采用 Protel DXP 提供的工具对原理图中的相应对象进行不断的调整。调整的基本原则是使原理图准确美观、连线清晰，同时还应该具有较强的可读性和可修改性。只有按照这个原则设计的电路原理图，才是真正符合设计要求的原理图，这样才能为后续的设计工作带来方便。完成全部操作后的原理图如图 12-37 所示。

尽管这个电路的原理图并不算复杂，但在实际设计中经常会遇到复杂的电路原理图，这时原理图的检查就显得重要了。Protel DXP 为用户提供了进行 ERC 的工具，执行菜单命令【Project】→【Compile All Projects】，然后再单击标签栏的 Messages，这时用户就可以对进行 ERC 后检查到的错误进行查看。

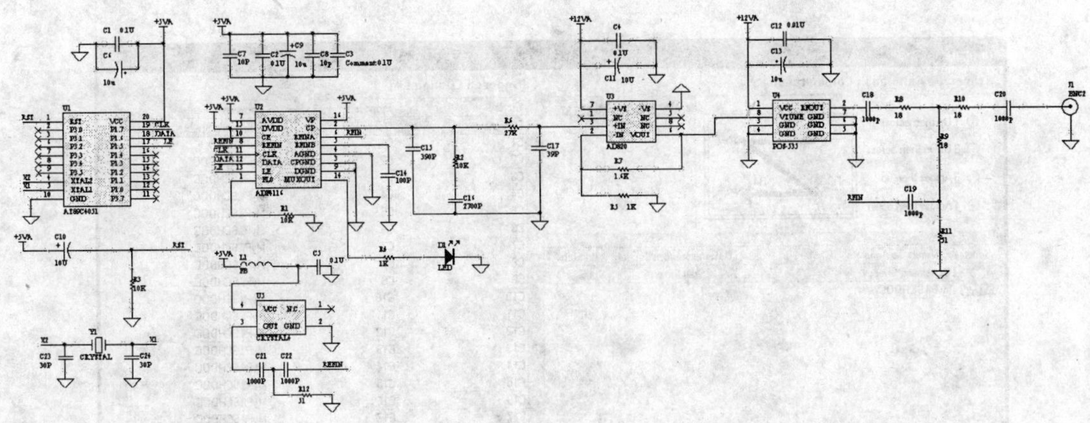

图 12-37　完成全部操作后的原理图

为了举例，我们可以故意挪动了一根导线，移动的情况如图 12-38 所示。在左边故意将发光二极管旁边的导线挪到下边，再重新进行编译，这样 Protel DXP 会马上发现错误，同时在消息工作面板中给出提示，如图 12-39 所示。可以看出，系统会提示两点坐标之间走线出现未连接错误，同时还列出了时间、日期以及编译次数。根据这些信息，用户可以很方便地对原理图中的错误进行修改。

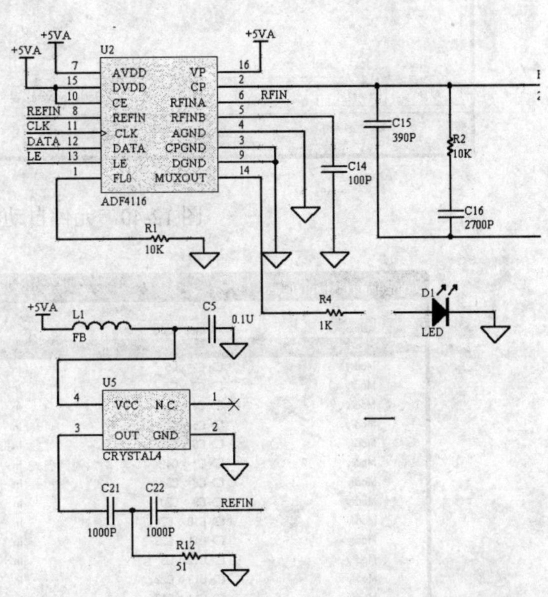

图 12-38　故意挪动了一根导线的原理图

另外，对于元件的标识（Designators），Protel DXP 也提供了一个有用的工具，可以在画完原理图后由系统自动给出元件标识。执行菜单选项【Tools】→【Annotate】，这时系统将会弹出如图 12-40 所示的窗口。

Messages

Class	Document	Source	Message	Time	Date	No.
[Warning]	MyPll.SCHDOC	Compiler	Unconnected line (610,430) To (630,430)	08:15:01 PM	2005-3-15	3

图 12-39　消息工作面板中的警告提示

单击 Reset Designators，清空所有的元件标识 Update Changes List，系统会按照左上角的顺序给出元件标识，再单击 Accept Changes (Create ECO)，这时系统将会弹出如图 12-41 所示的对话框。在对话框中单击 Validate Changes 可以对重新标识进行有效性编译，Execute Changes 可以确认将器件重新进行标识。这样，原理图器件标识就会变得更加有规律。

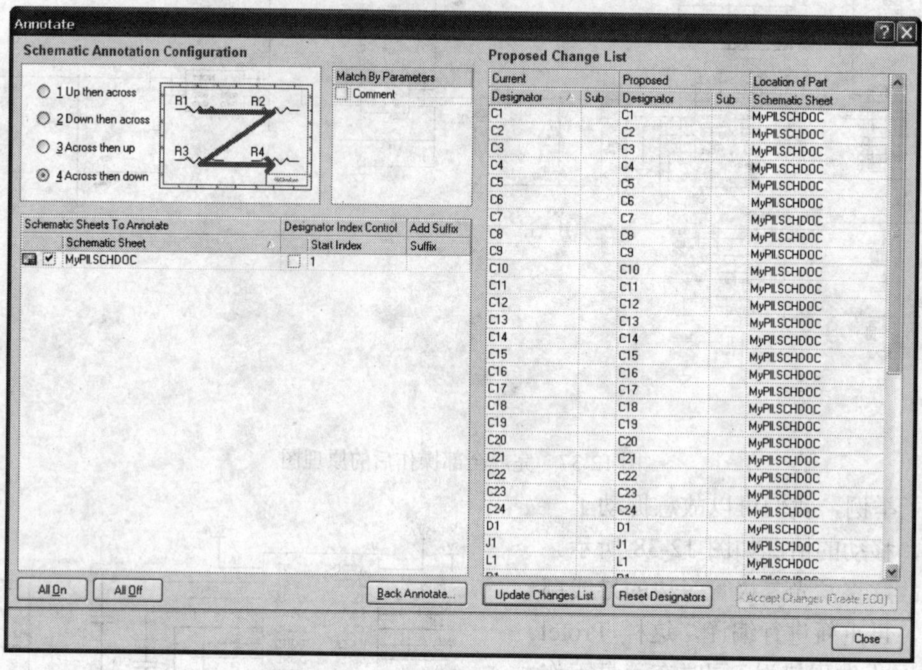

图 12-40　元件自动标识设置对话框

Engineering Change Order

Modifications				Status	
Action	Affected Object		Affected Document	Check	Done
Annotate Component(38)					
Modify	C2 -> C5	In	MyPII.SCHDOC		
Modify	C3 -> C7	In	MyPII.SCHDOC		
Modify	C4 -> C2	In	MyPII.SCHDOC		
Modify	C5 -> C15	In	MyPII.SCHDOC		
Modify	C6 -> C21	In	MyPII.SCHDOC		
Modify	C7 -> C4	In	MyPII.SCHDOC		
Modify	C8 -> C6	In	MyPII.SCHDOC		
Modify	C9 -> C20	In	MyPII.SCHDOC		
Modify	C10 -> C24	In	MyPII.SCHDOC		
Modify	C11 -> C23	In	MyPII.SCHDOC		
Modify	C12 -> C3	In	MyPII.SCHDOC		
Modify	C13 -> C22	In	MyPII.SCHDOC		
Modify	C14 -> C12	In	MyPII.SCHDOC		
Modify	C15 -> C11	In	MyPII.SCHDOC		
Modify	C16 -> C14	In	MyPII.SCHDOC		
Modify	C17 -> C10	In	MyPII.SCHDOC		
Modify	C18 -> C8	In	MyPII.SCHDOC		
Modify	C19 -> C13	In	MyPII.SCHDOC		
Modify	C20 -> C9	In	MyPII.SCHDOC		
Modify	C21 -> C18	In	MyPII.SCHDOC		

Validate Changes　Execute Changes　Report Changes...　Close

图 12-41　ECO 对话框

原理图绘制完毕后，还可以利用 Protel DXP 提供的工具列一个器件清单，这样可以对电路板的器件用量有大致的了解。在原理图设计系统中，执行相应的菜单选项【Reports】→【Bill of Materials】，这样系统就会自动生成一个器件清单，如图 12-42 所示。另外，还可以执行菜单选项【Reports】→【Component Cross Reference】，进行元件交叉参考报表的查看，如图 12-43 所示。

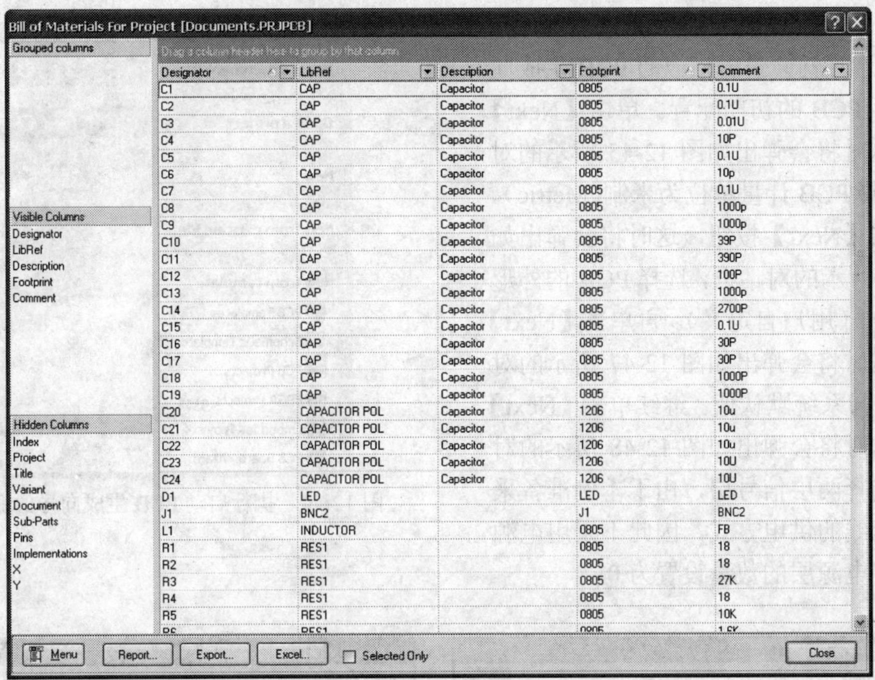

Designator	LibRef	Description	Footprint	Comment
C1	CAP	Capacitor	0805	0.1U
C2	CAP	Capacitor	0805	0.1U
C3	CAP	Capacitor	0805	0.01U
C4	CAP	Capacitor	0805	10P
C5	CAP	Capacitor	0805	0.1U
C6	CAP	Capacitor	0805	10p
C7	CAP	Capacitor	0805	0.1U
C8	CAP	Capacitor	0805	1000p
C9	CAP	Capacitor	0805	1000p
C10	CAP	Capacitor	0805	39P
C11	CAP	Capacitor	0805	390P
C12	CAP	Capacitor	0805	100P
C13	CAP	Capacitor	0805	1000p
C14	CAP	Capacitor	0805	2700P
C15	CAP	Capacitor	0805	0.1U
C16	CAP	Capacitor	0805	30P
C17	CAP	Capacitor	0805	30P
C18	CAP	Capacitor	0805	1000P
C19	CAP	Capacitor	0805	1000P
C20	CAPACITOR POL	Capacitor	1206	10u
C21	CAPACITOR POL	Capacitor	1206	10u
C22	CAPACITOR POL	Capacitor	1206	10u
C23	CAPACITOR POL	Capacitor	1206	10U
C24	CAPACITOR POL	Capacitor	1206	10U
D1	LED		LED	LED
J1	BNC2		J1	BNC2
L1	INDUCTOR		0805	FB
R1	RES1		0805	18
R2	RES1		0805	18
R3	RES1		0805	27K
R4	RES1		0805	18
R5	RES1		0805	10K

图 12-42　项目中器件清单列表框

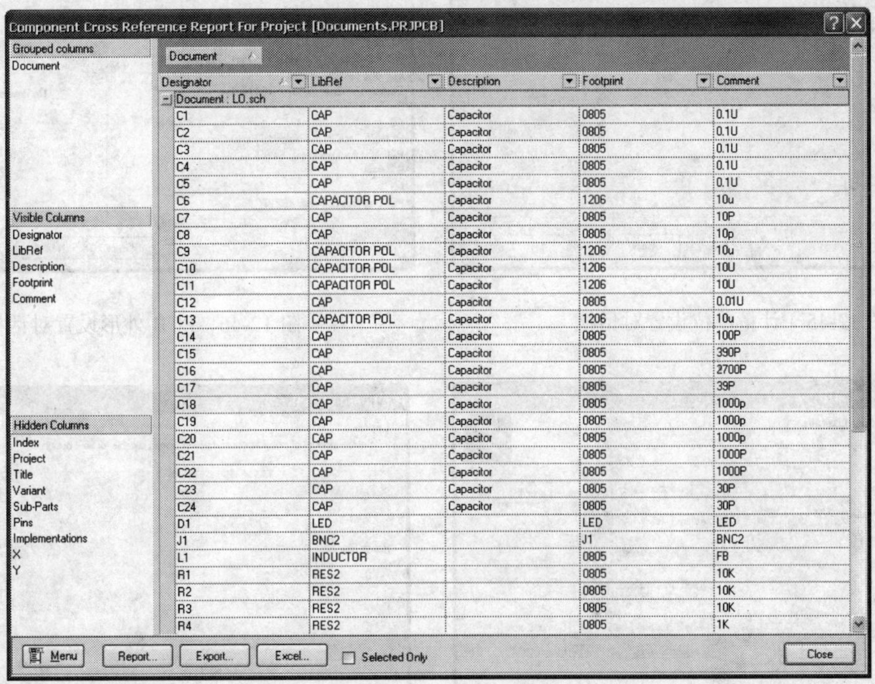

Designator	LibRef	Description	Footprint	Comment
C1	CAP	Capacitor	0805	0.1U
C2	CAP	Capacitor	0805	0.1U
C3	CAP	Capacitor	0805	0.1U
C4	CAP	Capacitor	0805	0.1U
C5	CAP	Capacitor	0805	0.1U
C6	CAPACITOR POL	Capacitor	1206	10u
C7	CAP	Capacitor	0805	10P
C8	CAP	Capacitor	0805	10p
C9	CAPACITOR POL	Capacitor	1206	10u
C10	CAPACITOR POL	Capacitor	1206	10U
C11	CAPACITOR POL	Capacitor	1206	10U
C12	CAP	Capacitor	0805	0.01U
C13	CAPACITOR POL	Capacitor	1206	10u
C14	CAP	Capacitor	0805	100P
C15	CAP	Capacitor	0805	390P
C16	CAP	Capacitor	0805	2700P
C17	CAP	Capacitor	0805	39P
C18	CAP	Capacitor	0805	1000p
C19	CAP	Capacitor	0805	1000p
C20	CAP	Capacitor	0805	1000p
C21	CAP	Capacitor	0805	1000P
C22	CAP	Capacitor	0805	1000P
C23	CAP	Capacitor	0805	30P
C24	CAP	Capacitor	0805	30P
D1	LED		LED	LED
J1	BNC2		J1	BNC2
L1	INDUCTOR		0805	FB
R1	RES2		0805	10K
R2	RES2		0805	10K
R3	RES2		0805	10K
R4	RES2		0805	1K

图 12-43　项目中元件交叉参考列表框

12.5　PCB 设计

在设计具体的 PCB 之前，首先需要新建一个 PCB 文件。单击标签栏 Files ，弹出如图

12-44 所示的面板。然后选择 PCB Board Wizard，这时就会弹出相应的 PCB 生成向导来进行 PCB 的初期配置。单击【Next】按钮，这时将会弹出如图 12-45 所示的对话框，选择 PCB 计量单位为米制(Metric)。继续单击【Next】按钮，这时将会弹出如图 12-46 所示的对话框，选择 PCB 的外形为 Custom（用户自定义）。再单击【Next】按钮，这时将会弹出如图 12-47 所示的对话框，选择系统默认值。继续单击【Next】按钮，这时将会弹出如图 12-48 所示的对话框，选择两层信号层，由于本例准备采用电源总线的供电方式，因此不采用电源层，即将电源层的数量设置为 0。

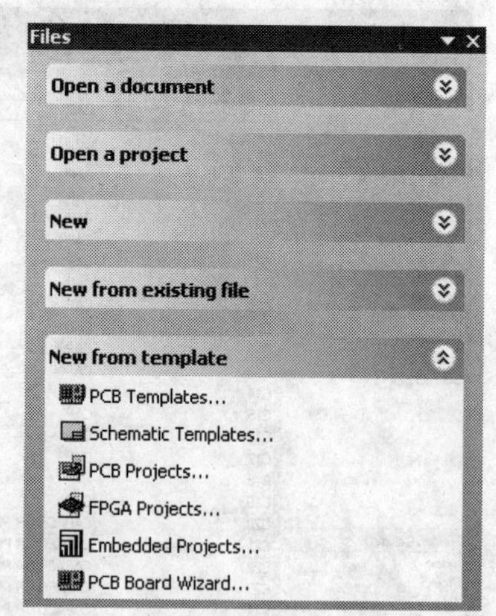

图 12-44 执行启动 PCB 生成向导的命令

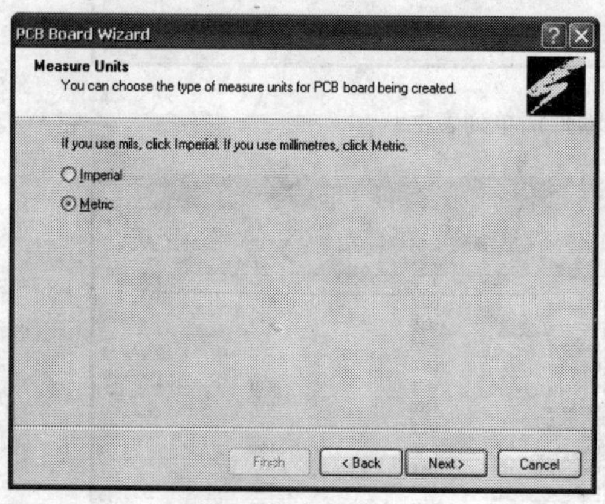

图 12-45 计量单位设置对话框

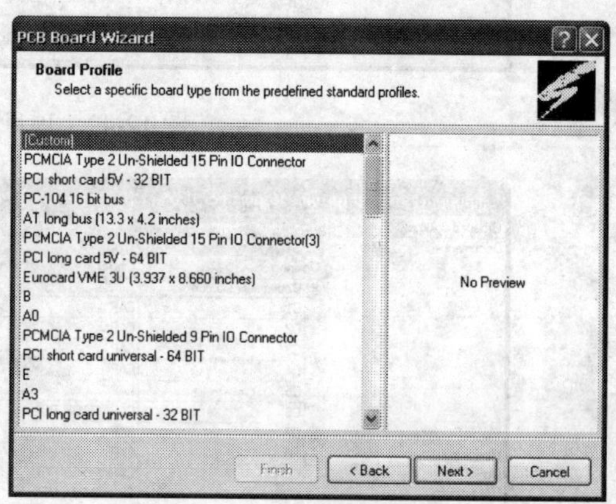

图 12-46 PCB 外形设置对话框

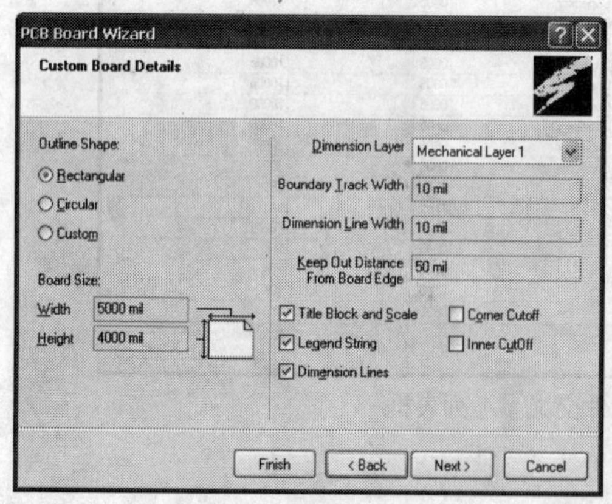

图 12-47 自定义 PCB 外形对话框

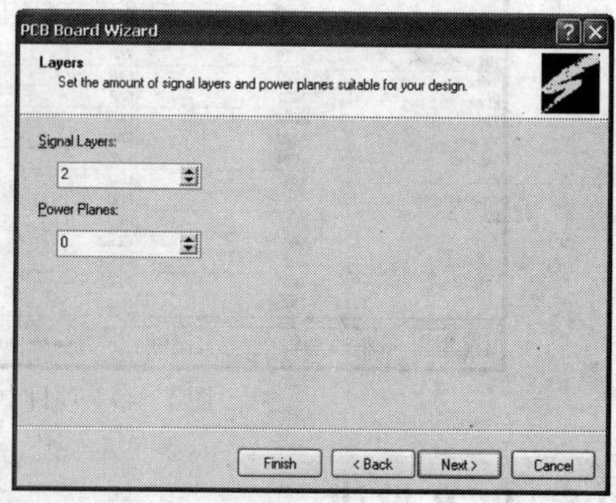

图 12-48 PCB 工作层面设置对话框

继续单击【Next】按钮，这时将会弹出如图 12-49 所示的对话框，由于本设计只需要采用过孔而不采用埋孔和盲孔，因此这里选择系统默认值。继续单击【Next】按钮，这时将会弹出如图 12-50 所示的对话框，用来选择贴片器件占多数还是直插器件占多数，以及是否在电路板双面都安置器件，这里基本全都是贴片器件（除 POS-535 是 DIP8 封装以外），而且只放在板的顶层，因此选择系统默认值。继续单击【Next】按钮，这时将会弹出如图 12-51 所示的对话框，用来选择布线和设计过孔的一些规则，这里全都选择系统默认值。继续单击【Next】按钮，这样就完成了 PCB 的初期配置，如图 12-52 所示。最后进行 PCB 文件的保存工作，将其命名为 MyPll.PcbDoc。

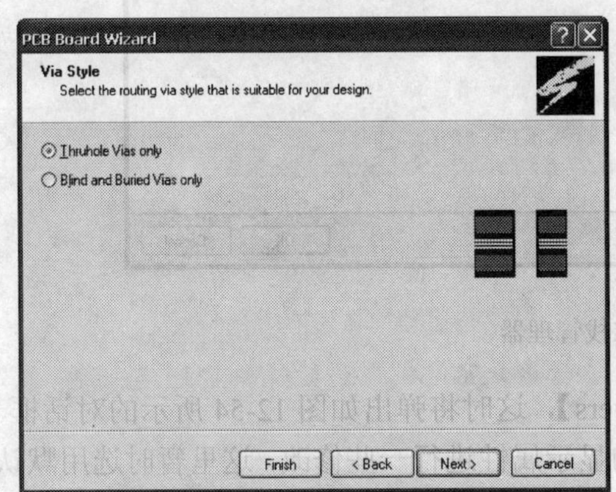

图 12-49 过孔类型设置对话框

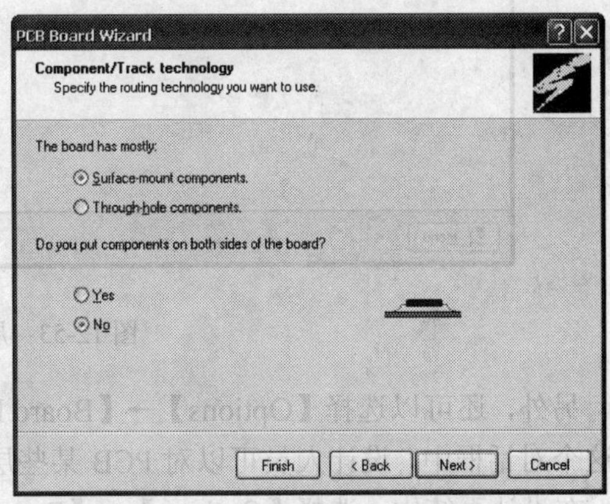

图 12-50 元件封装和安装设置对话框

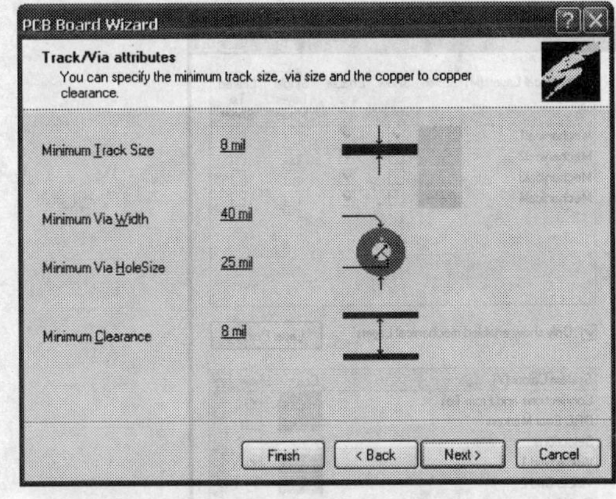

图 12-51 布线/过孔属性设置对话框

图 12-52 利用向导生成的 PCB

接下来打开前面设计的原理图文件，然后执行相应的菜单命令【Design】→【Update PCB MyPll.PCB】，这样就执行了将原理图中的元件的封装导入到 PCB 中的操作。在相应的 PCB 图纸上单击鼠标右键，然后选择【Options】→【Layer Stack Manager】，这时将会弹出如图 12-53 所示的管理器。在这个管理器中，可以选择对 PCB 的层数进行重新定义或者重新添加或删除层数，这里仍然保持双面板的设置。

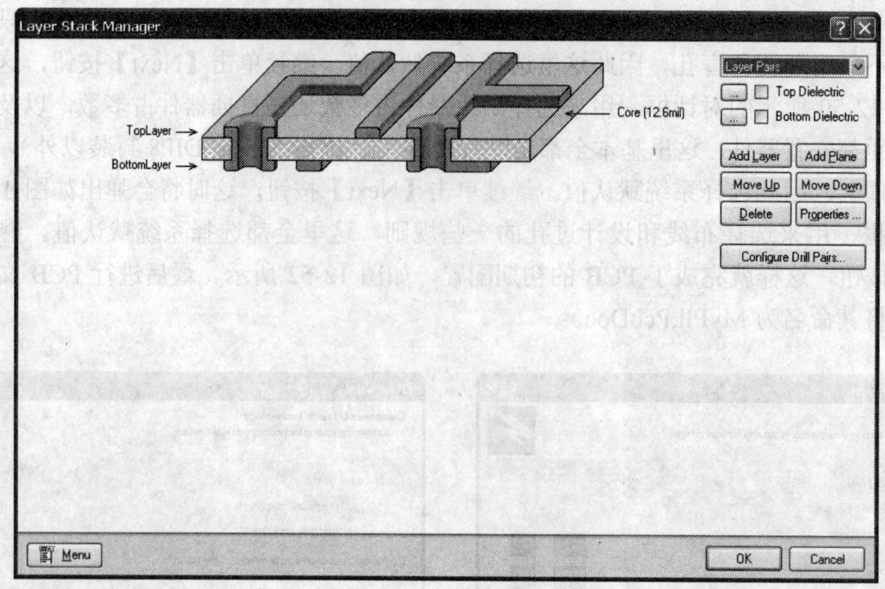

图 12-53 层堆栈管理器

另外，还可以选择【Options】→【Board Layers】，这时将弹出如图 12-54 所示的对话框。在这个对话框中，设计人员可以对 PCB 某些层的显示属性进行一些修改，这里暂时选用默认值。在设计系统中，选择【Options】→【Board Options】菜单选项，这时将会弹出如图 12-55 所示的对话框，可以对 PCB 的计量单位以及一些尺寸进行重新定义，本例中暂时保持默认值。在画板过程中，有时可能会改变这些对话框中的选项，以适应绘制电路板的设计要求。

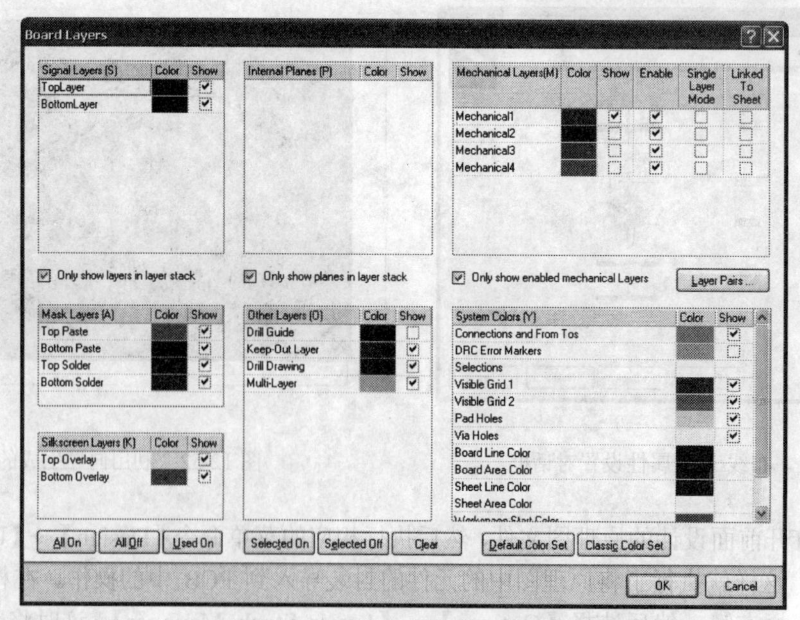

图 12-54 PCB 工作层面设置对话框

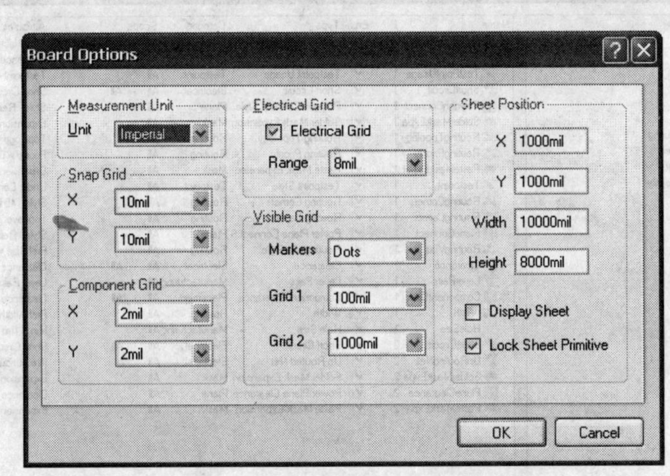

图 12-55　PCB 选项设置对话框

元件导入到 PCB 中后，接下来就可以对元件进行自动布局，因为 Protel DXP 带有自动布局的功能。但是一般来说，虽然射频电路的元件通常较少，但是对于布局布线却非常讲究。高频走线和大功率信号走线，都需要尽量短而直的走线；微带线下面需要尽量接地；存在大面积打孔和覆铜处理；电源线要粗且要远离高频走线和大功率信号走线等。本例中元件非常少，没有必要进行自动布局，因此这里应该采用手动布局。初学者可以进行自动布局，但是布局完毕后必须进行手动修改。手动布局除了要考虑射频电路的布局特殊性以外，还要兼顾电路板的美观。

首先，布局时设计人员需要对电路板上器件的走线非常清楚，其中的重要走线尤其要清楚，并在布局中对这些走线分别对待；其次，顶层走不下的走线可以在底层上走，本例中底层是地层，但是要尽量避免这种情况，因为射频电流会将地层作为信号回流路径，地层上的走线会造成回流路径的不连续，会导致大量 EMI 问题；最后，电路板上的器件应该放置均匀，不要出现局部过分拥挤的情况，否则对于调试和焊接都很不利。

接下来需要对 PCB 的设计规则进行一些修改，执行菜单命令【Design】→【Rules】，这时弹出如图 12-56 所示对话框。在这个对话框中，设计人员可以分别对 PCB 的多个设计规则进行修改，按照设计适当改变这些设计规则对于本例的设计非常有帮助。

完成上面的具体操作后，下面就可以开始进行元件布局了。在 Protel DXP 中，执行菜单命令【Tools】→【Auto Placement】→【Auto Placer】，这时将会弹出如图 12-57 所示的对话框，这时可以选择“组布局方式”或是“统计布局方式”进行自动布局。手动布局以及自动布局后的元件调整可以采用鼠标的拖放来完成。完成上述的相应操作后，元件布局的结果如图 12-58 所示。

在元件的布局过程中，设计人员还可以采用系统提供的小工具来对 PCB 中的元件布局进行一定的调整。从图 12-58 中可以看出，电容 C3 和 C8 没有在一条水平线上，因此这里可以在选中 C3 和 C8 后单击图标，这样就可以将两个元件水平对齐，如图 12-59 所示。

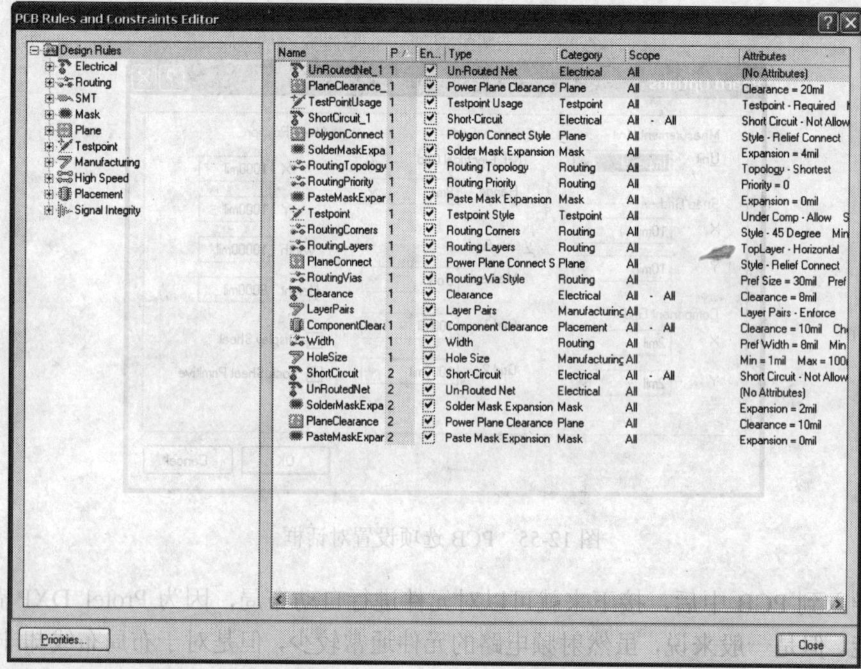

图 12-56 PCB 规则设置对话框

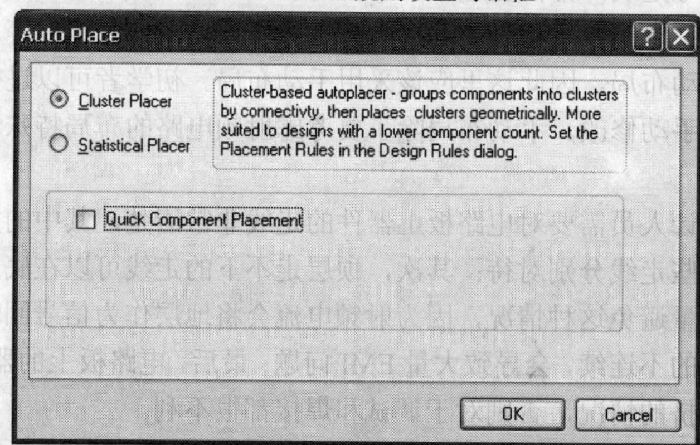

图 12-57 自动布局设置对话框

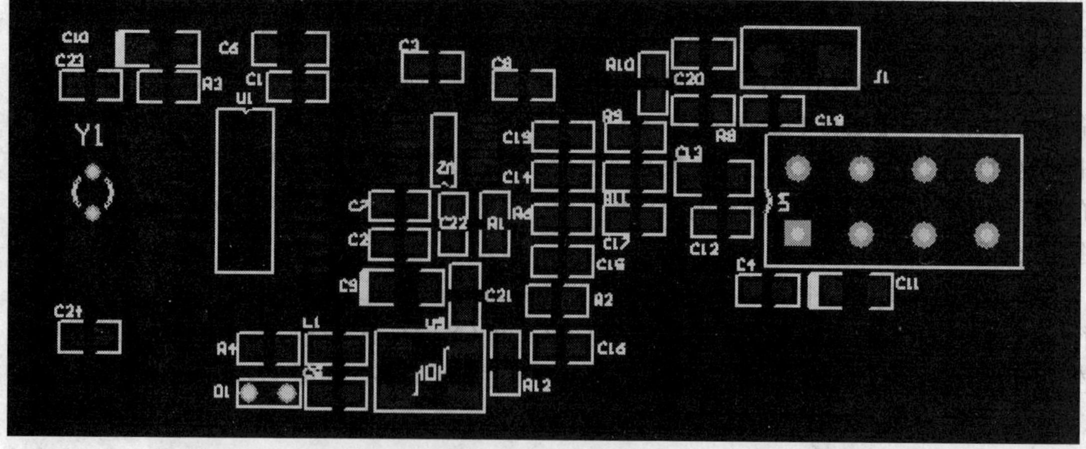

图 12-58 自动布局后的 PCB

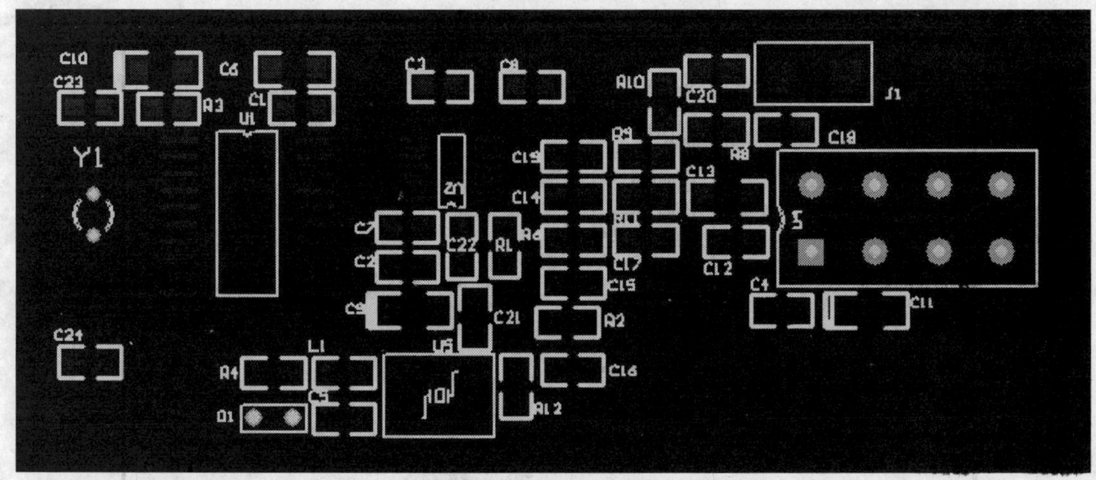

图 12-59　电容调整后的 PCB

完成元件的布局操作后，接下来可以执行菜单命令【View】→【Board in 3D】，进行电路板 3D 效果的预览，本例的 3D 效果图如图 12-60 所示。通过 3D 效果图可以观察 PCB 的布局是否合理。

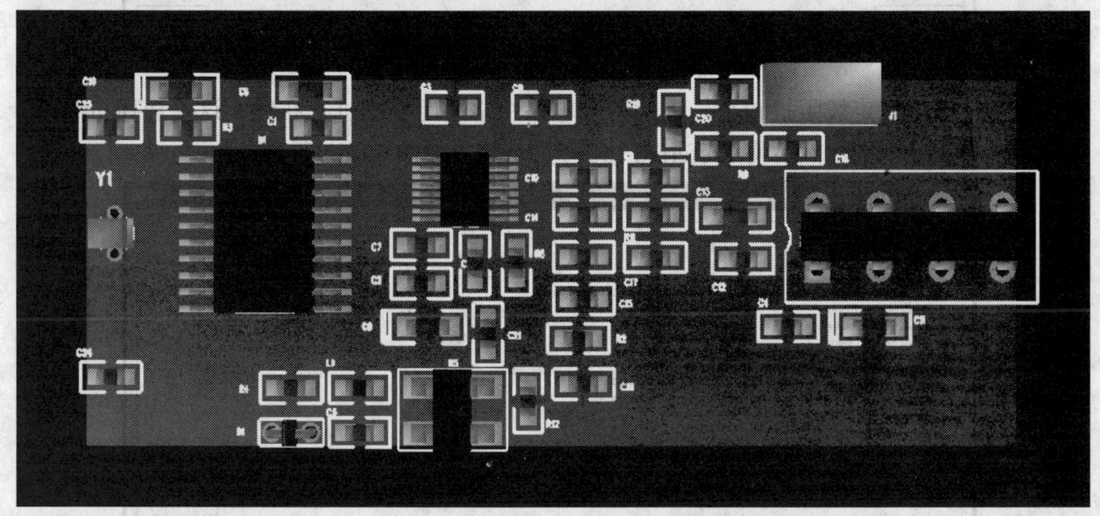

图 12-60　PCB 的 3D 效果图

完成 PCB 的布局操作后，接下来就要对设计的 PCB 进行相应的布线操作了。由于布线操作非常重要，因此对于射频电路这里建议选择手动布线，但是初学者可以尝试自动布线。一般来说，设计人员需要对 PCB 的布线提出一些要求，然后按照这些要求来设置布线规则。

下面根据射频电路的特殊性将 Rules 中的设置进行一些修改，从而优化本例的电路板布线。执行相应的菜单命令【Design】→【Rules】，这时系统将会打开 PCB 规则设置对话框，然后选择电气设计规则中的 Clearance 规则，这里将 Minimum Clearance 的值修改为 11mil，如图 12-61 所示。

这里将不同网络中的走线距离限制在 11mil 以上，目的是保证在射频电路中不引入高频串扰。射频电路频率高，而模拟信号对串扰又非常敏感，因此将走线距离限制加大以保证射频电路的性能。

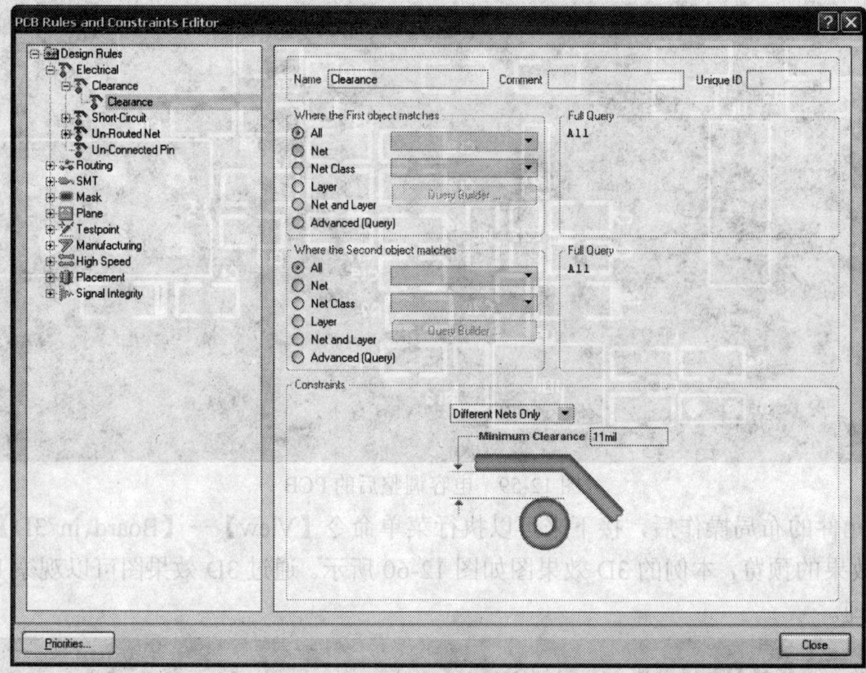

图 12-61　设置 Clearance 规则

由于电路中宽走线阻抗较小，因此射频电路中常采用宽线进行布线。这里选择布线设计规则中的 Width 规则，然后将 Preferred 修改为 24mil，如图 12-62 所示。

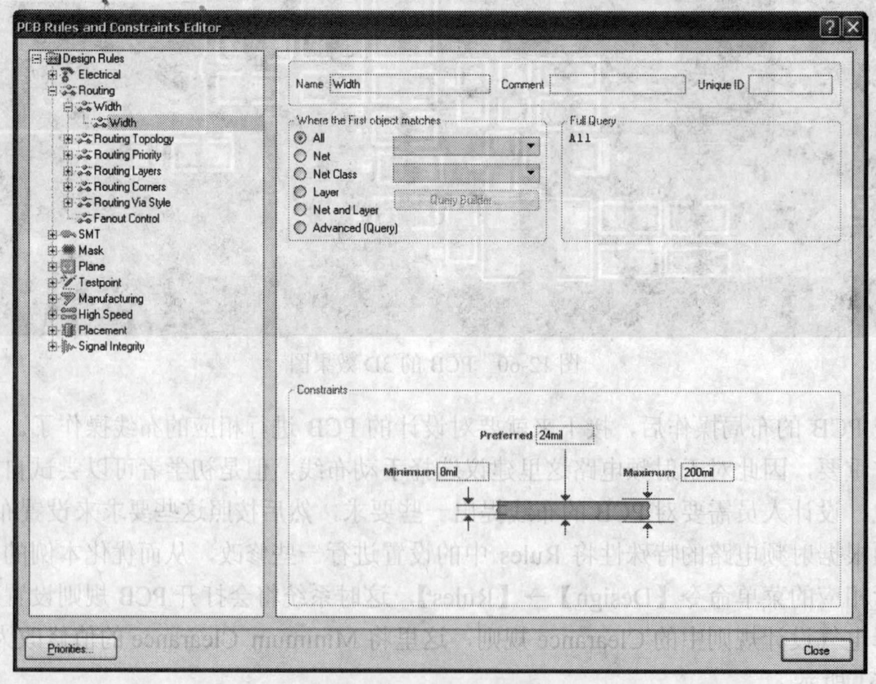

图 12-62　设置 Width 规则

由于射频电路中高频走线都是 50Ω匹配的，90° 拐角走线会造成走线阻抗的突变，阻抗的不匹配会造成信号的反射和畸变，因此布线中应该选择 45° 拐角走线。选择布线规则中的 Routing Corners 规则，然后在走线拐角中选择 45° 拐角，如图 12-63 所示。

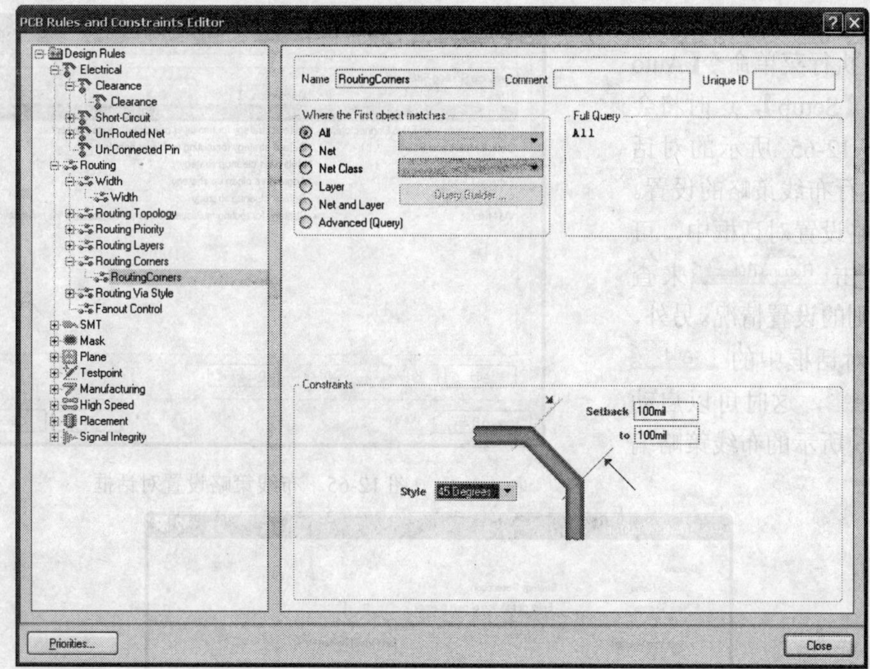

图 12-63　设置 Routing Corners 规则

射频电路中的过孔需要尽量较多的内壁覆铜，这样能够减少过孔阻抗，降低寄生参数对走线的影响，因此需要改动过孔尺寸和孔径的典型值，以适应射频电路对过孔的要求。选择布线规则中的 Routing Via Style 规则，然后将 Preferred 中的过孔尺寸和孔径分别改成 50mil 和 20mil，如图 12-64 所示。

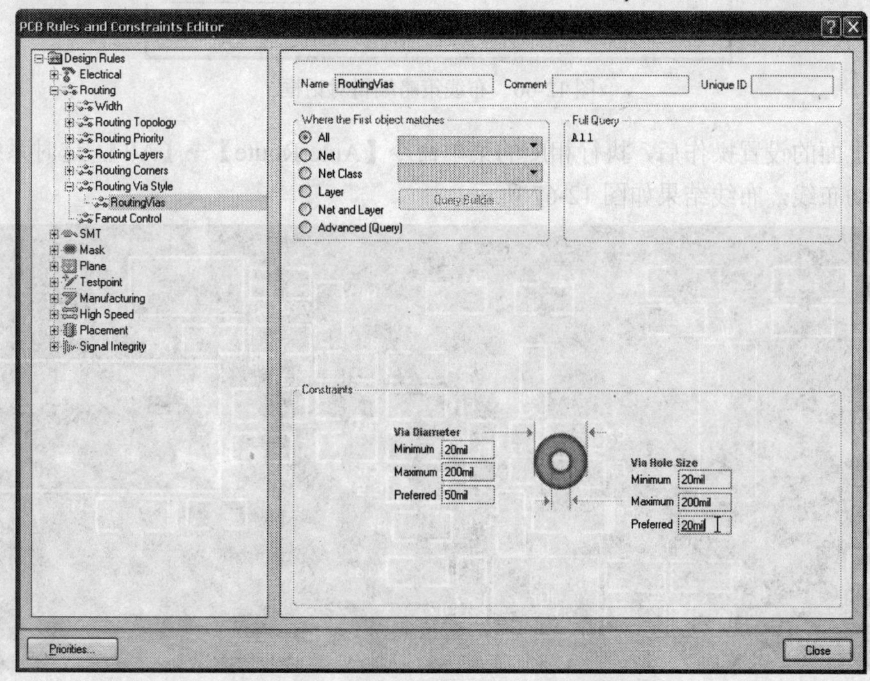

图 12-64　设置 Routing Via Style 规则

对上面的布线设计规则设置完毕后，执行菜单命令【Auto Route】→【Setup】，这时将会弹出如图 12-65 所示的对话框，用来进行布线策略的设置。在布线策略设置对话框中，可以通过单击 Routing Rules... 来查看设计规则的设置情况。另外，通过单击对话框中的 Add 或者 Duplicate ，这时可以启动如图 12-66 所示的布线策略编辑对话框。

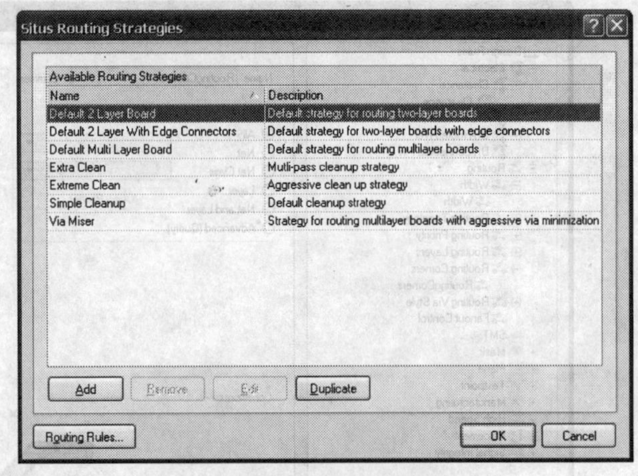

图 12-65　布线策略设置对话框

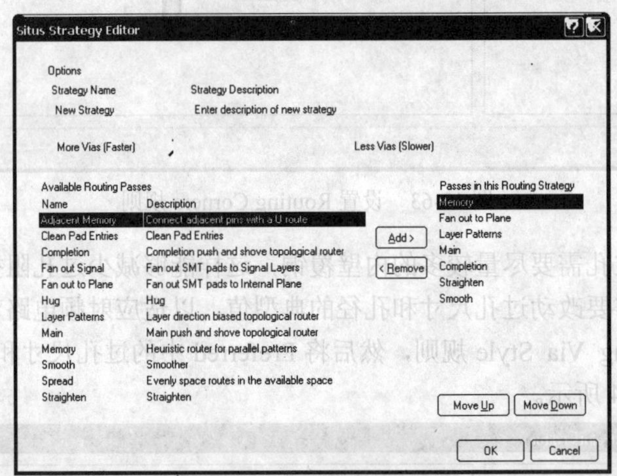

图 12-66　布线策略编辑对话框

完成上面的设置操作后，执行相应的菜单命令【Auto Route】→【All】，这时系统开始电路板的自动布线，布线结果如图 12-67 所示。

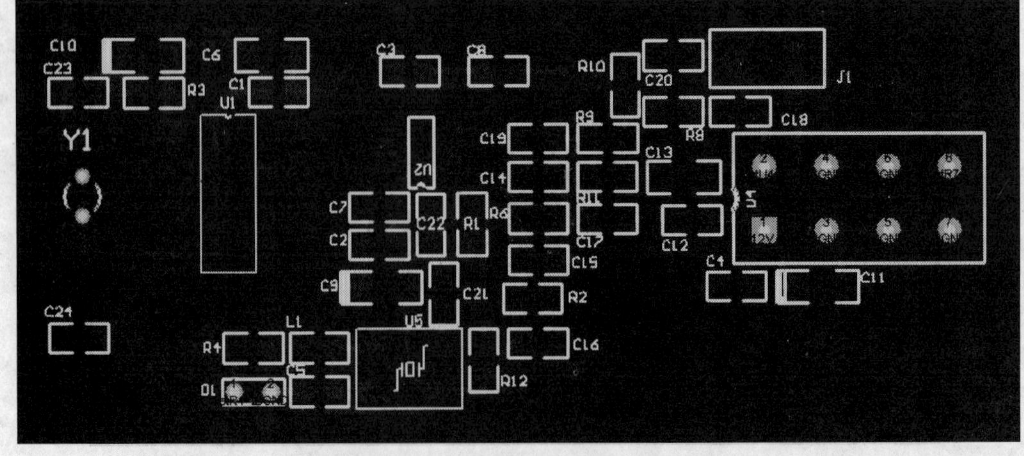

图 12-67　PCB 的自动布线结果

通常，自动布线的结果往往不能令人满意，布线中多处出现不合理的现象，例如多处布线没有完成、布线多处弯折和部分走线过长等问题，这时需要采用手工的方法来进行相应的调整操作，从而使布线能够满足设计的要求。

在 PCB 的自动布线结果中，弯折走线表示出现阻抗的不连续，而且这种走线的美观性会大打折扣，如图 12-68 所示。因此需要对其进行调整，调整结果如图 12-69 所示。

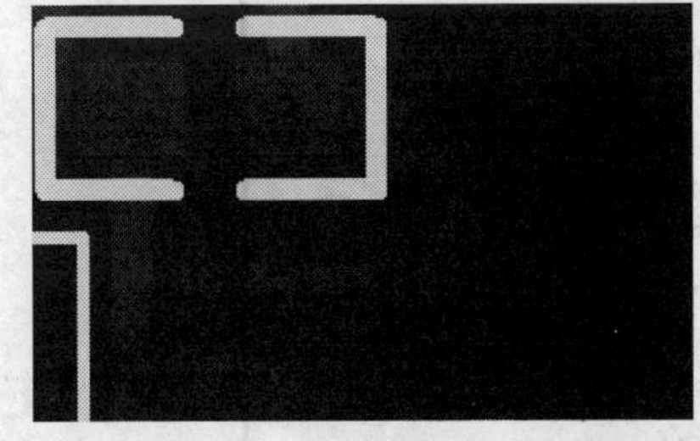

图 12-68　需要调整的弯折走线

图 12-69　调整后的 PCB 走线

在射频电路中，通常采用覆铜打过孔的接地方式，而初学者往往采用的自动布线方式会将地网络以连线方式连接在一起，如图 12-70 所示。这样不仅浪费了大量的布线空间，同时也无法保证良好的接地效果。良好的接地是低阻抗的接地，走线接地无法比拟覆铜打孔接地所具备的低阻抗特性。因此，最好不要对地网络进行自动布线处理，应该将其手动调整为如图 12-71 所示。

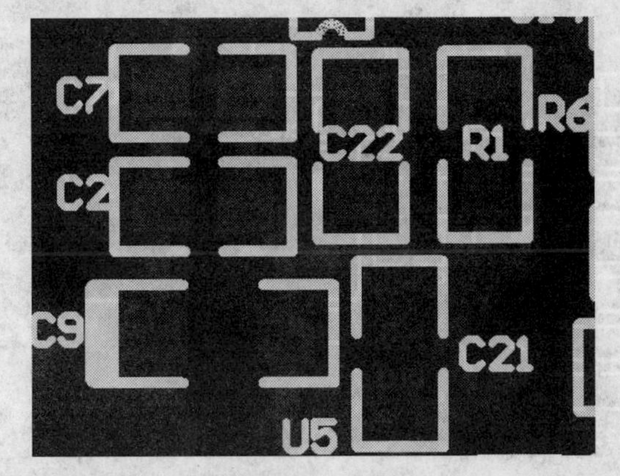

图 12-70　需要调整的走线

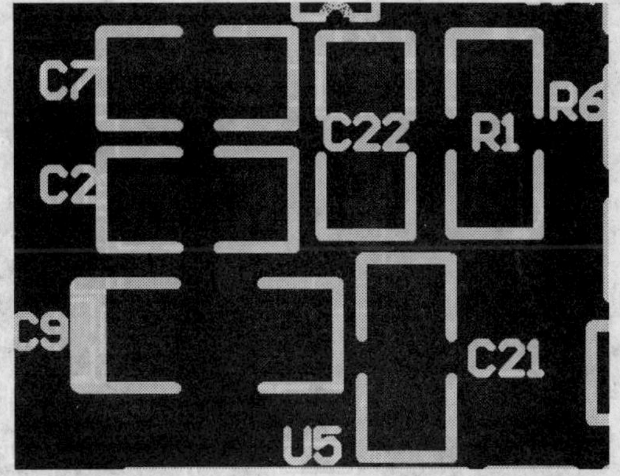

图 12-71　调整后的走线

可以看出，原先 NetC21_2 的网络走线由于 SGND 的阻挡，因此不得不绕了一圈，而取消 SGND 走线，再进行手动调整后，这条走线会非常短。因此，建议射频电路还是采用手动布线比较好。

在射频电路中，高频走线通常采用微带线进行处理。举个例子，采用介电常数为 4.6 的板材（FR4 板材），信号频率为 1GHz，在厚度为 0.4mm 的电路板上，传输线为 1oz(1oz=28.3495g) 覆铜，0.7mm 宽，这样的微带线的特性阻抗是 50.21Ω，能保证射频电路中的 50Ω匹配，而微带线的长度是不会影响其本身的特性阻抗的。因此，布线过程中绘制高频微带线时需要事先计算出微带线的宽度。在如图 12-72 所示的对话框中，填入设计所需要的导线宽度。

但需要注意，微带线不要过长，过长的微带线衰耗会很大，对信号传输非常不利。信号衰耗越大，就会有越多的信号辐射到外界去，这样会对别的系统产生干扰，造成严重的 EMI 问题。同时，传输的信号衰耗过大，只能靠增加后级的放大来补偿，这样无疑会增加系统的功耗。因此，设计人员应该根据具体电路的设计需要，考虑多方面的因素，选择合适的微带线来进行布线操作。只有经过不断的反复调整，设计人员才能够设计出真正符合设计需要同时又能够保证电路性能的合理布线。

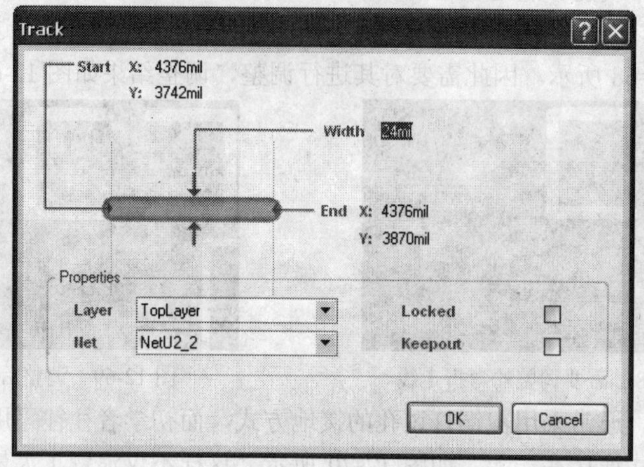

图 12-72 导线属性对话框

这样，经过手动调整后，PCB 的布线操作基本完成了，如图 12-73 所示。

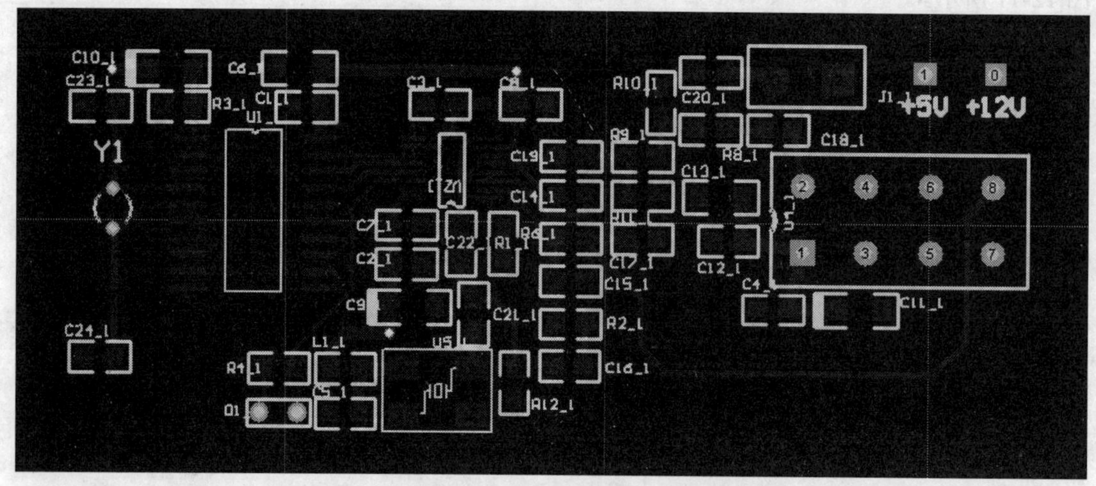

图 12-73 手动调整后的 PCB 布线

PCB 的基本布线完成以后，接下来要进行 PCB 的铺地操作，射频电路要求接地良好，大面积的铺地和过孔能够给电路板的性能提供保证。执行菜单命令【Place】→【Polygon Plane】，这时系统会弹出如图 12-74 所示的对话框。这种铺地方式能够使所铺的地有效地避开别的网络，是射频电路中常用的铺地方式。

在覆铜属性对话框中，Connect to Net 中选择 SGND，Min Prim Length 选择系统默认值，同时选中复选框 Pour Over Same Net 和复选框 Remove Dead Copper，这些选项设置如图 12-75 所示。死铜对于射频电路是一个不稳定因素，因为这样的死铜可能成为一个天线，造成一些不必要的 EMI 问题。

另外，还可以在对话框中对【Grid Size】和【Track Width】进行修改，【Grid Size】是网

格的宽度，【Track Width】是网格走线的宽度，系统默认的是网格状接地，如图 12-76 所示。有时为了射频电路中的良好接地，可以将【Track Width】设置得大于【Grid Size】，这样所铺得的平面就不是网格状的了，而是整个一块铜皮，如图 12-77 所示。

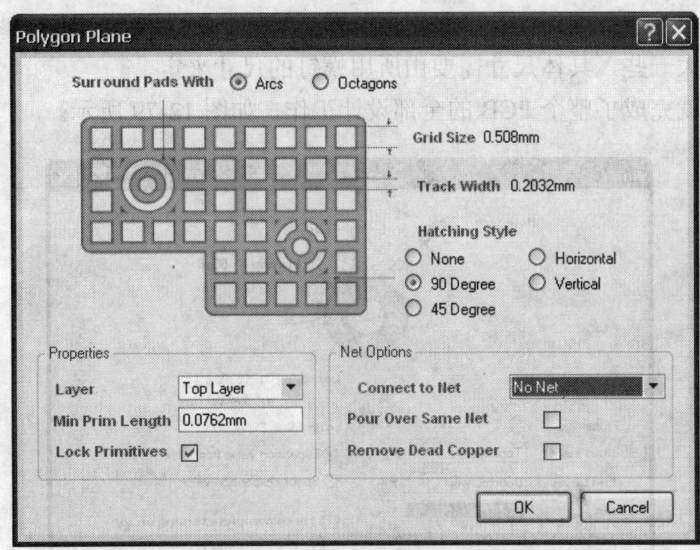

图 12-74　覆铜属性对话框

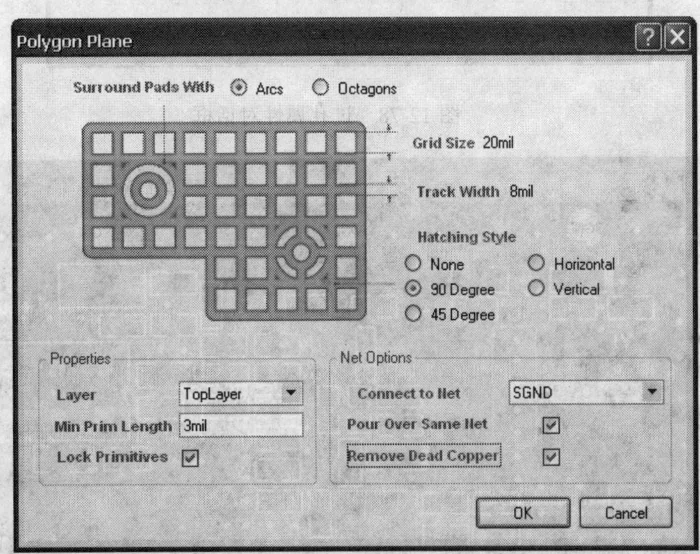

图 12-75　覆铜属性的具体设置

图 12-76　网格状接地

图 12-77　铜皮接地

同样，电路板底层也需要进行铺地操作，由于操作方法与上面相同，这里就不再赘述了。接下来在 PCB 的地平面上打过孔接地，单击工具栏上的，然后按 Tab 键弹出相应的过孔属性对话框，设置后如图 12-78 所示。在过孔属性设置对话框中，过孔的网络选择 SGND，另外还可以对其尺寸进行编辑，这里采用系统默认尺寸。如果打的过孔是螺钉孔，那么需要将其尺寸设置得大一些，具体尺寸需要由所用螺钉的尺寸来定。

这样，我们就完成了整个 PCB 的全部设计工作，如图 12-79 所示。

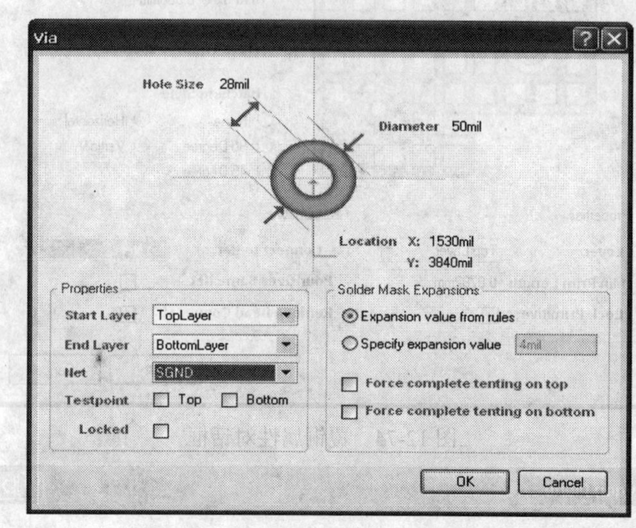

图 12-78　过孔属性对话框

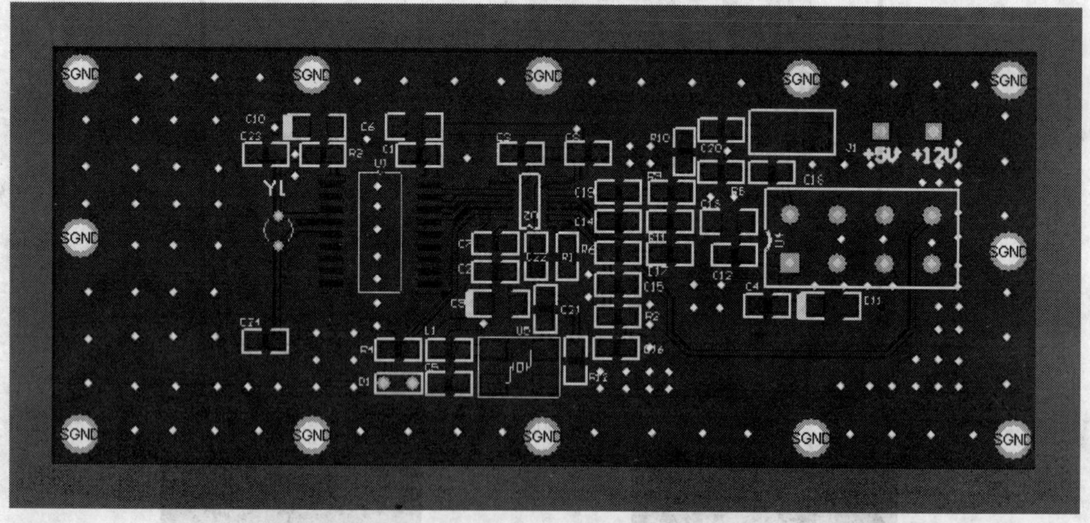

图 12-79　设计完成后的 PCB

PCB 设计完成后，为了避免 PCB 设计错误的发生，设计人员还需要对 PCB 进行详细检查。在 PCB 设计系统中，执行相应的菜单命令【Tools】→【Design Rule Check】，这时系统将会弹出如图 12-80 所示的对话框。

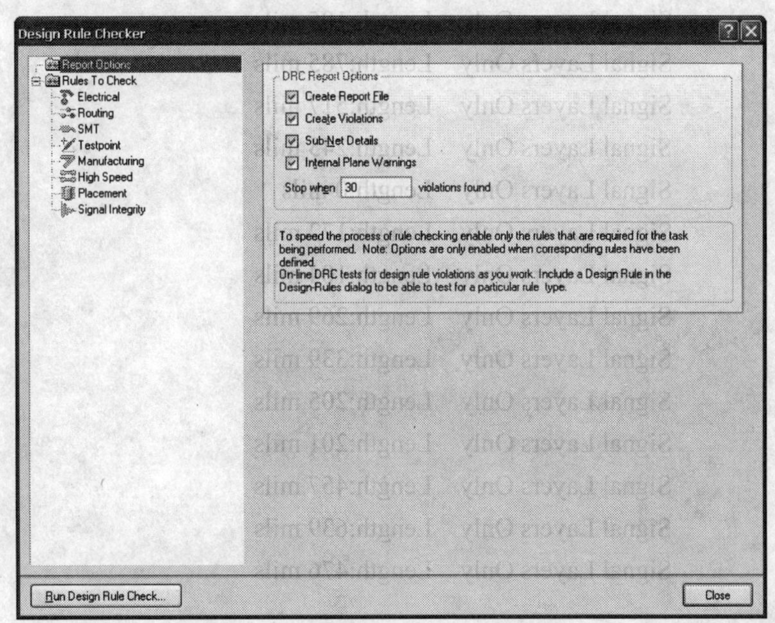

图 12-80　DRC 规则设置对话框

在这个对话框中，设计人员可以对相应的设计规则进行修改。修改工作完成后，单击相应的 Run Design Rule Check... 即可进行电路板的 DRC。进行完 DRC 后，系统会自动生成一个.DRC 的报告文件，对所有的违规进行显示。

另外，设计人员还可以执行菜单命令【Reports】→【Netlist Status】，系统会自动生成一个.REP 文件，这样便可以对设计电路的网络状态报表进行查看。对于本例来说，网络报表的内容如下：

Nets report For
On 2005-3-18 at 23:49:14

+12VA	Signal Layers Only	Length:1597 mils
+5VA	Signal Layers Only	Length:5886 mils
CLK	Signal Layers Only	Length:287 mils
DATA	Signal Layers Only	Length:297 mils
LE	Signal Layers Only	Length:307 mils
NetC16_1	Signal Layers Only	Length:124 mils
NetC17_1	Signal Layers Only	Length:638 mils
NetC18_2	Signal Layers Only	Length:122 mils
NetC19_1	Signal Layers Only	Length:250 mils
NetC20_1	Signal Layers Only	Length:119 mils
NetC20_2	Signal Layers Only	Length:170 mils
NetC21_2	Signal Layers Only	Length:433 mils
NetR4_2	Signal Layers Only	Length:140 mils
NetR7_2	Signal Layers Only	Length:1464 mils
NetR9_2	Signal Layers Only	Length:230 mils

NetU2_1 Signal Layers Only Length:105 mils
NetU2_14 Signal Layers Only Length:785 mils
NetU2_2 Signal Layers Only Length:517 mils
NetU2_5 Signal Layers Only Length:243 mils
NetU3_2 Signal Layers Only Length:0 mils
NetU4_2 Signal Layers Only Length:172 mils
NetU5_3 Signal Layers Only Length:104 mils
NetU5_4 Signal Layers Only Length:269 mils
REFIN Signal Layers Only Length:339 mils
RFIN Signal Layers Only Length:205 mils
RST Signal Layers Only Length:201 mils
SGND Signal Layers Only Length:457 mils
X1 Signal Layers Only Length:639 mils
X2 Signal Layers Only Length:476 mils

参 考 文 献

1 张伟，王力，赵晶编著. Protel DXP 入门与提高.北京：人民邮电出版社，2003

2 倪泽峰，江中华编著. Protel DXP 典型实例.北京：人民邮电出版社，2003

3 程昱等编著.精通 Protel DXP 电路设计.北京：清华大学出版社，2004

4 刘瑞新主编.Protel DXP 实用教程.北京：机械工业出版社，2003